제5판

위상수학 하

TOPOLOGY

박대희 · 안승호 지음

KM 경문사

| 머리말 |

위상수학(位相數學, topology)은 위치(位置)와 형상(形相)의 학문이라는 뜻이다. 위상수학의 유래에 관해서는 여러 가지 설이 있다. 푸앵카레(H. Poincaré)의 위치해석(analysis situs)에서 비롯되었다고 하는 것이나, 칸토어(G. Cantor)의 집합론(set theory) 내지는 새로이 출현한 여러 가지 추상공간이 그랬다는 주장, 또는 위상수학에 관한 영역불변성의 정리를 발견하고 또 칸토어의 방법과 위치해석적 방법을 통합시킨 브라우어(L. E. Brouwer)를 위상수학의 창시자로 보는 등이 그것이다. 일부 개념은 오일러(L. Euler)와 가우스(C. F. Gauss)까지 거슬러 올라가기도 하지만, 실질적으로 위상수학은 19세기 후반 푸앵카레 및 다른 수학자들의 연구와 함께 비로소 발전하기 시작하였으며 하우스도르프(F. Hausdorff)에 의해 완성되었다. 위상수학은, 온갖 지식에 대한 철학의 관계가 그런 것처럼, 수학 전체를 통합하는 학문으로서 20세기에 그 위치를 굳혔다. 위상수학은 근방(열린집합), 극한, 연속의 직관적인 개념에 대한 추상적인 수학적 체계를 세우는 학문으로서 기하학적 대상이나 수학적으로 좀더 추상적인 대상을 연속적으로 바꾸었을 때 변하지 않는 성질들을 다룬다. 이 근원성(根源性) 때문에 위상수학은 수학의 많은 분야의 기초가 되었으며, 미처 예기치 못한 타 분야와의 결합을 매개하는 역할을 하고 있다. 위상수학 또는 적어도 그것의 일부는 현대 수학의 대부분의 분야에 퍼져 있으며, 말할 필요도 없이 현대 물리학과 깊은 관계를 맺고 있다. 또한 최근에는 데이터 분석, 네트워크 과학 등과 같은 다양한 응용분야에 활용되고 있다.

지은이는 학부과정의 수학 과목들을 다년간 강의해 오면서 학생들이 다른 어떤 과목보다도 위상수학을 어려워한다는 것을 느꼈다. 사실 위상수학을 배우기 위해서는 기초적인 집합론의 지식만 있으면 충분하다. 그런데 왜 학생들은 어려워할까? 지은이의 생각으로는 그 이유 중 하나는 학생들이 지금까지 계산 문제만을 위주로 공부하여 논리적인 사고와 증명을 힘들어 한다는 점이다(수학의 가치가 복잡한 계산에 있지 않고, 원리의 이해와 논리적 사고력을 키우는 데 있음에도 불구하고). 그리고 다른 하나는 지금까지 접하지 못한 공리를 바탕으로 한 추상적인 개념들과 공간들이 나오기 때문인 것 같다. 예를 들어 함수의 연속이란 개념은 미적분학이나 해석학 과목에서는 극한의 개념이나 ϵ-δ 논법을 사용하여 한 점에서 정의하였는데, 갑자기 위상수학 과목에서는 (열린)집합이란 개념을 가지고 정의하고, 눈으로 보기에는 연속이 아닌 함수가 어떤 위상을 주느냐에 따라 연속이 될 수도 있고 안 될 수도 있기 때문에 쉽게 받아들이지 못하는 것 같다. 그리고 위상수학에서의 연속이란 개념은 미적분학 또는 해석학에서의 연속의 정의를 보다 일반화한 개념임을 알지 못하고 서로 다른 개념으로 이해한다. 이러한 이유로 처음에 지은이는 보다 직관적인 공간인 거리공간만을 다루려 하였다. 그러나 위상수학에서 흥미롭게 생각하는 많은 공간들은 거리공간이 아니다. 그리고 대학원 진학 문제 또는 중등교사 임용고시 문제에서 거리공간이 아닌 공간을 많이 다루고 있다. 이러한 이유로 이 책을 거리공간만으로 한정할 수가 없었다. 이 책은 앞에서 언급한 학생들의 어려움을 덜어주는데 목적을 두었다. 따라서 이 책의 집필 방향은 다음과 같다.

집필 방향

(1) 위상수학에서의 개념들은 미적분학이나 해석학에서의 개념을 일반화한 것임을 설명하려 노력하였다.
(2) 다양한 보기와 문제를 통해 추상적인 개념과 성질들을 익힐 수 있도록 하였다.
(3) 새로운 개념을 정의할 때마다 이에 적합한 보기와 적합하지 않는 보기(반례)를 넣어 새로운 개념을 쉽게 이해하도록 하였다.
(4) 새로운 정리를 이해하는데 도움이 되는 보기와 이를 활용할 수 있는 보기를 넣어 새로운 정리를 잘 이해하도록 하였다.
(5) 새로운 정리에 부적합한 보기를 들어 정리의 조건들이 꼭 필요함을 느끼게 하여 주어진 정리를 정확히 이해하도록 하였다.
(6) 다음 장의 내용으로 나오더라도 배우는 장의 내용을 가지고 해결할 수 있으면 연습문제로 넣어서 선수학습을 할 수 있도록 하였다.
(7) 가급적 다른 교재를 참고하지 않아도 이해할 수 있게 하였다. 이를 위해 수학의 기본부터 시작하여 완전한 증명을 보여주려고 노력하였다.
(8) 230여 개의 그림을 넣어 개념과 정리의 내용을 보다 쉽게 이해하도록 하였다.

이 책은 집합론, 미적분학, 약간의 해석학, 기본적인 군론을 배운 학부 학생들을 대상으로 집필하였다. 그러나 이러한 지식을 모두 완벽하게 갖출 필요는 없다. 단지 기본적인 지식을 알고 사용할 수 있으면 충분하다. 그러므로 수학적 근거에 익숙할 것과 특정한 추상화의 능력 이외의 어떤 특별한 수학 지식을 필요로 하지 않는다. 따라서 이 책은 학부 2학년 2학기 또는 3학년 1학기에 시작하는 두 학기 정도의 강의 교재에 알맞도록 집필하였다.

읽지 않는 법

가급적 배우는 학생들은 모든 내용을 읽었으면 한다. 그러나 여러 가지 이유로 그럴 수 없는 학생은 †로 표시한 부분은 읽지 않아도 된다. 나중에 †에 들어 있는 내용이 필요할 때 읽어보면 된다. 그리고 가끔 반례를 설명하기 위하여 복잡한 풀이 과정이 들어 있는 보기가 있는데 이 경우 풀이 과정을 읽지 않아도 된다. 다만 이러한 반례가 있음을 알아두면 된다.

학생을 위하여

모든 연습문제를 꼭 풀어보기 바란다. 수학의 모든 과목을 공부하는데 있어서 문제를 스스로 풀어보는 것만큼 좋은 공부 방법은 없다. 연습문제를 직접 풀어보는 과정에서 본문에 나오는 개념과 정리들을 보다 정확히 이해할 수 있기 때문이다. 그리고 이 책을 읽기 전에 부록에 무엇들이 있는지 먼저 살펴보기 바란다. 부록 A의 "주요 위상공간들의 상호관계"를 나타내는 표는 따로 복사하여 현재 배우고 있는 페이지에 두고 지금 배우는 대상과 앞서 배운 대상들 사이의 관계를 살펴보기 바란다. 그리고 부록 C와 D의 성질들이 이 책의 어디에서 다루었는지 표시해가며 공부하기를 바란다.

강의하시는 분을 위하여

수학 용어는 한 단어로 취급하여 가급적 붙여쓰기를 하였다. 예를 들어 "열린 집합"을 "열린집합"으로 썼다. 그리고 지은이의 부족함으로 인해 적절한 수학 용어를 선택하는데 많은 어려움을 느꼈다. 다소 문법에 맞지 않거나 어색한 용어를 선택한 점에 대해 읽는 여러분들의 양해와 이해를 바란다. 이는 모두 지은이의 책임임을 밝혀둔다.

수학의 아름다움은 명료함에 있음에도 불구하고 이 책이 그렇지 못한 것 같아 안타깝고 송구스럽다. 그럼에도 이 책이 위상수학을 공부하는 여러분에게 조금이나마 도움이 될 수 있기를 소망한다.

끝으로 이 책에 대해 각별한 관심을 가지고 초판에서 지금의 모습으로 출판되기까지 많은 애를 써주신 편집부 직원들을 비롯하여 경문사 여러분들께 진심으로 감사드린다.

빛고을 용봉동에서
지은이

각 장들의 상호 관계

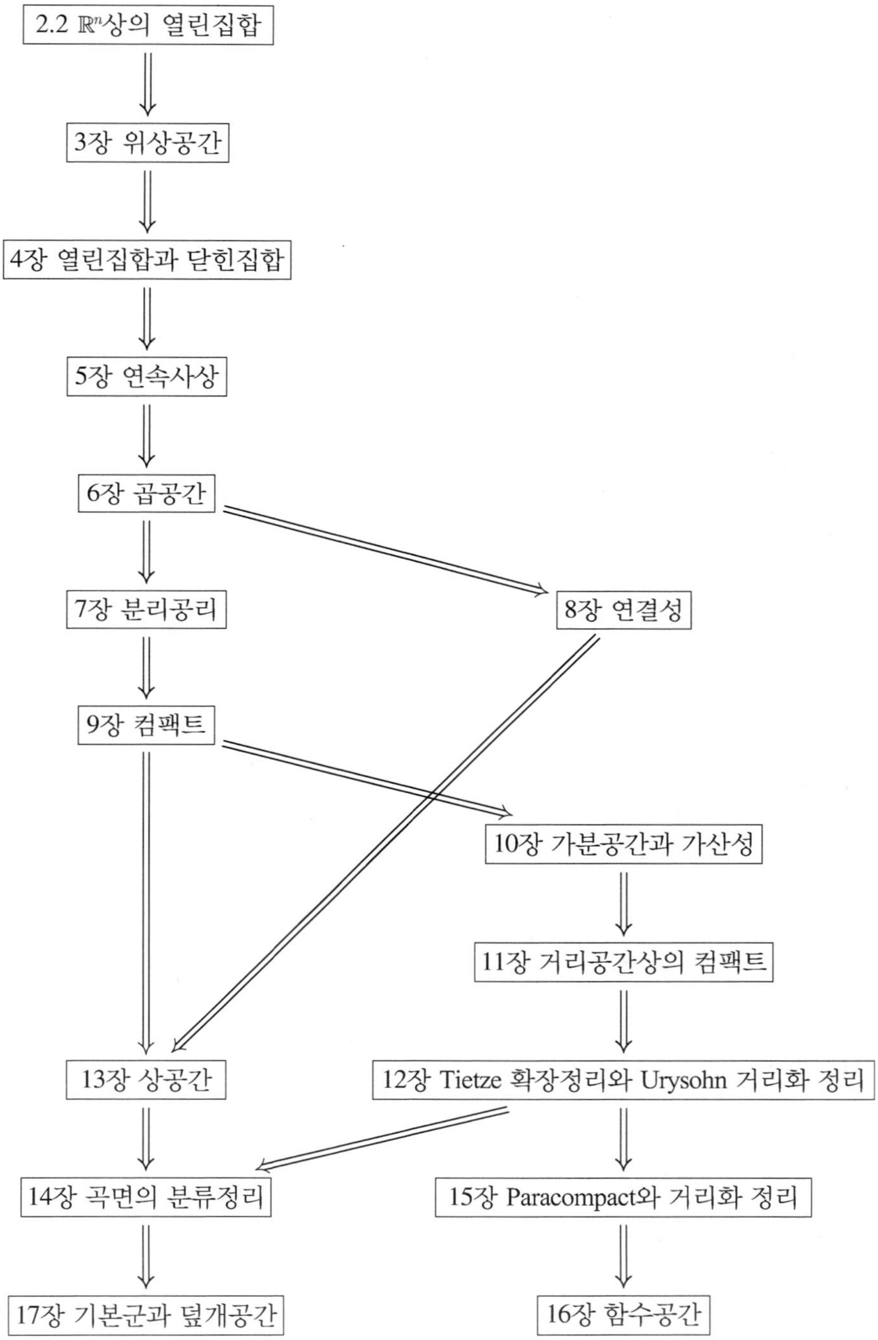
2.2 $\mathbb{R}^n$상의 열린집합
3장 위상공간
4장 열린집합과 닫힌집합
5장 연속사상
6장 곱공간
7장 분리공리
8장 연결성
9장 컴팩트
10장 가분공간과 가산성
11장 거리공간상의 컴팩트
13장 상공간
12장 Tietze 확장정리와 Urysohn 거리화 정리
14장 곡면의 분류정리
15장 Paracompact와 거리화 정리
17장 기본군과 덮개공간
16장 함수공간

| 차례 |

제4장 열린집합과 닫힌집합

제5장 연속사상

제6장 곱공간

제7장 분리공리

제8장 연결성

제9장 컴팩트

제10장 가분공간과 가산성

하권

제11장 거리공간상의 컴팩트

제12장 Tietze 확장정리와 Urysohn 거리화정리

제13장 상공간

제14장 곡면의 분류정리

제15장 Paracompact와 거리화 정리

제16장 함수공간

제17장 기본군과 덮개공간

부록

11장

거리공간상의 컴팩트

CONTENTS

11.1 여러 가지 컴팩트

극한점컴팩트(limit point compact)

정의 11.1.1 위상공간 X가 극한점컴팩트(limit point compact)란 X의 모든 무한 부분집합이 극한점을 갖는 것을 의미한다.

정리 9.1.32에 의하여 다음이 성립한다.

정리 11.1.2 모든 컴팩트공간은 극한점컴팩트이다.

그러나 이 정리의 역은 성립하지 않는다.

보기 11.1.3 두 점 집합 $Y=\{a,b\}$에 자명한(비이산)위상 $\mathscr{T}=\{\varnothing, Y\}$를 주고, 자연수 집합 $\mathbb{N}$에 이산위상을 주자. 이제 곱공간 $X=\mathbb{N}\times Y$를 생각하자. 그러면 모든 공집합이 아닌 부분집합 A는 극한점을 갖는다: 구체적으로 A가 공집합이 아니므로 $(n,a)\in A$ 또는 $(n,b)\in A$이다. 우리는 일반성을 잃지않고 $(n,a)\in A$이라 할 수 있다. 이제 $(n,b)\in A'$임을 보이자. 임의의 (n,b)의 열린근방 U에 대하여 $(n,b)\in V\times W\subset U$를 만족하는 $\mathbb{N}$의 열린집합 V와 Y의 열린집합 W가 존재한다. 그런데 Y가 자명한위상을 가지므로 $W=Y$가 된다. 따라서 $\{(n,a),(n,b)\}\subset V\times W$이다. 그래서 $(n,a)\in A\cap(V\times W)-\{(n,b)\}$이므로 $A\cap U-\{(n,b)\}\neq\varnothing$이다. 따라서 (n,b)는 A의 극한점이다. 같은 방법으로 만약 $(n,b)\in A$이면 (n,a)는 A의 극한점이 된다. 따라서 X는 극한점컴팩트이다. 하지만 X는 컴팩트가 아니다. 왜냐하면 X의 열린덮개 $\{\{n\}\times Y \mid n\in\mathbb{N}\}$는 유한 부분덮개를 갖지 않는다.

보기 11.1.4 보기 4.2.48에서 다루었던 최소 비가산 정렬집합 S_Ω를 생각하자. 그러면 $\{S_a \mid a\in S_\Omega\}$는 위상공간 S_Ω의 열린덮개이지만 유한 부분덮개를 갖지 않으므로 S_Ω는 컴팩트가 아니다.

그러나 S_Ω는 극한점컴팩트이다: 만약 $A\subset S_\Omega$가 무한집합이면 무한 가산집합 $B\subset A$가 존재한다. B가 가산이므로 정리 4.2.47에 의하여 B의 상계 $b\in S_\Omega$가 존재한다. 그리고 S_Ω가 정렬집합이므로 최소원 $a_0 = \min(S_\Omega) \in S_\Omega$이 존재한다. 따라서 $B \subset [a_0, b]$이고 S_Ω가 최소상계성질을 만족하므로 $[a_0, b]$는 컴팩트이다(보기 9.1.9 참조). 따라서 정리 11.1.2에 의하여 B는 극한점 $x \in [a_0, b]$를 갖는다. 그리고 이러한 x는 A의 극한점이 되므로 S_Ω는 극한점컴팩트이다.

가산컴팩트(countably compact)

정의 11.1.5 X를 위상공간이라 하자.

(1) 가산개의 열린집합으로 이루어진 X의 덮개를 **가산 열린덮개**라 한다.

(2) X가 **가산컴팩트**(countably compact)란 X의 모든 가산 열린덮개가 유한 부분덮개를 갖는 것을 의미한다.

컴팩트의 정의에 의하여 다음은 자명하다.

성질 11.1.6 모든 컴팩트공간은 가산컴팩트이다.

성질 11.1.7 위상공간 X에 대하여 다음은 동치이다.

(a) X는 가산컴팩트이다.

(b) 만약 $\mathscr{A}$가 유한 교집합 조건을 만족하는 X의 가산개의 닫힌집합들의 모임이면 $\cap_{A \in \mathscr{A}} A \neq \varnothing$ 이다.

증명 (a)⇒(b) 먼저 X를 가산컴팩트라 가정하자. 그리고 $\mathscr{A}$를 유한 교집합 조건을 만족하는 X의 가산개의 닫힌집합들의 모임이라 하자. 이제 귀류법을 사용하여 $\cap_{A \in \mathscr{A}} A \neq \varnothing$ 임을 보이자. 만약 $\cap_{A \in \mathscr{A}} A = \varnothing$ 이라고 가정하면

$$X = \varnothing^c = (\bigcap_{A \in \mathscr{A}} A)^c = \bigcup_{A \in \mathscr{A}} A^c$$

이므로 $\{A^c \mid A \in \mathscr{A}\}$는 X의 가산 열린덮개이다. 그리고 X가 가산컴팩트이므로

$$X = A_1^c \cup A_2^c \cup \cdots \cup A_n^c$$

을 만족하는 유한개의 $A_1, A_2, \ldots, A_n \in \mathscr{A}$이 존재한다. 그래서

$$X = \bigcup_{i=1}^{n} A_i^c = (\bigcap_{i=1}^{n} A_i)^c$$

이 되어 $\cap_{i=1}^{n} A_i = \varnothing$ 이다. 이것은 유한 교집합 조건에 모순이다. 따라서 $\cap_{A \in \mathscr{A}} A \neq \varnothing$ 이다.

(b)⇒(a) (귀류법) 만약 X가 가산컴팩트가 아니라고 가정하자. 그러면 다음을 만족하는 X의 가산 열린덮개 $\mathscr{U}$가 존재한다.

(i) $\cup_{U \in \mathscr{U}} U = X$ 이지만,

(ii) 모든 유한 부분모임 $\{U_1, U_2, \ldots, U_n\} \subset \mathscr{U}$에 대하여 $\cup_{i=1}^{n} U_i \subsetneq X$ 이다.

그러면 $\mathscr{A} = \{U^c \mid U \in \mathscr{U}\}$는 X의 가산개의 닫힌집합들의 모임이다. 그리고 조건 (ii)에 의하여 $\mathscr{A}$의 임의의 유한 부분모임 $\{U_1^c, U_2^c, \ldots, U_n^c\}$에 대하여

$$\bigcap_{i=1}^{n} U_i^c = (\bigcup_{i=1}^{n} U_i)^c \neq \varnothing$$

이다. 따라서 $\mathscr{A}$는 유한 교집합 조건을 만족한다. 그런데

$$\bigcap_{U^c \in \mathscr{A}} U^c = (\bigcup_{U \in \mathscr{U}} U)^c = X^c = \varnothing$$

이 되어 (b)에 모순이다. □

정리 11.1.8 모든 가산컴팩트공간은 극한점컴팩트이다.

증명 X를 가산컴팩트공간이라 하고, A를 X의 무한 부분집합이라 하자. 그러면 서로 다른 점들로 이루어진 가산인 무한집합 $B = \{x_n \mid n \in \mathbb{N}\} \subset A$가 존재한다. 그리고 $B' \subset A'$이므로 우리는 B의 극한점이 존재함을 보이면 충분하다. 만약 B의 극한점이 존재하지 않는다고 가정하면 각각의 $n \in \mathbb{N}$에 대해 $C_n = \{x_i \in B \mid i \geq n\}$은 $C_n' \subset B' = \varnothing$ 이므로 $C_n' = \varnothing$ 이 되어 C_n은 닫힌집합이다. 그래서 $\{C_n \mid n \in \mathbb{N}\}$은 유한 교집합 조건을 만족하는 가산개의 닫힌집합들의 모임이므로 성질 11.1.7에 의해 $\cap_{n=1}^{\infty} C_n \neq \varnothing$ 이다. 그런데 임의의 $x_k \in B$는 $x_k \notin C_{k+1}$ 이므로 $x_k \notin \cap_{n=1}^{\infty} C_n$ 이다. 따라서 $\cap_{n=1}^{\infty} C_n = \varnothing$ 이 되어 모순이다. 그러므로 B의 극한점이 존재하여야 한다. □

정리 11.1.8의 역은 X가 T_1-공간일 때 성립한다.

따름정리 11.1.9 T_1인 극한점컴팩트공간은 가산컴팩트이다.

증명 (귀류법) 극한점컴팩트인 T_1-공간 X가 가산컴팩트가 아니라고 가정하자. 그러면 유한 부분덮개를 갖지 않는 X의 가산 열린덮개 $\mathscr{U}=\{U_n \mid n\in\mathbb{N}\}$가 존재한다. 그리고 각각의 $n\in\mathbb{N}$에 대하여 $C_n = X - \cup_{i=1}^{n} U_i$은 공집합이 아닌 X의 닫힌집합이다. 이제 각각의 $n\in\mathbb{N}$에 대해 한 점 $p_n \in C_n$을 택하여 $A=\{p_n \mid n\in\mathbb{N}\}$이라 하자.

(i) A가 유한집합인 경우: 무한개의 n에 대해 $p_n = p\in A$이다. 그러므로 이러한 n에 대해 $p\in C_n$이다. 그런데

$$C_1 \supset C_2 \supset \cdots \supset C_n \supset C_{n+1} \supset \cdots$$

이므로 $p\in C_n (\forall n\in\mathbb{N})$이다. 그러므로 $p\in \cap_{n=1}^{\infty} C_n = (\cup_{n=1}^{\infty} U_n)^c$이 되어 $\mathscr{U}$가 X의 열린덮개라는 사실에 모순이다.

(ii) A가 무한집합인 경우: X가 극한점컴팩트이므로 A의 극한점 $p\in X$가 존재한다. 그리고 X가 T_1-공간이므로 따름정리 7.1.18에 의하여 각각의 $n\in\mathbb{N}$에 대해 p는 $A_n = \{p_i\in A \mid i>n\}$의 극한점이다. 그러면 모든 $n\in\mathbb{N}$에 대하여 $A_n \subset C_n$이고 C_n이 닫힌집합이므로 $p\in C_n$이다. 따라서 $p\in \cap_{n=1}^{\infty} C_n = (\cup_{n=1}^{\infty} U_n)^c$이 되어 $\mathscr{U}$가 X의 열린덮개라는 사실에 모순이다. □

수열컴팩트(sequentially compact)

정의 11.1.10 위상공간 X가 **수열컴팩트**(sequentially compact)란 X의 모든 수열 $\{x_n\}$이 수렴하는 부분수열 $\{x_{n_k}\}$를 갖는 것을 의미한다.

성질 11.1.11 모든 수열컴팩트공간은 가산컴팩트이다.

증명 (대우) X가 가산컴팩트공간이 아니라고 가정하자. 그러면 유한 부분덮개를 갖지 않는 X의 가산 열린덮개 $\mathscr{U}=\{U_n \mid n\in\mathbb{N}\}$가 존재한다. 그리고 $\mathscr{U}$가 유한 부분덮개를 갖지 않으므로, 각각의 $n\in\mathbb{N}$에 대해 $\cup_{k=1}^{n} U_k \neq X$이므로 $X-\cup_{k=1}^{n} U_k \neq \varnothing$이 되어 점 $x_n\in X-\cup_{k=1}^{n} U_k$을 택할 수 있다. 이제 수열 $\{x_{n_k}\}$를 $\{x_n\}$의

임의의 부분수열이라 하자. 임의로 주어진 점 $x \in X$에 대해 $\mathscr{U}$가 X의 덮개이므로 $x \in U_j$인 $j \in \mathbb{N}$가 존재한다. 그런데 모든 $k \geq j$에 대하여 $n_k \geq k \geq j$이므로 $x_{n_k} \notin U_j$이 되어 수열 $\{x_{n_k}\}$는 x로 수렴하지 않는다. 따라서 X는 수열컴팩트가 아니다. □

성질 11.1.6, 정리 11.1.8, 성질 11.1.11에 의하여 다음이 성립한다:

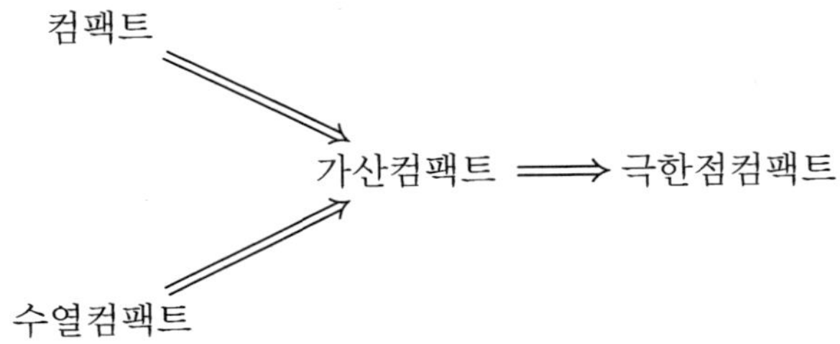

참고 11.1.12 일반적으로 컴팩트와 수열컴팩트 사이에는 아무런 관계가 없다.

(1) 먼저 수열컴팩트이지만 컴팩트가 아닌 공간을 생각해 보자.

보기 9.1.10에 의해 $\overline{S}_\Omega = S_\Omega \cup \{\Omega\} = [a_0, \Omega]$는 컴팩트이고 $S_\Omega = [a_0, \Omega)$는 컴팩트가 아니다.

그러나 $S_\Omega = [a_0, \Omega)$는 수열컴팩트이다: $\{x_n\}$을 $S_\Omega = [a_0, \Omega)$상의 임의의 수열이라 하자. 만약 집합 $A = \{x_n \mid n \in \mathbb{N}\}$가 유한이면 무한히 반복되는

$$x_{n_1} = x_{n_2} = x_{n_3} = x_{n_4} = \cdots$$

이 존재하므로 수렴하는 부분수열 $\{x_{n_k}\}$가 존재한다. 그리고 A가 무한집합인 경우에는

$$A = \{x_n \mid n \in \mathbb{N}\} \subset [a_0, \Omega) \subset [a_0, \Omega]$$

이고 $[a_0, \Omega]$가 컴팩트하므로 정리 11.1.2에 의해 A의 극한점 $p \in [a_0, \Omega]$가 존재한다. 한편 정리 4.2.47에 의하여 $p \neq \Omega$이다. 즉, $p \in [a_0, \Omega) = S_\Omega$이다. 따름정리 4.2.46에 의하여 $S_\Omega = [a_0, \Omega)$는 비가산집합이고 $S_p = [a_0, p)$는 가산집합이므로 $S_\Omega - S_p$도 비가산집합이다. 따라서 $p < z < \Omega$를 만족하는 $z \in S_\Omega$가 존재한다. 이제 $(p, z] = \{x \in S_\Omega \mid p < x \leq z\}$는 공집합이 아니고 S_Ω가 정렬집합이므로 $z_0 = \mathrm{glb}((p, z]) \in (p, z]$가 존재한다. 그러면 $S_{z_0} = [a_0, z_0)$는 가산집합이고 S_Ω가 정렬집합이므로 우리는

$$[a_0, z_0] = \{a_0 = y_0 < y_1 < y_2 < \cdots < p < z_0\}$$

으로 표현할 수 있다. 이제 (y_1, z_0)이 p의 열린근방이므로, 보기 7.1.5와 따름정리 7.1.18에 의하여, $A \cap (y_1, z_0)$가 무한집합이 되어 $x_{n_1} \in A \cap (y_1, z_0)$이 존재한다. 이제 $k \in \mathbb{N}$에 대하여

$$x_{n_i} \in A \cap (y_i, z_0)\ (i = 1, 2, \ldots, k), \quad n_1 < n_2 < \cdots < n_k$$

를 만족하는 x_{n_i}가 존재한다고 가정하자. 그러면 $k+1 \in \mathbb{N}$에 대하여 (y_{k+1}, z_0)이 p의 열린근방이므로, 보기 7.1.5와 따름정리 7.1.18에 의하여, $A \cap (y_{k+1}, z_0)$도 무한집합이다. 따라서

$$x_{n_{k+1}} \in A \cap (y_{k+1}, z_0), \quad n_{k+1} > n_k$$

를 만족하는 $x_{n_{k+1}}$이 존재한다. 따라서 우리는 p로 수렴하는 부분수열 $\{x_{n_k}\}$를 만들었다. (여기서 $\{(y_n, z_0) \mid n \in \mathbb{N}\}$이 점 p에서의 국소기저임을 상기하자.)

따라서 $S_\Omega = [a_0, \Omega)$는 수열컴팩트이다.

(2) 이제 컴팩트이지만 수열컴팩트가 아닌 공간을 생각해보자.

$I = [0, 1]$는 유클리드공간 $\mathbb{R}$의 부분공간이다. 그리고 $X = I^I$를 비가산개의 I로 이루어진 곱공간이라 하자. 즉, $X = \Pi_{i \in I} I$이다. 그러면 I가 컴팩트 하우스도르프이므로 Tychonoff 정리(정리 9.2.3)와 성질 7.1.14에 의하여 X도 컴팩트 하우스도르프이다.

이제 X가 수열컴팩트가 아님을 보이자. 곱공간 X는

$$X = I^I = \{\alpha \mid \alpha : I \to I \text{ 는 함수}\}$$

으로 표현된다. 그리고 $x \in I$를 다음과 같이 2진수로 표현할 수 있다:

$$x = 0.x_1 x_2 x_3 x_4 \cdots, \quad x_i = 0 \text{ 또는 } 1$$

이제 자연수 $n \in \mathbb{N}$에 대하여 함수 $\alpha_n : I \to I$, $\alpha_n(x) = x_n$으로 이루어진 X상의 수열 $\{\alpha_n\}$을 생각하자. 그러면 $\{\alpha_n\}$은 수렴하는 부분수열을 갖지 않는다. 귀류법을 사용하기 위하여 $\{\alpha_n\}$이 수렴하는 부분수열 $\{\alpha_{n_k}\}$를 갖는다고 가정하자. 그리고 $\alpha_{n_k} \to \alpha \in X$이라 하자. 그러면 임의로 주어진 $x \in I$에 대하여 I상의 수열 $\{\alpha_{n_k}(x)\}$는 수렴하고 $\alpha_{n_k}(x) \to \alpha(x) \in I$이다. 한편

$$\alpha_{n_k}(p) = \begin{cases} 0, & k = \text{홀수} \\ 1, & k = \text{짝수} \end{cases}$$

을 만족하는 점 $p \in I$가 존재한다. 그리고 $\alpha_{n_k}(p) \to \alpha(p)$이다. 그런데 I상의 수열

$$\{\alpha_{n_k}(p)\} = \{0, 1, 0, 1, 0, 1, 0, 1, 0, 1, \ldots\}$$

은 수렴하지 않으므로 모순이다. (참고로 $X = I^I$는 제1가산이 아니다.)

성질 11.1.11의 역은 제1가산일 때 성립한다. 이를 보이기 위해 우리는 다음 용어가 필요하다.

정의 11.1.13 $\{x_n\}$을 위상공간 X상의 수열이라 하자. 점 $x \in X$가 수열 $\{x_n\}$의 **집적점**(cluster point, accumulation point)이란 임의로 주어진 x의 열린근방 U와 자연수 j에 대하여 $n \geq j$이고 $x_n \in U$를 만족하는 자연수 n이 존재함을 뜻한다.

보기 11.1.14 (1) 임의의 위상공간 X에서 p가 수열 $\{x_n\}$의 극한점이면 p는 $\{x_n\}$의 집적점이다.

(2) 유클리드공간 $\mathbb{R}$상의 수열 $\{(-1)^n\}$의 집적점은 1과 -1이다. 여기서 1과 -1은 주어진 수열의 극한점이 아님을 유의하자.

기초정리 11.1.15 제1가산공간 X상의 수열 $\{x_n\}$과 점 $x \in X$에 대하여 다음은 동치이다.[1)]

(a) x는 $\{x_n\}$의 집적점이다.

(b) x로 수렴하는 $\{x_n\}$의 부분수열 $\{x_{n_k}\}$가 존재한다.

증명 (a)⇒(b) 먼저 x를 $\{x_n\}$의 집적점이라고 가정하자. X가 제1가산이므로 정리 10.2.10에 의해

$$B_1 \supset B_2 \supset \cdots \supset B_n \supset B_{n+1} \supset \cdots$$

를 만족하는 점 x에서의 가산국소기저 $\mathscr{B}_x = \{B_n \mid n \in \mathbb{N}\}$가 존재한다. x가

1) 기초정리 9.5.14 참조.

$\{x_n\}$의 집적점이므로 $n_1 \geq 1$이고 $x_{n_1} \in B_1$을 만족하는 $n_1 \in \mathbb{N}$이 존재한다. 또한 $n_2 \geq n_1 + 1$이고 $x_{n_2} \in B_2$을 만족하는 $n_2 \in \mathbb{N}$가 존재한다. 이와 같은 방법을 계속하여 우리는

$$n_1 < n_2 < \cdots < n_k < n_{k+1} < \cdots,$$
$$x_{n_k} \in B_k$$

을 만족하는 $\{x_n\}$의 부분수열 $\{x_{n_k}\}$를 얻을 수 있다.

이제 $x_{n_k} \to x$임을 보이자. 임의의 x의 열린근방 U에 대하여 $x \in B_m \subset U$를 만족하는 $m \in \mathbb{N}$이 존재한다. 그리고 모든 $k \geq m$에 대하여 $B_k \subset B_m$이므로 $x_{n_k} \in B_m \subset U$이다. 따라서 $x_{n_k} \to x$이다.

(b)⇒(a) 역으로 x로 수렴하는 $\{x_n\}$의 부분수열 $\{x_{n_k}\}$가 존재한다고 가정하자. 그리고 x의 열린근방 U와 자연수 $j \in \mathbb{N}$가 주어졌다 하자. $x_{n_k} \to x$이므로 $l \in \mathbb{N}$이 존재하여 $k \geq l$이면 $x_{n_k} \in U$를 만족한다. 이제 $n_m \geq \max\{j, n_l\}$을 택하면 $n_m \geq j$이고 $x_{n_m} \in U$이다. 따라서 x는 $\{x_n\}$의 집적점이다. □

성질 11.1.16 제1가산인 가산컴팩트공간은 수열컴팩트이다.

증명 $(X, \mathscr{T})$를 제1가산인 가산컴팩트공간이라 하자. 기초정리 11.1.15에 의해 X의 모든 수열이 집적점을 가짐을 보이면 충분하다. 우리는 이를 귀류법을 사용하여 증명하기 위해 집적점을 갖지 않는 X상의 수열 $\{x_n\}$이 존재한다고 가정하자. 그리고 각각의 자연수 $n \in \mathbb{N}$에 대해

$$U_n = \bigcup \{ V \in \mathscr{T} \mid x_i \notin V \ \ \forall i \geq n \}$$

이라 하자. 그러면 $\mathscr{U} = \{ U_n \mid n \in \mathbb{N} \}$는

$$U_1 \subset U_2 \subset \cdots \subset U_n \subset U_{n+1} \subset \cdots$$

을 만족하는 열린집합들의 모임이다.

이제 $\mathscr{U}$가 X의 열린덮개임을 보이자. 임의의 점 $x \in X$에 대해 x가 $\{x_n\}$의 집적점이 아니므로 $x_k \notin V \ (\forall k \geq j)$를 만족하는 x의 열린근방 V와 자연수 j가 존재한다. 따라서 $x \in U_j$이므로 $\mathscr{U}$는 X의 열린덮개이다.

한편 X가 가산컴팩트이므로 $\mathscr{U}$의 유한 부분덮개 $\{ U_{n_1}, U_{n_2}, \ldots, U_{n_l} \}$이 존재한

다. 이제 $m = \max\{n_1, n_2, \dots, n_l\}$이라 하면 $U_{n_i} \subset U_m (\forall i = 1, 2, \dots, l)$이므로

$$U_m = \bigcup_{i=1}^{l} U_{n_i} = X$$

이다. 그런데 $x_m \notin U_m$이므로 $x_m \notin X$이 되어 모순이다. □

기초정리 11.1.17 (X,d)를 수열컴팩트인 거리공간이라 하자. 만약 $\mathscr{U}$가 X의 열린덮개이면 적당한 양의 실수 δ가 존재하여 직경이 δ보다 작은 X의 부분집합은 $\mathscr{U}$의 적당한 원소에 포함된다. 즉, X의 모든 열린덮개에 대한 Lebesgue 수가 존재한다.2)

증명 (귀류법) Lebesgue 수 δ를 갖지 않는 X의 열린덮개 $\mathscr{U}$가 존재한다고 가정하자. 그러면 모든 자연수 n에 대하여 $\mathrm{diam}(A_n) < \frac{1}{n}$이고 어떠한 $\mathscr{U}$의 원소에도 포함되지 않는 공집합이 아닌 집합 $A_n \subset X$이 존재한다. 이제 각각의 $n \in \mathbb{N}$에 대하여 한 점 $x_n \in A_n$을 택하여 고정하자. 한편 X가 수열컴팩트하므로 수열 $\{x_n\}$은 수렴하는 부분수열 $\{x_{n_k}\}$를 갖는다. 우리는 부분수열 $\{x_{n_k}\}$의 극한을 p라 하자. 그리고 $\mathscr{U}$가 X의 열린덮개이므로 $p \in U$인 열린집합 $U \in \mathscr{U}$가 존재한다. 따라서 $B_d(p, \varepsilon) \subset U$를 만족하는 양의 실수 ε이 존재한다. 이제 자연수 i를 충분히 크게 택하여

$$\mathrm{diam}(A_{n_i}) < \frac{\varepsilon}{2}, \quad x_{n_i} \in B_d(p, \frac{\varepsilon}{2})$$

이 되도록 하자. 그러면 모든 $x \in A_{n_i}$에 대하여

$$d(p, x) \le d(p, x_{n_i}) + d(x_{n_i}, x) < \frac{\varepsilon}{2} + \frac{\varepsilon}{2} = \varepsilon$$

이므로

$$A_{n_i} \subset B_d(p, \varepsilon) \subset U \in \mathscr{U}$$

이다. 이것은 가정에 모순이다. □

2) 기초정리 9.3.15 참조.

정리 11.1.18 거리공간 X에 대하여 다음은 서로 동치이다.[3)]
(a) X는 컴팩트이다.
(b) X는 가산컴팩트이다.
(c) X는 극한점컴팩트이다.
(d) X는 수열컴팩트이다.

증명 d를 X상의 거리라 하자.

(a)⇒(b)⇒(c) 성질 11.1.6과 정리 11.1.8에 의하여 성립한다.

(c)⇒(d) X가 극한점컴팩트라고 가정하자. 그리고 $\{x_n\}$을 X상의 수열이라 하자. 먼저 집합 $A=\{x_n \mid n\in\mathbb{N}\}$이 유한집합이면 무한히 반복되는 x_n이 존재하므로 다음을 만족하는 부분수열 $\{x_{n_k}\}$이 존재한다:

$$x_{n_1}=x_{n_2}=\cdots=x_{n_k}=\cdots$$

그리고 이러한 부분수열 $\{x_{n_k}\}$는 수렴한다.

한편 집합 $A=\{x_n \mid n\in\mathbb{N}\}$이 무한집합이면 X가 극한점컴팩트이므로 A의 극한점 $p\in A'\subset X$이 존재한다. 먼저 $A\cap B_d(p,1)-\{p\}\neq\varnothing$이므로 $x_{n_1}\in A\cap B_d(p,1)$이 존재한다. 이제 자연수 $i=1,\ldots,k-1$에 대하여 다음을 만족하는 $n_i\in\mathbb{N}$가 존재한다고 가정하자:

$$n_1<n_2<\cdots<n_{k-1},$$
$$x_{n_i}\in A\cap B_d(p,\frac{1}{i})\subset B_d(p,\frac{1}{i})$$

그러면 자연수 k에 대하여 p가 A의 극한점이므로 $A\cap B_d(p,\frac{1}{k})$는 무한집합이다. 따라서 다음을 만족하는 자연수 n_k가 존재한다:

$$n_{k-1}<n_k,\quad x_{n_k}\in A\cap B_d(p,\frac{1}{k})\subset B_d(p,\frac{1}{k})$$

그리고 이러한 부분수열 $\{x_{n_k}\}$는 p로 수렴한다.

(d)⇒(a) (i) 먼저 X가 수열컴팩트이면 임의로 주어진 $\varepsilon>0$에 대하여

$$X=B_d(x_1,\varepsilon)\cup B_d(x_2,\varepsilon)\cup\cdots\cup B_d(x_n,\varepsilon)$$

3) 정리 9.5.15 참조.

을 만족하는 유한개의 점 $x_1, x_2, \ldots, x_n \in X$이 존재함을 보이자.

만약 그렇지 않다면 어떠한 유한개의 열린 ε-구들로도 X를 덮을 수 없는 ε이 존재한다. 이제 임의의 한 점 $x_1 \in X$을 택하자. 그러면 $B_d(x_1, \varepsilon) \neq X$이므로 한 점 $x_2 \in X - B_d(x_1, \varepsilon)$을 택할 수 있고, $d(x_2, x_1) \geq \varepsilon$이다. 또다시 $B_d(x_1, \varepsilon) \cup B_d(x_2, \varepsilon) \neq X$이므로 한 점 $x_3 \in X - B_d(x_1, \varepsilon) \cup B_d(x_2, \varepsilon)$을 택할 수 있고, $d(x_3, x_1) \geq \varepsilon$, $d(x_3, x_2) \geq \varepsilon$이다. 수학적 귀납법 가정으로

$$d(x_i, x_j) \geq \varepsilon \ (i \neq j)$$

을 만족하는 $x_1, \ldots, x_n \in X$이 존재한다고 하자. 그러면

$$B_d(x_1, \varepsilon) \cup B_d(x_2, \varepsilon) \cup \cdots \cup B_d(x_n, \varepsilon) \neq X$$

이므로

$$x_{n+1} \in X - B_d(x_1, \varepsilon) \cup B_d(x_2, \varepsilon) \cup \cdots \cup B_d(x_n, \varepsilon)$$

이 존재하여 $d(x_{n+1}, x_i) \geq \varepsilon \ (\forall i = 1, 2, \ldots, n)$이 된다. 따라서

$$d(x_n, x_m) \geq \varepsilon \ (n \neq m)$$

을 만족하는 X상의 수열 $\{x_n\}$이 존재한다. 그런데 이러한 $\{x_n\}$은 수렴하는 부분수열을 갖지 않는다. 이것은 X가 수열컴팩트라는 가정에 모순이다.

(ii) 이제 수열컴팩트공간 X가 컴팩트임을 보이자.
$\mathscr{U}$를 X의 임의의 열린덮개라 하자. 그러면 기초정리 11.1.17에 의하여 $\mathscr{U}$에 대한 Lebesgue 수 δ가 존재한다. 이제 $\varepsilon = \dfrac{\delta}{3}$이라 하면 (i)에 의하여

$$X = B_d(x_1, \varepsilon) \cup B_d(x_2, \varepsilon) \cup \cdots \cup B_d(x_n, \varepsilon)$$

을 만족하는 유한개의 점 $x_1, x_2, \ldots, x_n \in X$이 존재한다. 한편 모든 i에 대해

$$\operatorname{diam}(B_d(x_i, \varepsilon)) = 2\varepsilon = \frac{2}{3}\delta < \delta$$

이므로 $B_d(x_i, \varepsilon) \subset U_i$를 만족하는 $U_i \in \mathscr{U}$가 존재한다. 따라서

$$X = U_1 \cup U_2 \cup \cdots \cup U_n$$

이므로 X는 컴팩트이다. □

따름정리 11.1.19 거리공간 X에 대하여 다음은 동치이다.

(a) X는 컴팩트이다.

(b) 사영사상 $p : X \times [0,1] \to [0,1]$, $p(x,y) = y$는 닫힌사상이다. 단, 여기서 $[0,1]$은 유클리드공간 $\mathbb{R}$의 부분공간이다.[4)]

증명 (a)⇒(b) (방법 1) 정리 9.1.29에 의하여 성립한다.

(방법 2) 먼저 X와 $[0,1]$이 모두 컴팩트이므로 곱공간 $X \times [0,1]$도 컴팩트이다. 따라서 $X \times [0,1]$이 컴팩트이고 $[0,1]$이 Hausdorff이므로 연속사상 p는 닫힌사상이다. 보다 구체적으로 C를 $X \times [0,1]$의 닫힌집합이라고 하자. 먼저 $X \times [0,1]$이 컴팩트이므로 정리 9.1.14에 의해 C도 컴팩트이다. 그리고 p가 연속이므로 $p(C)$는 컴팩트이다. 더구나 $[0,1]$이 Hausdorff이므로 정리 9.1.17에 의해 $p(C)$는 $[0,1]$의 닫힌집합이다. 따라서 p는 닫힌사상이다.

(b)⇒(a) (대우) X가 컴팩트가 아니라고 가정하자. 그러면 X가 거리공간이므로 정리 11.1.18에 의해 극한점을 갖지않는 무한집합 $\{x_n \in X \mid n \in \mathbb{N}\}$이 존재한다. 그래서 $C = \{(x_n, \frac{1}{n}) \mid n \in \mathbb{N}\}$도 극한점을 갖지 않으므로 $X \times [0,1]$의 닫힌집합이다. 그런데 $p(C) = \{\frac{1}{n} \mid n \in \mathbb{N}\}$은 $[0,1]$의 닫힌집합이 아니다. 따라서 p는 닫힌사상이 아니다. □

보기 11.1.20 보기 11.1.4에 의해 순서공간 S_Ω는 극한점컴팩트이지만 컴팩트가 아니므로 우리는 S_Ω에 주어진 위상(순서위상)에 적합한 거리를 줄 수 없다. 따라서 순서공간 $\overline{S}_\Omega = S_\Omega \cup \{\Omega\}$에도 주어진 위상에 적합한 거리를 줄 수 없다. 즉, S_Ω와 $\overline{S}_\Omega$는 거리화 가능이 아니다.

연습문제

문제 11.1.1 위상공간 X에 대하여 다음이 동치임을 보이시오.

(a) X는 극한점컴팩트이다.

(b) 모든 무한 가산집합 $A \subset X$는 극한점을 갖는다.

---

4) 문제 10.3.3 참조.

문제 11.1.2 (1) 하극한공간 $\mathbb{R}_l$은 수열컴팩트가 아님을 보이시오.

(2) $\mathbb{R}_l$의 부분공간 $[0,1]$은 극한점컴팩트가 아님을 보이시오.

문제 11.1.3 여가산공간 $(\mathbb{R},\mathscr{T}_c)$는 수열컴팩트가 아님을 보이시오.

문제 11.1.4 고른위상공간 $([0,1]^\omega,\bar{\rho})$는 극한점컴팩트가 아님을 보이시오. 따라서 $([0,1]^\omega,\bar{\rho})$는 컴팩트도 아니다.

문제 11.1.5 위상공간 X의 닫힌집합 A에 대하여 다음을 보이시오.

(1) 만약 X가 극한점컴팩트이면 부분공간 A도 극한점컴팩트이다.

(2) 만약 X가 가산컴팩트이면 부분공간 A도 가산컴팩트이다.

(3) 만약 X가 수열컴팩트이면 부분공간 A도 수열컴팩트이다.

문제 11.1.6 자연수 집합 $\mathbb{N}$상의 기저

$$\mathscr{B}=\{\{2n-1,2n\}\mid n\in\mathbb{N}\}=\{\{1,2\},\{3,4\},\{5,6\},\dots\}$$

가 생성하는 위상을 $\mathscr{T}$라 하고, 집합 $\mathbb{N}$상의 이산위상을 $\mathscr{D}$라 하자.

(1) $X=(\mathbb{N},\mathscr{T})$는 컴팩트가 아님을 보이시오.

(2) X는 수열컴팩트가 아님을 보이시오.

(3) X는 극한점컴팩트임을 보이시오. 따라서 X는 거리화가능이 아니다.

(4) $Y=(\mathbb{N},\mathscr{D})$는 극한점컴팩트가 아님을 보이시오.

(5) $f:X\to Y$, $f(2n-1)=f(2n)=n$이 전사인 연속사상임을 보이시오. 따라서 연속사상에 의한 극한점컴팩트의 상이 항상 극한점컴팩트가 되는 것은 아니다.

문제 11.1.7 $f:X\to Y$를 연속사상이라 하자. 만약 X가 수열컴팩트이면 $f(X)$도 수열컴팩트임을 보이시오.

문제 11.1.8 X는 극한점컴팩트이고, Y는 제1가산 Hausdorff라 하자. 그러면 전단사 연속사상 $f:X\to Y$는 위상동형사상이 됨을 보이시오.

문제 11.1.9 (X,d)는 거리공간이고 함수 $f:X\to X$가

$$d(f(x),f(y))=d(x,y)\quad\forall x,y\in X$$

를 만족한다고 하자.

(1) f는 연속임을 보이시오.

(2) f는 단사임을 보이시오.

(3) 만약 X가 컴팩트이면 f는 전사임을 보이시오.

(4) 만약 X가 컴팩트이면 f는 위상동형사상임을 보이시오.

문제 11.1.10 (X,d)는 거리공간이고 함수 $f: X \to X$가 고정된 $0 < \alpha < 1$에 대하여

$$d(f(x), f(y)) \leq \alpha d(x, y) \quad \forall x, y \in X$$

를 만족한다고 하자.

(1) f는 연속임을 보이시오.

(2) 만약 X가 컴팩트이면 f는 유일한 고정점을 가짐을 보이시오.[5)]

---

5) 정리 11.2.20 참조.

11.2 완비 거리공간(complete metric spaces)

(X,d)를 거리공간이라 하자. X상의 수열 $\{x_n\}$이 $x \in X$로 **수렴한다**란 임의의 양의 실수 $\varepsilon > 0$에 대하여

$$n \geq n_0 \ \Rightarrow \ d(x_n, x) < \varepsilon$$

을 만족하는 자연수 n_0이 존재하는 경우를 뜻함을 상기하자.

정의 11.2.1 거리공간 (X,d)상의 수열 $\{x_n\}$이 **코시수열(Cauchy sequence)**이란 임의의 양의 실수 $\varepsilon > 0$에 대하여

$$n, m \geq n_0 \ \Rightarrow \ d(x_n, x_m) < \varepsilon$$

을 만족하는 자연수 n_0이 존재하는 경우를 의미한다.

거리공간 (X,d)가 **완비(complete)**란 X상의 모든 코시수열이 수렴하는 경우를 뜻한다.

기초정리 11.2.2 거리공간 (X,d)상의 코시수열 $\{x_n\}$에 대해 집합 $\{x_n \mid n \in \mathbb{N}\}$은 유계이다.

증명 $\{x_n\}$이 거리공간 (X,d)상의 코시수열이라 하자. 그러면 특별히 $\varepsilon = 1$에 대하여

$$n, m \geq n_0 \ \Rightarrow \ d(x_n, x_m) < 1$$

을 만족하는 자연수 n_0이 존재한다. 이제

$$r := \max\{d(x_{n_0}, x_n) \mid n = 1, 2, \ldots, n_0 - 1\}$$

이라 하자. 그러면 모든 $n \in \mathbb{N}$에 대하여 $d(x_{n_0}, x_n) < r + 1$이므로

$$\{x_n \mid n \in \mathbb{N}\} \subset B_d(x_{n_0}, r+1)$$

이 되어 $\{x_n \mid n \in \mathbb{N}\}$은 유계집합이다. □

기초정리 11.2.3 거리공간 (X,d)상의 모든 수렴하는 수열은 코시수열이다.

증명 거리공간 (X,d)상의 수열 $\{x_n\}$이 $x \in X$로 수렴한다고 하자. 그러면 임의로 주어진 양의 실수 $\varepsilon > 0$에 대하여

$$n \geq n_0 \;\Rightarrow\; d(x_n, x) < \frac{\varepsilon}{2}$$

을 만족하는 자연수 n_0이 존재한다. 그리고 이러한 n_0에 대하여

$$n, m \geq n_0 \;\Rightarrow\; d(x_n, x_m) \leq d(x_n, x) + d(x, x_m) < \frac{\varepsilon}{2} + \frac{\varepsilon}{2} = \varepsilon$$

이다. 따라서 $\{x_n\}$은 코시수열이다. □

기초정리 11.2.3의 역은 일반적으로 성립하지 않는다. 예를 들어, 보통거리(유클리드)공간 $\mathbb{R}$의 부분공간 $(0,1)$상의 수열 $\frac{1}{2}, \frac{1}{3}, \frac{1}{4}, \ldots$은 코시수열이지만 $0 \notin (0,1)$이므로 이 수열은 수렴하지 않는다.

기초정리 11.2.4 만약 거리공간 (X,d)상의 코시수열 $\{x_n\}$이 수렴하는 부분수열을 가지면 $\{x_n\}$도 수렴한다.

증명 $\{x_n\}$을 거리공간 (X,d)상의 코시수열이라 하자. 그리고 $\{x_{n_k}\}$를 $x \in X$로 수렴하는 $\{x_n\}$의 부분수열이라 하자. 그러면 주어진 $\varepsilon > 0$에 대하여

$$k \geq l \;\Rightarrow\; d(x_{n_k}, x) < \frac{\varepsilon}{2}$$

을 만족하는 자연수 l이 존재한다. 그리고 $\{x_n\}$이 코시수열이므로

$$n, m \geq m_0 \;\Rightarrow\; d(x_n, x_m) < \frac{\varepsilon}{2}$$

을 만족하는 자연수 m_0이 존재한다. 이제 $n_k > m_0$, $k > l$인 충분히 큰 자연수 k를 택하면

$$n \geq n_k \;\Rightarrow\; d(x_n, x) \leq d(x_n, x_{n_k}) + d(x_{n_k}, x) < \frac{\varepsilon}{2} + \frac{\varepsilon}{2} = \varepsilon$$

이 된다. 따라서 수열 $\{x_n\}$은 x로 수렴한다. □

정리 11.2.5 거리공간 (X,d)에 대하여 다음은 동치이다.
(a) X는 완비이다.
(b) X상의 모든 코시수열이 수렴하는 부분수열을 갖는다.

증명 (a)⇒(b) 먼저 거리공간 X가 완비라 하자. 그리고 $\{x_n\}$을 X상의 코시수열이라 하자. 그러면 X가 완비이므로 $\{x_n\}$은 수렴한다. 따라서 $\{x_n\}$은 수렴하는 부분수열 (자기 자신) $\{x_n\}$을 갖는다.

(b)⇒(a) 이제 $\{x_n\}$을 거리공간 X상의 코시수열이라 하자. 그러면 가정에 의하여 수렴하는 부분수열 $\{x_{n_k}\}$가 존재한다. 따라서 기초정리 11.2.4에 의하여 $\{x_n\}$도 수렴한다. 따라서 X는 완비이다. □

보기 11.2.6 보통거리공간 $\mathbb{R}^n$은 완비이다: $\{x_n\}$을 $\mathbb{R}^n$의 코시수열이라 하자. 그러면 기초정리 11.2.2에 의하여 집합 $\{x_n \mid n\in\mathbb{N}\}$이 유계이므로 $\{x_n \mid n\in\mathbb{N}\} \subset B(\mathbf{0}, r)$을 만족하는 양의 실수 r이 존재한다. 그러면 $\overline{B(\mathbf{0}, r)}$는 컴팩트 거리공간이고 $\{x_n \mid n\in\mathbb{N}\} \subset \overline{B(\mathbf{0}, r)}$이므로 정리 11.1.18에 의하여 수열 $\{x_n\}$은 수렴하는 부분수열 $\{x_{n_k}\}$을 갖는다. 그러므로 정리 11.2.5에 의해 $\mathbb{R}^n$은 완비이다.

보기 11.2.7 보통거리공간 $\mathbb{R}$의 부분공간 $\mathbb{Q}$는 완비가 아니다: 예를 들어 $\sqrt{2}$에 수렴하는 유한소수들의 수열

$$1.4,\ 1.41,\ 1.414,\ 1.4142, \ldots$$

은 $\mathbb{Q}$상의 코시수열이지만 $\mathbb{Q}$상의 어떤 점으로도 수렴하지 않는다($\because \sqrt{2} \notin \mathbb{Q}$).

다음 보기 11.2.8은 완비성(completeness)이 위상에 의존하는 것이 아니고 거리에 의존함을 말해주고 있다. 따라서 완비성은 위상적 성질이 아니다.

보기 11.2.8 실수 집합 $\mathbb{R}$상에 거리 $d' : \mathbb{R}\times\mathbb{R} \to \mathbb{R}$을

$$d'(x, y) = \left| \frac{x}{1+|x|} - \frac{y}{1+|y|} \right|$$

와 같이 정의하자.

(1) 그러면 $\mathscr{T}_d = \mathscr{T}_{d'}$이다. 여기서 d는 집합 $\mathbb{R}$상의 보통거리이다(즉, $d(x, y) = |x-y|$이

다). 그러므로 거리공간 $X=(\mathbb{R}, d')$는 유클리드공간 $\mathbb{R}=(\mathbb{R}, d)$과 (위상적으로) 같다: 구체적으로, 다음과 같이 정의된 함수

$$f:\mathbb{R}=(\mathbb{R}, d) \to \mathbb{R}=(\mathbb{R}, d),\ f(x)=\frac{x}{1+|x|}$$

에 대하여 $f:\mathbb{R} \to f(\mathbb{R})$는 위상동형사상이다. 먼저 임의의 한 점 $x_0 \in \mathbb{R}$을 택하면 f가 연속이므로 임의의 양의 실수 $\varepsilon > 0$에 대하여

$$d(x, x_0)=|x-x_0|<\delta \ \Rightarrow \ d(f(x), f(x_0))=|f(x)-f(x_0)|<\varepsilon$$

을 만족하는 양의 실수 $\delta > 0$가 존재한다. 그래서

$$y \in B_d(x_0, \delta) \Rightarrow |y-x_0|<\delta \Rightarrow d'(y, x_0)=|f(y)-f(x_0)|<\varepsilon \Rightarrow y \in B_{d'}(x_0, \varepsilon)$$

이므로 $B_d(x_0, \delta) \subset B_{d'}(x_0, \varepsilon)$이다. 따라서 정리 3.2.9에 의하여 $\mathscr{T}_d \supset \mathscr{T}_{d'}$이다.

역으로 f의 역함수

$$f^{-1}:f(\mathbb{R}) \to \mathbb{R},\ f^{-1}(y)=\frac{1}{1-|y|}y$$

도 연속이다. 임의의 $x_0 \in \mathbb{R}$와 $\varepsilon > 0$에 대하여 $y_0=f(x_0) \in f(\mathbb{R})$이라 하면 f^{-1}가 연속이므로

$$y \in f(\mathbb{R}),\ d(y_0, y)<\delta \ \Rightarrow \ d(f^{-1}(y_0), f^{-1}(y))<\varepsilon$$

을 만족하는 양의 실수 $\delta > 0$가 존재한다. 그래서 만약 $x \in B_{d'}(x_0, \delta)$이면

$$\begin{aligned} & d'(x, x_0)=|f(x)-f(x_0)|=d(f(x), f(x_0))<\delta \ \Rightarrow \\ & d(f^{-1}(f(x)), f^{-1}(f(x_0)))=d(x, x_0)=|x-x_0|<\varepsilon \end{aligned}$$

이므로 $B_{d'}(x_0, \delta) \subset B_d(x_0, \varepsilon)$이다. 따라서 정리 3.2.9에 의하여 $\mathscr{T}_{d'} \supset \mathscr{T}_d$이다.

(2) 보기 11.2.6에서 보았듯이 유클리드공간 $\mathbb{R}=(\mathbb{R}, d)$은 완비이다. 그러나 $X=(\mathbb{R}, d')$는 완비가 아니다: 이를 보이기 위하여 수열 $\{n\}_{n \in \mathbb{N}}$을 생각하자. 그러면 $\{n\}$은 $\mathbb{R}=(\mathbb{R}, d)$상의 코시수열은 아니다. 그러나 $\{n\}$은 $X=(\mathbb{R}, d')$상의 코시수열이다. 왜냐하면 주어진 양의 실수 $\varepsilon > 0$에 대하여 $n_0 > \dfrac{2}{\varepsilon}$을 만족하는 자연수 n_0을 택하자. 그러면 만약 $n, m \geq n_0$이면

$$d'(n,m) = \left|\frac{n}{1+n} - \frac{m}{m+1}\right| = \frac{\left|\frac{1}{m}-\frac{1}{n}\right|}{(1+\frac{1}{n})(1+\frac{1}{m})} < \left|\frac{1}{m}-\frac{1}{n}\right| \le \frac{1}{m}+\frac{1}{n} \le \frac{2}{n_0} < \varepsilon$$

이므로 $\{n\}$은 $X = (\mathbb{R}, d')$상의 코시수열이다.

그러나 $\{n\}$은 수렴하지 않는다. 이를 귀류법을 사용하여 보이기 위해 $\{n\}$이 $x \in X = (\mathbb{R}, d')$로 수렴한다고 가정하자. (1)에서 보았듯이 임의의 양의 실수 $\varepsilon > 0$에 대하여 $B_{d'}(x, \delta) \subset B_d(x, \varepsilon)$을 만족하는 양의 실수 $\delta > 0$가 존재한다. 그리고 $\{n\}$이 $X = (\mathbb{R}, d')$상에서 x로 수렴하므로 주어진 δ에 대하여

$$n \ge n_0 \;\Rightarrow\; d'(n, x) < \delta$$

를 만족하는 자연수 n_0이 존재한다. 그래서

$$n \ge n_0 \;\Rightarrow\; d'(n, x) < \delta \;\Rightarrow\; d(n, x) < \varepsilon$$

이 되어 $\{n\}$은 $\mathbb{R} = (\mathbb{R}, d)$상에서도 x로 수렴한다. 이것은 명백하게 모순이다.

따라서 $X = (\mathbb{R}, d')$는 완비가 아니다.

정리 11.2.9 모든 컴팩트 거리공간은 완비이다.

증명 X를 컴팩트 거리공간이라 하자. 그리고 $\{x_n\}$을 X상의 코시수열이라 하자. 그러면 정리 11.1.18에 의해 X가 수열컴팩트이므로 $\{x_n\}$은 수렴하는 부분수열을 갖는다. 따라서 기초정리 11.2.4에 의하여 $\{x_n\}$도 수렴한다. □

보통거리공간 $\mathbb{R}$은 완비이다. 그러나 이의 부분공간 $(0, 2]$는 완비가 아니다.

정리 11.2.10 완비 거리공간의 닫힌부분공간은 완비이다.

증명 A를 완비 거리공간 X의 닫힌부분공간이라 하자. 이제 $\{a_n\}$을 A상의 코시수열이라 하자. 그러면 이 수열은 X상의 코시수열도 되고 X가 완비이므로 $\{a_n\}$은 $x \in X$로 수렴한다. 그리고 A가 닫힌집합이므로 성질 4.3.6에 의해 $x \in \overline{A} = A$이 되어 $\{a_n\}$은 A에서 수렴한다. 따라서 부분공간 A도 완비이다. □

성질 11.2.11 거리공간 (X,d)의 부분공간 $(A, d|_A)$이 완비이면 A는 X의 닫힌집합이다.

증명 만약 $x \in A'$이면 따름정리 4.3.14에 의해 x로 수렴하는 수열 $a_n \in A$이 존재한다. 그리고 기초정리 11.2.3에 의해 $\{a_n\}$은 코시수열이다. 그런데 A가 완비이므로 $x \in A$이어야 한다. 따라서 A는 X의 닫힌집합이다. □

성질 11.2.12 X를 완비 거리공간이라 하자. 만약 X의 공집합이 아닌 닫힌집합들의 모임 $\{C_n \mid n \in \mathbb{N}\}$이

(i) $C_1 \supset C_2 \supset \cdots \supset C_n \supset C_{n+1} \supset \cdots$,

(ii) $\lim_{n \to \infty} \operatorname{diam}(C_n) = 0$

을 만족하면 $\cap_{n=1}^{\infty} C_n$은 한 점 집합이다.

증명 각각의 $n \in \mathbb{N}$에 대하여 한 점 $x_n \in C_n$을 택하면 $\lim_{n \to \infty} \operatorname{diam}(C_n) = 0$이므로 $\{x_n\}$은 코시수열이다. 그리고 X가 완비이므로 $\{x_n\}$은 수렴한다. 우리는 $\lim_{n \to \infty} x_n = x$이라 하자. 그런데 (i)에 의해 임의의 자연수 $n \in \mathbb{N}$에 대하여 $x_k \in C_n (\forall\, k \geq n)$이고 C_n이 닫힌집합이므로 $x \in C_n$이다. 따라서 $x \in \cap_{n=1}^{\infty} C_n$이다. 그리고 (ii)에 의해 $\cap_{n=1}^{\infty} C_n = \{x\}$이다. □

주어진 거리공간 (X,d)에 대하여 집합 X상의 또 다른 거리인 d가 유도하는 표준유계거리

$$\bar{d}(x, y) = \min\{1, d(x, y)\}$$

를 생각하자.[6] 특별히 $\bar{d}(x, y) < 1$인 경우에는 $\bar{d}(x, y) = d(x, y)$이다.

성질 11.2.13 거리공간 (X,d)가 완비일 필요충분조건은 $(X, \bar{d})$가 완비인 것이다.

증명 먼저 (X,d)가 완비라고 가정하자. 이제 $\{x_n\}$을 $(X, \bar{d})$상의 임의로 주어진 코시

6) 보기 3.3.18 참조.

수열이라 하자. 그러면 주어진 $0 < \varepsilon < 1$에 대하여

$$n, m \geq n_0 \Rightarrow \overline{d}(x_n, x_m) < \varepsilon$$

을 만족하는 자연수 n_0이 존재한다. 그런데 $\varepsilon < 1$이므로 $\overline{d}(x_n, x_m) = d(x_n, x_m)$이 되어, 이러한 n_0에 대하여

$$n, m \geq n_0 \Rightarrow d(x_n, x_m) < \varepsilon$$

이 성립한다. 그리고 $\varepsilon \geq 1$인 경우에는 $\frac{1}{2}$이 1보다 작으므로 (앞에서 보였듯이)

$$n, m \geq n_0 \Rightarrow d(x_n, x_m) < \frac{1}{2} < \varepsilon$$

을 만족하는 자연수 n_0이 존재한다. 따라서 수열 $\{x_n\}$은 (X, d)상의 코시수열이다.

가정에 의하여 (X, d)가 완비이므로 $\{x_n\}$은 거리 d에 의해 수렴한다. 우리는 $\lim_{n \to \infty} x_n = p$이라 하자. 그러면 임의의 $\varepsilon_1 > 0$에 대하여

$$n \geq n_1 \Rightarrow d(x_n, p) < \varepsilon_1$$

을 만족하는 자연수 n_1이 존재한다. 그런데 $\overline{d}(x_n, p) \leq d(x_n, p)$이므로, 이러한 n_1에 대하여

$$n \geq n_1 \Rightarrow \overline{d}(x_n, p) < \varepsilon_1$$

이 성립한다. 그러므로 $\{x_n\}$은 거리 $\overline{d}$에 의해 p로 수렴한다. 따라서 $(X, \overline{d})$는 완비이다.

역으로 $(X, \overline{d})$가 완비라 가정하자. 이제 $\{x_n\}$을 (X, d)상의 임의로 주어진 코시수열이라 하자. 그러면 주어진 $\varepsilon > 0$에 대하여

$$n, m \geq n_0 \Rightarrow d(x_n, x_m) < \varepsilon$$

을 만족하는 자연수 n_0이 존재한다. 그런데 $\overline{d}(x_n, x_m) \leq d(x_n, x_m)$이므로

$$n, m \geq n_0 \Rightarrow \overline{d}(x_n, x_m) < \varepsilon$$

이 성립한다. 따라서 수열 $\{x_n\}$은 $(X, \overline{d})$상의 코시수열이다.

가정에 의하여 $(X, \overline{d})$가 완비이므로 $\{x_n\}$은 거리 $\overline{d}$에 의해 수렴한다. 우리는

$\lim_{n\to\infty} x_n = p$이라 하자. 그러면 임의의 $0 < \varepsilon_1 < 1$에 대하여

$$n \geq n_1 \;\Rightarrow\; \bar{d}(x_n, p) < \varepsilon_1$$

을 만족하는 자연수 n_1이 존재한다. 그런데 $\varepsilon_1 < 1$이므로 $\bar{d}(x_n, p) = d(x_n, p)$이 되어

$$n \geq n_1 \;\Rightarrow\; d(x_n, p) < \varepsilon_1$$

이 성립한다. 그리고 $\varepsilon_1 \geq 1$인 경우에는 $\frac{1}{2}$이 1보다 작으므로

$$n \geq n_1 \;\Rightarrow\; d(x_n, p) < \frac{1}{2} < \varepsilon_1$$

을 만족하는 자연수 n_1이 존재한다. 그러므로 $\{x_n\}$은 거리 d에 의해 p로 수렴한다. 따라서 (X,d)는 완비이다. □

정의 11.2.14 거리공간 (X,d)가 **완전유계**(totally bounded)란 임의의 양의 실수 $\varepsilon > 0$에 대하여

$$X = B_d(p_1, \varepsilon) \cup B_d(p_2, \varepsilon) \cup \cdots \cup B_d(p_n, \varepsilon)$$

을 만족하는 유한집합 $\{p_1, p_2, \ldots, p_n\} \subset X$이 존재함을 의미한다.

그리고 $A \subset (X,d)$가 **완전유계**란 임의의 양의 실수 $\varepsilon > 0$에 대하여

$$A \subset B_d(a_1, \varepsilon) \cup B_d(a_2, \varepsilon) \cup \cdots \cup B_d(a_n, \varepsilon)$$

을 만족하는 유한집합 $\{a_1, a_2, \ldots, a_n\} \subset A$이 존재함을 의미한다. 즉, 부분공간 $(A, d|)$가 완전유계임을 의미한다.

기초정리 11.2.15 완전유계인 거리공간 (X,d)는 유계이다.

증명 (X,d)가 완전유계인 거리공간이므로 $\varepsilon = 1$에 대하여

$$X = B_d(p_1, 1) \cup B_d(p_2, 1) \cup \cdots \cup B_d(p_n, 1)$$

을 만족하는 유한집합 $F = \{p_1, p_2, \ldots, p_n\} \subset X$이 존재한다. 그리고 우리는

$r = \max\{d(p_i, p_j) \in \mathbb{R} \mid p_i, p_j \in F\}$이라 하자. 그러면 임의의 $x, y \in X$에 대하여 $x \in B_d(p_i, 1)$, $y \in B_d(p_j, 1)$을 만족하는 $p_i, p_j \in F$가 존재하여

$$d(x, y) \le d(x, p_i) + d(p_i, p_j) + d(p_j, y) < r + 2$$

이므로 (X, d)는 유계이다. □

보기 11.2.16 거리공간 $(\mathbb{R}, \bar{d})$은 유계이지만 완전유계는 아니다. 단, 여기서 $\bar{d}$는 보통 거리 d가 유도하는 표준유계거리이다($\varepsilon = \frac{1}{3}$을 생각해보자).

정리 11.2.17 거리공간 (X, d)에 대하여 다음은 동치이다.
(a) X는 완전유계이다.
(b) X상의 모든 수열은 코시 부분수열을 갖는다.

증명 (a)⇒(b) 먼저 (X, d)가 완전유계라 하자. 그리고 $S = \{x_n\}$을 X상의 임의의 수열이라 하자. 그러면 $\varepsilon = \frac{1}{2^2}$에 대하여

$$X = B_d(p_1, \frac{1}{2^2}) \cup B_d(p_2, \frac{1}{2^2}) \cup \cdots \cup B_d(p_n, \frac{1}{2^2})$$

을 만족하는 유한집합 $\{p_1, p_2, \ldots, p_n\} \subset X$이 존재하여

$$S = \{x_n\} \subset B_d(p_1, \frac{1}{2^2}) \cup B_d(p_2, \frac{1}{2^2}) \cup \cdots \cup B_d(p_n, \frac{1}{2^2})$$

을 만족한다. 이제 각각의 $i = 1, 2, \ldots, n$에 대하여 $A_i = \{n \mid x_n \in B_d(p_i, \frac{1}{2^2})\}$이라 하면 $\cup_{i=1}^{n} A_i = \mathbb{N}$이다. 따라서 $A_1, A_2, \ldots, A_n$중 적어도 하나는 무한집합이 된다. 우리는 이것을 A_j라 하고 $S_1 = \{x_n \mid n \in A_j\}$이라 하면 S_1은 수열 $S = \{x_n\}$의 부분수열이다. 우리는 $S_1 = \{x_{11}, x_{12}, \ldots, x_{1n}, \ldots\}$으로 표시하자. 그러면

$$d(x_{1n}, x_{1m}) \le d(x_{1n}, p_k) + d(p_k, x_{1m}) < \frac{1}{2^2} + \frac{1}{2^2} = \frac{1}{2} \quad (\forall n, m \in \mathbb{N})$$

이다. 같은 방법을 부분수열 $S_1 = \{x_{1n}\}$과 $\varepsilon = \frac{1}{2^3}$에 적용하면 우리는 다음을 만족하는 S_1의 부분수열 $S_2 = \{x_{2n}\}$을 얻을 수 있다:

$$d(x_{2n}, x_{2m}) < \frac{1}{2^2} \ (\forall\, n, m \in \mathbb{N})$$

이와 같은 과정을 계속하면 (즉, 수학적 귀납법에 의하여) 임의의 자연수 $k(\varepsilon = \frac{1}{2^{k+1}})$에 대하여 우리는 다음을 만족하는 S_{k-1}의 부분수열 $S_k = \{x_{kn}\}$을 얻을 수 있다:

$$d(x_{kn}, x_{km}) < \frac{1}{2^k} \ (\forall\, n, m \in \mathbb{N})$$

따라서 우리는 $\{x_n\}$의 부분수열들의 수열 $\{S_n\}$을 얻었다. 그리고

$$\begin{array}{l} S_1 : x_{11}, x_{12}, x_{13}, x_{14}, \cdots \\ S_2 : x_{21}, x_{22}, x_{23}, x_{24}, \cdots \\ S_3 : x_{31}, x_{32}, x_{33}, x_{34}, \cdots \\ \ \vdots \qquad\qquad\quad \vdots \\ S_n : x_{n1}, x_{n2}, x_{n3}, x_{n4}, \cdots \\ \ \vdots \qquad\qquad\quad \vdots \end{array}$$

의 대각원소들의 수열 $\{x_{11}, x_{22}, x_{33}, \cdots, x_{nn}, \cdots\}$이 $\{x_n\}$의 코시 부분수열이다.

(b)⇒(a) (대우) 역으로 X가 완전유계가 아니라고 가정하자. 그러면 어떠한 유한집합 $\{p_1, p_2, \cdots, p_n\} \subset X$에 대해서도

$$X = B_d(p_1, \varepsilon) \cup B_d(p_2, \varepsilon) \cup \cdots \cup B_d(p_n, \varepsilon)$$

을 만족하지 않는 양의 실수 $\varepsilon > 0$이 존재한다. 따라서 모든 유한집합 $\{p_1, p_2, \cdots, p_n\} \subset X$에 대해서

$$B_d(p_1, \varepsilon) \cup B_d(p_2, \varepsilon) \cup \cdots \cup B_d(p_n, \varepsilon) \subsetneq X$$

이다. 먼저 임의의 한 점 $x_1 \in X$을 택하자. 그리고 $B_d(x_1, \varepsilon) \subsetneq X$이므로 $X - B_d(x_1, \varepsilon) \neq \varnothing$이다. 이제 한 점 $x_2 \in X - B_d(x_1, \varepsilon)$를 택하면 $d(x_1, x_2) \geq \varepsilon$이 된다. 그리고 두 점 집합 $\{x_1, x_2\}$에 대하여 $B_d(x_1, \varepsilon) \cup B_d(x_2, \varepsilon) \subsetneq X$이므로 $X - (B_d(x_1, \varepsilon) \cup B_d(x_2, \varepsilon)) \neq \varnothing$이다. 다시 한 점 $x_3 \in X - (B_d(x_1, \varepsilon) \cup B_d(x_2, \varepsilon))$을 택하면

$$d(x_1, x_3) \geq \varepsilon, \quad d(x_2, x_3) \geq \varepsilon$$

이 된다. 이와 같은 방법을 계속하면, 임의의 자연수 n, m에 대하여 $d(x_n, x_m)$

$\geq \varepsilon$을 만족하는 수열 $\{x_n\}$을 만들 수 있고, 이 수열은 코시 부분수열을 갖지 않는다. □

다음 정리는 보통거리(유클리드)공간 $\mathbb{R}^n$에서의 Heine-Borel 정리를 거리공간으로 일반화한 것이다.

정리 11.2.18 거리공간 (X,d)의 부분공간 A에 대하여 다음은 동치이다.
(a) A는 컴팩트이다.
(b) A는 완비이고 완전유계이다.

증명 (a)⇒(b) 먼저 부분공간 $A=(A,d|_A)$가 컴팩트라고 가정하자. 그러면 정리 11.2.9에 의하여 A는 완비이다. 그리고 정리 11.1.18에 의하여 A는 수열컴팩트이다. 그러므로 A의 모든 수열은 수렴하는 부분수열을 갖고 수렴하는 수열은 코시수열이므로 정리 11.2.17에 의하여 A는 완전유계이다.

(b)⇒(a) 역으로 A가 완비이고 완전유계라고 가정하자. 이제 $\{x_n\}$을 A상의 임의의 수열이라 하자. 그러면 A가 완전유계이므로 정리 11.2.17에 의하여 $\{x_n\}$은 코시 부분수열 $\{x_{n_k}\}$을 갖는다. 그리고 A가 완비이므로 코시 부분수열 $\{x_{n_k}\}$은 수렴한다. 따라서 A상의 모든 수열은 수렴하는 부분수열을 가지므로 A는 수열컴팩트이다. 따라서 정리 11.1.18에 의하여 A는 컴팩트이다. □

참고 11.2.19 여기서 왜 정리 11.2.18이 보통거리(유클리드)공간 $\mathbb{R}^n$에서의 Heine-Borel 정리의 거리공간으로의 일반화인지 살펴보자. 이를 위해 우리는 보통거리공간 $\mathbb{R}^n$의 부분공간 A에 대하여 다음이 동치임을 보이면 된다.
(a) A는 닫힌집합이고 유계이다.
(b) A는 완비이고 완전유계이다.

풀이 보기 11.2.6에 의해 $\mathbb{R}^n$은 완비이다.

(b)⇒(a) 이제 A가 완비이고 완전유계라 하자. 그러면 성질 11.2.11에 의해 A는 $\mathbb{R}^n$의 닫힌집합이다. 그리고 기초정리 11.2.15에 의해 A는 유계이다.

(a)⇒(b) 역으로 A가 닫힌집합이고 유계라 하자. 그러면 $\mathbb{R}^n$이 완비이므로 정리 11.2.10에 의하여 A는 완비이다. 그리고 A가 유계이므로 $A\subset[a_1,b_1]\times\cdots\times[a_n,b_n]\subset\mathbb{R}^n$을 만족하는 $a_i, b_i\in\mathbb{R}\,(i=1,\dots,n)$가 존재한다. 임의로 주어진

$\varepsilon > 0$과 각각의 $i=1,\ldots,n$에 대해 $\frac{b_i - a_i}{n_i} < \frac{\varepsilon}{4n}$을 만족하는 자연수 n_i를 택하자. 그리고 각각의 $i=1,\ldots,n$에 대해 $B_i = \{a_i + \frac{b_i - a_i}{n_i}k \mid k = 0, 1, \ldots, n_i\}$이라 하자. 그러면 $C = B_1 \times \cdots \times B_n$은 $\mathbb{R}^n$의 유한부분집합이고 $\{B(c, \frac{\varepsilon}{4}) \mid c \in C\}$는 A의 덮개이다. 이제 $A \cap B(c, \frac{\varepsilon}{4}) \neq \varnothing$인 $c \in C$에 대해 한 점 $a_c \in A \cap B(c, \frac{\varepsilon}{4})$를 택한 모임을 $\{a_1, \ldots, a_l\}$이라 하자. 그러면

$$A \subset \cup_{j=1}^{l} B(a_j, \varepsilon)$$

이 되어 A는 완전유계이다. □

Banach 고정점 정리†

완비 거리공간은 여러 가지 유용한 성질을 가지고 있어 해석학 분야에서 중요하게 여기는 공간이다. 이러한 성질 중 하나가 다음의 Banach 고정점 정리이다.

함수 $f : X \to X$에 대해 $a \in X$가 f의 **고정점(fixed point)**이란 $f(a) = a$를 만족함을 의미한다.

정리 11.2.20 (Banach 고정점 정리[7]) (X, d)를 완비 거리공간이라 하자. 적당한 $0 \le \alpha < 1$에 대하여 함수 $f : X \to X$가

$$d(f(x), f(y)) \le \alpha d(x, y) \quad \forall x, y \in X$$

를 만족하면 f는 (고른)연속이고 유일한 고정점을 갖는다.

증명 f가 (고른)연속이 되는 것은 자명하다. 이를테면, 주어진 $\varepsilon > 0$에 대해 $\delta = \varepsilon$으로 잡으면 된다.

먼저 f의 고정점이 유일함을 보이자. 만약 f가 두 개의 고정점 $a, b \in X$를 갖는다면 $f(a) = a$, $f(b) = b$이므로

$$d(a, b) = d(f(a), f(b)) \le \alpha d(a, b) < d(a, b)$$

이 되어 모순이다. 따라서 f의 고정점은 유일하다.

이제 f의 고정점이 존재함을 보이자. 임의의 점 $x \in X$에 대해 수열

7) Banach fixed point theorem

$$x,\ f(x),\ f^2(x)=f(f(x)),\dots,\ f^n(x),\dots$$

을 생각하자. 모든 자연수 $n\in\mathbb{N}$에 대해

$$d(f^n(x),f^{n+1}(x))\le \alpha d(f^{n-1}(x),f^n(x))\le\cdots\le\alpha^n d(x,f(x))$$

이므로 두 자연수 $m>n$에 대하여

$$\begin{aligned} d(f^m(x),f^n(x)) &\le d(f^m(x),f^{m-1}(x))+d(f^{m-1}(x),f^{m-2}(x))+\\ &\quad\cdots+d(f^{n+1}(x),f^n(x))\\ &\le(\alpha^{m-1}+\alpha^{m-2}+\cdots+\alpha^n)d(x,f(x))\\ &=\frac{\alpha^n(1-\alpha^{m-n})}{1-\alpha}d(x,f(x))\\ &\le\frac{\alpha^n}{1-\alpha}d(x,f(x)) \end{aligned}$$

이다. 따라서 $\lim\limits_{n\to\infty}d(f^m(x),f^n(x))=0$이 되어 $\{f^n(x)\}$은 코시수열이다.

한편 (X,d)가 완비이므로 코시수열 $\{f^n(x)\}$은 수렴한다. 우리는

$$\lim_{n\to\infty}f^n(x)=a$$

이라 하자. 그러면 f가 연속이므로 기초정리 5.1.28에 의해

$$a=\lim_{n\to\infty}f^{n+1}(x)=\lim_{n\to\infty}f(f^n(x))=f(\lim_{n\to\infty}f^n(x))=f(a)$$

이다. 따라서 a는 f의 고정점이다. □

보기 11.2.21 $\alpha=1$인 경우는 Banach 고정점 정리가 성립하지 않는다. 예를 들어 함수 $f:\mathbb{R}\to\mathbb{R}$, $f(x)=\ln(1+e^x)$는 $f'(x)=\frac{e^x}{1+e^x}<1$이므로 모든 $x,\ y\in\mathbb{R}$에 대해 $|f(x)-f(y)|<|x-y|$를 만족한다(평균값 정리). 그러나 f의 고정점은 존재하지 않는다. 왜냐하면 만약 $a\in\mathbb{R}$가 f의 고정점이라면 $a=f(a)=\ln(1+e^a)$이 성립하므로 $e^a=1+e^a$이 되어 모순이다.

완비 거리공간의 곱

정리 11.2.22 $\mathbb{R}^\omega$상의 곱위상을 유도하는 거리 D에 대해 $(\mathbb{R}^\omega, D)$는 완비이다. 여기서 $D(\mathbf{x},\mathbf{y}) = \sup\{\frac{\overline{d}(x_n, y_n)}{n} \mid n \in \mathbb{N}\}$이다.[8)]

증명) $\{\mathbf{x}_n\}$을 $(\mathbb{R}^\omega, D)$상의 코시수열이라 하자. 그러면 고정된 k에 대해서 $\overline{d}(\pi_k(\mathbf{x}), \pi_k(\mathbf{y})) \le kD(\mathbf{x},\mathbf{y})$이므로 $\{\pi_k(\mathbf{x}_n)\}$은 완비거리공간 $\mathbb{R}$상의 코시수열이 되어 수렴한다. 우리는 $\pi_k(\mathbf{x}_n) \to a_k$라 하자. 그러면 수열 $\{\mathbf{x}_n\}$은 $\mathbf{a} = (a_1, a_2, a_3, \dots) \in \mathbb{R}^\omega$로 수렴한다. □

정리 11.2.23 (Y, d)가 완비이면 d가 유도하는 고른거리 $\overline{\rho}$에 대해 $(Y^\Lambda, \overline{\rho})$는 완비이다. 여기서 $\overline{\rho}((x_\alpha),(y_\alpha)) = \sup\{\overline{d}(x_\alpha, y_\alpha) \mid \alpha \in \Lambda\}$이다.[9)]

증명) 먼저 (Y, d)가 완비이므로 $(Y, \overline{d})$도 완비이다(성질 11.2.13). 그리고 $\{f_n\}$을 $(Y^\Lambda, \overline{\rho})$상의 코시수열이라 하자. 단, 여기서 $f_n : \Lambda \to Y$이다. 각각의 $\alpha \in \Lambda$에 대하여

$$\overline{d}(f_n(\alpha), f_m(\alpha)) \le \overline{\rho}(f_n, f_m)$$

이므로 $\{f_n(\alpha)\}$은 $(Y, \overline{d})$상의 코시수열이다. 그런데 $(Y, \overline{d})$가 완비이므로 $\{f_n(\alpha)\}$는 수렴한다. 우리는 $\lim_{n\to\infty} f_n(\alpha) = y_\alpha \in Y$이라 하자. 그리고 함수 $f : \Lambda \to Y$를 $f(\alpha) = y_\alpha$로 정의하자.

이제 수열 f_n이 $(Y^\Lambda, \overline{\rho})$에서 f로 수렴함을 보이자. 임의로 주어진 양의 실수 ε에 대하여 $\{f_n\}$이 $(Y^\Lambda, \overline{\rho})$상의 코시수열이므로

$$n, m \ge n_0 \Rightarrow \overline{\rho}(f_n, f_m) < \frac{\varepsilon}{2}$$

을 만족하는 자연수 n_0이 존재한다. 그리고 모든 $\alpha \in \Lambda$에 대하여

$$\overline{d}(f_n(\alpha), f_m(\alpha)) \le \overline{\rho}(f_n, f_m)$$

8) 정리 6.1.35 참조.
9) 정의 6.1.30 참조.

이므로

$$n, m \geq n_0 \Rightarrow \bar{d}(f_n(\alpha), f_m(\alpha)) < \frac{\varepsilon}{2} \quad \forall \alpha \in \Lambda$$

를 만족한다. 이제 n과 α를 고정하고 $m \to \infty$를 취하면

$$\bar{d}(f_n(\alpha), f(\alpha)) = \bar{d}(f_n(\alpha), \lim_{m \to \infty} f_m(\alpha)) = \lim_{m \to \infty} \bar{d}(f_n(\alpha), f_m(\alpha)) \leq \frac{\varepsilon}{2}$$

이 성립한다. 따라서

$$n \geq n_0 \Rightarrow \bar{d}(f_n(\alpha), f(\alpha)) \leq \frac{\varepsilon}{2} \quad \forall \alpha \in \Lambda$$

를 만족한다. 그러므로

$$n \geq n_0 \Rightarrow \bar{\rho}(f_n, f) \leq \frac{\varepsilon}{2} < \varepsilon$$

을 만족하므로 f_n은 f로 수렴한다. □

위상공간 X와 거리공간 (Y, d)에 대하여

$$\mathcal{C}(X, Y) = \{ f \in Y^X \mid f : X \to Y\text{는 연속사상}\}$$
$$\mathcal{B}(X, Y) = \{ f \in Y^X \mid f : X \to Y\text{는 유계함수}\}$$

이라 하자.

정리 11.2.24 위상공간 X와 거리공간 (Y, d)에 대하여 다음이 성립한다.
(1) $\mathcal{C}(X, Y)$와 $\mathcal{B}(X, Y)$는 $(Y^X, \bar{\rho})$의 닫힌집합이다.
(2) 만약 (Y, d)가 완비이면 $(\mathcal{C}(X, Y), \bar{\rho})$와 $(\mathcal{B}(X, Y), \bar{\rho})$도 완비이다.

증명 (1) 먼저 $\mathcal{C}(X, Y)$가 $(Y^X, \bar{\rho})$의 닫힌집합임을 보이자. 이를 위해 $f \in Y^X$를 $\mathcal{C}(X, Y)$의 극한점이라 하자. 그러면 거리 $\bar{\rho}$에 의해 f로 수렴하는 수열 $f_n \in \mathcal{C}(X, Y)$이 존재한다. 그리고 참고 6.1.31과 정리 5.1.27에 의해 f도 연속이므로 $f \in \mathcal{C}(X, Y)$이다. 따라서 $\mathcal{C}(X, Y)$는 닫힌집합이다.

이제 $\mathcal{B}(X, Y)$가 $(Y^X, \bar{\rho})$의 닫힌집합임을 보이자. 이를 위해 $f \in Y^X$를 $\mathcal{B}(X, Y)$의 극한점이라 하자. 그러면 거리 $\bar{\rho}$에 의해 f로 수렴하는 수열

$f_n \in \mathcal{B}(X, Y)$이 존재한다. f_n이 f로 수렴하므로

$$n \ge n_0 \;\Rightarrow\; \bar{\rho}(f_n, f) < \frac{1}{2}$$

을 만족하는 자연수 n_0이 존재한다. 그리고 모든 점 $x \in X$에 대하여 $\bar{d}(f_{n_0}(x), f(x)) < \frac{1}{2}$이므로 $d(f_{n_0}(x), f(x)) < \frac{1}{2}$이 성립한다. 한편 f_{n_0}이 유계이므로 실수 $\mathrm{diam}(f_{n_0}(X)) = M$이 존재하여 $\mathrm{diam}(f(X)) \le M+1$이 되어 f도 유계이다. 따라서 $\mathcal{B}(X, Y)$는 닫힌집합이다.

(2) (Y, d)가 완비이므로 정리 11.2.23에 의해 $(Y^X, \bar{\rho})$도 완비이다. 따라서 (1)과 정리 11.2.10에 의해 $(\mathcal{C}(X, Y), \bar{\rho})$와 $(\mathcal{B}(X, Y), \bar{\rho})$도 완비이다. □

연습문제

문제 11.2.1 d를 집합 X상의 거리라 하고 $\bar{d}$를 d가 유도하는 X상의 표준유계거리 $\bar{d}(x, y) = \min\{d(x, y), 1\}$이라 하자. 이제 다음이 동치임을 보이시오.

(a) X는 거리 d에 의하여 완전유계이다.

(b) X는 거리 $\bar{d}$에 의하여 완전유계이다.

문제 11.2.2 집합 X상의 두 거리 d와 d'이 **거리적 동치**(metrically equivalent)란 두 항등사상

$$i : (X, d) \to (X, d'),\;\; x \mapsto x$$
$$j : (X, d') \to (X, d),\;\; x \mapsto x$$

이 모두 고른연속임을 뜻한다.

(1) d와 $\bar{d}$가 거리적 동치임을 보이시오. 단, 여기서 $\bar{d}$는 d가 유도하는 표준유계거리이다.

(2) 만약 d와 d'이 거리적 동치이면 (X, d)가 완전유계일 필요충분조건은 (X, d')이 완전유계임을 보이시오.

(3) 만약 d와 d'이 거리적 동치이면 (X, d)가 완비일 필요충분조건은 (X, d')이 완비임을 보이시오.

(4) 만약 d와 d'이 거리적 동치이면 $\mathscr{T}_d = \mathscr{T}_{d'}$임을 보이시오(참고 3.3.19 참조).

문제 11.2.3 $\mathbb{R}$을 보통거리공간이라 하고, $f : \mathbb{R} \to \mathbb{R}$, $f(x) = (x + \sqrt{x^2+1})/2$이라 하자.

(1) 모든 $x \ne y \in \mathbb{R}$에 대해 $|f(x) - f(y)| < |x - y|$가 성립함을 보이시오.

(2) 모든 $x \neq y \in \mathbb{R}$에 대해 $|f(x)-f(y)| < \alpha|x-y|$를 만족하는 $0 \le \alpha < 1$가 존재하지 않음을 보이시오.

(3) f가 고정점을 갖지 않음을 보이시오.

문제 11.2.4 모든 자연수 n에 대하여 거리공간 (X_n, d_n)이 완전유계이면 거리공간 $(\Pi_{n=1}^{\infty} X_n, D)$도 완전유계임을 보이시오. 단, 여기서 $D((x_n),(y_n)) = \sup\{ \frac{\overline{d_n}(x_n, y_n)}{n} \mid n \in \mathbb{N}\}$이다.

문제 11.2.5 C_n이 닫힌집합이 아니면 성질 11.2.12가 성립하지 않는 보기를 드시오.

문제 11.2.6 완비 거리공간 (X,d)상의 수열 $\{x_n\}$에 대하여 다음이 동치임을 보이시오.

(a) $\{x_n\}$은 수렴한다.

(b) $\{x_n\}$은 Cauchy 수열이다.

문제 11.2.7 (X,d)를 거리공간이라 하자.

(1) 모든 점 $x \in X$에 대하여 $\overline{B_d(x,\varepsilon)}$가 컴팩트인 양의 실수 ε이 존재하면 X는 완비임을 보이시오.

(2) 각각의 점 $x \in X$에 대하여 $\overline{B_d(x,\varepsilon_x)}$가 컴팩트인 양의 실수 ε_x가 존재하더라도 X는 완비가 아닌 보기를 찾으시오.

문제 11.2.8 X를 집합, (Y,d)를 거리공간이라 하고

$$\mathcal{B}(X,Y) = \{f \in Y^X \mid f : X \to Y\text{는 유계함수}\}$$

이라 하자. 그리고 임의의 $f, g \in \mathcal{B}(X,Y)$에 대해

$$\rho(f,g) = \sup\{d(f(x), g(x)) \mid x \in X\}$$

로 정의하면 ρ는 $\mathcal{B}(X,Y)$상의 거리가 된다.[10)] 우리는 이러한 거리 ρ를 Y^X상의 상한거리(supremum metric)라 한다.

이제 만약 (Y,d)가 완비이면 $(\mathcal{B}(X,Y),\rho)$도 완비임을 보이시오.

문제 11.2.9 X를 컴팩트공간, (Y,d)를 거리공간이라 하고

$$\mathcal{C}(X,Y) = \{ f \in Y^X \mid f : X \to Y\text{는 연속사상}\}$$

---

10) $f, g \in \mathcal{B}(X,Y)$에 대해 $f(X)$와 $f(Y)$가 유계집합이므로 $f(X) \cup g(X)$도 유계집합이다. 따라서 ρ는 잘 정의된다. 그러나 만약 $f, g : X \to Y$가 유계함수가 아니면 일반적으로 $\rho(f,g)$는 잘 정의되지 않는다. 16.1절 참조.

이라 하자. 그리고 임의의 $f, g \in \mathcal{C}(X, Y)$에 대해

$$\rho(f,g) = \sup\{d(f(x), g(x)) \mid x \in X\}$$

로 정의하면 ρ는 $\mathcal{C}(X, Y)$상의 거리가 된다.

만약 (Y, d)가 완비이면 다음이 성립함을 보이시오.

(1) $(\mathcal{C}(X, Y), \rho)$는 $(\mathcal{B}(X, Y), \rho)$의 닫힌집합이다.

(2) $(\mathcal{C}(X, Y), \rho)$는 완비이다.

11.3 Baire 공간†

국소컴팩트 하우스도르프공간은 다음과 같은 유용한 성질을 갖는다.

정리 11.3.1 (R. Baire) 국소컴팩트 하우스도르프공간의 가산개의 조밀한 열린집합들의 교집합은 조밀한 집합이다.

증명 X를 국소컴팩트 하우스도르프공간이라 하고, $\{A_n \subset X \mid n \in \mathbb{N}\}$을 가산개의 조밀한 열린집합들의 모임이라 하자.[11] 우리는 임의로 주어진 공집합이 아닌 열린집합 $U \subset X$에 대하여 $U \cap (\cap_{n=1}^{\infty} A_n) \neq \varnothing$임을 보이면 된다. 먼저 A_1이 조밀하므로 $U \cap A_1 \neq \varnothing$이다. 그러면 $x \in U \cap A_1$가 존재하고 $U \cap A_1$이 열린집합이므로 기초정리 9.4.22에 의하여

$$x \in B_1 \subset \overline{B}_1 \subset U \cap A_1$$

이고 $\overline{B}_1$가 컴팩트인 공집합이 아닌 열린집합 B_1이 존재한다. 그리고 A_2가 조밀하므로 $B_1 \cap A_2$는 공집합이 아닌 열린집합이다. 앞에서와 같은 방법으로

$$B_2 \subset \overline{B}_2 \subset B_1 \cap A_2$$

이고 $\overline{B}_2$가 컴팩트인 공집합이 아닌 열린집합 B_2가 존재한다. 같은 방법을 계속하면 우리는

$$B_n \neq \varnothing,$$
$$\overline{B}_n\text{는 컴팩트},$$
$$B_n \subset \overline{B}_n \subset B_{n-1} \cap A_n$$

을 만족하는 열린집합들의 모임 $\{B_n\}_{n \in \mathbb{N}}$을 얻을 수 있다. 그리고

$$\overline{B}_1 \supset \overline{B}_2 \supset \cdots \supset \overline{B}_n \supset \overline{B}_{n+1} \supset \cdots$$

이므로 따름정리 9.1.33에 의해 $\cap_{n=1}^{\infty} \overline{B}_n \neq \varnothing$이다. 그런데 $\overline{B}_1 \subset U \cap A_1$이고 $\overline{B}_n \subset A_n$이므로 $\cap_{n=1}^{\infty} \overline{B}_n \subset U \cap (\cap_{n=1}^{\infty} A_n)$이 되어 $U \cap (\cap_{n=1}^{\infty} A_n) \neq \varnothing$이다.

□

---

11) 참고 10.2.11 참조.

보기 11.3.2 정리 11.3.1의 가산조건과 열린조건은 모두 필요하다. 예를 들어 국소컴팩트 하우스도르프인 유클리드공간 $\mathbb{R}$을 생각하자.

(i) 먼저 각각의 점 $x \in \mathbb{R}$에 대해 $A_x = \mathbb{R} - \{x\}$이라 하자. 그러면 A_x는 조밀한 열린집합이다. 그러나 $\cap \{A_x \mid x \in \mathbb{R}\} = \varnothing$이므로 $\cap \{A_x \mid x \in \mathbb{R}\}$은 조밀한 집합이 아니다. 여기서 $\{A_x \mid x \in \mathbb{R}\}$이 가산개의 모임이 아님을 주의하자.

(ii) 한편 $\mathbb{Q}$와 $\mathbb{Q}^c$은 모두 $\mathbb{R}$의 조밀한 집합이다. 그러나 $\mathbb{Q} \cap \mathbb{Q}^c = \varnothing$이므로 $\mathbb{Q} \cap \mathbb{Q}^c$은 조밀한 집합이 아니다. 여기서 $\mathbb{Q}$와 $\mathbb{Q}^c$이 열린집합이 아님을 주의하자.

보기 11.3.3 유클리드공간 $\mathbb{R}$의 부분집합 $\mathbb{Q}$는 G_δ-집합이 아니다:[12] 만약 $\mathbb{Q}$가 G_δ-집합이라고 가정하면 $\mathbb{Q} = \cap_{n=1}^{\infty} G_n$을 만족하는 열린집합 G_n들이 존재한다. 그러면 $\mathbb{Q}$는 조밀한 집합이므로 모든 G_n도 조밀한 집합이 되어야 한다. 그리고 각각의 $r \in \mathbb{Q}$에 대해 $O_r = \mathbb{R} - \{r\}$이라 하면 O_r은 $\mathbb{R}$의 조밀한 열린집합이다. 따라서 우리는 가산개의 조밀한 열린집합들의 모임

$$\{G_n \mid n \in \mathbb{N}\} \cup \{O_r \mid r \in \mathbb{Q}\}$$

을 얻을 수 있다. 그런데

$$\left(\bigcap_{n \in \mathbb{N}} G_n\right) \cap \left(\bigcap_{r \in \mathbb{Q}} O_r\right) = \mathbb{Q} \cap \mathbb{Q}^c = \varnothing$$

이 되어 정리 11.3.1에 모순이다. 그러므로 $\mathbb{Q}$는 G_δ-집합이 아니다.

정의 11.3.4 위상공간 X가 Baire 공간(Baire space)이란 X의 모든 가산개의 조밀한 열린집합들의 교집합이 조밀한 집합이 되는 것을 의미한다.

정리 11.3.5 모든 국소컴팩트 하우스도르프공간은 Baire 공간이다.

증명 정리 11.3.1에 의해 성립한다. □

정리 11.3.6 모든 완비 거리공간은 Baire 공간이다.

12) 보기 10.4.2 참조.

증명 (X,d)를 완비 거리공간이라 하자. 그리고 $\{B_n \subset X \mid n \in \mathbb{N}\}$을 가산개의 조밀한 열린집합들의 모임이라 하자.[13] 우리는 $\overline{\cap_{n=1}^{\infty} B_n} = X$를 보이기 위하여 임의의 점 $x \in X$와 x의 열린근방 U에 대하여

$$U \cap (\cap_{n=1}^{\infty} B_n) \neq \varnothing$$

임을 보이면 충분하다. 먼저 B_1이 조밀하므로 $U \cap B_1 \neq \varnothing$이다. 그러므로 $y_1 \in U \cap B_1$이 존재한다. 그리고 X가 거리공간이므로

$$y_1 \in B_d(y_1, r_1) \subset \overline{B_d(y_1, r_1)} \subset U \cap B_1$$

을 만족하는 실수 $0 < r_1 < 1$이 존재한다. 귀납적으로 우리는

$$y_n \in B_d(y_n, r_n) \subset \overline{B_d(y_n, r_n)} \subset B_d(y_{n-1}, r_{n-1}) \cap B_n \subset U \cap B_n$$

을 만족하는 점 $y_n \in X$과 실수 $0 < r_n < \frac{1}{n}$을 찾을 수 있다. 그리고

$$\overline{B_d(y_1, r_1)} \supset \overline{B_d(y_2, r_2)} \supset \cdots \supset \overline{B_d(y_n, r_n)} \supset \overline{B_d(y_{n+1}, r_{n+1})} \supset \cdots$$

이므로 성질 11.2.12에 의해 $\cap_{n=1}^{\infty} \overline{B_d(y_n, r_n)} \neq \varnothing$이다. 따라서

$$\cap_{n=1}^{\infty} \overline{B_d(y_n, r_n)} \subset U \cap (\cap_{n=1}^{\infty} B_n)$$

이므로 $U \cap (\cap_{n=1}^{\infty} B_n) \neq \varnothing$이다. □

성질 11.3.7 위상공간 X에 대하여 다음은 동치이다.

(a) X는 Baire 공간이다.

(b) 만약 $\{C_n \mid n \in J\}$이 $\text{int}(C_n) = \varnothing$인 가산개의 닫힌집합들의 모임이면 $\text{int}(\cup_{n \in J} C_n) = \varnothing$이다.

증명 $\text{int}(C_n) = \{\text{cl}(X - C_n)\}^c$을 사용하여 보일 수 있다. □

성질 11.3.8 Baire 공간의 열린부분공간은 Baire 공간이다.

13) 참고 10.2.11 참조.

증명 X를 Baire 공간이라 하고 A를 X의 열린부분공간이라 하자. 우리는 성질 11.3.7을 사용하여 부분공간 A가 Baire임을 보이자. 이를 위해 $\{C_n \mid n \in J\}$이 $\text{int}_A(C_n) = \varnothing$인 가산개의 A의 닫힌집합들의 모임이라 하자. 이제 우리는 $\text{int}_A(\cup_{n\in J} C_n) = \varnothing$임을 보이면 된다.

먼저 $\text{int}_X(\text{cl}_X(C_n)) = \varnothing$임을 보이자. 만약 $\text{int}_X(\text{cl}_X(C_n)) \neq \varnothing$이라고 가정하면 점 $x \in \text{int}_X(\text{cl}_X(C_n))$가 존재하여 $x \in U \subset \text{cl}_X(C_n)$을 만족하는 X의 열린집합 U가 존재한다. 그리고 $x \in \text{cl}_X(C_n)$이므로 $U \cap C_n \neq \varnothing$이다. 따라서 $U \cap A$는 공집합이 아닌 A의 열린집합이고

$$U \cap A \subset \text{cl}_X(C_n) \cap A = \text{cl}_A(C_n) = C_n$$

이므로 성질 4.1.2에 의해 $U \cap A \subset \text{int}_A(C_n)$이 되어 $\text{int}_A(C_n) \neq \varnothing$이다. 이는 $\text{int}_A(C_n) = \varnothing$이라는 가정에 모순이다. 그러므로 $\text{int}_X(\text{cl}_X(C_n)) = \varnothing$이 되어야 한다.

한편 X가 Baire 공간이므로

$$\text{int}_X(\cup_{n\in J} \text{cl}_X(C_n)) = \varnothing \qquad (*)$$

이 된다.

이제 $\text{int}_A(\cup_{n\in J} C_n) = \varnothing$임을 귀류법을 사용하여 보이자. 이를 위해 $\text{int}_A(\cup_{n\in J} C_n) \neq \varnothing$이라고 가정하자. 그러면 점 $x \in \text{int}_A(\cup_{n\in J} C_n)$가 존재하여 $x \in V \subset \cup_{n\in J} C_n$을 만족하는 A의 열린집합 V가 존재한다. 그런데 A가 X의 열린집합이므로 V는 X의 열린집합으로서 $V \subset \cup_{n\in J} \text{cl}_X(C_n)$을 만족한다. 그러므로 성질 4.1.2에 의해

$$V \subset \text{int}_X(\cup_{n\in J} \text{cl}_X(C_n))$$

이 되어 $\text{int}_X(\cup_{n\in J} \text{cl}_X(C_n)) \neq \varnothing$이다. 이는 (*)에 모순이다. □

정리 11.3.9 (R. Baire) X를 Baire 공간이라 하자. 만약 $\{C_n \mid n \in J\}$이 가산개의 닫힌집합들로 이루어진 X의 덮개이면 $\text{int}(C_n) \neq \varnothing$인 C_n이 존재한다.

증명 $X = \cup_{n\in J} C_n$이므로 $\cap_{n\in J} C_n^c = \varnothing$이고 $\text{cl}(\cap_{n\in J} C_n^c) = \varnothing$이다. 그런데 X가 Baire 공간이므로 조밀한 부분집합이 아닌 C_n^c이 존재한다. 즉, $\text{cl}(C_n^c) \neq X$인 C_n이 존재한다. 이러한 C_n에 대해, 성질 4.2.18에 의하여,

$$\operatorname{int}(C_n) = (\operatorname{cl}(C_n^c))^c \neq \varnothing$$

이다. □

보기 11.3.10 (1) 유클리드공간 $\mathbb{R}^n$은 국소컴팩트하므로 Baire 공간이다. 그러므로 $\mathbb{R}^n$은 내부점을 갖지 않는 가산개의 닫힌집합들의 합집합으로 표현할 수 없다.

(2) 유클리드공간 $\mathbb{R}$은 Baire 공간이지만 $\mathbb{R}$의 부분공간 $\mathbb{Q}$는 Baire 공간이 아니다: $\{\{p\} \mid p \in \mathbb{Q}\}$은 가산개의 닫힌집합들로 이루어진 $\mathbb{Q}$의 덮개이다. 그러나 모든 $p \in \mathbb{Q}$에 대해 $\operatorname{int}(\{p\}) = \varnothing$이다.

정리 11.3.11 X는 위상공간, (Y, d)는 거리공간이라 하자. 그리고 각각의 자연수 n에 대해 $f_n : X \to Y$은 연속사상이고, 모든 $x \in X$에 대해 $f_n(x) \to f(x)$이라 하자. 단, 여기서 $f : X \to Y$이다. 만약 X가 Baire 공간이면 f가 연속인 점들의 집합은 X의 조밀한 집합이다.

증명 편의상

$$C = \{x \in X \mid f\text{는 점 } x\text{에서 연속}\}$$

이라 하자. 우리는 C가 X의 조밀한 집합임을 보여야 한다.

먼저 주어진 자연수 k와 양수 $\varepsilon > 0$에 대해

$$A_k(\varepsilon) = \{x \mid \text{모든 } n, m \geq k\text{에 대해 } d(f_n(x), f_m(x)) \leq \varepsilon\}$$

이라 하자. 각각의 n, m에 대해 f_n, f_m 그리고 d가 모두 연속이므로

$$h_{n,m} : X \xrightarrow{(f_n, f_m)} Y \times Y \xrightarrow{d} \mathbb{R}, \quad h_{n,m}(x, y) = d(f_n(x), f_m(x))$$

도 연속이다. 그리고 $[0, \varepsilon]$이 $\mathbb{R}$의 닫힌집합이므로

$$h_{n,m}^{-1}([0, \varepsilon]) = \{x \mid d(f_n(x), f_m(x)) \leq \varepsilon\}$$

은 X의 닫힌집합이다. 따라서

$$A_k(\varepsilon) = \bigcap_{n,m \geq k} h_{n,m}^{-1}([0, \varepsilon])$$

이므로 $A_k(\varepsilon)$은 X의 닫힌집합이다. 그리고 고정된 ε에 대해

$$A_1(\varepsilon) \subset A_2(\varepsilon) \subset \cdots \subset A_k(\varepsilon) \subset A_{k+1}(\varepsilon) \subset \cdots$$

이다.

(i) $X = \cup_{k \in \mathbb{N}} A_k(\varepsilon)$이다: 구체적으로 주어진 점 $x \in X$에 대하여 $f_n(x) \to f(x)$이므로 $\{f_n(x)\}$는 코시수열이다. 따라서 $x \in A_k(\varepsilon)$을 만족하는 자연수 k가 존재한다.

(ii) X의 열린집합 $U(\varepsilon) = \cup_{k \in \mathbb{N}} \operatorname{int} A_k(\varepsilon)$은 조밀하다: 이를 위해 공집합이 아닌 열린집합 V에 대해 $V \cap \operatorname{int} A_k(\varepsilon) \neq \varnothing$인 자연수 k가 존재함을 보이면 충분하다. V가 X의 열린집합이므로 성질 11.3.8에 의해 부분공간 V는 Baire이다. 그리고 모든 자연수 k에 대해 $A_k(\varepsilon) \cap V$는 부분공간 V의 닫힌집합이고 $V = \cup_{k \in \mathbb{N}} (V \cap A_k(\varepsilon))$이므로, 정리 11.3.9에 의해, $\operatorname{int}_V (V \cap A_{k_0}(\varepsilon)) \neq \varnothing$인 자연수 k_0이 존재한다. 편의상 $W = \operatorname{int}_V (V \cap A_{k_0}(\varepsilon))$이라 하자. 그러면 V가 X의 열린집합이므로 W는 X의 공집합이 아닌 열린집합이고 $W \subset A_{k_0}(\varepsilon)$이므로 $W \subset \operatorname{int} A_{k_0}(\varepsilon)$이다. 따라서 $W \subset V \cap \operatorname{int} A_{k_0}(\varepsilon)$이므로 $V \cap \operatorname{int} A_{k_0}(\varepsilon)$는 공집합이 아니다.

(iii) 집합

$$D = U(1) \cap U(\tfrac{1}{2}) \cap U(\tfrac{1}{3}) \cap \cdots$$

의 모든 점에서 f는 연속이다: 우리는 주어진 점 $p \in D$와 양수 ε에 대해

$$p \in W \subset f^{-1}(B_d(f(p), \varepsilon))$$

을 만족하는 p의 열린근방 W가 존재함을 보이면 된다. 이를 위해 먼저 $\frac{1}{m} < \frac{\varepsilon}{3}$인 자연수 m을 택하자. 그러면 $p \in D$이므로 $p \in U(\frac{1}{m})$이 되어 $p \in \operatorname{int} A_k(\frac{1}{m})$을 만족하는 자연수 k가 존재한다. 그리고 f_k가 (p에서) 연속이므로 $p \in W_1 \subset f_k^{-1}(B_d(f_k(p), \frac{\varepsilon}{3}))$을 만족하는 p의 열린근방 W_1이 존재한다. 이제

$$W = W_1 \cap \operatorname{int} A_k(\tfrac{1}{m})$$

이라 하면 W는 X의 열린집합으로서 $p \in W \subset \operatorname{int} A_k(\frac{1}{m})$이고

$$d(f_k(x), f_k(p)) < \frac{\varepsilon}{3} \quad \forall x \in W \tag{a}$$

이다. 특별히 $W \subset A_k(\frac{1}{m})$이므로

$$d(f_n(x), f_k(x)) \leq \frac{1}{m} \quad \forall n \geq k, \ \forall x \in W$$

이다. 우리는 $n \to \infty$를 취하여

$$d(f(x), f_k(x)) \leq \frac{1}{m} < \frac{\varepsilon}{3} \quad \forall x \in W \tag{b}$$

를 얻는다. 또한 $p \in W$이므로

$$d(f(p), f_k(p)) < \frac{\varepsilon}{3} \tag{c}$$

이다. 그리고 삼각부등식과 (a), (b), (c)에 의해 모든 점 $x \in W$에 대하여

$$\begin{aligned} d(f(x), f(p)) &\leq d(f(x), f_k(x)) + d(f_k(x), f_k(p)) + d(f_k(p), f(p)) \\ &< \frac{\varepsilon}{3} + \frac{\varepsilon}{3} + \frac{\varepsilon}{3} = \varepsilon \end{aligned}$$

이므로 $p \in W \subset f^{-1}(B_d(f(p), \varepsilon))$이다. 따라서 f는 점 p에서 연속이다.

(iv) 이제 C가 X의 조밀한 집합임을 보이자. 먼저 (ii)에 의해 D가 Baire 공간 X의 가산개의 조밀한 열린집합 $U(\frac{1}{k})$들의 교집합이므로 D는 X의 조밀한 집합이다. 그리고 (iii)에 의해 $D \subset C$이므로 C도 X의 조밀한 집합이다. □

우리는 정리 11.3.9의 "닫힌 덮개" 조건을 약화시킬 수 있다. 이를 위해 다음 용어가 필요하다.

정의 11.3.12 X를 위상공간이라 하자.

(1) $A \subset X$가 **조밀한 곳이 없는 부분집합**(nowhere dense subset, 어디에서도 조밀하지 않는 부분집합)이란 $\text{int}(\overline{A}) = \varnothing$인 것을 의미한다.

(2) 부분집합 $B \subset X$가 **제1범주**(first category)란 B가 가산개의 조밀한 곳이 없는 부분집합들의 합집합으로 표현되는 것을 의미한다.

(3) 부분집합 $C \subset X$가 **제2범주**(second category)란 C가 제1범주가 아닌 집합임을 의미한다.

다음 정리는 정리 11.3.9의 일반화이다.

정리 11.3.13 (R. Baire) X를 Baire 공간이라 하자. 만약 $A \subset X$가 제1범주이면 $\mathrm{int}(A) = \varnothing$ 이다.

증명 $\{B_n \subset X \mid n \in J\}$을 가산개의 조밀한 곳이 없는 X의 부분집합들의 모임으로서 $A = \cup_{n \in J} B_n$을 만족한다고 하자. 그리고 U를 $U \subset A = \cup_{n \in J} B_n$인 임의의 열린집합이라 하자. 우리는 $U = \varnothing$ 임을 보이면 된다. 그런데

$$U \subset A = \cup_{n \in J} B_n \subset \cup_{n \in J} \overline{B_n}$$

이므로 $U^c \supset \cap_{n \in J} \overline{B}_n^c$이다. 한편 성질 4.2.18에 의하여

$$\overline{(\overline{B}_n)^c} = ((\overline{B}_n)^\circ)^c = \varnothing^c = X$$

이므로 모든 $(\overline{B}_n)^c$이 X의 조밀한 열린집합이다. 한편 X가 Baire 공간이므로 $\cap_{n \in J} \overline{B}_n^c$은 X의 조밀한 집합이다. 그러므로 U^c도 X의 조밀한 집합이고 U^c이 닫힌집합이므로 $U^c = X$가 된다. 따라서 $U = \varnothing$ 이다. □

따름정리 11.3.14 위상공간 X에 대하여 다음은 동치이다.
(a) X는 Baire 공간이다.
(b) X의 공집합이 아닌 열린집합은 제2범주이다.

증명 (a)⇒(b) 정리 11.3.13에 의해 성립한다.
(b)⇒(a) X가 Baire가 아니라고 가정하자. 그러면 성질 11.3.7에 의해 모든 n에 대해 $(C_n)^\circ = \varnothing$ 이지만 $(\cup_n C_n)^\circ \neq \varnothing$ 인 가산개의 닫힌집합들의 모임 $\{C_n\}$이 존재한다. 그러면 $U = (\cup_n C_n)^\circ$는 공집합이 아닌 열린집합이다. 그리고 각각의 n에 대해 $A_n = C_n \cap U$이라 하면 $U = \cup_n A_n$이고 $(\overline{A}_n)^\circ \subset (\overline{C}_n)^\circ$이므로 $(\overline{A}_n)^\circ = \varnothing$ 이다. 따라서 U는 제1범주이다. 이는 (b)에 모순이다. □

성질 11.3.15 X를 Baire 공간이라 하자. 만약 $A \subset X$가 제1범주이면 A^c은 제2범주이다.

증명 (귀류법) A^c이 제2범주가 아니라고 가정하자. 그러면 정의에 의해 A^c은 제1범주

가 되어야 한다. 따라서 가산개의 조밀한 곳이 없는 X의 부분집합들의 모임 $\{B_m\}$과 $\{C_n\}$이 존재하여

$$A = \cup_m B_m, \quad A^c = \cup_n C_n$$

이 된다. 그리고

$$X = A \cup A^c = (\cup_m B_m) \cup (\cup_n C_n)$$

이므로 $(\cup_m \overline{B}_m) \cup (\cup_n \overline{C}_n) = X$가 되어

$$(\cap_m \overline{B}_m^c) \cap (\cap_n \overline{C}_n^c) = \varnothing$$

이다. 한편 B_m, C_n이 조밀한 곳이 없는 집합이므로 $\overline{B}_m^c$과 $\overline{C}_n^c$은 모두 조밀한 열린집합이다. 그런데 X가 Baire 공간이므로 이는 모순이다. □

보기 11.3.16 유클리드공간 $\mathbb{R}$은 Baire이다.

(i) $\mathbb{R}$의 부분집합 $\mathbb{Q}$는 제1범주이다. 구체적으로 각각의 $p \in \mathbb{Q}$에 대해 한 점 집합 $\{p\}$는 조밀한 곳이 없는 부분집합이다. 그리고 $\mathbb{Q} = \cup_{p \in \mathbb{Q}} \{p\}$이므로 $\mathbb{Q}$는 제1범주이다. 한편 성질 11.3.15에 의해 $\mathbb{Q}^c$은 제2범주이다. 따라서 $\text{int}(\mathbb{Q}^c) = \varnothing$이지만 $\mathbb{Q}^c$은 제1범주가 아니므로 정리 11.3.13의 역은 성립하지 않는다.

(ii) 정리 11.3.13에 의해 $\mathbb{R}$의 부분집합 $A = (-\infty, 0)$는 제2범주이고 $A^c = [0, \infty)$도 제1범주가 아니라 제2범주이다. 따라서 성질 11.3.15의 역은 성립하지 않는다.

Baire 공간의 곱

기초정리 11.3.17 두 Baire 공간 X와 Y 중 적어도 하나가 제2가산이면 곱공간 $X \times Y$의 모든 가산개의 조밀한 열린집합들의 교집합은 공집합이 아니다.

증명 우리는 Y가 제2가산이고, $\{B_j\}_{j \in J}$를 Y의 가산기저라 하자. 이제 $\{W_i\}_{i \in I}$를 곱공간 $X \times Y$의 가산개의 조밀한 열린집합들로 이루어진 모임이라 하자. 우리는 $\cap_{i \in I} W_i$가 공집합이 아님을 보여야 한다. 이를 위해 사영사상 $\pi_X : X \times Y \to X$, $\pi_X(x, y) = x$가 연속인 열린사상임을 상기하자. 그리고 각각의 $(i, j) \in I \times J$에 대해 $U_{(i,j)} = \pi_X(W_i \cap (X \times B_j))$이라 하자. 그러면 $U_{(i,j)}$는 X의 조밀한 열린집

합이다. 그리고 $I\times J$가 가산집합이고 X가 Baire이므로 $\bigcap_{(i,j)\in I\times J}U_{(i,j)}$는 X의 조밀한 부분집합이다. 특별히 $\bigcap_{(i,j)\in I\times J}U_{(i,j)}$이 공집합이 아니므로 한 점 $x_0\in\bigcap_{(i,j)\in I\times J}U_{(i,j)}$을 택하자. 이제 각각의 $i\in I$에 대해 $V_i=\{y\in Y\mid(x_0,y)\in W_i\}$이라 하자. 그러면 V_i는 Y의 조밀한 열린집합이다. 그리고 Y가 Baire이므로 $\bigcap_{i\in I}V_i$는 Y의 조밀한 부분집합이 되어 공집합이 아니다. 따라서 점 $y_0\in\bigcap_{i\in I}V_i$이 존재하여 $(x_0,y_0)\in\bigcap_{i\in I}W_i$이다. 따라서 $\bigcap_{i\in I}W_i$는 공집합이 아니다. □

정리 11.3.18 두 Baire 공간 X와 Y 중 적어도 하나가 제2가산이면 곱공간 $X\times Y$도 Baire이다.

증명 Y를 제2가산이라 하자. 그리고 $\{W_i\}_{i\in I}$를 $X\times Y$의 가산개의 조밀한 열린집합들의 모임이라 하자. 우리는 $W=\bigcap_{i\in I}W_i$가 $X\times Y$의 조밀한 부분집합임을 보여야 한다. 이를 위해 $U\times V$를 공집합이 아닌 기저의 원소라 하자. 즉, U는 X의 열린집합이고 V는 Y의 열린집합이다. 우리는 $(\bigcap_{i\in I}W_i)\cap(U\times V)$가 공집합이 아님을 보이면 충분하다.

먼저 U와 V는 각각 Baire 공간 X와 Y의 열린부분공간이므로 Baire이다. 더구나 Y가 제2가산이므로 부분공간 V도 제2가산이다. 그리고 각각의 $i\in I$에 대해 $W_i\cap(U\times V)$는 곱공간 $U\times V$의 조밀한 열린집합이다. 따라서 기초정리 11.3.17에 의해 $\bigcap_{i\in I}(W_i\cap(U\times V))$는 공집합이 아니다. 그리고 $(\bigcap_{i\in I}W_i)\cap(U\times V)=\bigcap_{i\in I}(W_i\cap(U\times V))$이므로 $(\bigcap_{i\in I}W_i)\cap(U\times V)$는 공집합이 아니다. □

참고 11.3.19 (1) X는 Baire이지만 곱공간 $X\times X$는 Baire가 아닌 위상공간 X가 존재한다.

(2) 모든 $\alpha\in\Lambda$에 대해 X_α가 제2가산인 Baire 공간이면 곱공간 $\Pi_{\alpha\in\Lambda}X_\alpha$도 Baire이다.14)

14) 보다 자세한 내용은 참고문헌 [29] 참조.

연습문제

문제 11.3.1 X를 Baire 공간이라 하고 Y를 위상공간이라 하자. 만약 전사이고 연속인 열린사상 $f: X \to Y$가 존재하면 Y도 Baire 공간임을 보이시오. (힌트: 문제 5.2.9 사용)

문제 11.3.2 만약 곱공간 $\Pi_{\alpha \in \Lambda} X_\alpha$가 Baire이면 모든 X_α도 Baire임을 보이시오. 단, 여기서 모든 X_α는 공집합이 아닌 위상공간이다.

문제 11.3.3 X를 위상공간이라 하자. 만약 각각의 점 $x \in X$에 대해 Baire 공간이 되는 x의 열린근방 U_x가 존재하면 X는 Baire 공간임을 보이시오.

문제 11.3.4 곱위상, 고른위상 모두에 대하여 $\mathbb{R}^\Lambda$는 Baire 공간임을 보이시오. 단, 여기서 $\mathbb{R}$은 유클리드공간이다.

문제 11.3.5 유클리드공간 $\mathbb{R}$과 하극한공간 $\mathbb{R}_l$에 대하여 다음을 보이시오.

(1) 만약 U가 $\mathbb{R}_l$의 조밀한 열린집합이면 $\mathrm{int}_{\mathbb{R}}(U)$는 $\mathbb{R}$의 조밀한 열린집합이다.

(2) $\mathbb{R}$의 조밀한 집합은 $\mathbb{R}_l$의 조밀한 집합이다.

(3) $\mathbb{R}_l$은 Baire이다.

문제 11.3.6 여유한공간 $(\mathbb{R}, \mathscr{T}_f)$와 여가산공간 $(\mathbb{R}, \mathscr{T}_c)$는 모두 Baire임을 보이시오.

문제 11.3.7 X를 공집합이 아닌 Baire 공간이라 하자. 만약 $X = \cup_{n=1}^{\infty} B_n$이면 $\mathrm{int}(\overline{B_n}) \neq \varnothing$인 B_n이 존재함을 보이시오.

문제 11.3.8 X를 컴팩트 하우스도르프 또는 완비 거리공간이라 하자. 만약 X의 부분집합 A가 G_δ-집합이면 부분공간 A는 Baire임을 보이시오.

문제 11.3.9 유클리드공간 $\mathbb{R}$의 부분공간 $\mathbb{Q}^c$이 Baire임을 보이시오.

문제 11.3.10 유클리드공간 $\mathbb{R}$에 대하여 다음을 보이시오.

(1) 함수 $f: \mathbb{R} \to \mathbb{R}$에 대하여 $C = \{x \in \mathbb{R} \mid f$는 점 x에서 연속$\}$는 G_δ-집합이다.

(2) $\mathbb{R}$의 가산인 조밀한 부분집합은 G_δ-집합이 아니다.

(3) 만약 D가 $\mathbb{R}$의 가산인 조밀한 부분집합이면 오직 D의 점들에서만 연속이 되는 함수 $f: \mathbb{R} \to \mathbb{R}$는 존재하지 않는다.

문제 11.3.11 연속함수 $f_n : \mathbb{R} \to \mathbb{R}$들의 수열 $\{f_n\}$이 각각의 점 $x \in \mathbb{R}$에 대하여 $f_n(x) \to f(x)$를 만족하면 f는 비가산개의 점들에서 연속이 됨을 보이시오. 단, 여기서 $\mathbb{R}$은 유클리드 공간이다.

문제 11.3.12 X는 완비거리공간이고 $\mathscr{F} \subset \mathcal{C}(X, \mathbb{R})$이라 하자. 그리고 각각의 점 $a \in X$에 대하여

$$\mathscr{F}_a = \{ f(a) \mid f \in \mathscr{F} \}$$

가 유계라 하자. 그러면

$$\mathscr{F}_U = \{ f(x) \mid x \in U,\ f \in \mathscr{F} \}$$

가 유계가 되는 X의 공집합이 아닌 열린집합 U가 존재함을 보이시오. 단, 여기서 $\mathbb{R}$은 유클리드공간이다.

11.4 힐버트공간†

곱집합 $\mathbb{R}^\omega$의 원소 $\mathbf{x}=(x_n)_{n\in\mathbb{N}}$ 중에서 $\Sigma_{n=1}^{\infty}x_n^2$이 수렴하는 것들의 집합을 $\mathbb{H}$라 하자. 즉,

$$\mathbb{H}=\{(x_1,x_2,\ldots)\mid \sum_{n=1}^{\infty}x_n^2<\infty\}$$

이다. 따라서 $((-1)^n)_{n\in\mathbb{N}}$은 $\Sigma_{n=1}^{\infty}((-1)^n)^2=\Sigma_{n=1}^{\infty}1$이 수렴하지 않으므로 $\mathbb{H}$의 원소가 아니다. 그러나 $(\frac{1}{n})_{n\in\mathbb{N}}$은 $\Sigma_{n=1}^{\infty}(\frac{1}{n})^2=\Sigma_{n=1}^{\infty}\frac{1}{n^2}$이 수렴하므로 $\mathbb{H}$의 원소이다.

이제 임의의 점 $\mathbf{x}=(x_n)\in\mathbb{H}$에 대하여

$$\|\mathbf{x}\|=(\sum_{n=1}^{\infty}x_n^2)^{\frac{1}{2}}=\sqrt{\sum_{n=1}^{\infty}x_n^2}$$

를 $\mathbf{x}$의 노름(norm)이라 한다.

그리고 주어진 $\mathbf{x}=(x_n)$, $\mathbf{y}=(y_n)\in\mathbb{H}$에 대하여

$$\mu(\mathbf{x},\mathbf{y})=\|\mathbf{x}-\mathbf{y}\|=(\sum_{n=1}^{\infty}(x_n-y_n)^2)^{\frac{1}{2}}=\sqrt{\sum_{n=1}^{\infty}(x_n-y_n)^2}$$

으로 정의하면 함수 $\mu:\mathbb{H}\times\mathbb{H}\to\mathbb{R}$는 잘 정의된다. 이를 보이기 위해서는 급수 $\Sigma_{n=1}^{\infty}(x_n-y_n)^2$이 수렴함을 보이면 된다. 모든 자연수 $n\in\mathbb{N}$에 대하여 $\Sigma_{n=1}^{\infty}(x_n-y_n)^2$의 부분합 $S_n=\Sigma_{i=1}^{n}(x_i-y_i)^2$은

$$\begin{aligned}
S_n&=\Sigma_{i=1}^{n}(x_i-y_i)^2\\
&=\Sigma_{i=1}^{n}x_i^2-2\Sigma_{i=1}^{n}x_iy_i+\Sigma_{i=1}^{n}y_i^2\\
&\le \Sigma_{i=1}^{n}x_i^2+2\sqrt{\Sigma_{i=1}^{n}x_i^2}\sqrt{\Sigma_{i=1}^{n}y_i^2}+\Sigma_{i=1}^{n}y_i^2\\
&\le \Sigma_{i=1}^{\infty}x_i^2+2\sqrt{\Sigma_{i=1}^{\infty}x_i^2}\sqrt{\Sigma_{i=1}^{\infty}y_i^2}+\Sigma_{i=1}^{\infty}y_i^2\\
&=\|\mathbf{x}\|^2+2\|\mathbf{x}\|\|\mathbf{y}\|+\|\mathbf{y}\|^2\\
&=(\|\mathbf{x}\|+\|\mathbf{y}\|)^2
\end{aligned}$$

이므로 S_n은 유계인 증가수열이다. 따라서 $\Sigma_{n=1}^{\infty}(x_n-y_n)^2$은 수렴한다.

μ가 $\mathbb{H}$상의 거리함수가 됨은 유클리드공간 $\mathbb{R}^n$의 보통거리에 대한 증명과 비슷하게 보일 수 있다. 예를 들어 $\mathbf{x} = (x_n)$, $\mathbf{y} = (y_n)$, $\mathbf{z} = (z_n)$를 $\mathbb{H}$의 임의의 세 점이라 하자. 그러면 임의의 자연수 $n \in \mathbb{N}$에 대하여 $\mathbf{a} = (x_1, \ldots, x_n)$, $\mathbf{b} = (y_1, \ldots, y_n)$, $\mathbf{c} = (z_1, \ldots, z_n) \in \mathbb{R}^n$이다. 그리고 d를 $\mathbb{R}^n$상의 보통거리라 하자. 그러면

$$\sqrt{\sum_{i=1}^{n}(x_i - z_i)^2} = d(\mathbf{a}, \mathbf{c}) \le d(\mathbf{a}, \mathbf{b}) + d(\mathbf{b}, \mathbf{c}) = \sqrt{\sum_{i=1}^{n}(x_i - y_i)^2} + \sqrt{\sum_{i=1}^{n}(y_i - z_i)^2}$$

이므로

$$\begin{aligned}\sqrt{\textstyle\sum_{i=1}^{n}(x_i - z_i)^2} &\le \sqrt{\textstyle\sum_{i=1}^{n}(x_i - y_i)^2} + \sqrt{\textstyle\sum_{i=1}^{n}(y_i - z_i)^2} \\ &\le \sqrt{\textstyle\sum_{i=1}^{\infty}(x_i - y_i)^2} + \sqrt{\textstyle\sum_{i=1}^{\infty}(y_i - z_i)^2} \\ &= \mu(\mathbf{x}, \mathbf{y}) + \mu(\mathbf{y}, \mathbf{z})\end{aligned}$$

이다. 따라서

$$\mu(\mathbf{x}, \mathbf{z}) = \lim_{n \to \infty} \sqrt{\sum_{i=1}^{n}(x_i - z_i)^2} \le \mu(\mathbf{x}, \mathbf{y}) + \mu(\mathbf{y}, \mathbf{z})$$

이다. 이러한 거리 μ를 ℓ^2-거리라 한다. 그리고 거리공간 $(\mathbb{H}, \mu)$를 **힐버트공간**(Hilbert space) 또는 ℓ^2-공간(ℓ^2-space)이라 하고 간단히 $\mathbb{H}$로 나타낸다.

보기 11.4.1 유클리드공간 $\mathbb{R}^n$은 $\mathbb{H}$에 넣을 수 있다: 먼저

$$\mathbb{H}_n = \{(x_n) \in \mathbb{H} \mid x_{n+1} = x_{n+2} = \cdots = 0\}$$

이라 하자. 그러면 함수

$$f : \mathbb{R}^n \to \mathbb{H}, \ f(x_1, \ldots, x_n) = (x_1, \ldots, x_n, 0, 0, \ldots)$$

에 대해 $f(\mathbb{R}^n) = \mathbb{H}_n$이고 f가 거리를 보존하므로 $\mathbb{R}^n$과 $\mathbb{H}_n$은 위상동형이다. 따라서 f는 넣기사상이다.

보기 11.4.2 힐버트공간 $\mathbb{H}$의 다음과 같은 수열 $\{\mathbf{a}_n\}$을 생각하자.

$$\mathbf{a}_1 = (1, 0, 0, 0, 0, \ldots)$$
$$\mathbf{a}_2 = (0, 1, 0, 0, 0, \ldots)$$

$$\mathbf{a}_3 = (0, 0, 1, 0, 0, \ldots)$$
$$\mathbf{a}_4 = (0, 0, 0, 1, 0, \ldots)$$
$$\vdots$$

그러면 $\mu(\mathbf{a}_n, \mathbf{a}_m) = \sqrt{2} > 1$이므로 수렴하지 않는다. 더구나 $\{\mathbf{a}_n\}$는 수렴하는 부분수열을 갖지 않는다.

보기 11.4.3 $\mathbb{H}^* = \{(x_n) \in \mathbb{H} \mid x_1 = 0\} \subset \mathbb{H}$이라 하자.

(1) $\mathbb{H}^*$는 $\mathbb{H}$의 닫힌집합이다: 만약 $\mathbf{a} = (a_n) \in \mathbb{H} - \mathbb{H}^*$이면 $a_1 \neq 0$이다. 그러면 모든 $\mathbf{y} = (y_n) \in \mathbb{H}^*$에 대하여 $\mu(\mathbf{a}, \mathbf{y}) \geq |a_1|$이다. 이제 $\varepsilon = \frac{|a_1|}{2}$이라 하면 $B_\mu(\mathbf{a}, \varepsilon) \cap \mathbb{H}^* = \varnothing$이다. 그래서 $\mathbf{a} \in B_\mu(\mathbf{a}, \varepsilon) \subset \mathbb{H} - \mathbb{H}^*$이므로 $\mathbb{H} - \mathbb{H}^*$는 열린집합이다. 따라서 $\mathbb{H}^*$는 닫힌집합이다.

(2) $(\mathbb{H}^*)^\circ = \varnothing$이다: 만약 $(\mathbb{H}^*)^\circ \neq \varnothing$이라 가정하면 $\mathbf{a} = (a_n) \in (\mathbb{H}^*)^\circ$가 존재한다. 그러면 양의 실수 $\varepsilon > 0$이 존재하여 $B_\mu(\mathbf{a}, \varepsilon) \subset \mathbb{H}^*$를 만족한다. 그리고 $\mathbf{x} = (\frac{\varepsilon}{2}, a_2, a_3, \ldots) \in \mathbb{H} - \mathbb{H}^*$이다. 그런데 $\mu(\mathbf{a}, \mathbf{x}) = \frac{\varepsilon}{2}$이므로 $\mathbf{x} \in B_\mu(\mathbf{a}, \varepsilon) \subset \mathbb{H}^*$이 되어 모순이다.

(3) $\mathbb{H}^*$는 조밀한 곳이 없는(nowhere dense) $\mathbb{H}$의 진부분공간이다: $\mathbb{H}^*$가 $\mathbb{H}$의 닫힌집합이므로 $(\overline{\mathbb{H}^*})^\circ = (\mathbb{H}^*)^\circ = \varnothing$이다.

(4) 그리고 함수

$$f : \mathbb{H} \to \mathbb{H}^*, \quad f(x_1, x_2, x_3, \ldots) = (0, x_1, x_2, x_3, \ldots)$$

는 거리를 보존한다. 따라서 힐버트공간 $\mathbb{H}$는 그 자신의 조밀한 곳이 없는 부분공간 $\mathbb{H}^*$와 위상동형이다.

정리 11.4.4 힐버트공간은 가분이다.

증명 우리는 $\mathbb{H}$가 조밀한 가산집합을 가짐을 보이면 된다. 이를 위해 자연수 $n \in \mathbb{N}$에 대하여

$$D_n = \{(p_1, p_2, \ldots, p_n, 0, 0, \ldots) \mid p_1, \ldots, p_n \in \mathbb{Q}\} \subset \mathbb{H}$$

이라 하자. 그러면 모든 D_n이 가산이므로 이들의 합집합 $D = \cup_{n=1}^{\infty} D_n$도 가산이

다. 이제 D가 $\mathbb{H}$의 조밀한 집합임을 보이자. 임의의 점 $\mathbf{x}=(x_n)\in\mathbb{H}$와 임의의 양의 실수 $\varepsilon>0$에 대하여 부분합 $\Sigma_{i=1}^{n}x_i^2$이 $\Sigma_{i=1}^{\infty}x_i^2$로 증가하면서 수렴하므로

$$\sum_{i=n_0+1}^{\infty}x_i^2=\sum_{i=1}^{\infty}x_i^2-\sum_{i=1}^{n_0}x_i^2<\frac{\varepsilon^2}{2}$$

을 만족하는 자연수 n_0이 존재한다. 이제 각각의 $i=1,2,\ldots,n_0$에 대하여

$$|x_i-p_i|<\frac{\varepsilon}{\sqrt{2n_0}}$$

을 만족하는 유리수 $p_i\in\mathbb{Q}$를 택하자. 그러면

$$\mathbf{a}=(p_1,p_2,\ldots,p_{n_0},0,0,\ldots)\in D_{n_0}\subset D$$

이고

$$\begin{aligned}\mu(\mathbf{x},\mathbf{a})&=\sqrt{\Sigma_{i=1}^{n_0}(x_i-p_i)^2+\Sigma_{i=n_0+1}^{\infty}x_i^2}\\&<\sqrt{\Sigma_{i=1}^{n_0}\frac{\varepsilon^2}{2n_0}+\frac{\varepsilon^2}{2}}\\&=\sqrt{\varepsilon^2}=\varepsilon\end{aligned}$$

이므로 $\mathbf{a}\in B_\mu(\mathbf{x},\varepsilon)\cap D$이 되어 $B_\mu(\mathbf{x},\varepsilon)\cap D\neq\varnothing$이다. 그러므로 $\mathbf{x}\in\overline{D}$이다. 따라서 $\overline{D}=\mathbb{H}$이다. □

정리 10.2.27에 의해 모든 가분인 거리공간은 제2가산이므로 우리는 다음 따름정리를 얻는다.

따름정리 11.4.5 힐버트공간은 제2가산이다.

정리 11.4.6 힐버트공간은 완비이다.

증명 $\{\mathbf{x}_n\}$을 힐버트공간 $\mathbb{H}$상의 코시수열이라 하자. 그리고

$$\mathbf{x}_n=(x_{n1},x_{n2},x_{n3},\ldots)$$

이라 하자. 그러면 모든 자연수 $i \in \mathbb{N}$에 대하여 $|x_{ni} - x_{mi}| \le \mu(\mathbf{x}_n, \mathbf{x}_m)$이므로 수열 $\{x_{ni}\}_{n \in \mathbb{N}}$은 보통거리(유클리드)공간 $\mathbb{R}$상의 코시수열이다. 그리고 보기 11.2.6에서 보았듯이 $\mathbb{R}$이 완비이므로 코시수열 $\{x_{ni}\}_{n \in \mathbb{N}}$은 $y_i \in \mathbb{R}$로 수렴한다.

이제 $\mathbf{y} = (y_i)_{i \in \mathbb{N}}$이라 하자. 우리는 $\mathbf{y} \in \mathbb{H}$이고 $\lim_{n \to \infty} \mathbf{x}_n = \mathbf{y}$임을 보이면 충분하다. 임의로 주어진 양의 실수 $\varepsilon > 0$에 대하여 $\{\mathbf{x}_n\}$이 $\mathbb{H}$상의 코시수열이므로

$$n, m \ge n_0 \;\Rightarrow\; \mu(\mathbf{x}_n, \mathbf{x}_m) < \frac{\varepsilon}{2}$$

을 만족하는 자연수 $n_0 \in \mathbb{N}$이 존재한다. 따라서

$$n, m \ge n_0 \;\Rightarrow\; \sum_{i=1}^{k} (x_{ni} - x_{mi})^2 \le (\mu(\mathbf{x}_n, \mathbf{x}_m))^2 < \left(\frac{\varepsilon}{2}\right)^2 \quad (\forall\, k \in \mathbb{N})$$

을 만족하므로

$$n \ge n_0 \;\Rightarrow\; \lim_{m \to \infty} \sum_{i=1}^{k} (x_{ni} - x_{mi})^2 \le \left(\frac{\varepsilon}{2}\right)^2 \quad (\forall\, k \in \mathbb{N})$$

이다. 그런데

$$\lim_{m \to \infty} \sum_{i=1}^{k} (x_{ni} - x_{mi})^2 = \sum_{i=1}^{k} (x_{ni} - \lim_{m \to \infty} x_{mi})^2 = \sum_{i=1}^{k} (x_{ni} - y_i)^2$$

이므로

$$n \ge n_0 \;\Rightarrow\; \sum_{i=1}^{k} (x_{ni} - y_i)^2 \le \left(\frac{\varepsilon}{2}\right)^2 \quad (\forall\, k \in \mathbb{N})$$

이다. 그리고

$$\sum_{i=1}^{k} y_i^2 \le \sum_{i=1}^{k} (x_{ni})^2 + \sum_{i=1}^{k} (x_{ni} - y_i)^2 \le \|\mathbf{x}_n\|^2 + \left(\frac{\varepsilon}{2}\right)^2$$

이므로 모든 자연수 $k \in \mathbb{N}$에 대하여 $\sum_{i=1}^{k} y_i^2$은 위로유계이다. 따라서 $\mathbf{y} \in \mathbb{H}$이다.

한편

$$n \ge n_0 \;\Rightarrow\; \mu(\mathbf{x}_n, \mathbf{y}) = \sqrt{\sum_{i=1}^{\infty} (x_{ni} - y_i)^2} = \sqrt{\lim_{k \to \infty} \sum_{i=1}^{k} (x_{ni} - y_i)^2} \le \frac{\varepsilon}{2} < \varepsilon$$

이므로 $\lim_{n \to \infty} \mathbf{x}_n = \mathbf{y}$이다. □

성질 11.4.7 힐버트공간은 국소컴팩트가 아니다. 따라서 힐버트공간은 컴팩트도 아니다.

증명 이를 위하여 우리는 임의의 점 $\mathbf{x}=(x_n)\in\mathbb{H}$와 양의 실수 ε에 대하여 $\overline{B_\mu(\mathbf{x},\varepsilon)}$가 컴팩트가 아님을 보이면 된다. 각각의 자연수 $n\in\mathbb{N}$에 대하여

$$\mathbf{y}_n=(x_1, x_2, \ldots, x_{n-1}, x_n+\frac{\varepsilon}{2}, x_{n+1}, x_{n+2}, \ldots)\in\mathbb{H}$$

이라 하자. 그러면 $\mu(\mathbf{x},\mathbf{y}_n)=\frac{\varepsilon}{2}$이므로 $\mathbf{y_n}\in B_\mu(\mathbf{x},\varepsilon)\subset\overline{B_\mu(\mathbf{x},\varepsilon)}$이지만, $i\neq j$일 때 $\mu(\mathbf{y}_i,\mathbf{y}_j)=\frac{\sqrt{2}}{2}\varepsilon$이다. 그러므로 $\overline{B_\mu(\mathbf{x},\varepsilon)}$상의 수열 $\{\mathbf{y}_n\}$은 수렴하는 부분수열을 갖지 않는다. 그래서 $\overline{B_\mu(\mathbf{x},\varepsilon)}$는 수열컴팩트가 아니다. 따라서 정리 11.1.18에 의하여 $\overline{B_\mu(\mathbf{x},\varepsilon)}$는 컴팩트가 아니다. □

참고 11.4.8 우리는 곱공간, 상자공간 또는 고른공간 $\mathbb{R}^\omega$의 부분공간으로서 $\mathbb{H}$를 볼 수 있다. 그러면 $\mathbb{H}$상의 이러한 위상들의 대소 관계는

$$\text{곱위상} \subset \text{고른위상} \subset \ell^2\text{-위상} \subset \text{상자위상}$$

이다.

정의 11.4.9 곱집합 $\mathbb{R}^\omega$의 부분집합

$$\mathbb{I}=\{(x_n)\in\mathbb{H}\mid -\frac{1}{n}\le x_n\le\frac{1}{n}\}=\Pi_{n=1}^{\infty}[-\frac{1}{n},\frac{1}{n}]$$

를 힐버트 입방체(Hilbert cube)라 한다.

모든 $(x_n)\in\mathbb{I}$에 대하여 $0\le\Sigma_{n=1}^{\infty}x_n^2\le\Sigma_{n=1}^{\infty}\frac{1}{n^2}$이고 $\Sigma_{n=1}^{\infty}\frac{1}{n^2}$이 수렴하므로 $\Sigma_{n=1}^{\infty}x_n^2$도 수렴한다. 따라서 $\mathbb{I}\subset\mathbb{H}$이다. 그리고 이제부터 $\mathbb{I}$는 힐버트공간 $\mathbb{H}$의 부분공간이다.

모든 자연수 $n\in\mathbb{N}$에 대하여 I_n을 유클리드공간 $\mathbb{R}$의 부분공간 $[-1,1]$이라 하자. 그러면 $J=\Pi_{n=1}^{\infty}I_n$는 곱공간 $\mathbb{R}^\omega$의 부분공간이고, 모든 $I_n=[-1,1]$이 컴팩트이므로 Tychonoff 정리(정리 9.2.3)에 의하여 $J=\Pi_{n=1}^{\infty}I_n$도 컴팩트이다.

성질 11.4.10 힐버트 입방체 $\mathbb{I}$는 J와 위상동형이다.

증명 함수

$$f: J \to \mathbb{I},\ (x_1, x_2, x_3, \dots) \mapsto (x_1, \frac{x_2}{2}, \frac{x_3}{3}, \dots)$$

는 전단사이다. 이제 함수 f가 연속임을 보이자. 임의의 점 $\mathbf{x} = (x_n) \in J$와 양의 실수 $\varepsilon > 0$에 대하여 열린구 $V = B_\mu(f(\mathbf{x}), \varepsilon)$을 생각하자. 먼저 $\sum_{n=1}^{\infty} \frac{1}{n^2}$이 수렴하므로 $\sum_{n_0+1}^{\infty} \frac{1}{n^2} < \frac{\varepsilon^2}{8}$을 만족하는 자연수 $n_0 \in \mathbb{N}$이 존재한다. 그리고 각각의 $i = 1, 2, \dots, n_0$에 대하여 $U_i = \{z_i \in [-1, 1] \mid |x_i - z_i| < \frac{\varepsilon}{\sqrt{2n_0}}\}$이라 하자. 그러면

$$U = U_1 \times U_2 \times \cdots \times U_{n_0} \times [-1, 1] \times [-1, 1] \times \cdots$$

는 J의 열린집합으로서 $\mathbf{x} \in U$이다. 만약 $\mathbf{z} = (z_n) \in U$이면

$$\begin{aligned}
\mu(f(\mathbf{x}), f(\mathbf{z})) &= \sqrt{\sum_{n=1}^{n_0} (\frac{x_n}{n} - \frac{z_n}{n})^2 + \sum_{n=n_0+1}^{\infty} (\frac{x_n}{n} - \frac{z_n}{n})^2} \\
&\le \sqrt{\sum_{n=1}^{n_0} (x_n - z_n)^2 + \sum_{n=n_0+1}^{\infty} (\frac{2}{n})^2} \\
&< \sqrt{\sum_{n=1}^{n_0} (\frac{\varepsilon}{\sqrt{2n_0}})^2 + \sum_{n=n_0+1}^{\infty} \frac{4}{n^2}} \\
&< \sqrt{\frac{\varepsilon^2}{2} + \frac{\varepsilon^2}{2}} \\
&= \varepsilon
\end{aligned}$$

이므로 $f(U) \subset V$이다. 따라서 정리 5.1.17에 의해 f는 연속이다.

그리고 J가 컴팩트이고 $\mathbb{I}$는 거리공간이므로 하우스도르프이다. 따라서 정리 9.1.24에 의하여 f는 위상동형사상이다. □

따라서 따름정리 9.1.12에 의하여 $\mathbb{I}$는 컴팩트하다. 그리고 $\mathbb{H}$가 거리공간이므로 정리 9.3.13에 의하여 $\mathbb{I}$는 $\mathbb{H}$의 유계인 닫힌집합이다.

성질 11.4.11 $\mathbb{I}$는 $\mathbb{H}$의 조밀한 곳이 없는 부분집합이다.

증명 $\mathbb{I}$가 $\mathbb{H}$의 닫힌집합이므로 $\overline{\mathbb{I}} = \mathbb{I}$이다. 따라서 우리는 $\mathbb{I}^\circ = \varnothing$ 임을 보이면 된다. 임의의 점 $\mathbf{x} = (x_n) \in \mathbb{H}$와 양의 실수 $\varepsilon > 0$에 대하여 열린구 $B_\mu(\mathbf{x}, \varepsilon)$을 생각하자. 먼저 $\frac{6}{n} < \varepsilon$을 만족하는 자연수 $n \in \mathbb{N}$을 택하여

$$\mathbf{y} = (x_1, \ldots, x_{n-1}, x_n + \frac{\varepsilon}{2}, x_{n+1}, \ldots)$$

이라 하자. 그러면 $\mu(\mathbf{x}, \mathbf{y}) = \frac{\varepsilon}{2}$이므로 $\mathbf{y} \in B_\mu(\mathbf{x}, \varepsilon)$이다. 그러나 $-\frac{1}{n} \le x_n \le \frac{1}{n}$이므로

$$x_n + \frac{\varepsilon}{2} \ge x_n + \frac{3}{n} \ge -\frac{1}{n} + \frac{3}{n} = \frac{2}{n} > \frac{1}{n}$$

이 되어 $\mathbf{y} \notin \mathbb{I}$이다. 따라서 $B_\mu(\mathbf{x}, \varepsilon) \not\subset \mathbb{I}$이다. 즉, $\mathbf{x}$는 $\mathbb{I}$의 내부점이 될 수 없다. 그러므로 $\mathbb{I}^\circ = \varnothing$ 이다. □

힐버트 입방체 $\mathbb{I}$는 $\mathbb{H}$의 어떠한 열린집합도 포함하지 않지만 모든 가분인 거리공간을 포함할 만큼 큰 공간이다.

성질 11.4.12 만약 (X, d)가 가분인 거리공간이면 넣기사상 $h : X \hookrightarrow \mathbb{I}$가 존재한다. 즉, $X \cong h(X) \subset \mathbb{I}$이다.

증명 X가 가분이므로 X의 조밀한 가산집합 $A = \{a_n \in X \mid n \in \Lambda\}$가 존재한다. 그리고 X상의 거리 d가 유도하는 표준유계거리 $\overline{d}(x, y) = \min\{d(x, y), 1\}$에 대해 $\mathscr{T}_{\overline{d}} = \mathscr{T}_d$이므로 위상공간으로서 $X = (X, \mathscr{T}_d) = (X, \mathscr{T}_{\overline{d}})$이다.

우리는 A가 무한 가산집합인(즉, 가부번집합인) 경우에 대해서만 이 성질을 보이고자 한다. A가 유한집합인 경우의 증명은 비교적 쉬우므로 생략하자(문제 11.4.4 참조). 따라서 이제부터 $A = \{a_n \in X \mid n \in \mathbb{N}\}$이라 하자.

(i) 먼저 각각의 자연수 $n \in \mathbb{N}$에 대하여

$$f_n : X \to [0, 1], \ f_n(x) = \overline{d}(a_n, x)$$

은 연속사상이다: 임의로 주어진 점 $x \in X$와 양의 실수 ε에 대하여 $\delta = \varepsilon$으로 택하자. 그리고 $\overline{d}(x, y) < \delta (= \varepsilon)$이라 하자. 그러면

$$\overline{d}(a_n, x) \le \overline{d}(a_n, y) + \overline{d}(y, x) < \overline{d}(a_n, y) + \varepsilon$$

이므로 $\bar{d}(a_n, x) - \bar{d}(a_n, y) < \varepsilon$이다. 같은 방법으로

$$\bar{d}(a_n, y) \le \bar{d}(a_n, x) + \bar{d}(x, y) < \bar{d}(a_n, x) + \varepsilon$$

이므로 $\bar{d}(a_n, y) - \bar{d}(a_n, x) < \varepsilon$이다. 따라서

$$\bar{d}(x, y) < \delta \implies |f_n(x) - f_n(y)| = |\bar{d}(a_n, x) - \bar{d}(a_n, y)| < \varepsilon$$

을 만족하므로 f_n은 연속이다.

(ii) 임의의 서로 다른 두 점 $x, y \in X$에 대하여 $f_n(x) \neq f_n(y)$를 만족하는 자연수 $n \in \mathbb{N}$이 존재한다: x와 y가 서로 다른 두 점이므로 $r = \bar{d}(x, y) > 0$이다. 그리고 A가 X의 조밀한 부분집합이므로 $\bar{d}(a_n, x) < \frac{r}{3}$을 만족하는 $a_n \in A$이 존재한다. 그러면

$$f_n(x) = \bar{d}(a_n, x) < \frac{r}{3},$$
$$f_n(y) = \bar{d}(a_n, y) \ge \bar{d}(x, y) - \bar{d}(x, a_n) > r - \frac{r}{3} = \frac{2}{3}r$$

이므로 $f_n(x) \neq f_n(y)$이다.

(iii) (i)과 (ii)에 의하여 $f = (f_n) : X \to J$, $f(x) = (f_n(x))$는 단사인 연속사상이다.

(iv) 이제 $f : X \to J$가 넣기사상임을 보이자: 이를 위하여 우리는 $f : X \to f(X)$가 위상동형사상임을 보이면 된다. 그런데 (iii)에 의해 f가 단사인 연속사상이므로 우리는 $f : X \to f(X)$가 열린사상임을 보이면 충분하다. U를 X의 임의의 열린집합이라 하자. 그리고 $x \in U$를 임의의 점이라 하자. 그러면 U가 열린집합이므로 $B_{\bar{d}}(x, \varepsilon) \subset U$를 만족하는 양의 실수 $\varepsilon > 0$이 존재한다. 그리고 A가 X의 조밀한 부분집합이므로 $\bar{d}(a_n, x) < \frac{\varepsilon}{2}$을 만족하는 $a_n \in A$이 존재한다. 이제 $V = \{r \in [-1, 1] \mid |r| < \frac{\varepsilon}{2}\}$이라 하자. 그러면 V는 $[-1, 1]$의 열린 부분집합이다. 만약 $z \in f_n^{-1}(V)$이면 $f_n(z) = \bar{d}(a_n, z) < \frac{\varepsilon}{2}$이므로

$$\bar{d}(x, z) \le \bar{d}(a_n, x) + \bar{d}(a_n, z) < \frac{\varepsilon}{2} + \frac{\varepsilon}{2} = \varepsilon$$

이 되어 $z \in B_{\bar{d}}(x, \varepsilon) \subset U$이다. 따라서 $x \in f_n^{-1}(V) \subset U$이다. 그리고

$$f(f_n^{-1}(V)) = \pi_n^{-1}(V) \cap f(X)$$

이므로 $f(f_n^{-1}(V))$는 부분공간 $f(X)$의 열린집합이다. 단, 여기서 $\pi_n : J$

$\to I_n = [-1, 1]$은 사영사상이다. 그러므로 $f(x) \in f(f_n^{-1}(V)) \subset f(U)$이 되어 $f(x)$는 $f(U)$의 내부점이다. 따라서 $f(U)$는 $f(X)$의 열린집합이므로 $f : X \to f(X)$는 열린사상이다.

(v) 성질 11.4.10에 의하여 위상동형사상 $g : J \to \mathbb{I}$가 존재한다. 그러므로 $h = g \circ f : X \hookrightarrow J \to \mathbb{I}$는 넣기사상이다. □

연습문제

문제 11.4.1 참고 11.4.8을 보이시오.

문제 11.4.2 $\mathbb{H}$는 $\mathbb{R}$과 일대일 대응이 됨을 보이시오. 즉, $\text{card}(\mathbb{H}) = \text{card}(\mathbb{R}) = \mathfrak{c}$임을 보이시오.

문제 11.4.3 힐버트공간 $\mathbb{H}$의 부분집합 $S = \{\mathbf{x} \in \mathbb{H} \mid \mu(\mathbf{x}, \mathbf{0}) = 1\}$에 대하여 다음을 보이시오. 단, 여기서 $\mathbf{0} = (0, 0, 0, \ldots)$이다.

(1) S는 유계인 닫힌집합이다.

(2) S는 컴팩트가 아니다.

문제 11.4.4 거리공간 (X, d)에 대하여 조밀한 유한집합 $A = \{a_1, \ldots, a_k\} \subset X$가 존재한다고 가정하자. 이제 다음을 보이시오.

(1) X는 컴팩트이다.

(2) 각각의 자연수 $n = 1, \ldots, k$에 대하여 $f_n : X \to [0, 1]$, $f_n(x) = \bar{d}(a_n, x)$은 연속사상이다. 단, 여기서 $\bar{d}$는 d가 유도하는 표준유계거리이고, $[0, 1]$은 유클리드공간 $\mathbb{R}$의 부분공간이다.

(3) 임의의 서로 다른 두 점 $x, y \in X$에 대하여 $f_n(x) \neq f_n(y)$를 만족하는 $n \in \{1, \ldots, k\}$이 존재한다.

(4) $f : X \to J$, $f(x) = (f_1(x), \ldots, f_k(x), 0, 0, \ldots)$는 단사인 연속사상이다. 단, 여기서 J는 유클리드공간 $\mathbb{R}$의 곱공간 $\mathbb{R}^\omega$의 부분공간 $\Pi_{n=1}^{\infty}[0, 1]$이다.

(5) $f : X \to J$는 넣기사상이다. (힌트: X는 컴팩트이고, J는 하우스도르프이다.)

(6) 넣기사상 $h : X \hookrightarrow \mathbb{I}$가 존재한다.

11.5 Cantor 집합 †

Cantor 집합은 위상수학을 비롯한 여러 수학 분야의 다양한 개념에 대한 예나 반례를 보여주는 신비한 집합이다. 유클리드공간 $\mathbb{R}$의 부분공간인 닫힌구간 $C_0 = [0, 1]$을 3등분하여 가운데 열린구간 $(\frac{1}{3}, \frac{2}{3})$를 제거한 나머지 부분을 C_1이라 하자. 즉,

$$C_1 = [0, \frac{1}{3}] \cup [\frac{2}{3}, 1]$$

이다. 그리고 C_2는 C_1의 연결성분 $[0, \frac{1}{3}]$, $[\frac{2}{3}, 1]$을 각각 3등분하였을 때의 가운데 부분의 열린구간 $(\frac{1}{9}, \frac{2}{9})$와 $(\frac{7}{9}, \frac{8}{9})$을 뺀 부분이다. 즉,

$$C_2 = [0, \frac{1}{9}] \cup [\frac{2}{9}, \frac{1}{3}] \cup [\frac{2}{3}, \frac{7}{9}] \cup [\frac{8}{9}, 1]$$

이다. 이와 같이 C_n은 C_{n-1}의 각 연결성분들을 각각 3등분하였을 때의 가운데 부분의 열린구간들을 뺀 부분이라 하자. 즉,

$$C_n = C_{n-1} - \bigcup_{k=0}^{3^{n-1}-1} (\frac{3k+1}{3^n}, \frac{3k+2}{3^n})$$

이다. 이 방법을 계속하면 감소 집합열

$$C_0 = [0, 1] \supset C_1 \supset C_2 \supset \cdots \supset C_n \supset C_{n+1} \supset \cdots$$

을 얻는다. Cantor **집합(Cantor set)**이란 $[0, 1]$의 부분공간

$$C = \bigcap_{n \in \mathbb{N}} C_n$$

을 뜻한다. 이러한 Cantor 집합은 다음 성질들을 갖는다.

(1) 모든 C_n이 $\mathbb{R}$의 닫힌집합이므로 이들의 교집합인 C도 $\mathbb{R}$의 닫힌집합이다. 그리고 $C \subset [0, 1]$이므로 C는 $\mathbb{R}$의 유계인 부분집합이다. 따라서 Hiene-Borel 정리(정리 9.3.6)에 의하여 Cantor 집합 C는 $\mathbb{R}$의 컴팩트집합이다.

(2) $\frac{1}{2} \notin C$이므로 $C = (C \cap [0, \frac{1}{2})) \cup (C \cap (\frac{1}{2}, 1])$이고 $0 \in C \cap [0, \frac{1}{2})$와 $1 \in C \cap (\frac{1}{2}, 1]$이 되어 $C \cap [0, \frac{1}{2})$과 $C \cap (\frac{1}{2}, 1]$은 공집합이 아닌 서로소인 C의 열린집합이다. 따라서 C는 비연결이다.

(3) 한편 임의의 원소 $x \in C$는 다음과 같이 표현할 수 있다:

$$x = \sum_{n=1}^{\infty} \frac{x_n}{3^n}, \quad x_n = 0 \text{ 또는 } 2$$

그러므로 C는 각 C_n의 끝점들

$$0, 1, \frac{1}{3}, \frac{2}{3}, \frac{1}{9}, \frac{2}{9}, \frac{7}{9}, \frac{8}{9}, \dots, \frac{1}{3^n}, \frac{2}{3^n}, \dots, \frac{3^n-2}{3^n}, \frac{3^n-1}{3^n}, \dots$$

뿐만 아니라 다른 점들도 포함한다. 예를 들어

$$\sum_{n=1}^{\infty} \frac{2}{3^{2n}} = \frac{2}{3^2} + \frac{2}{3^4} + \frac{2}{3^6} + \cdots = \frac{1}{4}$$

은 C의 원소이다.

이제 모든 자연수 $n \in \mathbb{N}$에 대하여 A_n을 두 점 $\{0, 2\}$로 이루어진 이산공간이라 하면 곱공간 $\Pi_{n=1}^{\infty} A_n$의 원소는 각 항이 0 또는 2로 이루어진 수열이다. 그러면 함수

$$f : \Pi_{n=1}^{\infty} A_n \to C, \ (x_n) \mapsto \sum_{n=1}^{\infty} \frac{x_n}{3^n}$$

는 위상동형사상이다.

(4) C의 모든 점은 C의 극한점이다. 즉, $C' = C$이다: 구체적으로 C가 닫힌집합이므로 $C' \subset C$이다. 그리고 임의의 점 $x \in C$와 양의 실수 $r > 0$에 대하여 $\frac{1}{3^n} < \frac{r}{2}$인 자연수 n을 택하자. 정의에 의해 $C \subset C_n$이므로 $x \in C_n$이다. 그리고 C_n이 길이가 $\frac{1}{3^n}$인 유한개의 닫힌구간들의 합집합이므로 x를 포함하는 구간이 존재한다. 이러한 구간을 $[\frac{m}{3^n}, \frac{m+1}{3^n}]$이라 하면

$$x \in [\frac{m}{3^n}, \frac{m+1}{3^n}] \subset C_n$$

이다. 그리고 $\frac{m}{3^n}, \frac{m+1}{3^n} \in C$이므로 $\frac{m}{3^n}, \frac{m+1}{3^n} \in (x-r, x+r) \cap C$이다. 그래서

$$(x-r, x+r) \cap C - \{x\} \neq \varnothing$$

이 되어 $x \in C'$이다. 따라서 $C \subset C'$이다.

(5) C는 어떠한 구간도 포함하지 않으므로 따름정리 8.1.15에 의하여 C의 각 연결성분은 한 점 집합들밖에 없다. 따라서 C는 완전비연결이다.[15] 구체적으로 C의 연결집

15) 문제 8.1.22 참조.

합이 한 점 집합이 됨을 보이자: D를 C의 연결집합이라 하자. 그리고 $f : \Pi_{n=1}^{\infty} A_n \to C$를 (3)에서의 위상동형사상이라 하자. 이제 $B = f^{-1}(D)$이라 하면 B도 $\Pi_{n=1}^{\infty} A_n$의 연결집합이다. 그리고 $\mathbf{x} = (x_n)$, $\mathbf{y} = (y_n) \in B$이라 하자. 모든 사영사상 $\pi_n : \Pi_{n=1}^{\infty} A_n \to A_n$이 연속이므로 $\pi_n(B)$는 $A_n = \{0, 2\}$의 연결집합이다. 따라서 $\pi_n(B)$는 한 점 집합이므로 $x_n = \pi_n(\mathbf{x}) = \pi_n(\mathbf{y}) = y_n$이다. 따라서 $\mathbf{x} = \mathbf{y}$이다. 그래서 B가 한 점 집합이므로 $D = f(B)$도 한 점 집합이다.

(6) 그러나 C의 모든 한 점 집합이 열린집합이 아니므로 C는 이산공간이 아니다: C와 $\Pi_{n=1}^{\infty} A_n$이 위상동형이므로 우리는 $\Pi_{n=1}^{\infty} A_n$의 모든 한 점 집합이 열린집합이 아님을 보이면 된다. 임의로 주어진 점 $\mathbf{x} \in \Pi_{n=1}^{\infty} A_n$에 대해 $\{\mathbf{x}\}$가 $\Pi_{n=1}^{\infty} A_n$의 열린집합이 아님을 보이자. 귀류법 가정으로 한 점 집합 $\{\mathbf{x}\}$가 곱공간 $\Pi_{n=1}^{\infty} A_n$의 열린집합이라 가정하자. 그러면 $\mathbf{x} \in \Pi_{n=1}^{\infty} U_n \subset \{\mathbf{x}\}$를 만족하는 곱공간 $\Pi_{n=1}^{\infty} A_n$의 기저의 원소 $\Pi_{n=1}^{\infty} U_n$이 존재하여 유한개의 n을 제외하고는 $U_n = \{0, 2\}$이다. 그러므로 $U_n = \{0, 2\}$인 자연수 $n \in \mathbb{N}$이 존재하고 이러한 n에 대하여 $\pi_n(\{\mathbf{x}\}) = \{0, 2\}$이 되어 모순이다.

(7) $\text{card}(\Pi_{n=1}^{\infty} A_n) = 2^{\aleph_0} = \mathfrak{c}$이므로 $\Pi_{n=1}^{\infty} A_n$은 비가산집합이다. 그리고 (3)에서 보았듯이 $\Pi_{n=1}^{\infty} A_n$과 Cantor 집합 C가 위상동형이므로 C도 비가산집합이다. 또한 (1)에 의하여 C가 $\mathbb{R}$의 닫힌집합이므로 $\overline{C} = C$이고 어떠한 열린구간도 C에 포함되지 않으므로 $\text{int}(\overline{C}) = \text{int}(C) = \varnothing$이므로 C는 $\mathbb{R}$의 조밀한 곳이 없는 부분집합이다.

(8) C의 측도(measure)는 0이다: 왜냐하면 $I - C$의 측도는 제거된 구간들의 길이의 합

$$\frac{1}{3} + \frac{2}{9} + \frac{4}{27} + \cdots + \frac{2^{n-1}}{3^n} + \cdots = \sum_{n=1}^{\infty} \frac{1}{3}\left(\frac{2}{3}\right)^{n-1} = 1$$

이고 단위 닫힌구간 $I = [0, 1]$의 측도도 1이므로 C의 측도는 0이다.[16)]

(9) I가 제2가산이므로 정리 10.2.20에 의해 C도 제2가산이다.

기초정리 11.5.1 Cantor 집합 C의 닫힌집합 D에 대하여 수축사상 $r : C \to D$이 존재한다.

16) 측도(measure)에 관해서는 참고문헌 [6, 8] 참조.

증명 먼저 $D \subset C \subset \mathbb{R}$임을 상기하자. D가 컴팩트공간 C의 닫힌집합이므로 D도 컴팩트이다. 그러므로 D는 유클리드공간 $\mathbb{R}$의 닫힌집합이고, $\mathbb{R}-D$는 $\mathbb{R}$의 열린집합이다. 따라서 $\mathbb{R}-D$는 $\mathbb{R}$의 가산개의 서로소인 열린구간 (a_n, b_n)들의 합집합으로 표현된다. 즉,

$$\mathbb{R}-D = \bigcup_{n=1}^{\infty}(a_n, b_n)$$

이다. 우리는 이러한 열린구간들의 모임을 $\mathcal{I} = \{(a_n, b_n)\}$라 하자. 그리고 D가 컴팩트하므로 $l = \inf(D) \in D$, $u = \sup(D) \in D$이다. 그러므로 $(-\infty, l)$, $(u, \infty) \in \mathcal{I}$ 이다. 이제 $c_l < \min\{l, 0\}$, $c_u > \max\{u, 1\}$를 택하자. 다른 열린구간 $(a_n, b_n) \in \mathcal{I} - \{(-\infty, l), (u, \infty)\}$에 대해서는 $a_n, b_n \in D$이다. 그런데 Cantor 집합 C가 구간을 포함할 수 없으므로 $(a_n, b_n) \not\subset C$이다. 따라서 $(a_n, b_n) \cap (\mathbb{R}-C) \neq \varnothing$이므로 한 점 $c_n \in (a_n, b_n) \cap (\mathbb{R}-C)$을 택할 수 있다.

이제 사상 $r: C \to D$을 다음과 같이 정의하자.

$$r(x) = \begin{cases} x, & x \in D \\ a_n, & a_n < x < c_n \\ b_n, & c_n < x < b_n \\ l, & x \leq l \\ u, & x \geq u \end{cases}$$

그러면 사상 r은 연속이다: 임의의 $x \in C$와 $r(x) \in V$인 D의 열린집합 V에 대하여 $r(x) \in (\alpha, \beta) \cap D \subset V \subset D$를 만족하는 열린구간 (α, β)이 존재한다. 그리고 D가 구간을 포함할 수 없으므로

$$\alpha < b_m < r(x), \quad r(x) < a_n < \beta$$

를 만족하는 $(a_m, b_m), (a_n, b_n) \in \mathcal{I}$ 이 존재한다. 그러면 C의 열린집합 $(c_m, c_n) \cap C$가 존재하여 $x \in (c_m, c_n) \cap C$이고

$$z \in (c_m, c_n) \cap C \Rightarrow r(z) \in (\alpha, \beta) \cap D \subset V$$

이 성립한다. 그러므로 r은 점 x에서 연속이다. 따라서 정리 5.1.17에 의하여 r은 연속이다. □

기초정리 11.5.2 (X,d)를 제2가산인 거리공간이라 하자. 그러면 Cantor 집합 C의 부분집합 D와 전사인 연속사상 $f: D \to X$가 존재한다.

증명 $\mathscr{B} = \{B_n \mid n \in \mathbb{N}\}$를 X의 가산기저라 하자(참고 10.2.11 참조). 그리고 각각의 자연수 $n \in \mathbb{N}$에 대하여

$$S_n^0 = \mathrm{cl}(B_n), \quad S_n^2 = X - B_n$$

이라 하자. 먼저 $\Pi_{n=1}^{\infty} A_n \cong C$임을 상기하자. 여기서 $A_n = \{0, 2\}$이다. 그러므로 우리는 Cantor 집합 C와 $\Pi_{n=1}^{\infty} A_n$을 동일시 할 수 있다. 즉, $C = \Pi_{n=1}^{\infty} A_n$이다. 이제 각각의 $\mathbf{y} = (y_n) \in C = \Pi_{n=1}^{\infty} A_n$에 대하여

$$S(\mathbf{y}) = \cap \{S_n^{y_n} \mid n \in \mathbb{N}\} \subset X$$

이라 하자.

그러면 $S(\mathbf{y}) = \varnothing$이거나 $S(\mathbf{y})$는 한 점 집합이다: 만약 $p, q \in S(\mathbf{y})$이고 $p \neq q$이라 가정하면 $r = \frac{d(p,q)}{3} > 0$에 대하여

$$E = \{x \in X \mid d(p,x) \leq r\},$$
$$F = \{x \in X \mid d(q,x) \leq r\}$$

는 X의 닫힌집합들로서 $p \in E$, $q \in F$, $E \cap F = \varnothing$을 만족한다. 그러면 $B_d(p,r)$이 X의 열린집합이므로 $p \in B_n \subset B_d(p,r) \subset E$를 만족하는 기저의 원소 $B_n \in \mathscr{B}$이 존재한다. 그래서 $y_n = 0$이다. (왜냐하면 $y_n \neq 0$이면 $y_n = 2$이어야 한다. 그런데 $p \in S(\mathbf{y}) \subset S_n^{y_n} = S_n^2 = X - B_n$이 되어 $p \in B_n$에 모순이다.) 그리고 E가 닫힌집합이므로 $q \in S(\mathbf{y}) \subset S_n^{y_n} = S_n^0 = \mathrm{cl}(B_n) \subset E$이다. 그러므로 $q \in E \cap F$이 되어 $E \cap F = \varnothing$에 모순이다. 따라서 $p = q$이다.

이제 $D = \{\mathbf{y} \in C \mid S(\mathbf{y}) \neq \varnothing\} \subset C$이라 하자. 그리고 사상 $f: D \to X$를 $f(\mathbf{y}) = S(\mathbf{y})$로 정의하자.

먼저 $f(D) = X$임을 보이자. 임의의 점 $p \in X$에 대하여 $\mathbf{y} = (y_n) \in C$를

$$y_n = \begin{cases} 0, & p \in \mathrm{cl}(B_n) \\ 2, & p \notin \mathrm{cl}(B_n) \end{cases}$$

이라 하자. 그러면 $S(\mathbf{y}) = \{p\}$이다. (왜냐하면 만약 $p \notin S(\mathbf{y})$라 가정하면 $p \notin S_n^{y_n}$

을 만족하는 자연수 $n \in \mathbb{N}$이 존재한다. 먼저 $p \in \mathrm{cl}(B_n)$이라 하면 $y_n = 0$이다. 그러므로 $p \in \mathrm{cl}(B_n) = S_n^0 = S_n^{y_n}$이 되어 모순이다. 그리고 $p \notin \mathrm{cl}(B_n)$인 경우에는 $y_n = 2$이므로

$$p \in X - \mathrm{cl}(B_n) \subset X - B_n = S_n^2 = S_n^{y_n}$$

이 되어 모순이다. 따라서 $S(\mathbf{y}) = \{p\}$이어야 한다.) 그러므로 $f(\mathbf{y}) = p$가 되어 $f(D) = X$이다.

이제 $f : D \to X$가 연속임을 보이자. 임의의 점 $\mathbf{y} = (y_n) \in D$에 대하여 U를 $f(\mathbf{y})$의 열린근방이라 하자. 그러면 $f(\mathbf{y}) \in B_d(f(\mathbf{y}), r) \subset U$를 만족하는 양의 실수 $r > 0$이 존재한다. 그리고 $B_d(f(\mathbf{y}), \frac{r}{2})$이 X의 열린집합이므로 $f(\mathbf{y}) \in B_n \subset B_d(f(\mathbf{y}), \frac{r}{2})$을 만족하는 기저의 원소 $B_n \in \mathscr{B}$이 존재하여

$$f(\mathbf{y}) \in \mathrm{cl}(B_n) \subset \mathrm{cl}(B_d(f(\mathbf{y}), \frac{r}{2})) \subset B_d(f(\mathbf{y}), r) \subset U$$

를 만족한다. 그러면 $f(\mathbf{y}) = S(\mathbf{y}) \in \mathrm{cl}(B_n) = S_n^0$이므로 $y_n = 0$이다. 이제

$$V = \{\mathbf{z} \in C \mid z_n = y_n\} = \Pi_{i \in \mathbb{N}} U_i$$

이라 하자. 여기서 $U_i = \{0, 2\}(i \neq n)$, $U_n = \{y_n\}$이다. 그러면 V는 C의 열린집합이다. 그러므로 $D \cap V$는 D의 열린집합이다. 그리고 만약 $\mathbf{z} \in D \cap V$이면

$$f(\mathbf{z}) \in S(\mathbf{z}) \subset S_n^{z_n} = S_n^{y_n} = \mathrm{cl}(B_n) \subset U$$

를 만족한다. 따라서 $f : D \to X$는 연속이다. □

기초정리 11.5.3 (X, d)를 컴팩트 거리공간이라 하자. 그러면 Cantor 집합 C의 닫힌집합 D와 전사인 연속사상 $f : D \to X$가 존재한다.

증명 성질 10.2.31에 의하여 X는 제2가산이다. 그러면 기초정리 11.5.2에 의하여 $D = \{\mathbf{y} \in C \mid S(\mathbf{y}) \neq \varnothing\} \subset C$와 전사인 연속사상 $f : D \to X$가 존재한다. 따라서 우리는 D가 C의 닫힌집합임을 보이면 된다. 이를 위해 $C - D$가 C의 열린집합임을 보이자. 임의의 $\mathbf{y} = (y_n) \in C - D$에 대하여 $S(\mathbf{y}) = \varnothing$이다. 그리고 모든 자연수 $n \in \mathbb{N}$에 대하여 $S_n^{y_n}$은 X의 닫힌집합이므로 컴팩트이다. 정리 9.1.38에 의하여 $\{S_n^{y_n} \mid n \in \mathbb{N}\}$은 유한 교집합 조건을 만족하지 않으므로 $\cap_{i=1}^{k} S_{n_i}^{y_{n_i}} = \varnothing$인

$n_1, n_2, \ldots, n_k \in \mathbb{N}$가 존재한다. 이제

$$U = \{\mathbf{z} = (z_n) \in C \mid z_n = y_n \ \forall\, n = n_1, n_2, \ldots, n_k\}$$
$$= U_1 \times U_2 \times U_3 \times \cdots$$

이라 하자. 여기서 $U_n = \begin{cases} \{y_n\}, & n = n_1, \ldots, n_k \\ \{0,2\}, & n \neq n_1, \ldots, n_k \end{cases}$ 이다. 그러면 U는 $\mathbf{y}$를 포함하는 C의 열린집합이다. 그리고 임의의 $\mathbf{z} \in U$에 대하여 $S_n^{z_n} = S_n^{y_n}$ $(n = n_1, n_2, \ldots, n_k)$ 이므로 $S(\mathbf{z}) = \varnothing$이 되어 $\mathbf{z} \in C - D$이다. 그러므로 $\mathbf{y} \in U \subset C - D$이다. 따라서 $C - D$는 C의 열린집합이다. □

정리 11.5.4 모든 컴팩트 거리공간은 Cantor 집합의 연속사상에 의한 상이다. 즉, (X,d)가 컴팩트 거리공간이면 전사인 연속사상 $f : C \to X$가 존재한다.

증명 기초정리 11.5.3에 의하여 C의 닫힌집합 D와 전사인 연속사상 $g : D \to X$가 존재한다. 그리고 기초정리 11.5.1에 의해 수축사상 $r : C \to D$이 존재한다. 그러므로 합성함수 $f = g \circ r : C \to X$는 전사인 연속사상이다. □

이 정리는 위상수학에서 가장 비직관적이라 할 수 있다.

12장

Tietze 확장정리와 Urysohn 거리화정리

CONTENTS

수학적으로 중요한 많은 공간들은 거리공간이다. 그리고 거리공간을 다루는데 있어서는 위상적 방법뿐만 아니라 해석학적 방법도 사용할 수 있다. 또한 거리공간상의 여러 위상적 결과들은 중간값 정리와 최대최소값 정리 등 해석학의 중요한 정리들을 만들어 낸다. 그러나 모든 위상공간들이 항상 거리공간이 되는 것은 아니다. 그러면 위상공간이 언제 적합한 거리를 갖는가? 이에 대한 결과가 유명한 Urysohn 거리화정리로서 이 장에서 다룬다. 이 장에서 $\mathbb{R}$은 유클리드공간이고, $[0,1]$과 $[a,b]$는 유클리드공간 $\mathbb{R}$의 부분공간을 나타낸다.

12.1 Urysohn 보조정리와 Tietze 확장정리

다음의 Urysohn 보조정리는 앞으로 나올 중요한 정리인 Tietze 확장정리와 Urysohn 거리화정리를 보이는데 유용하게 사용된다.

정리 12.1.1 (Urysohn 보조정리[1]) X를 정규공간이라 하자. 만약 A와 B가 서로소인 닫힌집합이면 연속사상

$$f : X \to [a,b] \quad \text{s.t.} \quad f(A) \subset \{a\},\ f(B) \subset \{b\}$$

가 존재한다.[2]

증명 (1) 먼저 구간 $[0,1]$에 대하여 정리를 증명하자. 즉, $f(A) \subset \{0\}$, $f(B) \subset \{1\}$인 연속사상 $f : X \to [0,1]$가 존재함을 보이자. 가정에 의해 A와 B가 서로소인 닫힌집합이므로 B^c은 닫힌집합 A를 포함하는 열린집합이다. 그러면 정리 7.2.11에 의하여

$$A \subset U_{\frac{1}{2}} \subset \overline{U}_{\frac{1}{2}} \subset B^c \ (\subset X)$$

1) Urysohn lemma. Urysohn 보조정리의 증명 과정을 보면 X가 T_1일 필요는 없다. 따라서 정의 7.2.8의 조건 (N)을 만족하는 위상공간에 대해서도 Urysohn 보조정리가 성립한다.

2) 만약 A가 공집합이 아니면 $f(A) \subset \{a\}$와 $f(A) = \{a\}$는 서로 동치임을 유의하자. 특별히 X의 (닫힌집합인) 공집합 $\varnothing$과 임의의 닫힌집합 B($\varnothing$인 경우도 포함)에 대하여 상수사상 $f : X \to [a,b]$, $f(x) = b$는 연속이고 $f(\varnothing) = \varnothing \subset \{a\}$, $f(B) \subset \{b\}$를 만족한다.

을 만족하는 열린집합 $U_{\frac{1}{2}}$ 이 존재한다. 그런데 다시 $U_{\frac{1}{2}}$ 이 닫힌집합 A를 포함하는 열린집합이고, B^c도 닫힌집합 $\overline{U}_{\frac{1}{2}}$ 을 포함하는 열린집합이므로 정리 7.2.11에 의하여

$$A \subset U_{\frac{1}{4}} \subset \overline{U}_{\frac{1}{4}} \subset U_{\frac{1}{2}} \subset \overline{U}_{\frac{1}{2}} \subset U_{\frac{3}{4}} \subset \overline{U}_{\frac{3}{4}} \subset B^c$$

을 만족하는 열린집합 $U_{\frac{1}{4}}, U_{\frac{3}{4}}$ 이 존재한다. 다시 정리 7.2.11에 의하여

$$\begin{aligned} A &\subset U_{\frac{1}{8}} \subset \overline{U}_{\frac{1}{8}} \subset U_{\frac{1}{4}} \subset \overline{U}_{\frac{1}{4}} \subset U_{\frac{3}{8}} \subset \overline{U}_{\frac{3}{8}} \subset U_{\frac{1}{2}} \\ &\subset \overline{U}_{\frac{1}{2}} \subset U_{\frac{5}{8}} \subset \overline{U}_{\frac{5}{8}} \subset U_{\frac{3}{4}} \subset \overline{U}_{\frac{3}{4}} \subset U_{\frac{7}{8}} \subset \overline{U}_{\frac{7}{8}} \subset B^c \end{aligned}$$

을 만족하는 열린집합 $U_{\frac{1}{8}}, U_{\frac{3}{8}}, U_{\frac{5}{8}}, U_{\frac{7}{8}}$ 이 존재하다. 이와 같은 방법을 계속하자. 그러면

$$\begin{aligned} D &= \{ \frac{k}{2^n} \mid n,\ k \in \mathbb{N},\ 1 \le k \le 2^n - 1 \} \\ &= \{ \frac{1}{2}, \frac{1}{4}, \frac{3}{4}, \frac{1}{8}, \frac{3}{8}, \frac{5}{8}, \frac{7}{8}, \frac{1}{16}, \frac{3}{16}, \ldots, \frac{15}{16}, \ldots \} \end{aligned}$$

는 $[0,1]$의 조밀한 부분집합이고, 각각의 $r \in D$에 대하여 다음을 만족하는 열린집합 U_r이 존재한다:

(a) $r, s \in D$, $r < s$이면 $\overline{U}_r \subset U_s$이다;

(b) 모든 $r \in D$에 대해 $A \subset \overline{U}_r \subset B^c$이다.

이제 함수 $f : X \to [0,1]$를 다음과 같이 정의하자. 먼저 모든 $r \in D$에 대하여 $x \in U_r$이면 $f(x) = 0$으로 정의하고, 만약 $x \notin U_r$인 $r \in D$이 존재하는 경우는 $f(x) = \sup\{r \mid x \notin U_r\}$으로 정의하자. 즉,

$$f(x) = \begin{cases} 0, & \text{모든 } r \in D \text{에 대해 } x \in U_r \text{인 경우} \\ \sup\{r \in D \mid x \notin U_r\}, & \text{그 밖의 경우} \end{cases}$$

이다. 그러면 f는 정의에 의하여

$$f(X) \subset [0,1],\quad f(A) \subset \{0\},\quad f(B) \subset \{1\}$$

이다.

우리는 f가 연속임을 보이면 된다. 정리 5.1.17에 의하여 f가 임의로 주어

진 점 $p \in X$에서 연속임을 보이면 충분하다.

(i) 먼저 $0 < f(p) < 1$인 경우를 생각하자. 임의로 주어진 $\varepsilon > 0$에 대하여

$$f(p) - \varepsilon < r < f(p) < s < f(p) + \varepsilon$$

을 만족하는 $r, s \in D$를 택한 다음 $r < t < f(p)$를 만족하는 $t \in D$를 택하면 $p \notin U_t$이 된다. (왜냐하면, $p \in U_t$이라 가정하면 모든 $u \geq t$에 대해 $p \in U_u$가 된다. 그래서 $p \notin U_u$이면 $u < t$이다. 따라서 $f(p) \leq t$이 되어 모순이다.) 그리고 $\overline{U}_r \subset U_t$이므로 $p \notin \overline{U}_r$이다. 그러므로 $W = U_s - \overline{U}_r$는 p의 열린근방으로서

$$p \in W \subset f^{-1}((f(p) - \varepsilon, f(p) + \varepsilon))$$

을 만족한다. (왜냐하면, 만약 $x \in W$이면 $r \leq f(x) \leq s$이므로 $|f(x) - f(p)| < \varepsilon$이다.) 따라서 f는 점 p에서 연속이다.

(ii) 이제 $f(p) = 1$인 경우를 생각하자. 임의로 주어진 $\varepsilon > 0$에 대하여

$$p \in W \subset f^{-1}((f(p) - \varepsilon, 1])$$

을 만족하는 열린집합 W가 존재함을 보이면 된다. 먼저

$$f(p) - \varepsilon = 1 - \varepsilon < r < 1 = f(p)$$

를 만족하는 $r \in D$을 택한 다음 $r < t < 1$인 $t \in D$를 택하자. 그러면 $p \notin U_t$이고 $\overline{U}_r \subset U_t$이므로 $p \notin \overline{U}_r$이다. 이제 $W = (\overline{U}_r)^c = X - \overline{U}_r$이라 하면 W는 p의 열린근방이고

$$p \in W \subset f^{-1}((1 - \varepsilon, 1]) = f^{-1}((f(p) - \varepsilon, 1])$$

을 만족한다. 따라서 f는 점 p에서 연속이다.

(iii) 끝으로 $f(p) = 0$인 경우를 생각하자. 임의로 주어진 $\varepsilon > 0$에 대하여

$$f(p) = 0 < s < \varepsilon = f(p) + \varepsilon$$

을 만족하는 $s \in D$를 택하자. 그러면 U_s는 p의 열린근방으로서

$$p \in U_s \subset f^{-1}([0, \varepsilon)) = f^{-1}([0, f(p) + \varepsilon))$$

을 만족한다. 따라서 f는 점 p에서 연속이다.

(2) 이제 일반적인 구간 $[a, b]$에 대하여 정리를 증명하자. (1)에 의해 연속사상

$$g: X \to [0,1] \quad \text{s.t.} \quad g(A) \subset \{0\},\ g(B) \subset \{1\}$$

가 존재한다. 그러면 위상동형사상

$$h: [0,1] \to [a,b],\ \ t \mapsto (1-t)a + tb$$

가 존재하여 합성함수 $f = h \circ g : X \to [a,b]$가 $f(A) \subset \{a\}$, $f(B) \subset \{b\}$를 만족하는 연속사상이 된다. □

X와 Y는 위상공간이고 A는 X의 부분공간일 때, 연속사상 $f: A \to Y$의 **확장**(extension)이란 $g|_A = f$를 만족하는 "연속사상" $g: X \to Y$를 의미한다.

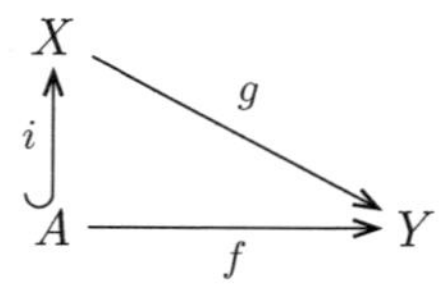

우리는 Urysohn 보조정리의 직접적인 결과로서 다음의 Tietze 확장정리를 얻을 수 있다. 이 정리는 위상수학의 많은 응용들에서 중요하게 사용된다.

정리 12.1.2 (Tietze 확장정리[3]) A를 정규공간 X의 닫힌집합이라 하자.

(1) 임의의 연속사상 $f: A \to [a,b]$에 대하여 이의 확장

$$g: X \to [a,b] \quad \text{s.t.} \quad g|_A = f$$

가 존재한다.

(2) 임의의 연속사상 $f: A \to \mathbb{R}$에 대하여 이의 확장

$$g: X \to \mathbb{R} \quad \text{s.t.} \quad g|_A = f$$

가 존재한다.

증명 증명의 기본 아이디어는 X에서 정의된 연속사상들의 수열 g_n이 고르게 수렴하고, g_n이 A에서 n이 커짐에 따라 점점 f로 가까워지는 것을 택하면 이 수열의 극한은 A에서 f와 같아지는 연속사상이 된다.

3) Tietze extension theorem. Tietze 확장정리의 증명 과정을 보면 X가 T_1일 필요는 없다. 따라서 정의 7.2.8의 조건 (N)을 만족하는 위상공간에 대해서도 Tietze 확장정리가 성립한다.

(i) 먼저 주어진 연속사상 $f : A \to [-r, r]$에 대하여 연속사상

$$h : X \to \mathbb{R} \quad \text{s.t.} \quad |h(x)| \le \frac{1}{3} r \ (\forall x \in X),$$
$$|f(a) - h(a)| \le \frac{2}{3} r \ (\forall a \in A)$$

가 존재함을 보이자. 이를 위해

$$I_1 = [-r, -\frac{1}{3} r], \quad I_2 = [-\frac{1}{3} r, \frac{1}{3} r], \quad I_3 = [\frac{1}{3} r, r]$$

이라 하고 $C_1 = f^{-1}(I_1)$, $C_3 = f^{-1}(I_3)$이라 하자. 그러면 f가 연속이므로 C_1과 C_3은 A의 닫힌집합이고 A가 X의 닫힌집합이므로 C_1과 C_3은 X의 닫힌집합이 된다. 따라서 Urysohn 보조정리(정리 12.1.1)에 의하여 연속사상

$$h : X \to [-\frac{1}{3} r, \frac{1}{3} r] \quad \text{s.t.} \quad h(C_1) \subset \{-\frac{1}{3} r\}, \ h(C_3) \subset \{\frac{1}{3} r\}$$

가 존재한다.

이제 모든 $a \in A$에 대하여 $|f(a) - h(a)| \le \frac{2}{3} r$이 됨을 보이자. 임의의 점 $a \in A$가 주어졌다 하자. 만약 $a \in C_1$이면 $f(a)$, $h(a) \in I_1$이므로 $|f(a) - h(a)| \le \frac{2}{3} r$이다. 그리고 만약 $a \in C_3$이면 $f(a)$, $h(a) \in I_3$이므로 $|f(a) - h(a)| \le \frac{2}{3} r$이다. 마지막으로 $a \notin C_1 \cup C_3$이면 $f(a)$, $h(a) \in I_2$이므로 $|h(a) - f(a)| \le \frac{2}{3} r$이다. 따라서 $|f(a) - h(a)| \le \frac{2}{3} r \ (\forall a \in A)$이다.

그러므로 h가 우리가 원하는 연속사상이다.

(ii) 이제 연속사상 $f : A \to [-1, 1]$에 대하여 Tietze 확장정리를 증명하자. (i)에 의하여 $r = 1$이므로 연속사상

$$h_1 : X \to \mathbb{R} \quad \text{s.t.} \quad |h_1(x)| \le \frac{1}{3} \ (\forall x \in X),$$
$$|f(a) - h_1(a)| \le \frac{2}{3} \ (\forall a \in A)$$

이 존재한다.

이제 연속사상 $f - h_1 : A \to [-\frac{2}{3}, \frac{2}{3}]$에 대하여 (i)를 다시 적용하면 $r = \frac{2}{3}$이므로 연속사상

$$h_2 : X \to \mathbb{R} \quad \text{s.t.} \quad |h_2(x)| \le \frac{1}{3}(\frac{2}{3}) \ (\forall x \in X),$$
$$|f(a) - h_1(a) - h_2(a)| \le (\frac{2}{3})^2 \ (\forall a \in A)$$

가 존재한다. 이와 같이 계속하면 우리는 연속사상

$$h_n : X \to \mathbb{R} \quad \text{s.t.} \quad |h_n(x)| \le \frac{1}{3}\left(\frac{2}{3}\right)^{n-1} \quad (\forall\, x \in X),$$
$$|f(a) - h_1(a) - h_2(a) - \cdots - h_n(a)| \le \left(\frac{2}{3}\right)^n \quad (\forall\, a \in A)$$

을 얻을 수 있다.

이제 $g(x) = \sum_{n=1}^{\infty} h_n(x)$로 정의하자. 그러면

$$|g(x)| = \left|\sum_{n=1}^{\infty} h_n(x)\right| \le \sum_{n=1}^{\infty} |h_n(x)| \le \sum_{n=1}^{\infty} \frac{1}{3}\left(\frac{2}{3}\right)^{n-1} = \frac{1}{3}\,\frac{1}{1-\frac{2}{3}} = 1$$

이므로 $g : X \to [-1, 1]$이다. 한편 g가 연속임을 보이기 위하여 $g_n = \sum_{i=1}^{n} h_i$이라 놓으면 모든 $x \in X$에 대하여

$$|g(x) - g_n(x)| = \left|\sum_{i=n+1}^{\infty} h_i(x)\right| \le \frac{1}{3} \sum_{i=n+1}^{\infty} \left(\frac{2}{3}\right)^{i-1} = \frac{1}{3}\,\frac{\left(\frac{2}{3}\right)^n}{1-\frac{2}{3}} = \left(\frac{2}{3}\right)^n$$

이 성립하므로 g_n은 g로 고르게(uniformly) 수렴한다. 따라서 정리 5.1.27에 의하여 g_n이 연속이므로 g도 연속이 된다.

또한 모든 $a \in A$에 대하여

$$|f(a) - g(a)| = \lim_{n \to \infty} |f(a) - g_n(a)| \le \lim_{n \to \infty} \left(\frac{2}{3}\right)^n = 0$$

이므로 $g(a) = f(a)$이다. 그러므로 $g|_A = f$이다.

따라서 Tietze 확장정리는 연속사상 $f : A \to [-1, 1]$에 대하여 성립한다.

(iii) 이제 Tietze 확장정리가 연속사상 $f : A \to [a, b]$에 대하여 성립함을 보이자. 두 구간 $[-1, 1]$과 $[a, b]$가 위상동형이므로 위상동형사상 $k : [a, b] \to [-1, 1]$가 존재한다. 그러면 (ii)에 의하여 연속함수 $k \circ f : A \to [-1, 1]$의 확장 $h : X \to [-1, 1]$가 존재하여 $h|_A = k \circ f$를 만족한다. 그리고 $g = k^{-1} \circ h : X \to [a, b]$는 연속이고

$$g|_A = (k^{-1} \circ h)|_A = k^{-1} \circ h|_A = k^{-1} \circ k \circ f = f$$

를 만족한다.

(iv) 마지막으로 Tietze 확장정리가 연속사상 $f : A \to \mathbb{R}$에 대하여 성립함을 보이자. $\mathbb{R}$과 $(-1, 1)$이 위상동형이므로 위상동형사상 $k : \mathbb{R} \to (-1, 1)$가 존재

한다. 그러면 $h = k \circ f : A \to (-1, 1)$도 연속사상이다. 그리고 $h : A \to (-1, 1) \subset [-1, 1]$이므로 (ii)에 의하여 h의 확장 $\varphi : X \to [-1, 1]$가 존재한다. 이제 $D = \varphi^{-1}(\{-1, 1\})$이라 하자. 그러면 D는 닫힌집합이고 $D \cap A = \varnothing$이다. 따라서 Urysohn 보조정리(정리 12.1.1)에 의하여 $\phi(D) \subset \{0\}$, $\phi(A) \subset \{1\}$인 연속사상 $\phi : X \to [0, 1]$가 존재한다. 이제 사상 $\psi : X \to (-1, 1)$을 $\psi(x) = \varphi(x)\phi(x)$로 정의하자. 그러면 $\psi(X) \subset (-1, 1)$이 되고

$$\psi(a) = \varphi(a)\phi(a) = \varphi(a) = h(a) \ (\forall\, a \in A)$$

이 되어 $\psi|_A = h$이다.

그리고 $g = k^{-1} \circ \psi : X \to \mathbb{R}$이라 놓으면 g는 연속이고

$$g|_A = (k^{-1} \circ \psi)|_A = k^{-1} \circ \psi|_A = k^{-1} \circ h = k^{-1} \circ k \circ f = f$$

이므로 g가 우리가 원하는 f의 확장이다. □

따름정리 12.1.3 A를 정규공간 X의 닫힌집합이라 하자. 임의의 연속사상 $f : A \to \mathbb{R}^n$에 대하여 이의 확장

$$g : X \to \mathbb{R}^n \quad \text{s.t.} \quad g|_A = f$$

가 존재한다.

증명 사영사상

$$\pi_i : \mathbb{R}^n \to \mathbb{R}, \ \pi_i(x_1, \ldots, x_n) = x_i$$

가 연속이므로 f의 성분함수

$$f_i = \pi_i \circ f : A \to \mathbb{R}$$

도 연속이다. 그리고 Tietze 확장정리(정리 12.1.2)에 의해 f_i의 확장

$$g_i : X \to \mathbb{R} \quad \text{s.t.} \quad g_i|_A = f_i$$

가 존재한다. 그러면 연속사상

$$g : X \to \mathbb{R}^n, \ g(x) = (g_1(x), \ldots, g_n(x))$$

가 f의 확장이다. □

보기 12.1.4 Urysohn 보조정리(정리 12.1.1)와 Tietze 확장정리(정리 12.1.2)에서 A가 닫힌집합이라는 조건은 꼭 필요하다.

(i) 먼저 Urysohn 보조정리에 대해서 생각하자. 유클리드공간 $\mathbb{R}$의 부분집합 $A=(0,2)$와 $B=(2,4)$에 대해 $f(A)\subset\{0\}, f(B)\subset\{1\}$을 만족하는 연속사상 $f:\mathbb{R}\to[0,1]$는 존재하지 않는다. 만약 이러한 연속사상 $f:\mathbb{R}\to[0,1]$가 존재한다고 가정하면 $\{0,1\}$이 $[0,1]$의 닫힌집합이므로 $f^{-1}(\{0,1\})$은 $\mathbb{R}$의 닫힌집합이다. 한편 $A\cup B=(0,2)\cup(2,4)\subset f^{-1}(\{0,1\})$이므로

$$[0,4]=\overline{(0,2)\cup(2,4)}=\overline{A\cup B}\subset f^{-1}(\{0,1\})$$

이다. 따라서 $f([0,4])\subset\{0,1\}$이다. 그리고 $f(A)=\{0\}$이고 $f(B)=\{1\}$이므로 $f([0,4])=\{0,1\}$이 된다. 그런데 $[0,4]$는 연결집합이고 f가 연속이므로 $f([0,4])=\{0,1\}$도 연결집합이 되어야 한다. 그러나 $\{0,1\}$은 비연결이므로 모순이다.

(ii) 이제 Tietze 확장정리에 대해서 생각하자. 유클리드공간 $\mathbb{R}$의 부분집합 $C=(0,2)\cup(2,4)$에 대하여 $f:C\to[0,1]\subset\mathbb{R}$를 $f(x)=\begin{cases}0, & x\in(0,2)\\1, & x\in(2,4)\end{cases}$로 정의하면 $(0,2)$, $(2,4)$이 모두 $\mathbb{R}$의 열린집합이므로 $(0,2),(2,4)$는 모두 C의 열린집합이 되어 f는 연속이다. 그러나 이를 $\mathbb{R}$ 전체로 연속이 되게 확장할 수 없다. 만약 g가 f의 확장이면

$$g(2)=\lim_{x\to2^-}g(x)=\lim_{x\to2^-}f(x)=\lim_{x\to2^-}0=0,$$
$$g(2)=\lim_{x\to2^+}g(x)=\lim_{x\to2^+}f(x)=\lim_{x\to2^+}1=1$$

이 되어 모순이다.

연습문제

문제 12.1.1 거리공간 (X,d)의 서로소인 두 닫힌집합 A와 B에 대하여 다음과 같이 정의된 함수 f를 사용하여 Urysohn 보조정리를 직접 보이시오.

$$f:X\to[0,1],\ f(x)=\frac{d(x,A)}{d(x,A)+d(x,B)}$$

문제 12.1.2 X가 T_1-공간일 때 다음이 서로 동치임을 보이시오.

(a) X는 정규공간이다.
(b) X상에서 Urysohn 보조정리가 성립한다.
(c) X상에서 Tietze 확장정리가 성립한다.

문제 12.1.3 A, B, C를 정규공간 X의 쌍마다 서로소인 닫힌집합들이라 하자. 이제 서로 다른 세 실수 $a<b<c$에 대하여 연속사상

$$f: X \to [a, c] \text{ s.t. } f(A) \subset \{a\},\ f(B) \subset \{b\},\ f(C) \subset \{c\}$$

가 존재함을 보이시오. 단, 여기서 $[a, c]$는 유클리드공간 $\mathbb{R}$의 부분공간이다.

문제 12.1.4 X를 정규공간이라 하자. 이제 주어진 서로 다른 두 점 $x, y \in X$에 대해 $f(x) \neq f(y)$인 연속사상 $f: X \to \mathbb{R}$가 존재함을 보이시오. 단, 여기서 $\mathbb{R}$은 유클리드공간이다.

문제 12.1.5 거리공간 X에 대하여 다음이 동치임을 보이시오.
(a) X는 컴팩트이다.
(b) 모든 연속사상 $f: X \to \mathbb{R}$는 유계이다.

문제 12.1.6 $\mathbb{R}$을 유클리드공간이라 하자. 이제 $\mathbb{R}$ 전체에서 정의된 연속사상으로 확장할 수 없는 연속사상 $f: \mathbb{R} - \{0\} \to \mathbb{R}$를 찾으시오.

문제 12.1.7 원 $S^1 = \{(x, y) \in \mathbb{R}^2 \mid x^2 + y^2 = 1\}$을 유클리드공간 $\mathbb{R}^2$의 부분공간이라 하자. 모든 연속사상 $f: S^1 \to S^1$에 대해 이의 확장 $\tilde{f}: \mathbb{R}^2 - \{(0, 0)\} \to S^1$가 존재함을 보이시오.

문제 12.1.8 X를 위상공간, $\mathbb{R}^{n+1}$을 유클리드공간이라 하자. 이제 주어진 연속사상 $f: X \to \mathbb{R}^{n+1} - \{\mathbf{0}\}$에 대하여 집합 $f^{-1}(S^n)$에서 f와 일치하는 연속사상 $g: X \to S^n$가 존재함을 보이시오.

문제 12.1.9 $X = (-\frac{\pi}{2}, \frac{\pi}{2})$는 유클리드공간 $\mathbb{R}$의 부분공간이고, X^*는 X의 한 점 컴팩트화라 하자. 사상 $f: X \to \mathbb{R}$, $f(x) = \tan x$는 연속사상 $g: X^* \to \mathbb{R}$로 확장할 수 없음을 보이시오.

문제 12.1.10 두 점 이상으로 이루어진 연결된 정규공간은 비가산임을 보이시오.

문제 12.1.11 $A \subset X$이고 Z를 Hausdorff 공간이라 하자. 이제 연속사상 $f: A \to Z$의 확장 $g: \overline{A} \to Z$가 존재하면 유일함을 보이시오.

문제 12.1.12 A를 정규공간 X의 닫힌집합이라 하자.

(a) 연속사상 $f: A \to \mathbb{R}^{\Lambda}$의 확장 $g: X \to \mathbb{R}^{\Lambda}$가 존재함을 보이시오.

(b) 연속사상 $f: A \to \Pi_{\alpha \in \Lambda}[a_\alpha, b_\alpha]$의 확장 $g: X \to \Pi_{\alpha \in \Lambda}[a_\alpha, b_\alpha]$가 존재함을 보이시오.

문제 12.1.13 거리화가능 공간 $(X, \mathscr{T})$에 대하여 다음이 서로 동치임을 보이시오.

(a) 모든 $\mathscr{T}_d = \mathscr{T}$인 X상의 거리 d에 대하여 X는 유계이다.

(b) 모든 연속사상 $\phi: X \to \mathbb{R}$는 유계이다.

(c) X는 극한점컴팩트이다.

(d) X는 컴팩트이다.

(힌트: 만약 $\phi: X \to \mathbb{R}$가 연속이면 $F: X \to X \times \mathbb{R}$, $F(x) = (x, \phi(x))$는 넣기사상이다. 그리고 A가 무한집합이면 $\phi: A \to \mathbb{N}$를 전사가 되게 잡자.)

문제 12.1.14 위상공간 $(X_n, \mathscr{T}_n)$이 $X_1 \subset X_2 \subset \cdots \subset X_n \subset X_{n+1} \subset \cdots$ 을 만족하고 X_n이 X_{n+1}의 닫힌부분공간이라 하자. 이제 $X = \cup_{n=1}^{\infty} X_n$에 다음과 같은 위상 $\mathscr{T}$를 주자:

$$U \in \mathscr{T} \iff \forall n \in \mathbb{N},\ U \cap X_n \in \mathscr{T}_n$$

(1) $\mathscr{T}$가 집합 X상의 위상이 됨을 보이시오.

(2) 모든 X_n이 X의 닫힌부분공간이 됨을 보이시오.

(3) 주어진 위상공간 Y와 사상 $f: X \to Y$에 대하여 모든 축소사상 $f|_{X_n}: X_n \to Y$이 연속이면 f도 연속임을 보이시오.

(4) 만약 모든 X_n이 정규이면 X도 정규임을 보이시오.

(힌트: X의 서로소인 닫힌집합 A와 B에 대하여 사상 $f: A \cup B \to [0,1]$가 $f(A) \subset \{0\}$, $f(B) = \subset \{1\}$이면 f는 $A \cup B \cup X_n$위로 확장할 수 있다.)

문제 12.1.15 $\mathbb{R}$을 유클리드공간, $(X, \mathscr{T})$를 정규공간이라 하자. 그러면

$$\mathcal{S} = \{f^{-1}(U) \mid f: X \to \mathbb{R}\text{는 연속사상, } U\text{는 } \mathbb{R}\text{의 열린집합}\}$$

가 집합 X상의 부분기저가 됨을 보이시오. 그리고 $\mathcal{S}$가 생성하는 위상 $\mathscr{T}_{\mathcal{S}}$는 $\mathscr{T}$가 됨을 보이시오.

12.2 완전정칙공간과 Urysohn 거리화정리

거리공간은 위상공간들 중에서 다루기 쉬운 공간들 중의 하나이다. 따라서 주어진 위상공간 X가 거리화가능하다면 우리는 X를 거리공간으로 볼 수 있으므로 거리공간상의 많은 성질들을 X에 적용하여 주어진 위상공간 X의 성질을 보다 쉽게 보일 수 있을 것이다.

우리는 여기서 자연스럽게 다음 질문을 생각할 수 있다:

어떤 위상공간이 거리화가능인가?

이 질문에 대한 한 가지 답인 Urysohn 거리화정리를 이 절에서 다룬다.

정의 12.2.1 X를 위상공간이라 하고 A와 B를 서로소인 닫힌집합이라 하자. 만약 연속사상

$$f : X \to [0,1] \text{ s.t. } f(A) \subset \{0\},\ f(B) \subset \{1\}$$

가 존재하면 우리는 A와 B가 **연속사상에 의하여 분리된다고** 한다.[4)]

Urysohn 보조정리에 의하면 정규공간에서는 임의의 서로소인 두 닫힌집합이 항상 연속사상에 의하여 분리됨을 알 수 있다. 역으로 위상공간 X의 임의의 서로소인 두 닫힌집합 A와 B에 대하여 $f(A) \subset \{0\}$, $f(B) \subset \{1\}$을 만족하는 연속사상 $f : X \to [0,1]$가 존재하면 $f^{-1}([0, \frac{1}{2}))$와 $f^{-1}((\frac{1}{2}, 1])$은 각각 A와 B를 포함하는 열린집합이고 서로소이다. 따라서 우리는 T_1-공간 X가 정규공간일 필요충분조건은 X의 임의의 서로소인 두 닫힌집합 A와 B가 연속사상에 의하여 분리되는 것임을 알 수 있다.

여기서 우리는 정칙공간에서 임의의 점과 이를 포함하지 않는 닫힌집합이 연속사상에 의하여 분리되는가 하는 질문을 할 수 있다. 물론 T_1-공간이 임의의 점과 이를 포함하지 않는 닫힌집합이 연속사상에 의하여 분리될 수 있으면 정칙공간이 됨은 명백하게 알 수 있다. 그러나 일반적으로 이의 역은 성립하지 않는다.

따라서 우리는 다음과 같은 정의가 필요하다.

정의 12.2.2 위상공간 X가 **완전정칙**(completely regular)이란

(i) X는 T_1-공간이고,

---

4) 만약 A가 공집합이 아니면 $f(A) \subset \{0\}$와 $f(A) = \{0\}$는 서로 동치임을 유의하자.

(ii) 임의의 닫힌집합 C와 점 $x \notin C$가 연속사상 $f : X \to [0,1]$에 의하여 분리된다. 즉, 임의의 닫힌집합 C와 점 $x \notin C$에 대하여 연속사상

$$f : X \to [0,1] \quad \text{s.t.} \quad f(x) = 1,\ f(C) \subset \{0\}$$

이 존재함을 의미한다.[5)]

이 경우 만약 C가 공집합이 아니면 $f(C)$도 공집합이 아니므로 $f(C) = \{0\}$이 된다. 그리고 특별히 위상공간 X의 닫힌집합인 공집합 $\varnothing$과 점 $x \in X - \varnothing$에 대하여 상수사상 $f : X \to [0,1]$, $f(x) = 1$은 연속이고 $f(x) = 1$, $f(\varnothing) = \varnothing \subset \{0\}$을 만족한다.

성질 12.2.3 정규공간 ⇒ 완전정칙공간 ⇒ 정칙공간.

증명 (i) 먼저 정규공간이 완전정칙임을 보이자. X를 정규공간이라 하자. 임의의 닫힌집합 C와 점 $x \notin C$에 대하여, X가 T_1-공간이므로 한 점 집합 $\{x\}$는 X의 닫힌집합이고 $\{x\} \cap C = \varnothing$이다. 그리고 Urysohn 보조정리(정리 12.1.1)에 의하여 연속사상

$$f : X \to [0,1] \quad \text{s.t.} \quad f(x) = 1,\ f(C) \subset \{0\}$$

가 존재한다. 따라서 X는 완전정칙이다.

(ii) 이제 완전정칙공간이 정칙공간이 됨을 보이자. X를 완전정칙공간이라 하자. 임의의 닫힌집합 C와 점 $x \notin C$에 대하여, X가 완전정칙이므로 연속사상

$$f : X \to [0,1] \quad \text{s.t.} \quad f(x) = 1,\ f(C) \subset \{0\}$$

가 존재한다. 그러면 f가 연속이므로

$$U = f^{-1}([0, \tfrac{1}{2})),\quad V = f^{-1}((\tfrac{1}{2}, 1])$$

는 열린집합이고

$$C \subset U,\quad x \in V,\quad U \cap V = \varnothing$$

이다. 따라서 X는 정칙공간이다. □

5) 책에 따라 완전정칙공간을 Tychonoff 공간 또는 $T_{3\frac{1}{2}}$-공간이라 한다.

정칙이지만 완전정칙이 아닌 위상공간이 존재한다. 그리고 완전정칙이지만 정규가 아닌 위상공간도 존재한다.

보기 12.2.4 집합 $X=\{(x,y)\in\mathbb{R}^2 \mid y\ge 0\}\cup\{(0,-1)\}$의 부분집합들의 모임 $\mathscr{B}$를 다음과 같이 정의하자.

(i) 만약 $(x,y)\in X$이고 $y>0$이면 $\{(x,y)\}\in\mathscr{B}$이다.

(ii) 각각의 점 $x\in\mathbb{R}$에 대해 $G_x=\{(x,y)\in X \mid 0\le y<2\}$, $H_x=\{(x+y,y)\in X \mid 0\le y<2\}$ 그리고 $V_x=G_x\cup H_x$이라 하자. 만약 F가 $V_x-\{(x,0)\}$의 유한부분집합이면 $V_x-F\in\mathscr{B}$이다.

(iii) 모든 자연수 $n\in\mathbb{N}$에 대해 $U_n=\{(x,y)\in X \mid x>n\}\cup\{(0,-1)\}\in\mathscr{B}$이다.

그러면 $\mathscr{B}$는 집합 X상의 기저이다. 그리고 $\mathscr{B}$가 생성하는 위상을 $\mathscr{T}$라 하자. 이제 위상공간 $X=(X,\mathscr{T})$가 정칙이지만 완전정칙이 아님을 보이자. 그리고 X의 부분공간 $Y=\{(x,y)\in\mathbb{R}^2 \mid y\ge 0\}$는 완전정칙이지만 정규가 아님을 보이자.

(1) X는 하우스도르프이다: (x,y)와 (u,v)를 X상의 서로 다른 두 점이라 하자. 그러면 주어진 두 점을 각각 포함하는 서로소인 두 열린집합을 다음과 같이 찾을 수 있다.

- $y>0$, $v>0$인 경우: 두 열린집합 $\{(x,y)\}$와 $\{(u,v)\}$가 존재한다.
- $y>0$, $v=0$인 경우: 두 열린집합 $\{(x,y)\}$와 $V_u-\{(x,y)\}$가 존재한다.
- $y>0$, $v=-1$인 경우: $(u,v)=(0,-1)$이다. 그리고 $n>x$인 자연수 n을 택하면 $\{(x,y)\}$와 U_n이 우리가 원하는 두 열린집합이다.
- $y=0$, $v=-1$인 경우: $(u,v)=(0,-1)$이다. 그리고 $n>x+2$인 자연수 n을 택하면 V_x와 U_n이 우리가 원하는 두 열린집합이다.

(2) (i)과 (ii) 형태의 기저의 원소는 열린집합인 동시에 닫힌집합이다: 기저의 원소는 열린집합이므로 우리는 이들이 닫힌집합임을 보이면 된다.

먼저 (i) 형태의 기저의 원소 $\{(x,y)\}$를 생각하자. 그러면 $y>0$이다. 그리고 $(u,v)\in X-\{(x,y)\}$이라 하자.

- 만약 $v>0$이면 $(u,v)\in\{(u,v)\}\subset X-\{(x,y)\}$이고 $\{(u,v)\}\in\mathscr{B}$이다.
- 만약 $v=0$이면 $(u,v)\in V_u-\{(x,y)\}\subset X-\{(x,y)\}$이고 $V_u-\{(x,y)\}\in\mathscr{B}$이다.
- 만약 $v=-1$이면 자연수 $n>x$에 대해 $(u,v)\in U_n\subset X-\{(x,y)\}$이고 $U_n\in\mathscr{B}$이다.

따라서 (u,v)는 $X-\{(x,y)\}$의 내부점이다. 그러므로 $X-\{(x,y)\}$는 열린집합이고 $\{(x,y)\}$는 닫힌집합이다.

이제 (ii) 형태의 기저 $V_x - F$를 생각하자. 그리고 $(u,v) \in X-(V_x - F)$이라 하자.

- 만약 $v>0$이면 $(u,v) \in \{(u,v)\} \subset X-(V_x - F)$이고 $\{(u,v)\} \in \mathscr{B}$이다.
- 만약 $v=0$이면 $u \neq x$이고 $E = V_u \cap V_x$는 공집합 또는 한 점 집합이므로 유한집합이다. 그래서 $(u,v) \in V_u - E \subset X-(V_x - F)$이고 $V_u - E \in \mathscr{B}$이다.
- 만약 $v=-1$이면 자연수 $n > x+2$에 대해 $(u,v) \in U_n \subset X-(V_x - F)$이고 $U_n \in \mathscr{B}$이다.

따라서 (u,v)는 $X-(V_x - F)$의 내부점이다. 그러므로 $X-(V_x - F)$는 열린집합이고 $V_x - F$는 닫힌집합이다.

(3) 각각의 자연수 $n \in \mathbb{N}$에 대하여 $\overline{U}_{n+2} \subset U_n$이다: $(x,y) \notin U_n$이라 하자. 만약 $y>0$이면 (x,y)의 열린근방 $\{(x,y)\}$에 대해 $\{(x,y)\} \cap U_{n+2} = \varnothing$이다. 그리고 만약 $y=0$이면 $x \le n$이므로 $(x,0)$의 열린근방 V_x에 대해 $V_x \cap U_{n+2} = \varnothing$이다. 따라서 $(x,y) \notin \overline{U}_{n+2}$이다. 그러므로 $\overline{U}_{n+2} \subset U_n$이다.

(4) 만약 $f: X \to \mathbb{R}$가 연속사상이고 자연수 n에 대해 $D_n = \{d \in [n-1,n] \mid f(d,0) = 0\}$이 무한집합이면 $C_{n+1} = \{x \in [n,n+1] \mid f(x,0) \neq 0\}$은 가산집합이고 $D_{n+1} = \{x \in [n,n+1] \mid f(x,0) = 0\}$은 비가산집합이다: D_n이 무한집합이므로 우리는 무한 가산집합 $D_n^* = \{d_k \mid k \in \mathbb{N}\} \subset D_n - \{n-1\}$을 택할 수 있다.

이제 한 점 $d_k \in D_n^*$를 고정하자. 그러면 $f(d_k, 0) = 0$이다. 그리고

$$f^{-1}(\{0\}) = f^{-1}(\cap_{m=1}^{\infty}(-\frac{1}{m}, \frac{1}{m})) = \cap_{m=1}^{\infty} f^{-1}((-\frac{1}{m}, \frac{1}{m}))$$

이고 f가 연속이므로 $f^{-1}(\{0\})$은 G_δ-집합이다. 또한 H_{d_k}가 닫힌집합이므로 $H_{d_k} - f^{-1}(\{0\})$은 F_σ-집합이다. 따라서 $H_{d_k} - f^{-1}(\{0\}) = \cup_{j \in J} E_j$를 만족하는 가산개의 닫힌집합들의 모임 $\{E_j \mid j \in J\}$가 존재한다. 그리고 각각의 $j \in J$에 대해 E_j는 유한집합이다.

- E_j가 무한집합이라고 가정하자. 그리고 W를 $(d_k, 0)$의 임의의 열린근방이라 하자. 그러면 $(d_k, 0) \in V_{d_k} - F \subset W$인 기저의 원소 $V_{d_k} \in \mathscr{B}$가 존재한다. 그런데 F는 유한집합이고 E_j는 무한집합이므로 $(V_{d_k} - F) \cap E_j \neq \varnothing$이 되어 $W \cap E_j \neq \varnothing$이다. 따라서 $(d_k, 0) \in \overline{E}_j$이고 E_j가 닫힌집합이므로 $(d_k, 0) \in E_j$이다. 그러므로

$f(d_k, 0) \neq 0$이다. 이는 모순이다. 그러므로 E_j는 유한집합이다.

따라서 $H_{d_k} - f^{-1}(\{0\})$은 가산집합이다. 그리고 사영사상 $\pi(x, y) = x$에 의한 상 $P_k = \pi(H_{d_k} - f^{-1}(\{0\}))$도 가산집합이다.

우리는 $P = \cup_{k=1}^{\infty} P_k$이라 하자. 그러면 P는 가산집합이고 $K = [n, n+1] - P$는 비가산집합이다.

이제 모든 $x \in K$에 대해 $f(x, 0) = 0$임을 보이자. 이를 위해 $x \in K$라 하자. 그러면 임의의 $(d_k, 0) \in D_n^*$에 대하여 $n-1 < d_k \leq n$이고 $n \leq x \leq n+1$이므로 $(x, y_k) \in H_{d_k}$인 y_k가 존재한다. 그리고 $(x, 0) \not\in P_k$이므로 $(x, y_k) \in f^{-1}(\{0\})$이다. 또한 $(x, y_k) \in G_x$이므로 $(x, y_k) \in G_x \cap (H_{d_k} \cap f^{-1}(\{0\}))$이다. 또한 $k_1 \neq k_2$이면 $d_{k_1} \neq d_{k_2}$이므로 $H_{d_{k_1}} \cap H_{d_{k_2}} = \varnothing$이고 $y_{k_1} \neq y_{k_2}$이다. 따라서 $L = \{(x, y_k) \mid k \in \mathbb{N}\}$은 무한집합이고 $L \subset V_x \cap f^{-1}(\{0\})$이다. 이제 W를 $(x, 0)$의 임의의 열린근방이라 하자. 그러면 $(x, 0) \in V_x - F \subset W$인 기저의 원소 $V_x - F \in \mathscr{B}$가 존재한다. 그런데 L이 무한집합이고 F가 유한집합이므로 $(x, y_k) \in L - F$가 존재하여 $(x, y_k) \in (V_x - F) \cap f^{-1}(\{0\}) \subset W \cap f^{-1}(\{0\})$이다. 따라서 $(x, 0) \in \overline{f^{-1}(\{0\})}$이다. 그리고 $f^{-1}(\{0\})$이 닫힌집합이므로 $(x, 0) \in f^{-1}(\{0\})$이다. 따라서 $f(x, 0) = 0$이다.

한편 $C_{n+1} \subset P \cap [n, n+1]$이고 P가 가산집합이므로 C_{n+1}은 가산집합이다. 그리고 $K \subset D_{n+1}$이고 K가 비가산이므로 D_{n+1}은 비가산이다.

(5) X는 정칙이다: (1)에 의해 X가 하우스도르프이므로 X가 조건 (R)을 만족함을 보이면 된다(정리 7.2.5 참조). 점 $(x, y) \in X$와 이의 열린근방 W가 주어졌다고 하자.

- 만약 $y > 0$이면 (2)에 의해 $(x, y) \in \{(x, y)\} = \overline{\{(x, y)\}} \subset W$이다.
- 만약 $y = 0$이면 $(x, y) \in V_x - F \subset W$인 $V_x - F \in \mathscr{B}$가 존재하고, (2)에 의해 $(x, y) \in V_x - F = \overline{V_x - F} \subset W$이다.
- 만약 $y = -1$이면 $(x, y) \in U_n \subset W$인 $U_n \in \mathscr{B}$이 존재하고, (3)에 의해 $(x, y) \in U_{n+2} \subset \overline{U}_{n+2} \subset U_n \subset W$이다.

따라서 X는 정칙이다.

(6) X는 완전정칙이 아니다: $A = \{(x, 0) \mid x \leq 1\}$는 X의 닫힌집합이고 $(0, -1) \not\in A$이다. 이제 $f : X \to \mathbb{R}$를 $f(A) = \{0\}$인 임의의 연속사상이라 하자. 우리는 $f(0, -1) = 0$임을 보이면 된다. 각각의 자연수 $n \in \mathbb{N}$에 대하여

$$D_n = \{x \in [n-1, n] \mid f(x, 0) = 0\}$$

이라 하자. 그러면 $D_1 = [0, 1]$이다. 따라서 (4)에 의하여 모든 자연수 n에 대하여 D_n은 비가산집합이다. 이제 W를 $(0, -1)$의 열린근방이라 하자. 그러면 $(0, -1) \in U_k \subset W$를 만족하는 기저의 원소 $U_k \in \mathscr{B}$가 존재한다. 그리고 $n > k$인 자연수 n에 대해 $\{(x, 0) \mid x \in D_n\} \subset U_k \cap f^{-1}(\{0\})$이므로 $W \cap f^{-1}(\{0\}) \neq \varnothing$이다. 따라서 $(0, -1) \in \overline{f^{-1}(\{0\})}$이다. 그런데 $f^{-1}(\{0\})$이 닫힌집합이므로 $(0, -1) \in f^{-1}(\{0\})$이 되어 $f(0, -1) = 0$이다. 따라서 닫힌집합 A와 점 $(0, -1)$은 연속사상에 의해 분리되지 않는다. 그러므로 X는 완전정칙이 아니다.

(7) X의 부분공간 Y는 완전정칙이다: 먼저 X가 하우스도르프이므로 Y는 하우스도르프이다. 이제 Y의 닫힌집합 C와 점 $(x, y) \in Y - C$가 주어졌다고 하자. 그러면 $Y - C$가 열린집합이므로 $(x, y) \in B \subset Y - C$인 기저의 원소 B가 존재한다. 단, 여기서 $B = \{(x, y)\}$ 또는 $B = V_x - F$이다. 그리고 (2)에 의해 B는 Y의 열린집합인 동시에 닫힌집합이다. 특별히 B와 $Y - B$는 모두 Y의 열린집합이다. 따라서 사상

$$f : Y \to \mathbb{R},\ f(u, v) = \begin{cases} 0, & (u, v) \in Y - B \\ 1, & (u, v) \in B \end{cases}$$

는 연속이고 $f(C) \subset \{0\}$이고 $f(x, y) = 1$이다. 따라서 Y는 완전정칙이다.

(8) Y는 정규가 아니다: $M = \{(x, 0) \mid 0 \le x \in \mathbb{Q}\}$, $N = \{(x, 0) \mid 0 \le x \in \mathbb{Q}^c\}$이라 하자. 그러면 M과 N은 Y의 서로소인 닫힌집합들이다. (참고로 M과 N은 X의 닫힌집합은 아니다.) 만약 Y가 정규라고 가정하면 Urysohn 보조정리에 의하여 $f(M) = \{0\}$과 $f(N) = \{1\}$을 만족하는 연속사상 $f : Y \to [0, 1]$가 존재한다. 그러면 $D_1 = \{x \in [0, 1] \mid f(x, 0) = 0\} \supset \mathbb{Q} \cap [0, 1]$이므로 D_1은 무한집합이다. 따라서 (4)에 의해 $C_2 = \{x \in [1, 2] \mid f(x, 0) \neq 0\}$는 가산집합이다. 그런데 $C_2 \supset [1, 2] \cap \mathbb{Q}^c$이므로 C_2는 비가산집합이다. 이는 모순이다. 따라서 Y는 정규가 아니다.

완전정칙성은 위상적 성질이다.

성질 12.2.5 두 위상공간 X와 Y가 위상동형이면 다음이 성립한다:

$$X\text{는 완전정칙} \Leftrightarrow Y\text{는 완전정칙}$$

증명 X를 완전정칙이라고 가정하자. X와 Y가 위상동형이므로 위상동형사상 $g: X \to Y$가 존재한다.

먼저 X가 T_1이므로, 성질 7.1.11에 의해, Y도 T_1이다.

임의로 주어진 Y의 닫힌집합 C와 점 $y \in Y - C$에 대하여 $D = g^{-1}(C)$, $x = g^{-1}(y)$이라 하자. 그러면 D는 X의 닫힌집합이고 $x \in X - D$이다. 그리고 X가 완전정칙이므로 $f(x) = 1$, $f(D) \subset \{0\}$을 만족하는 연속사상 $f: X \to [0,1]$가 존재한다. 그러면 합성사상 $h = f \circ g^{-1}: Y \to [0,1]$은 연속이고 $h(y) = 1$, $h(C) \subset \{0\}$을 만족한다. 따라서 Y는 완전정칙이다. □

정리 12.2.6 (1) 완전정칙공간의 부분공간은 완전정칙이다.
(2) 만약 $X_\alpha (\alpha \in \Lambda)$가 완전정칙공간이면 곱공간 $\Pi_{\alpha \in \Lambda} X_\alpha$도 완전정칙이다.

증명 (1) X를 완전정칙공간이라 하고 Y를 X의 부분공간이라 하자. 임의의 Y의 닫힌집합 A와 점 $y \in Y - A$에 대하여 $\mathrm{cl}_X(A) \cap Y = \mathrm{cl}_Y(A) = A$이므로 $y \notin \mathrm{cl}_X(A)$이다. 단, 여기서 $\mathrm{cl}_X(A)$는 A의 X에서의 폐포이다. 한편 X가 완전정칙이므로 연속사상

$$f: X \to [0,1] \quad \text{s.t.} \quad f(y) = 1,\ f(\mathrm{cl}_X(A)) \subset \{0\}$$

가 존재한다. 그러면 축소사상 $f|_Y: Y \to [0,1]$은 연속이고

$$f|_Y(y) = 1, \quad f|_Y(A) \subset \{0\}$$

을 만족한다. 따라서 부분공간 Y도 완전정칙이다.

(2) 편의상 $X = \Pi_{\alpha \in \Lambda} X_\alpha$이라 하자. 이제 임의의 X의 닫힌집합 A와 점 $\mathbf{x} = (x_\alpha)_{\alpha \in \Lambda} \in X - A$에 대하여 $X - A$가 X의 열린집합이므로

$$\mathbf{x} \in \Pi_{\alpha \in \Lambda} U_\alpha \subset X - A$$

를 만족하는 곱공간 X의 기저의 원소 $\Pi_{\alpha \in \Lambda} U_\alpha$가 존재한다. 여기서 유한개의 $\alpha = \alpha_1, \alpha_2, \ldots, \alpha_n$을 제외하고는 $U_\alpha = X_\alpha$이다. 그리고 이들 각각의 $i = 1, 2, \ldots, n$에 대하여 $x_{\alpha_i} \notin C_{\alpha_i} = X_{\alpha_i} - U_{\alpha_i}$이고 $C_{\alpha_i} = X_{\alpha_i} - U_{\alpha_i}$가 X_{α_i}의 닫힌집합이므로 X_{α_i}의 완전정칙성에 의하여 연속사상

$$f_{\alpha_i}: X_{\alpha_i} \to [0,1] \quad \text{s.t.} \quad f_{\alpha_i}(x_{\alpha_i}) = 1,\ f_{\alpha_i}(C_{\alpha_i}) \subset \{0\}$$

가 존재한다. 그리고

$$\phi_{\alpha_i} = f_{\alpha_i} \circ \pi_{\alpha_i} : X = \Pi_{\alpha \in \Lambda} X_\alpha \to X_{\alpha_i} \to [0, 1]$$

는 연속사상이고

$$\phi_{\alpha_i}(X - \pi_{\alpha_i}^{-1}(U_{\alpha_i})) = \phi_{\alpha_i}(\pi_{\alpha_i}^{-1}(C_{\alpha_i})) \subset \{0\}$$

을 만족한다. 이제 사상 $f : X = \Pi_{\alpha \in \Lambda} X_\alpha \to [0, 1]$를

$$f(\mathbf{y}) = \phi_{\alpha_1}(\mathbf{y}) \cdot \phi_{\alpha_2}(\mathbf{y}) \cdot \cdots \cdot \phi_{\alpha_n}(\mathbf{y})$$

으로 정의하면 f는 연속이고

$$f(\mathbf{x}) = 1, \quad f(X - \Pi_{\alpha \in \Lambda} U_\alpha) \subset \{0\}$$

이다. 그리고 $A \subset X - \Pi_{\alpha \in \Lambda} U_\alpha$이므로 $f(A) \subset \{0\}$이다. 따라서 곱공간 $X = \Pi_{\alpha \in \Lambda} X_\alpha$는 완전정칙이다. □

보기 12.2.7 보기 7.2.14에 의해 하극한공간 $\mathbb{R}_l$은 정규이므로 $\mathbb{R}_l$은 완전정칙이다. 그리고 정리 12.2.6에 의해 곱공간 $\mathbb{R}_l^2 = \mathbb{R}_l \times \mathbb{R}_l$도 완전정칙이다. 그러나 $\mathbb{R}_l^2$는 정규가 아니다(보기 7.2.14).

정리 12.2.8 만약 X가 완전정칙공간이면 적당한 첨자집합 Λ가 존재하여 X를 곱공간 $[0, 1]^\Lambda$에 넣을 수 있다.

증명 $\{f_\alpha \mid \alpha \in \Lambda\}$를 X에서 $[0, 1]$로 보내지는 모든 연속사상들의 모임이라 하자. 즉,

$$\{f_\alpha \mid \alpha \in \Lambda\} = \{f \mid f : X \to [0, 1]\text{는 연속사상}\}$$

이다. 이제

$$F : X \to [0, 1]^\Lambda, \quad F(x) = (f_\alpha(x))_{\alpha \in \Lambda}$$

가 넣기사상임을 보이자.

(i) 각각의 성분함수 $f_\alpha = \pi_\alpha \circ F : X \to [0, 1]$가 연속이고 $[0, 1]^\Lambda$가 곱위상을 가지므로 정리 6.1.24에 의하여 F도 연속이다.

(ii) F는 단사이다: 만약 $x \neq y \in X$이면 X가 T_1이므로 한 점 집합 $\{y\}$는 X

의 닫힌집합이다. 그리고 $x \notin \overline{\{y\}}$이고 X가 완전정칙이므로 $f(x)=1$, $f(y)=0$을 만족하는 연속사상 $f: X \to [0,1]$가 존재한다. 그래서 적당한 $\alpha \in \Lambda$에 대하여 $f=f_\alpha$이고 $f_\alpha(x)=f(x) \neq f(y)=f_\alpha(y)$이다. 따라서 $F(x) \neq F(y)$이다.

(iii) 이제 $F: X \to F(X)$가 열린사상임을 보이자. U를 X의 열린집합이라 하자. $F(U)$가 $F(X)$의 열린집합임을 보이기 위하여 임의의 점 $z_0 \in F(U)$에 대하여 $z_0 \in W \subset F(U)$를 만족하는 $F(X)$의 열린집합 W가 존재함을 보이면 충분하다. $z_0 \in F(U)$이므로 $F(x_0)=z_0$인 점 $x_0 \in U$이 존재한다. 그러면 $X-U$는 닫힌집합이고 $x_0 \notin X-U$이다. 그리고 X가 완전정칙이므로

$$f_\alpha(x_0)=1, \quad f_\alpha(X-U) \subset \{0\}$$

을 만족하는 연속사상 $f_\alpha : X \to [0,1]$가 존재한다. 그리고

$$V=\pi_\alpha^{-1}((0,1]) \subset [0,1]^\Lambda$$

이라 하자. 그러면 V는 $[0,1]^\Lambda$의 열린집합이다. 이제 $W=V \cap F(X)$이라 하자. 그러면 W는 $F(X)$의 열린집합이다. 그리고

$$\pi_\alpha(z_0)=\pi_\alpha(F(x_0))=f_\alpha(x_0)=1$$

이므로 $z_0 \in W$이다.

한편 만약 $z \in W$이면 $\pi_\alpha(z) \in (0,1]$이고 $z=F(x)$를 만족하는 $x \in X$가 존재한다. 그래서

$$f_\alpha(x)=\pi_\alpha(F(x))=\pi_\alpha(z) \neq 0$$

이므로 $x \notin X-U$이다. 그러므로 $x \in U$이고 $z=F(x) \in F(U)$이다. 따라서 $W \subset F(U)$이다. 즉, 이러한 W에 대하여 $z_0 \in W \subset F(U)$이 된다.

(iv) 따라서 성질 5.2.8과 정의 5.2.10에 의하여 $F: X \to F(X)$는 위상동형사상이다. 그러므로 $F: X \to [0,1]^\Lambda$는 넣기사상이다. □

따름정리 12.2.9 위상공간 X에 대하여 다음은 서로 동치이다.

(a) X는 완전정칙이다.

(b) X는 컴팩트 하우스도르프공간의 부분공간과 위상동형이다.

(c) X는 정규공간의 부분공간과 위상동형이다.

증명 (a)⇒(b) 만약 X가 완전정칙이면 정리 12.2.8에 의하여 적당한 첨자집합 Λ에 대하여 넣기사상 $F: X \hookrightarrow [0,1]^{\Lambda}$가 존재한다. 그런데 $[0,1]$이 컴팩트 하우스도르프이므로 성질 7.1.14와 정리 9.2.3에 의하여 곱공간 $[0,1]^{\Lambda}$도 컴팩트 하우스도르프이다. 그리고 F에 의하여 X와 $[0,1]^{\Lambda}$의 부분공간 $F(X)$는 위상동형이다.

(b)⇒(c) 따름정리 9.1.19에 의하여 모든 컴팩트 하우스도르프공간은 정규공간이므로 성립한다.

(c)⇒(a) X가 정규공간 Z의 부분공간 Y와 위상동형이라 하자. 그러면 성질 12.2.3에 의하여 Z는 완전정칙공간이고, Z의 부분공간 Y도 정리 12.2.6에 의하여 완전정칙이다. 그리고 X가 Y와 위상동형이므로, 성질 12.2.5에 의해, X도 완전정칙이다. □

정리 12.2.8의 증명 과정을 보면 우리는 실제로 다음과 같은 일반적인 넣기정리를 얻을 수 있다.

정리 12.2.10 (넣기정리[6]) X를 T_1-공간이라 하자. 만약 $\{f_\alpha\}_{\alpha \in \Lambda}$가 연속사상 $f_\alpha : X \to \mathbb{R}$들의 모임으로서 임의의 점 $x \in X$와 x의 열린근방 U에 대하여

$$f_\alpha(x) > 0, \ \ f_\alpha(X - U) \subset \{0\}$$

을 만족하는 $\alpha \in \Lambda$가 존재하면

$$F: X \to \mathbb{R}^{\Lambda}, \ \ F(x) = (f_\alpha(x))_{\alpha \in \Lambda}$$

는 넣기사상이 된다. 여기서 $\mathbb{R}^{\Lambda}$는 유클리드공간 $\mathbb{R}$의 곱공간이다.

증명 이 증명은 정리 12.2.8의 증명과 거의 일치한다. 단, 여기서는 $[0,1]$ 대신 $\mathbb{R}$이므로 모든 것을 이에 맞도록 고치기만 하면 된다. 그런데 X가 T_1-공간이란 조건은 다음과 같이 함수 F가 단사(일대일)임을 보이기 위해서 필요하다. 서로 다른 두 점 $x, y \in X$에 대하여 한 점 집합 $\{y\}$가 닫힌집합이므로 $U = X - \{y\}$는 x의 열린근방이다. 그리고 가정에 의하여

$$f_\alpha(x) > 0, \quad f_\alpha(X - U) \subset \{0\}$$

인 연속사상 f_α가 존재하여 $f_\alpha(x) \neq 0 = f_\alpha(y)$이다. 따라서 $F(x) \neq F(y)$이므로

6) embedding theorem

F는 단사이다. □

정의 12.2.11 위상공간 $(X,\mathscr{T})$가 거리화가능(metrizable)이란 $\mathscr{T}_d=\mathscr{T}$인 집합 X상의 거리 $d: X\times X\to\mathbb{R}$가 존재함을 의미한다. 이 경우 $(X,\mathscr{T})=(X,\mathscr{T}_d)=(X,d)$이므로 $(X,\mathscr{T})$를 거리공간으로 볼 수 있다.

성질 12.2.12 위상공간 X가 거리공간의 부분공간과 위상동형이면 X는 거리화가능이다.

증명 만약 $X=(X,\mathscr{T})$가 거리공간 (Z,d)의 부분공간 Y와 위상동형이면 위상동형사상 $f: X\to Y$가 존재한다. 그러면

$$d': X\times X\to\mathbb{R},\ d'(x,y)=d(f(x),f(y))$$

은 X상의 거리이고 $\mathscr{T}=\mathscr{T}_{d'}$이다. □

가산집합 Λ에 대하여 넣기정리의 가정을 만족하는 $\{f_\alpha\}_{\alpha\in\Lambda}$를 찾을 수 있는 위상공간 X는 $\mathbb{R}^\Lambda$에 넣을 수 있다. 그런데 Λ가 가산집합이므로 $\mathbb{R}^\Lambda$는 $\mathbb{R}^m$ 이거나 $\mathbb{R}^\omega$이다. 따라서 정리 6.1.35에 의하여 곱공간 $\mathbb{R}^\Lambda$는 거리화가능이므로 X도 거리화가능임을 알 수 있다.

기초정리 12.2.13 만약 X가 제2가산인 정칙공간이면 다음을 만족하는 가산개의 연속사상들의 모임 $\{f_n: X\to[0,1]\}_{n\in\Lambda}$이 존재한다:
임의의 점 $x\in X$와 x의 열린근방 U에 대하여

$$f_n(x)>0,\quad f_n(X-U)\subset\{0\}$$

을 만족하는 $n\in\Lambda$이 존재한다.[7)]

증명 먼저 정리 10.2.22에 의하여 X는 정규공간이다. 그리고 X가 제2가산이므로 X의 가산기저 $\{B_n\mid n\in\Lambda^*\}$이 존재한다. 여기서 Λ^*는 $\{1,2,\ldots,k\}$이거나 $\mathbb{N}$이다. 이제 $\overline{B}_n\subset B_m$을 만족하는 임의의 쌍 (m,n)에 대하여 $\overline{B}_n\cap(X-B_m)=\varnothing$이

7) 위상공간이 제2가산이란 가산기저를 가짐을 의미한다.

므로 Urysohn 보조정리(정리 12.1.1)에 의하여

$$f_{m,n}(\overline{B}_n) \subset \{1\},\ f_{m,n}(X - B_m) \subset \{0\}$$

을 만족하는 연속사상 $f_{m,n} : X \to [0, 1]$이 존재한다.

임의의 점 $x \in X$와 x의 열린근방 U에 대하여 $x \in B_m \subset U$를 만족하는 기저의 원소 B_m이 존재한다. 그리고 X가 정칙이므로 정리 7.2.5에 의해

$$x \in V \subset \overline{V} \subset B_m$$

을 만족하는 열린집합 V가 존재한다. 그러므로 $x \in B_n \subset V$를 만족하는 기저의 원소 B_n이 존재하여

$$x \in B_n \subset \overline{B}_n \subset \overline{V} \subset B_m \subset U$$

이 된다. 그리고 $f_{m,n}(x) = 1 > 0$, $f_{m,n}(X - U) \subset \{0\}$이다.

한편

$$\Lambda = \{(m, n) \in \Lambda^* \times \Lambda^* \mid \overline{B}_n \subset B_m\} \subset \mathbb{N} \times \mathbb{N}$$

이고 $\mathbb{N} \times \mathbb{N}$이 가산집합이므로 Λ도 가산집합이다. 따라서 $\{f_{m,n} \mid (m, n) \in \Lambda\}$이 우리의 조건을 만족하는 가산개의 연속사상들의 모임이다. □

기초정리 12.2.13에 의하여 다음 정리가 성립한다.

정리 12.2.14 제2가산인 정칙공간 X는 $\mathbb{R}^m$ 또는 $\mathbb{R}^\omega$에 넣어진다.

증명 정리 12.2.10과 기초정리 12.2.13에 의하여 성립한다. □

정리 12.2.15 (Urysohn 거리화정리[8]) 제2가산인 정칙공간은 거리화가능이다.

증명 X를 제2가산인 정칙공간이라 하자. 정리 6.1.35에 의하여 곱공간 $\mathbb{R}^\omega$는 거리를 줄 수 있는 공간이고 X가 $\mathbb{R}^m$ 또는 $\mathbb{R}^\omega$의 부분공간과 위상동형이므로 X는 거리화가능이다(성질 12.2.12 참조). □

8) Urysohn metrization theorem

따름정리 12.2.16 X는 컴팩트 거리공간이고 Y는 Hausdorff 공간이라 하자. 만약 전사인 연속사상 $f: X \to Y$가 존재하면 Y는 거리화가능이다.

증명 정리 9.1.11에 의해 컴팩트공간의 연속사상에 의한 상은 컴팩트이므로 Y는 컴팩트이다. 그리고 컴팩트 Hausdorff 공간은 정규공간이므로 Y는 정규이다. 특별히 Y는 정칙이다. 그리고 성질 10.2.31에 의해 컴팩트 거리공간은 제2가산이므로 X는 제2가산이다. 한편 f가 완전사상이므로 성질 10.3.28에 의해 Y도 제2가산이다. 따라서 Urysohn 거리화정리(정리 12.2.15)에 의하여 Y는 거리화가능이다. □

정리 12.2.17 위상공간 X에 대하여 다음은 서로 동치이다.

(a) X는 제2가산인 정칙공간이다.

(b) X는 힐버트공간 $\mathbb{H}$의 부분공간과 위상동형이다. 즉, 넣기사상 $X \hookrightarrow \mathbb{H}$가 존재한다.

(c) X는 거리화가능인 가분공간이다.

증명 (a)⇒(b) 모든 자연수 $n \in \mathbb{N}$에 대해 $I_n = [-1, 1]$이라 하자. 그리고 $J = \Pi_{n=1}^{\infty} I_n$이라 하자. 그러면 성질 11.4.10에 의해 J는 힐버트 입방체 $\mathbb{I} = \Pi_{n=1}^{\infty}[-\frac{1}{n}, \frac{1}{n}]$와 위상동형이므로 위상동형사상 $g: J \to \mathbb{I}$가 존재한다. 이제 X가 정칙인 제2가산공간이므로, 정리 12.2.10과 기초정리 12.2.13에 의해, 넣기사상 $f: X \hookrightarrow J$가 존재한다. 따라서 합성함수

$$i \circ g \circ f: X \hookrightarrow J \to \mathbb{I} \hookrightarrow \mathbb{H}, \quad x \mapsto g(f(x))$$

는 넣기사상이다. 단, 여기서 $i: \mathbb{I} \hookrightarrow \mathbb{H}$는 포함사상이다.

(b)⇒(c) 11.4절에서 보았듯이 힐버트공간 $\mathbb{H}$는 거리공간이다. X가 거리공간의 부분공간과 위상동형이므로 X는 거리화가능이다. 한편 따름정리 11.4.5에 의하여 힐버트공간 $\mathbb{H}$가 제2가산이므로 $\mathbb{H}$의 부분공간도 제2가산이다(정리 10.2.20 참조). 따라서 정리 10.2.23에 의해 $\mathbb{H}$의 부분공간은 가분이다. 그러므로 X도 가분이다.

(c)⇒(a) X가 거리화가능이므로 정규이다(정리 7.2.17 참조). 따라서 X는 정칙이다. 한편 따름정리 10.2.28에 의해 거리공간에서는 가분과 제2가산이 동치이므로 X는 제2가산이다. □

연습문제

문제 12.2.1 컴팩트 Hausdorff 공간 X가 거리화가능일 필요충분조건은 X가 제2가산임을 보이시오.

문제 12.2.2 제2가산이고 하우스도르프이지만 거리화가능이 아닌 위상공간을 찾으시오.

문제 12.2.3 여유한공간 $(X,\mathscr{T}_f)$가 거리화가능일 필요충분조건은 X가 유한집합임을 보이시오.

문제 12.2.4 여가산공간 $(X,\mathscr{T}_c)$가 거리화가능일 필요충분조건은 X가 가산집합임을 보이시오.

문제 12.2.5 A를 하극한공간 $\mathbb{R}_l=(\mathbb{R},\mathscr{T}_l)$의 가산 부분집합이라 하자. 그러면 $\mathbb{R}_l$의 부분공간 A는 거리화가능임을 보이시오.

문제 12.2.6 $a, b\in\mathbb{Z}$, $b\neq 0$에 대하여 $A_{a,b}=\{a+nb\mid n\in\mathbb{Z}\}$이라 하자. 이제 $\mathscr{B}=\{A_{a,b}\mid a, b\in\mathbb{Z}, b\neq 0\}$를 기저로 갖는 위상공간 $X=(\mathbb{Z},\mathscr{T}_{\mathscr{B}})$에 대하여 다음을 보이시오.

(1) $\mathscr{B}$는 집합 $\mathbb{Z}$상의 기저이다.

(2) 모든 $A_{a,b}\in\mathscr{B}$는 X의 닫힌집합이다.

(3) X는 거리화가능이다.

(4) 실제로 집합 $\mathbb{Z}$상의 거리

$$d:\mathbb{Z}\times\mathbb{Z}\to\mathbb{R},\ d(x,y)=\begin{cases}0, & x=y\\ \min\{\frac{1}{n!}\mid n!\text{는 } |x-y|\text{의 약수}\}, & x\neq y\end{cases}$$

가 $\mathscr{T}_{\mathscr{B}}$를 생성한다. 즉, $\mathscr{T}_d=\mathscr{T}_{\mathscr{B}}$이다.

문제 12.2.7 X를 컴팩트 Hausdorff 공간이라 하자. 그리고 연속사상

$$f:X\times X\to\mathbb{R}\quad \text{s.t.}\quad f(x,y)=0\Leftrightarrow x=y$$

가 존재한다고 하자.

(1) $\Delta=\cap_{i=1}^{\infty}W_i$를 만족하는 $X\times X$의 열린집합 $W_i(i\in\mathbb{N})$가 존재함을 보이시오. 단, 여기서 $\Delta=\{(x,x)\mid x\in X\}$이다.

(2) 각각의 W_i에 대하여 $\Delta\subset\cup_{j=1}^{n_i}V_{i,j}\times V_{i,j}\subset W_i$를 만족하는 유한개의 열린집합 $V_{i,j}\subset X$가 존재함을 보이시오.

(3) $\mathscr{B}=\cup_{i=1}^{\infty}\{V_{i,j}\mid j=1,\dots,n_i\}$는 X의 기저가 됨을 보이시오.

(4) X는 거리화가능임을 보이시오.

문제 12.2.8 X^*를 국소컴팩트 Hausdorff 공간 X의 한 점 컴팩트화라 하자.
(1) X가 제2가산이면 X는 거리화가능임을 보이시오.
(2) (1)의 역이 성립하지 않는 보기를 드시오.
(3) X^*가 거리화가능일 필요충분조건은 X가 제2가산임을 보이시오.

문제 12.2.9 국소컴팩트 하우스도르프공간은 완전정칙임을 보이시오.

문제 12.2.10 상자공간 $\mathbb{R}^A$는 완전정칙임을 보이시오.

문제 12.2.11 비가산개의 $[0,1]$로 이루어진 곱공간 $[0,1]^A$는 제1가산이 아님을 보임으로써 $[0,1]^A$가 거리화가능이 아님을 보이시오.

문제 12.2.12 A와 B를 완전정칙공간 X의 서로소인 닫힌집합이라 하자. 만약 A가 컴팩트하면 $f(A) \subset \{0\}$, $f(B) \subset \{1\}$을 만족하는 연속사상 $f: X \to [0,1]$가 존재함을 보이시오.

문제 12.2.13 열린 완전사상 $p: X \to Y$가 존재한다고 가정하자. 만약 X가 완전정칙이면 Y도 완전정칙임을 보이시오.

문제 12.2.14 $(X, \mathscr{T})$를 완전정칙공간이라 하자. 그러면

$$\mathcal{S} = \{f^{-1}(U) \mid f: X \to \mathbb{R}\text{는 연속사상, } U\text{는 } \mathbb{R}\text{의 열린집합}\}$$

가 집합 X상의 부분기저가 됨을 보이시오. 그리고 $\mathcal{S}$가 생성하는 위상 $\mathscr{T}_{\mathcal{S}}$는 $\mathscr{T}$임을 보이시오. 단, 여기서 $\mathbb{R}$은 유클리드공간이다.

12.3 Stone-Čech 컴팩트화

우리는 이미 9.4절에서 위상공간 X를 컴팩트하게 만드는 한 방법인 한 점 컴팩트화를 다루었다. 한 점 컴팩트화는 X의 가장 작은 컴팩트화로 볼 수 있다. 이제 X의 가장 큰 컴팩트화로 볼 수 있는 Stone-Čech 컴팩트화에 대하여 알아보자(문제 12.3.4 참조). 이는 해석학 분야에서 많이 응용된다. Stone-Čech 컴팩트화는 1973년에 M. Stone과 E. Čech에 의해 각각 독자적으로 만들어졌다.

정의 12.3.1 위상공간 X의 **컴팩트화**(compactification)란 X를 부분공간으로 포함하는 컴팩트 하우스도르프공간 Y로서 $\mathrm{cl}_Y(X) = Y$를 만족하는 것을 의미한다.

그리고 X의 두 컴팩트화 Y_1과 Y_2가 **동치**(equivalent)란 위상동형사상

$$\varphi: Y_1 \to Y_2 \quad \text{s.t.} \quad \varphi(x) = x \ \ \forall x \in X$$

가 존재함을 의미한다.

따름정리 9.1.19와 성질 12.2.3에 의하여 컴팩트 하우스도르프공간은 완전정칙이다. 그리고 정리 12.2.6에 의하여 완전정칙공간의 부분공간은 완전정칙이다. 따라서 만약 위상공간 X의 컴팩트화 Y가 존재하면 X는 완전정칙이 된다. 이제부터 우리는 이의 역을 보이고자 한다. 즉, 만약 X가 완전정칙공간이면 컴팩트화를 가짐을 보일 것이다. 이를 위해 우리는 다음 기초정리가 필요하다.

기초정리 12.3.2 X를 위상공간, Z를 컴팩트 하우스도르프공간이라 하자. 만약 넣기사상 $h: X \hookrightarrow Z$가 존재하면 다음이 성립한다.
(1) X의 컴팩트화 Y가 존재한다.
(2) $\tilde{h}|_X = h$를 만족하는 넣기사상 $\tilde{h}: Y \hookrightarrow Z$가 존재한다.
(3) 이러한 컴팩트화 Y는 동치적으로 유일하다.
이 경우 Y를 넣기사상 h에 의해 유도되는 컴팩트화라 부른다.

증명 (1)(2) 주어진 h에 대해 $X_0 = h(X) \subset Z$이라 하고 $Y_0 = \overline{X}_0 \subset Z$이라 하자. 그러면 Y_0은 컴팩트 하우스도르프이고 $\mathrm{cl}_{Y_0}(X_0) = \overline{X}_0 \cap Y_0 = Y_0$이므로 Y_0은

X_0의 컴팩트화이다.

이제 전단사 함수 $k: A \to Y_0 - X_0$가 존재하는 X와 서로소인 임의의 집합 A를 택하자. 그리고 $Y = X \cup A$이라 하자. 그러면 함수

$$g: Y \to Y_0, \quad g(x) = \begin{cases} h(x), & x \in X \\ k(x), & x \in A \end{cases}$$

는 전단사이다. 이제 집합 Y에 위상

$$\mathscr{T} = \{ U \subset Y \mid g(U)\text{는 } Y_0\text{의 열린집합} \}$$

를 주자. 그러면 g가 전단사이므로 $g: Y \to Y_0$는 위상동형사상이고, 축소사상 $g|_X = h: X \to X_0 = h(X)$도 위상동형사상이다. 그리고 X_0이 Y_0의 부분공간이므로 X는 Y의 부분공간이다.

따라서 $\tilde{h} = j \circ g: Y \hookrightarrow Z$가 우리가 원하는 h의 확장이다. 단, 여기서 $j: Y_0 \hookrightarrow Z$는 포함사상이다.

(3) 이제 유일성을 보이자. Y_1과 Y_2를 X의 컴팩트화라 하자. 그리고 $\tilde{h}_1: Y_1 \hookrightarrow Z$와 $\tilde{h}_2: Y_2 \hookrightarrow Z$를 h의 확장인 넣기사상이라 하자. 그러면 각각의 $i = 1, 2$에 대하여 $\tilde{h}_i(X) = h(X) = X_0$이다.

그리고 $\tilde{h}_i$가 연속이므로 정리 5.1.4에 의하여

$$\tilde{h}_i(Y_i) = \tilde{h}_i(\overline{X}) \subset \overline{\tilde{h}_i(X)} = \overline{X}_0$$

이다. 한편 $\tilde{h}_i(Y_i)$는 컴팩트 하우스도르프공간 Z의 컴팩트집합이므로 $\tilde{h}_i(Y_i)$는 Z의 닫힌집합이다. 그리고 $X_0 = \tilde{h}_i(X) \subset \tilde{h}_i(Y_i)$이므로 성질 4.2.11에 의하여 $\overline{X}_0 \subset \tilde{h}_i(Y_i)$이다. 따라서 $\tilde{h}_i(Y_i) = \overline{X}_0$이다.

결국 $\tilde{h}_i: Y_i \to \overline{X}_0$가 위상동형사상이므로 $\varphi = \tilde{h}_2^{-1} \circ \tilde{h}_1: Y_1 \to \overline{X}_0 \to Y_2$도 위상동형사상이다. 그리고 모든 점 $x \in X$에 대하여 $\varphi(x) = \tilde{h}_2^{-1}(\tilde{h}_1(x)) = h^{-1}(h(x)) = x$이다. 따라서 Y_1과 Y_2는 동치이다. □

일반적으로 주어진 위상공간 X의 컴팩트화는 여러 개 존재한다.

보기 12.3.3 유클리드공간 $\mathbb{R}$의 부분공간 $X = (0, 1)$의 여러가지 컴팩트화를 구해보자.

(1) 먼저 S^1을 유클리드공간 $\mathbb{R}^2$상의 단위원이라 하자. 그러면 부분공간 $Z = S^1$는 컴팩트 하우스도르프공간이다. 이제 넣기사상

$$h:(0,1) \hookrightarrow S^1,\ \ h(x)=(\cos 2\pi x, \sin 2\pi x)$$

에 의해 유도되는 $(0,1)$의 컴팩트화를 Y_1이라 하자. 그러면 Y_1은 X의 한 점 컴팩트화 X^*와 동치이다. 이는 $(0,1)$에 한 점을 더한 것이다.

(2) 유클리드공간 $\mathbb{R}$의 부분공간 $Y_2=[0,1]$은 $(0,1)$의 컴팩트화이다. 이는 포함사상 $i:(0,1) \hookrightarrow Z=[0,1]$에 의해 유도되는 $(0,1)$의 컴팩트화이다. 그리고 $Y_2=[0,1]$은 $(0,1)$의 양 끝에 한 점씩 붙인 것이다.

(3) 유클리드공간 $\mathbb{R}^2$의 부분공간 $Z=I^2=[-1,1]^2$는 컴팩트 하우스도르프공간이다. 이제 넣기사상

$$h:(0,1) \hookrightarrow I^2,\ \ h(x)=(x, \sin\frac{1}{x})$$

를 생각하자. 그러면 $Y_0=\overline{h(X)}$는 보기 8.1.18에서 다룬 위상 수학자의 싸인 곡선이다. 그러므로 넣기사상 h에 의해 유도되는 $(0,1)$의 컴팩트화 Y_3은 (1), (2)에서 다룬 컴팩트화 Y_1, Y_2와는 다르다. 그리고 Y_3은 $(0,1)$의 오른쪽 끝에 한 점을 더하고, 왼쪽 끝에 선분을 더한 것이다.

기초정리 12.3.4 X를 위상공간 Y의 부분공간이라 하고, Z를 하우스도르프공간이라 하자. 그러면 연속사상 $f:X\to Z$의 확장 $\tilde{f}:\overline{X}\to Z$는 많아야 하나이다. 단, 여기서 $\overline{X}$는 Y에서의 폐포이다.

증명 (귀류법) f의 서로 다른 확장 g_1, $g_2:\overline{X}\to Z$가 존재한다고 가정하자. 그러면 g_1과 g_2가 다르므로 $g_1(y)\neq g_2(y)$인 점 $y\in\overline{X}$가 존재한다. 그리고 Z가 하우스도르프이므로

$$g_1(y)\in V_1,\ \ g_2(y)\in V_2,\ \ V_1\cap V_2=\varnothing$$

을 만족하는 Z의 열린집합 V_1과 V_2가 존재한다. 또한 각각의 $i=1,2$에 대해 g_i가 연속이므로 $U_i=g_i^{-1}(V_i)$는 y의 열린근방이고 $g_i(U_i)=g_i(g_i^{-1}(V_i))\subset V_i$이다. 그러면 $U=U_1\cap U_2$는 y의 열린근방이고 $g_i(U)\subset V_i$이다. 한편 $y\in\overline{X}$이므로 점 $x\in X\cap U$가 존재하여 $g_i(x)\in V_i$이다. 그런데 $x\in X$이므로 $g_1(x)=f(x)=g_2(x)$이다. 따라서 $f(x)\in V_1\cap V_2$이 된다. 이는 $V_1\cap V_2=\varnothing$에 모순이다. □

정리 12.3.5 X를 완전정칙공간이라 하자. 그러면 다음을 만족하는 X의 컴팩트화 Y가 존재한다: 임의의 유계인 연속사상 $f : X \to \mathbb{R}$에 대하여 이의 확장 $\widetilde{f} : Y \to \mathbb{R}$가 유일하게 존재한다.

증명 $\{f_\alpha \mid \alpha \in \Lambda\}$를 모든 유계인 연속사상 $f : X \to \mathbb{R}$들의 모임이라 하자. 각각의 $\alpha \in \Lambda$에 대하여 $f_\alpha(X)$가 $\mathbb{R}$의 유계인 부분집합이므로 실수 $\inf f_\alpha(X)$, $\sup f_\alpha(X)$가 존재한다. 이제 $\mathbb{R}$의 닫힌구간

$$I_\alpha = [\inf f_\alpha(X),\ \sup f_\alpha(X)]$$

를 택하자. 그러면 Tychonoff 정리(정리 9.2.3)에 의하여 곱공간 $\Pi_\alpha I_\alpha$는 컴팩트 하우스도르프이다.

한편 X가 완전정칙이므로 정리 12.2.8의 증명 과정에 의해 함수

$$h : X \to \Pi_\alpha I_\alpha,\quad h(x) = (f_\alpha(x))_{\alpha \in \Lambda}$$

는 넣기사상이다. 이제 Y를 h에 의해 유도되는 X의 컴팩트화라 하자. 그러면 h의 확장인 넣기사상 $\widetilde{h} : Y \hookrightarrow \Pi_\alpha I_\alpha$가 존재한다. 그리고 유계인 연속사상 $f : X \to \mathbb{R}$에 대하여 $f \in \{f_\alpha \mid \alpha \in \Lambda\}$이므로 적당한 $\beta \in \Lambda$에 대해 $f = f_\beta$이다. 그러면 연속사상

$$\widetilde{f} = j_\beta \circ \pi_\beta \circ \widetilde{h} : Y \to \Pi_\alpha I_\alpha \to I_\beta \hookrightarrow \mathbb{R}$$

는 f의 확장이다. 단, 여기서 π_β는 사영사상이고 $j_\beta : I_\beta \hookrightarrow \mathbb{R}$는 포함사상이다. 구체적으로 모든 점 $x \in X$에 대하여

$$\widetilde{f}(x) = j_\beta(\pi_\beta(\widetilde{h}(x))) = j_\beta(\pi_\beta((f_\alpha(x)))) = j_\beta(f_\beta(x)) = f_\beta(x) = f(x)$$

이다. 그리고 $\overline{X} = Y$이므로 기초정리 12.3.4에 의하여 f의 확장 $\widetilde{f}$는 유일하다. □

정의 12.3.6 완전정칙공간 X에 대하여 정리 12.3.5에서와 같은 X의 컴팩트화 Y를 X의 Stone-Čech **컴팩트화**(Stone-Čech compactification)라 하고 $\beta(X)$로 나타낸다.

정의로부터 $\beta(X)$는 컴팩트 하우스도르프이고, $X \subset \beta(X)$, $\overline{X} = \beta(X)$이다. 단, 여기서 $\overline{X}$는 $\beta(X)$에서의 폐포이다. 그리고 모든 유계인 연속사상 $f : X \to \mathbb{R}$는 유일한 확장 $\widetilde{f} : \beta(X) \to \mathbb{R}$를 갖는다.

이제부터 주어진 완전정칙공간 X의 Stone-Čech 컴팩트화 $\beta(X)$가 동치적으로 유일함을 보이자. 이를 위해 다음 기초정리가 필요하다.

기초정리 12.3.7 $\beta(X)$를 완전정칙공간 X의 Stone-Čech 컴팩트화라 하자. 그러면 임의로 주어진 컴팩트 하우스도르프공간 K와 연속사상 $f: X \to K$에 대하여 f의 유일한 확장 $\tilde{f}: \beta(X) \to K$가 존재한다.[9]

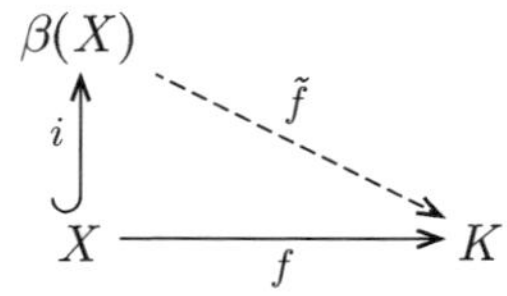

증명 먼저 따름정리 9.1.19와 성질 12.2.3에 의해 K는 완전정칙이다. 그러므로 정리 12.2.8에 의해 적당한 첨자집합 Λ에 대하여 넣기사상 $\varphi: K \hookrightarrow [0,1]^{\Lambda}$가 존재한다. 그러면 연속사상

$$g = j \circ \varphi \circ f : X \to K \hookrightarrow [0,1]^{\Lambda} \hookrightarrow \mathbb{R}^{\Lambda}$$

의 모든 성분함수 $g_{\alpha} = \pi_{\alpha} \circ g: X \to \mathbb{R}$는 유계인 연속사상이다. 단, 여기서 $j: [0,1]^{\Lambda} \hookrightarrow \mathbb{R}^{\Lambda}$는 포함사상이다. 그리고 $\beta(X)$가 X의 Stone-Čech 컴팩트화이므로 각각의 $\alpha \in \Lambda$에 대해 g_{α}의 확장 $\tilde{g}_{\alpha}: \beta(X) \to \mathbb{R}$가 존재한다. 그러면 $\tilde{g} = (\tilde{g}_{\alpha}): \beta(X) \to \mathbb{R}^{\Lambda}$는 g의 확장이고

$$\tilde{g}(\beta(X)) = \tilde{g}(\overline{X}) \subset \overline{\tilde{g}(X)} \subset \overline{K} = K$$

이다. 따라서

$$\tilde{f}: \beta(X) \to K, \quad y \mapsto \tilde{g}(y)$$

가 우리가 원하는 f의 확장이다.

한편 $\overline{X} = \beta(X)$이므로 기초정리 12.3.4에 의하여 f의 확장 $\tilde{f}$는 유일하다. □

정리 12.3.8 완전정칙공간 X의 Stone-Čech 컴팩트화 $\beta(X)$는 동치적으로 유일하다.

9) The universal property of the Stone-Čech compactification.

증명 $\beta_1(X)$와 $\beta_2(X)$를 X의 Stone-Čech 컴팩트화라 하자. 먼저 $\beta_1(X)$는 컴팩트 하우스도르프이고 포함사상 $j_1 : X \hookrightarrow \beta_1(X)$, $j_1(x) = x$가 연속이므로 j_1의 유일한 확장 $f_1 : \beta_2(X) \to \beta_1(X)$이 존재한다. 또한 $\beta_2(X)$는 컴팩트 하우스도르프이고 포함사상 $j_2 : X \hookrightarrow \beta_2(X)$, $j_2(x) = x$가 연속이므로 j_2의 유일한 확장 $f_2 : \beta_1(X) \to \beta_2(X)$가 존재한다.

한편 합성함수 $f_1 \circ f_2 : \beta_1(X) \to \beta_1(X)$는 모든 $x \in X$에 대하여 $f_1 \circ f_2(x) = x$이다. 즉, 연속사상 $f_1 \circ f_2$는 j_1의 확장이다. 또한 항등사상 $\mathrm{id}_{\beta_1(X)} : \beta_1(X) \to \beta_1(X)$, $\mathrm{id}_{\beta_1(X)}(y) = y$도 j_1의 확장이다. 그리고 확장의 유일성에 의해 $f_1 \circ f_2 = \mathrm{id}_{\beta_1(X)}$이다. 같은 방법으로 $f_2 \circ f_1 = \mathrm{id}_{\beta_2(X)}$임을 보일 수 있다. 그러므로 f_1과 f_2는 모두 위상동형사상이고, 모든 점 $x \in X$에 대해

$$f_1(x) = j_1(x) = x,\ \ f_2(x) = j_2(x) = x$$

이다. 따라서 $\beta_1(X)$과 $\beta_2(X)$는 동치이다. □

연습문제

문제 12.3.1 만약 X가 컴팩트 하우스도르프공간이면 $\beta(X) = X$임을 보이시오.

문제 12.3.2 X를 위상공간, Z를 컴팩트 하우스도르프공간이라 하자. 그리고 Y를 넣기사상 $h : X \hookrightarrow Z$가 유도하는 X의 컴팩트화라 하자. 이제 연속사상 $f : X \to \mathbb{R}$에 대하여 다음이 동치임을 보이시오.

(a) $\tilde{f} \circ i = f$를 만족하는 f의 확장 $\tilde{f} : Y \to \mathbb{R}$가 존재한다. 단, 여기서 $i : X \hookrightarrow Y$는 포함사상이다.

(b) $\tilde{f}_* \circ h = f$를 만족하는 연속사상 $\tilde{f}_* : \overline{h(X)} \to \mathbb{R}$가 존재한다. 단, 여기서 $\overline{h(X)}$는 Z에서의 폐포이다.

문제 12.3.3 Y_1, Y_2, Y_3을 보기 12.3.3에서 다룬 $X = (0,1)$의 컴팩트화들이라 하자.

(1) 유계인 연속사상 $f : (0,1) \to \mathbb{R}$, $f(x) = x$는 Y_1로 확장되지 않음을 보이시오. 따라서 Y_1은 $(0,1)$의 Stone-Čech 컴팩트화가 아니다.

(2) 유계인 연속사상 $f : (0,1) \to \mathbb{R}$, $f(x) = \sin\frac{1}{x}$는 Y_2로 확장되지 않음을 보이시오. 따라서 Y_2는 $(0,1)$의 Stone-Čech 컴팩트화가 아니다.

(3) 유계인 연속사상 $f : (0,1) \to \mathbb{R}$, $f(x) = \cos\frac{1}{x}$는 Y_3으로 확장되지 않음을 보이시

오. 따라서 Y_3은 $(0,1)$의 Stone-Čech 컴팩트화가 아니다.

(4) 세 연속사상 $f_1, f_2, f_3 : (0,1) \to \mathbb{R}$, $f_1(x) = x$, $f_2(x) = \sin\frac{1}{x}$, $f_3(x) = \cos\frac{1}{x}$이 모두 확장 $\widetilde{f}_i$을 갖는 $(0,1)$의 컴팩트화를 찾으시오.

문제 12.3.4 $\beta(X)$를 완전정칙공간 X의 Stone-Čech 컴팩트화라 하자. 그러면 임의의 X의 컴팩트화 Y에 대하여 $g|_X = \mathrm{id}_X$를 만족하는 전사이고 연속인 닫힌사상 $g : \beta(X) \to Y$가 존재함을 보이시오. 이러한 g가 상사상이 되므로 우리는 Y를 $\beta(X)$의 상공간으로 볼 수 있다(정의 13.1.27 참조).

문제 12.3.5 S_Ω에 대하여 다음을 보이시오.

(1) $f : S_\Omega \to \mathbb{R}$를 연속사상이라 하자. 그러면 임의로 주어진 양의 실수 $\varepsilon > 0$에 대해 $|f(b) - f(a)| < \varepsilon \ (\forall b > a)$을 만족하는 $a \in S_\Omega$가 존재한다.

(2) 연속사상 $f : S_\Omega \to \mathbb{R}$는, 적당한 $a \in S_\Omega$가 존재하여, (a, Ω)상에서 상수사상이다.

(3) S_Ω의 한 점 컴팩트화와 Stone-Čech 컴팩트화는 동치이다.

(4) S_Ω의 모든 컴팩트화는 $\overline{S}_\Omega = S_\Omega \cup \{\Omega\}$와 동치이다.

문제 12.3.6 완전정칙공간 X에 대하여 다음이 동치임을 보이시오.

(a) X는 연결이다.

(b) $\beta(X)$는 연결이다.

문제 12.3.7 이산공간 X에 대하여 다음을 보이시오.

(1) 임의의 $A \subset X$에 대하여 $\overline{A} \cap \overline{X - A} = \varnothing$이고 $\overline{A}$는 $\beta(X)$의 열린집합이다. 단, 여기서 폐포는 $\beta(X)$에서의 폐포이다.

(2) 만약 U가 $\beta(X)$의 열린집합이면 $\overline{U}$도 $\beta(X)$의 열린집합이다.

(3) $\beta(X)$는 완전비연결이다.

문제 12.3.8 정규공간 X에 대하여 다음을 보이시오.

(1) 점 $y \in \beta(X) - X$에 대하여 y로 수렴하는 수열 $x_n \in X$은 존재하지 않는다.

(2) 만약 X가 컴팩트가 아니면 $\beta(X)$는 거리화가능이 아니다.

문제 12.3.9 X, Y, Z를 완전정칙공간이라 하자. 그리고 주어진 연속사상 $f : X \to Y$에 대하여 $i \circ f : X \to Y \hookrightarrow \beta(Y)$의 유일한 확장 $\beta(f) : \beta(X) \to \beta(Y)$를 생각할 수 있다. 단, 여기서 $i : Y \hookrightarrow \beta(Y)$는 포함사상이다.

(1) 항등사상 $\mathrm{id}_X : X \to X$에 대해 $\beta(\mathrm{id}_X) = \mathrm{id}_{\beta(X)}$임을 보이시오.

(2) 연속사상 $f : X \to Y$와 $g : Y \to Z$에 대하여 $\beta(g \circ f) = \beta(g) \circ \beta(f)$임을 보이시오.

13장

상공간

CONTENTS

이 장에서는 이미 알고 있는 위상공간으로부터 새로운 위상공간들을 만드는 방법인 상위상에 대하여 다룬다. 이를 통해 우리는 뫼비우스 띠, 클라인 병, 사영공간 등이 어떻게 만들어지는지 알아볼 것이다.

13.1 상공간

정의 13.1.1 $f: X \to Y$를 위상공간 $(X, \mathscr{T})$와 집합 Y 사이의 전사함수라 하자. 이제 집합 Y상에 f를 연속이 되게 하는 최대의 위상 $\mathscr{T}_Q$를 주자. 즉, $U \subset Y$가 열린집합이기 위한 필요충분조건은 $f^{-1}(U)$가 X의 열린집합인 것이다. 동치적으로, $C \subset Y$가 닫힌집합이기 위한 필요충분조건은 $f^{-1}(C) \subset X$가 닫힌집합인 것이다. 이와 같은 위상 $\mathscr{T}_Q$를 f가 유도하는 Y상의 **상위상**(quotient topology)이라 부른다.[1)] 따라서

$$\mathscr{T}_Q = \{U \subset Y \mid f^{-1}(U) \in \mathscr{T}\} = \{U \subset Y \mid f^{-1}(U)\text{는 } X\text{의 열린집합}\}$$

이다.

함수 $f: X \to Y$가 연속이려면 Y의 열린집합의 역상이 X에서 열린집합이어야 하므로, Y상의 위상이 작을수록 f가 연속이 될 가능성이 높아진다. 그리고 Y상의 자명한 위상이 f를 연속이 되게 하는 최소의 위상이다. 따라서 f를 연속이 되게 하는 Y상의 최대의 위상인 상위상을 생각하는 것은 의미가 있다.

참고 13.1.2 실제로 $\mathscr{T}_Q$는 집합 Y상의 위상이 된다.

(i) $f^{-1}(\varnothing) = \varnothing$이고 $f^{-1}(Y) = X$이므로 $\varnothing, Y \in \mathscr{T}_Q$이다.

(ii) 만약 $U_\alpha \in \mathscr{T}_Q (\alpha \in \Lambda)$이면 모든 $f^{-1}(U_\alpha)$가 X의 열린집합이므로

$$f^{-1}(\cup_{\alpha \in \Lambda} U_\alpha) = \cup_{\alpha \in \Lambda} f^{-1}(U_\alpha)$$

도 X의 열린집합이다. 따라서 상위상의 정의에 의하여 $\cup_{\alpha \in \Lambda} U_\alpha \in \mathscr{T}_Q$이다.

(iii) 만약 $U_1, \ldots, U_n \in \mathscr{T}_Q$이면 $f^{-1}(U_1), \ldots, f^{-1}(U_n)$은 모두 X의 열린집합이다. 따라서 $f^{-1}(\cap_{i=1}^n U_i) = \cap_{i=1}^n f^{-1}(U_i)$도 X의 열린집합이므로 $\cap_{i=1}^n U_i \in \mathscr{T}_Q$이다.

---

1) 상위상을 **동일화위상**(identification topology)이라 부르기도 한다.

보기 13.1.3 유클리드공간 $\mathbb{R}$과 집합 $Y=\{a,b,c\}$ 사이의 전사함수

$$f:\mathbb{R}\rightarrow\{a,b,c\},\quad f(x)=\begin{cases}a, & x>0\\ b, & x=0\\ c, & x<0\end{cases}$$

가 유도하는 Y상의 상위상 $\mathcal{T}_Q$를 구해보자. $f^{-1}(\{a\})=(0,\infty)$와 $f^{-1}(\{c\})=(-\infty,0)$은 $\mathbb{R}$의 열린집합이고, $f^{-1}(\{b\})=\{0\}$은 $\mathbb{R}$의 열린집합이 아니므로

$$\mathcal{T}_Q=\{U\subset Y\mid f^{-1}(U)\text{는 }\mathbb{R}\text{의 열린집합}\}=\{\varnothing,\{a\},\{c\},\{a,c\},Y\}$$

이다.

보기 13.1.4 하극한공간 $\mathbb{R}_l=(\mathbb{R},\mathcal{T}_l)$과 집합 $Y=\{a,b,c,d\}$ 사이의 전사함수

$$f:\mathbb{R}_l\rightarrow\{a,b,c,d\},\quad f(x)=\begin{cases}a, & x<-1\\ b, & x=-1\\ c, & -1<x\le 1\\ d, & x>1\end{cases}$$

가 유도하는 Y상의 상위상은

$$\begin{aligned}\mathcal{T}_Q&=\{U\subset Y\mid f^{-1}(U)\in\mathcal{T}_l\}\\&=\{\varnothing,\{a\},\{d\},\{a,d\},\{c,d\},\{a,c,d\},\{b,c,d\},Y\}\end{aligned}$$

이다.

보기 13.1.5 유클리드공간 $\mathbb{R}$과 정수 집합 $\mathbb{Z}$에 대하여 전사함수 $f:\mathbb{R}\to\mathbb{Z}$, $f(x)=[x]$가 유도하는 $\mathbb{Z}$상의 상위상 $\mathcal{T}_Q$를 구해보자. 단, 여기서 $[x]$는 x를 넘지 않는 최대의 정수이다.

정수 $n\in\mathbb{Z}$에 대하여 $f^{-1}(\{n\})=[n,n+1)$은 $\mathbb{R}$의 열린집합이 아니므로 $\{n\}\notin\mathcal{T}_Q$이다.

그리고 $U\subset\mathbb{Z}$에 대해 $f^{-1}(U)$가 $\mathbb{R}$의 열린집합이라 하자. 이제 $m\in U$이면 $m-1\in U$임을 보이자. 이를 위해 $m\in U$이지만 $m-1\notin U$인 정수 $m\in\mathbb{Z}$이 존재한다고 가정하자. 먼저 $m\in U$이므로 $[m,m+1)\subset f^{-1}(U)$이 되어 $m\in f^{-1}(U)$이다. 그런데 $m-1\notin U$이므로 $[m-1,m)\cap f^{-1}(U)=\varnothing$이 되어 m은 $f^{-1}(U)$의 내부점이 아니다. 이는 $f^{-1}(U)$가 $\mathbb{R}$의 열린집합이라는 가정에 모순이다. 따라서 $m\in U$이면 $m-1\in U$가 되어야 한다.

한편 주어진 정수 $n \in \mathbb{Z}$에 대해 집합 $A_n = \{m \in \mathbb{Z} \mid m < n\}$의 역상 $f^{-1}(A_n) = (-\infty, n)$은 $\mathbb{R}$의 열린집합이다. 따라서

$$\mathscr{T}_Q = \{\varnothing, \mathbb{Z}\} \cup \{A_n \mid n \in \mathbb{Z}\}$$

이다.

집합 X상의 **동치관계**(equivalence relation)란 X의 원소들 사이의 관계 $\sim$로서 다음 세 가지 조건을 만족하는 것이다.

(반사율) 모든 $x \in X$에 대하여 $x \sim x$이다.
(대칭률) 만약 $x \sim y$이면 $y \sim x$이다.
(추이율) 만약 $x \sim y$, $y \sim z$이면 $x \sim z$이다.

이 경우 $x \in X$의 **동치류**(equivalence class)란 X의 부분집합

$$[x] = \{y \in X \mid x \sim y\}$$

를 의미한다. 그리고 모든 동치류들의 모임을 $X/_\sim$로 표시한다. 즉,

$$X/_\sim = \{[x] \mid x \in X\}$$

이다.

만약 $\sim$가 X상의 동치관계이면, 임의의 $x, y \in X$에 대해 $[x] \cap [y] = \varnothing$이거나 $[x] = [y]$이다. 그리고 모든 $x \in X$에 대하여 $x \in [x]$이다. 또한 전사인 고유사상

$$\pi : X \to X/_\sim, \quad x \mapsto [x]$$

가 존재한다.[2)] 특별히, $U \subset X/_\sim$에 대하여

$$\pi^{-1}(U) = \cup \{[x] \mid [x] \in U\}$$

이다. 또한 $A \subset X$에 대하여 $\pi^{-1}(\pi(A)) = \cup \{[x] \mid x \in A\}$이다.

정의 13.1.6 위상공간 X상의 동치관계 $\sim$에 의한 **상공간**(quotient space) $(X/_\sim, \mathscr{T}_Q)$는 다음과 같이 정의되는 위상공간이다. $X/_\sim$의 점은 $[x]$들이고, $X/_\sim$상의 위상은 고유사상 π가 유도하는 상위상 $\mathscr{T}_Q$를 준다. 이와 같은 상공간을 간단히 $X/_\sim$로 표기한다. 즉, $X/_\sim = (X/_\sim, \mathscr{T}_Q)$이다.

2) 1.3절 참조.

따라서 $\mathscr{T}_Q$는 고유사상 $\pi: X \to X/_\sim$, $x \mapsto [x]$를 연속이 되게 하는 $X/_\sim$ 상의 최대의 위상이다. 다시 말해 $U \subset X/_\sim$가 열린집합이기 위한 필요충분조건은 $\pi^{-1}(U)$가 X의 열린집합인 것이다. 동치적으로, $C \subset X/_\sim$가 닫힌집합이기 위한 필요충분조건은 $\pi^{-1}(C) \subset X$가 닫힌집합인 것이다. 그러므로

$$\mathscr{T}_Q = \{U \subset X/_\sim \mid \pi^{-1}(U)\text{는 } X\text{의 열린집합}\}$$

이다.

참고 13.1.7 (1) 만약 X가 컴팩트공간이면 고유사상 $\pi: X \to X/_\sim$가 전사인 연속사상이므로 정리 9.1.11에 의해 상공간 $X/_\sim$도 컴팩트이다.

(2) 만약 X가 연결공간이면 고유사상 $\pi: X \to X/_\sim$가 전사인 연속사상이므로 정리 8.1.11에 의해 상공간 $X/_\sim$도 연결이다.

참고 13.1.8 **(동치관계와 분할)** 상공간을 주어진 위상공간 X상에 정의된 분할을 사용하여 정의하기도 한다. 하지만 이 두 가지 방법은 사실 같은 것이다.

집합 X의 **분할**(partition) $\mathscr{P}$란 X의 공집합이 아닌 부분집합들의 모임

$$\mathscr{P} = \{A_\alpha \subset X \mid \alpha \in \Lambda\}$$

로서 $\alpha \neq \beta$이면 $A_\alpha \cap A_\beta = \varnothing$이고 $\cup_{\alpha \in \Lambda} A_\alpha = X$를 만족하는 것이다.[3)]

이 경우 임의의 점 $x \in X$에 대하여 x를 포함하는 유일한 $A_\alpha \in \mathscr{P}$가 존재하고, x를 이러한 A_α에 대응시키는 전사인 고유사상

$$\pi: X \to \mathscr{P}, \quad x \mapsto A_\alpha$$

가 존재한다.

그리고 위상공간 X의 분할 $\mathscr{P}$에 의한 **상공간**(quotient space) $X/\mathscr{P} = (\mathscr{P}, \mathscr{T}_Q)$는 다음과 같이 정의되는 위상공간이다. 집합적으로 $X/\mathscr{P}$는 $\mathscr{P}$와 같다. 즉, 집합 $X/\mathscr{P}$의 점은 $\mathscr{P}$의 원소 A_α들이고 $X/\mathscr{P}$상의 위상은 고유사상 π가 유도하는 상위상 $\mathscr{T}_Q$를 준다.

(i) 먼저 X의 분할 $\mathscr{P} = \{A_\alpha \mid \alpha \in \Lambda\}$가 주어지면 우리는 다음과 같이 X상의 동치관계 $\sim$를 정의할 수 있다:

---

3) 1.3절 참조.

$$x \sim y \iff x,\ y \in A_\alpha \text{를 만족하는 } \alpha \in \Lambda \text{가 존재}$$

그러면 이러한 동치관계 $\sim$에 의한 점 $x \in A_\alpha (\subset X)$의 동치류는 $[x] = A_\alpha$이다.

(ii) 역으로, X상의 동치관계 $\sim$가 주어지면 임의의 $x, y \in X$에 대하여 $[x] \cap [y] = \varnothing$이거나 $[x] = [y]$이다. 그리고 모든 $x \in X$에 대하여 $x \in [x]$이므로

$$X/_\sim = \{[x] \mid x \in X\}$$

는 집합 X의 분할이 된다.

(iii) 따라서 X상에 분할이 주어진 것과 동치관계가 주어진 것은 같다. 그리고 이 경우 $\mathscr{P} = X/_\sim$이고, 분할에서의 고유사상

$$X \to \mathscr{P}, \quad x \mapsto A_\alpha$$

는 동치관계에서의 고유사상

$$X \to X/_\sim, \quad x \mapsto [x]$$

와 같은 것이다. 따라서 상공간으로서 $X/\mathscr{P}$와 $X/_\sim$는 같다.

보기 13.1.9 보기 13.1.3에서 보았던 위상공간 $(Y, \mathscr{T}_Q)$는 다음과 같이 두 가지 방법으로도 얻을 수 있다.

(1) 유클리드공간 $\mathbb{R}$상의 동치관계 $\sim$를

$$x \sim y \iff xy > 0 \text{ 이거나 } x = y$$

으로 정의하자. 그러면 주어진 점 $x \in \mathbb{R}$의 동치류는

$$[x] = \begin{cases} (0, \infty), & x > 0 \\ \{0\}, & x = 0 \\ (-\infty, 0), & x < 0 \end{cases}$$

이다. 따라서 $\mathbb{R}/_\sim$는 세 점 집합 $\{[-1], [0], [1]\}$이다. 그리고 고유사상 $\pi : \mathbb{R} \to \mathbb{R}/_\sim = \{[-1], [0], [1]\}$은

$$\pi(x) = \begin{cases} [1], & x > 0 \\ [0], & x = 0 \\ [-1], & x < 0 \end{cases}$$

이다. 따라서 동치관계 $\sim$가 유도하는 상공간 $\mathbb{R}/_\sim$는 보기 13.1.3의 $(Y, \mathscr{T}_Q)$와 위상

동형이다. 즉, $\mathbb{R}/_\sim \cong (Y, \mathscr{T}_Q)$이다.

(2) 이제 유클리드공간 $\mathbb{R}$상의 분할 $\mathscr{P}$를

$$\mathscr{P} = \{(0, \infty), \{0\}, (-\infty, 0)\}$$

으로 선택하자. 그리고 $A = (0, \infty)$, $B = \{0\}$, $C = (-\infty, 0)$이라 하자. 따라서 $\mathbb{R}/\mathscr{P}$는 세 점 집합 $\mathscr{P} = \{A, B, C\}$이다. 그리고 고유사상은

$$\pi : \mathbb{R} \to \mathbb{R}/\mathscr{P} = \{A, B, C\}, \ \pi(x) = \begin{cases} A, & x > 0 \\ B, & x = 0 \\ C, & x < 0 \end{cases}$$

이다. 따라서 분할 $\mathscr{P}$가 유도하는 상공간 $\mathbb{R}/\mathscr{P}$는 보기 13.1.3의 $(Y, \mathscr{T}_Q)$와 위상동형이다. 즉, $\mathbb{R}/\mathscr{P} \cong (Y, \mathscr{T}_Q)$이다.

상공간의 정의로부터 $X/_\sim$상의 위상은 X상의 위상에 의해 정해짐을 알 수 있다. 따라서 상공간 $X/_\sim$에서 임의의 위상공간 Z로 보내지는 사상이 연속이 되기 위한 조건은 X의 위상에 의해 결정된다. 보다 구체적으로 다음 기초정리가 성립한다.

기초정리 13.1.10 $X/_\sim$를 위상공간 X상의 동치관계 $\sim$에 의한 상공간이라 하고, $\pi : X \to X/_\sim$를 고유사상이라 하자. 그러면 임의의 위상공간 Z에 대하여 사상 $g : X/_\sim \to Z$가 연속이기 위한 필요충분조건은 $g \circ \pi : X \to Z$가 연속인 것이다.

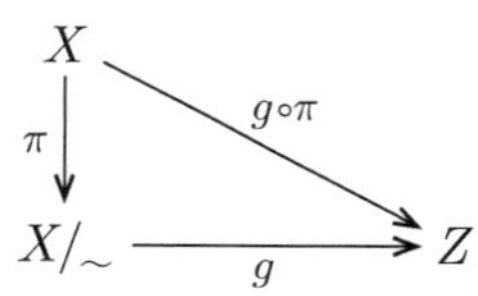

증명 고유사상 $\pi : X \to X/_\sim$는 항상 연속임을 상기하자. 먼저 g가 연속이라고 가정하자. 그러면 π가 연속이므로 두 연속사상의 합성 $g \circ \pi$도 연속이다. 역으로 $g \circ \pi$가 연속이라고 가정하자. 그러면 임의의 열린집합 $U \subset Z$에 대하여 $(g \circ \pi)^{-1}(U)$는 X의 열린집합이다. 한편

$$\pi^{-1}(g^{-1}(U)) = (g \circ \pi)^{-1}(U)$$

이므로 $\pi^{-1}(g^{-1}(U))$는 X의 열린집합이다. 그리고 상위상의 정의에 의하여 $g^{-1}(U)$는 $X/_\sim$의 열린집합이 된다. 따라서 g는 연속이다. □

정리 13.1.11 X와 Z를 위상공간, $\sim$를 X상의 동치관계라 하자. 만약 주어진 연속사상 $f: X \to Z$가

$$x \sim y \ \Rightarrow\ f(x) = f(y)$$

를 만족하면 f는 $\tilde{f} \circ \pi = f$를 만족하는 유일한 연속사상 $\tilde{f}: X/_\sim \to Z$, $[x] \mapsto f(x)$를 유도한다.

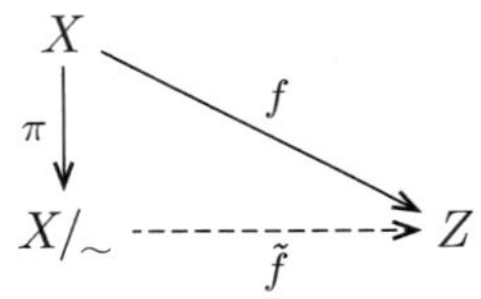

증명 임의의 $[x] \in X/_\sim$에 대하여 $\tilde{f}([x]) = f(x)$로 정의하면

$$[x] = [y] \ \Rightarrow\ x \sim y \ \Rightarrow\ f(x) = f(y) \ \Rightarrow \tilde{f}([x]) = \tilde{f}([y])$$

이므로 $\tilde{f}$는 잘 정의된 함수이다. 그리고 임의의 $x \in X$에 대하여

$$(\tilde{f} \circ \pi)(x) = \tilde{f}([x]) = f(x)$$

이므로 $\tilde{f} \circ \pi = f$이다. 또한 f가 연속이므로, 기초정리 13.1.10에 의해, $\tilde{f}$도 연속이다.

이제 이러한 $\tilde{f}$가 유일함을 보이자. 만약 $g: X/_\sim \to Z$가 $g \circ \pi = f$를 만족하면 임의의 $[x] \in X/_\sim$에 대하여

$$g([x]) = g(\pi(x)) = g \circ \pi(x) = f(x) = \tilde{f}([x])$$

이므로 $g = \tilde{f}$이다. □

정리 13.1.12 X, Z를 위상공간, $\sim$를 X상의 동치관계라 하자. 그리고 주어진 전사인 연속사상 $f: X \to Z$가

$$x \sim y \ \Leftrightarrow\ f(x) = f(y)$$

를 만족한다고 하자. 만약 f가 열린사상이거나 닫힌사상이면 $\tilde{f}: X/_\sim \to Z$, $\tilde{f}([x]) = f(x)$는 위상동형사상이다.

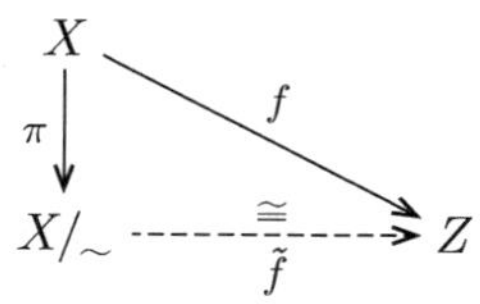

증명 (i) 정리 13.1.11에 의해 $\tilde{f}$는 잘 정의된 연속사상이다. 그리고 f가 전사이므로 $\tilde{f}$도 전사이다. 한편

$$\tilde{f}([x]) = \tilde{f}([y]) \Rightarrow f(x) = f(y) \Rightarrow x \sim y \Rightarrow [x] = [y]$$

이므로 $\tilde{f}$는 단사이다. 따라서 $\tilde{f}$는 전단사인 연속사상이다.

(ii) 이제 f가 열린사상이라고 가정하자. 성질 5.2.8에 의해 $\tilde{f}$가 열린사상임을 보이면 충분하다. 만약 U가 $X/_\sim$의 열린집합이면 $\pi^{-1}(U)$는 X의 열린집합이다. 그리고 f가 열린사상이므로 $f(\pi^{-1}(U))$는 Z의 열린집합이다. 그런데 π가 전사이므로 $\pi(\pi^{-1}(U)) = U$이고 $f = \tilde{f} \circ \pi$이므로

$$f(\pi^{-1}(U)) = \tilde{f}(\pi(\pi^{-1}(U))) = \tilde{f}(U)$$

가 되어 $\tilde{f}(U)$는 Z의 열린집합이다. 따라서 $\tilde{f}$는 열린사상이다.

(iii) f가 닫힌사상이라 가정하자. 성질 5.2.8에 의해 $\tilde{f}$가 닫힌사상임을 보이면 충분하다. 만약 C가 $X/_\sim$의 닫힌집합이면 $\pi^{-1}(C)$는 X의 닫힌집합이다. 그리고 f가 닫힌사상이므로 $f(\pi^{-1}(C))$는 Z의 닫힌집합이다. 그런데 π가 전사이므로 $\pi(\pi^{-1}(C)) = C$이고 $f = \tilde{f} \circ \pi$이므로

$$f(\pi^{-1}(C)) = \tilde{f}(\pi(\pi^{-1}(C))) = \tilde{f}(C)$$

가 되어 $\tilde{f}(C)$는 Z의 닫힌집합이다. 따라서 $\tilde{f}$는 닫힌사상이다. □

특별히 다음이 성립한다.

따름정리 13.1.13 X를 컴팩트공간, Z를 하우스도르프공간, $\sim$를 X상의 동치관계라 하자. 만약 전사인 연속사상 $f: X \to Z$가

$$x \sim y \Leftrightarrow f(x) = f(y)$$

를 만족하면 $\tilde{f}: X/_\sim \to Z$, $\tilde{f}([x]) = f(x)$는 위상동형사상이다.

증명 정리 13.1.12에 의해 우리는 f가 닫힌사상임을 보이면 충분하다. 만약 C가 X의 닫힌집합이면 C는 컴팩트이다. 그리고 f가 연속이므로 $f(C)$는 Z의 컴팩트집합이다. 한편 Z가 하우스도르프이므로, 정리 9.1.17에 의해, $f(C)$는 Z의 닫힌집합이다. 따라서 f는 닫힌사상이다. □

이제 상공간의 예들을 살펴보자.

보기 13.1.14 유클리드공간 $\mathbb{R}$의 부분공간 $I=[0,1]$상의 동치관계

$$0 \sim 1$$

에 의한 상공간 $I/_\sim$은 S^1과 위상동형이다.[4] 함수

$$f: I=[0,1] \to S^1, \quad f(x)=(\cos 2x\pi, \sin 2x\pi)$$

는 전사인 연속사상이고

$$x \sim y \iff f(x)=f(y)$$

을 만족한다.[5] 한편 I는 컴팩트이고 S^1은 하우스도르프이므로, 따름정리 13.1.13에 의해, f가 유도하는 $\tilde{f}: I/_\sim \to S^1$, $\tilde{f}([x])=(\cos 2x\pi, \sin 2x\pi)$는 위상동형사상이다.

보기 13.1.15 유클리드공간 $\mathbb{R}$상의 동치관계

$$x \sim y \iff x-y \in \mathbb{Z}$$

에 대한 $x \in \mathbb{R}$의 동치류는 $[x]=x+\mathbb{Z}=\{x+n \in \mathbb{R} \mid n \in \mathbb{Z}\}$이다. 그리고 상공간 $\mathbb{R}/_\sim$는 S^1과 위상동형이다. 연속사상

$$f: \mathbb{R} \to S^1, \ f(x)=(\cos 2x\pi, \sin 2x\pi)$$

는

$$x \sim y \iff f(x)=f(y)$$

4) 일반적으로 동치관계 $\sim$는 반사율 $x \sim x$을 항상 만족하므로 동치관계 $\sim$를 정의할 때 반사율을 나타내는 $x \sim x$는 생략한다. 그리고 동치관계는 대칭률을 만족하므로 $1 \sim 0$도 생략한다.

5) 먼저 $g: \mathbb{R}^2 \xrightarrow{\cong} \mathbb{C}$, $(a,b) \mapsto a+bi$가 위상동형사상임을 상기하자. 따라서 S^1을 $\mathbb{C}$의 부분공간으로 볼 때는 주어진 f는 $f(x)=e^{2x\pi i}=\cos 2x\pi + i\sin 2x\pi$로 표현된다.

를 만족한다.

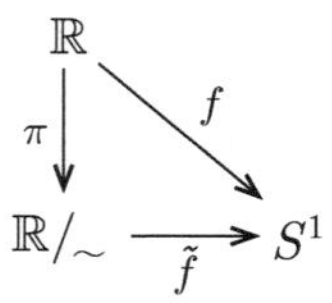

한편 f가 전사인 열린사상이므로, 정리 13.1.12에 의해, f가 유도하는 사상 $\widetilde{f}:\mathbb{R}/_{\sim} \to S^1$, $\widetilde{f}([x])=(\cos 2x\pi, \sin 2x\pi)$는 위상동형사상이다.

보기 13.1.16 유클리드공간 $\mathbb{R}^2$상의 동치관계

$$(x_1, y_1)\sim(x_2, y_2) \iff 2x_1-y_1=2x_2-y_2$$

에 의한 상공간 $\mathbb{R}^2/_{\sim}$을 구해보자.

풀이 연속사상 $f:\mathbb{R}^2\to\mathbb{R}$, $f(x,y)=2x-y$는 전사이고

$$(x_1, y_1)\sim(x_2, y_2) \iff f(x_1, y_1)=f(x_2, y_2)$$

를 만족한다. 그리고 f가 열린사상이므로, 정리 13.1.12에 의해, f는 위상동형사상 $\widetilde{f}:\mathbb{R}^2/_{\sim}\to\mathbb{R}$, $\widetilde{f}([x,y])=2x-y$를 유도한다. 따라서 $\mathbb{R}^2/_{\sim}\cong\mathbb{R}$이다. □

보기 13.1.17 유클리드공간 $\mathbb{R}^2$의 부분공간

$$X=([-2,-1]\times[1,2])\cup([1,2]\times[2,3])$$

상의 동치관계

$$(x_1, y_1)\sim(x_2, y_2) \iff x_1-x_2=y_1-y_2$$

에 의한 상공간 $X/_{\sim}$에 대해 알아보자.

(i) 상공간 $X/_{\sim}$은 컴팩트이다: X는 컴팩트이고 π가 전사인 연속사상이므로 $X/_{\sim}=\pi(X)$는 컴팩트이다.

(ii) 상공간 $X/_{\sim}$은 길연결이다: 먼저 $A=[-2,-1]\times[1,2]$, $B=[1,2]\times[2,3]$이라 하자. 그러면 A와 B는 모두 길연결이고 고유사상 π가 연속이므로 $\pi(A)$와 $\pi(B)$도 모두 길연결이다. 그리고 $(-1,1)\sim(1,3)$이므로 $\pi(-1,1)=\pi(1,3)$이 되어 $\pi(-1,1)\in\pi(A)\cap\pi(B)$이다. 그러므로 정리 8.4.5에 의해 $\pi(A)\cup\pi(B)$도 길연결이다. 그리

고 자명하게 $X/_{\sim} = \pi(A) \cup \pi(B)$이므로 $X/_{\sim}$는 길연결이다.

(iii) $X/_{\sim}$는 유클리드공간 $\mathbb{R}$의 부분공간 $[0,4]$와 위상동형이다: 먼저

$$(x_1, y_1) \sim (x_2, y_2) \;\Leftrightarrow\; y_1 - x_1 = y_2 - x_2$$

임을 유의하자. 연속사상 $f : X \to [0,4]$, $f(x,y) = y - x$는 전사이고

$$(x_1, y_1) \sim (x_2, y_2) \;\Leftrightarrow\; f(x_1, y_1) = f(x_2, y_2)$$

를 만족한다. 그리고 X는 컴팩트이고 $[0,4]$는 하우스도르프이므로, 따름정리 13.1.13에 의해, f는 위상동형사상 $\widetilde{f} : X/_{\sim} \to [0,4]$, $\widetilde{f}([x,y]) = y - x$를 유도한다. 따라서 $X/_{\sim} \cong [0,4]$이다.

보기 13.1.18 유클리드공간 $\mathbb{R}$상에 다음과 같이 정의된 동치관계 $\sim$를 생각하자.

$$x \sim y \;\Leftrightarrow\; x - y \in \mathbb{Q}$$

그러면 $x \in \mathbb{R}$의 동치류는 $[x] = x + \mathbb{Q} = \{x + p \in \mathbb{R} \mid p \in \mathbb{Q}\}$이다. 그리고 상공간 $\mathbb{R}/_{\sim}$는 비가산집합이지만 자명한(비이산)위상을 갖는다: 먼저 $\mathbb{R}/_{\sim}$가 비가산집합임을 보이자. 만약 $\mathbb{R}/_{\sim}$가 가산집합이라고 가정하면 각각의 $[x] = x + \mathbb{Q}$가 가산이므로 $\mathbb{R}$이 가산개의 가산집합들의 합집합 $\mathbb{R} = \bigcup_{[x] \in \mathbb{R}/_{\sim}} [x]$이 되어 $\mathbb{R}$은 가산집합이 된다. 이것은 $\mathbb{R}$이 비가산집합이라는 사실에 모순이다. 따라서 $\mathbb{R}/_{\sim}$는 비가산집합이다.

이제 $\mathbb{R}/_{\sim}$가 자명한위상을 가짐을 보이자. 만약 C가 공집합이 아닌 $\mathbb{R}/_{\sim}$의 닫힌집합이라면 $[x] \in C$인 $\mathbb{R}/_{\sim}$의 한 점 $[x]$가 존재한다. 그리고 $x + \mathbb{Q} = \pi^{-1}([x]) \subset \pi^{-1}(C)$이고 $\pi^{-1}(C)$는 $\mathbb{R}$의 닫힌집합이다. 따라서 성질 4.2.11에 의해 $\mathbb{R} = \overline{x + \mathbb{Q}} \subset \pi^{-1}(C)$이다. 그런데 π가 전사이므로

$$\mathbb{R}/_{\sim} = \pi(\mathbb{R}) \subset \pi(\pi^{-1}(C)) = C$$

가 되어 $C = \mathbb{R}/_{\sim}$이다. 결론적으로 $\mathbb{R}/_{\sim}$의 닫힌집합은 공집합 $\varnothing$과 전체집합 $\mathbb{R}/_{\sim}$뿐이므로 $\mathbb{R}/_{\sim}$는 자명한위상을 갖는다.

참고로 고유사상 $\pi : \mathbb{R} \to \mathbb{R}/_{\sim}$는 열린사상이다: 먼저 $\pi(\varnothing) = \varnothing$은 $\mathbb{R}/_{\sim}$의 열린집합이 된다. 이제 U를 공집합이 아닌 $\mathbb{R}$의 열린집합이라 하자. 우리는 $\pi(U)$가 $\mathbb{R}/_{\sim}$의 열린집합임을 보이기 위해 $\pi^{-1}(\pi(U))$가 $\mathbb{R}$의 열린집합임을 보여야 한다. 임의의 점 $x \in U$에 대하여 $x \in (a,b) \subset U$인 열린구간 (a,b)가 존재한다. 그리고 $\pi(x) \in \pi(U)$이므로

$[x] = x + \mathbb{Q} \subset \pi^{-1}(\pi(x)) \subset \pi^{-1}(\pi(U))$이다. 그러므로

$$\mathbb{R} = \cup_{p \in \mathbb{Q}} (a, b) + p = (a, b) + \mathbb{Q} = \cup_{x \in (a, b)} x + \mathbb{Q} \subset \pi^{-1}(\pi(U))$$

이다. 따라서 $\pi^{-1}(\pi(U)) = \mathbb{R}$이고 π가 전사이므로 $\pi(U) = \pi(\pi^{-1}(\pi(U))) = \pi(\mathbb{R}) = \mathbb{R}/_\sim$가 되어 $\pi(U) = \mathbb{R}/_\sim$는 $\mathbb{R}/_\sim$의 열린집합이다. 따라서 π는 열린사상이다.

이 보기에서 알 수 있듯이 원래 공간은 T_1-공간(하우스도르프공간)이지만 그것의 상공간은 일반적으로 다시 T_1-공간(하우스도르프공간)이 되는 것은 아니다.

보기 13.1.19 $I^2 = I \times I = [0, 1] \times [0, 1]$를 유클리드공간 $\mathbb{R}^2$의 부분공간이라 하자.

(1) 원통: $I^2 = I \times I$상의 동치관계 $\sim$를 다음과 같이 정의하자.

(*) 모든 $y \in I$에 대해서 $(0, y) \sim (1, y)$이다.

그러면 상공간 $I^2/_\sim$은 사각형 I^2의 오른쪽 변과 왼쪽 변을 맞붙인 것이다. 따라서 I^2의 상공간 $I^2/_\sim$은 원통(cylinder)이 된다(그림 13.1 참조).

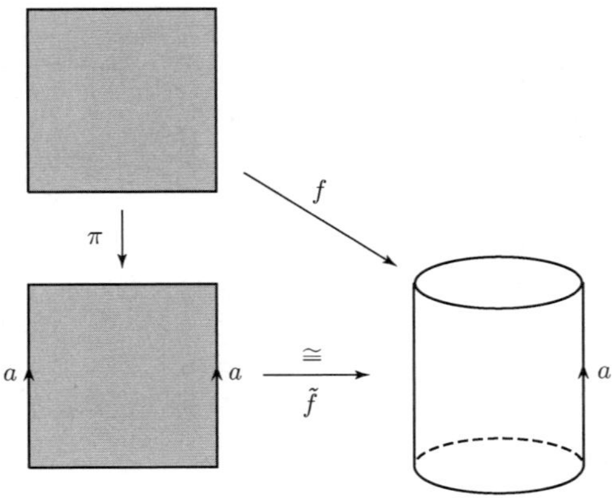

그림 13.1 • 원통(cylinder)

실제로 $I^2/_\sim$는 $S^1 \times I$와 위상동형이다: 다음과 같이 정의되는 연속사상

$$f : I \times I \to S^1 \times I, \ \ f(x, y) = ((\cos 2x\pi, \sin 2x\pi), y)$$

는 전사이고

$$(x, y) \sim (x', y') \iff f(x, y) = f(x', y')$$

을 만족한다. 그리고 I^2가 컴팩트이므로 $I^2/_\sim$도 컴팩트이고 $S^1 \times I$는 하우스도르프이므로, 따름정리 13.1.13에 의해, f가 유도하는

$$\widetilde{f} : I^2/_\sim \to S^1 \times I,\ \ \widetilde{f}\,([x, y]) = ((\cos 2x\pi, \sin 2x\pi), y)$$

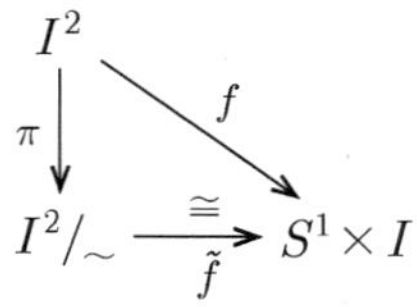

는 위상동형사상이다. 단, 여기서 $S^1 \times I$는 $\mathbb{R}^3$의 부분공간이다.

(2) **뫼비우스 띠:** $I^2 = I \times I$ 상의 동치관계를 다음과 같이 정의하자.

(*) 모든 $y \in I$에 대해서 $(0, y) \sim (1, 1-y)$이다.

그러면 상공간 $I^2/_\sim$는 사각형 I^2의 왼쪽 변을 비틀어서 오른쪽 변에 맞붙인 것이다. 이러한 I^2의 상공간 $I^2/_\sim$를 **뫼비우스 띠**(Möbius band)라 하고 M으로 표기한다(그림 13.2 참조).

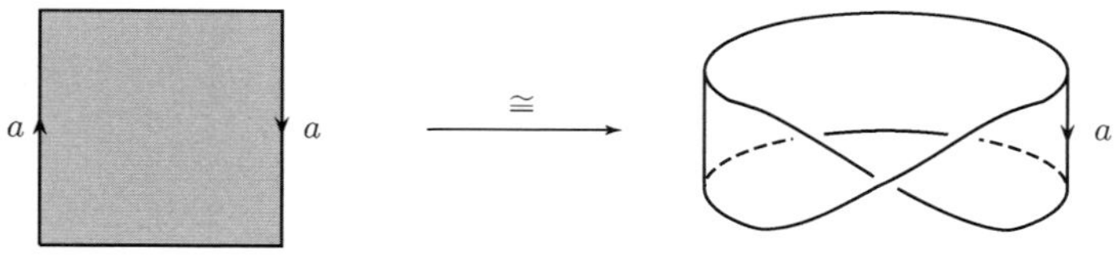

그림 13.2 • 뫼비우스 띠(Möbius band)

보기 13.1.20 **(토러스)** $I^2 = I \times I$ 상의 동치관계 $\sim$를 다음과 같이 정의하자.

(i) $(x, 0) \sim (x, 1) \quad (0 \le x \le 1)$,

(ii) $(0, y) \sim (1, y) \quad (0 \le y \le 1)$,

(iii) $(0, 0) \sim (1, 0) \sim (0, 1) \sim (1, 1)$.

이러한 동치관계에 의한 상공간 $I^2/_\sim$을 **토러스**(torus)라 하고 T로 표기한다(그림 13.3 참조). 그리고 토러스 $T = I^2/_\sim$는 $S^1 \times S^1$과 위상동형이다: 사상

$$f : [0, 1] \times [0, 1] \to S^1 \times S^1,\ \ f(x, y) = ((\cos 2x\pi, \sin 2x\pi), (\cos 2y\pi, \sin 2y\pi))$$

는 전사, 연속이고

$$(x, y) \sim (x', y') \iff f(x, y) = f(x', y')$$

을 만족한다.[6)] 그리고 I^2가 컴팩트이고 $S^1 \times S^1$이 하우스도르프이므로 f는 위상동형사상

$$\widetilde{f} : I^2/_{\sim} \to S^1 \times S^1,\ \ \widetilde{f}([x, y]) = f(x, y)$$

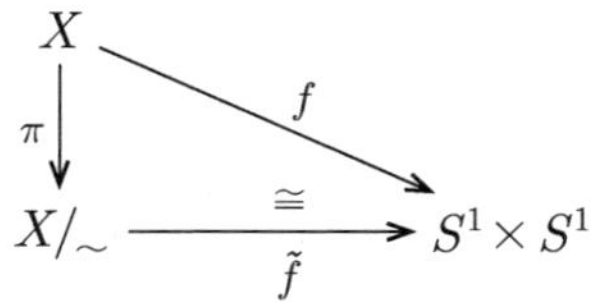

를 유도한다(따름정리 13.1.13 참조). 여기서 $S^1 \times S^1$은 $\mathbb{R}^4$의 부분공간임을 주의하자.

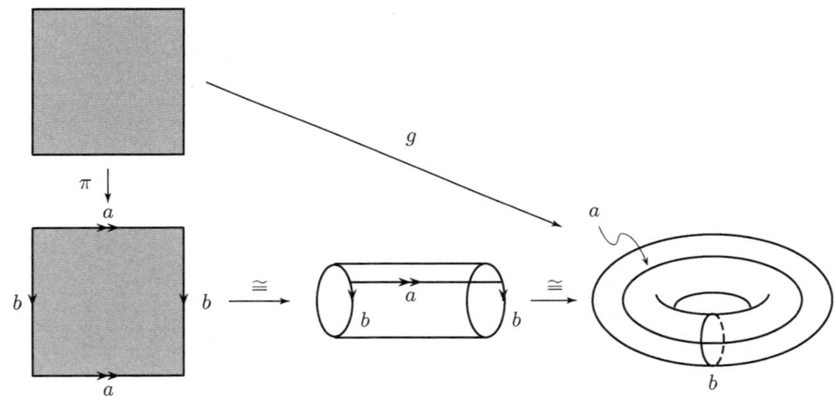

그림 13.3 • 토러스(torus)

이제 우리는 그림 13.3과 같이 토러스 $T = I^2/_{\sim}$를 $\mathbb{R}^3$의 부분공간으로 만드는 방법에 대해 알아보자. 이를 위해 연속사상

$$g : I^2 \to \mathbb{R}^3,\ \ g(x, y) = ((2 + \cos 2\pi x)\cos 2\pi y,\ (2 + \cos 2\pi x)\sin 2\pi y,\ \sin 2\pi x)$$

를 생각하자. 그러면

$$(x, y) \sim (x', y') \iff g(x, y) = g(x', y')$$

이다. 그리고 I^2는 컴팩트이고 $g(I^2)$가 하우스도르프이므로, 따름정리 13.1.13에 의해,

---

6) $S^1 \times S^1$을 $\mathbb{C}^2$의 부분공간으로 보면 f는 $f(x, y) = (e^{2x\pi i}, e^{2y\pi i})$로 표현된다.

g는 위상동형사상 $\tilde{g} : T = I^2/_\sim \rightarrow g(I^2)$를 유도한다.

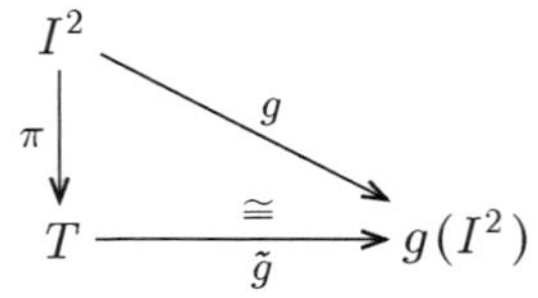

따라서 $\tilde{g} : T \hookrightarrow \mathbb{R}^3$는 토러스 T의 $\mathbb{R}^3$ 속으로의 넣기사상이다.

보기 13.1.21 **(클라인 병)** 위상공간 $I^2 = I \times I$ 상에 동치관계 $\sim$를 다음과 같이 정의하자.

(i) $(x, 0) \sim (x, 1) \quad (0 \leq x \leq 1)$,

(ii) $(0, y) \sim (1, 1-y) \quad (0 \leq y \leq 1)$,

(iii) $(0, 0) \sim (1, 0) \sim (0, 1) \sim (1, 1)$.

이러한 동치관계에 의한 상공간 $I^2/_\sim$을 클라인 병(Klein bottle)이라 하고 K로 표기한다 (그림 13.4 참조). 그리고 클라인 병은 $\mathbb{R}^4$에 넣기가 가능하다.[7)]

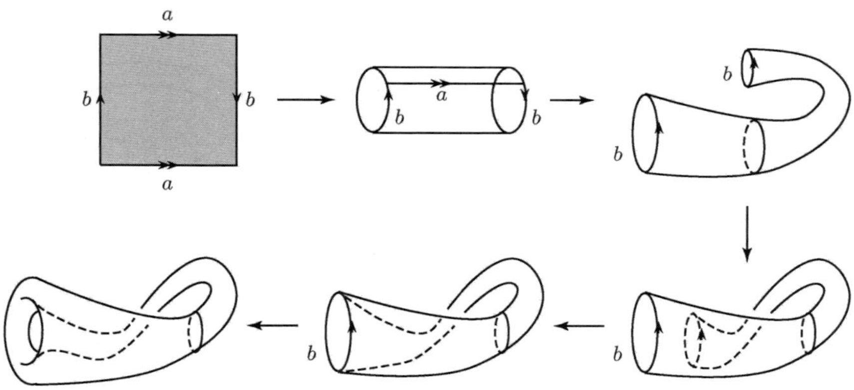

그림 13.4 • 클라인 병(Klein bottle)

보기 13.1.22 **(실사영공간)** (1) $\mathbb{R}^{n+1} - \{\mathbf{0}\}$ 상의 동치관계 $\sim$를 다음과 같이 정의하자.

(*) $\quad \mathbf{x} \sim \mathbf{y} \iff \mathbf{x}$와 $\mathbf{y}$는 원점을 지나는 같은 직선 위에 있다.

그러면 $\mathbf{x} \in \mathbb{R}^{n+1} - \{\mathbf{0}\}$의 동치류는 $[\mathbf{x}] = \{t\mathbf{x} \mid t \in \mathbb{R} - \{0\}\}$이다. 우리는 상공간 $(\mathbb{R}^{n+1} - \{\mathbf{0}\})/_\sim$을 실사영공간(real projective space)이라 하고 $\mathbb{R}P^n$으로 표기한다.

7) 문제 13.1.25 참조.

참고로 $\mathbb{R}P^n$은 하우스도르프공간이다.

(2) $\mathbb{R}P^n$은 $S^n = \{\mathbf{x}\in\mathbb{R}^{n+1} \mid \|\mathbf{x}\| = 1\}$상의 동치관계

$$\mathbf{x}\sim' -\mathbf{x}\ (\mathbf{x}\in S^n)$$

에 의한 상공간 $S^n/_{\sim'}$과 위상동형임을 다음과 같이 보일 수 있다. 이를 위해 다음과 같은 도표를 생각하자.

$$\begin{array}{ccc} S^n & \overset{i}{\hookrightarrow} & \mathbb{R}^{n+1}-\{\mathbf{0}\} \\ {\scriptstyle \pi'}\downarrow & & \downarrow{\scriptstyle \pi} \\ S^n/_{\sim'} & \overset{k}{\dashrightarrow} & \mathbb{R}P^n \end{array}$$

여기서 $i : S^n \hookrightarrow \mathbb{R}^{n+1} - \{\mathbf{0}\}$, $\mathbf{x}\mapsto\mathbf{x}$는 포함사상이다.

(i) 먼저 연속사상 $\pi\circ i : S^n \to \mathbb{R}P^n$가 전사임을 보이자. 임의의 $[\mathbf{x}]\in\mathbb{R}P^n$에 대하여 $\mathbf{x}\in\mathbb{R}^{n+1}-\{\mathbf{0}\}$이므로 $\|\mathbf{x}\|\neq 0$이다. 그러면 $\frac{\mathbf{x}}{\|\mathbf{x}\|}\in S^n$이고 $\frac{\mathbf{x}}{\|\mathbf{x}\|}\sim\mathbf{x}$이므로 $\pi\circ i\left(\frac{\mathbf{x}}{\|\mathbf{x}\|}\right) = \pi\left(\frac{\mathbf{x}}{\|\mathbf{x}\|}\right) = \pi(\mathbf{x}) = [\mathbf{x}]$이다. 따라서 $\pi\circ i$는 전사인 연속사상이다.

(ii) 이제

$$\mathbf{x}\sim'\mathbf{y} \iff \pi\circ i(\mathbf{x}) = \pi\circ i(\mathbf{y})$$

임을 보이자. 만약 $\mathbf{x}\sim'\mathbf{y}$이면 $\mathbf{x}\sim\mathbf{y}$이므로 $\pi\circ i(\mathbf{x}) = \pi(\mathbf{x}) = \pi(\mathbf{y}) = \pi\circ i(\mathbf{y})$이다. 역으로 만약 두 점 $\mathbf{x}$, $\mathbf{y}\in S^n$가 $\pi\circ i(\mathbf{x}) = \pi\circ i(\mathbf{y})$를 만족하면 $\pi(\mathbf{x}) = \pi(\mathbf{y})$이므로 적당한 실수 $t\in\mathbb{R}-\{0\}$가 존재하여 $\mathbf{y} = t\mathbf{x}$이다. 그런데 $\mathbf{x}$, $\mathbf{y}\in S^n$이므로 $1 = \|\mathbf{y}\| = \|t\mathbf{x}\| = |t|\,\|\mathbf{x}\| = |t|$이 되어야 하므로 $t = \pm 1$이다. 따라서 $\mathbf{y} = \pm\mathbf{x}$이므로 $\mathbf{x}\sim'\mathbf{y}$이다.

(iii) 더 나아가 S^n이 컴팩트이고 $\mathbb{R}P^n = (\mathbb{R}^{n+1}-\{\mathbf{0}\})/_\sim$은 하우스도르프이므로, 따름정리 13.1.13에 의해, $\pi\circ i$는 위상동형사상 $k : S^n/_{\sim'} \to \mathbb{R}P^n$를 유도한다. 특별히 $n = 1$일 때는 $\mathbb{R}P^1$은 $S^1\subset\mathbb{R}^2$과 위상동형이다. 구체적으로 연속사상

$$f : S^1 \to S^1,\quad f(\cos\theta, \sin\theta) = (\cos 2\theta, \sin 2\theta)$$

가 위상동형사상 $\tilde{f} : \mathbb{R}P^1 \to S^1$를 유도한다.[8)]

(3) 또한 $\mathbb{R}P^n$은 $D^n = \{\mathbf{x}\in\mathbb{R}^n \mid \|\mathbf{x}\|\leq 1\}$상의 동치관계

$$\mathbf{x}\sim'' -\mathbf{x}\ (\mathbf{x}\in S^{n-1})$$

---

8) S^1을 복소평면 $\mathbb{C}$의 부분공간으로 볼 때는 주어진 f는 $f(z) = z^2$로 표현된다.

에 의한 상공간 $D^n/_{\sim''}$와 위상동형이다. 먼저 D^n을 S^n의 상반구(upper hemisphere)로 볼 수 있다. 구체적으로 넣기사상

$$j: D^n \to S^n, \ \ \mathbf{x} \mapsto (\mathbf{x}, \sqrt{1-\|\mathbf{x}\|^2})$$

가 존재한다. 이제 다음과 같은 도표를 생각하자.

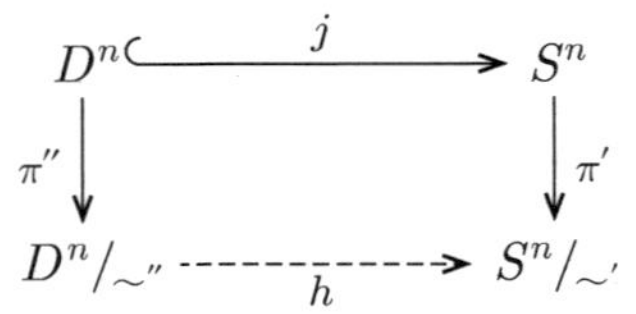

(i) 먼저 연속사상 $\pi' \circ j: D^n \to S^n/_{\sim'}$가 전사임을 보이자. 임의의 점 $[\mathbf{y}] \in S^n/_{\sim'}$에 대하여 $\mathbf{y} = (y_1, \ldots, y_n, y_{n+1}) \in S^n$이므로 $\mathbf{x} = (y_1, \ldots, y_n) \in D^n$이다. 그러면 $j(\mathbf{x}) = \mathbf{y}$이므로 $\pi' \circ j(\mathbf{x}) = \pi'(\mathbf{y}) = [\mathbf{y}]$이다. 따라서 $\pi' \circ j$는 전사인 연속사상이다.

(ii) 이제

$$\mathbf{x} \sim'' \mathbf{y} \ \Leftrightarrow \ \pi' \circ j(\mathbf{x}) = \pi' \circ j(\mathbf{y})$$

임을 보이자. 만약 $\mathbf{x} \sim'' \mathbf{y}$이면 $j(\mathbf{x}) \sim' j(\mathbf{y})$이므로 $\pi' \circ j(\mathbf{x}) = \pi' \circ j(\mathbf{y})$이다. 역으로 만약 두 점 $\mathbf{x}, \mathbf{y} \in D^n$가 $\pi' \circ j(\mathbf{x}) = \pi' \circ j(\mathbf{y})$를 만족하면 $j(\mathbf{x}) \sim' j(\mathbf{y})$이다. 그러면 $j(D^n)$은 위쪽 반구이므로 $j(\mathbf{x})$와 $j(\mathbf{y})$는 $S^n \cap (\mathbb{R}^n \times \{0\})$에 속하여야 한다. 그리고 $j(\mathbf{x}) = (\mathbf{x}, 0)$, $j(\mathbf{y}) = (\mathbf{y}, 0)$이고 $j(\mathbf{x}) \sim' j(\mathbf{y})$이므로 $j(\mathbf{x}) = \pm j(\mathbf{y})$이다. 따라서 $\mathbf{x}, \mathbf{y} \in S^{n-1}$이고 $\mathbf{x} = \pm \mathbf{y}$이다. 그러므로 $\mathbf{x} \sim'' \mathbf{y}$이다.

(iii) 더 나아가 D^n은 컴팩트이고 $S^n/_{\sim'}$은 하우스도르프이므로, 따름정리 13.1.13에 의해, $\pi' \circ j$는 위상동형사상 $h: D^n/_{\sim''} \to S^n/_{\sim'}$를 유도한다.

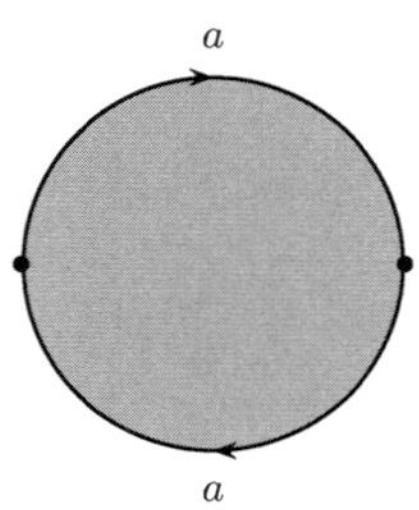

그림 13.5 • 사영평면 $\mathbb{R}P^2$

보기 13.1.23 사영평면 $\mathbb{R}P^2$를 $\mathbb{R}^4$ 속으로 넣을 수 있음을 보이자. 연속사상

$$f : S^2 \to \mathbb{R}^4, \quad f(x, y, z) = (x^2 - y^2, xy, xz, yz)$$

를 생각하자. 그러면

$$(x, y, z) \sim' (x', y', z') \Leftrightarrow f(x, y, z) = f(x', y', z')$$

이다. 그리고 S^2는 컴팩트이고 $f(S^2)$는 하우스도르프이므로, 따름정리 13.1.13에 의해, f는 위상동형사상 $\tilde{f} : \mathbb{R}P^2 \to f(S^2)$를 유도한다.

$$\begin{array}{ccc} S^2 & & \\ \pi \downarrow & \searrow^{f} & \\ \mathbb{R}P^2 & \xrightarrow[\tilde{f}]{} & f(S^2) \end{array}$$

따라서 사영평면 $\mathbb{R}P^2$의 $\mathbb{R}^4$ 속으로의 넣기사상 $\tilde{f}: \mathbb{R}P^2 \hookrightarrow \mathbb{R}^4$가 존재한다.

정의 13.1.24 (X/A) A를 위상공간 X의 부분집합이라 하자. 이제 X상의 동치관계 $\sim$를 다음과 같이 주자.

$$x \sim y \Leftrightarrow x, y \in A$$

따라서 주어진 점 $x \in X$의 동치류는

$$[x] = \begin{cases} A, & x \in A \\ \{x\}, & x \notin A \end{cases}$$

이다. 이 경우 상공간 $X/_\sim$를 간단히 X/A로 표기한다. 상공간 X/A에서는 A가 한 점이 됨을 주의하자.

보기 13.1.25 D^n/S^{n-1}과 S^n은 위상동형이다:

$$D^n = \{(x_1, x_2, \ldots, x_n) \in \mathbb{R}^n \mid x_1^2 + x_2^2 + \cdots + x_n^2 \leq 1\},$$
$$S^{n-1} = \{(x_1, x_2, \ldots, x_n) \in \mathbb{R}^n \mid x_1^2 + x_2^2 + \cdots + x_n^2 = 1\},$$
$$S^n = \{(x_1, x_2, \ldots, x_n, x_{n+1}) \in \mathbb{R}^{n+1} \mid x_1^2 + x_2^2 + \cdots + x_n^2 + x_{n+1}^2 = 1\}$$

임을 상기하자. 이제 사상 $f : D^n \to S^n$를 다음과 같이 정의하자.

$$f(\mathbf{x}) = (2x_1\sqrt{1-\|\mathbf{x}\|^2},\ 2x_2\sqrt{1-\|\mathbf{x}\|^2}, \dots,\ 2x_n\sqrt{1-\|\mathbf{x}\|^2},\ 2\|\mathbf{x}\|^2 - 1)$$

그러면 f는 전사인 연속사상이다. (주어진 $\mathbf{y} = (y_1, \dots, y_n, y_{n+1}) \in S^n$에 대해 $y_{n+1} \neq 1$이면 $\mathbf{x} = \frac{1}{\sqrt{2(1-y_{n+1})}}(y_1, \dots, y_n) \in D^n$이고 $f(\mathbf{x}) = \mathbf{y}$이다. 그리고 $y_{n+1} = 1$이면 $\mathbf{y} = (0, \dots, 0, 1)$이므로 모든 $\mathbf{x} \in S^{n-1}$에 대해 $f(\mathbf{x}) = \mathbf{y}$이다. 따라서 f는 전사이다.)

한편 $f^{-1}((0, \dots, 0, 1)) = S^{n-1}$이므로

$$\mathbf{x} \sim \mathbf{x}' \Leftrightarrow f(\mathbf{x}) = f(\mathbf{x}')$$

를 만족한다. 따라서 D^n이 컴팩트이고 S^n이 하우스도르프이므로 f는 위상동형사상 $\tilde{f}: D^n/S^{n-1} \to S^n$를 유도한다(따름정리 13.1.13 참조).

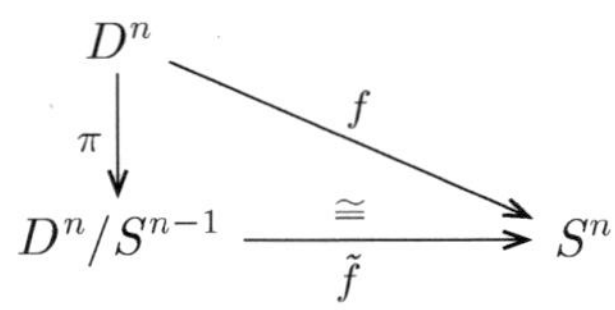

보기 13.1.26 **(뿔)** 위상공간 X와 구간 $I = [0, 1]$의 곱공간 $X \times I$ 상의 동치관계 $\sim$를 다음과 같이 정의하자.

(*) 모든 $x, y \in X$에 대하여 $(x, 1) \sim (y, 1)$이다.

그러면 모든 점 $x \in X$에 대하여 $[(x, 1)] = X \times \{1\}$이다. 그리고 상공간 $X \times I/_\sim$를 X의 뿔(cone)이라 하고 CX로 표기한다. 즉, $CX = X \times I/X \times \{1\}$이다(그림 13.6 참조).

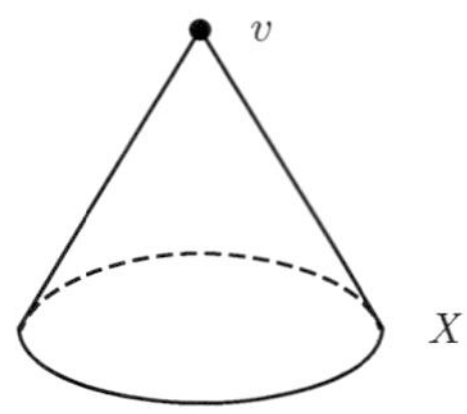

그림 13.6 • 뿔(cone)

만약 $X \subset \mathbb{R}^n \times \{0\} \subset \mathbb{R}^{n+1}$이면 점 $\mathbf{v} \in \mathbb{R}^{n+1} - \mathbb{R}^n \times \{0\}$에 대하여

$$\mathbf{v} * X = \{t\mathbf{v} + (1-t)\mathbf{x} \mid \mathbf{x} \in X,\ 0 \le t \le 1\}$$

를 X의 기하학적 뿔이라 한다. 그리고 다음과 같이 정의된 연속사상

$$f: X \times I \to \mathbf{v} * X, \quad f(\mathbf{x}, t) = t\mathbf{v} + (1-t)\mathbf{x}$$

는 CX와 $\mathbf{v} * X$ 사이의 위상동형사상 $\tilde{f}$를 유도한다.

$$\begin{array}{ccc} X \times I & & \\ {\scriptstyle \pi}\downarrow & \searrow^{f} & \\ CX & \xrightarrow[\tilde{f}]{\cong} & \mathbf{v} * X \end{array}$$

상사상

상공간의 고유사상 $\pi: X \to X/_{\sim}$와 같은 성질을 갖는 사상을 일반적으로 상사상이라 한다.

정의 13.1.27 위상공간 X와 Y에 대하여 전사인 연속사상 $f: X \to Y$가 **상사상(quotient map)**이란 $U \subset Y$가 열린집합이기 위한 필요충분조건이 $f^{-1}(U) \subset X$가 열린집합임을 의미한다.[9] 동치적으로 $C \subset Y$가 닫힌집합이기 위한 필요충분조건은 $f^{-1}(C) \subset X$가 닫힌집합인 것이다.

참고로 만약 U가 Y의 열린집합이면 f가 연속이므로 $f^{-1}(U)$는 X의 열린집합이 자동으로 된다. 따라서 주어진 전사인 연속사상이 상사상이 됨을 보이기 위해서 우리는 $U \subset Y$에 대해 만약 $f^{-1}(U)$가 X의 열린집합이면 U는 Y의 열린집합이 됨을 보이면 충분하다.

참고 13.1.28 위상공간 X와 집합 Y 사이의 전사함수 $f: X \to Y$에 대하여 f가 유도하는 집합 Y상의 상위상

$$\mathscr{T}_Q = \{ U \subset Y \mid f^{-1}(U) \text{는 } X \text{의 열린집합} \}$$

를 준 위상공간 $(Y, \mathscr{T}_Q)$에 대하여 $f: X \to (Y, \mathscr{T}_Q)$는 상사상이 된다.

특별히 고유사상 $\pi: X \to X/_{\sim}$는 상사상이다.

---

9) 경우에 따라서는 상사상을 **동일화사상(identification map)**이라 부르기도 한다.

정리 13.1.29 만약 $f: X \to Y$와 $g: Y \to Z$가 모두 상사상이면 이들의 합성 $g \circ f: X \to Z$도 상사상이다.

증명 임의의 집합 $U \subset Z$에 대하여 $(g \circ f)^{-1}(U)$가 X의 열린집합이라고 하자. 그러면 $(g \circ f)^{-1}(U) = f^{-1}(g^{-1}(U))$이고 f가 상사상이므로 $g^{-1}(U)$는 Y의 열린집합이다. 또한 g도 상사상이므로 U는 Z의 열린집합이다. 따라서 $g \circ f$는 상사상이다. □

다음과 같은 두 가지 특별한 사상은 상사상이 된다.

정리 13.1.30 전사인 연속사상 $f: X \to Y$가 열린사상이거나 닫힌사상이면 f는 상사상이다.

증명 먼저 f가 열린사상이라 하자. 임의의 집합 $U \subset Y$에 대하여 $f^{-1}(U)$가 X의 열린집합이라 하자. 그러면 f가 열린사상이므로 $f(f^{-1}(U))$는 Y의 열린집합이다. 그리고 f가 전사이므로 $f(f^{-1}(U)) = U$가 되어 U는 Y의 열린집합이다. 따라서 f는 상사상이다.

이제 f를 닫힌사상이라 하자. 임의의 집합 $C \subset Y$에 대하여 $f^{-1}(C)$가 X의 닫힌집합이라 하자. 그러면 f가 닫힌사상이므로 $f(f^{-1}(C))$는 Y의 닫힌집합이다. 그리고 f가 전사이므로 $f(f^{-1}(C)) = C$가 되어 C는 Y의 닫힌집합이다. 따라서 f는 상사상이다. □

하지만 정리 13.1.30의 역은 성립하지 않는다. 즉, 열린사상도 아니고 닫힌사상도 아닌 상사상이 존재한다(문제 13.1.36 참조).

따름정리 13.1.31 X는 컴팩트이고 Y는 하우스도르프이면 모든 전사인 연속사상 $f: X \to Y$는 상사상이다.

증명 정리 13.1.30에 의해 우리는 f가 닫힌사상임을 보이면 충분하다. C를 X의 닫힌집합이라고 하자. 그러면 X가 컴팩트이므로 C도 컴팩트이다. 따라서 정리 9.1.11에 의해 $f(C)$도 컴팩트이다. 그리고 Y가 하우스도르프이므로 $f(C)$는 닫힌집합이다. □

정리 13.1.32 전사인 연속사상 $f: X \to Y$에 대하여 다음은 동치이다.
(a) f는 상사상이다.
(b) 임의의 위상공간 Z와 함수 $g: Y \to Z$에 대하여, $g: Y \to Z$가 연속일 필요충분 조건은 $g \circ f: X \to Z$가 연속인 것이다.

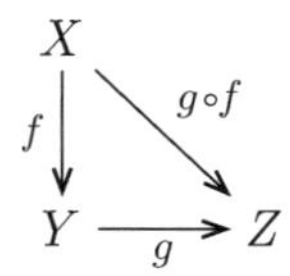

증명 (a)⇒(b) 기초정리 13.1.10의 증명과 같은 방법으로 보일 수 있다.
(b)⇒(a) 이제 Y'을 집합적으로 Y와 같은 집합이라고 하자. 그리고 Y'의 위상은 f가 유도하는 상위상 $\mathscr{T}_Q$이다. 즉, $Y' = (Y, \mathscr{T}_Q)$이다. 그러면

$$f' : X \to Y' = (Y, \mathscr{T}_Q), \quad f'(x) = f(x)$$

는 상사상이 된다. 그리고 집합적으로 항등함수인 $g: Y \to Y'$, $g(y) = y$를 생각하자.

먼저 상사상 $f' = g \circ f: X \to Y \to Y'$이 연속이므로 가정에 의하여 g는 연속이다.

한편 $f = g^{-1} \circ f' : X \to Y$가 연속이고 f'이 상사상이므로 앞의 (a)⇒(b)에 의하여 g^{-1}도 연속이다. 따라서 $g: Y \to Y'$는 위상동형사상이고 f'이 상사상이므로 f도 상사상이다. □

우리가 앞의 정의 13.1.27에서의 조건을 만족하는 사상을 상사상이라 부르는 이유는 상사상 $f: X \to Y$로부터 항상 Y와 위상동형이 되는 상공간을 다음 정리와 같이 만들 수 있기 때문이다.

정리 13.1.33 만약 $f: X \to Y$가 상사상이면 X상의 동치관계

$$x \sim y \iff f(x) = f(y)$$

에 의한 상공간 $X/_\sim$은 Y와 위상동형이다.[10)]

10) 즉, 분할 $\mathscr{P} = \{f^{-1}(y) \mid y \in Y\}$에 대해 $X/\mathscr{P} \cong Y$이다.

증명 정리 13.1.11에 의해 f는 $\tilde{f}\circ\pi=f$를 만족하는 유일한 연속사상

$$\tilde{f}: X/_{\sim}\to Y,\ \ [x]\mapsto f(x)$$

를 유도한다.

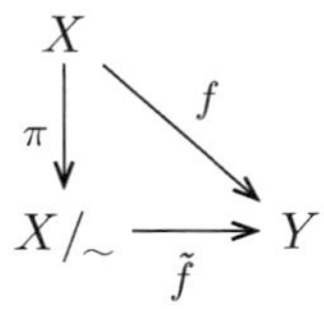

이제 $\tilde{f}$가 전단사임을 보이자. 상사상 f가 전사이므로 임의의 $y\in Y$에 대해 $f(x)=y$인 $x\in X$가 존재한다. 그래서 $\tilde{f}([x])=y$이므로 $\tilde{f}$도 전사이다. 한편 $\tilde{f}([x])=\tilde{f}([y])$이면 $f(x)=f(y)$이므로 $x\sim y$가 되어 $[x]=[y]$이다. 따라서 $\tilde{f}$는 단사이다.

그리고 $\tilde{f}$가 전단사이므로 역사상 $(\tilde{f})^{-1}: Y\to X/_{\sim}$가 존재하여 $(\tilde{f})^{-1}\circ f=\pi$를 만족한다. 그리고 π는 연속이고 f는 상사상이므로, 정리 13.1.32에 의해, $(\tilde{f})^{-1}$도 연속이다. 따라서 $\tilde{f}$가 우리가 원하는 위상동형사상이다. □

따름정리 13.1.34 $f: X\to Y$를 상사상이라 하자. 만약 연속사상 $g: X\to Z$가

$$f(x)=f(y)\ \Rightarrow\ g(x)=g(y)$$

를 만족하면 g는 $\tilde{g}\circ f=g$를 만족하는 유일한 연속사상

$$\tilde{g}: Y\to Z,\ f(x)\mapsto g(x)$$

를 유도한다.

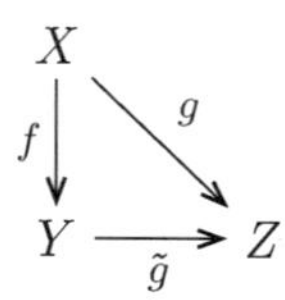

증명 먼저 정리 13.1.33에 의해 X상의 동치관계

$$x\sim y\ \Leftrightarrow\ f(x)=f(y)$$

에 대하여 $\tilde{f}: X/_{\sim}\to Y,\ \tilde{f}([x])=f(x)$는 위상동형사상이고 $f=\tilde{f}\circ\pi$를 만족한

다. 한편

$$x \sim y \ \Rightarrow \ f(x) = f(y) \ \Rightarrow \ g(x) = g(y)$$

이므로, 정리 13.1.11에 의해, g는 연속사상 $h : X/_\sim \to Z$, $h([x]) = g(x)$를 유도한다. 이제 $\tilde{g} = h \circ (\tilde{f})^{-1} : Y \to Z$이라 하면 임의의 $x \in X$에 대해

$$\tilde{g}(f(x)) = h((\tilde{f})^{-1}(f(x))) = h([x]) = g(x)$$

이므로 $\tilde{g} \circ f = g$이다. 따라서 $\tilde{g}$가 우리가 원하는 연속사상이다.

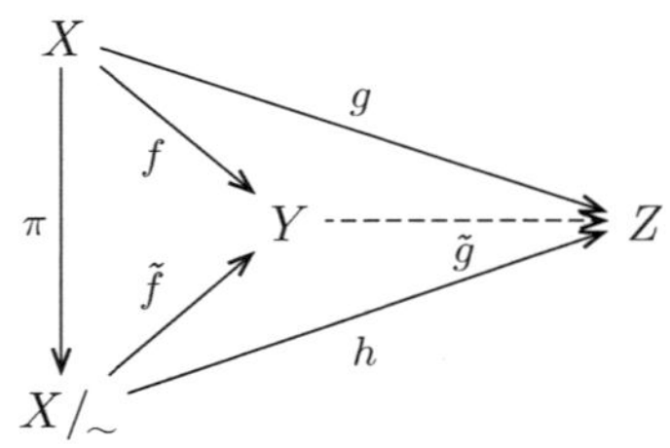

이제 유일성을 보이자. 만약 두 연속사상 k, $k' : Y \to Z$이 $k \circ f = g = k' \circ f$를 만족한다 하자. 그러면 임의의 $y \in Y$에 대해 f가 전사이므로 $f(x) = y$인 $x \in X$가 존재한다. 따라서 $k(y) = k(f(x)) = k'(f(x)) = k'(y)$이므로 $k = k'$이다. □

상사상에 대해 더 알아보기†

그런데 많은 경우 상사상은 우리가 원하는 대로 행동하지 않는다. 우선 일반적으로 상사상의 축소사상(restriction)이 항상 상사상이 되는 것은 아니다.

보기 13.1.35 (1) 유클리드공간 $\mathbb{R}$의 두 부분공간 $X = [0, 1] \cup [2, 3]$과 $Y = [0, 2]$에 대하여

$$f : X \to Y, \ \ f(x) = \begin{cases} x, & x \in [0, 1] \\ x - 1, & x \in [2, 3] \end{cases}$$

는 전사인 닫힌사상이므로, 정리 13.1.30에 의해, f는 상사상이다. 그러나 f를 X의 부분공간 $A = [0, 1) \cup [2, 3]$로 축소시킨 사상 $g = f|_A : A \to Y$는 전사인 연속사상이지만, 상사상은 아니다. 예를 들어 $g^{-1}([1, 2]) = [2, 3]$은 A의 열린집합이지만 $[1, 2]$는 Y의 열린집합이 아니다.

(2) 이제 사영사상 $\pi_1 : \mathbb{R}\times\mathbb{R}\to\mathbb{R}$, $\pi_1(x, y) = x$를 생각하자. 그러면 π_1은 전사인 연속사상이다. 그리고 π_1은 열린사상이므로, 정리 13.1.30에 의해, π_1은 상사상이다. 그러나 $C = \{(x, y) \mid xy = 1\}$은 $\mathbb{R}\times\mathbb{R}$의 닫힌집합이지만 $\pi_1(C) = \mathbb{R} - \{0\}$은 $\mathbb{R}$의 닫힌집합이 아니므로 π_1은 닫힌사상이 아니다.

그리고 $\mathbb{R}\times\mathbb{R}$의 닫힌집합 $A = C\cup\{(0,0)\}$에 대한 축소사상 $\pi_1|_A : A\to\mathbb{R}$는 전사인 연속사상이다. 그러나 $(\pi_1|_A)^{-1}(\{0\}) = \{(0,0)\}$은 A의 열린집합이지만 $\{0\}$은 $\mathbb{R}$의 열린집합이 아니므로 $\pi_1|_A$는 상사상이 아니다.

하지만 다음 정리는 성립한다.

정리 13.1.36 $f : X\to Y$는 상사상이고, 부분집합 $A\subset X$가 $f^{-1}(f(A)) = A$를 만족한다고 하자.

(1) 만약 A가 열린집합이거나 닫힌집합이면 축소사상 $f|_A : A\to f(A)$도 상사상이다.

(2) 만약 f가 열린사상이거나 닫힌사상이면 $f|_A : A\to f(A)$도 상사상이다.

증명 먼저 $f^{-1}(f(A)) = A$의 의미는 다음과 동치이다. 만약 $f^{-1}(y)\cap A\neq\varnothing$이면 $f^{-1}(y)\subset A$이다. 따라서 우리는 다음과 같은 사실을 보일 수 있다.

(i) 만약 $V\subset f(A)$이면 $f^{-1}(V) = (f|_A)^{-1}(V)$이다.

(ii) 임의의 $U\subset X$에 대하여 $f(U\cap A) = f(U)\cap f(A)$이다.

구체적으로, 만약 $V\subset f(A)$이면 $f^{-1}(f(A)) = A$이므로 $f^{-1}(V)\subset A$이다. 따라서 $f^{-1}(V) = (f|_A)^{-1}(V)$이다. 한편 임의의 $U\subset X$에 대하여 $f(U\cap A)\subset f(U)\cap f(A)$이다. 반대편 포함관계는 다음과 같이 보일 수 있다. 만약 $y\in f(U)\cap f(A)$이면 $f(u) = f(a) = y$인 $u\in U$와 $a\in A$가 존재한다. 그런데 $f^{-1}(f(A)) = A$이므로 $f^{-1}(f(a))\subset A$이다. 특별히 $u\in f^{-1}(f(u)) = f^{-1}(f(a))\subset A$이다. 즉, $u\in A$이다. 따라서 $u\in U\cap A$이고 $y = f(u)\in f(U\cap A)$이다.

(1) 먼저 A가 X의 열린집합이라고 하자. 그리고 $V\subset f(A)$에 대하여 $(f|_A)^{-1}(V)$가 A의 열린집합이라고 하자. 그러면 A가 X의 열린집합이므로 $(f|_A)^{-1}(V)$도 X의 열린집합이다. 그리고 (i)에 의해 $f^{-1}(V) = (f|_A)^{-1}(V)$이므로 $f^{-1}(V)$도 X의 열린집합이다. 그리고 f가 상사상이므로 V는 Y의 열린 집합이다.

따라서 V는 $f(A)$의 열린집합이다.

A가 닫힌집합인 경우의 증명은 모든 "열린"을 "닫힌"으로 바꾸면 된다.

(2) 먼저 f가 열린사상이라고 하자. 그리고 $V \subset f(A)$에 대하여 $(f|_A)^{-1}(V)$가 A의 열린집합이라고 하자. 그런데 (i)에 의해 $f^{-1}(V) = (f|_A)^{-1}(V)$이므로 $f^{-1}(V)$도 A의 열린집합이다. 따라서 $f^{-1}(V) = U \cap A$를 만족하는 X의 열린집합 U가 존재한다. 한편 f가 전사이므로 $f(f^{-1}(V)) = V$가 되어

$$V = f(f^{-1}(V)) = f(U \cap A) \overset{\text{(ii)}}{=} f(U) \cap f(A)$$

이다. 그런데 f가 열린사상이므로 $f(U)$는 Y의 열린집합이다. 따라서 V는 $f(A)$의 열린집합이다. 그러므로 $f|_A$는 상사상이다.

f가 닫힌사상인 경우의 증명은 모든 "열린"을 "닫힌"으로 바꾸면 된다. □

참고 13.1.37 위상공간 X상의 동치관계 $\sim$에 대한 고유사상을 $\pi_X : X \to X/_\sim$이라 하자. 그리고 X의 부분공간 A상의 동치관계

$$x \sim_A y \iff x \sim y \ (x, y \in A)$$

에 대한 고유사상을 $\pi_A : A \to A/_{\sim_A}$이라 하자. 만약 $\sim$가 다음 두 조건

(i) 모든 $x \in X$에 대하여 $x \sim a$를 만족하는 $a \in A$가 존재한다. 즉, 모든 X상의 동치류 $[x] = \{y \in X \mid x \sim y\}$에 대하여 $A \cap [x] \neq \varnothing$이다.

(ii) 만약 U가 A의 열린집합이면 $\pi_X^{-1}(\pi_X(U))$는 X의 열린집합이다.

를 만족하면 자연스럽게 유도되는 사상

$$k : A/_{\sim_A} \to X/_\sim, \quad [a]_A \mapsto [a]_X$$

는 위상동형사상이다. 단, 여기서 $a \in A$, $[a]_A = \{b \in A \mid b \sim_A a\}$이고 $[a]_X = \{x \in X \mid x \sim a\}$이다.

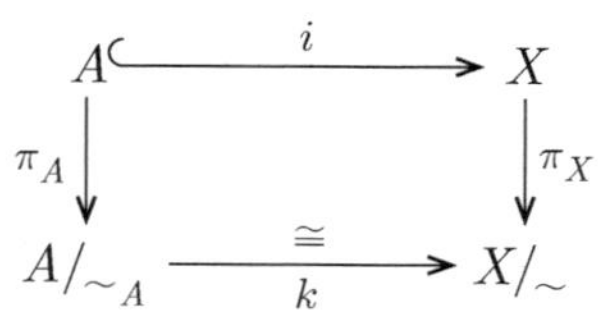

증명 만약 $k([a]_A) = k([b]_A)$이면 $[a]_X = [b]_X$이므로 $[a]_A = A \cap [a]_X = A \cap [b]_X = [b]_A$

가 되어 k는 단사이다. 그리고 조건 (i)에 의해 k는 전사이다. 한편 π_A가 상사상이고 $\pi_X \circ i = k \circ \pi_A$이므로 k는 연속이다(정리 13.1.11, 13.1.32).

이제 k가 열린사상임을 보이자. U를 $A/_{\sim_A}$의 열린집합이라 하자. π_A가 연속이므로 $\pi_A^{-1}(U)$는 A의 열린집합이다. 한편 $\pi_X^{-1}(k(U)) = \pi_X^{-1}(\pi_X(\pi_A^{-1}(U)))$이므로, 조건 (ii)에 의해서, $\pi_X^{-1}(k(U))$는 X의 열린집합이다. 그리고 π_X가 상사상이므로 $k(U)$는 $X/_\sim$의 열린집합이다. 따라서 k는 열린사상이다. 그러므로 성질 5.2.11에 의해 k는 위상동형사상이다. □

일반적으로 상사상의 곱은 상사상이 되지 않는다.

보기 13.1.38 X를 $\mathbb{R}^2$ 내의 직선 $L_n = \mathbb{R} \times \{n\}$ $(n \in \mathbb{N})$들의 합집합이라 하자. 따라서 $X = \mathbb{R} \times \mathbb{N}$이다. 그리고 각각의 $n \in \mathbb{N}$에 대하여 $L_n' = \{(t, nt) \in \mathbb{R}^2 \mid t \in \mathbb{R}\}$이라 하고 $Z = \cup_{n \in \mathbb{N}} L_n'$이라 하자.

이제 X를 유클리드공간 $\mathbb{R}^2$의 부분공간이라 하자. 그러면 X는 유클리드공간 $\mathbb{R}$과 이산공간 $\mathbb{N}$의 곱공간이 된다. 그리고 집합 Z에 함수 $g : X \to Z$, $g(t, n) = (t, nt)$가 상사상이 되도록 하는 상위상을 주자. (주의: Z에 유클리드공간 $\mathbb{R}^2$의 부분공간위상을 주면 g는 상사상이 되지 않는다.)

한편 $\mathbb{R}^\omega$를 (가부번개의) 유클리드공간 $\mathbb{R}$의 곱공간이라 하고, $\mathrm{id} : \mathbb{R}^\omega \to \mathbb{R}^\omega$를 항등사상이라 하자. 그러면 g와 id는 모두 상사상이다. 그러나 이들의 곱

$$f = g \times \mathrm{id} : X \times \mathbb{R}^\omega \to Z \times \mathbb{R}^\omega,\ ((t, n), (x_1, x_2, \dots)) \mapsto ((t, nt), (x_1, x_2, \dots))$$

는 상사상이 아니다. 구체적으로 주어진 $n \in \mathbb{N}$에 대하여

$$U_n = \{((t, n), (x_1, x_2, \dots)) \mid |tx_n| < 1\} \subset X \times \mathbb{R}^\omega = \mathbb{R} \times \mathbb{N} \times \mathbb{R}^\omega$$

이라 하자. 그러면 U_n은 tx_n-평면에서는 열린집합 $W = \{(t, x_n) \mid |tx_n| < 1\}$이고, $\mathbb{N}$에서는 $\{n\}$, 그 외에서는 $\mathbb{R}$이므로 $X \times \mathbb{R}^\omega$의 열린집합이다.[11] 따라서

$$U = \bigcup_{n \in \mathbb{N}} U_n$$

도 $X \times \mathbb{R}^\omega$의 열린집합이다. 이제 우리는 다음 두 성질 (a)와 (b)를 보임으로써 f가 상사상이 아님을 알 수 있다.

---

11) 사실 U_n은 곱공간 $X \times \mathbb{R}^\omega = \mathbb{R} \times \mathbb{N} \times \mathbb{R}^\omega$의 기저의 원소이다.

(a) $f^{-1}(f(U)) = U$.

(b) $f(U)$는 $Z \times \mathbb{R}^{\omega}$의 열린집합이 아니다.

(a) 먼저 $f^{-1}(f(U)) \neq U$이라고 가정하자. 그러면 $f(\mathbf{x}) = f(\mathbf{y})$를 만족하는 $\mathbf{x} \in U$와 $\mathbf{y} \notin U$가 존재한다. 그리고 f의 정의에 의해

$$\mathbf{x} = ((0, m), (x_1, x_2, \dots))$$
$$\mathbf{y} = ((0, n), (x_1, x_2, \dots))$$

이 되어야 한다. 그런데 $|0 \cdot x_m| < 1$, $|0 \cdot x_n| < 1$이므로 $\mathbf{x} \in U$, $\mathbf{y} \in U$이 되어 모순이다.

(b) 이제 $f(U)$가 $Z \times \mathbb{R}^{\omega}$의 열린집합이라고 가정하자. 특별히 $(\mathbf{0}, \mathbf{0}) \in f(U)$이므로 $(\mathbf{0}, \mathbf{0}) \in V \times \Pi W_i \subset f(U)$를 만족하는 열린집합 $V \subset Z$와 $W_i \subset \mathbb{R}$가 존재한다. (단, 여기서 유한개의 i를 제외하고는 $W_i = \mathbb{R}$이다.) 따라서

$$U = f^{-1}(f(U)) \supset f^{-1}(V \times \Pi W_i) = g^{-1}(V) \times \Pi W_i$$

이다. 한편 $W_k = \mathbb{R}$인 자연수 k를 택하자. 그러면 $g^{-1}(V)$는 $\{0\} \times \mathbb{N}$을 포함하는 X의 열린집합이므로 $(t_0, k) \in g^{-1}(V)$인 $t_0 (\neq 0)$이 존재한다. 이제 $a_k > \frac{1}{|t_0|}$인 실수 a_k를 선택하고

$$\mathbf{z} = ((t_0, k), (0, \dots, 0, a_k, 0, \dots)) \in X \times \mathbb{R}^{\omega}$$

이라 하자. 그러면 $W_k = \mathbb{R}$이므로 $\mathbf{z} \in g^{-1}(V) \times \Pi W_i$이다. 그런데 $|t_0 a_k| > 1$이므로 $\mathbf{z} \notin U$이다. 이는 $U \supset g^{-1}(V) \times \Pi W_i$에 모순이다.

이제 어떤 조건하에서 상사상의 곱이 상사상이 되는지 알아보자.

정리 13.1.39 X와 Y를 위상공간이라 하고 $f : X \to Y$를 상사상이라 하자. 만약 Z가 국소컴팩트 하우스도르프이면

$$f \times \mathrm{id}_Z : X \times Z \to Y \times Z, \ (x, z) \mapsto (f(x), z)$$

는 상사상이다.[12)]

---

12) 앞의 보기 13.1.38에서 곱공간 $\mathbb{R}^{\omega}$는 국소컴팩트가 아님을 유의하자.

증명 임의의 위상공간 W와 함수 $g: Y\times Z \to W$에 대하여

$$h = g\circ(f\times \mathrm{id}_Z): X\times Z \ \to\ Y\times Z \to W$$

이라 하자. $f\times \mathrm{id}_Z$가 전사이므로, 정리 13.1.32에 의하여, 우리는 h가 연속이면 g도 연속이 됨을 보이면 충분하다. 이제 h가 연속이라고 가정하자. 그리고 g가 연속임을 보이기 위해 U는 W의 열린집합이고 $(y_0, z_0)\in g^{-1}(U)$이라 하자. 우리는 (y_0, z_0)이 $g^{-1}(U)$의 내부점이 됨을 보이면 충분하다. 먼저 f가 전사이므로 $f(x_0)=y_0$인 점 $x_0\in X$이 존재하여

$$h(x_0, z_0) = g(f\times \mathrm{id}_Z(x_0, z_0)) = g(y_0, z_0)\in U$$

이다. 또한 h가 연속이고 Z가 국소컴팩트 하우스도르프이므로 $h(\{x_0\}\times N)\subset U$를 만족하는 z_0의 컴팩트인 근방 $N\subset Z$이 존재한다. 그리고 자명하게 $(y_0, z_0)\in \{y_0\}\times N\subset g^{-1}(U)$이다.

이제 $A=\{y\in Y \mid g(\{y\}\times N)\subset U\}$가 Y의 열린집합임을 보이자. 이는 f가 상사상이므로 $f^{-1}(A)$가 X의 열린집합임을 보이면 된다. 먼저

$$\begin{aligned} f^{-1}(A) &= \{x\in X \mid f(x)\in A\} \\ &= \{x\in X \mid g(\{f(x)\}\times N)\subset U\} \\ &= \{x\in X \mid h(\{x\}\times N)\subset U\} \end{aligned}$$

이다. 그리고 N이 컴팩트이므로 사영사상 $\pi_X: X\times N \to X$, $\pi_X(x, z) = x$는 닫힌사상이다(성질 10.3.21 참조). 그래서

$$X - f^{-1}(A) = \pi_X(h^{-1}(W-U)\cap(X\times N))$$

이 닫힌집합이 되므로 $f^{-1}(A)$는 열린집합이다. 그리고 f가 상사상이므로 A는 Y의 열린집합이다.

따라서 $(y_0, z_0)\in A\times N\subset g^{-1}(U)$를 만족하는 (y_0, z_0)의 근방 $A\times N$이 존재하므로 (y_0, z_0)은 $g^{-1}(U)$의 내부점이다. 그래서 $g^{-1}(U)$는 $Y\times Z$의 열린집합이다. 그러므로 g는 연속이다. □

따름정리 13.1.40 만약 $f: X \to Y$와 $g: X' \to Y'$가 상사상이고 X와 Y'이 국소컴팩트 하우스도르프이면

$$f \times g: X \times X' \to Y \times Y',\ (x, x') \mapsto (f(x), g(x'))$$

는 상사상이다.

증명 우리는 사상 $f \times g$를 다음과 같이 합성사상으로 볼 수 있다.

$$f \times g: X \times X' \xrightarrow{\mathrm{id}_X \times g} X \times Y' \xrightarrow{f \times \mathrm{id}_{Y'}} X' \times Y'$$

그리고 정리 13.1.39에 의해 $\mathrm{id}_X \times g$와 $f \times \mathrm{id}_{Y'}$은 모두 상사상이다. 따라서 정리 13.1.29에 의해 $f \times g$도 상사상이다. □

연습문제

문제 13.1.1 보기 13.1.15에서 다룬 함수

$$f: \mathbb{R} \to S^1,\ \ f(x) = (\cos 2x\pi,\ \sin 2x\pi)$$

가 닫힌사상이 아님을 보이시오.

문제 13.1.2 집합 $Y = \{a, b, c\}$에 위상 $\mathscr{T} = \{\varnothing, \{a\}, \{c\}, \{a, c\}, \{a, b, c\}\}$를 준 위상공간 $(Y, \mathscr{T})$와 실수 집합 $\mathbb{R}$ 사이에 다음과 같이 정의된 전사함수

$$f: \mathbb{R} \to Y,\ \ f(x) = \begin{cases} a, & x > 0 \\ b, & x = 0 \\ c, & x < 0 \end{cases}$$

를 연속이 되게 하는 집합 $\mathbb{R}$상의 최소의 위상을 찾으시오.

문제 13.1.3 하극한공간 $\mathbb{R}_l = (\mathbb{R}, \mathscr{T}_l)$과 집합 $Y = \{1, 2, 3, 4\}$ 사이의 함수

$$f: (\mathbb{R}, \mathscr{T}_l) \to Y,\ \ f(x) = \begin{cases} 1, & x < 0 \\ 2, & x = 0 \\ 3, & 0 < x \le 1 \\ 4, & x > 1 \end{cases}$$

를 연속이 되게 하는 집합 Y상의 최대의 위상 $\mathscr{T}_Y$를 구하시오.

문제 13.1.4 집합 $X=\{1,2,3\}$에 위상 $\mathscr{T}=\{\varnothing, X, \{1,2\}, \{3\}\}$를 준 위상공간 $(X,\mathscr{T})$상의 동치관계

$$x \sim y \iff x-y \equiv 0 \pmod 2$$

에 의한 상공간 $X/_\sim$을 구하시오.

문제 13.1.5 집합 $X=\{a,b,c,d,e\}$에 위상

$$\mathscr{T}=\{\varnothing, X, \{a\}, \{c,d\}, \{a,c,d\}, \{b, c,d,e\}\}$$

를 준 위상공간 $(X,\mathscr{T})$의 분할 $\mathscr{P}=\{\{a\}, \{b,e\}, \{c,d\}\}$에 의한 상공간 $X/\mathscr{P}$를 구하시오.

문제 13.1.6 $X/_\sim$를 위상공간 X상의 동치관계 $\sim$에 의한 상공간이라 하자. 이제 X가 가분이면 $X/_\sim$도 가분임을 보이시오.

문제 13.1.7 $X/_\sim$를 위상공간 X상의 동치관계 $\sim$에 의한 상공간이라 하자. 만약 고유사상 $\pi: X \to X/_\sim$가 열린사상이면 다음이 성립함을 보이시오.

(1) $\mathscr{B}$가 X의 기저이면 $\mathscr{B}_Q=\{\pi(B) \mid B \in \mathscr{B}\}$는 $X/_\sim$의 기저이다.

(2) X가 제2가산이면 $X/_\sim$도 제2가산이다.

문제 13.1.8 주어진 연속사상 $f: X \to Z$에 대하여

$$x \sim y \iff f(x)=f(y)$$

이라 하자. 이제 만약 Z가 하우스도르프이면 $X/_\sim$도 하우스도르프임을 보이시오.

문제 13.1.9 유클리드공간 $\mathbb{R}$의 부분집합 $B=(0,1]$에 대하여 다음을 보이시오.

(1) 상공간 $\mathbb{R}/B$는 T_1이 아니다.

(2) 고유사상 $\pi: \mathbb{R} \to \mathbb{R}/B$는 열린사상도 아니고 닫힌사상도 아니다.

문제 13.1.10 보기 13.1.18에서 다룬 상공간 $\mathbb{R}/_\sim$는 컴팩트이고 길연결임을 보이시오.

문제 13.1.11 유클리드공간 $\mathbb{R}$의 부분집합 $\mathbb{Q}$에 의한 상공간 $\mathbb{R}/\mathbb{Q}$와 고유사상 $\pi: \mathbb{R} \to \mathbb{R}/\mathbb{Q}$에 대하여 다음을 보이시오.

(1) 집합 $\mathbb{R}/\mathbb{Q}$는 비가산이다.

(2) 한 점 집합 $\{\pi(1)\}$은 $\mathbb{R}/\mathbb{Q}$의 닫힌집합이 아니다. 따라서 $\mathbb{R}/\mathbb{Q}$는 T_1-공간이 아니다.

(3) 한 점 집합 $\{\pi(\sqrt{2})\}$는 $\mathbb{R}/\mathbb{Q}$의 닫힌집합이다. 따라서 $\mathbb{R}/\mathbb{Q}$는 자명한공간이 아니다.
(4) $\mathbb{R}/\mathbb{Q}$는 길연결이다.
(5) $\mathbb{R}/\mathbb{Q}$는 컴팩트가 아니다.

문제 13.1.12 유클리드공간 $\mathbb{R}^2$상의 동치관계

$$(x_1, y_1) \sim (x_2, y_2) \iff x_1 - x_2 \in \mathbb{Z},\ y_1 - y_2 \in \mathbb{Z}$$

에 의한 상공간 $\mathbb{R}^2/_\sim$은 토러스 $T = S^1 \times S^1$와 위상동형임을 보이시오.

문제 13.1.13 유클리드공간 $\mathbb{R}^2$의 부분공간 $X = \{(x, y) \in \mathbb{R}^2 \mid x^2 + y^2 \leq 1\}$상의 동치관계

$$(x_1, y_1) \sim (x_2, y_2) \iff x_1^2 + y_1^2 = x_2^2 + y_2^2$$

에 의한 상공간 $X/_\sim$을 구하시오.

문제 13.1.14 유클리드공간 $\mathbb{R}^2$상의 동치관계

$$(x_1, y_1) \sim (x_2, y_2) \iff x_1^2 + y_1 = x_2^2 + y_2$$

에 의한 상공간 $\mathbb{R}^2/_\sim$을 구하시오.

문제 13.1.15 유클리드공간 $\mathbb{R}^2$의 부분공간 $X = [-1, 1] \times [-1, 1]$상의 동치관계

$$(x_1, y_1) \sim (x_2, y_2) \iff x_1^2 + y_1^2 = x_2^2 + y_2^2$$

에 의한 상공간 $X/_\sim$을 구하시오.

문제 13.1.16 곱공간 $X = X_1 \times X_2 \times \cdots \times X_n$상의 동치관계

$$(x_1, x_2, \ldots, x_n) \sim (y_1, y_2, \ldots, y_n) \iff x_1 = y_1$$

에 의한 상공간 $X/_\sim$은 X_1과 위상동형임을 보이시오.

문제 13.1.17 유클리드공간 $\mathbb{R}$상의 동치관계

$$x \sim y \iff (x - y)/3 \in \mathbb{Z}$$

에 의한 상공간 $\mathbb{R}/_\sim$을 구하시오.

문제 13.1.18 유클리드공간 $\mathbb{R}^2$의 부분공간

$$X = (-2, -1) \times (1, 2) \bigcup (1, 2) \times (2, 3)$$

상의 동치관계

$$(x_1, y_1) \sim (x_2, y_2) \iff x_1 - x_2 = y_1 - y_2$$

에 의한 상공간 $X/_\sim$을 구하시오.

문제 13.1.19 네 점 $(-2, 2), (-1, 1), (1, 3), (2, 2) \in \mathbb{R}^2$을 각각 P, Q, R, S라 하자. 이제 유클리드공간 $\mathbb{R}^2$의 부분공간

$$Y = (-2, -1) \times (1, 2) \bigcup (1, 2) \times (2, 3) \bigcup \{P, Q, R, S\}$$

상의 동치관계

$$(x_1, y_1) \sim (x_2, y_2) \iff y_1 - x_1 = y_2 - x_2$$

에 의한 상공간 $Y/_\sim$에 대하여 다음을 보이시오.

(1) $Y/_\sim$는 연결이다.

(2) $Y/_\sim$는 컴팩트이다.

(3) $Y/_\sim$는 유클리드공간 $\mathbb{R}$의 부분공간 $[0, 4]$와 위상동형이다.

문제 13.1.20 점 $(1, 3) \in \mathbb{R}^2$을 P라 하자. 이제 유클리드공간 $\mathbb{R}^2$의 부분공간

$$Z = [-2, -1] \times [1, 2] \bigcup [1, 2] \times [2, 3] - \{P\}$$

상의 동치관계

$$(x_1, y_1) \sim (x_2, y_2) \iff y_1 - x_1 = y_2 - x_2$$

에 의한 상공간 $Z/_\sim$에 대하여 다음을 답하시오.

(1) $Z/_\sim$는 연결인가?

(2) $Z/_\sim$는 컴팩트인가?

(3) $Z/_\sim$는 유클리드공간 $\mathbb{R}$의 부분공간 $[0, 4]$와 위상동형인가?

문제 13.1.21 집합 $\mathbb{R}$상의 보통(유클리드)위상을 $\mathscr{U}$라 하고, 함수 $f : \mathbb{R} \to [0, 1)$를 $f(x) = x - [x]$로 정의하자. 이제 집합 $[0, 1) = \{x \in \mathbb{R} \mid 0 \leq x < 1\}$상의 위상

$$\mathscr{T} = \{ V \subset [0, 1) \mid f^{-1}(V) \in \mathscr{U} \}$$

를 준 위상공간 $X = ([0, 1), \mathscr{T})$에 대하여 다음을 보이시오.

(1) $[0, \frac{1}{2})$은 X의 열린집합이 아니다.

(2) $(\frac{1}{2}, 1)$은 X의 열린집합이다.

(3) 함수 $h: X \to (\mathbb{R}, \mathscr{U})$, $h(x) = 1 - x$는 연속이 아니다.

(4) 함수 $f: (\mathbb{R}, \mathscr{U}) \to X$는 열린사상이다.

(5) X는 컴팩트이다.

(6) X는 S^1과 위상동형이다. 단, 여기서 S^1은 보통공간 $\mathbb{R}^2$의 부분공간이다.

문제 13.1.22 유클리드공간 $\mathbb{R}^2$의 부분공간 $X = \{(x, y) \in \mathbb{R}^2 \mid y \geq 0\}$상의 동치관계

$$(x_1, y_1) \sim (x_2, y_2) \ \Leftrightarrow \ \begin{cases} y_1 = y_2 \neq 0 & \text{또는} \\ y_1 = y_2 = 0, \ x_1 = x_2 \end{cases}$$

에 의한 상공간 $X/_\sim$에 대하여 다음을 보이시오.

(1) $y \neq 0$일 때, 동치류 $[(x, y)]$를 구하시오.

(2) 동치류 $[(x, 0)]$을 구하시오.

(3) $X/_\sim$는 하우스도르프가 아니다.

(4) $\pi: X \to X/_\sim$는 열린사상이다.

(5) $\pi: X \to X/_\sim$는 닫힌사상이 아니다.

(6) $X/_\sim$는 제2가산이다.

문제 13.1.23 연속사상 $f: [0, 1] \times [0, 1] \to \mathbb{R}^3$,

$$f(x, y) = ((2 - (2y - 1)\sin \pi x)\sin 2\pi x, \ (2 - (2y - 1)\sin \pi x)\cos 2\pi x, \ (2y - 1)\cos \pi x)$$

가 뫼비우스 띠 M의 넣기사상 $\tilde{f}: M \hookrightarrow \mathbb{R}^3$를 유도함을 보이시오.

문제 13.1.24 연속사상 $f: [0, 1] \times [0, 1] \to \mathbb{R}^5$,

$$f(x, y) = (\cos 2\pi x, \ \cos 2\pi y, \ \sin \pi y, \ \sin 2\pi x \cos 2\pi y, \ \sin 2\pi x \sin \pi y)$$

가 클라인병 K의 $\mathbb{R}^5$ 속으로의 넣기사상 $\tilde{f}: K \hookrightarrow \mathbb{R}^5$를 유도함을 보이시오.

문제 13.1.25 함수 $g: [0, 1] \times [0, 1] \to \mathbb{R}^4$,

$$g(x, y) = ((2 + \cos 2\pi x)\cos 2\pi y, \ (2 + \cos 2\pi x)\sin \pi y, \ \sin 2\pi x \cos 2\pi y, \ \sin 2\pi x \sin \pi y)$$

가 클라인병 K의 $\mathbb{R}^4$ 속으로의 넣기사상 $\tilde{g}: K \hookrightarrow \mathbb{R}^4$를 유도함을 보이시오.

문제 13.1.26 S^2의 부분집합 $A = \{(x, y, 0) \in S^2 \mid x^2 + y^2 = 1\}$에 대하여 상공간 X/A를 구하시오.

문제 13.1.27 원통 $S^1 \times I$의 부분집합 $A = (S^1 \times \{0\}) \cup (S^1 \times \{1\})$에 대하여 상공간 $(S^1 \times I)/A$를 구하시오.

문제 13.1.28 그림 13.3과 같은 토러스 T의 위선 a와 경선 b의 합집합을 A라 할 때 상공간 T/A를 구하시오.

문제 13.1.29 A를 위상공간 X의 닫힌집합이라 하고 $\pi : X \to X/A$를 고유사상이라 하자. 그러면 축소사상 $\pi| : X - A \to X/A - \{\pi(A)\}$는 위상동형사상임을 보이시오.

문제 13.1.30 자연수 $n \in \mathbb{N}$에 대하여 $C_n = \{(x, y) \in \mathbb{R}^2 \mid (x - \frac{1}{n})^2 + y^2 = \frac{1}{n^2}\}$이라 하자. 그리고 $X = \cup_{n=1}^{\infty} C_n$를 유클리드공간 $\mathbb{R}^2$의 부분공간이라 하자(그림 13.7 참조).[13)]

(1) X는 컴팩트임을 보이시오.

(2) 상공간 $Y = \mathbb{R}/\mathbb{Z}$는 컴팩트가 아님을 보이시오. 따라서 X와 Y는 위상동형이 아니다.

그림 13.7 • X와 Y는 위상동형이 아니다.

문제 13.1.31 컴팩트 하우스도르프공간 X에 대하여 다음을 보이시오.

(1) $X \times [0, 1)$의 한 점 컴팩트화는 CX와 위상동형이다.

(2) 만약 A가 X의 닫힌집합이면 $X - A$의 한 점 컴팩트화는 X/A와 위상동형이다.

문제 13.1.32 (1) $f : S^1 \to S^1$, $f(\cos\theta, \sin\theta) = (\cos 2\theta, \sin 2\theta)$가 상사상임을 보이시오. (참고로 $S^1 \subset \mathbb{C}$로 보면 $f(z) = z^2$이다.)

(2) $f : S^1 \to S^1$, $f(\cos\theta, \sin\theta) = (\cos n\theta, \sin n\theta)$가 상사상임을 보이시오. (참고로 $S^1 \subset \mathbb{C}$로 보면 $f(z) = z^n$이다.)

문제 13.1.33 $p : X \to Y$를 연속사상이라 하자. 만약 $p \circ f = \mathrm{id}_Y$를 만족하는 연속사상 $f : Y \to X$가 존재하면 p는 상사상임을 보이시오.

문제 13.1.34 유클리드공간 $\mathbb{R}$의 부분공간 $X = [0, 1] \cup (2, 3]$과 $Y = [0, 2]$에 대하여

13) 이러한 위상공간 X를 Hawaiian earring이라 한다.

$$f: X \to Y, \quad f(x) = \begin{cases} x, & x \in [0,1] \\ x-1, & x \in (2,3] \end{cases}$$

는 상사상인가?

문제 13.1.35 $A \subset X$이라 하자. 만약 연속사상 $r: X \to A$이 $r(a) = a\ (\forall\, a \in A)$를 만족하면 r은 상사상임을 보이시오. 이러한 사상 r을 X에서 A 위로의 **수축사상**(retraction)이라 한다.

문제 13.1.36 유클리드공간 $\mathbb{R}^2$의 부분공간 $X = \{(x,y) \in \mathbb{R}^2 \mid x \geq 0$ 또는 $y = 0\}$와 함수 $f: X \to \mathbb{R}$, $f(x,y) = x$에 대하여 다음을 보이시오. 단, 여기서 $\mathbb{R}$은 유클리드공간이다.

(1) f는 상사상이다.

(2) f는 열린사상도 아니고 닫힌사상도 아니다.

문제 13.1.37 상사상 $p: X \to Y$와 함수 $g: Y \to Z$에 대하여 다음이 동치임을 보이시오.

(a) $g \circ p$는 상사상이다.

(b) g는 상사상이다.

문제 13.1.38 $p: X \to Y$를 상사상이라 하자. 만약 모든 $y \in Y$에 대해 $p^{-1}(y)$는 연결되어 있고 Y가 연결공간이면 X도 연결공간임을 보이시오.

문제 13.1.39 만약 X는 국소연결이고 상사상 $p: X \to Y$가 존재하면 Y도 국소연결임을 보이시오.

문제 13.1.40 $S^n \times S^m \times I$상의 동치관계 $\sim$를 다음과 같이 정의하자.

(i) $(x, y, 0) \sim (x, y', 0)\ (\forall\, y,\ y' \in S^m)$

(ii) $(x, y, 1) \sim (x', y, 1)\ (\forall\, x,\ x' \in S^n)$

그러면 상공간 $S^n * S^m = (S^n \times S^m \times I)/_\sim$은 S^{n+m+1}과 위상동형임을 보이시오. (힌트: 연속사상

$$f: S^n \times S^m \times I \to S^{n+m+1}, \quad (x, y, t) \mapsto (\cos(t\pi/2)x, \sin(t\pi/2)y)$$

를 생각하자.)

문제 13.1.41 복소공간 $\mathbb{C}^{n+1}$의 부분공간 $S^{2n+1} = \{\mathbf{z} \in \mathbb{C}^{n+1} \mid \|\mathbf{z}\| = 1\}$을 생각하자. 그러면 $S^1 = \{\lambda \in \mathbb{C} \mid |\lambda| = 1\}$은 복소평면 $\mathbb{C}$의 부분공간이다. 이제 S^{2n+1}상의 동치관계

$$\mathbf{x} \sim \mathbf{y} \iff \exists\, \lambda \in S^1 \text{ s.t. } \mathbf{x} = \lambda \mathbf{y}$$

에 의한 상공간 $\mathbb{C}P^n = S^{2n+1}/_\sim$을 n차원 **복소사영공간**(complex projective space)이라 한다.

(1) 연속사상 $\mu: S^1 \times S^{2n+1} \to S^{2n+1}$, $\mu(\lambda, \mathbf{z}) = \lambda\mathbf{z}$를 생각하자. 이제 S^{2n+1}의 부분집합 A에 대하여 $\pi^{-1}(\pi(A)) = \mu(S^1 \times A)$임을 보이시오. 단, 여기서 $\pi: S^{2n+1} \to \mathbb{C}P^n$는 고유사상이다.

(2) $\mathbb{C}P^n$은 컴팩트 하우스도르프임을 보이시오.

(3) $\pi: S^{2n+1} \to \mathbb{C}P^n$는 닫힌사상임을 보이시오.

(4) $\mathbb{C}P^1$은 S^2와 위상동형임을 보이시오. 단, 여기서 S^2는 유클리드공간 $\mathbb{R}^3$의 부분공간이다.

(5) 복소공간 $\mathbb{C}^{n+1}$의 부분공간 $\mathbb{C}^{n+1} - \{\mathbf{0}\}$상의 동치관계

$$\mathbf{x} \sim_* \mathbf{y} \iff \exists w \in \mathbb{C} - \{0\} \text{ s.t. } \mathbf{x} = w\mathbf{y}$$

에 의한 상공간 $\mathbb{C}^{n+1} - \{\mathbf{0}\}/\sim_*$은 $\mathbb{C}P^n$과 위상동형임을 보이시오.

13.2 접착공간(adjunction space)

정의 13.2.1 $\{X_j \mid j \in J\}$를 첨자집합 J에 따라 첨자된 위상상공간들의 모임이라 하자. 우리는 $\cup_{j \in J} X_j \times \{j\}$를 X_j들의 떨어진 합집합이라 하고 $\amalg_{j \in J} X_j$로 표기한다. 즉, $\amalg_{j \in J} X_j = \cup_{j \in J} X_j \times \{j\}$이다. 그러면 각각의 $j \in J$에 대하여 고유한 단사함수

$$\varphi_j : X_j \to \amalg_{j \in J} X_j, \quad \varphi_j(x) = (x, j)$$

가 존재한다. 우리는 모든 φ_j가 연속이 되게 하는 집합 $\amalg_{j \in J} X_j$ 상의 최대의 위상을 떨어진 합집합 위상(disjoint union topology)이라 하고, 이러한 위상을 준 위상공간 $\amalg_{j \in J} X_j$를 X_j들의 떨어진 **합집합** 공간 또는 간단히 떨어진 **합집합**이라 한다.

정의에 의해 다음이 성립함은 명백하다.

기초정리 13.2.2 $\amalg_{j \in J} X_j$의 부분집합 U에 대하여 다음은 서로 동치이다.
(a) U는 $\amalg X_j$의 열린집합이다.
(b) 모든 $j \in J$에 대해 $\varphi_j^{-1}(U)$는 X_j의 열린집합이다.
(c) 모든 $j \in J$에 대해 $U \cap (X_j \times \{j\})$는 부분공간 $X_j \times \{j\}$의 열린집합이다.

위의 기초정리에 의해 $X_j \times \{j\}$는 $\amalg X_j$의 열린집합인 동시에 닫힌집합이다. 또한 모든 j에 대하여 $\varphi_j : X_j \to \amalg X_j$는 열린사상인 동시에 닫힌사상이다. 따라서 φ_j는 넣기사상이다. 그리고 $X_j \times \{j\}$ 상의 부분공간위상은 $\{V_j \times \{j\} \mid V_j$ 는 X_j의 열린집합$\}$이다.

한편 주어진 위상공간 Y와 연속사상 $f_j : X_j \to Y\,(j \in J)$에 대하여 $f_j = f \circ \varphi_j (\forall j)$를 만족하는 연속사상 $f : \amalg X_j \to Y$는 유일하게 존재한다. 구체적으로 $f((x, j)) = f_j(x)$이다. 우리는 이러한 함수 f를 $\amalg f_j$로 표기한다.

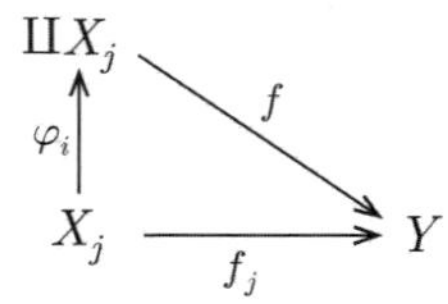

따라서 함수 $f : \amalg X_j \to Y$가 연속일 필요충분조건은 모든 j에 대하여 $f \circ \varphi_j$가 연속인

것이다.

보기 13.2.3 만약 모든 $j \in J$에 대해 X_j가 하나의 위상공간 X와 위상동형이면 떨어진 합집합 $\amalg X_j$는 곱공간 $X \times J$와 위상동형이다. 단, 여기서 J는 이산공간이다.

또한 다음과 같은 성질들이 성립함을 쉽게 알 수 있다.

- 이산공간들의 떨어진 합집합은 이산공간이다.
- 하우스도르프(T_0, T_1)공간들의 떨어진 합집합은 하우스도르프(T_0, T_1)이다.
- 두 개 이상의 공집합이 아닌 위상공간들의 떨어진 합집합은 비연결이다.

참고 13.2.4 이제 주어진 위상공간 $X_j\,(j \in J)$들이 서로소인 특별한 경우를 살펴보자. 즉, $X_j \cap X_{j'} = \varnothing\,(j \neq j')$인 경우이다. 넣기사상 φ_j를 이용하여 X_j와 $X_j \times \{j\}$를 같은 것으로 보면 X_j를 $\amalg_j X_j$의 부분공간으로 볼 수 있다. 이 경우, X_j들은 서로소이고 $\amalg_j X_j = \cup_j X_j$가 된다. 그리고 모든 X_j는 $\amalg_j X_j$의 열린 동시에 닫힌 부분집합이다. 특별히 $U \subset \amalg_j X_j$에 대하여 다음 세 조건은 서로 동치이다.

(a) U는 $\amalg_j X_j$의 열린집합이다.

(b) 모든 $j \in J$에 대해 $U \cap X_j$는 X_j의 열린집합이다.

(c) $U = \cup_j U_j$를 만족하는 X_j의 열린집합 U_j들이 존재한다.

정의 13.2.5 X와 Y를 두 위상공간이라 하고, A를 X의 부분공간이라 하자. 그리고 $f : A \to Y$를 연속사상이라 하자. 우리는 X와 Y의 떨어진 합집합 $X \amalg Y$ 상의 동치관계 $a \sim f(a)\,(a \in A)$에 의한 상공간 $(X \amalg Y)/_\sim$을 X와 Y의 f에 의한 **접착공간**(adjunction space)이라 하고 $X \cup_f Y$로 표기한다. 이때의 f를 **접착사상**(attaching map)이라 한다(그림 13.8 참조).

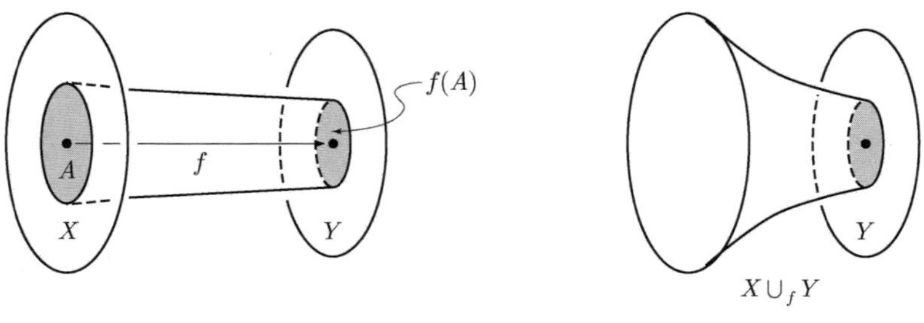

그림 13.8 • 접착공간(adjunction space)

이러한 접착공간은 14장에서 곡면의 연결합을 다룰 때 유용하게 쓰인다.

보기 13.2.6 (1) 유클리드공간 $\mathbb{R}^3$의 두 부분공간인 원통 $X = S^1 \times I$와 떨어진 두 원판으로 이루어진 $Y = D^2 \times \{0, 1\}$을 생각하자(그림 13.9 참조). 그러면 X의 모서리(경계) ∂X는 떨어진 두 원 $S^1 \times \{0, 1\}$이고 Y의 모서리(경계) ∂X도 떨어진 두 원 $S^1 \times \{0, 1\}$이다.[14] 이제 부분집합 $A = \partial X = S^1 \times \{0, 1\} \subset X$와 연속사상

$$f : A = S^1 \times \{0, 1\} \xrightarrow{\text{id}} S^1 \times \{0, 1\} \hookrightarrow Y, \quad (x, t) \mapsto (x, t)$$

에 의한 접착공간은 $X \cup_f Y \cong Z \cong S^2$이다.

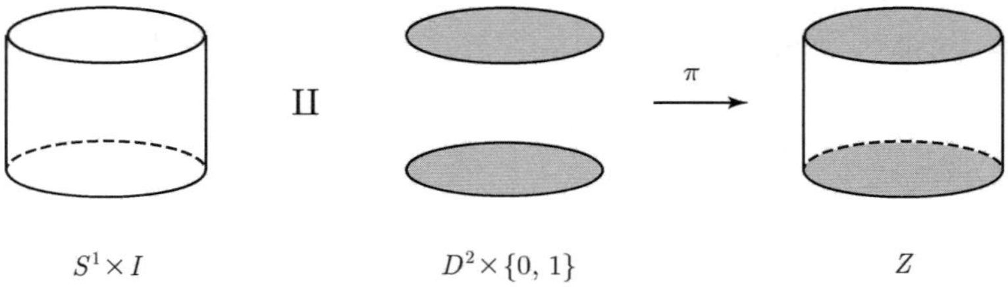

그림 13.9 • 구면 만들기

(2) **사상기둥**: 두 위상공간 X와 Y 사이에 정의된 연속사상 $f : X \to Y$의 **사상기둥**(mapping cylinder) M_f는 접착공간 $(X \times I) \cup_{\bar{f}} Y$를 뜻한다. 단, 여기서 $\bar{f} : X \times \{0\} \to Y$, $\bar{f}(x, 0) = f(x)$이다(그림 13.10 참조).

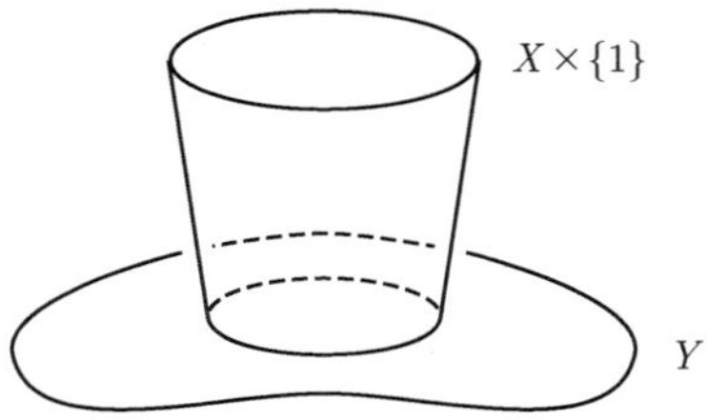

그림 13.10 • 사상기둥(mapping cylinder)

(3) **사상뿔**: 연속사상 $f : X \to Y$의 **사상뿔**(mapping cone) C_f는 접착공간 $CX \cup_{\bar{f}} Y$를

14) 여기서의 기호 ∂X는 4.2절에서 다룬 주어진 위상공간의 부분집합의 경계가 아니라, 14.1절에서 다룰 주어진 곡면(다양체)의 경계를 의미한다.

뜻한다. 단, 여기서 $\overline{f}: X\times\{0\}\to Y$, $\overline{f}(x,0)=f(x)$이다. 따라서 $C_f \cong M_f/(M\times\{1\})$이다(그림 13.11 참조).

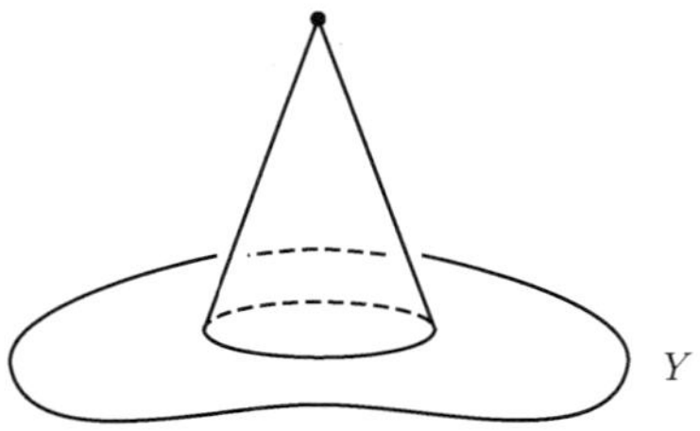

그림 13.11 • 사상뿔(mapping cone)

참고 13.2.7 정의 13.2.5에서 정의한 $X \amalg Y$상의 동치관계 $a \sim f(a)\ (a\in A)$에 대한 주어진 점 $z\in X \amalg Y$의 동치류는

$$[z]=\begin{cases} f^{-1}(f(z))\cup\{f(z)\}, & z\in A \\ \{z\}, & z\in X-A \\ f^{-1}(z)\cup\{z\}, & z\in f(A) \\ \{z\}, & z\in Y-f(A) \end{cases}$$

이다.

기초정리 13.2.8 만약 A가 X의 닫힌(열린)집합이고 $f: A\to Y$가 연속사상이면 상사상 $\pi: X \amalg Y \to X\cup_f Y$는 위상동형사상

$$\pi|_Y: Y \xrightarrow{\cong} \pi(Y)$$

를 유도하고, $\pi(Y)$는 $X\cup_f Y$의 닫힌(열린)집합이다.

증명 $\pi|_Y: Y\to\pi(Y)$는 명백하게 전단사인 연속사상이다.[15)]

이제 Y의 임의의 닫힌집합 C에 대하여, f가 연속이므로, $f^{-1}(C)$는 A의 닫힌집합이고, A가 X의 닫힌집합이므로 $f^{-1}(C)$는 X의 닫힌집합이다. 따라서 $\pi^{-1}(\pi(C))=f^{-1}(C)\cup C$는 $X \amalg Y$의 닫힌집합이다. 따라서 $\pi(C)$는 상공간 $X\cup_f Y$의 닫힌집합이다. 그러므로 π는 닫힌사상이다. 따라서 $\pi|_Y$도 닫힌사상이

15) 임의의 $[y]\in\pi(Y)$에 대하여 $Y\cap[y]=\{y\}$이므로 $(\pi|_Y)^{-1}([y])=\{y\}$이다.

므로, 성질 5.2.12에 의해, 위상동형사상이다. 특별히 Y도 Y의 닫힌집합이므로 $\pi(Y)$는 $X\cup_f Y$의 닫힌집합이다.

그리고 A가 열린집합인 경우는 위의 "닫힌"을 "열린"으로 바꾸면 된다. □

두 위상공간 X, Y와 X의 부분공간 A에서 정의된 연속사상 $f: A \to Y$에 대하여 $\pi: X\amalg Y \to X\cup_f Y$를 고유한 상사상이라 하자.

이제 $g: X \to Z$와 $h: Y \to Z$가 연속사상이라 하자. 만약 모든 점 $a\in A$에 대하여 $h(f(a)) = g(a)$가 성립하면, 다음 도표가 가환이 되도록 하는 잘 정의된 사상 $\varphi = g\cup_f h: X\cup_f Y \to Z$가 존재함을 알 수 있다.

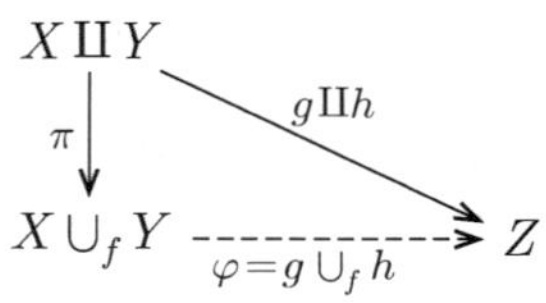

구체적으로

$$\varphi([t]) = \begin{cases} g(t), & [t]\in\pi(X) \\ h(t), & [t]\in\pi(Y) \end{cases}$$

이다. 그리고 기초정리 13.1.10에 의해 φ가 연속임을 알 수 있다.

성질 13.2.9 위상공간 Z와 함수 $\phi: X\cup_f Y \to Z$에 대하여 다음은 동치이다.

(a) ϕ는 연속이다.

(b) ϕ로부터 유도되는 두 사상 $g: X \xrightarrow{\pi|_X} X\cup_f Y \xrightarrow{\phi} Z$와 $h: Y \xrightarrow{\pi|_Y} X\cup_f Y \xrightarrow{\phi} Z$가 모두 연속이다.

증명 (a)⇒(b) 연속사상의 합성은 연속이므로 성립한다.

(b)⇒(a) 모든 점 $a\in A$에 대하여 $\pi(a) = \pi(f(a))$이므로 $g(a) = \phi(\pi(a)) = \phi(\pi(f(a))) = h(f(a))$이다. 따라서 $\varphi = g\cup_f h: X\cup_f Y \to Z$는 다음 도표가 가환이 되도록 하는 잘 정의된 사상이다.

$$
\begin{array}{ccc}
X \amalg Y & & \\
{\scriptstyle \pi}\downarrow & \searrow^{g \amalg h} & \\
X \cup_f Y & \overset{\varphi}{\dashrightarrow} & Z
\end{array}
$$

그리고 기초정리 13.1.10에 의해 φ는 연속이다. 한편 $\phi = \varphi$이므로 ϕ는 연속이다. □

보기 13.2.10 D^2를 닫힌 단위 원판이라 하자. 즉, $D^2 = \{(x, y) \in \mathbb{R}^2 | x^2 + y^2 \le 1\}$이다. 그러면 D^2의 모서리(경계) ∂D^2는 단위 원 S^1이다. 그리고 M을 뫼비우스띠라 하자. 그러면 뫼비우스 띠 M의 모서리(경계) ∂M은 S^1과 위상동형이다(그림 14.6 참조). 따라서 위상동형사상 $f : \partial D^2 = S^1 \overset{\cong}{\rightarrow} \partial M$가 존재한다. 그러면 $f : \partial D^2 \overset{\cong}{\rightarrow} \partial M \hookrightarrow M$에 의한 접착공간은 $D^2 \cup_f M \cong \mathbb{R}P^2$이다(그림 13.12 참조).

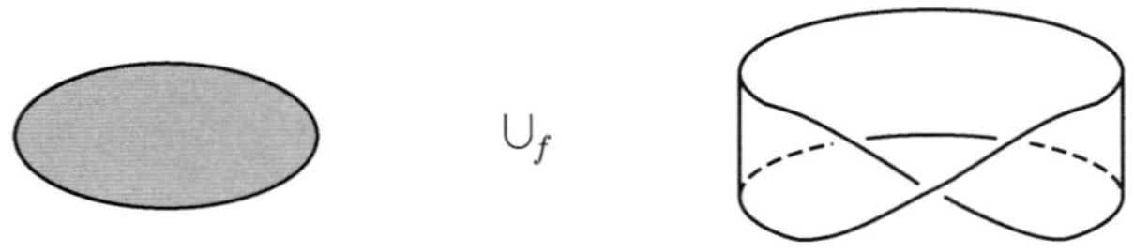

그림 13.12 • 사영평면 $\mathbb{R}P^2$

구체적으로 사영평면 $\mathbb{R}P^2$는 그림 13.13(a)와 같이 표현된다. 그리고 그림 13.13(b)와 같이 닫힌 원판 D^2의 내부를 잘라내자. 우리는 (b)에서 얻은 나머지 부분 $\mathbb{R}P^2 - (D^2)^\circ$이 뫼비우스 띠임을 보이면 된다. 이제 (b)를 그림 13.13(c)와 같이 선분 c와 d를 따라 자르자. (c)에서 얻은 두 조각을 원래 b를 따라서 붙여서 그림 13.13(d)를 얻을 수 있다. 이제 그림 13.13(d)를 a를 따라서 붙여서 그림 13.13(e)를 얻을 수 있다. 그리고 그림 13.13(e)는 뫼비우스 띠이다. 즉, $\mathbb{R}P^2 - (D^2)^\circ \cong M$이다. 따라서 이 과정을 역으로 생각하면 $D^2 \cup_f M \cong \mathbb{R}P^2$임을 알 수 있다.

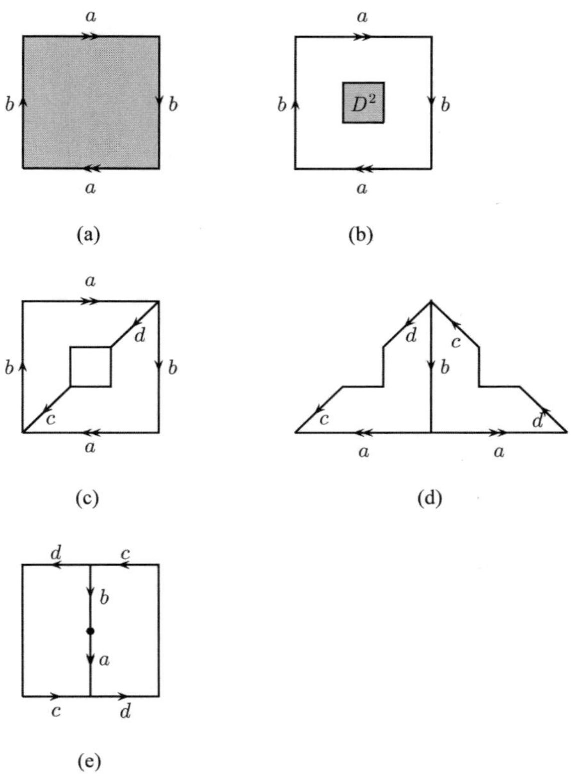

그림 13.13 • 사영평면

보기 13.2.11 M_1, M_2를 뫼비우스 띠라 하자. 그리고 $g : \partial M_1 \xrightarrow{\cong} S^1 \xrightarrow{\cong} \partial M_2$를 위상동형사상이라 하자. 그러면 $M_1 \cup_g M_2 \cong K$이다. 단, 여기서 K는 클라인 병이다.

그림 13.14 • 클라인 병 K

구체적으로 클라인 병 K는 그림 13.15(a)와 같이 표현된다. 먼저 그림 13.15(b)와 같이 선분 b를 두 부분 b_1, b_2로 나누자. 이제 (b)를 그림 13.15(c)와 같이 선분 c와 d를 따라 자르자. 그러면 그림 13.15(d)와 같이 세 조각이 나온다. (d)에서 얻은 세 조각중 위와 아래 두 조각을 원래 a를 따라서 붙여서 그림 13.15(e)를 얻을 수 있다. 그리고 그림

13.15(e)는 뫼비우스 띠 두 개이다. 따라서 이 과정을 역으로 생각하면 $M_1 \cup_g M_2 \cong K$임을 알 수 있다.

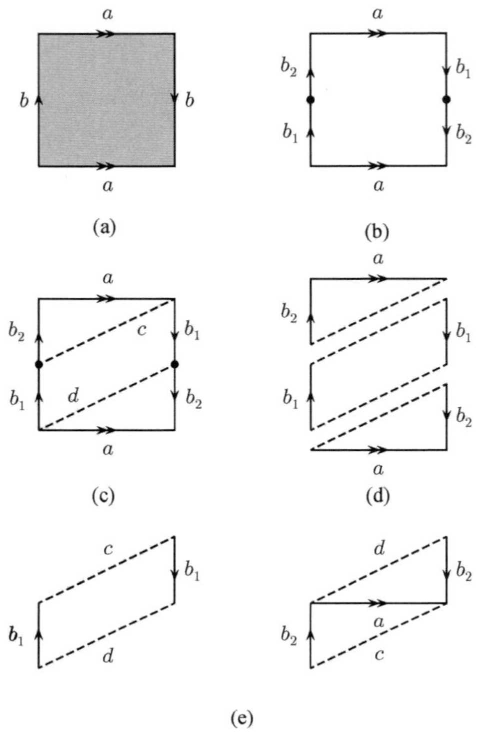

그림 13.15 • 클라인 병

접착공간에 대해 더 알아보기†

특별히 X와 Y가 위상공간이고 $A = X \cap Y$일 때, 항등사상 $\mathrm{id}_A : A \to A$에 의한 접착공간 $X \cup_{\mathrm{id}_A} Y$에 대해 성질 13.2.9가 성립한다. 이 경우 집합적으로는 $X \cup_{\mathrm{id}_A} Y = X \cup Y$이다. 따라서 임의의 위상공간 Z로의 사상 $\phi : X \cup_{\mathrm{id}_A} Y \to Z$가 연속이 되기 위한 필요충분조건은 $\phi \circ \pi : X \amalg Y \to Z$가 연속인 것이고, 이는 필요충분조건으로 $\phi|_X$와 $\phi|_Y$가 동시에 연속인 것이다.

만약 X와 Y가 더 큰 위상공간 W의 부분공간이면, $X \cup Y$는 이미 W의 부분공간으로서의 위상 $\mathscr{T}_S$가 존재한다. 한편 $A = X \cap Y$일 때, 항등사상 $\mathrm{id}_A : A \to A$에 의한 접착공간 $X \cup_{\mathrm{id}_A} Y$로서의 위상 $\mathscr{T}_Q$가 있다. 일반적으로 집합 $X \cup Y$상의 두 위상 $\mathscr{T}_S$와 $\mathscr{T}_Q$는

다르다.

보기 13.2.12 $X=[0,1]$과 $Y=[\frac{1}{2},1)\cup(1,2)$를 유클리드공간 $\mathbb{R}$의 부분공간이라 하자. 그러면 집합 $(\frac{1}{2},1]$은 유클리드공간 $\mathbb{R}$의 부분공간 $(X\cup Y, \mathscr{T}_S)$의 열린집합이 아니다. 그러나 상사상 $\pi: X\amalg Y \to X\cup_{\mathrm{id}_A} Y$에 대해 $\pi^{-1}((\frac{1}{2},1])=(\frac{1}{2},1]\amalg(\frac{1}{2},1)$은 $X\amalg Y$의 열린집합이므로 $(\frac{1}{2},1]$은 $(X\cup_{\mathrm{id}_A} Y, \mathscr{T}_Q)$의 열린집합이다. 따라서 두 위상 $\mathscr{T}_S$와 $\mathscr{T}_Q$는 다르다.

그리고 이때의 상사상 π는 닫힌사상도 열린사상도 아니다. 집합 $[\frac{1}{2},1)(\subset Y)$은 $X\amalg Y$의 닫힌집합인 동시에 열린집합이다. 그런데 $\pi^{-1}(\pi([\frac{1}{2},1)))=[\frac{1}{2},1)\amalg[\frac{1}{2},1)$은 $X\amalg Y$의 닫힌집합도 열린집합도 아니다. 따라서 $\pi([\frac{1}{2},1))$은 $X\cup_{\mathrm{id}_A} Y$의 닫힌집합도 열린집합도 아니다.

정리 13.2.13 만약 $W=X\cup Y$이고 X와 Y가 동시에 위상공간 W의 열린집합이거나 동시에 닫힌집합이면 $W\cong X\cup_{\mathrm{id}} Y$이다. 단, 여기서 $\mathrm{id}: X\cap Y \to X\cap Y$는 항등사상이다.

증명 W의 위상을 $\mathscr{T}$라 하고, W를 접착공간 $X\cup_{\mathrm{id}} Y$로 보았을 때의 위상을 $\mathscr{T}_Q$라 하자. 그리고 X와 Y가 모두 W의 열린집합이라 하자.

임의의 $U\in\mathscr{T}$에 대하여 $X\cap U$와 $Y\cap U$는 각각 X와 Y의 열린집합이다. 따라서 상사상 $\pi: X\amalg Y \to X\cup_{\mathrm{id}} Y$에 의해 $(X\cap U)\amalg(Y\cap U)=\pi^{-1}(U)$는 $X\amalg Y$의 열린집합이므로 $U\in\mathscr{T}_Q$이다.

역으로 임의의 $V\in\mathscr{T}_Q$에 대하여 $\pi^{-1}(V)=(X\cap V)\amalg(Y\cap V)$는 $X\amalg Y$의 열린집합이다. 따라서 $X\cap V$는 X의 열린집합이고 $Y\cap V$는 Y의 열린집합이다. 그런데 $X, Y\in\mathscr{T}$이므로 $X\cap V, Y\cap V\in\mathscr{T}$이다. 따라서 $V=(X\cap V)\cup(Y\cap V)\in\mathscr{T}$이다. 결국 $\mathscr{T}=\mathscr{T}_Q$임을 보였다.

같은 방법으로 X와 Y가 W의 닫힌집합인 경우도 보일 수 있다. □

우리는 앞의 논의를 일반적인 위상공간들의 모임 $\{X_\alpha\}$에 대해 확장할 수 있다. 이들의 떨어진 합집합 $\amalg X_\alpha$에서 이들의 합집합 $\cup X_\alpha$으로 보내는 고유사상

$$\pi: \amalg X_\alpha \to \cup X_\alpha,\quad x_\alpha \mapsto x_\alpha$$

를 생각하자. 즉, 모든 α에 대해 $\pi|_{X_\alpha} : X_\alpha \to X_\alpha$는 항등사상이다. 이제 집합 $\cup X_\alpha$에 π가 상사상이 되도록 상위상 $\mathscr{T}_Q$를 주자. 그리고 X_α가 모두 한 위상공간 W의 부분집합으로서 $\cup X_\alpha = W$가 성립한다고 하자. 그러면 정리 13.2.13과 같은 방법에 의하여 다음이 성립한다.

따름정리 13.2.14 위상공간 W의 부분집합들의 모임 $\{X_\alpha\}$가 $\cup X_\alpha = W$이라 하자. 만약 모든 X_α가 W의 열린집합(또는 모두 닫힌집합)이면 다음이 성립한다.

(1) 상공간 $\cup X_\alpha$는 W와 위상동형이다.

(2) 따라서 U가 W의 열린집합일 필요충분조건은 모든 α에 대해 $U \cap X_\alpha$가 X_α의 열린집합인 것이다.

(3) 만약 모든 α에 대하여 $f_\alpha : X_\alpha \to Z$가 연속이면 $\cup f_\alpha : \cup X_\alpha \to Z$도 연속이다.

연습문제

문제 13.2.1 $X = D^2$와 $Y = S^1$은 유클리드공간 $\mathbb{R}^2$의 부분공간이고 $A = S^1 = \partial D^2 \subset X$이다. 이제 함수 $f : A \to Y$, $f(x, y) = (x^2 - y^2, 2xy)$에 의한 접착공간 $X \cup_f Y$를 구하시오. (힌트: $f(\cos\theta, \sin\theta) = (\cos^2\theta - \sin^2\theta, 2\cos\theta\sin\theta)$이다.)

문제 13.2.2 뫼비우스 띠 M과 $A = \partial M$에 대하여 상공간 M/A를 구하시오.

문제 13.2.3 유클리드공간 $\mathbb{R}^2$의 부분공간 $X = [0, 1] \times [0, 1]$상의 동치관계

(i) $(0, t) \sim (t, 1)$ $(0 \le t \le 1)$,

(ii) $(t, 0) \sim (1, t)$ $(0 \le t \le 1)$

에 의한 상공간 $X/_\sim$은 클라인병 K와 위상동형임을 보이시오.

문제 13.2.4 X와 Y를 위상공간이라 하고 $A \subset X$이라 하자. 그리고 $f : A \to Y$를 연속사상이라 하고, U를 X의 열린집합, V를 Y의 열린집합이라 하자.

(1) 만약 $f^{-1}(V) = U \cap A$이면 $\pi(U \cup V)$는 $X \cup_f Y$의 열린집합임을 보이시오.

(2) 주어진 $F \subset X \cup_f Y$가 $X \cap \pi^{-1}(F \cup \pi(V)) \subset U$, $Y \cap \pi^{-1}(F) \subset V$를 만족하면 $\pi((U - A) \cup V)$는 F를 포함하는 $X \cup_f Y$의 열린집합임을 보이시오.

13.3 상공간의 분리성

일반적으로 보기 13.1.18에서 보았듯이 상사상(고유사상)에 의해 분리성에 관한 성질이 잘 보존되지 않는다. 예를 들어 $f: X \to Y$를 상사상이라 하자. 만약 $f^{-1}(y)$가 X의 닫힌집합이 아닌 점 $y \in Y$가 존재하면 X는 T_1이더라도 Y는 T_1이 아니다.

보기 13.3.1 유클리드공간 $\mathbb{R}$의 부분집합 $A=(-1,1)$에 대한 상공간 X/A는 T_1이 아니다. 왜냐하면, 만약 $\mathbb{R}/A$가 T_1-공간이라면 $\mathbb{R}/A$의 한 점 집합 $\{A\}$는 $\mathbb{R}/A$의 닫힌집합이 된다. 따라서 이의 역상 $\pi^{-1}(\{A\})=A$도 $\mathbb{R}$의 닫힌집합이 되어야 한다. 그런데 A는 $\mathbb{R}$의 닫힌집합이 아니므로 모순이다. 단, 여기서 $\pi: \mathbb{R} \to \mathbb{R}/A$는 고유사상이다.

보기 13.3.2 일반적으로 상공간이 T_1-공리보다 강한 분리공리를 만족하는 조건을 찾기는 더욱 어렵다. 예를 들어 유클리드공간 $\mathbb{R}^2$의 부분공간 $[-1,1]\times\mathbb{R}$상의 분할이 그림 13.16 (a), (b)와 같다고 하자. 즉, 각각의 선분들이 분할집합들이다. 그러면 분할 (a)에 의한 상공간은 하우스도르프지만 (b)에 의한 상공간은 하우스도르프가 아니다.[16] 여기서 두 직선 $\{-1\}\times\mathbb{R}$과 $\{1\}\times\mathbb{R}$이 각각의 상공간에서 서로 다른 두 점으로 표현됨을 유의하자.

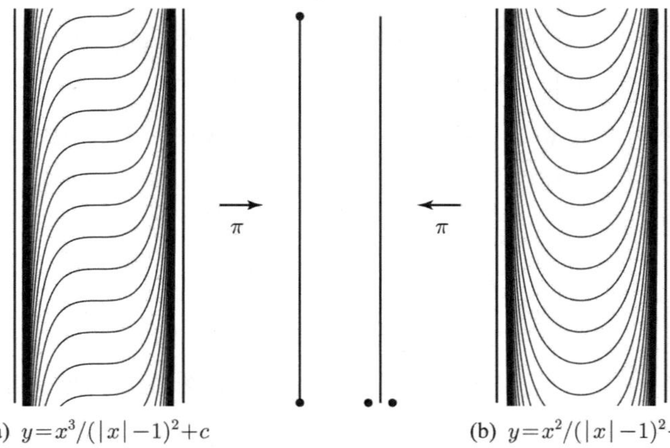

(a) $y=x^3/(|x|-1)^2+c$ (b) $y=x^2/(|x|-1)^2+c$

그리 13.16 • 하우스도르프공간의 상공간이 항상 하우스도르프공간이 되지는 않는다.

16) 보기 9.1.22의 말기위상(telophase topology) 참조.

정리 13.3.3 X가 T_1-공간이고, 상사상 $f : X \to Y$에 대하여 모든 점 $y \in Y$에 대한 역상 $f^{-1}(y)$가 X의 닫힌집합이면 Y는 T_1-공간이다.

증명 우리는 Y의 모든 한 점 집합 $\{y\}$가 Y에서 닫힌집합임을 보이면 된다(정리 7.1.17). 모든 점 $y \in Y$에 대하여 역상 $f^{-1}(\{y\}) = f^{-1}(y)$가 X의 닫힌집합이므로 상사상의 정의에 의하여 $\{y\}$는 Y의 닫힌집합이다. □

여기에서는 상공간이 정규공간이 되는 경우를 다루고자 한다.

정리 13.3.4 만약 X가 정규공간이고 상사상 $f : X \to Y$가 닫힌사상이면 Y도 정규공간이다.

증명 성질 7.2.21에 의해 성립한다. □

정리 13.3.5 X와 Y는 정규공간이고 A는 X의 닫힌집합이라 하자. 그러면 연속사상 $f : A \to Y$에 의한 접착공간 $X \cup_f Y$도 정규이다.

증명 $X \cup_f Y$의 임의의 한 점의 상사상 $\pi : X \amalg Y \to X \cup_f Y$에 의한 역상은 $X - A$ 또는 $Y - f(A)$상의 한 점이거나 아니면 임의의 $y \in f(A)$에 대하여 $f^{-1}(y) \cup \{y\}$이다(참고 13.2.7 참조). 그런데 f가 연속이므로 이들은 모두 $X \amalg Y$의 닫힌집합이다. 따라서 $X \cup_f Y$는 T_1-공간이다.

이제 B와 C를 $X \cup_f Y$의 서로소인 닫힌집합이라 하자. 그리고 다음과 같은 집합들을 생각하자.

$$B_X = \pi^{-1}(B) \cap X, \quad B_Y = \pi^{-1}(B) \cap Y,$$
$$C_X = \pi^{-1}(C) \cap X, \quad C_Y = \pi^{-1}(C) \cap Y.$$

그러면 B_Y와 C_Y는 Y의 서로소인 닫힌집합이므로, Urysohn 보조정리(정리 12.1.1)에 의하여 $g(B_Y) \subset \{0\}$, $g(C_Y) \subset \{1\}$을 만족하는 연속사상 $g : Y \to [0, 1]$가 존재한다. 그러면 합성사상 $g \circ f : A \to [0, 1]$에 대하여

$$(g \circ f)(A \cap B_X) \subset \{0\}, \quad (g \circ f)(A \cap C_X) \subset \{1\}$$

이다.

이제 함수 $h: A\cup B_X\cup C_X \to [0,1]$를 다음과 같이 정의하자.

$$h(x)=\begin{cases} g\circ f(x), & x\in A \\ 0, & x\in B_X \\ 1, & x\in C_X \end{cases}$$

그런데 A, B_X, C_X가 모두 X의 닫힌집합이므로, 붙임보조정리(기초정리 5.1.14)에 의해, h는 연속이다. 따라서 Tietze 확장정리(정리 12.1.2)에 의하여 h의 확장 $k: X\to[0,1]$가 존재한다.

이제 연속사상 $k\amalg g: X\amalg Y \to [0,1]$, $k\amalg g(z)=\begin{cases} k(z), & z\in X \\ g(z), & z\in Y \end{cases}$를 생각하자. 모든 $y\in f(A)$에 대해 $k(f^{-1}(y))=g(y)$가 성립하므로 잘 정의되는 연속사상

$$\varphi = k\cup_f g: X\cup_f Y \to [0,1]$$

가 존재하여 다음 도표가 가환이다.

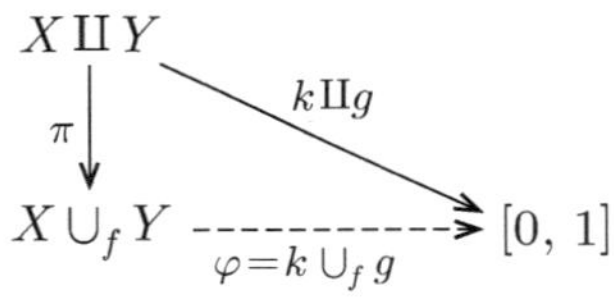

그리고 $\varphi(B)\subset\{0\}$, $\varphi(C)\subset\{1\}$이므로 $\varphi^{-1}([0,\frac{1}{3}))$과 $\varphi^{-1}((\frac{2}{3},1])$은 각각 B와 C를 포함하는 서로소인 $X\cup_f Y$의 열린집합이다. 따라서 $X\cup_f Y$는 정규공간이다. □

정리 13.3.6 $\{X_n\}_{n\in\Lambda}$을 가산개의 위상공간들의 모임이라 하자. 그리고 $X=\cup_{n\in\Lambda}X_n$에 상위상이 주어졌다 하자.[17] 만약 모든 X_n이 정규공간이면 X도 정규공간이다.

증명 먼저 한 점 $x\in X$를 임의로 택하자. 모든 n에 대하여 $\{x\}\cap X_n$은 $\varnothing$ 또는 $\{x\}$이다. 그리고 모든 X_n이 T_1이므로 $\{x\}\cap X_n$은 X_n의 닫힌집합이 되어 $\{x\}$는 X의 닫힌집합이다. 따라서 X는 T_1-공간이다.

17) 즉, 임의의 U가 X의 열린(닫힌)집합이기 위한 필요충분조건은 모든 $n\in\Lambda$에 대하여 $X_n\cap U$가 X_n의 열린(닫힌)집합인 것이다.

이제 A와 B가 서로소인 X의 닫힌집합이라 하자. 그리고 $Y_0 = A \cup B$이라 하고, 각각의 $n \in \Lambda$에 대하여 $Y_n = A \cup B \cup X_1 \cup \cdots \cup X_n$이라 하자. 그리고 함수 $f_0 : Y_0 \to I = [0, 1]$을 $f_0(A) \subset \{0\}$, $f_0(B) \subset \{1\}$로 정의하면 f_0은 연속이다. 우리는 귀납법 가정으로 연속사상 $f_n : Y_n \to I$이 존재한다고 가정하자. $Y_n \cap X_{n+1}$은 정규공간 X_{n+1}의 닫힌집합이므로 Tietze 확장정리(정리12.1.2)에 의하여 $f_n|_{Y_n \cap X_{n+1}}$을 $g : X_{n+1} \to I$로 확장할 수 있다. 그리고 붙임보조정리(기초정리 5.1.14)에 의하여

$$f_{n+1} = f_n \cup g : Y_{n+1} = Y_n \cup X_{n+1} \to I, \quad f_{n+1}(x) = \begin{cases} f_n(x), & x \in Y_n \\ g(x), & x \in X_{n+1} \end{cases}$$

은 잘 정의된 연속사상이고 $f_{n+1}|_{Y_n} = f_n$을 만족한다. 따라서

$$f = \cup_n f_n : X = \cup_n Y_n \to I$$

는 잘 정의된 연속사상으로서 $f(A) \subset \{0\}$이고 $f(B) \subset \{1\}$이 된다. 그러므로 $f^{-1}([0, \frac{1}{3}))$과 $f^{-1}((\frac{2}{3}, 1])$은 각각 A와 B를 포함하는 서로소인 X의 열린집합이다. 따라서 X는 정규공간이다. □

성질 13.3.7 만약 A가 위상공간 X의 닫힌집합이면 다음이 성립한다.

(1) 만약 X가 정칙이면 X/A는 하우스도르프이다.

(2) 만약 X가 정규이면 X/A도 정규이다.

(3) 만약 X와 Y는 모두 하우스도르프이고 $f : X \to Y$가 연속사상이면 M_f와 C_f도 하우스도르프이다.

증명 쉽게 보일 수 있으므로 연습문제로 남겨둔다. □

연습문제

문제 13.3.1 성질 13.3.7을 증명하시오.

문제 13.3.2 상공간 $X/_\sim$가 T_1일 필요충분조건은 모든 동치류 $[x]$가 X의 닫힌집합임을 보이시오.

문제 13.3.3 X를 컴팩트 하우스도르프, $\pi : X \to X/_\sim$를 고유사상이라 하자. 이제 $X/_\sim$가 하우스도르프일 필요충분조건은 π가 닫힌사상임을 보이시오.

문제 13.3.4 X를 정규공간, $\pi : X \to X/_\sim$를 고유사상이라 하자.
(1) 만약 π가 닫힌사상이면 상공간 $X/_\sim$은 정규인가?
(2) 만약 π가 열린사상이면 상공간 $X/_\sim$은 정규인가?

문제 13.3.5 X를 컴팩트 거리공간이라 하자. 이제 $X/_\sim$가 거리화가능일 필요충분조건은 $X/_\sim$가 하우스도르프임을 보이시오.

13.4 CW-복합체(CW-complex)†

위상수학에서 관심 있는 많은 위상공간들은 상공간의 구조를 갖고 있고, 이들 중 많은 공간은 접착공간의 구조를 가지고 있다.

예를 들어 구면 S^2를 생각하자. $P=\{p\}$를 한 점 집합이라 하고 $D^2=\{(x,y)\in\mathbb{R}^2 \mid x^2+y^2\le 1\}$를 단위 원판이라 하자. 그러면 D^2의 모서리(경계)는 단위 원 $S^1=\{(x,y)\in\mathbb{R}^2 \mid x^2+y^2=1\}$이다. 그리고 상수함수 $f:S^1\to P$에 의한 접착공간 $D^2\cup_f P$은 구면 S^2와 위상동형이다(그림 13.17 참조).

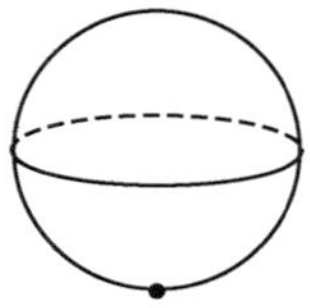

그림 13.17 • 구면(sphere)

또한 우리는 몇 개의 연속된 접착공간의 구조를 생각할 수 있다. 예를 들어 토러스 T를 생각하자. 이제 $X_0=\{p\}$를 한 점 집합이라 하자. 그리고 $D^1=[-1,1]$이라 하고 $f_1:\{-1,1\}\to X_0=\{p\}$을 상수함수라 하자. 그러면 접착공간 $D^1\cup_{f_1}\{p\}$는 원 l이 된다(그림 13.18(a)). 그리고 상수함수

$$f_2:\{-1,1\}\to l,\quad f_2(-1)=f_2(1)=p$$

에 의한 접착공간 $D^1\cup_{f_2}l$은 두 원의 합집합 $X_1=l\cup m$이 된다(그림 13.18 (b)). 이제 $D^2=\{(x,y)\in\mathbb{R}^2 \mid x^2+y^2\le 1\}$를 단위 원판이라 하자. 그러면 D^2는 $I^2=[0,1]\times[0,1]$

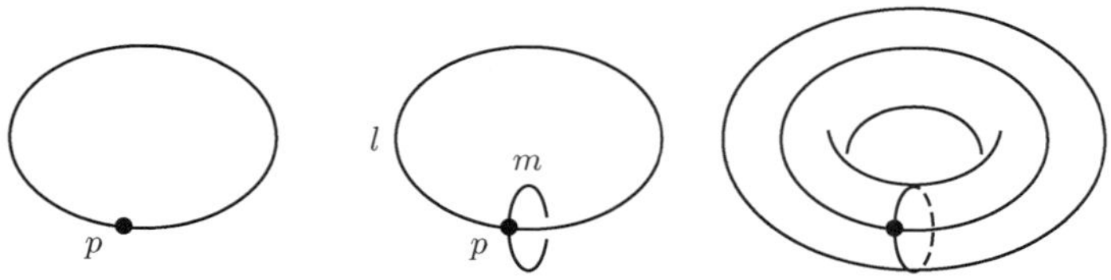

(a) l (b) $X_1=l\cup m$ (c) T

그림 13.18 • 토러스(torus)

과 위상동형이므로 $g: D^2 \to [0,1]\times[0,1]$를 위상동형사상이라 하자. 그리고 함수

$$h: \partial([0,1]\times[0,1]) \to X_1, \quad h(s,t) = (e^{2s\pi i}, e^{2t\pi i})$$

에 대하여 합성함수 $k = h \circ g|_{\partial D^2}: \partial D^2 \to X_1$를 생각하자. 그러면 접착공간 $D^2 \cup_k X_1$은 T와 위상동형이다(그림 13.18 (c)). 따라서

$$T \cong D^2 \cup_k (D^1 \cup_{f_2} (D^1 \cup_{f_1} \{p\}))$$

이다.

앞의 보기에서 보았듯이 구면이나 토러스 등은 디스크 $D^0 = \{*\}$, $D^1 = [-1,1]$, D^2들로부터 만들어지는 접착공간으로 볼 수 있다.

이와 같이 매우 간단한 디스크 $D^0 = \{*\}$, $D^n = \{\mathbf{x} \in \mathbb{R}^n \mid \|\mathbf{x}\| \le 1\}$들로 부터 만들어지는 위상공간의 구조를 연구하기는 비교적 쉽다.

이제 앞의 보기에서의 방법을 일반화하자. 우리는 n-디스크 D^n과 위상동형인 공간을 **n-세포**(n-**cell**)라 하고, D^n의 내부 $(D^n)^\circ = \{\mathbf{x} \in \mathbb{R}^n \mid \|\mathbf{x}\| < 1\}$와 위상동형인 공간을 **열린 n-세포**(**open** n-**cell**)라 한다. 여기서 주의할 점은 0-세포와 열린 0-세포는 모두 한 점 집합이라는 것이다.

정의 13.4.1 하우스도르프공간 X가 **CW-복합체**(**CW-complex**)란 서로소인 열린세포 e_α들의 합집합으로서 다음을 만족하는 것이다.

(i) $X = \cup_{\alpha \in \Lambda} e_\alpha$.

(ii) 임의의 열린 n-세포 e_α에 대하여 연속사상 $f_\alpha: D^n \to X$가 존재하여 축소사상

$$f_\alpha|_{(D^n)^\circ}: (D^n)^\circ \to e_\alpha$$

는 위상동형사상이 되고, $f_\alpha(\partial D^n) = f_\alpha(S^{n-1})$이 X 내의 n보다 낮은 차원의 유한개의 열린세포들의 합집합 속에 포함된다.

(iii) X의 부분집합 A가 X의 닫힌집합일 필요충분조건은 모든 α에 대하여 $A \cap \overline{e}_\alpha$가 부분공간 $\overline{e}_\alpha$의 닫힌집합인 것이다.[18)]

---

18) 참고로 $\overline{e}_\alpha$가 X의 닫힌집합이므로 $A \cap \overline{e}_\alpha$가 부분공간 $\overline{e}_\alpha$의 닫힌집합일 필요충분조건은 $A \cap \overline{e}_\alpha$가 X의 닫힌집합인 것이다.

CW-복합체는 J. H. C. Whitehead에 의하여 최초로 정의되었다. 정의의 조건 중 (ii)를 closure-finiteness라 하고 (iii)을 weak-topology라 하는데 이들로 부터 C와 W가 유래되었다. 여기서 주의할 점은 열린세포 e_α가 일반적으로 X의 열린집합이 아니라는 것이다. 그리고 (ii)의 사상 f_α를 세포 e_α의 **특성사상**(characteristic map)이라 한다. 편의상 $\dot{e}_\alpha = \overline{e}_\alpha - e_\alpha$이라 하자.

기초정리 13.4.2 CW-복합체 X의 열린 n-세포 e_α의 특성사상 $f_\alpha : D^n \to X$는 다음을 만족한다.

(1) $f_\alpha(D^n) = \overline{e}_\alpha$.

(2) $f_\alpha(\partial D^n) = \dot{e}_\alpha$.

(3) $\overline{e}_\alpha$, $\dot{e}_\alpha$는 모두 X의 컴팩트집합이다. 따라서 $\overline{e}_\alpha$, $\dot{e}_\alpha$는 X의 닫힌집합이다.

증명 D^n이 $(D^n)^\circ$의 폐포이고 f_α가 연속이므로 정리 5.1.4에 의하여

$$f_\alpha(D^n) \subset \overline{f_\alpha((D^n)^\circ)} = \overline{e}_\alpha$$

이다. 한편 D^n이 컴팩트이고 f_α가 연속이므로 $f_\alpha(D^n)$도 컴팩트이다. 그리고 X가 하우스도르프이므로 정리 9.1.17에 의해 $f_\alpha(D^n)$은 X의 닫힌집합이다. 그런데 $e_\alpha = f_\alpha((D^n)^\circ) \subset f_\alpha(D^n)$이므로 $\overline{e}_\alpha \subset f_\alpha(D^n)$이다. 따라서 $f_\alpha(D^n) = \overline{e}_\alpha$이다.

한편 조건 (ii)에 의하여 $f_\alpha(\partial D^n)$이 n보다 낮은 차원의 유한개의 열린세포들에 포함되고 X의 모든 열린세포들이 서로소이므로 $f_\alpha(\partial D^n) \cap e_\alpha = \varnothing$ 이 되어 $f_\alpha(\partial D^n) = \dot{e}_\alpha$이다.

또한 D^n과 $\partial D^n = S^{n-1}$이 컴팩트이고 f_α가 연속이므로 $f_\alpha(D^n) = \overline{e}_\alpha$와 $f_\alpha(\partial D^n) = \dot{e}_\alpha$는 모두 X의 컴팩트집합이다. 그리고 X가 하우스도르프이므로 이들은 X의 닫힌집합이다. □

X를 열린세포 $e_\alpha(\alpha \in \Lambda)$들로 이루어진 CW-복합체라 하자. $X^{(0)}$을 X의 열린 0-세포들의 합집합이라 하자. 그러면 CW-복합체의 조건 (ii)에 의하여 $X^{(0)}$은 극한점을 갖지 않는다. 그리고 자연수 n에 대하여 $X^{(n)}$을 n보다 차원이 같거나 낮은 모든 열린세포들의 합집합이라 하자. 즉,

$$X^{(n)} = \cup \{ e_\alpha \mid \dim e_\alpha \le n \}$$

이다. 우리는 $X^{(n)}$을 X의 n-**뼈대**(skeleton)라 한다. 그리고 주어진 CW-복합체의 차원이란 이의 열린세포들의 차원의 최대값을 뜻한다. 따라서 X의 차원이 p이면

$$X^{(0)} \subset X^{(1)} \subset X^{(2)} \subset \cdots \subset X^{(p-1)} \subset X^{(p)} = X$$

이다. 이제

$$\mathscr{C} = \{ \alpha \in \Lambda \mid e_\alpha \text{는 } X\text{의 열린 } n\text{-세포} \}$$

이라 하고 Y를 $\mathscr{C}$의 원소 개수만큼의 D^n들의 떨어진 합집합이라 하자. 즉, $Y = \amalg_{\alpha \in \mathscr{C}} D_\alpha^n$이다. 단, 여기서 모든 $D_\alpha^n = D^n$이다. 이제 각각의 $\alpha \in \mathscr{C}$에 해당하는 열린 n-세포 e_α에 대한 특성사상 $f_\alpha : D^n \to X$의 축소사상

$$f_{\partial\alpha} := f_\alpha|_{\partial D_\alpha^n} : \partial D_\alpha^n = S^{n-1} \to X^{(n-1)}$$

를 생각하자. 그리고 $f = \amalg f_{\partial\alpha}$이라 하면

$$X^{(n)} = Y \bigcup_f X^{(n-1)} = (\coprod_{\alpha \in \mathscr{C}} D_\alpha^n) \bigcup_{\amalg f_{\partial\alpha}} X^{(n-1)}$$

이 된다.

따라서 CW-복합체 X는 D^n들의 접착공간(상공간)이다. 그러므로 주어진 사상 $g : X \to Z$가 연속일 필요충분조건은 모든 $\alpha \in \Lambda$에 대하여 합성사상 $g \circ f_\alpha : D^n \to \bar{e}_\alpha \to Z$가 연속인 것이다. 이 성질과 정리 13.1.32에 의하여 우리는 다음 기초정리를 얻는다.

기초정리 13.4.3 X는 열린세포 $e_\alpha(\alpha \in \Lambda)$들로 이루어진 CW-복합체이고, Z는 임의의 위상공간이라 하자. 그러면 임의의 사상 $g : X \to Z$가 연속일 필요충분조건은 모든 $\alpha \in \Lambda$에 대하여 $g|_{\bar{e}_\alpha} : \bar{e}_\alpha \to Z$가 연속인 것이다.

보기 13.4.4 (1) 앞에서 보았듯이 구면 S^n은 0-세포 1개와 열린 n-세포 1개로 이루어진 CW-복합체이다(그림 13.17 참조).

(2) 앞에서 보았듯이 토러스 T는 1개의 0-세포 $\{p\}$와 2개의 열린 1-세포 $l - \{p\}$, $m - \{p\}$, 그리고 1개의 열린 2-세포 $T - (l \cup m)$로 이루어진 CW-복합체이다. 따라

서 $X^{(0)}=\{p\}$, $X^{(1)}=l\cup m$, $X^{(2)}=T$이다(그림 13.18 참조).

(3) 다음 그림 13.19(a)와 같이

0-세포 : $e_1=\{(1,0)\}$, $e_2=\{(1,-1)\}$, $e_3=\{(-1,-1)\}$, $e_4=\{(-1,1)\}$,

$e_5=\{(1,1)\}$, $e_n=\{(1,\frac{1}{n-4})\}$ $(n=6,7,\ldots)$

1-세포 : τ_n는 두 점 e_n과 e_{n+1}을 잇는 선분이다. 즉 $\tau_n=\overline{e_n e_{n+1}}-\{e_n, e_{n+1}\}$

2-세포 : $\sigma=(-1,1)\times(-1,1)$

로 이루어진 $X=[-1,1]\times[-1,1]$에 유클리드공간 $\mathbb{R}^2$의 부분공간위상을 준 공간 X는 CW-복합체의 조건 (ii)를 만족하지 않으므로 X는 CW-복합체가 되지 않는다.

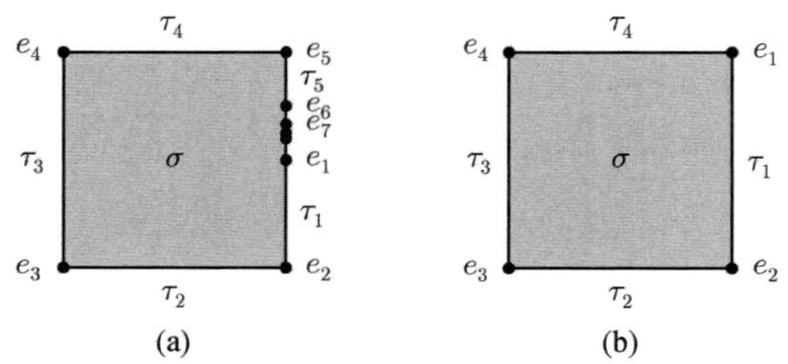

그림 13.19 • CW-복합체

여기서 주의 할 점은 같은 집합에 그림 13.19(b)와 같이

0-세포 : $e_1=\{(1,1)\}$, $e_2=\{(1,-1)\}$, $e_3=\{(-1,-1)\}$, $e_4=\{(-1,1)\}$

1-세포 : $\tau_1=\{1\}\times(-1,1)$, $\tau_2=(-1,1)\times\{-1\}$, $\tau_3=\{-1\}\times(-1,1)$,

$\tau_4=(-1,1)\times\{1\}$

2-세포 : $\sigma=(-1,1)\times(-1,1)$

로 이루어진 $Y=[-1,1]\times[-1,1]$에 유클리드공간 $\mathbb{R}^2$의 부분공간위상을 준 공간 Y는 CW-복합체가 된다.

성질 13.4.5 모든 CW-복합체는 정규공간이다.

증명 정리 13.3.5, 13.3.6에 의하여 성립한다. □

연습문제

문제 13.4.1 실사영평면 $\mathbb{R}P^2$는 CW-복합체임을 보이시오.

13.5 궤도공간(orbit space)†

위상공간들 중에는 원소들 사이의 연속적인 대수 연산이 존재하여 이 연산에 의하여 군이 되는 것들이 많이 있다. 예를 들어 S^1을 $\mathbb{C}$상의 단위 원으로 보면 S^1은 복소수 곱에 의한 군(group)이 됨을 알 수 있다. 이와 같은 공간을 위상군이라 한다.

정의 13.5.1 위상군(topological group)이란 하우스도르프공간 G로서 연속인 곱사상(연산[19])과 역원사상[20]

$$\mu : G\times G \to G,\quad (g,h)\mapsto gh,$$
$$i : G \to G,\quad g \mapsto g^{-1}$$

에 의해 군이 되는 것을 뜻한다. 위상군 G의 **부분군** H란 H가 G에서의 군의 연산에 의해 군이 되는 부분공간을 뜻한다.

보기 13.5.2 다음은 모두 위상군이 된다.

(1) 모든 군에 이산위상을 주면 항상 위상군이 된다(예 $(\mathbb{Z}, +)$, $\mathbb{Z}_p$).

(2) $(S^1, \cdot)$; S^1은 $\mathbb{C}$상의 단위 원이고 $\cdot$은 복소수 곱이다.

(3) $(\mathbb{R}, +)$; 유클리드공간과 덧셈 연산.

(4) $(M_{n\times m}(\mathbb{R}), +)$; 모든 $n\times m$ 행렬과 행렬의 덧셈. 여기서 $M_{n\times m}(\mathbb{R})$은 모든 $n\times m$ 행렬들의 모임이다. 그리고 $d((a_{ij}),(b_{ij}))=\sqrt{\sum_{i,j}(a_{ij}-b_{ij})^2}$는 $M_{n\times m}(\mathbb{R})$상의 거리가 된다. 이제 $M_{n\times m}(\mathbb{R})$상에 d가 유도하는 거리위상을 주자. 그러면

$$M_{n\times m}(\mathbb{R}) \to \mathbb{R}^{nm},\quad (a_{ij})\mapsto (a_{11},\dots,a_{1m},a_{21},\dots,a_{2m},\dots,a_{n1},\dots,a_{nm})$$

이 위상동형사상이므로 $M_{n\times m}(\mathbb{R})\cong \mathbb{R}^{nm}$이다.

(5) $GL(n,\mathbb{R})=\{A\in M_{n\times n}(\mathbb{R}) \mid \det A\neq 0\}$; 위상은 $M_{n\times n}(\mathbb{R})$의 부분공간위상을 갖고, 연산은 행렬곱으로 하는 군.

(6) $O(n)=\{A\in GL(n,\mathbb{R}) \mid AA^t=I\}$은 $GL(n,\mathbb{R})$의 컴팩트 부분군이다.

(7) $SO(n)=\{A\in O(n) \mid \det A=1\}$은 $O(n)$의 컴팩트 부분군이다.

---

19) group multiplication
20) inversion

풀이 (5) $M_{n\times n}(\mathbb{R})$은 모든 $n\times n$행렬의 모임이므로 이는 위상공간으로서 $\mathbb{R}^{n^2}$과 위상동형이다. 한편 행렬의 곱

$$\mu : M_{n\times n}(\mathbb{R})\times M_{n\times n}(\mathbb{R})\to M_{n\times n}(\mathbb{R}),\quad \mu((a_{ij}),(b_{kl}))=(\sum_{k=1}^{n}a_{ik}b_{kj})$$

는 다항함수로 표현되므로 연속이다. 그리고 $GL(n,\mathbb{R})$은 $M_{n\times n}(\mathbb{R})$의 부분공간이고 연산 μ에 의해 닫혀 있다.

한편 역원사상 $i : GL(n,\mathbb{R})\to GL(n,\mathbb{R})$는 유리함수 $i(A)=\frac{1}{\det A}(c_{ij})$로 표현되므로 연속이다. 단, 여기서 (c_{ij})는 A의 ji-여인자이다.

(6) 다음이 성립함을 상기하자.

$$A=(a_{ij})\in O(n)\Leftrightarrow \sum_{k=1}^{n}a_{ik}a_{jk}=\delta_{ij}=\begin{cases}1, & i=j\\ 0, & i\neq j\end{cases}$$

따라서 $f_{ij} : M_{n\times n}(\mathbb{R})\to\mathbb{R}$를 $f_{ij}(A)=\sum_{k=1}^{n}a_{ik}a_{jk}$로 정의하면

$$O(n)=[\bigcap_{\substack{1\le i,j\le n\\ i\neq j}}f_{ij}^{-1}(0)]\bigcap[\bigcap_{1\le i\le n}f_{ii}^{-1}(1)]$$

이므로 $O(n)$은 $M_{n\times n}(\mathbb{R})$의 닫힌집합이다.

한편 모든 i에 대하여 $\sum_{j=1}^{n}(a_{ij})^2=1$이므로 $O(n)$은 유계이다. 따라서 $O(n)$은 컴팩트이다. (주의: $A\in O(n)$이면 $\det A=\pm 1$이지만, 역으로 $\det A=\pm 1$이라고 해서 $A\in O(n)$가 되는 것은 아니다. 예를 들어 $\begin{pmatrix}2 & 0\\ 0 & \frac{1}{2}\end{pmatrix}$를 생각해 보자.)

(7) 연속함수 $\det : O(n)\to\mathbb{R}$에 대하여 $SO(n)=\det^{-1}(1)$이므로 $SO(n)$은 $O(n)$의 닫힌집합이다. 따라서 컴팩트이다. □

정의 13.5.3 두 위상군 G와 H 사이의 함수 $f : G\to H$가 **위상군 동형사상**이란

(i) f는 군 동형사상(group isomorphism)이고,
(ii) f는 위상동형사상(homeomorphism)

임을 의미한다. 이 경우 G와 H를 **위상군 동형**이라 한다.

보기 13.5.4 두 위상군 $SO(2)$와 S^1은 위상군 동형이다. 왜냐하면

$$SO(2)=\left\{\begin{pmatrix}\cos\theta & -\sin\theta\\ \sin\theta & \cos\theta\end{pmatrix} \mid 0\le\theta\le 2\pi\right\}$$

이므로 $f: SO(2) \to S^1$를 $f\begin{pmatrix}\cos\theta & -\sin\theta\\ \sin\theta & \cos\theta\end{pmatrix}=e^{i\theta}=\cos\theta+i\sin\theta\in S^1$으로 정의하면 f는 컴팩트공간에서 하우스도르프공간으로 보내는 전단사 연속사상이다. 따라서 f는 위상동형사상이다. 더구나 f는 군 동형사상이므로 f는 위상군 동형사상이다.

정의 13.5.5 위상군 G가 하우스도르프공간 X에 **작용**한다란 다음 두 조건을 만족하는 "연속사상" $\theta: G\times X \to X$가 존재하는 경우를 뜻한다.

(i) 임의의 $g, h\in G$와 $x\in X$에 대하여 $\theta(g, \theta(h, x))=\theta(gh, x)$이다.
(ii) 항등원 $e\in G$와 임의의 $x\in X$에 대하여 $\theta(e, x)=x$이다.

이 경우 G를 X의 **변환군**(transformation group)이라 하고 X를 G-**공간**이라 한다. 한편 작용 θ가 명백한 경우에는 $\theta(g, x)$를 간단히 gx로 표기한다.

정의로부터 임의의 $g\in G$는 위상동형사상

$$\theta_g: X\to X,\quad \theta_g(x)=\theta(g, x)$$

를 유도함을 쉽게 알 수 있다. 그리고 이의 역사상은 $\theta_{g^{-1}}$이다.

보기 13.5.6 G-공간의 예들을 보자.

(1) $GL(n, \mathbb{R})$은 $\mathbb{R}^n$에 $\theta(A, x)=Ax$로 작용한다. 따라서 $\mathbb{R}^n$은 $GL(n, \mathbb{R})$-공간이다.
(2) $O(n)$은 S^{n-1}에 $\theta(A, x)=Ax$로 작용한다. 따라서 S^{n-1}은 $O(n)$-공간이다.
(3) $\mathbb{Z}_n=\{e^{2k\pi i/n}\in S^1 \mid 0\le k\le n-1\}$은 $\mathbb{C}$에 복소수 곱으로 작용한다.
(4) $\mathbb{Z}_2=\langle T\rangle$는 S^n에 $\theta(T, x)=-x$로 작용한다.
(5) $S^1\subset\mathbb{C}$은 $S^{2n-1}\subset\mathbb{C}^n$상에 $\theta(\alpha, (z_1,\dots,z_n))=(\alpha z_1,\dots,\alpha z_n)$로 작용한다.

정리 13.5.7 작용 $\theta: G\times X\to X$는 열린사상이다.

증명 W를 $G\times X$의 열린집합이라 하자. 곱위상의 정의에 의해, 주어진 점 $p=(g_*, x_*)\in W$에 대하여 $p=(g_*, x_*)\in U_p\times V_p\subset W$를 만족하는 G의 열린집합 U_p와 X의 열린집합 V_p가 존재한다. 그리고 모든 $g\in G$에 대하여 $\theta_g: X\to X$,

$\theta_g(x) = gx$가 위상동형사상이므로 $g(V_p) = \theta_g(V_p)$는 X의 열린집합이다. 그래서 $\theta(U_p \times V_p) = \cup_{g \in U_p} g(V_p)$도 X의 열린집합이다. 그러므로 $\theta(W) = \cup_{p \in W} \theta(U_p \times V_p)$는 X의 열린집합이다. 따라서 θ는 열린사상이다. □

G-공간 X의 점 x에 대하여 X의 부분집합 $G(x) = \{gx \mid g \in G\}$를 x의 **궤도(orbit)**라 한다.

기초정리 13.5.8 G-공간 X상의 임의의 두 궤도는 같거나 서로 만나지 않는다. 즉, 임의의 $x, y \in X$에 대하여 $G(x) = G(y)$이거나 $G(x) \cap G(y) = \varnothing$이다.

증명 만약 $G(x) \cap G(y) \neq \varnothing$이라 가정하면 $gx = hy$를 만족하는 $g, h \in G$가 존재한다. 따라서 모든 $g' \in G$에 대하여 $g'x = g'g^{-1}gx = g'g^{-1}hy \in G(y)$이므로 $G(x) \subset G(y)$이다. 비슷한 방법으로 $G(y) \subset G(x)$도 보일 수 있으므로 $G(x) = G(y)$이다. □

이로부터 $\mathscr{P} = \{G(x) \mid x \in X\}$가 X의 분할(partition)이 됨을 알 수 있다.

정의 13.5.9 위상군 G와 G-공간 X의 분할 $\mathscr{P} = \{G(x) \mid x \in X\}$에 의한 상공간 $X/\mathscr{P}$를 X의 **궤도공간(orbit space)**이라 하고, 이를 X/G로 표기한다. 이때의 고유사상 $\pi : X \to X/G$를 **궤도사상(orbit map)**이라 한다.

다시 말해서 궤도공간 X/G는 G-공간 X상의 동치관계

$$x \sim y \iff \exists\, g \in G \text{ s.t. } y = gx$$

에 의한 상공간 $X/_\sim$이다. 특별히 모든 $x \in X$에 대하여 $[x] = G(x)$이다.

보기 13.5.10 앞의 보기 13.5.6(4)의 궤도공간 $S^n/\mathbb{Z}_2$는 $\mathbb{R}P^n$이다.

그림 13.20(a)에서 볼 수 있듯이 위상군 $S^1 (\subset \mathbb{C})$이 $\mathbb{C}$에 복소수 곱으로 작용하면 궤도공간 $\mathbb{C}/S^1$은 반직선 $[0, \infty)$와 위상동형이다. 다르게 표현하면 위상군 $SO(2)$가 $\mathbb{R}^2$에 $\theta(A, x) = Ax$로 작용하면 궤도공간 $\mathbb{R}^2/SO(2)$는 반직선 $[0, \infty)$와 위상동형이다. 그리고 이산위상을 갖는 위상군 $\mathbb{Z}_3$이 $\mathbb{C}(= \mathbb{R}^2)$에 복소수 곱으로 작용하면 궤도공간 $\mathbb{C}/\mathbb{Z}_3$은 그림 13.20(b)와 같이 고깔 모양이다.

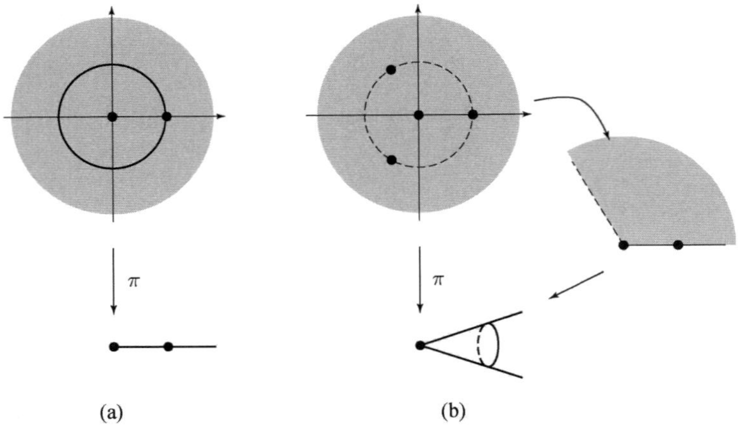

그림 13.20 • 궤도공간(orbit space)

기초정리 13.5.11 궤도사상 $\pi: X \to X/G$는 열린사상이다.

증명 U를 X의 열린집합이라 하자. 그러면 각각의 $g \in G$에 대하여 $\theta_g: X \to X$, $\theta_g(x) = gx$가 위상동형사상이므로 $g(U) = \theta_g(U)$는 X의 열린집합이다. 그리고 $\pi^{-1}(\pi(U)) = \bigcup_{g \in G} g(U)$이므로 $\pi^{-1}(\pi(U))$도 X의 열린집합이다. 따라서 상위상의 정의에 의해 $\pi(U)$는 X/G의 열린집합이다. □

정리 13.5.12 만약 G와 X/G가 모두 연결공간이면 X도 연결공간이다.

증명 U와 V를 $X = U \cup V$를 만족하는 공집합이 아닌 열린집합이라 하자. 그러면 $\pi: X \to X/G$가 열린사상이므로 $\pi(U)$와 $\pi(V)$는 모두 공집합이 아닌 열린집합이고 $X/G = \pi(U) \cup \pi(V)$이다. 그리고 X/G가 연결이므로 $\pi(U) \cap \pi(V) \neq \varnothing$이다. 따라서 $\pi(x) \in \pi(U) \cap \pi(V)$인 $x \in X$가 존재한다. 그리고 자명하게

$$U \cap G(x) \neq \varnothing, \quad V \cap G(x) \neq \varnothing, \quad G(x) = (U \cap G(x)) \cup (V \cap G(x))$$

이다. 한편 G가 연결이므로 $G \times \{x\}$도 연결이다. 그리고 θ가 연속이므로 $G(x) = \theta(G \times \{x\})$는 연결이다. 그래서

$$(U \cap V) \cap G(x) = (U \cap G(x)) \cap (V \cap G(x)) \neq \varnothing$$

이 되어야 하므로 $U \cap V \neq \varnothing$이다. 따라서 X는 연결이다. □

특별히 위상군 G가 컴팩트이면 다음 성질들이 성립한다.

기초정리 13.5.13 위상군 G가 컴팩트이면 모든 G의 작용 $\theta : G\times X \to X$는 닫힌사상이다.

증명 정의에 의하여 G-공간 X는 항상 하우스도르프임을 주의하자. 이제 C를 $G\times X$의 닫힌집합이라고 하자. 만약 $y\in\overline{\theta(C)}$이면 정리 9.5.9에 의해 $\theta(g_\alpha, x_\alpha)=g_\alpha x_\alpha$가 y로 수렴하는 그물(net) $(g_\alpha, x_\alpha)\in C$가 존재한다.[21] G가 컴팩트이므로 정리 9.5.15에 의해 부분그물(subnet)을 통하여 우리는 g_α가 g에 수렴한다고 할 수 있다. 그러면 $x_\alpha = \theta(g_\alpha^{-1}, g_\alpha x_\alpha)$는 $\theta(g^{-1}, y)=g^{-1}y$로 수렴한다. 그래서 (g_α, x_α)는 $(g, g^{-1}y)$로 수렴한다. 그리고 C가 닫힌집합이므로 $(g, g^{-1}y)\in C$이다. 따라서 $y=\theta(g, g^{-1}y)\in\theta(C)$ 이다. □

성질 13.5.14 만약 위상군 G가 컴팩트이면 임의의 G-공간 X에 대하여 다음이 성립한다.

(1) $\pi : X \to X/G$는 닫힌사상이다.

(2) X/G는 하우스도르프이다.

(3) $\pi : X \to X/G$는 완전사상이다.

(4) X는 컴팩트 $\Leftrightarrow X/G$는 컴팩트.

(5) X는 국소컴팩트 $\Leftrightarrow X/G$는 국소컴팩트.

증명 (1) 만약 $A\subset X$가 닫힌집합이면, 기초정리 13.5.13에 의해, $G(A)=\theta(G\times A)$는 X의 닫힌집합이다. 그런데 $G(A)=\pi^{-1}(\pi(A))$이고 X/G가 상위상을 가지므로 $\pi(A)$는 X/G의 닫힌집합이다.

(2) x^*와 y^*를 X/G의 서로 다른 두 점이라 하자. 그리고 $\pi^{-1}(x^*)=G(x)$, $\pi^{-1}(y^*)=G(y)$라고 하면 $G(x)\cap G(y)=\varnothing$ 이다. 그런데 G가 컴팩트이므로 $G(x)=\theta(G\times\{x\})$와 $G(y)$는 X상의 서로소인 컴팩트집합이다. 그리고 X가 하우스도르프이므로 정리 9.1.16에 의해

$$G(x)\subset U,\ G(y)\subset V,\ U\cap V=\varnothing$$

21) 그물(net)은 수열(sequence)을 보다 일반화한 개념이다. 9.5절 참조.

을 만족하는 열린집합 U와 V가 존재한다. 이 경우 $U \subset V^c$이고 V^c이 닫힌집합이므로 $\overline{U} \subset V^c$이 성립한다. 따라서 $\overline{U} \cap G(y) = \varnothing$ 이므로 $\pi(U) \cap (X/G - \pi(\overline{U})) = \varnothing$ 이고 $x^* \in \pi(U)$, $y^* \in X/G - \pi(\overline{U})$이다. 특별히 기초정리 13.5.11에 의해 $\pi(U)$는 X/G의 열린집합이고, (1)에 의해 $X/G - \pi(\overline{U})$는 X/G의 열린집합이다. 따라서 상공간 X/G는 하우스도르프이다.

(3) 먼저 각각의 $x \in X$에 대하여 $G \times \{x\}$는 컴팩트이고 θ가 연속이므로 $G(x) = \theta(G \times \{x\})$는 컴팩트이다. 이제 임의의 점 $x^* \in X/G$에 대하여, π가 전사이므로, $\pi(x) = x^*$인 $x \in X$가 존재한다. 그리고 $\pi^{-1}(x^*) = G(x)$이고 $G(x)$가 컴팩트이므로 $\pi^{-1}(x^*)$는 컴팩트이다. 따라서 π는 완전사상이다.

(4) (3)과 정리 9.1.11, 정리 10.3.29에 의하여 성립한다.

(5) 정리 10.3.31에 의하여 성립한다. 구체적으로 만약 X의 열린집합 U에 대해 $x \in U$이고 $\overline{U}$가 컴팩트라고 하자. 그러면 $\pi(x) \in \pi(U) \subset \pi(\overline{U})$이므로 $\pi(\overline{U})$는 $\pi(x)$의 컴팩트 근방이다. 역으로, 만약 C가 $\pi(x)$의 컴팩트 근방이면 (3)과 성질 10.3.23에 의해 $\pi^{-1}(C)$는 x의 컴팩트 근방이다. □

위상군 G의 부분군 H는 G에 오른쪽 곱으로 작용한다. 즉, $\theta : H \times G \to G$, $\theta(h, g) = gh^{-1}$이다. 따라서 G는 H-공간이다. 그리고 점 $g \in G$의 궤도 $H(g)$는 $gH = \{gh \mid h \in H\}$이므로 궤도공간 G/H는 오른쪽 잉여류 집합 $\{gH \mid g \in G\}$에 상위상을 준 것이다.

성질 13.5.15 만약 위상군 G의 부분군 H가 컴팩트하면 다음이 성립한다.
(1) $\pi : G \to G/H$는 닫힌사상이다.
(2) G는 컴팩트 $\Leftrightarrow$ G/H는 컴팩트.

풀이 성질 13.5.14에 의해 성립한다. □

연습문제

문제 13.5.1 위상군 G의 항등원 e의 열린근방 U에 대하여

$$V = V^{-1}, \quad V \cdot V \subset U, \quad e \in V \subset \overline{V} \subset U$$

를 만족하는 열린집합 V가 존재함을 보이시오. 단, 여기서 $V^{-1}=\{v^{-1}\in G| v\in V\}$이고 $V\cdot V=\{v_1v_2\in G\mid v_1, v_2\in V\}$이다.

문제 13.5.2 모든 위상군은 정칙임을 보이시오.

문제 13.5.3 위상군의 열린부분군은 닫힌집합임을 보이시오.

문제 13.5.4 위상군 G의 부분군 H에 대하여 다음을 보이시오.

(1) H의 폐포 $\overline{H}$도 G의 부분군이다.

(2) H가 정규부분군이면 $\overline{H}$도 G의 정규부분군이다.

(3) H가 G의 닫힌부분군이면 $N(H)$도 G의 닫힌부분군이다. 단, 여기서 $N(H)=\{g\in G\mid gHg^{-1}=H\}$는 G에서 H의 정규화군(normalizer)이다.

문제 13.5.5 위상군 G의 항등원 e를 포함하는 연결성분 G_0은 닫힌 정규부분군임을 보이시오.

문제 13.5.6 G-공간 X에 대하여 다음을 보이시오.

(1) 점 $x\in X$에 대하여 $G_x=\{g\in G\mid gx=x\}$는 G의 닫힌부분군이다.

(2) G가 컴팩트이면 G/G_x는 $G(x)=\{gx\mid g\in G\}$와 위상동형이다.

문제 13.5.7 작용 $\theta: O(n)\times S^{n-1}\to S^{n-1}$, $\theta(A,x)=Ax$에 의해 S^{n-1}은 $O(n)$-공간이다. 이제 궤도공간 $S^{n-1}/O(n)$이 한 점 집합임을 보이시오.

문제 13.5.8 우리는 넣기사상 $j: O(n-1)\to O(n)$, $j(B)=\begin{pmatrix}1 & 0\\ 0 & B\end{pmatrix}$를 사용하여 $O(n-1)$을 위상군 $O(n)$의 부분군으로 생각할 수 있다. 이제 다음을 보이시오.

(1) 궤도공간 $O(n)/O(n-1)=O(n)/j(O(n-1))$은 S^{n-1}과 위상동형이다.

(2) 궤도공간 $SO(n)/SO(n-1)$은 S^{n-1}과 위상동형이다.

문제 13.5.9 (1) $SO(n)$이 연결공간임을 보이시오.

(2) $O(n)$의 연결성분이 2개임을 보이시오.

14장

곡면의 분류정리

CONTENTS

다루는 위상적 대상을 분류하는 것은 위상수학의 중요한 목표라 할 수 있다. 이 장에서는 위상수학의 중요한 대상인 곡면들을 분류하고자 한다. 즉, 연결인 닫힌곡면은 구면 S^2, g-토러스 gT, g-사영평면 $g\mathbb{R}P^2$ 중 하나와 위상동형임을 보이고자 한다. 이를 위해 곡면의 연결합, 오일러 특성수와 방향성을 알 필요가 있다.

14.1 다양체(manifold)

이 절에서는 다양체와 곡면을 정의하고 Urysohn 보조정리의 응용으로서 컴팩트 다양체가 적당한 유클리드공간 $\mathbb{R}^n$에 넣어짐을 보일 것이다.

정의 14.1.1 위상공간 X가 n-차원 **다양체(manifold)**란 제2가산인 Hausdorff 공간으로서 각각의 점 $x \in X$에 대하여 $\mathbb{R}^n$ 또는 $\mathbb{H}^n = \{(x_1, \ldots, x_n) \in \mathbb{R}^n \mid x_n \geq 0\}$과 위상동형인 x의 열린근방이 존재함을 뜻한다. 여기서 $\mathbb{R}^n$은 유클리드공간이고 $\mathbb{H}^n$은 $\mathbb{R}^n$의 부분공간이다.

특별히 1-차원 다양체를 **곡선(curve)**, 그리고 2-차원 다양체를 **곡면(surface)**이라 한다. X의 모든 점이 $\mathbb{R}^n$과 위상동형인 열린근방을 가지면 X를 **경계가 없는** 다양체라 하고, 그렇지 않으면 **경계가 있는** 다양체라 한다.

$\mathbb{R}^n$과 위상동형인 열린근방을 갖는 점들의 집합을 다양체 X의 **내부**라 하고 X°로 나타낸다. 그리고 내부점이 아닌 점들의 집합을 다양체 X의 **경계**라 하고 ∂X로 나타낸다. 여기서 정의된 내부와 경계는 4장에서 정의된 위상공간의 부분집합의 내부와 경계와는 다른 개념이다. 전통적으로 두 개념은 혼동할 가능성이 없어 같은 용어와 기호를 사용한다.

이러한 다양체는 미분기하와 대수적 위상수학에서 중요한 역할을 하므로 많이 연구되고 있다.

유클리드공간 $\mathbb{R}^n$은 열린구 $B(\mathbf{0}, r) \subset \mathbb{R}^n$와 위상동형이고 $\mathbb{H}^n$은 $B(\mathbf{0}, r) \cap \mathbb{H}^n$과 위상동형임을 상기하자(그림 14.1 참조).

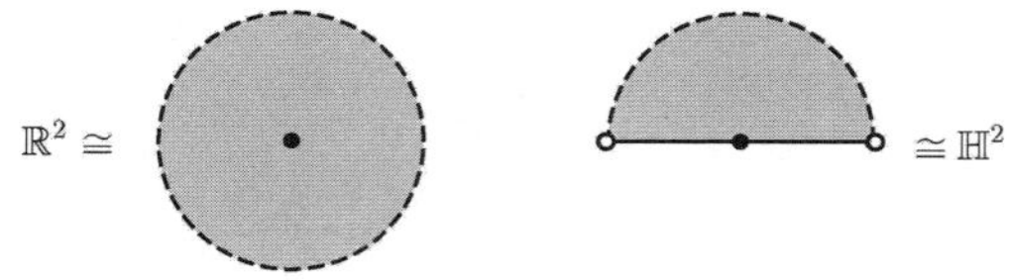

그림 14.1 • 다양체의 내부점와 경계점

보기 14.1.2 (1) 그림 14.2와 같은 유클리드공간 $\mathbb{R}^2$의 부분공간은 $\mathbb{R}^2$ 또는 $\mathbb{H}^2$와 위상동형인 점 p의 열린근방이 존재하지 않으므로 다양체가 아니다.

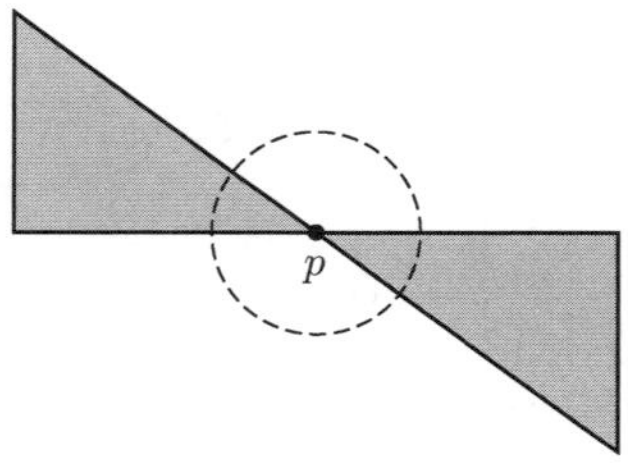

그림 14.2 • 다양체가 아니다.

(2) 그림 14.3과 같은 유클리드공간 $\mathbb{R}^2$의 부분공간 X와 Y에 대하여 X는 2-차원 다양체(곡면)이지만, Y는 점 p에서 $\mathbb{R}^2$ 또는 $\mathbb{H}^2$와 위상동형인 열린근방을 잡을 수 없으므로 다양체가 아니다.

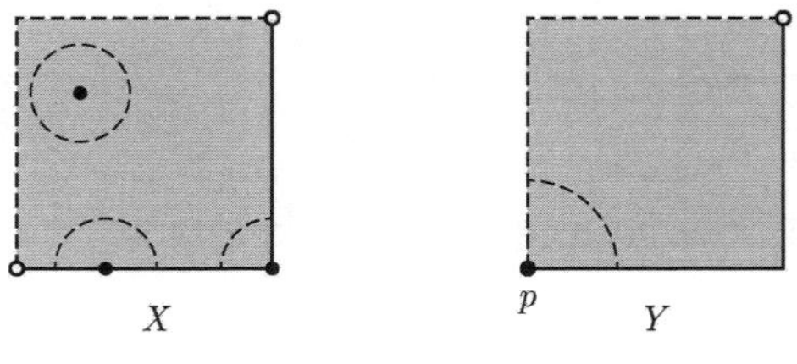

그림 14.3 • X는 다양체이지만 Y는 다양체가 아니다.

(3) 그림 14.4와 같은 유클리드공간 $\mathbb{R}^3$의 부분공간 Z는 $\mathbb{R}^2$ 또는 $\mathbb{H}^2$와 위상동형인 점 p의 열린근방이 존재하지 않으므로 다양체가 아니다.

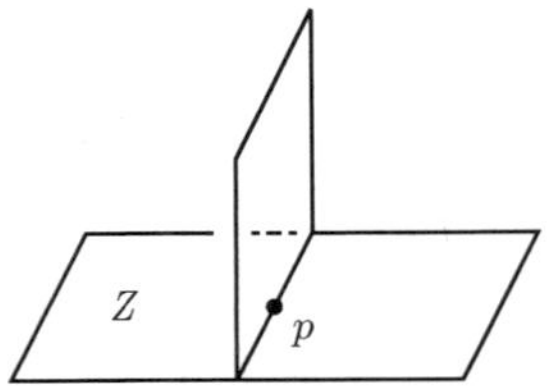

그림 14.4 • Z는 다양체가 아니다.

(4) 유클리드공간 $\mathbb{R}^3$의 부분공간인 원통 $S^1 \times I$은 그림 14.5에서와 같이 2-차원 다양체(곡면)이고 경계는 두 원 $S^1 \times \{0\}$, $S^1 \times \{1\}$이다.

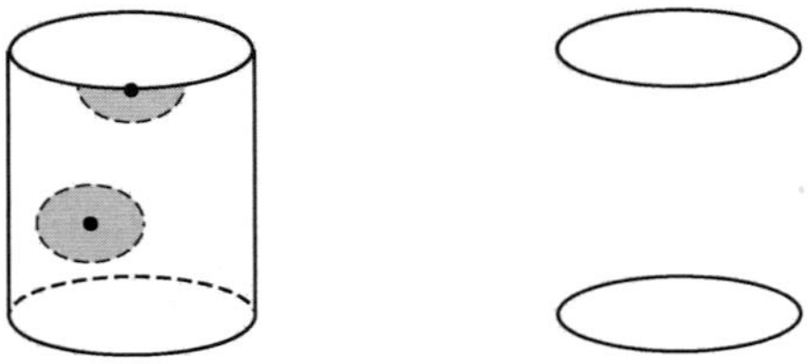

그림 14.5 • 원통의 경계

(5) 뫼비우스 띠는 곡면(2-차원 다양체)이며 이의 경계는 원 S^1과 위상동형이다(그림 14.6 참조).

그림 14.6 • 뫼비우스 띠의 경계

(6) 구면 S^2, 토러스 T, 사영평면 $\mathbb{R}P^2$, 클라인 병 K는 모두 경계가 없는 곡면이다.

(7) 유클리드공간 $\mathbb{R}$의 부분공간인 구간 $[a, b)$와 $[a, b]$는 1-차원 다양체(곡선)이다. 그리고 $[a, b)$의 경계는 $\{a\}$이고 $[a, b]$의 경계는 $\{a, b\}$이다.

(8) 자연수 n에 대하여 S^n과 $\mathbb{R}^n$은 경계가 없는 n-차원 다양체이다.

(9) 유클리드공간 $\mathbb{R}^n$의 부분공간 $\mathbb{H}^n = \{(x_1, \ldots, x_n) \in \mathbb{R}^n \mid x_n \geq 0\}$은 n-차원 다양체이고, 이의 경계는 $\mathbb{R}^{n-1} \times \{0\} = \{(x_1, \ldots, x_n) \in \mathbb{R}^n \mid x_n = 0\}$이다.

다양체에 대하여 다음 성질이 성립한다.

성질 14.1.3 (1) 모든 다양체는 정규이다.
(2) 모든 다양체는 $\mathbb{R}^{\omega}$에 넣어진다.
(3) 모든 다양체는 거리화가능이다.

증명 (1) (i) 먼저 X가 컴팩트인 경우는 X가 컴팩트 하우스도르프이므로 따름정리 9.1.19에 의하여 X는 정규이다.
(ii) 이제 X가 컴팩트가 아니라고 하자. 모든 다양체는 국소컴팩트하므로 X의 한 점 컴팩트화 X^*가 정의된다. 그런데 X^*는 컴팩트 하우스도르프이므로 정규이다. 특별히 X^*는 정칙이고 X는 X^*의 부분공간이므로 X도 정칙이 된다(성질 7.2.7 참조). 그리고 X가 제2가산이므로 정리 10.2.22에 의해 X는 정규이다.
(2) 정리 12.2.14에 의하여 성립한다.
(3) 정리 12.2.15에 의하여 성립한다. □

이제부터 우리는 컴팩트 다양체가 유한차원의 유클리드공간 $\mathbb{R}^n$에 넣어짐을 보일 것이다. 이를 위하여 먼저 다음과 같은 용어가 필요하다.

정의 14.1.4 위상공간 X와 연속사상 $\phi : X \to \mathbb{R}$에 대하여 ϕ의 **받침(support)** $\mathrm{supp}(\phi)$는 X의 닫힌집합

$$\mathrm{supp}(\phi) = \overline{\{x \in X \mid \phi(x) \neq 0\}} = \overline{\phi^{-1}(\mathbb{R} - \{0\})}$$

를 뜻한다. 따라서 $x \notin \mathrm{supp}(\phi)$일 필요충분조건은 $\phi(U) = 0$을 만족하는 x의 열린근방 U가 존재하는 것이다. 단, 여기서 $\mathbb{R}$은 유클리드공간이다.

정의 14.1.5 $\mathscr{U} = \{U_\alpha\}_{\alpha \in \Lambda}$를 위상공간 X의 열린덮개라 하자. 연속사상

$$\phi_\alpha : X \to [0, 1] \ (\alpha \in \Lambda)$$

들의 모임 $\{\phi_\alpha\}_{\alpha \in \Lambda}$가 $\mathscr{U}$에 종속된 **단위분할(partition of unity dominated by $\mathscr{U}$)**이란
(a) $\mathrm{supp}(\phi_\alpha) \subset U_\alpha \ \forall \alpha \in \Lambda$.
(b) $\{\mathrm{supp}(\phi_\alpha)\}_{\alpha \in \Lambda}$는 X상에서 국소유한이다. 즉, 각각의 점 $x \in X$에 대하여 $x \in$

supp(ϕ_α)를 만족하는 α는 유한개뿐이다.

(c) 모든 $x \in X$에 대하여 $\sum_{\alpha \in \Lambda} \phi_\alpha(x) = 1$이다.

조건 (b)에 의해 각각의 점 $x \in X$에 대하여 유한개의 $\alpha \in \Lambda$를 제외하고는 $\phi_\alpha(x) = 0$이다. 따라서 (c)의 $\sum_{\alpha \in \Lambda} \phi_\alpha(x)$는 실질적으로 유한개의 합이므로 잘 정의된다.

정리 14.1.6 $\{U_1, \ldots, U_n\}$을 정규공간 X의 유한 열린덮개라 하자. 그러면 $\{U_i\}$에 종속된 단위분할이 존재한다.

증명 (i) 먼저 $\overline{V}_i \subset U_i$를 만족하는 X의 열린덮개 $\{V_1, \ldots, V_n\}$이 존재함을 보이자. 이를 위해

$$A_1 = X - (U_2 \cup \cdots \cup U_n)$$

이라 하면 A_1은 닫힌집합이다. 그리고 $\{U_1, \ldots, U_n\}$이 X의 열린덮개이므로 $A_1 \subset U_1$이다. 그리고 X가 정규공간이므로 정리 7.2.11에 의하여

$$A_1 \subset V_1 \subset \overline{V}_1 \subset U_1$$

을 만족하는 열린집합 V_1이 존재한다. 그러면 $\{V_1, U_2, \ldots, U_n\}$는 X의 열린덮개이다.

이제 $\{V_1, \ldots, V_{k-1}, U_k, U_{k+1}, \ldots, U_n\}$이 X의 열린덮개가 되는 열린집합 $V_1, \ldots, V_{k-1}$이 주어졌다 하자. 그리고

$$A_k = X - (V_1 \cup \cdots \cup V_{k-1} \cup U_{k+1} \cup \cdots \cup U_n)$$

이라 하면 A_k는 닫힌집합이고 $A_k \subset U_k$이다. 다시 정리 7.2.11에 의하여

$$A_k \subset V_k \subset \overline{V}_k \subset U_k$$

을 만족하는 열린집합 V_k가 존재한다. 그리고

$$\{V_1, \ldots, V_{k-1}, V_k, U_{k+1}, \ldots, U_n\}$$

는 X의 열린덮개이다.

이 방법을 n번 계속하면 $\overline{V}_i \subset U_i$를 만족하는 X의 열린덮개 $\{V_1, \ldots, V_n\}$

을 얻을 수 있다.

(ii) 한편 X의 열린덮개 $\{V_1, \ldots, V_n\}$에 대하여 (i)을 다시 적용하면 $\overline{W}_i \subset V_i$를 만족하는 X의 열린덮개 $\{W_1, \ldots, W_n\}$이 존재한다. 그래서 각각의 $i = 1, 2, \ldots, n$에 대하여

$$W_i \subset \overline{W}_i \subset V_i \subset \overline{V}_i \subset U_i$$

이고 $\overline{W}_i \cap V_i^c = \varnothing$이다. 그리고 Urysohn 보조정리(정리 12.1.1)에 의하여 연속사상

$$\psi_i : X \to [0, 1] \quad \text{s.t.} \quad \psi_i(\overline{W}_i) \subset \{1\},\ \psi_i(V_i^c) \subset \{0\}$$

가 존재한다. 그러면 $\psi_i^{-1}(\mathbb{R} - \{0\}) \subset V_i$이므로 우리는

$$\text{supp}(\psi_i) = \overline{\psi_i^{-1}(\mathbb{R} - \{0\})} \subset \overline{V}_i \subset U_i$$

를 얻는다. 이제

$$\Psi : X \to \mathbb{R},\ \Psi(x) = \sum_{i=1}^{n} \psi_i(x)$$

이라 하면 Ψ는 연속사상이다. 그리고 임의의 점 $x \in X$에 대하여 $\{W_1, \ldots, W_n\}$이 X의 열린덮개이므로 $x \in W_i$인 W_i가 존재하여 $\psi_i(x) = 1$이다. 따라서 $\Psi(x) \geq \psi_i(x) \geq 1 > 0\ (\forall x \in X)$이다. 그러므로 각각의 $i = 1, 2, \cdots, n$에 대하여

$$\phi_i : X \to [0, 1],\ \phi_i(x) = \frac{\psi_i(x)}{\Psi(x)}$$

는 잘 정의된 연속사상이다. 그리고 $\phi_i^{-1}(\mathbb{R} - \{0\}) = \psi_i^{-1}(\mathbb{R} - \{0\})$이므로

$$\text{supp}(\phi_i) = \text{supp}(\psi_i) \subset U_i$$

이다.

따라서 $\{\phi_i\}$가 우리가 원하는 $\{U_i\}$에 종속된 단위분할이다. □

우리는 15장에서 무한 열린덮개에 종속된 단위분할에 대해 다룰 것이다(정리 15.2.22 참조).

이제 컴팩트 다양체가 유클리드공간에 넣어짐을 보이자.

정리 14.1.7 (다양체의 넣기정리[1]) 컴팩트 다양체는 적당한 유클리드공간 $\mathbb{R}^k$에 넣을 수 있다.

증명 X를 컴팩트 m-다양체라 하자. 각각의 점 $x \in X$에 대하여 $\mathbb{R}^m$의 부분집합 $\mathbb{R}^m$ 또는 $\mathbb{H}^m$과 위상동형인 x의 열린근방 U_x가 존재한다. 그러면 $\{U_x \mid x \in X\}$는 X의 열린덮개이고 X가 컴팩트하므로 유한 부분덮개 $\{U_1, U_2, \ldots, U_n\}$이 존재한다. 그리고 U_i가 $\mathbb{R}^m$의 부분집합과 위상동형이므로 넣기사상(embedding)

$$g_i : U_i \hookrightarrow \mathbb{R}^m$$

가 존재한다. 한편 성질 14.1.3에 의해 X가 정규공간이므로 정리 14.1.6에 의하여 $\{U_i\}$에 종속된 단위분할 $\{\phi_i\}$가 존재한다. 이제 $A_i = \mathrm{supp}(\phi_i) \subset U_i$이라 하자. 그리고 각각의 $i = 1, 2, \ldots, n$에 대하여

$$h_i : X \to \mathbb{R}^m, \quad h_i(x) = \begin{cases} \phi_i(x) g_i(x), & x \in U_i \\ \mathbf{0}, & x \in X - A_i \end{cases}$$

로 정의하면 h_i는 잘 정의된다. (왜냐하면 만약 $x \in U_i \cap (X - A_i) = U_i - A_i$이면 $x \notin A_i = \mathrm{supp}(\phi_i)$이므로 $\phi_i(x) = 0$이고 $\phi_i(x) g_i(x) = \mathbf{0}$이 되기 때문이다.) 그리고 붙임보조정리(기초정리 5.1.14)에 의하여 h_i는 연속이다.

이제

$$F : X \to \underbrace{\mathbb{R} \times \cdots \times \mathbb{R}}_{n\text{개}} \times \underbrace{\mathbb{R}^m \times \cdots \times \mathbb{R}^m}_{n\text{개}} = \mathbb{R}^{(m+1)n},$$
$$F(x) = (\phi_1(x), \ldots, \phi_n(x),\ h_1(x), \ldots, h_n(x))$$

로 정의하면 F는 연속이다. 한편 X는 컴팩트이고 $\mathbb{R}^{(m+1)n}$이 하우스도르프이므로, 정리 9.1.24에 의해, F가 단사이면 F는 넣기사상이 된다. 이제 F가 단사임을 보이자. 만약 $F(x) = F(y)$이면

$$\phi_i(x) = \phi_i(y),\ h_i(x) = h_i(y) \ (\forall i = 1, \ldots, n)$$

이다. 그런데 $\sum_{i=1}^n \phi_i(x) = 1$이므로 적당한 j에 대하여 $\phi_j(x) > 0$이 된다. 따라서 $\phi_j(y) = \phi_j(x) > 0$이다. 그러므로 $x, y \in \mathrm{supp}(\phi_j) \subset U_j$이고

1) embedding theorem of manifolds

$$\phi_j(x)g_j(x) = h_j(x) = h_j(y) = \phi_j(y)g_j(y)$$

이므로 $g_j(x) = g_j(y)$이다. 그리고 넣기사상 g_j는 단사이므로 $x = y$이다. □

연습문제

문제 14.1.1 모든 다양체는 국소컴팩트임을 보이시오.

문제 14.1.2 $C_1, \dots, C_n$을 정규공간 X의 닫힌집합이라 하자. 만약 $\cap_{i=1}^n C_i = \varnothing$이면 다음을 만족하는 X의 열린집합 $U_1, \dots, U_n$이 존재함을 보이시오.

$$U_i \supset C_i, \quad \cap_{i=1}^n \overline{U}_i = \varnothing$$

문제 14.1.3 하우스도르프공간 X에 대하여 다음이 동치임을 보이시오.

(a) X는 정규이다.

(b) X의 유한 열린덮개 $U_1, \dots, U_n$에 대하여 다음을 만족하는 연속사상 $f_1, \dots, f_n : X \to I = [0, 1]$이 존재한다:

$$\sum_{i=1}^{n} f_i(x) = 1 \ (\forall x \in X), \quad f_i(x) = 0 \ (\forall x \in X - U_i)$$

문제 14.1.4 X를 컴팩트 하우스도르프공간이라 하자. 그리고 각각의 점 $x \in X$에 대하여 넣기사상 $f : U \hookrightarrow \mathbb{R}^k$가 존재하는 x의 열린근방 U가 존재한다고 하자. 그러면 적당한 자연수 n에 대하여 넣기사상 $h : X \hookrightarrow \mathbb{R}^n$가 존재함을 보이시오.

문제 14.1.5 X를 컴팩트 하우스도르프공간이라 하자. 임의의 X의 유한 열린덮개 $U_1, \cdots, U_n$에 대하여 다음을 만족하는 컴팩트집합 $K_1, \dots, K_n \subset X$이 존재함을 보이시오.

$$K_1 \cup \cdots \cup K_n = X, \quad K_i \subset U_i \ (i = 1, \dots, n)$$

문제 14.1.6 X를 컴팩트 하우스도르프공간이라 하자. 각각의 점 $x \in X$가 $\mathbb{R}^m$과 위상동형인 열린근방을 가지면 X는 m-차원 다양체임을 보이시오.

14.2 연결합(connected sum)

이 절에서는 이미 알고 있는 두 곡면을 가지고 새로운 곡면을 만드는 방법인 연결합을 다룬다.

정의 14.2.1 X_1과 X_2를 곡면이라 하자. 먼저 X_1과 X_2의 내부에서 각각 작은 열린원판을 잘라낸다. 열린원판을 잘라낸 뒤에 생기는 작은 구멍의 경계인 원을 따라 두 곡면을 붙여서 얻은 곡면을 X_1과 X_2의 **연결합**(connected sum)이라 하고 $X_1 \# X_2$로 나타낸다. 보다 엄밀히 정의하면 X_1과 X_2의 내부에 속하는 점에서 각각 열린원판 $B(\mathbf{0}, 1)(\cong \mathbb{R}^2)$과 위상동형인 열린근방 U_1과 U_2를 택하고 $f_i : B(\mathbf{0}, 1) \to U_i$를 위상동형사상이라 하자. 그리고 $B_i = f_i(B(\mathbf{0}, \frac{1}{2}))$는 X_i의 열린집합으로서 $f_i| : B(\mathbf{0}, \frac{1}{2}) \to B_i$는 위상동형사상이고, $\overline{B}_i \subset U_i$, $\partial \overline{B}_i \cong S^1$이다. 이제 위상동형사상

$$h = f_2| \circ (f_1|)^{-1} : \partial \overline{B}_1 \xrightarrow{\cong} S^1 \xrightarrow{\cong} \partial \overline{B}_2$$

에 의한 $X_1 - B_1$과 $X_2 - B_2$의 접착공간

$$X_1 \# X_2 = (X_1 - B_1) \cup_h (X_2 - B_2)$$

를 X_1과 X_2의 연결합이라 한다.

이러한 연결합은 열린원판과 위상동형사상의 선택에 무관하다. 즉, 열린원판 B_i들과 위상동형사상 h를 다르게 선택하더라도 이들이 만드는 연결합들은 서로 위상동형이다.

연결합의 정의에 의하여 다음은 자명하다.

기초정리 14.2.2 임의의 두 곡면 X와 Y에 대하여 $X \# Y \cong Y \# X$이다.

기초정리 14.2.3 임의의 곡면 X와 구면 S^2에 대하여 $X \# S^2 \cong X$이다.

증명 먼저 S^2에서 열린원판을 잘라낸 나머지는 닫힌원판과 위상동형이다. 이제 곡면

X에서 열린원판을 떼어낸 빈자리에 S^2에서 열린원판을 잘라낸 나머지인 닫힌원판을 붙이면 이는 다시 X가 된다. □

보기 14.2.4 토러스 T에 대하여 연결합 $T \# T$는 그림 14.7과 같다.

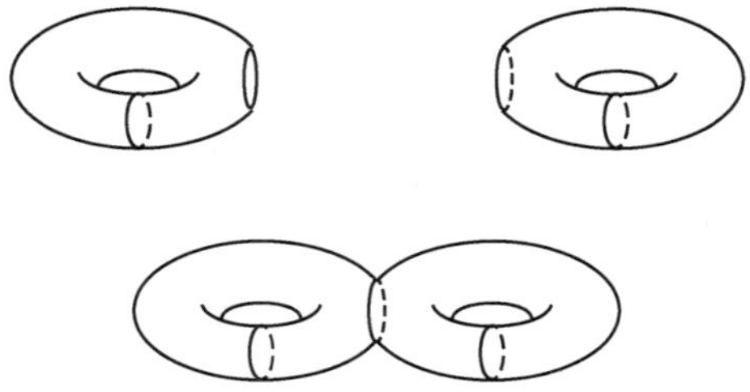

그림 14.7 • $T \# T$

문자열

우리는 곡면을 더 깊게 알기 위해서 주어진 곡면 X를 평면 다각형 D의 각 모서리에 문자와 화살표를 대응시켜 표현하는 방법을 알아야 한다.

보기 13.1.20에서 보았듯이 토러스(원환면) T는 그림 14.8의 사각형을 같은 문자에 해당하는 모서리를 화살표 방향을 따라 붙임으로써 얻을 수 있다. 그림 14.8처럼 같이 붙여할 한 쌍의 모서리에 같은 문자를 대응시키면 이 문자와 화살표의 방향이 토러스를 얻기 위하여 사각형의 모서리를 붙이는 방식을 알려준다. 이제 a라는 문자와 시계 방향의 화살표에 대응되는 모서리를 a로, a라는 문자와 반시계 방향의 화살표에 대응되는 모서리를 a^{-1}로 표시하자. 그러면 그림 14.8의 사각형의 모서리에 할당된 문자의 방향을 고려하여 시계 방향으로 돌아가면서 나열하면 $aba^{-1}b^{-1}$이 된다. 거꾸로 문자열 $aba^{-1}b^{-1}$라는 정보로부터 사각형의 모서리에 문자 a와 b를 시계 방향으로 돌아가면서 할당하고, a와 b에 대응하는 모서리는 시계 방향의 화살표를, a^{-1}와 b^{-1}에 대응된 모서리는 반시계 방향의 화살표를 대응시켜 화살표 방향에 따라 같은 문자가 대응되는 모서리를 붙이면 토러스를 얻을 수 있다. 따라서 토러스 T는 문자열 $aba^{-1}b^{-1}$에 대응된다.

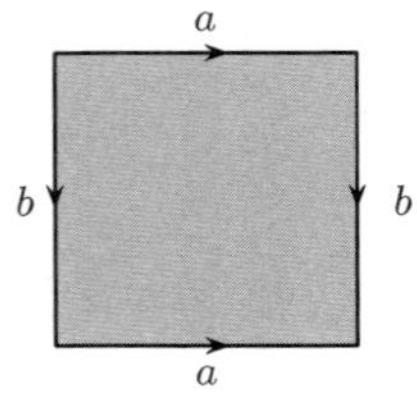

그림 14.8 • 토러스 T

예를 들어 문자열 $acba^{-1}b^{-1}c$는 그림 14.9와 같이 모서리에 문자와 방향을 준 6각형을 같은 문자가 대응되는 3쌍의 모서리들을 화살표 방향에 따라 붙여서 얻어지는 곡면을 의미한다.

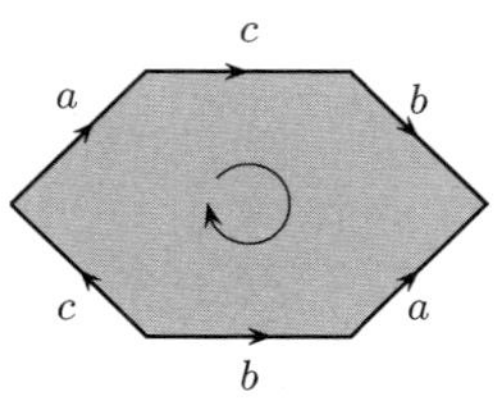

그림 14.9 • 문자열 $acba^{-1}b^{-1}c$로 표현되는 곡면

이제 구면 S^2를 생각하자. 그림 14.10과 같이 원판의 경계인 위쪽 반원과 아래쪽 반원을 그대로 접어서 붙이면 럭비공 모양이 된다. 그런데 럭비공은 구면 S^2와 위상동형이므로 구면 S^2를 나타내는 문자열은 aa^{-1}이다.

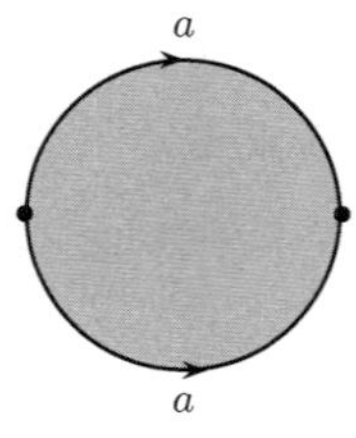

그림 14.10 • 구면 S^2

주어진 곡면에 대응되는 문자열은 다음과 같다.

구면	S^2	$\leftrightarrow$	aa^{-1}	(그림 14.10)
사영평면	$\mathbb{R}P^2$	$\leftrightarrow$	aa	(그림 13.5)

토러스	T	$\leftrightarrow$	$aba^{-1}b^{-1}$	(그림 14.8)
클라인 병	K	$\leftrightarrow$	$aba^{-1}b$	(그림 13.4)
원통	$S^1 \times I$	$\leftrightarrow$	$aba^{-1}c$	(그림 13.1)
뫼비우스 띠	M	$\leftrightarrow$	$abac$	(그림 13.2)

여기서 원통과 뫼비우스 띠에서 선분 c와 d는 한번씩 밖에 나타나지 않으므로 c와 d에 해당하는 모서리는 서로 붙이는 모서리가 없음을 의미한다.

토러스의 연결합

이제 토러스 2개의 연결합 $2T = T \# T$에 대응하는 문자열을 알아보자.

(1단계) 먼저 그림 14.11과 같이 두 토러스 $a_1 b_1 a_1^{-1} b_1^{-1}$, $a_2 b_2 a_2^{-1} b_2^{-1}$에서 열린원판(흰 부분)을 잘라내고, 이 원판의 경계인 원을 각각 c_1과 c_2라 하자.2)

그림 14.11 • 두 토러스의 연결합 1단계

(2단계) 이제 c_1과 c_2를 펼치면 그림 14.12와 같은 그림을 얻는다.

그림 14.12 • 두 토러스의 연결합 2단계

(3단계) 원 c_1과 c_2를 화살표 방향을 따라 붙이면 그림 14.13과 같은 곡면을 얻는다.

---

2) 원판과 삼각형이 서로 위상동형임을 상기하자.

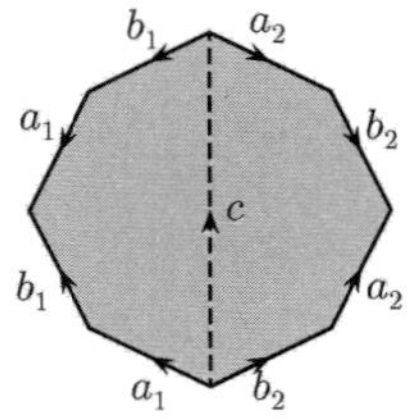

그림 14.13 • 두 토러스의 연결합 3단계

따라서 $2T = T \# T$는 문자열 $a_1b_1a_1^{-1}b_1^{-1}a_2b_2a_2^{-1}b_2^{-1}$에 대응한다.

같은 방법을 반복하면 토러스 g개의 연결합 $gT = T \# T \# \cdots \# T$는 문자열

$$a_1b_1a_1^{-1}b_1^{-1}a_2b_2a_2^{-1}b_2^{-1} \cdots a_gb_ga_g^{-1}b_g^{-1}$$

로 표현할 수 있다. gT는 그림 14.14처럼 g개의 구멍이 있는 곡면이다. 우리는 gT를 g-토러스라 한다.

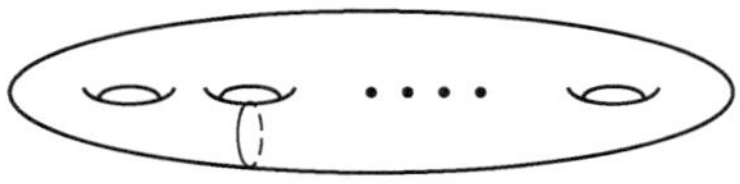

그림 14.14 • g-토러스 gT

사영평면의 연결합

한편 그림 13.5에서 보았듯이 사영평면 $\mathbb{R}P^2$에 해당하는 문자열은 aa이다. 이제 사영평면 2개의 연결합 $2\mathbb{R}P^2 = \mathbb{R}P^2 \# \mathbb{R}P^2$는 그림 14.15와 같이 구할 수 있다. 따라서 $2\mathbb{R}P^2 = \mathbb{R}P^2 \# \mathbb{R}P^2$에 해당하는 문자열은 $a_1a_1a_2a_2$이다.

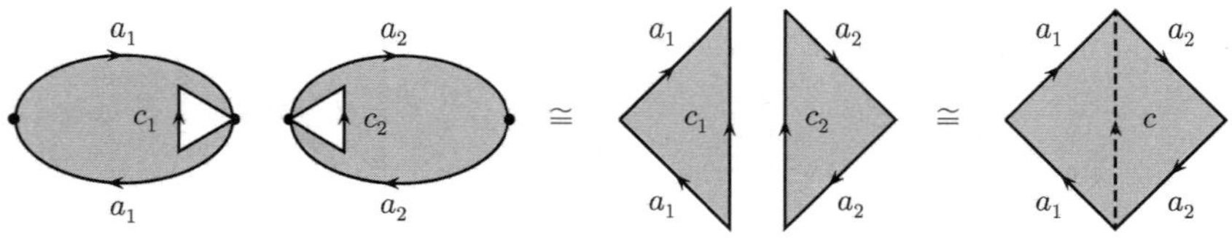

그림 14.15 • 두 사영평면의 연결합

같은 방법을 반복하면 사영평면 g개의 연결합 $g\mathbb{R}P^2 = \mathbb{R}P^2 \# \cdots \# \mathbb{R}P^2$는 문자열 $a_1a_1a_2a_2 \cdots a_ga_g$로 표현된다. 우리는 $g\mathbb{R}P^2$를 g-**사영평면**이라 한다.

앞의 예들에서 알 수 있듯이 두 곡면의 연결합의 문자열은 두 곡면의 문자열을 차례로 나열한 것이다.

성질 14.2.5 두 곡면 X와 Y에 대하여 다음이 성립한다:

$$X \# Y\text{의 문자열} = (X\text{의 문자열})(Y\text{의 문자열})$$

성질 14.2.6 $2\mathbb{R}P^2 = \mathbb{R}P^2 \# \mathbb{R}P^2$는 클라인 병 K와 위상동형이다.

증명 (방법 1) 보기 13.2.10과 보기 13.2.11에 의하여 성립한다.

(방법 2) $2\mathbb{R}P^2 = \mathbb{R}P^2 \# \mathbb{R}P^2$에 해당하는 문자열은 $aabb$이므로 $\mathbb{R}P^2 \# \mathbb{R}P^2$는 그림 4.16(a)와 같이 나타내어진다.

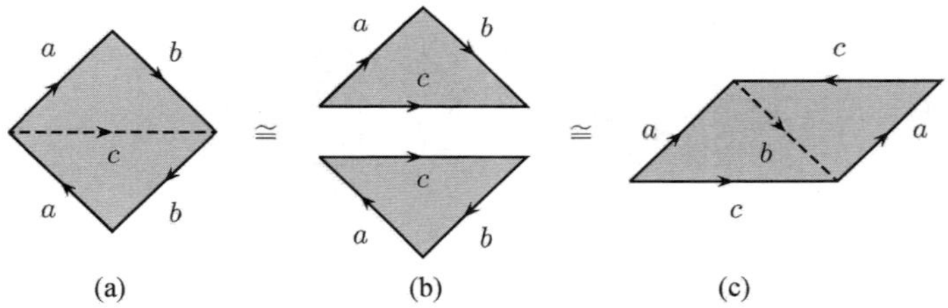

그림 14.16 • 클라인 병과 사영평면

이제 그림 14.16(a)를 선분 c를 따라 잘라서 그림 14.16(b)를 얻은 다음, 선분 b를 따라 붙이면 그림 14.16(c)와 같이 클라인 병 K를 얻을 수 있다. □

성질 14.2.7 $T \# \mathbb{R}P^2 \cong K \# \mathbb{R}P^2 \cong 3\mathbb{R}P^2$이다.

증명 먼저 클라인 병과 사영평면의 연결합 $K \# \mathbb{R}P^2$는 그림 14.17과 같이 문자열 $aba^{-1}bcc$에 대응된다.

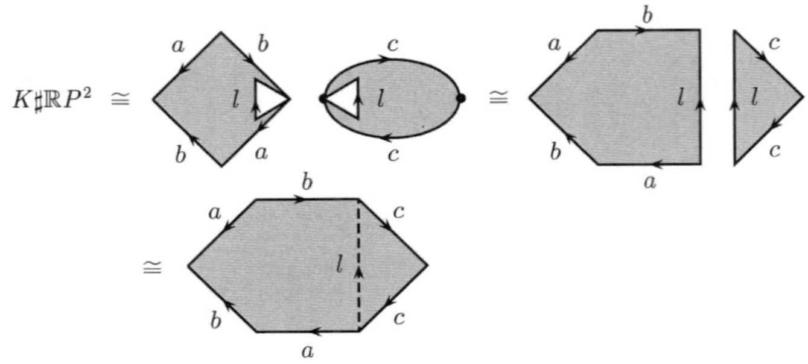

그림 14.17 • 연결합 $K \# \mathbb{R}P^2$

이제 그림 14.18(a)처럼 선분 d를 따라 잘라낸 삼각형을 선분 a를 따라 붙이면 그림 14.18(b)를 얻는다. 다시 그림 14.18(b)를 선분 f를 따라 잘라낸 삼각형을 선분 b를 따라 붙이면 그림 14.18(c)를 얻는다. 그리고 그림 14.18(c)를 선분 g를 따라 잘라낸 삼각형을 선분 c를 따라 붙이면 그림 14.18(d)를 얻는다.

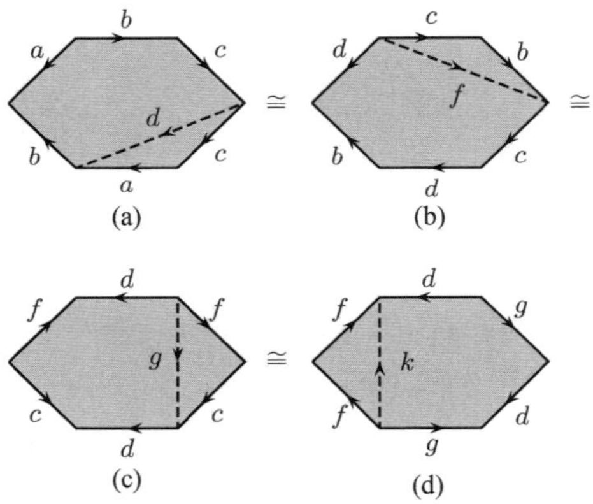

그림 14.18 • 연결합 $K \# \mathbb{R}P^2$

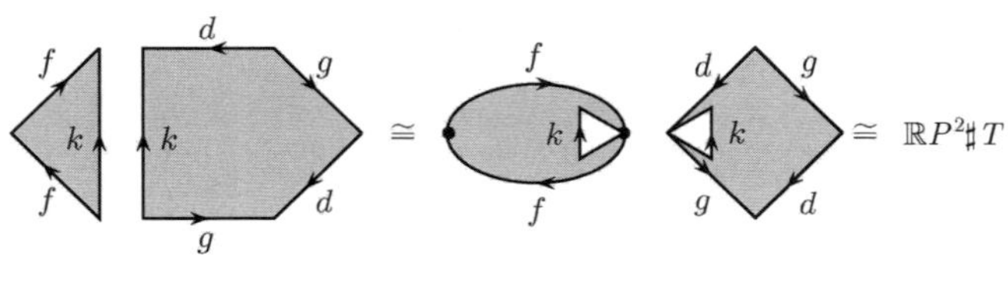

그림 14.19 • 연결합 $\mathbb{R}P^2 \# T$

다시 그림 14.18(d)를 선분 k를 따라 잘라내면 그림 14.19와 같고 이는 연결합 $\mathbb{R}P^2 \# T$이 된다. 그리고 $\mathbb{R}P^2 \# T \cong T \# \mathbb{R}P^2$이므로 $K \# \mathbb{R}P^2 \cong T \# \mathbb{R}P^2$이

다. 한편 성질 14.2.6에 의해 $K \cong 2\mathbb{R}P^2$이므로 $K \# \mathbb{R}P^2 \cong 3\mathbb{R}P^2$이다. □

성질 14.2.8 (변형공식) 다음과 같이 변형해도 같은 곡면을 나타낸다.

(1) $a_1a_2 \cdots a_n \cong a_2 \cdots a_na_1$.

(2) $\mathfrak{A}xx^{-1}\mathfrak{B} \cong \mathfrak{AB}$.

(3) $\mathfrak{A}x\mathfrak{BC}x^{-1} \cong \mathfrak{A}y\mathfrak{CB}y^{-1}$.

(4) $\mathfrak{A}x\mathfrak{B}x\mathfrak{C} \cong \mathfrak{A}yy\mathfrak{B}^{-1}\mathfrak{C}$. 단, 여기서 $\mathfrak{B}^{-1}$은 문자열 $\mathfrak{B}$의 순서와 방향을 모두 역으로 나열한 것이다. 즉, $\mathfrak{B} = b_1 \cdots b_n$이면 $\mathfrak{B}^{-1} = b_n^{-1} \cdots b_1^{-1}$이다.

증명 (1) D를 문자열 $a_1a_2 \cdots a_n$에 해당하는 n-다각형이라 하자. 그러면 문자열 $a_1a_2 \cdots a_n$은 모서리 a_1부터 읽은 것이고 $a_2 \cdots a_na_1$는 모서리 a_2부터 읽은 것이다. 따라서 두 문자는 같은 n-각형 D를 나타낸다.

(2) 문자열 xx^{-1}은 구면 S^2를 나타내는 문자열이다. 그리고 기초정리 14.2.3에 의하여 $X \# S^2 \# Y \cong X \# Y$이다. 따라서 $\mathfrak{A}xx^{-1}\mathfrak{B} \cong \mathfrak{AB}$이다.

또한 우리는 그림 14.20과 같이 보일 수 있다.

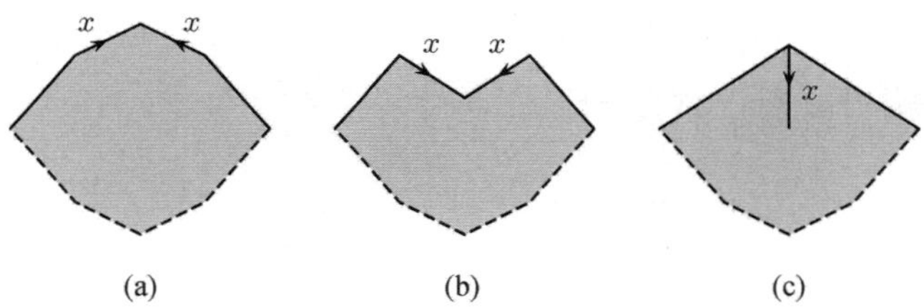

그림 14.20 • 변형공식 (2)

(3) 그림 14.21과 같이 보일 수 있다.

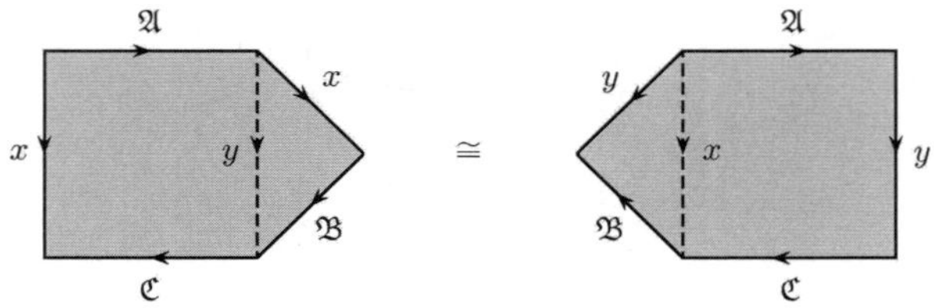

그림 14.21 • 변형공식 (3)

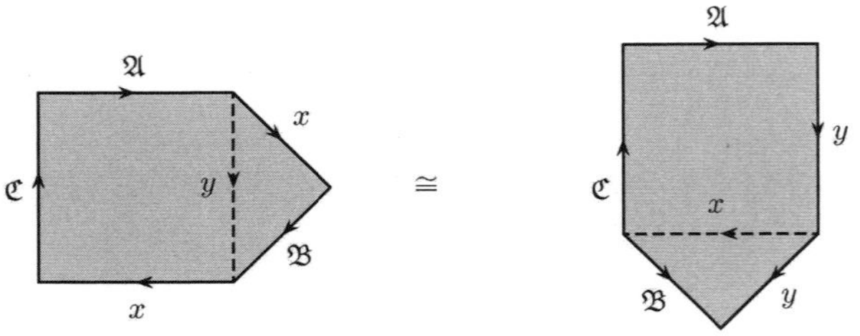

그림 14.22 • 변형공식 (4)

(4) 그림 14.22와 같이 보일 수 있다. □

손잡이 붙이기

이제 구면 S^2에 손잡이를 붙이는 방법을 알아보자.

먼저 그림 14.23(a)처럼 원판에서 작은 두 (열린)원판을 잘라낸 후, 원통의 경계인 두 원을 각각 제거한 원판의 경계에 서로 같은 방향으로 손잡이를 붙여 그림 14.23(b)와 같은 곡면을 얻는 방법이 있다. 이러한 손잡이를 **가향**이라 한다. 그리고 그림 14.23(b)의 원판의 경계인 원과 그림 14.24의 반구면(원판)의 경계인 원을 붙이면 그림 14.25(a)와 같은 곡면을 얻는데 이는 토러스 T와 위상동형이다(구면 쪽의 바람을 빼보자). 따라서 구면 S^2에 가향 손잡이를 하나 붙인 곡면은 토러스 T와 위상동형이다. 그리고 구면 S^2에

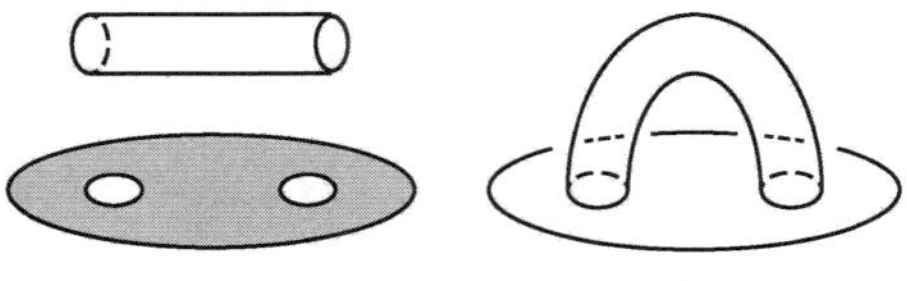

(a) (b)

그림 14.23 • 가향 손잡이 붙이기

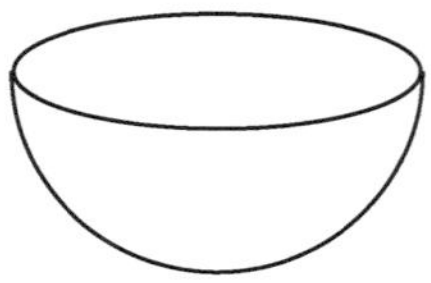

그림 14.24 • 반구면(원판)

가향 손잡이를 두 개 붙이면 그림 14.25(b)와 같은 곡면을 얻는데 이는 $2T = T \# T$와 위상동형이다(구면 쪽의 바람을 빼보자). 일반적으로 S^2에 가향 손잡이를 g개 붙이면 곡면

gT를 얻을 수 있다.

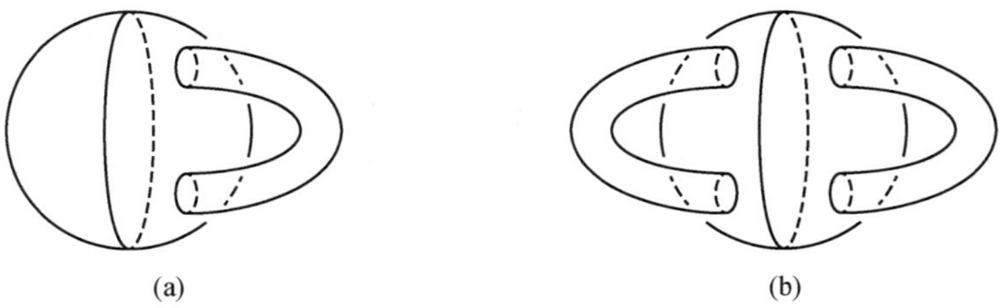

그림 14.25 • S^2에 가향 손잡이 붙이기

한편 그림 14.26(a)처럼 원판에서 작은 두 (열린)원판을 잘라낸 후, 원통의 경계인 두 원을 각각 제거한 원판의 경계에 서로 반대 방향으로 손잡이를 붙여 그림 14.26(b)와 같은 곡면을 얻는 방법도 있다. 이러한 손잡이를 **비가향**이라 한다. 그리고 그림 14.26(b)는 그림 14.26(c)로 나타낼 수 있다. 더구나 그림 14.26(c)의 원판의 경계인 원과 그림 14.24의 반구면(원판)의 경계인 원을 붙이면 그림 14.27(a)와 같은 곡면을 얻는데 이는 클라인 병 K와 위상동형이다. 따라서 구면 S^2에 비가향 손잡이를 하나 붙인 곡면은 클라인 병 K

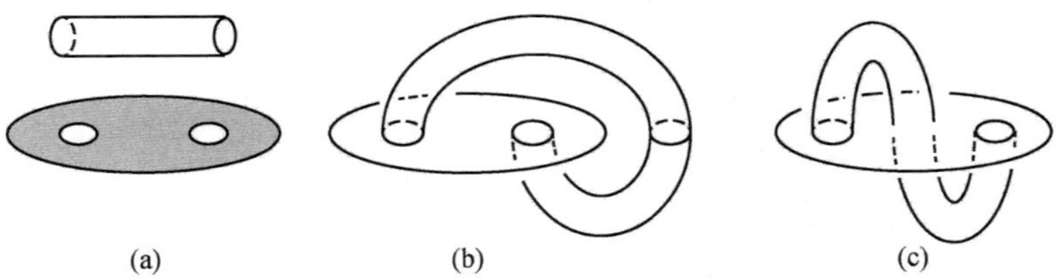

그림 14.26 • 비가향 손잡이 붙이기

와 위상동형이다. 그리고 구면 S^2에 비가향 손잡이를 두 개 붙이면 그림 14.27(b)와 같은 곡면을 얻는데 이는 $2K = K \# K$와 위상동형이다. 일반적으로 S^2에 비가향 손잡이를 g개 붙이면 g개의 클라인병의 연결합 $gK = K \# K \# \cdots \# K$를 얻을 수 있다.

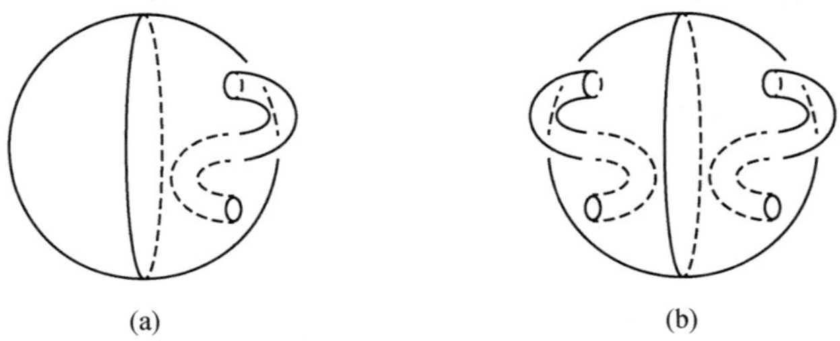

그림 14.27 • S^2에 비가향 손잡이 붙이기

또한 그림 14.28(a)처럼 원판에서 하나의 작은 (열린)원판을 잘라낸 후, 뫼비우스 띠의 경계인 원을 잘라낸 작은 원판의 경계인 원을 따라 붙여 그림 14.28(b)와 같은 곡면을 얻을 수 있다. 더구나 그림 14.28(b)의 원판의 경계인 원과 그림 14.24의 반구면(원판)의 경계인 원을 붙이면 실사영평면 $\mathbb{R}P^2$가 된다(보기 13.2.10 참조). 따라서 구면 S^2에서 원판 하나를 잘라낸 후 뫼비우스 띠를 붙이면 그림 14.29(a)와 같은 곡면을 얻는데 이는 사영평면 $\mathbb{R}P^2$와 위상동형이다. 그리고 구면 S^2에서 원판 두 개를 잘라낸 후 뫼비우스 띠를 각각 붙이면 그림 14.29(b)와 같은 곡면을 얻는데 이는 $2\mathbb{R}P^2 = \mathbb{R}P^2 \# \mathbb{R}P^2$와 위상동형이다. 일반적으로 S^2에서 원판 g개를 잘라낸 후 뫼비우스 띠를 각각 붙이면 곡면 $g\mathbb{R}P^2$를 얻을 수 있다.

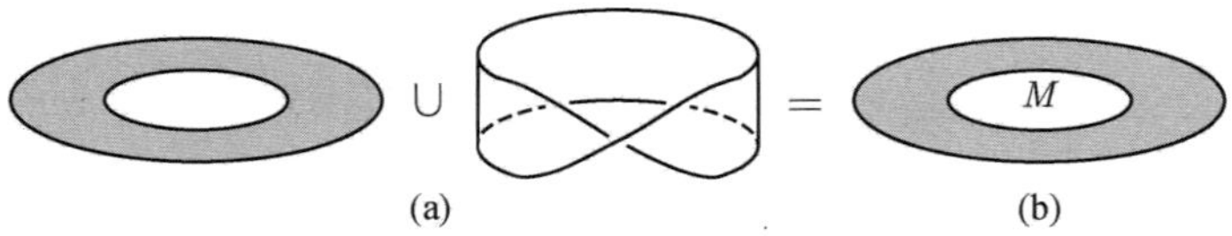

그림 14.28 • 원판에 뫼비우스 띠 붙이기

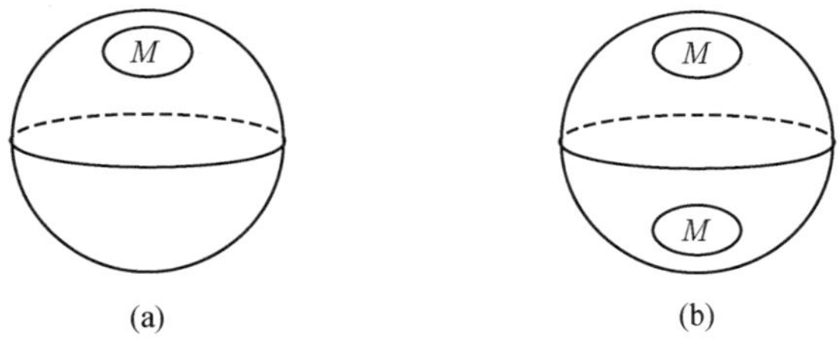

그림 14.29 • S^2에 뫼비우스 띠 붙이기

연습문제

문제 14.2.1 기초정리 14.2.2를 보이시오.

문제 14.2.2 다음을 보이시오.

(1) $nT \# \mathbb{R}P^2 \cong (2n+1)\mathbb{R}P^2$.

(2) $nT \# K \cong (2n+2)\mathbb{R}P^2$.

(3) $T \# \mathbb{R}P^2 \# K \# \mathbb{R}P^2 \# K \# K \# T \cong 12\mathbb{R}P^2$.

문제 14.2.3 변형공식(성질 14.2.8)을 이용하여 다음과 같은 문자열로 주어진 곡면이 어떤 곡면과 위상동형인지 알아보시오.

(1) $abacb^{-1}c^{-1}$.

(2) $abbca^{-1}ddc^{-1}$.

(3) $abcda^{-1}b^{-1}c^{-1}d^{-1}$.

(4) $abcdabcd$.

(5) $abcad^{-1}c^{-1}b^{-1}d$.

14.3 곡면의 분류

우리는 14.1절에서 곡면과 이의 경계에 대해서 알아보았다. 이 절에서는 곡면의 분류 정리를 알아볼 것이다.

정의 14.3.1 경계가 없는 컴팩트 곡면을 **닫힌곡면**(closed surface)이라 한다. 여기서 정의된 닫힌은 4장에서 정의된 닫힌과는 다른 개념이다. 전통적으로 두 개념은 혼동할 가능성이 없어 같은 용어를 사용한다. 따라서 원통과 뫼비우스 띠는 경계를 가지므로 닫힌곡면이 아니다. 그리고 평면 $\mathbb{R}^2$는 컴팩트가 아니므로 역시 닫힌곡면이 아니다. 그러나 구면 S^2, 사영평면 $\mathbb{R}P^2$, 토러스 T, 클라인 병 K는 모두 닫힌곡면이다.

이제 주어진 곡면에 대한 삼각분할이 무엇인지 정의하자. 이를 위해 다음 정의가 필요하다. 위상공간 T가 유클리드공간 $\mathbb{R}^2$의 부분공간인 삼각형 T'과 위상동형이라 하자. 그리고 이들 사이의 위상동형사상을 $f: T' \to T$라 하자. 이 경우 위상동형사상 f에 의해 삼각형 T'의 꼭지점에 대응하는 T의 점을 **꼭지점**, 모서리에 대응하는 집합을 **모서리**, 면에 대응하는 집합을 면이라 한다(그림 14.30 참조).

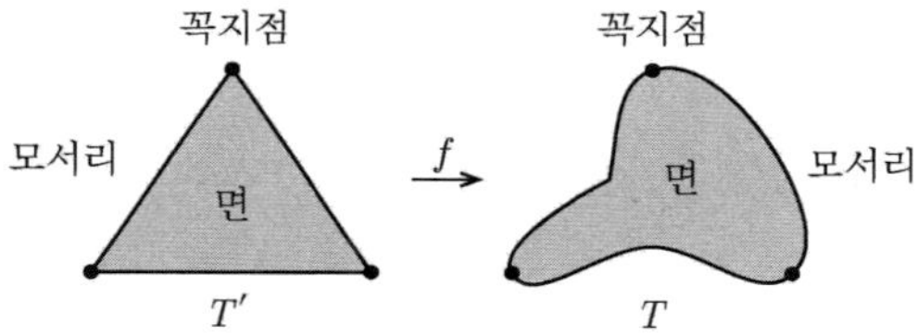

그림 14.30 • 꼭지점과 모서리

정의 14.3.2 X를 컴팩트 곡면이라 하자. X의 유한개의 부분집합들의 모임 $\{T_1, T_2, \dots, T_k\}$가 X의 **삼각분할**(삼각화, triangulation)이란 다음 세 조건을 만족함을 의미한다.

(i) $X = \cup_{i=1}^{k} T_i$.

(ii) 각각의 T_i는 유클리드공간 $\mathbb{R}^2$상의 삼각형과 위상동형이다.

(iii) 임의의 서로 다른 T_i와 T_j는 서로 만나지 않거나, 오직 한 꼭지점 또는 오직 한 모서리에서 만난다. 즉,

$$T_i \cap T_j = \begin{cases} \varnothing, & \text{또는} \\ \text{한 꼭지점,} & \text{또는} \\ \text{한 모서리} \end{cases}$$

이다.

보기 14.3.3 다음 그림 14.31은 모두 삼각분할이 아니다.

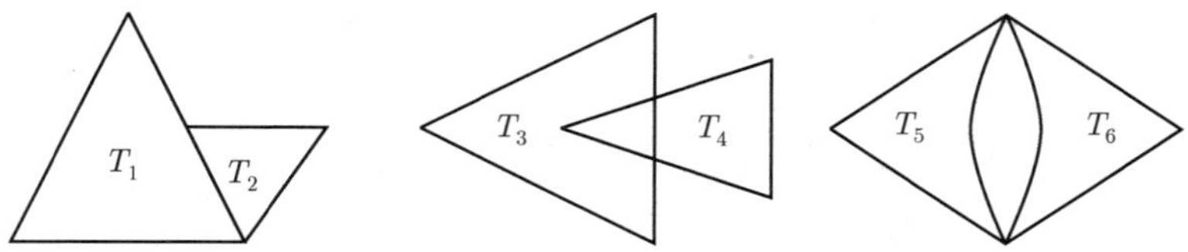

그림 14.31 • 잘못된 삼각분할

보기 14.3.4 그림 14.32와 같은 곡면 X에 대하여 (b)는 X의 삼각분할이지만 (a)는 X의 삼각분할이 아니다.

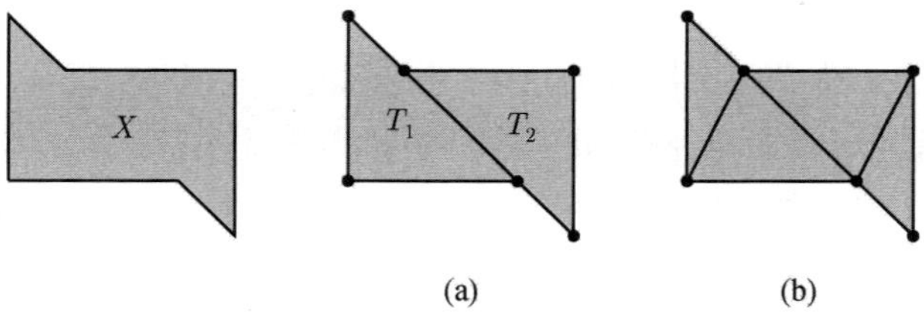

그림 14.32 • 곡면 X의 삼각분할

보기 14.3.5 그림 14.33과 같이 구면 S^2의 삼각분할을 구할 수 있다. 이 경우 면의 개수는 8이다.

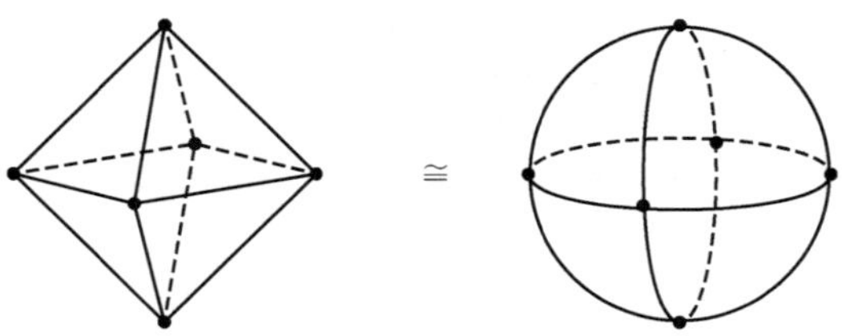

그림 14.33 • 구면 S^2의 삼각분할

1925년에 T. Radó는 모든 컴팩트 곡면이 삼각분할을 가짐을 보였다.[3)]

정리 14.3.6 모든 컴팩트 곡면은 삼각분할을 갖는다.

이 정리의 증명은 참고문헌 [13] 또는 [31]을 참조하기 바란다.

기초정리 14.3.7 만약 $\{T_1, T_2, \ldots, T_k\}$가 닫힌곡면 X의 삼각분할이면 다음이 성립한다.

(1) 각 모서리는 정확히 두 삼각형의 공통 모서리이다.

(2) 임의의 꼭지점 v에 대하여 v를 꼭지점으로 갖는 모든 삼각형을 T_j와 T_{j+1}이 오직 한 모서리를 공유하도록 다음과 같이 재배열할 수 있다.

$$T_0,\ T_1,\ T_2, \ldots,\ T_{l-1},\ T_l = T_0$$

증명 (1) 서로 다른 두 삼각형 T_i와 T_j는 만나지 않거나, 오직 한 꼭지점 또는 오직 한 모서리에서 만남을 주의하자. 이제 주어진 삼각형 T_i의 한 모서리를 e라 하자. 만약 e가 다른 삼각형과 만나지 않으면 e는 곡면 X의 경계가 되어야 한다. 그런데 X가 경계가 없는 곡면이므로 모순이다. 그리고 모서리 e가 다른 삼각형의 한 꼭지점 v와 만나면 그림 14.2와 같은 모양이 되어 $\mathbb{R}^2$의 열린원판 $B(\mathbf{0}, r)$과 위상동형인 v의 열린근방을 잡을 수 없으므로 모순이다. 그러므로 주어진 e는 적어도 하나의 다른 삼각형과 만나야 하고 이들의 교집합은 모서리 e가 되어야 한다. 그리고 만약 모서리 e가 세 개 이상의 서로 다른 삼각형의 공통 모서리면 그림 14.4와 같은 모양이 되어 X는 곡면이 되지 않는다. 따라서 모서리 e는 정확히 두 삼각형의 공통 모서리이다.

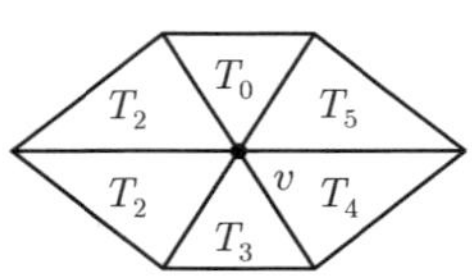

그림 14.34 • T_i

(2) 주어진 꼭지점 v에 대하여 먼저 v를 꼭지점으로 하는 임의의 삼각형 T_0을 선

3) T. Radó의 논문 [31] 참조.

택하자. 그리고 T_0에는 v와 만나는 모서리가 두 개 있다(그림 14.34 참조). 이 중 하나를 임의로 선택하여 e_0이라 하자. (1)에 의해 e_0은 정확히 두 삼각형의 공통 모서리이고, 이 중 하나는 T_0이므로 나머지 한 삼각형을 T_1이라 하자. 그러면 v는 T_1의 꼭지점이 된다. 이제 삼각형 T_1의 모서리 중 v와 만나는 것은 두 개이고 이중 하나는 e_0이므로 나머지 한 모서리를 e_1이라 하자. 다시 (1)에 의해 e_1은 정확히 두 삼각형의 공통 모서리이고, 이 중 하나는 T_1이므로 나머지 한 삼각형을 T_2라 하자. 우리는 이와 같은 방법을 할 수 있는 만큼 계속하면, $\{T_i\}$가 유한이므로, 유한개의 삼각형

$$T_0,\ T_1,\ T_2, \dots,\ T_{l-1}$$

을 택할 수 있다. 이제 우리는 T_{l-1}과 T_0이 한 모서리에서 만남을 보이면 충분하다. T_{l-1}의 모서리 중 v와 만나는 것은 두 개이고 이중 하나는 T_{l-2}와 만나는 모서리 e_{l-2}이므로 나머지 한 모서리를 e_{l-1}이라 하자. (1)에 의해 e_{l-1}은 정확히 두 삼각형의 공통 모서리이고, 이 중 하나는 T_{l-1}이므로 나머지 한 삼각형을 T_l이라 하자. 만약 T_l이 T_0이 아니면 $T_0, T_1, T_2, \dots, T_{l-1}$의 최대성에 모순이 생긴다. 따라서 $T_l = T_0$이 되어야 한다. □

13.1절과 14.2절에서 보았듯이 구면 S^2, 토러스 T, 사영평면 $\mathbb{R}P^2$, 클라인 병 K, gT, $g\mathbb{R}P^2$ 등의 곡면은 모서리를 한 쌍씩 붙여서 만든 적당한 $2n$각형의 상공간으로 얻을 수 있다. 우리는 컴팩트 곡면의 삼각분할(정리 14.3.6)을 이용하여 모든 연결된 닫힌곡면은 이러한 방법으로 만들 수 있음을 다음과 같이 보일 수 있다.

기초정리 14.3.8 연결된 닫힌곡면 X는 평면상의 $2n$각형의 모서리를 한 쌍씩 붙여서 얻은 상공간과 위상동형이다.

증명 정리 14.3.6에 의하여 주어진 닫힌곡면 X에 대한 삼각분할 $\{T_1, \dots, T_k\}$가 존재한다.

(i) 삼각형 T_i가 삼각형 $T_1, \dots, T_{i-1}$ 중 적어도 하나와 모서리 e_i를 공유하도록 번호 $1, 2, \dots, k$를 다시 줄 수 있다: 먼저 임의의 삼각형 하나를 선택하여 T_1이라 하고 T_1의 세 모서리 중 하나를 임의로 택하여 e_2라 하자. 그러면 기초정리 14.3.7에 의해 모서리 e_2를 공유하는 T_1이 아닌 (유일한) 삼각형이 존재한다. 우리는 이 삼각형을 T_2라 하자. 이제 $T_1 \cup T_2$의 모서리 중 e_2가 아닌 것

을 하나 선택하여 e_3이라 하자. 그러면 기초정리 14.3.7에 의해 모서리 e_3을 공유하는 T_1, T_2가 아닌 삼각형이 존재한다. 우리는 이 삼각형을 T_3이라 하자. 이와 같은 과정을 계속 반복하기로 하자.

만약 이 과정이 $j < k$인 j-번째에 멈추었다면

$$(T_1 \cup \cdots \cup T_j) \cap (T_{j+1} \cup \cdots \cup T_k) = \varnothing$$

이 되어 $T_1 \cup \cdots \cup T_j$와 $T_{j+1} \cup \cdots \cup T_k$는 X의 (닫힌)분리가 된다. 이는 X가 연결이라는 사실에 모순이다.

따라서 위 과정은 k-번째까지 계속 반복 가능하고 이 과정이 모두 끝나면 T_i들의 순서는 우리가 원하는 배열이 된다.

(ii) 이제 각각의 삼각형 T_i와 위상동형인 유클리드공간 $\mathbb{R}^2$상의 삼각형을 T_i'이라 하고 $g_i : T_i' \to T_i$를 위상동형사상이라 하자. 이때 우리는 평행이동을 통하여 T_i'들이 서로 만나지 않는다고 가정할 수 있다. 이제 각각의 T_i'들이 컴팩트하므로 유클리드공간 $\mathbb{R}^2$의 부분공간 $T' = \cup_{i=1}^{k} T_i'$도 컴팩트이다. 그리고 $g : T' = \cup_{i=1}^{k} T_i' \to X = \cup_{i=1}^{k} T_i$를 $g|_{T_i'} = g_i$로 정의하면 g는 전사인 연속사상이다.[4)] 한편 X가 Hausdorff이므로 따름정리 13.1.31에 의해 g는 상사상이다. 따라서 정리 13.1.33에 의하여 곡면 X는 컴팩트공간 T'상의 동치관계

$$x \sim y \iff g(x) = g(y)$$

에 의한 상공간 $T'/_\sim$과 위상동형이다. 그리고 $f : T'/_\sim \to X$를 g가 유도하는 위상동형사상이라 하자.

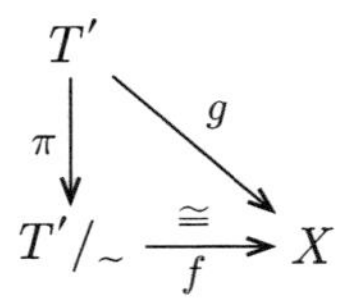

여기서 우리는 위의 동치관계를 자세히 살펴볼 필요가 있다. e를 곡면 X상에 주어진 삼각분할 $\{T_1, \ldots, T_k\}$의 모서리라 하자. 그러면 기초정리 14.3.7에 의하여 e는 정확히 두 삼각형 T_i와 T_j의 공통 모서리이다. 따라서 $g^{-1}(e)$는 T_i'의 한 모서리 $g_i^{-1}(e)$와 T_j'의 한 모서리 $g_j^{-1}(e)$의 떨어진 합집합으로 이루어져 있다. 즉,

4) T_i'들은 서로 만나지 않는 T'의 닫힌집합들이다(불임보조정리 참조).

$$g^{-1}(e) = g_i^{-1}(e) \cup g_j^{-1}(e), \quad g_i^{-1}(e) \cap g_j^{-1}(e) = \varnothing$$

이다. 그리고 상공간의 부분공간 $\pi(T_i' \cup T_j')$은 이러한 두 모서리를 위상동형사상

$$g_{ij} = (g_j^{-1}|) \circ (g_i|) : g_i^{-1}(e) \to g_j^{-1}(e)$$

로 붙인 것이다. 즉,

$$\pi(T_i' \cup T_j') = T_i' \cup_{g_{ij}} T_j'$$

이다. 더구나 축소사상

$$f| : \pi(T_i' \cup T_j') = T_i' \cup_{g_{ij}} T_j' \xrightarrow{\cong} T_i \cup T_j$$

는 위상동형사상이다. 따라서 상공간 $T'/_\sim$은 곡면 X의 삼각분할의 모든 모서리 e에 대하여 그에 해당하는 T'의 두 모서리를 g를 사용하여 붙인 것이다.

(iii) 이제 앞에서 선택한 모서리 $e_2, e_3, \ldots, e_k$들만 생각하자. 먼저 e_2는 T_2와 T_1의 공통 모서리이므로 $g^{-1}(e_2)$는 T_2'의 한 모서리 $g_2^{-1}(e_2)$와 T_1'의 한 모서리 $g_1^{-1}(e_2)$로 이루어져 있으므로 이 두 모서리를 g_{12}를 사용하여 붙인 상공간 D_2는 4각형이다. 즉,

$$D_2 = T_1' \cup_{g_{12}} T_2'$$

이다. 다시 모서리 e_3은 T_3과 T_j $(j = 1$ 또는 $2)$의 공통 모서리이므로 $g^{-1}(e_3)$은 T_3'의 한 모서리 $g_3^{-1}(e_3)$과 T_j'의 한 모서리 $g_j^{-1}(e_3)$으로 이루어져 있다. 그리고 우리는 e_2와 e_3이 다르므로 $g_j^{-1}(e_3)$을 4각형 D_2의 한 모서리로 볼 수 있다. 이 두 모서리를 $g_{23}(= g_{j3})$을 사용하여 붙인 상공간 D_3은 5각형이다. 즉,

$$D_3 = (T_1' \cup_{g_{12}} T_2') \cup_{g_{23}} T_3'$$

이다. 이와 같은 방법을 e_k까지 계속하여 우리는 상공간

$$D = ((T_1' \cup_{g_{12}} T_2') \cup_{g_{23}} T_3' \cdots) \cup_{g_{(k-1)k}} T_k'$$

를 얻을 수 있고, D는 $k+2$각형이다.

(iv) 우리는 상공간 $T'/_\sim$을 얻기 위해서는 모서리 $e_2, \ldots, e_k$뿐만 아니라 나머지 모든 모서리들에서도 (iii)과 같은 작업을 해야 한다. 그런데 $e_2, \ldots, e_k$를 제외

한 나머지 모서리 e들의 g에 의한 역상은 $k+2$각형 D의 모서리들이다. 따라서 $T'/_\sim$은 D의 $k+2$개의 모서리들을 붙여서 얻는 상공간이다. 그리고 기초정리 14.3.7에 의하여 e는 정확히 두 삼각형의 공통 모서리이므로 우리는 한 쌍씩 짝을 지어 붙여야 한다. 따라서 D는 짝수 다각형이다. □

이제 다음과 같은 곡면의 분류 정리를 보이자.

정리 14.3.9 (곡면의 분류 정리[5]) 연결된 닫힌곡면 X는 구면 S^2, g-토러스 gT 또는 g-사영평면 $g\mathbb{R}P^2$ 중 하나와 위상동형이다.

증명 이 정리는 다음과 같이 네 단계를 거쳐서 증명할 수 있다.

(1단계) 문자는 같고 부호(방향)가 반대인 이웃하는 두 모서리 aa^{-1}(또는 $a^{-1}a$)는 그림 14.35와 같이 소거할 수 있다. 즉, 주어진 곡면 X에 대한 문자열 $\mathfrak{A}aa^{-1}\mathfrak{B}$는 $\mathfrak{A}\mathfrak{B}$로 변형된다.[6] 그림에서 점선으로 나타낸 모서리는 a와 다른 문자들의 배열 $\mathfrak{A}$와 $\mathfrak{B}$를 나타낸다. 이 작업을 계속하면 문자는 같고 부호가 반대인 이웃하는 두 모서리가 모두 소거되거나 오직 두 모서리만 남는다. 오직 두 모서리만 남는 경우에는 곡면 X는 aa^{-1}로 표현된다. 그리고 aa^{-1}는 구면 S^2이므로 곡면 X는 구면 S^2와 위상동형이다. 나머지 경우는 다음 단계로 넘어간다.

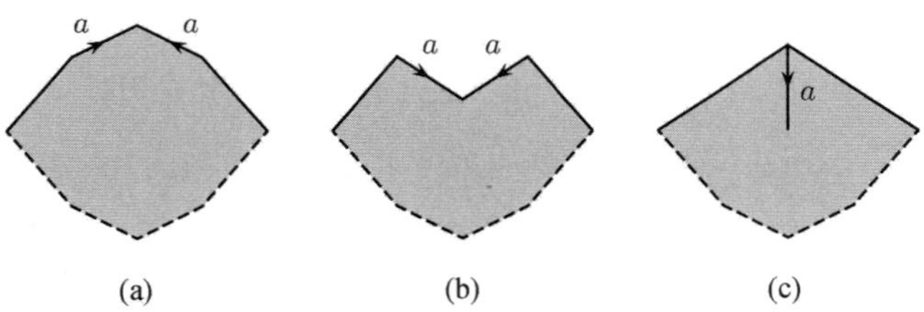

그림 14.35 • 1단계

(2단계) 곡면 X를 나타내는 다각형 D의 모든 꼭지점이 모서리를 한 쌍씩 모두 붙였을 때 한 점이 되도록 D를 변형시킬 수 있다. 즉, 다각형 D의 모든 꼭지점이 X에서 한 점이 되도록 D를 변형시킬 수 있다: 1단계에 의해 주어진 다각형

5) classification theorem of surfaces

6) 기초정리 14.2.3 참조. aa^{-1}는 S^2를 나타내는 문자열임을 상기하자. 성질 14.2.8의 변형공식 (2) 참조.

D에는 문자는 같고 부호가 반대인 이웃하는 두 모서리가 존재하지 않는다.[7] 그림 14.36(a)처럼 곡면 X의 두 점 P와 Q에 대응하는 다각형 D의 꼭지점을 P와 Q로 표시하자. 다각형 D를 그림 14.36(b)처럼 선분 c를 따라 자른 다음 그림 14.36(c)처럼 잘라진 삼각형을 문자 a에 대응되는 또 다른 D의 모서리에 갖다 붙이자. 그러면 P에 대응하는 꼭지점은 하나 줄고 Q에 대응하는 꼭지점은 하나 늘어난다. 이와 같은 작업을 계속하면 D의 모든 꼭지점은 X의 한 점 Q에 대응되도록 변형된다.

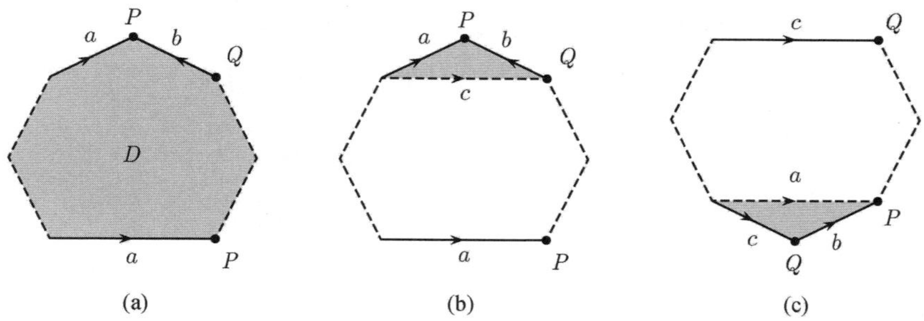

그림 14.36 • 2단계

(3단계) 문자와 부호가 같은 모서리를 모두 이웃하게 다각형 D를 변형시킬 수 있다. 즉, $b\mathfrak{A}b\mathfrak{B}$는 $aa\mathfrak{A}^{-1}\mathfrak{B}$로 변형된다:[8] 그림 14.37(a)와 같이 문자와 부호가 같은 이웃하지 않은 D의 두 모서리를 b로 나타내자. 이제 그림 14.37(b)처럼 b에 해당하는 서로 다른 두 모서리의 시작점들을 잇는 선분 a를 따라 잘라내자. 자라낸 D의 두 조각을 그림 14.37(c)와 같이 b를 따라 붙이면 문자와 부호가 같은 두 모서리 a가 이웃하게 된다. 이와 같은 작업을 반복하면 문자와 부호가 같은 모서리를 모두 이웃하게 만들 수 있다.

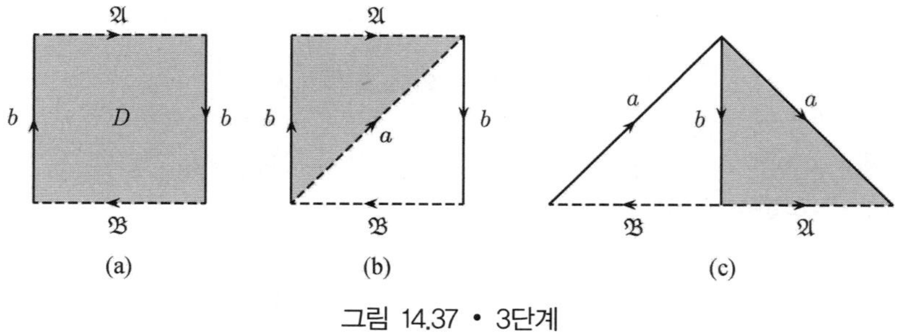

그림 14.37 • 3단계

7) 즉, X의 문자열에는 aa^{-1}가 존재하지 않는다.
8) 성질 14.2.8의 변형공식 (1), (4) 참조.

만약 3단계를 마쳤을 때, 문자는 같고 부호가 다른 모서리가 없으면 D의 문자 열은 $a_1a_1a_2a_2 \cdots a_ma_m$ 형태이다. 따라서 곡면 X는 m-사영평면 $m\mathbb{R}P^2$와 위상동형이다.

만약 3단계를 마쳤을 때, 문자는 같고 부호가 다른 한 쌍의 모서리 a, a^{-1}가 존재하면 D의 문자 배열은

$$a \cdots a^{-1} \cdots = a\mathfrak{A}\, a^{-1}\mathfrak{B}$$

형태로 볼 수 있다. 여기서 $\cdots$(또는 $\mathfrak{A}$, $\mathfrak{B}$)는 다른 문자의 배열을 나타낸다. 그리고 1단계에 의하여 $\mathfrak{A}$와 $\mathfrak{B}$는 공집합이 아니라고 가정할 수 있다. 이 경우에는 반드시 문자가 같고 부호가 다른 또 다른 한 쌍의 모서리 b, b^{-1}가 존재하여 D의 문자 배열이

$$a \cdots b \cdots a^{-1} \cdots b^{-1} \cdots \tag{$*$}$$

와 같은 형태가 되어야 한다. 왜냐하면 이러한 한 쌍의 모서리 b, b^{-1}가 존재하지 않는다고 가정하면 D는 그림 14.38과 같은 상황이 된다. 3단계에서 부호가 같은 문자들은 모두 이웃하고 있고 가정에 의하여 부호가 다른 문자들은 $(*)$를 만족하지 않으므로 부호에 상관없이 문자가 같은 모서리는 둘 다 동시에 $\mathfrak{A}$에 속하거나 동시에 $\mathfrak{B}$에 속한다. 따라서 $\mathfrak{A}$에 속하는 모서리는 $\mathfrak{A}$에 속하는 모서리와 붙여지고, $\mathfrak{B}$에 속하는 모서리는 $\mathfrak{B}$에 속하는 모서리와 붙여진다. 따라서 두 점 P와 Q는 곡면 X에서 다른 점이 된다. 이는 2단계에 모순이다.

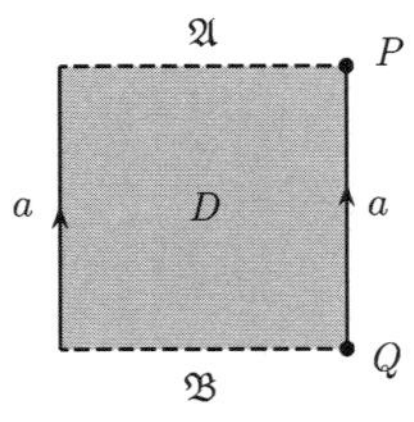

그림 14.38 • 한 쌍의 모서리 a, a^{-1}

(4단계) $a \cdots b \cdots a^{-1} \cdots b^{-1} \cdots$ 형태의 문자 배열은 $cdc^{-1}d^{-1} \cdots$ 형태의 문자 배열로 변형할 수 있다:[9)]

먼저 $a \cdots b \cdots a^{-1} \cdots b^{-1} \cdots$ 형태의 문자 배열을 갖는 D는 그림 14.39(a)와 같은 상황이다. 이제 그림 14.39(a)와 같이 D를 선분 c를 따라 자른 후 선분 b를

9) 구체적으로 문자열 $a\mathfrak{A}b\mathfrak{B}a^{-1}\mathfrak{C}b^{-1}\mathfrak{D}$는 $cdc^{-1}d^{-1}\mathfrak{A}\mathfrak{D}\mathfrak{C}\mathfrak{B}$로 변형된다.

따라 붙이면 그림 14.39(b)를 얻을 수 있다. 이를 다시 그림 14.39(c)와 같이 선분 d를 따라 자른 후 선분 a를 따라 붙이면 그림 14.39(d)를 얻을 수 있다. 그림 14.39(d)의 문자열 형태는 $cdc^{-1}d^{-1}\cdots$이다. 이 단계를 거치는 동안 서로 이웃해 있는 같은 부호를 갖는 문자 xx는 xx 또는 $x^{-1}x^{-1}$로 변하므로 여전히 서로 이웃해 있는 같은 부호를 갖는 문자가 된다.

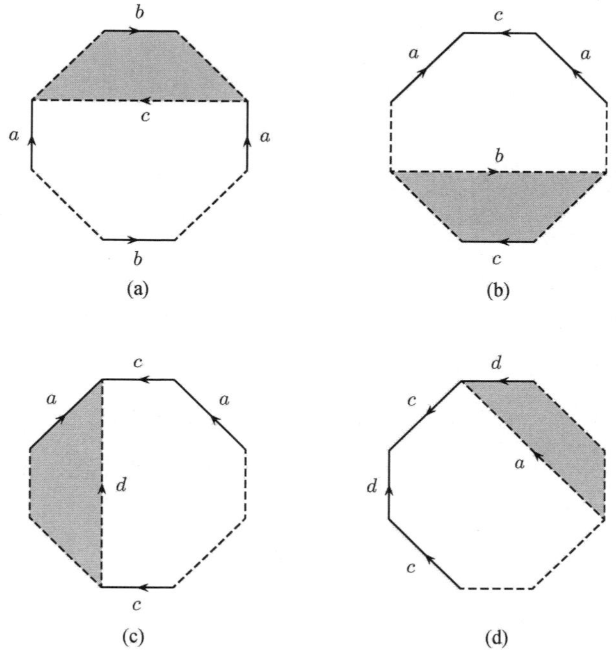

그림 14.39 • 4단계

4단계 작업을 반복하여 마쳤을 때, 만약 문자와 부호가 같은 모서리의 쌍이 존재하지 않으면 D를 나타내는 문자열이

$$c_1d_1c_1^{-1}d_1^{-1}c_2d_2c_2^{-1}d_2^{-1}\cdots c_nd_nc_n^{-1}d_n^{-1}$$

이 되므로 곡면 X는 n-토러스 nT와 위상동형이다.

그리고 만약 문자와 부호가 같은 모서리의 쌍이 존재하면 D를 나타내는 문자열이

$$c_1d_1c_1^{-1}d_1^{-1}c_2d_2c_2^{-1}d_2^{-1}\cdots c_nd_nc_n^{-1}d_n^{-1}a_1a_1a_2a_2\cdots a_ma_m$$

이 되므로 곡면 X는 n개의 토러스와 m개의 사영평면의 연결합

$$\underbrace{T \# T \# \cdots \# T}_{n\text{개}} \# \underbrace{\mathbb{R}P^2 \# \mathbb{R}P^2 \# \cdots \# \mathbb{R}P^2}_{m\text{개}}$$

과 위상동형이다. 따라서 성질 14.2.7에 의하여 곡면 X는 $(2n+m)$-사영평면

$$(2n+m)\mathbb{R}P^2 = \underbrace{\mathbb{R}P^2 \# \mathbb{R}P^2 \# \cdots \# \mathbb{R}P^2}_{2n+m\text{개}}$$

과 위상동형이다. □

보기 14.3.10 (1) 문자열 $abc^{-1}ab^{-1}c$로 주어진 곡면 X가 무엇인지 알아보자. 먼저 X는 육각형 D의 모서리를 주어진 문자열에 맞혀서 붙인 상공간이다. 즉, $X \cong D/_{\sim}$이다. 그런데 육각형 D가 연결이고 컴팩트하므로 X도 연결이고 컴팩트하다(참고 13.1.7 참조). 그리고 문자열에 모든 문자가 부호에 상관없이 한 쌍씩 들어있으므로 X는 경계가 없는 곡면이다. 따라서 X는 연결인 닫힌곡면임을 알 수 있다. 그러면 정리 14.3.9에 의해 X는 S^2, gT 또는 $g\mathbb{R}P^2$ 중 하나와 위상동형이다. 이제 정리 14.3.9의 증명 단계들을 따라 주어진 곡면이 무엇과 위상동형인지 알아보자.

(1단계) 먼저 문자열 $abc^{-1}ab^{-1}c$에는 xx^{-1}인 문자열이 없으므로 1단계는 생략한다.

(2단계) 문자열 $abc^{-1}ab^{-1}c$가 주어진 육각형의 모든 꼭지점은 X에서 같은 점이 된다. 따라서 2단계도 생략한다.

(3, 4단계) 이제 3단계와 4단계를 사용하면

$$\begin{aligned} X &\cong abc^{-1}ab^{-1}c \\ &\cong xxcb^{-1}b^{-1}c && \text{(3단계)} \\ &\cong cb^{-1}b^{-1}cxx && \text{(변형공식 1)} \\ &\cong yybbxx && \text{(3단계)} \\ &\cong 3\mathbb{R}P^2 \end{aligned}$$

이다.

(2) 문자열 $abc^{-1}d^{-1}adb^{-1}c$로 주어진 곡면 X도 1단계와 2단계까지 마친 것이다. 이제 3단계와 4단계를 사용하면

$$\begin{aligned} X &\cong abc^{-1}d^{-1}adb^{-1}c \\ &\cong aadcb^{-1}db^{-1}c && \text{(3단계)} \\ &\cong dcb^{-1}db^{-1}caa && \text{(변형공식 1)} \\ &\cong ddbc^{-1}b^{-1}caa && \text{(3단계)} \end{aligned}$$

$$
\begin{aligned}
&\cong bc^{-1}b^{-1}caadd && \text{(변형공식 1)}\\
&\cong xyx^{-1}y^{-1}aadd && \text{(4단계)}\\
&\cong T \# \mathbb{R}P^2 \# \mathbb{R}P^2\\
&\cong 4\mathbb{R}P^2
\end{aligned}
$$

이다.

연습문제

문제 14.3.1 다음과 같은 문자열로 주어진 곡면은 S^2, gT, $g\mathbb{R}P^2$ 중 어떤 곡면과 위상동형인가?

(1) $abacb^{-1}c^{-1}$.

(2) $abca^{-1}cb$.

(3) $abbca^{-1}ddc^{-1}$.

(4) $abcda^{-1}b^{-1}c^{-1}d^{-1}$.

(5) $aabcdc^{-1}b^{-1}d^{-1}$.

(6) $abcdabcd$.

(7) $abcdabdc$.

(8) $abcad^{-1}c^{-1}b^{-1}d$.

(9) $abcda^{-1}c^{-1}b^{-1}d^{-1}$.

14.4 오일러 특성수와 가향성

이 절에서는 앞 절들에서 만든 곡면들이 서로 위상동형인지 아닌지를 알 수 있는 위상적 불변량인 오일러 특성수와 위상적 성질인 가향성을 다루고자 한다. 이 두 가지를 이용하면 변형공식을 사용하지 않아도 주어진 문자열에 해당하는 곡면이 무엇인지 보다 쉽게 알 수 있다.

오일러 특성수

앞에서 다룬 구면 S^2와 토러스 T는 모두 연결인 닫힌곡면이지만, 위상적으로 서로 다르게 보인다. 늘리거나 구부리거나 자르고 붙이는 과정을 아무리 많이 시행해도 구면을 토러스로 (연속적으로) 변형시킬 수 없을 것으로 보인다. 실제로도 구면과 토러스는 다르다. 두 곡면사이의 근본적인 차이점은 구면의 경우는 '구멍'이 없고, 토러스의 경우에는 '구멍'이 있다는 사실로 보인다. 그러나 실제로 그렇게 말할 수 없다. 토러스는 구멍이 전혀 없는 곡면이다. 만약 우리가 아주 커다란 토러스 위에 살고 있다면(마치 지구(구면)위에 살고 있듯이), 결코 구멍을 마주치지 않고 토러스 위를 어디든 다닐 수 있다. 구멍은 토러스가 3-차원 공간 $\mathbb{R}^3$에 위치하는 방법(즉, 넣기사상)과 관련이 있다. 다른 말로 하면 구멍은 주위 공간($\mathbb{R}^3$)에 있는 어떤 것이지, 그 곡면 토러스 자체에 있는 것은 아니다. 이 말은 구멍이 토러스의 위상적 성질과 아무런 관계가 없다는 말이 아니라, 단지 토러스 자체의 성질이 아니라는 말이다. 주위 공간($\mathbb{R}^3$)에 있는 구멍의 존재와 밀접한 관계가 있는 위상적 불변량이 '오일러 특성수'이다.

정의 14.4.1 컴팩트 곡면 X를 삼각분할하여 생긴 꼭지점의 수가 v, 모서리의 수가 e, 면(삼각형)의 수가 f일 때, 정수

$$\chi(X) = v - e + f$$

를 X의 오일러 특성수(Euler characteristic)라 한다.[10)]

예를 들어, 그림 14.33과 같은 구면 S^2의 삼각분할에 대해 꼭지점의 수는 6, 모서리의 수

10) 혹은 오일러 첨자 또는 오일러 표수라 한다.

는 12, 면(삼각형)의 수는 8이므로 구면의 오일러 특성수는 $\chi(S^2)=6-12+8=2$이다.

참고 14.4.2 주어진 곡면의 삼각분할은 무수히 많이 존재한다. 오일러 특성수가 잘 정의되려면 주어진 곡면에 대하여 다른 삼각분할을 택하여도 $v-e+f$는 변함이 없어야 한다. 이러한 성질은 다음과 같이 살펴 볼 수 있다.

(i) 주어진 삼각분할에 꼭지점과 모서리를 첨가함으로서 곡면을 더 잘게 삼각분할하여도 $v-e+f$는 변함이 없음을 보일 수 있다. 예를 들어 그림 14.40(a)와 같이 주어진 삼각형에 꼭지점 1개와 모서리 3개를 첨가하여 그림 14.40(b)와 같은 삼각분할을 얻어도 $v-e+f$는 모두 1로 변함이 없다.

(a) (b)

그림 14.40 • 세분할

(ii) 주어진 곡면에 대한 서로 다른 두 삼각분할에 대하여 두 삼각분할에 있는 꼭지점과 모서리를 모두 포함하는, 즉 두 삼각분할보다 더 잘게 분할되는 삼각분할이 존재함을 보일 수 있다([32] 참조). 예를 들어 평면상의 삼각형 X의 두 삼각분할 그림 14.41(a)와 그림 14.41(b)에 대하여 이들보다 더 잘게 분할되는 X의 삼각분할 그림 14.41(c)를 얻을 수 있다. 특별히 이들 세 삼각분할의 오일러 특성수는 모두 1로 같음을 유의하자.

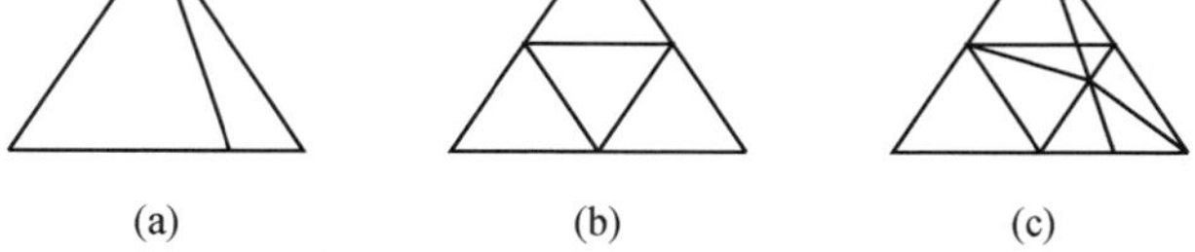
(a) (b) (c)

그림 14.41 • 공통 분할

(iii) 오일러 특성수는 삼각분할에 상관없이 일정하게 정의된다. 왜냐하면 $\{T_i\}$와 $\{T'_j\}$을 주어진 곡면 X의 두 삼각분할이라 하자. 그러면 (ii)에 의하여 주어진 두 삼각분할 $\{T_i\}$와 $\{T'_j\}$보다 더 잘게 분할되는 X의 삼각분할 $\{T''_k\}$이 존재한다. 그리고

(i)에 의해 $\{T_i\}$와 $\{T''_k\}$의 오일러 특성수가 같고, $\{T'_j\}$와 $\{T''_k\}$의 오일러 특성수가 같으므로 결국 $\{T_i\}$와 $\{T'_j\}$의 오일러 특성수는 같게 된다.

이제 우리가 잘 알고 있는 곡면들의 오일러 특성수를 구해 보자.

보기 14.4.3 (1) 원통 $S^1 \times I$의 오일러 특성수는 $\chi(S^1 \times I) = 0$이다: 원통의 삼각분할은 그림 14.42와 같다. 여기서 우리가 주의할 점은 원통은 그림 14.42의 사각형의 양끝의 모서리를 방향을 같게 하여 붙여서 만든 상공간이다. 따라서 꼭지점 A_1과 A_2는 원통에서 같은 꼭지점이고, 꼭지점 B_1과 B_2도 원통에서 같은 꼭지점이다. 그리고 모서리 $\overline{A_1B_1}$과 $\overline{A_2B_2}$도 원통에서 같은 모서리이다. 따라서 $v = 6$, $e = 12$, $f = 6$이므로 원통의 오일러 특성수는 0이다.

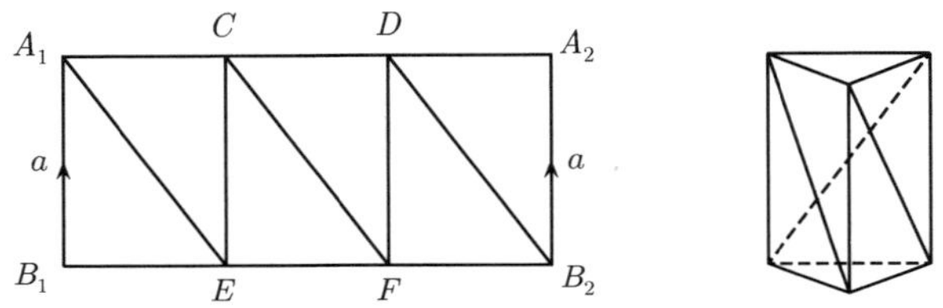

그림 14.42 • 원통의 삼각분할

(2) 뫼비우스 띠 M의 오일러 특성수는 $\chi(M) = 0$이다: 뫼비우스 띠의 삼각분할은 그림 14.43과 같다. 그런데 뫼비우스 띠는 그림 14.43의 사각형의 양끝의 모서리를 반대 방향으로 붙여서 만든 상공간이다. 따라서 꼭지점 A_1과 A_2는 뫼비우스 띠에서 같은 꼭지점이고, 꼭지점 B_1과 B_2도 뫼비우스 띠에서 같은 꼭지점이다. 그리고 모서리 $\overline{A_1B_1}$과 $\overline{A_2B_2}$도 뫼비우스 띠에서 같은 모서리이다. 따라서 $v = 6$, $e = 12$, $f = 6$이므로 뫼비우스 띠의 오일러 특성수는 0이다.

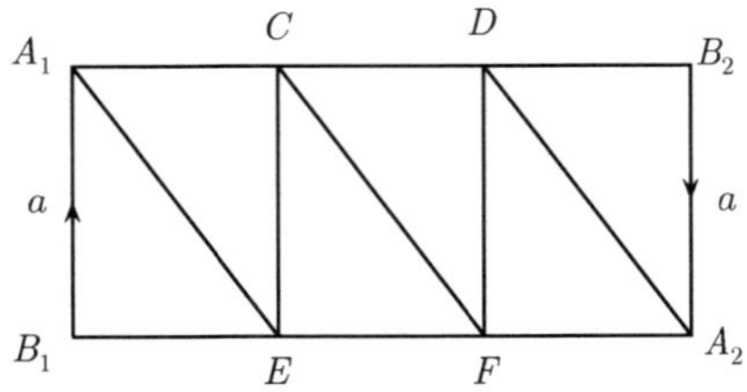

그림 14.43 • 뫼비우스 띠의 삼각분할

보기 14.4.4 (1) 사영평면 $\mathbb{R}P^2$의 오일러 특성수는 $\chi(\mathbb{R}P^2)=1$이다: 사영평면의 삼각분할은 그림 14.44와 같다. 그런데 사영평면은 그림 14.44의 경계의 모서리를 문자와 방향에 맞게 붙여야 하므로 꼭지점은 A, B, C, D, E 다섯 개이다. 같은 방법으로 모서리는 12개, 면(삼각형)은 8개임을 알 수 있다. 따라서 $\chi(\mathbb{R}P^2)=5-12+8=1$이다.

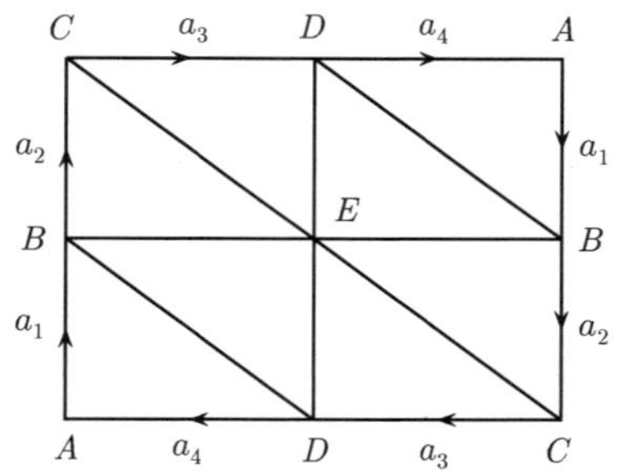

그림 14.44 • 사영평면의 삼각분할

(2) 토러스 T의 오일러 특성수는 $\chi(T)=0$이다: 먼저 그림 14.45를 살펴보면 이는 토러스의 삼각분할이 아니다. 왜냐하면 모서리들을 붙여서 토러스를 만들었을 때, 맨 왼쪽의 (어두운) 삼각형 $T_1(\subset T)$은 꼭지점이 A, B 두 개밖에 없으므로 토러스에서 삼각형이 안된다. 즉, T_1은 평면(유클리드공간) $\mathbb{R}^2$상의 삼각형과 위상동형이 아니다.

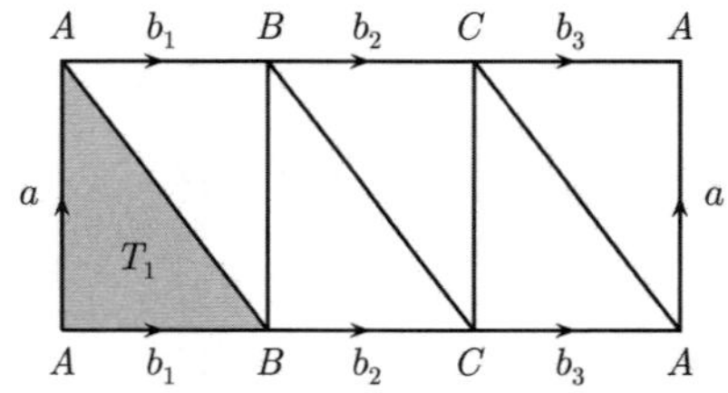

그림 14.45 • 토러스의 삼각분할이 아니다.

그러나 그림 14.46은 토러스의 삼각분할이 된다. 각 모서리를 붙여서 토러스를 만들면 꼭지점은 A, B, C, D, E, F 6개이다. 같은 방법으로 모서리는 18개, 면은 12개이다. 따라서 $\chi(T)=6-18+12=0$이다.

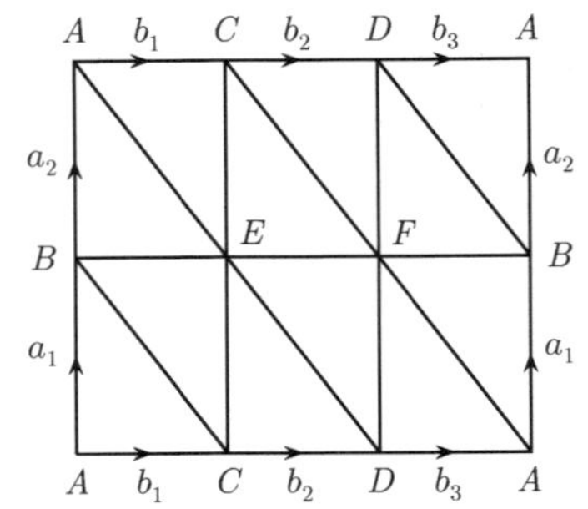

그림 14.46 • 토러스의 삼각분할

(3) 클라인 병 K의 오일러 특성수는 $\chi(K)=0$이다: 그림 14.47과 같은 클라인 병의 삼각분할은 꼭지점이 6개, 모서리가 18개, 면이 12개이므로 클라인 병의 오일러 특성수는 0이다.

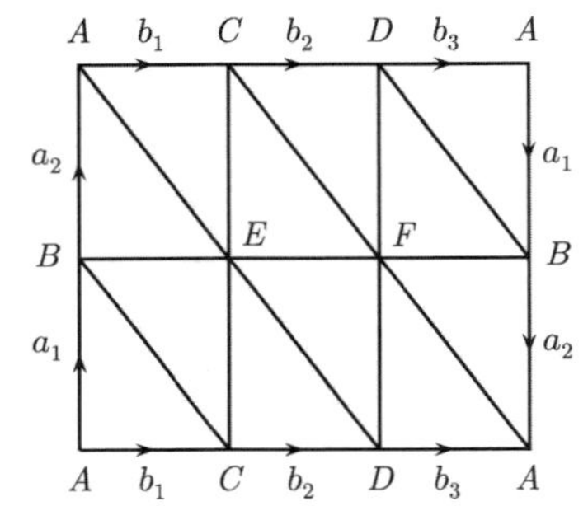

그림 14.47 • 클라인 병의 삼각분할

이제 오일러 특성수가 위상적 불변량임을 보이자.

정리 14.4.5 만약 두 컴팩트 곡면이 위상동형이면 이들의 오일러 특성수는 같다. 즉, 만약 $X \cong Y$이면 $\chi(X)=\chi(Y)$이다.

증명 X와 Y를 서로 위상동형인 컴팩트 곡면이라 하고, $f: X \to Y$를 위상동형사상이라 하자. 이제 곡면 X의 하나의 삼각분할 $\{T_1, \dots, T_n\}$을 택하자. 그러면 f가 위상동형사상이므로 X에서의 삼각형 T_i를 Y에서의 삼각형 $f(T_i)$로 보낸다. 따라서 $\{f(T_1), \dots, f(T_n)\}$는 곡면 Y의 삼각분할이 된다. 그리고

$$
\begin{array}{rcl}
f: X = \cup T_i & \rightarrow & Y = \cup f(T_i) \\
\text{삼각형 } T_i & \leftrightsquigarrow & \text{삼각형 } f(T_i) \\
\text{꼭지점 } P & \leftrightsquigarrow & \text{꼭지점 } f(P) \\
\text{모서리 } l & \leftrightsquigarrow & \text{모서리 } f(l)
\end{array}
$$

이므로 두 삼각분할의 면(삼각형)의 수, 모서리의 수, 꼭지점의 수는 모두 서로 같다. 따라서 $\chi(X) = \chi(Y)$이다. □

보기 14.4.4에서 보았듯이 사영평면과 토러스의 오일러 특성수가 다르므로 사영평면과 토러스는 위상동형이 아니다. 그리고 사영평면과 클라인 병의 오일러 특성수가 다르므로 사영평면과 클라인 병도 위상동형이 아니다.

정리 14.4.6 두 컴팩트 곡면 X와 Y의 연결합 $X \# Y$의 오일러 특성수는

$$\chi(X \# Y) = \chi(X) + \chi(Y) - 2$$

이다.

증명 $\{T_1, \ldots, T_m\}$과 $\{T_1', \ldots, T_n'\}$을 각각 X와 Y의 삼각분할이라 하자. 이제 두 삼각분할에서 삼각형 T_i와 T_j'을 하나씩 선택하자. 우리는 일반성을 잃지 않고 선택한 두 삼각형을 T_1과 T_1'이라 할 수 있다. 그러면 삼각형 T_1과 T_1'은 원판과 위상동형이고 이들의 경계는 S^1과 위상동형이다. 그리고 꼭지점을 꼭지점으로, 모서리를 모서리로 보내는 T_1에서 T_1' 위로의 위상동형사상 f가 존재한다. 그러므로 연결합 $X \# Y$의 삼각분할은 곡면 X와 Y에서 각각 삼각형 T_1의 내부와 T_1'의 내부를 잘라내고 f를 사용하여 이 두 삼각형의 경계를 따라 두 곡면을 붙여서 얻을 수 있다. 그리고 이러한 과정을 통하여 얻어진 $X \# Y$의 삼각분할을 혼동 없이 $\{T_2, T_3, \ldots, T_m, T_2', T_3', \ldots, T_n'\}$으로 나타낼 수 있다. 한편 u, v, w를 삼각형 T_1의 세 꼭지점이라 하고, $u' = f(u)$, $v' = f(v)$, $w' = f(w)$를 삼각형 T_1'의 세 꼭지점이라 하면 u와 u', v와 v', w와 w'은 $X \# Y$에서 같은 꼭지점이 된다. 이 과정에서 꼭지점 3개, 모서리 3개, 면(삼각형) 2개가 줄어든다. 따라서

$$\chi(X \# Y) = \chi(X) + \chi(Y) + ((-3) - (-3) + (-2)) = \chi(X) + \chi(Y) - 2$$

이다. □

보기 14.4.7 (1) 우리는 이미 보기 14.4.4에서 $\chi(K)=0$, $\chi(\mathbb{R}P^2)=1$임을 보였다. 한편 성질 14.2.6에 의하여 $K\cong \mathbb{R}P^2 \# \mathbb{R}P^2$이므로, 정리 14.4.6에 의해,

$$\chi(K)=\chi(\mathbb{R}P^2)+\chi(\mathbb{R}P^2)-2=1+1-2=0$$

이 성립한다. 따라서 정리 14.4.6을 확인할 수 있다.

(2) g-토러스 gT의 오일러 특성수는 $\chi(gT)=2-2g$임을 다음과 같이 보일 수 있다.

$$\begin{aligned}
&\chi(T)=0,\\
&\chi(2T)=\chi(T\#T)=\chi(T)+\chi(T)-2=0+0-2=-2,\\
&\chi(3T)=\chi(2T\#T)=\chi(2T)+\chi(T)-2=(-2)+0-2=-4,\\
&\qquad\vdots\\
&\chi(gT)=2-2g.
\end{aligned}$$

따라서 정리 14.4.5에 의해 $g_1\neq g_2$이면 $g_1T\not\cong g_2T$이다.

(3) g-사영평면 $g\mathbb{R}P^2$의 오일러 특성수는 $\chi(g\mathbb{R}P^2)=2-g$임을 다음과 같이 보일 수 있다.

$$\begin{aligned}
&\chi(\mathbb{R}P^2)=1,\\
&\chi(2\mathbb{R}P^2)=\chi(\mathbb{R}P^2\#\mathbb{R}P^2)=\chi(\mathbb{R}P^2)+\chi(\mathbb{R}P^2)-2=1+1-2=0,\\
&\chi(3\mathbb{R}P^2)=\chi(2\mathbb{R}P^2\#\mathbb{R}P^2)=\chi(2\mathbb{R}P^2)+\chi(\mathbb{R}P^2)-2=0+1-2=-1,\\
&\qquad\vdots\\
&\chi(g\mathbb{R}P^2)=2-g.
\end{aligned}$$

따라서 정리 14.4.5에 의해 $g_1\neq g_2$이면 $g_1\mathbb{R}P^2\not\cong g_2\mathbb{R}P^2$이다.

가향성

한편 토러스 T와 클라인 병 K는 모두 연결인 닫힌곡면이다. 앞에서 보았듯이 이들의 오일러 특성수도 0으로 같다. 그러면 토러스와 클라인 병은 위상적으로 어떻게 다른가? 우리는 흔히 원통과 뫼비우스 띠를 구별할 때, 뫼비우스 띠는 곡면을 따라 붓을 때지 않고(경계를 지나지 않고) 한번에 모든 면을 칠할 수 있으므로 면이 하나이고, 원통은 붓을 때지 않고(경계를 지나지 않고) 한번에 모든 면을 칠할 수 없으므로 면이 두 개라고 한다. 마찬가지로 클라인 병은 곡면을 따라 붓을 때지 않고 한번에 모든 면을 칠할 수 있으므로

면이 하나이고, 즉 안과 밖을 구분할 수 없고, 토러스는 붓을 때지 않고 한번에 모든 면을 칠할 수 없으므로 면이 안과 밖 두 개라고 한다. 그런데 '클라인 병은 단 한 개의 면을 갖는 곡면이고, 토러스는 두 개의 면을 갖는 곡면이다'라는 말로 곡면의 기본적인 위상적 개념을 전달하면, 이것 또한 약간의 오해를 야기한다. 앞에서와 마찬가지로 토러스의 안쪽 면과 바깥쪽 면은 토러스가 공간 $\mathbb{R}^3$에 위치하는 방법과 관련이 있지, 토러스 곡면 자체의 성질은 아니다. 물론 뫼비우스 띠 또는 클라인 병이 한 가지 색으로 칠할 수 있다는 사실을 발견하면, 이런 곡면들의 특이한 속성을 이해하는데 분명히 도움이 될 것이다. 그러나 이것은 진정한 곡면 자체의 위상적 성질을 밝혀주지 않으며, 이 경우의 위상적 성질은 '가향성'이다. 사실 (위상)수학에서 면은 존재하지만, 안과 밖, 위와 아래를 구분 할 수도 없고, 두께도 없는 (마치 투명한 필름 같은) 추상적인 면이다. 따라서 엄밀히 말하면 원통과 토러스는 안과 밖의 두 개의 면을 가지는 것이 아니라 단지 하나의 면을 가진다. 따라서 우리는 이들을 구별할 수 있는 '가향'이라는 (수학적으로) 보다 엄밀한 용어가 필요하다.

'시계 방향'과 '반시계 방향'의 개념을 다음과 같은 의미로 구별할 수 있는 곡면을 **가향**(orientable)이라 한다. 곡면 위에 (사실 위와 아래가 없으므로 곡면 '안에'라는 표현이 더 적절한데) 충분히 작은 원을 그리고, 그 원에 그림 14.48(a)처럼 방향을 주었다고 가정하자. 그러면 곡면 위에서(안에서) 이 원을 (경계를 지나지 않고) 연속적으로 어떻게 움직이더라도 원의 방향을 반대로 바꿀 수 없으면(즉, 곡면 위에서 원을 이동시켜서 시계 방향의 원 (a)를 반시계 방향의 원 (b)로 바꿀 수 없으면) 우리는 이러한 곡면을 **가향곡면**(orientable surface)이라 하고, 방향을 반대로 바꿀 수 있으면 **비가향곡면**(non-orientable surface)이라 한다.

(a) (b)

그림 14.48 • 방향성

예를 들어 원통과 구면은 가향곡면이다. 왜냐하면 투명하고 아주 조그만 필름 조각에 원을 그리고 그 원에 그림 14.48(a)처럼 방향을 준 다음, 이 조각을 투명한 필름으로 만든 원통이나 구면 위에서(안에서) 경계를 지나지 않고 어떻게 움직이더라도 원의 방향(화살표의 방향)을 반대로 바꿀 수 없다. 따라서 원통과 구면은 가향곡면이다. 그러나 뫼비우스 띠나 클라인 병은 비가향이다. 왜냐하면 방향이 있는 원이 그려진 투명하고 조그만 필름 조각을 투명한 필름으로 만든 뫼비우스 띠나 클라인 병 위에서(안에서) 경계를 지나지 않고 한바퀴 돌려 출발점으로 되돌아왔을 때(출발했던 '면'과 반대편으로 되돌아 왔을 것이라고 잘못 생각할 수 있을 텐데) 원의 화살표 방향이 반대로 바뀌었다는 것을 발견하게 될 것이다. 즉, 원들이 이 곡면을 이탈하지 않고도 '시계 방향'과 '반시계 방향'이 바뀔 수 있음을 보여준다. 이것이 바로 비가향성이다.

그러나 위와 같은 정의는 다소 복잡하고 다루기 힘들다. 예를 들어 사영평면의 모양은 잘 상상되지 않으므로 위와 같은 방법으로는 사영평면이 가향인지 비가향인지 구별하기 쉽지 않다. 따라서 우리는 보다 직관적인 정의가 필요하다.

먼저 $\{T_k\}$를 곡면 X의 삼각분할이라 하자. 그리고 각각의 삼각형 T_k에 그림 14.49 처럼 원의 방향이 주어지면 이 방향은 그림 14.49의 점선 화살표와 같이 삼각형 T_k의 세 모서리에 방향을 유도한다.

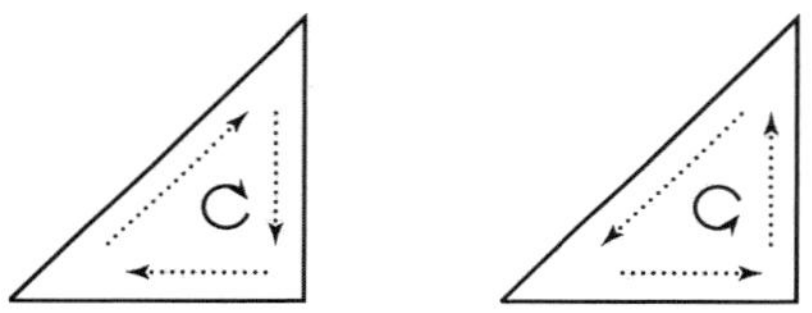

그림 14.49 • 삼각형에 방향주기

이제 서로 이웃하는 두 삼각형 T_i와 T_j에 대해 만약 T_i 내의 방향이 주어진 원을 T_j로 연속적으로 움직여도 방향이 그대로 유지되면 그림 14.50(a)의 상황이 된다. 이 경우 두 삼각형의 공통 모서리 $\overline{AB}$에서는 방향이 서로 반대가 된다. 한편 만약 T_i 내의 방향이 주어진 원을 T_j로 연속적으로 움직여서 방향이 바뀌게 되면 그림 14.50(b)의 상황이 된다. 이 경우 두 삼각형의 공통 모서리 $\overline{AB}$에서는 방향이 서로 같게 된다.

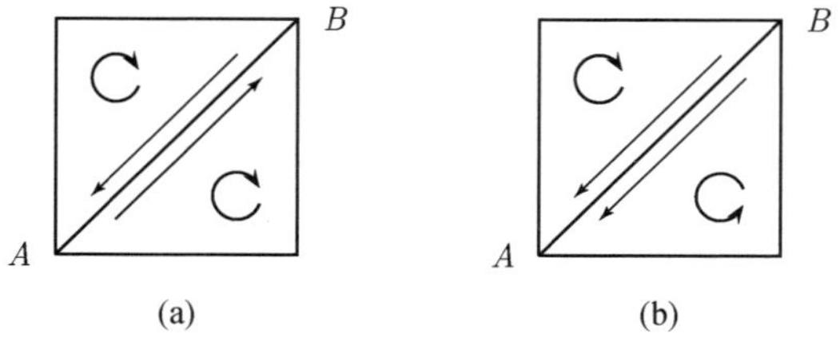

그림 14.50 • 모서리에서의 방향

꼭지점이 u, v, w인 삼각형 T에 **방향을 준다**란 다음 그림 14.51의 (a), (b) 둘 중 하나를 선택하는 것을 뜻한다.

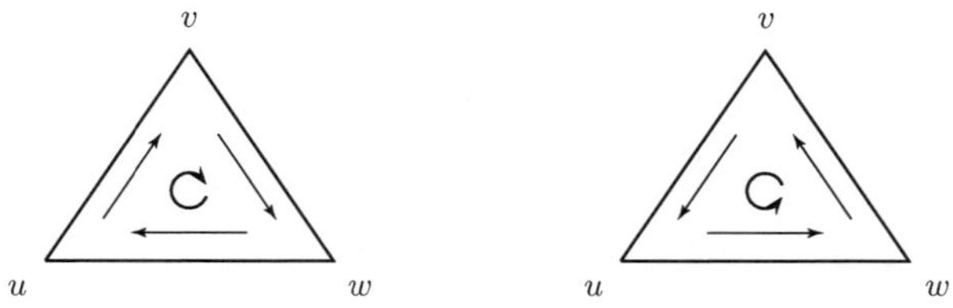

(a) (b)

그림 14.51 • 삼각형의 방향

만약 삼각형 T에 그림 14.51(a)와 같이 방향을 줄 때 우리는 **삼각형 T의 향**을 $<u, v, w> = <v, w, u> = <w, u, v>$으로 나타낸다. 이 경우 삼각형 T의 향으로부터 유도되는 **모서리들의 향**은 각각 $\overrightarrow{uv}$, $\overrightarrow{vw}$, $\overrightarrow{wu}$이다.

만약 삼각형 T에 그림 14.51(b)와 같이 방향을 줄 때 우리는 **삼각형 T의 향**을 $<u, w, v> = <w, v, u> = <v, u, w>$으로 나타낸다. 이 경우 삼각형 T의 향으로부터 유도되는 **모서리들의 향**은 각각 $\overrightarrow{uw}$, $\overrightarrow{wv}$, $\overrightarrow{vu}$이다.

곡면 X에 삼각분할 $\{T_k\}$가 주어졌다고 하자. 이 때 인접하는 두 삼각형 T_i와 T_j에 **조화로운(compatible) 향을 준다**란 두 삼각형 T_i와 T_j의 향으로부터 유도되는 공통 모서리의 향이 그림 14.52(a)와 같이 서로 반대인 경우를 뜻한다. 그렇지 않는 경우, 즉 그림 14.52(b)와 같이 인접하는 두 삼각형에 향을 준 경우를 **조화롭지 못한(incompatible) 향을 준다**라 한다.

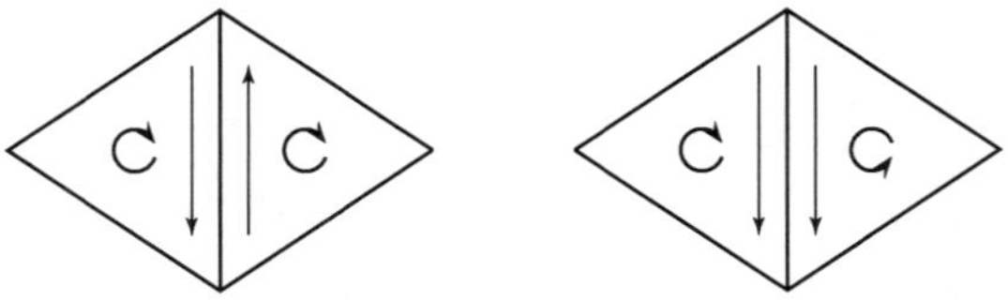

(a) (b)

그림 14.52 • 조화로운 향과 조화롭지 못한 향

정의 14.4.8 곡면 X의 삼각분할 $\{T_i\}$의 모든 이웃하는 두 삼각형이 조화롭게 될 수 있도록 모든 삼각형 T_i에 향을 줄 수 있으면 우리는 X를 **가향곡면(orientable surface)**이라 한다. 그리고 가향이 아닌 곡면을 **비가향곡면(non-orientable surface)**이라 한다.

보기 14.4.9 원통은 가향곡면이고 뫼비우스 띠는 비가향곡면이다.

(1) 먼저 원통이 가향곡면임을 보이자. 그림 14.53(a)와 같은 원통의 삼각분할을 택하자. 우선 맨 왼쪽의 삼각형에 시계 방향을 주자. 그러면 오른쪽에 이웃한 삼각형은 공통 모서리 $\overline{AC}$에서 방향이 서로 반대가 되어야 하므로 이 삼각형에도 시계 방향을 주어야 한다. 이와 같은 방법을 계속하면 맨 오른쪽 삼각형 ABD도 시계 방향을 갖는다. 우리는 여기서 이야기를 끝내면 안 된다. 왜냐하면 원통은 주어진 사각형을 문자 a에 해당하는 모서리를 a의 부호(방향)에 맞게 붙여서 얻은 상공간이기 때문이다. 문자 a에 해당하는 모서리를 붙여놓고 보면 그림 14.53(b)와 같다. 우리는 이 공통 모서리 $\overline{AB}$에서도 방향이 서로 반대임을 알 수 있다. 따라서 원통은 가향곡면이다.

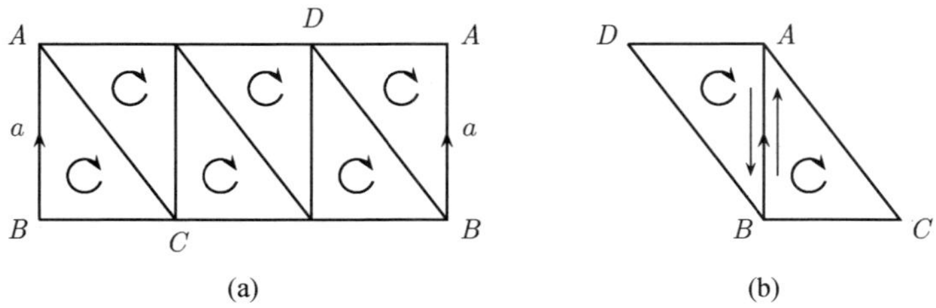

그림 14.53 • 원통은 가향이다.

(2) 이제 뫼비우스 띠가 비가향곡면임을 보이자. 그림 14.54(a)와 같은 뫼비우스 띠의 삼각분할을 택하자. 우선 맨 왼쪽의 삼각형에 시계 방향을 주자. 그러면 오른쪽에 이웃한 삼각형은 공통 모서리 $\overline{AC}$에서 방향이 서로 반대가 되어야 하므로 이 삼각형에도 시계 방향을 주어야 한다. 이와 같은 방법을 계속하면 삼각형 ADE도 시계 방향을 가져야 한다. 그리고 맨 오른쪽 삼각형 ABD에 방향을 주는 방법은 시계 방향과 반시계 방향 둘 중 하나이다. 먼저 삼각형 ABD에 반시계 방향을 주면 공통 모서리 $\overline{DA}$에서 방향이 서로 같음을 알 수 있다. 이는 조화롭지 못한 향이다. 그리고 삼각형 ABD에 시계 방향을 주면 공통 모서리 $\overline{DA}$에서 방향이 서로 반대임을 알 수 있다. 그러나 문자 a에 해당하는 모서리를 붙여놓고 보면 그림 14.54(b)와 같다. 우리는 이 공통 모서리 $\overline{AB}$에서 방향이 서로 같음을 알 수 있다. 이 또한 조화롭지 못한 향이다. 그러므로 주어진 삼각분할에 대해 이웃하는 두 삼각형의 공통 모서리에서 방향이 서로 반대가 되도록 모든 삼각형에 방향을 줄 수 없다. 따라서 뫼비우스 띠는 비가향곡면이다.

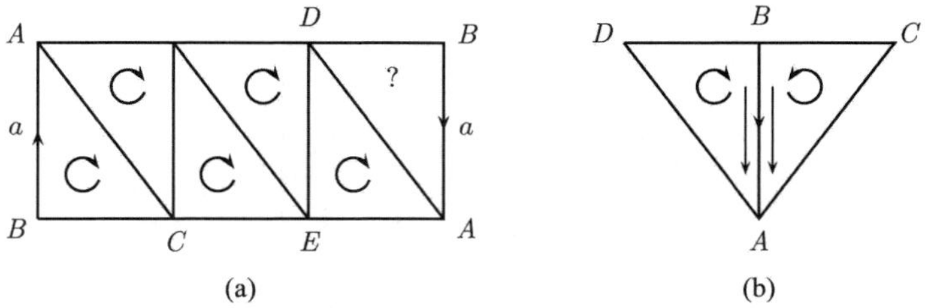

그림 14.54 • 뫼비우스 띠는 비가향이다.

보기 14.4.10 (1) 그림 14.55와 같이 구면 S^2의 삼각분할에 조화로운 향을 줄 수 있으므로 구면 S^2는 가향곡면이다.

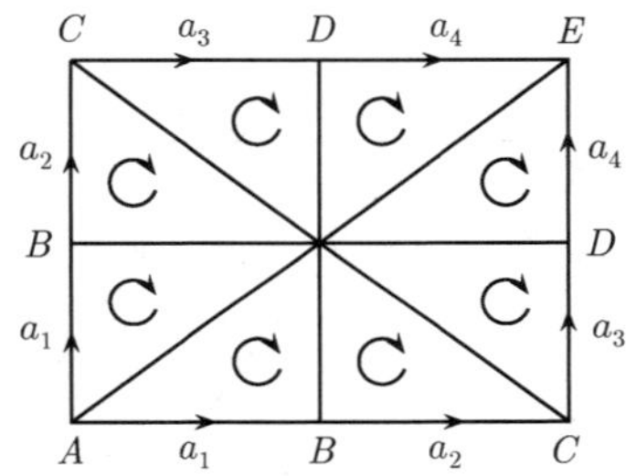

그림 14.55 • 구면 S^2는 가향이다.

(2) 그림 14.56과 같이 토러스 T의 삼각분할에 조화로운 향을 줄 수 있으므로 토러스 T는 가향곡면이다.

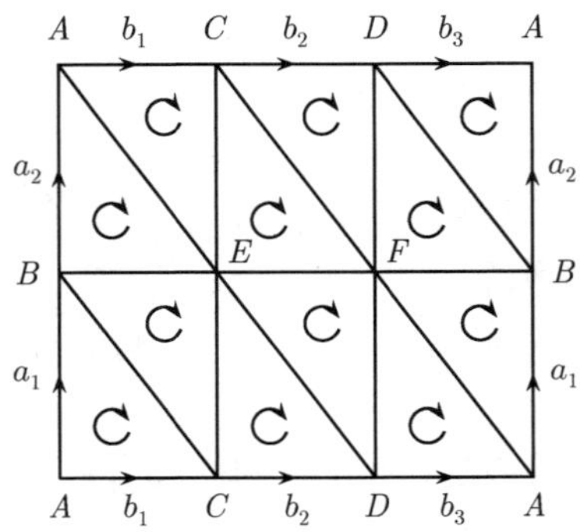

그림 14.56 • 토러스 T는 가향이다.

(3) 사영평면 $\mathbb{R}P^2$는 비가향곡면이다: 그림 14.57과 같은 $\mathbb{R}P^2$의 삼각분할에 조화로운 향을 줄 수 없다.

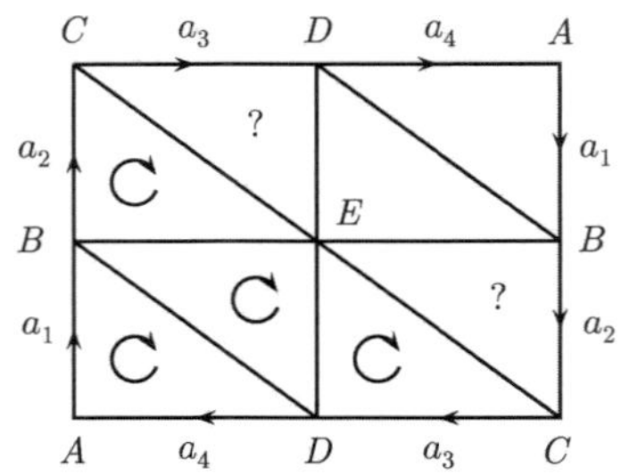

그림 14.57 • 사영평면 $\mathbb{R}P^2$는 비가향이다.

(4) 클라인 병 K는 비가향곡면이다: 그림 14.58과 같은 K의 삼각분할에 조화로운 향을 줄 수 없다.

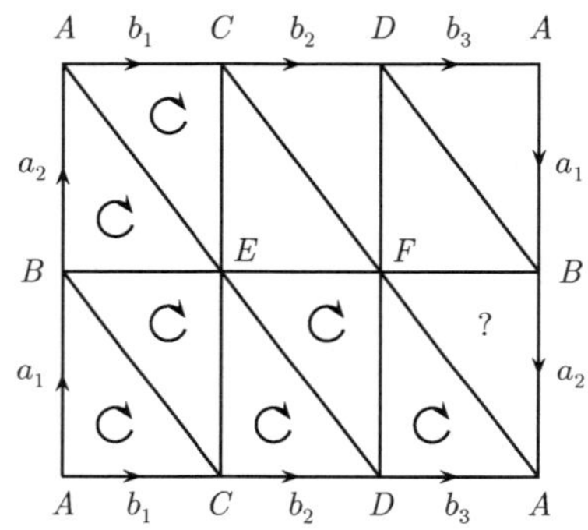

그림 14.58 • 클라인 병 K는 비가향이다.

이제 가향성이 위상적 불변성임을 보이자.

정리 14.4.11 위상동형인 컴팩트 곡면 X와 Y에 대하여 다음이 성립한다.

(1) X는 가향 $\Leftrightarrow$ Y는 가향

(2) X는 비가향 $\Leftrightarrow$ Y는 비가향

증명 (1) $f: X \to Y$를 위상동형사상이라 하자. 그리고 X를 가향곡면이라 하고 $\{T_i\}$를 조화로운 향을 준 곡면 X의 삼각분할이라 하자. 그러면 위상동형사상 f는 Y상의 삼각분할 $\{f(T_i)\}$를 유도한다. 우리는 $\{f(T_i)\}$에 다음과 같이 조화로운 향을 줄 수 있다. 임의의 삼각형 T_i의 세 꼭지점을 u, v, w라 하고 삼각형 T_i의 향이 $<u, v, w>$로 주어졌다고 하자. 이제 삼각형 $f(T_i)$의 향을

$<f(u), f(v), f(w)>$로 주자. 그러면 이러한 향은 $\{f(T_i)\}$에 조화로운 향을 준다. 그러므로 Y도 가향곡면이다.

(2)는 (1)의 대우이다. □

앞의 정리에 의하여 우리는 토러스는 가향이고 클라인 병은 비가향이므로 이들이 서로 위상동형이 아님을 알 수 있다.

기초정리 14.4.12 $\{T_1, \dots, T_n\}$을 닫힌곡면 X의 삼각분할이라 하자. 그리고 임의로 택한 삼각형 T_i의 내부 T_i°에 대하여 다음이 성립한다.

(1) X가 가향일 필요충분조건은 $X - T_i^\circ$가 가향인 것이다.

(2) X가 비가향일 필요충분조건은 $X - T_i^\circ$가 비가향인 것이다.

증명 (1) 먼저 X가 가향이라고 가정하자. 그러면 X의 삼각분할 $\{T_1, \dots, T_n\}$에 조화로운 향을 줄 수 있다. 이 향을 그대로 가져오면 $X - T_i^\circ$의 삼각분할

$$\{T_1, \dots, T_{i-1}, T_{i+1}, \dots, T_n\}$$

상의 조화로운 향이 된다. 따라서 $X - T_i^\circ$는 가향곡면이다.

이제 $X - T_i^\circ$가 가향이라고 가정하자. 그러면 $X - T_i^\circ$의 삼각분할

$$\{T_1, \dots, T_{i-1}, T_{i+1}, \dots, T_n\}$$

에 조화로운 향을 줄 수 있다. 그런데 X가 닫힌곡면(경계가 없는 곡면)이므로 삼각형 T_i에 인접한 삼각형들은 그림 14.59(a)와 같다. 따라서 우리는 그림 14.59(b)처럼 T_i까지 조화로운 향을 확장할 수 있다. 따라서 X는 가향곡면이다.

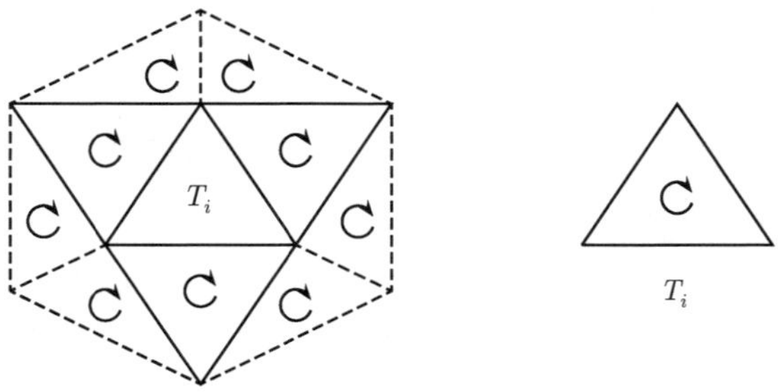

(a) (b)

그림 14.59 • T_i에 조화로운 향 주기

(2)는 (1)의 대우이다. □

성질 14.4.13 닫힌곡면들의 연결합에 대하여 다음이 성립한다.

(1) 가향 # 가향 = 가향.

(2) 가향 # 비가향 = 비가향.

(3) 비가향 # 비가향 = 비가향.

증명 X와 Y를 닫힌곡면이라 하자. 그리고 $\{T_1, \dots, T_m\}$과 $\{T_1', \dots, T_n'\}$을 각각 X와 Y의 삼각분할이라 하자. 이제 두 삼각분할에서 삼각형 T_i와 T_j'을 하나씩 선택하자. 우리는 일반성을 잃지 않고 선택한 두 삼각형을 T_1과 T_1'이라 할 수 있다. 그러면 삼각형 T_1과 T_1'은 원판과 위상동형이고 이들의 경계는 S^1과 위상동형이다. 그리고 꼭지점을 꼭지점으로, 모서리를 모서리로 보내는 T_1에서 T_1' 위로의 위상동형사상 f가 존재한다. 그러므로 연결합 $X \# Y$의 삼각분할은 곡면 X와 Y에서 각각 삼각형 T_1의 내부와 T_1'의 내부를 잘라내고 f를 사용하여 이 두 삼각형의 경계를 따라 두 곡면을 붙여서 얻을 수 있다. 그리고 이러한 과정을 통하여 얻어진 $X \# Y$의 삼각분할을 혼동 없이 $\{T_2, T_3, \dots, T_m, T_2', T_3', \dots, T_n'\}$으로 나타낼 수 있다. 한편 u, v, w를 삼각형 T_1의 세 꼭지점이라 하고, $u' = f(u)$, $v' = f(v)$, $w' = f(w)$를 삼각형 T_1'의 세 꼭지점이라 하면 u와 u', v와 v', w와 w'은 $X \# Y$에서 같은 꼭지점이 된다.

(1) 이제 X와 Y를 가향곡면이라 하자. 먼저 삼각형 T_1에 향 $<u, v, w>$를 주자. 그리고 X가 가향곡면이므로 삼각형 T_1의 향 $<u, v, w>$를 확장하여 X의 삼각분할 $\{T_1, \dots, T_m\}$에 조화로운 향을 줄 수 있다. 그리고 Y도 가향곡면이므로 삼각형 T_1'의 향이 $<u', w', v'>$인 Y의 삼각분할 $\{T_1', \dots, T_n'\}$에 조화로운 향을 줄 수 있다. 여기서 두 삼각형 T_1과 T_1'에 서로 반대 향을 주었음을 유의하자. 그러면 $X \# Y$의 삼각분할 $\{T_2, \dots, T_m, T_2', \dots, T_n'\}$에 이러한 향을 그대로 가져오면 이는 $\{T_2, \dots, T_m, T_2', \dots, T_n'\}$상의 조화로운 향이 된다. 따라서 $X \# Y$는 가향곡면이다.

(2) X를 가향곡면, Y를 비가향곡면이라 하자. 그러면 기초정리 14.4.12에 의하여 $Y - (T_1')^\circ$는 비가향이다. 그러므로 삼각형 $T_2', \dots, T_n'$에조차도 조화로운 향을 줄 수 없다. 따라서 $X \# Y$의 삼각분할 $\{T_2, \dots, T_m, T_2', \dots, T_n'\}$에 조화로운 향을 줄 수 없다. 그러므로 $X \# Y$는 비가향이다.

(3) X와 Y가 모두 비가향곡면인 경우에는 (2)의 증명과 같은 방법으로 $X \# Y$가 비가향임을 보일 수 있다. □

참고 14.14.14 연결된 컴팩트 곡면 X에 대하여 다음이 성립한다.

(1) X는 비가향 $\Leftrightarrow$ X의 문자열 중 $\{x, x\}$쌍이 존재한다.

(2) X는 가향 $\Leftrightarrow$ X의 문자열 중 $\{x, x\}$쌍이 존재하지 않는다.

예를 들어 뫼비우스 띠, 사영평면, 클라인 병의 문자열이 각각 $\mathbf{a}c\mathbf{a}d$, $\mathbf{aa}$, $\mathbf{a}b\mathbf{a}b^{-1}$이므로 이들은 모두 비가향이다. 그리고 원통, 구면, 토러스의 문자열이 각각 $aca^{-1}d$, aa^{-1}, $aba^{-1}b^{-1}$이므로 이들은 모두 가향이다.

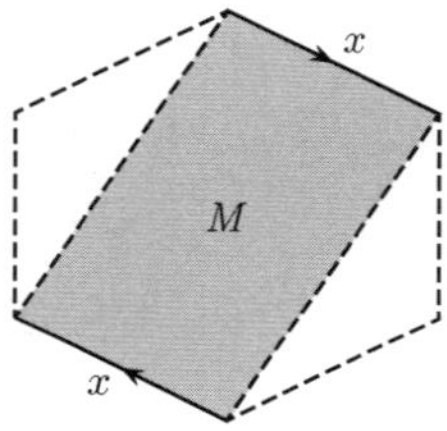

그림 14.60 • 쌍 $\{x, x\}$를 포함한 곡면

이제 그 이유를 살펴보자. 만약 X의 문자열 중 $\{x, x\}$쌍이 존재하면 X는 그림 14.60과 같은 다각형으로 표현된다. 따라서 이러한 곡면 X는 뫼비우스 띠(어두운 부분) M을 포함한다. 우리는 뫼비우스 띠 M에조차도 조화로운 향을 줄 수 없으므로 X에도 조화로운 향을 줄 수 없다. 따라서 X는 비가향이다. 이로부터 우리는 뫼비우스 띠를 포함하는 곡면은 비가향임을 알 수 있다.

이제 곡면 X의 문자열 중 $\{x, x\}$쌍이 존재하지 않는다고 가정하자. X를 표현하는 다각형에 삼각분할을 택하고, 모든 삼각형에 시계방향의 향을 주자. 우리는 다각형의 경계에 있는 모서리 중 서로 같은 문자에 해당하는 모서리를 붙였을 때 조화로운 향이 됨을 보이면 충분하다. 그런데 $\{x, x\}$쌍이 존재하지 않으므로 같은 문자를 갖는 모서리는 쌍 $\{y, y^{-1}\}$가 된다. 그러므로 X를 표현하는 다각형은 그림 14.61(a)와 같이 표현된다. 그리고 문자 y에 해당하는 모서리를 붙이면 그림 14.61(b)와 같이 조화로운 향이 된다. 따라서 X는 가향이다.

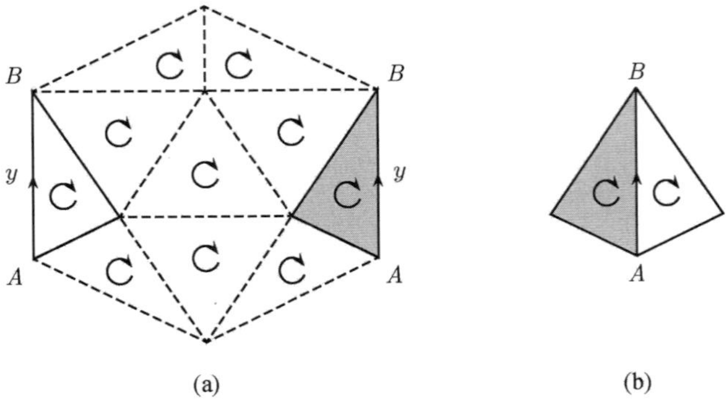

그림 14.61 • 쌍 $\{x, x\}$를 포함하지 않는 곡면

따름정리 14.4.15 (1) 구면 S^2와 g-토러스 gT는 가향곡면이다.
(2) 클라인 병 K과 g-사영평면 $g\mathbb{R}P^2$는 비가향곡면이다.

증명 보기 14.4.10과 성질 14.4.13에 의하여 성립한다. □

정리 14.3.9, 14.4.5, 14.4.11에 의하여 다음이 성립한다.

정리 14.4.16 연결된 닫힌곡면 X와 Y에 대하여 다음은 동치이다.
(a) X와 Y는 위상동형이다.
(b) $\chi(X) = \chi(Y)$이고, X와 Y는 둘 다 가향이거나 둘 다 비가향이다.

앞의 정리에 의하여 주어진 연결된 닫힌곡면의 오일러 특성수와 가향성만 알면 이 곡면이 무엇인지 알 수 있다. 예를 들어 비가향이고 오일러 특성수가 -3인 연결된 닫힌곡면은 $5\mathbb{R}P^2$와 위상동형이다.

g-토러스 gT 또는 g-사영평면 $g\mathbb{R}P^2$의 **종수**(genus)를 g라 한다. 특별히 구면 S^2의 종수는 0으로 정의한다. 연결된 닫힌곡면 X의 종수 $g(X)$와 오일러 특성수 $\chi(X)$ 사이에는 다음과 같은 관계가 있다.

$$g(X) = \begin{cases} \dfrac{2-\chi(X)}{2} & (X\text{는 가향}) \\ 2-\chi(X) & (X\text{는 비가향}) \end{cases}$$

정리 14.4.17 연결된 닫힌곡면은 구면 S^2, g-토러스 gT, g-사영평면 $g\mathbb{R}P^2$뿐이다.[11] 그리고 이들은 모두 서로 위상동형이 아니다.

곡면 X	가향성	오일러 특성수 $\chi(X)$
구면 S^2	가향	2
토러스 T	가향	0
2-토러스 $2T$	가향	-2
⋮	⋮	⋮
g-토러스 gT	가향	$2-2g$
⋮	⋮	⋮
사영평면 $\mathbb{R}P^2$	비가향	1
클라인 병 $K\cong 2\mathbb{R}P^2$	비가향	0
⋮	⋮	⋮
g-사영평면 $g\mathbb{R}P^2$	비가향	$2-g$
⋮	⋮	⋮

보기 14.4.18 문자열 $abacb^{-1}c^{-1}$로 주어진 곡면 X가 무엇인지 알아보자.

(i) 곡면 X는 그림 14.62(a)와 같은 육각형을 모서리를 따라서 붙여서 얻어지는 상공간이다. 그런데 육각형이 연결이고 컴팩트하므로 이의 상공간 X도 연결이고 컴팩트하다(참고 13.1.7 참조). 그리고 문자들이 모두 쌍을 이루어 존재하므로 X는 경계가 없는 곡면이 된다. 따라서 X는 연결된 닫힌곡면이다.

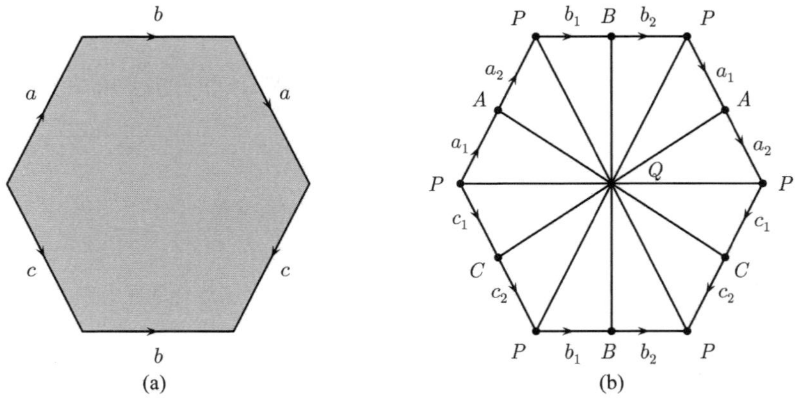

그림 14.62 • 곡면 X의 삼각분할

11) 물론 서로 위상동형인 것들을 같은 것으로 보았을 때의 이야기다.

(ii) X의 문자열에 쌍 $\{a, a\}$가 존재하므로 참고 14.4.14에 의해 X는 비가향 곡면이다.

(iii) 그림 14.62(b)는 곡면 X의 삼각분할이 된다. 이 삼각분할에서 꼭지점은 P, Q, A, B, C 5개이다. 모서리는 a_1, a_2, b_1, b_2, c_1, c_2와 가운데 12개가 있으므로 18개이다. 그리고 면(삼각형)은 12개이다. 그래서 곡면 X의 오일러 특성수는 $\chi(X)=-1$이다. 따라서 (i), (ii), (iii)과 정리 14.4.17에 의하여 $X \cong 3\mathbb{R}P^2$이다.[12)]

연습문제

문제 14.4.1 10각형의 경계를 문자열 $abcdec^{-1}da^{-1}b^{-1}e^{-1}$로 붙여서 얻은 곡면은 어떤 곡면과 위상동형인가?

문제 14.4.2 다음과 같은 문자열로 주어진 곡면은 어떤 곡면과 위상동형인가?

(1) $abacb^{-1}c^{-1}$.

(2) $abcad^{-1}c^{-1}b^{-1}d$.

(3) $abbca^{-1}ddc^{-1}$.

(4) $abcda^{-1}c^{-1}b^{-1}d^{-1}$.

(5) $aabcdc^{-1}b^{-1}d^{-1}$.

(6) $abcdabdc$.

문제 14.4.3 2-토러스 $2T = T \# T$에서 5개의 열린원판을 잘라내어 얻은 곡면의 오일러 특성수를 구하시오.

문제 14.4.4 X가 경계가 4개의 원으로 이루어졌고 $\chi(X)=-13$인 연결된 비가향 곡면이면 X는 어떤 곡면인가?

문제 14.4.5 8각형의 경계를 문자열 $abcdaebf$로 붙여서 얻은 곡면은 어떤 곡면이 되는가?

문제 14.4.6 정다면체는 정4면체, 정6면체, 정8면체, 정12면체, 정20면체뿐임을 보이시오.[13)]

---

12) 물론 보기 14.3.10과 같은 방법으로도 $X \cong 3\mathbb{R}P^2$임을 보일 수 있다.

13) 정다면체란 정다각형으로 둘러싸인 볼록다면체를 말한다. 즉 모든 면이 합동인 정다각형이고, 각 꼭짓점에 모인 면의 개수가 동일한 입체도형이다.

문제 14.4.7 연결된 닫힌곡면 X에 주어진 삼각분할의 꼭지점의 수를 v, 모서리의 수를 e, 삼각형 (면)의 수를 f라 하면 다음이 성립함을 보이시오.

$$\begin{aligned}&3f = 2e,\\&e = 3(v - \chi(X)),\\&v \geq \frac{1}{2}\left(7 + \sqrt{49 - 24\chi(X)}\right)\end{aligned}$$

15장

Paracompact와 거리화 정리

CONTENTS

우리는 12.2절에서 Urysohn 거리화 정리를 통하여 제2가산인 정칙공간은 거리화가능임을 배웠다. 이 장에서는 Lindelöf 공간, paracompact 공간과 Smirov 거리화 정리를 다룰 것이다.

15.1 Lindelöf 공간

우리는 컴팩트보다 좀더 약화된 조건인 Lindelöf 공간을 생각하고자 한다.

정의 15.1.1 위상공간 X가 Lindelöf란 X의 임의의 열린덮개가 가산 부분덮개를 갖는 경우를 의미한다.

정리 15.1.2 컴팩트공간은 Lindelöf이다.

증명 정의에 의해 자명하다. □

정리 15.1.3 제2가산공간은 Lindelöf이다.

증명 X를 제2가산공간이라 하고 $\mathscr{B}$를 가산기저라 하자. 이제 $\mathscr{U}$를 X의 임의의 열린덮개라 하자. 각각의 점 $x \in X$에 대해 $\mathscr{U}$가 X의 열린덮개이므로 $x \in U_x$인 $U_x \in \mathscr{U}$가 존재한다. 그리고 $\mathscr{B}$가 X의 기저이므로 $x \in B_x \subset U_x$를 만족하는 $B_x \in \mathscr{B}$가 존재한다. 그러면 $X = \cup_{x \in X} B_x$이다. 이제 $\mathscr{B}^* = \{B_x \mid x \in X\}$이라 하자. 그러면 $\mathscr{B}^* \subset \mathscr{B}$이고 $\mathscr{B}$가 가산집합이므로 $\mathscr{B}^*$도 가산집합이다. 이제 $\mathscr{B}^*$의 원소에 적당히 번호를 붙여서 $\mathscr{B}^* = \{B_n\}_{n \in \Lambda}$이라 하자. 당연히 Λ는 가산집합이다. 그러면 각각의 $n \in \Lambda$에 대하여 $B_n \subset U_n$인 $U_n \in \mathscr{U}$이 존재하여

$$X = \cup_{x \in X} B_x = \cup_{n \in \Lambda} B_n \subset \cup_{n \in \Lambda} U_n$$

이므로 $\{U_n \mid n \in \Lambda\}$이 $\mathscr{U}$의 가산 부분덮개이다. 따라서 X는 Lindelöf이다. □

보기 15.1.4 (1) 보기 10.2.17에서 보았듯이 유클리드공간 $\mathbb{R}^n$은 제2가산이므로 Lindelöf 이다(성질 2.2.22 참조).

(2) 모든 다양체는 Lindelöf이다: 정의에 의하여 다양체 M은 제2가산이므로 정리 15.1.3 에 의하여 Lindelöf이다.

우리는 정리 10.2.23, 10.2.24, 15.1.3에 의하여

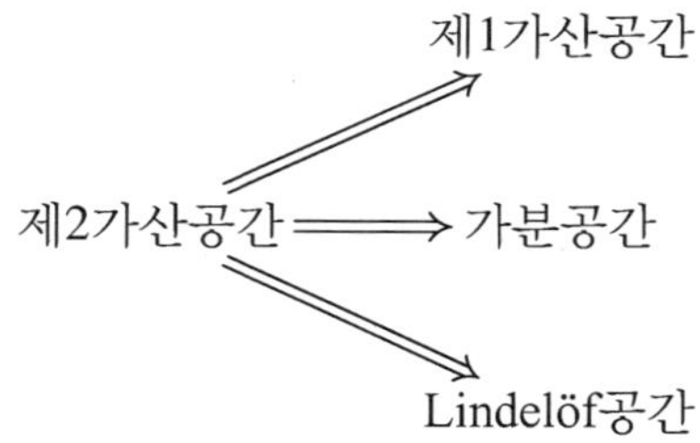

임을 알았다. 그러나 역은 성립하지 않는다.

보기 15.1.5 하극한공간 $\mathbb{R}_l$은 제1가산, 가분, Lindelöf이지만 제2가산은 아니다.

풀이 (a) 보기 10.1.8에 의하여 $\mathbb{R}_l$은 가분이다. 그리고 보기 10.2.6에 의하여 $\mathbb{R}_l$은 제1 가산이다.

(b) $\mathbb{R}_l$은 Lindelöf이다.

(b-i) 먼저 $\mathbb{R}_l$의 기저

$$\mathscr{B} = \{[a, b) \mid a < b,\ \ a, b \in \mathbb{R}\}$$

의 원소들로 이루어진 $\mathbb{R}_l$의 임의의 덮개 $\mathscr{A} = \{[a_\alpha, b_\alpha) \mid \alpha \in \Lambda\} \subset \mathscr{B}$가 가산 부분덮개를 가짐을 보이자. 이를 위해 $C = \cup_{\alpha \in \Lambda}(a_\alpha, b_\alpha)$이라 하자. 그러면 $\mathscr{C} = \{(a_\alpha, b_\alpha) \mid \alpha \in \Lambda\}$는 C의 열린덮개이다. 한편 C를 유클리드공간 $\mathbb{R}$의 부분공간으로 보면 보기 10.2.17과 정리 10.2.20에 의해 C는 제2가산공간이다. 그리고 정리 15.1.3에 의해 C는 유클리드공간 $\mathbb{R}$의 부분공간으로서 Lindelöf 이다. 따라서 $\mathscr{C}$의 가산 부분덮개 $\{(a_{\alpha_n}, b_{\alpha_n}) \mid n \in \Lambda^*\} \subset \mathscr{C}$가 존재한다. 여기서 Λ^*는 $\{1, 2, \ldots, m\}$ 또는 $\mathbb{N}$이다. 그러면 $\mathscr{A}' = \{[a_{\alpha_n}, b_{\alpha_n}) \mid n \in \Lambda^*\} \subset \mathscr{A}$는 C의 가산덮개이다.

이제 $\mathbb{R} - C$가 가산집합임을 보이자. 각각의 점 $x \in \mathbb{R} - C$에 대하여 $x = a_\alpha$인 $\alpha \in \Lambda$가 존재한다. 그리고 $q_x \in (a_\alpha, b_\alpha)$인 유리수 q_x를 하나 택하자. 그러

면 $(a_\alpha, b_\alpha) \subset C$이므로 $(x, q_x) \subset C$이 된다. 만약 $x, y \in \mathbb{R} - C$이고 $x < y$이면 $q_x < q_y$이다. (만약 그렇지 않다면 $x < y < q_y \le q_x$이므로 $y \in (x, q_x) \subset C$가 되어 모순이다.) 따라서 함수

$$f : \mathbb{R} - C \to \mathbb{Q},\ x \mapsto q_x$$

는 단사이다. 그런데 $\mathbb{Q}$가 가산집합이므로 $\mathbb{R} - C$도 가산집합이다.

따라서 $\mathbb{R} - C$의 각점을 포함하는 $\mathscr{A}$의 원소를 하나씩 택하여 $\mathscr{A}'$에 포함시키면 이는 $\mathbb{R}_l$의 가산덮개이고 $\mathscr{A}$의 부분덮개이므로 증명이 끝난다.

(b-ii) 이제 $\mathscr{U} = \{U_\beta \mid \beta \in J\}$를 $\mathbb{R}_l$의 임의의 열린덮개라 하자. 그러면 각각의 점 $x \in \mathbb{R}_l$에 대하여 $x \in U_{\beta_x}$를 만족하는 $\beta_x \in J$가 존재한다. 한편 $\mathscr{B}$가 기저이므로 $x \in B_x = [a_x, b_x) \subset U_{\beta_x}$를 만족하는 기저의 원소 $B_x \in \mathscr{B}$가 존재한다. 그런데 $\{B_x \mid x \in \mathbb{R}_l\}$는 기저 $\mathscr{B}$의 원소들로 이루어진 $\mathbb{R}_l$의 열린덮개이므로 (b-i)에 의하여 $\{B_x \mid x \in \mathbb{R}_l\}$는 가산 부분덮개

$$\{B_{x_n} \mid n \in \Lambda'\} \subset \{B_x \mid x \in \mathbb{R}_l\}$$

를 갖는다. 그러면 원래의 열린덮개 $\mathscr{U}$도 가산 부분덮개

$$\{U_{\beta_{x_n}} \mid n \in \Lambda'\} \subset \mathscr{U}$$

를 갖는다.

(c) 그러나 보기 10.2.19에서 보았듯이 $\mathbb{R}_l$은 제2가산이 아니다. □

보기 15.1.6 (1) 여유한공간 $(\mathbb{R}, \mathscr{T}_f)$는 보기 9.1.6에 의해 컴팩트이므로 Lindelöf이다. 그러나 보기 10.2.7에 의해 $(\mathbb{R}, \mathscr{T}_f)$는 제1가산이 아니다.

(2) 이산공간 $(\mathbb{R}, \mathscr{D})$는 제1가산이지만 Lindelöf는 아니다.

Lindelöf 공간의 부분공간이 항상 Lindelöf가 되지는 않는다.

보기 15.1.7 비가산집합 X에서 한 점 $p \in X$를 선택하여 고정하자. 이제 집합 X상에 다음과 같은 위상을 주자.

$$U \in \mathscr{T} \Leftrightarrow U\text{는 열린집합} \Leftrightarrow U^c\text{이 유한집합이거나 } p \in U^c$$

따라서 위상공간 X는 비가산 Fort 공간이다(보기 10.2.33 참조).

(a) 보기 10.2.33에서 보았듯이 X는 컴팩트이므로 Lindelöf이다.

(b) 그러나 부분공간 $Y = X - \{p\}$는 Lindelöf가 아니다. 왜냐하면 임의의 점 $y \in Y = X - \{p\}$에 대하여 한 점 집합 $\{y\}$는 X의 열린집합이다. 그리고 $\{y\} = Y \cap \{y\}$이므로 $\{y\}$는 Y의 열린집합이다. 따라서 Y는 이산공간이고 비가산집합이므로 Y의 열린덮개 $\mathscr{U} = \{\{y\} \mid y \in Y\}$는 가산 부분덮개를 가질 수 없다.

(c) 참고로 X는 가분이 아니다: 임의의 가산집합 $A \subset X$에 대하여 $A \cup \{p\}$는 A를 포함하는 X의 닫힌집합이다. 따라서 $\overline{A} \subset A \cup \{p\}$이고 $A \cup \{p\}$가 가산집합이므로 $\overline{A}$도 가산집합이다. 그런데 X가 비가산집합이므로 $\overline{A} \neq X$이다.

Lindelöf 공간의 곱공간이 항상 Lindelöf가 되지는 않는다.

보기 15.1.8 보기 15.1.5에서 보았듯이 하극한공간 $\mathbb{R}_l$은 가분이고 Lindelöf이다. 그러나 $\mathbb{R}_l$의 곱공간 $\mathbb{R}_l^2 = \mathbb{R}_l \times \mathbb{R}_l$은 가분이지만 Lindelöf는 아니다:[1] 먼저 성질 10.1.6에 의해 $\mathbb{R}_l^2$는 가분이다.

이제 $\mathbb{R}_l^2$가 Lindelöf가 아님을 보이자. 이를 위해 $L = \{(a, -a) \in \mathbb{R}^2 \mid a \in \mathbb{R}\}$이라 하자. 그러면 L은 $\mathbb{R}_l^2$의 닫힌집합이다. 우리는 $\mathbb{R}_l^2$의 열린덮개

$$\mathscr{U} = \{\mathbb{R}^2 - L\} \cup \{[a, a+1) \times [-a, -a+1) \mid a \in \mathbb{R}\}$$

를 생각하자. 그러면 모든 $a \in \mathbb{R}$에 대하여

$$L \cap ([a, a+1) \times [-a, -a+1)) = \{(a, -a)\}, \quad L \cap (\mathbb{R}_l^2 - L) = \varnothing$$

이다. 그런데 L이 비가산집합이므로 $\mathscr{U}$의 어떠한 가산인 부분모임도 L을 덮을 수 없다. 그러므로 $\mathscr{U}$의 어떠한 가산인 부분모임도 $\mathbb{R}_l^2$를 덮을 수 없다. 따라서 $\mathbb{R}_l^2$는 Lindelöf 공간이 아니다.

성질 15.1.9 Lindelöf 공간의 닫힌부분공간은 Lindelöf이다.

증명 C를 Lindelöf 공간 X의 닫힌부분공간이라 하자. 그리고 $\mathscr{V}$를 임의로 주어진 C의 열린덮개라 하자. 각각의 $V \in \mathscr{V}$에 대하여 $V = C \cap U_V$를 만족하는 X의 열

1) 보기 10.1.8 참조.

린집합 U_V가 존재한다. 그러면 $\mathscr{U} = \{U_V \mid V \in \mathscr{V}\} \cup \{X - C\}$는 Lindelöf 공간 X의 열린덮개이므로 $\mathscr{U}$의 가산 부분덮개 $\mathscr{U}'$이 존재한다. 그리고 $\mathscr{V}' = \{V \in V \mid U_V \in \mathscr{U}'\}$이 우리가 원하는 $\mathscr{V}$의 가산 부분덮개이다. 따라서 C도 Lindelöf이다. □

정리 15.1.10 정칙 Lindelöf 공간은 정규이다.

증명 X를 정칙 Lindelöf 공간이라 하자. 그리고 C와 D를 서로소인 닫힌집합이라 하자.

먼저 X가 정칙이므로 각각의 점 $x \in C$에 대하여

$$x \in U_x \subset \overline{U}_x \subset D^c$$

를 만족하는 열린집합 U_x가 존재한다. 한편 C가 Lindelöf 공간의 닫힌집합이므로 성질 15.1.9에 의해 부분공간 C도 Lindelöf이다. 그리고

$$C \subset \bigcup_{x \in C} U_x$$

이므로 $\{U_x \mid x \in C\}$의 가산부분덮개 $\{U_n \mid n \in \mathbb{N}\}$이 존재하여

$$C \subset \bigcup_{n=1}^{\infty} U_n, \quad \overline{U}_n \cap D = \varnothing$$

이 된다.

그리고 같은 방법으로 D에 대해서도 열린집합들로 이루어진 가산집합 $\{V_n \mid n \in \mathbb{N}\}$이 존재하여

$$D \subset \bigcup_{n=1}^{\infty} V_n, \quad \overline{V}_n \cap C = \varnothing$$

을 만족한다.

이제 $U = \cup_{n=1}^{\infty} U_n$, $V = \cup_{n=1}^{\infty} V_n$이라 하면 이들은 각각 C와 D를 포함하는 열린집합이다. 그러나 $U \cap V = \varnothing$일 필요는 없다. 따라서 모든 $n \in \mathbb{N}$에 대하여

$$U_n' = U_n - \bigcup_{i=1}^{n} \overline{V}_i \subset U_n, \quad V_n' = V_n - \bigcup_{i=1}^{n} \overline{U}_i \subset V_n$$

이라 하자. 그리고 $U' = \cup_{n=1}^{\infty} U_n'$, $V' = \cup_{n=1}^{\infty} V_n'$이라 하자. 그러면 U_n'과 V_n'이

열린집합이므로 U'과 V'은 열린집합이고

$$C \subset U', \quad D \subset V'$$

을 만족한다. 이제 우리는 $U' \cap V' = \varnothing$ 임을 보이면 충분하다. 만약 $x \in U' \cap V'$ 이면 $x \in U'$, $x \in V'$이므로 $x \in U_i'$, $x \in V_j'$을 만족하는 $i, j \in \mathbb{N}$가 존재한다. 그래서 $x \in U_i' \cap V_j'$이 된다. 편의상 $i \leq j$이라 하자. 그러면 $x \in U_i$이다. 한편 $x \in V_j'$이고 $i \leq j$이므로 V_j'의 정의에 의하여 $x \notin \overline{U}_i$이 되어 모순이다. 따라서 $U' \cap V' = \varnothing$ 이다. □

기초정리 15.1.11 만약 X는 Lindelöf이고 $f: X \to Y$가 전사인 연속사상이면 Y도 Lindelöf이다.

증명 $\{U_\alpha \mid \alpha \in \Lambda\}$를 임의로 주어진 Y의 열린덮개라 하자. 그러면 $\{f^{-1}(U_\alpha) \mid \alpha \in \Lambda\}$가 Lindelöf 공간 X의 열린덮개이므로 가산 부분덮개 $\{f^{-1}(U_{\alpha_n}) \mid \alpha_n \in \Lambda^*\}$가 존재한다. 그리고 f가 전사이므로

$$f(f^{-1}(U_\alpha)) = U_\alpha \quad \forall \alpha \in \Lambda$$

이다. 따라서 $\{U_{\alpha_n} \mid \alpha_n \in \Lambda^*\}$은 $\{U_\alpha \mid \alpha \in \Lambda\}$의 가산 부분덮개이다. 그러므로 Y는 Lindelöf이다. □

역으로 우리는 다음과 같은 정리를 얻을 수 있다.

정리 15.1.12 만약 $p: X \to Y$는 완전사상이고 Y가 Lindelöf이면 X도 Lindelöf이다.

증명 $\mathscr{U} = \{U_\alpha\}_{\alpha \in \Lambda}$를 X의 임의의 열린덮개라 하자. 이제 각각의 $y \in Y$에 대하여 $p^{-1}(y)$는 X의 컴팩트집합이고 $p^{-1}(y) \subset X = \cup\{U \mid U \in \mathscr{U}\}$이므로 유한개의 부분덮개 $U_{\alpha_1(y)}, \dots, U_{\alpha_{n(y)}(y)} \in \mathscr{U}$가 존재하여

$$p^{-1}(y) \subset \cup_{i=1}^{n(y)} U_{\alpha_i(y)}$$

이다. 그리고 p가 닫힌사상이므로 참고 5.2.9에 의하여

$$y \in V_y,\quad p^{-1}(y) \subset p^{-1}(V_y) \subset \cup_{i=1}^{n(y)} U_{\alpha_i(y)}$$

를 만족하는 Y의 열린집합 V_y가 존재한다. 그러면 $\mathscr{V} = \{ V_y \mid y \in Y \}$는 Y의 열린덮개이고 Y가 Lindelöf이므로 $\mathscr{V}$의 가산 부분덮개 $\{ V_{y_j} \mid j \in J \}$가 존재하여 $Y = \cup_{j\in J} V_{y_j}$이 된다. 따라서

$$X = p^{-1}(Y) = p^{-1}\Big(\bigcup_{j\in J} V_{y_j}\Big) = \bigcup_{j\in J} p^{-1}(V_{y_j}) \subset \bigcup_{j\in J} \bigcup_{i=1}^{n(y_j)} U_{\alpha_i(y_j)}$$

이 되어 $\mathscr{U}$는 가산 부분덮개

$$\{ U_{\alpha_i(y_j)} \mid j \in J,\ 1 \le i \le n(y_j) \}$$

를 가지므로 X는 Lindelöf이다. □

따름정리 15.1.13 만약 X는 컴팩트이고 Y가 Lindelöf이면 곱공간 $X \times Y$는 Lindelöf이다.

증명 성질 10.3.21에 의하여 사영사상

$$\pi_Y : X \times Y \to Y,\ (x, y) \mapsto y$$

는 완전사상이다. 그리고 Y가 Lindelöf 공간이므로 정리 15.1.12에 의해 곱공간 $X \times Y$도 Lindelöf이다. □

Lindelöf는 위상적 성질이다.

성질 15.1.14 두 위상공간 X와 Y가 위상동형이면 다음이 성립한다:

$$X\text{는 Lindelöf} \Leftrightarrow Y\text{는 Lindelöf}$$

증명 기초정리 15.1.11에 의하여 성립한다. □

따름정리 15.1.15 거리공간 X에 대하여 다음이 성립한다:

$$X\text{는 가분} \Leftrightarrow X\text{는 제2가산} \Leftrightarrow X\text{는 Lindelöf}$$

증명 (i) X는 가분 $\Leftrightarrow$ X는 제2가산: 따름정리 10.2.28에 의하여 성립한다.

(ii) X는 제2가산 $\Rightarrow$ X는 Lindelöf: 정리 15.1.3에 의하여 성립한다.

(iii) 따라서 우리는 Lindelöf인 거리공간이 제2가산임을 보이면 충분하다. 이를 위해 (X, d)를 Lindelöf인 거리공간이라 하자. 각각의 자연수 $n \in \mathbb{N}$에 대하여 $\mathscr{U}_n = \{B_d(x, \frac{1}{n}) \mid x \in X\}$은 X의 열린덮개이다. 그런데 X가 Lindelöf이므로 가산부분덮개 $\mathscr{V}_n \subset \mathscr{U}_n$이 존재한다. 그리고 $\mathscr{B} = \cup_{n\in\mathbb{N}} \mathscr{V}_n$이라 하면 $\mathscr{B}$는 가산집합이다. 이제 우리는 $\mathscr{B}$가 X의 기저가 됨을 보이면 된다. 임의의 점 $x \in X$와 x의 열린근방 U에 대하여 $x \in B_d(x, \varepsilon) \subset U$를 만족하는 양의 실수 $\varepsilon > 0$이 존재한다. 그리고 이러한 ε에 대하여 $\frac{1}{n} < \frac{\varepsilon}{2}$을 만족하는 자연수 $n \in \mathbb{N}$을 택하자. 그러면 $\mathscr{V}_n$이 X의 열린덮개이므로 $x \in B_d(y, \frac{1}{n})$을 만족하는 $B_d(y, \frac{1}{n}) \in \mathscr{V}_n$이 존재한다. 그래서

$$x \in B_d(y, \frac{1}{n}) \subset B_d(x, \varepsilon) \subset U$$

를 만족하는 $B_d(y, \frac{1}{n}) \in \mathscr{B}$이 존재하므로 $\mathscr{B}$는 X의 기저이다. □

연습문제

문제 15.1.1 Lindelöf 공간의 비가산 부분집합은 극한점을 가짐을 보이시오.

문제 15.1.2 제2가산공간의 모든 부분공간이 Lindelöf임을 보이시오.

문제 15.1.3 여가산공간 $(X, \mathscr{T}_c)$는 Lindelöf임을 보이시오.

문제 15.1.4 보기 4.2.48에서 다룬 최소 비가산 정렬집합 S_Ω와 순서공간 $\overline{S}_\Omega = S_\Omega \cup \{\Omega\} = [a_0, \Omega]$의 부분공간 S_Ω에 대하여 다음을 보이시오.

(1) S_Ω는 제1가산이다.

(2) S_Ω는 Lindelöf가 아니다.[2)]

(3) $\overline{S}_\Omega$는 Lindelöf이다.

문제 15.1.5 닫힌구간 $X=[-1,1]$에 위상 $\mathscr{T}=\{U\subset X \mid 0\not\in U$ 또는 $(-1,1)\subset U\}$를 준 위상공간 $(X,\mathscr{T})$에 대하여 다음을 보이시오.

(1) $(X,\mathscr{T})$는 컴팩트이다. 따라서 $(X,\mathscr{T})$는 Lindelöf이다.[3)]

(2) $(X,\mathscr{T})$의 부분공간 $X-\{0\}$은 Lindelöf가 아니다.

문제 15.1.6 A는 위상공간 X의 부분공간이고 $f: A\to Y$는 연속사상이라 하자. 만약 X와 Y가 모두 Lindelöf이면 접착공간 $X\cup_f Y$도 Lindelöf임을 보이시오.

---

2) S_Ω는 가분도 아니고, 제2가산도 아님을 상기하자.

3) $(X,\mathscr{T})$는 가분이 아니다.

15.2 Paracompact 공간

정의 15.2.1 위상공간 X의 부분집합들의 모임 $\mathscr{A}$와 $\mathscr{B}$에 대하여 $\mathscr{B}$가 $\mathscr{A}$의 세분(refinement)이란 임의의 $B\in\mathscr{B}$에 대하여 $B\subset A$를 만족하는 $A\in\mathscr{A}$가 존재하는 경우를 뜻한다. 특별히 $\mathscr{B}$의 모든 원소들이 X의 열린집합이면 $\mathscr{B}$를 $\mathscr{A}$의 **열린세분**이라 하고, $\mathscr{B}$의 모든 원소들이 X의 닫힌집합이면 $\mathscr{B}$를 $\mathscr{A}$의 **닫힌세분**이라 한다.

X의 부분집합들의 모임 $\mathscr{A}$가 **국소유한**(locally finite)이란 임의의 점 $x\in X$가 $\mathscr{A}$의 유한개의 원소와만 만나는 열린근방을 갖는 경우를 뜻한다.

보기 15.2.2 유클리드공간 $\mathbb{R}$의 부분집합들의 모임 $\mathscr{A}=\{(x-1,x+1)\,|\,x\in\mathbb{R}\}$는 국소유한이 아니다. 한편 $\mathscr{B}=\{(n-1,n+1)\,|\,n\in\mathbb{Z}\}$는 국소유한이고 $\mathscr{A}$의 세분이다.

컴팩트의 정의를 세분이란 용어를 사용하면 다음과 같이 표현된다.

성질 15.2.3 위상공간 X에 대하여 다음은 동치이다.

(a) X는 컴팩트이다.

(b) X의 임의의 열린덮개 $\mathscr{A}$에 대하여 X의 덮개가 되는 $\mathscr{A}$의 유한 열린세분 $\mathscr{B}$가 존재한다.

증명 (a)⇒(b) 먼저 X를 컴팩트라 하고 $\mathscr{A}$를 X의 열린덮개라 하자. 그러면 X가 컴팩트하므로 $\mathscr{A}$의 유한 부분덮개 $\mathscr{B}$가 존재한다. 이러한 $\mathscr{B}$는 $\mathscr{A}$의 유한 열린세분이다.
(b)⇒(a) 역으로 X가 (b)를 만족한다고 하자. 그리고 $\mathscr{A}$를 X의 열린덮개라 하자. 그러면 (b)에 의하여 X의 덮개가 되는 $\mathscr{A}$의 유한 열린세분 $\mathscr{B}=\{B_1,\dots,B_n\}$이 존재한다. 그래서 각각의 $B_i\in\mathscr{B}$에 대하여 $B_i\subset A_i$를 만족하는 $A_i\in\mathscr{A}$가 존재한다. 그리고 $\mathscr{B}$가 X의 덮개이므로 $\mathscr{A}'=\{A_1,\dots,A_n\}$은 $\mathscr{A}$의 유한 부분덮개가 된다. 따라서 X는 컴팩트이다. □

이제 우리는 컴팩트 보다 좀더 약화된 용어인 paracompact에 대해 알아보자.

정의 15.2.4 Hausdorff 공간 X가 paracompact란 X의 임의의 열린덮개 $\mathscr{A}$에 대하여 다음 두 조건을 만족하는 $\mathscr{A}$의 열린세분 $\mathscr{B}$가 존재함을 의미한다.

(i) $\mathscr{B}$는 국소유한이다.

(ii) $\mathscr{B}$는 X의 덮개이다.[4)]

우리는 이러한 $\mathscr{B}$를 간단히 $\mathscr{A}$의 **국소유한 열린세분 덮개**라 한다.

정리 15.2.5 컴팩트 Hausdorff 공간은 paracompact이다.

증명 정의에 의해 자명하다. □

보기 15.2.6 다양체의 정의로부터 다양체는 Hausdoff이므로 모든 컴팩트 다양체는 paracompact이다.

보기 15.2.7 유클리드공간 $\mathbb{R}$은 paracompact이다.

풀이 $\mathscr{A}$를 $\mathbb{R}$의 임의의 열린덮개라 하자. 그러면 각각의 자연수 $n\in\mathbb{N}$에 대하여 $[n, n+1]$이 컴팩트이므로 $[n, n+1]$을 덮는 $\mathscr{A}$의 유한 부분덮개 $\mathscr{A}_n$이 존재한다. 이제

$$\mathscr{B}_n = \{ U \cap (n-1, n+2) \mid U \in \mathscr{A}_n \}$$

이라 하고, $\mathscr{B} = \cup_{n\in\mathbb{N}}\mathscr{B}_n$이라 하자. 그러면 $\mathscr{B}$는 국소유한인 열린덮개로서 $\mathscr{A}$의 세분이 된다. 따라서 $\mathbb{R}$은 paracompact이다. □

기초정리 15.2.8 위상공간 X의 부분집합들의 모임 $\mathscr{A}$가 국소유한이면 다음이 성립한다.

(1) $\mathscr{A}$의 임의의 부분모임도 국소유한이다.

(2) $\mathscr{B} = \{ \overline{A} \mid A \in \mathscr{A} \}$도 국소유한이다.

(3) $\overline{\cup_{A\in\mathscr{A}} A} = \cup_{A\in\mathscr{A}} \overline{A}$이다.[5)]

증명 (1) 자명하다.

---

4) $\mathscr{B}$가 열린세분이므로 $\mathscr{B}$는 X의 열린덮개이다.

5) 성질 4.2.18 참조.

(2) 임의의 열린집합 U가 $U\cap\overline{A}\neq\varnothing$이면 $U\cap A\neq\varnothing$이다. (만약 $U\cap A=\varnothing$이면 U의 원소들은 A의 극한점이 될 수 없다. 따라서 $U\cap A'=\varnothing$이 되어 $U\cap\overline{A}=\varnothing$이다.) 그리고 $\mathscr{A}$가 국소유한이므로 임의의 점 $x\in X$에 대하여 $\mathscr{A}$의 유한개의 원소만 만나는 x의 열린근방 U가 존재한다. 그러면 U는 $\mathscr{B}$의 유한개의 원소만 만난다.

(3) 이제 $Y=\cup_{A\in\mathscr{A}}A$이라 하자. 그러면 임의의 $A\in\mathscr{A}$에 대하여 $\overline{A}\subset\overline{Y}$이므로 $\cup_{A\in\mathscr{A}}\overline{A}\subset\overline{Y}$이다.

역으로 $x\in\overline{Y}$라 하자. 그러면 $\mathscr{A}$가 국소유한이므로 $\mathscr{A}$의 유한개의 원소 $A_1, A_2,\ldots, A_n$과만 만나는 x의 열린근방 U가 존재한다.

[주장] $x\in\overline{A}_1\cup\cdots\cup\overline{A}_n$.

[주장의 증명] 만약 $x\notin\overline{A}_1\cup\cdots\cup\overline{A}_n$이라 가정하면 $x\in U-(\overline{A}_1\cup\cdots\cup\overline{A}_n)$이고, $U-(\overline{A}_1\cup\cdots\cup\overline{A}_n)$는 $\mathscr{A}$의 원소와 만나지 않는 열린집합이다. 그래서

$$[U-(\overline{A_1}\cup\cdots\cup\overline{A}_n)]\cap Y=\varnothing$$

이므로 $x\notin\overline{Y}$가 되어 모순이다. □

따라서 $x\in\cup_{A\in\mathscr{A}}\overline{A}$이다. □

정리 15.2.9 모든 paracompact 공간은 정규이다.

증명 정의에 의해 paracompact 공간은 Hausdorff이므로 T_1이다.

(i) 먼저 paracompact 공간 X가 정칙임을 보이자. X의 닫힌집합 A와 한 점 $b\in X-A$가 주어졌다 하자. X가 Hausdorff이므로 임의의 점 $a\in A$에 대해

$$a\in U_a,\quad b\in V_a,\quad U_a\cap V_a=\varnothing$$

을 만족하는 열린집합 U_a와 V_a가 존재한다. 그러면 $U_a\subset V_a^c$이고 V_a^c이 닫힌집합이므로 $\overline{U}_a\subset V_a^c$이 된다. 따라서 우리는 $a\in U_a$, $b\notin\overline{U}_a$를 만족하는 열린집합 U_a를 얻었다. 이제 X의 열린덮개

$$\mathscr{A}=\{U_a\mid a\in A\}\cup\{X-A\}$$

를 생각하자. X가 paracompact이므로 $\mathscr{A}$의 국소유한 열린세분 덮개 $\mathscr{B}$가 존재한다. 그러면 $\mathscr{B}$의 부분모임

$$\mathscr{B}' = \{ O \in \mathscr{B} \mid O \cap A \neq \varnothing \}$$

은 A를 덮는다. 그리고 $\mathscr{B}$가 $\mathscr{A}$의 세분이므로 모든 $O \in \mathscr{B}'$에 대하여 $b \notin \overline{O}$이다. 이제 $W = \cup_{O \in \mathscr{B}'} O$이라 하자. 그러면 $\mathscr{B}'$이 국소유한이므로 기초정리 15.2.8에 의하여 $\overline{W} = \cup_{O \in \mathscr{B}'} \overline{O}$이다. 그래서 $A \subset W$이고 $b \notin \overline{W}$이다. 그러므로 열린집합 W와 $\overline{W}^c$에 대하여

$$A \subset W, \quad b \in \overline{W}^c, \quad W \cap \overline{W}^c = \varnothing$$

이 된다. 따라서 X는 정칙이다.

(ii) 이제 paracompact 공간 X가 정규임을 보이자. A와 B를 서로소인 닫힌집합이라 하자. (i)에 의하여 X가 정칙이므로 임의의 점 $a \in A$에 대하여

$$a \in U_a, \quad B \subset V_a, \quad U_a \cap V_a = \varnothing$$

을 만족하는 열린집합 U_a와 V_a가 존재한다. 그러면 $U_a \subset V_a^c$이고 V_a^c이 닫힌집합이므로 $\overline{U}_a \subset V_a^c$이 된다. 따라서 우리는 $a \in U_a$, $B \cap \overline{U}_a = \varnothing$을 만족하는 열린집합 U_a를 얻었다. 이제 X의 열린덮개

$$\mathscr{A} = \{ U_a \mid a \in A \} \cup \{ X - A \}$$

를 생각하자. X가 paracompact이므로 $\mathscr{A}$의 국소유한 열린세분 덮개 $\mathscr{B}$가 존재한다. 그러면 $\mathscr{B}$의 부분모임

$$\mathscr{B}' = \{ O \in \mathscr{B} \mid O \cap A \neq \varnothing \}$$

은 A를 덮는다. 그리고 $\mathscr{B}$가 $\mathscr{A}$의 세분이므로 모든 $O \in \mathscr{B}'$에 대하여 $B \cap \overline{O} = \varnothing$이다. 이제 $W = \cup_{O \in \mathscr{B}'} O$이라 하자. 그러면 $\mathscr{B}'$이 국소유한이므로 기초정리 15.2.8에 의하여 $\overline{W} = \cup_{O \in \mathscr{B}'} \overline{O}$이다. 그래서 $A \subset W$이고 $B \cap \overline{W} = \varnothing$이 된다. 그러므로 열린집합 W와 $\overline{W}^c$에 대하여

$$A \subset W, \quad B \subset \overline{W}^c, \quad W \cap \overline{W}^c = \varnothing$$

이 된다. 따라서 X는 정규이다. □

정의 15.2.10 위상공간 X의 부분집합들의 모임 $\mathscr{A}$가 σ-**국소유한**(countably locally finite)이란

$$\mathscr{A} = \bigcup_{n \in J} \mathscr{A}_n$$

을 만족하는 가산개의 국소유한인 부분모임 $\mathscr{A}_n \subset \mathscr{A}\,(n \in J)$이 존재하는 경우를 뜻한다. 여기서 J는 가산집합이므로 $\{1, 2, \ldots, k\}$ 또는 $\mathbb{N}$이다.

정리 15.2.11 정칙공간 X에 대하여 다음은 모두 동치이다.

(a) X는 paracompact이다. 즉, 임의의 X의 열린덮개는 국소유한 열린세분 덮개를 갖는다.

(b) 임의의 X의 열린덮개는 σ-국소유한 열린세분 덮개를 갖는다.

(c) 임의의 X의 열린덮개는 국소유한 세분 덮개를 갖는다.[6]

(d) 임의의 X의 열린덮개는 국소유한 닫힌세분 덮개를 갖는다.

증명 (a)⇒(b) 당연하다.

(b)⇒(c) $\mathscr{A}$를 X의 열린덮개라 하자. 그러면 (b)에 의하여 $\mathscr{A}$의 σ-국소유한 열린세분 덮개 $\mathscr{B}$가 존재한다. 그래서

$$\mathscr{B} = \bigcup_{n \in J} \mathscr{B}_n$$

을 만족하는 국소유한인 부분모임 $\mathscr{B}_n \subset \mathscr{B}\,(n \in J)$이 존재한다. 여기서 J는 가산집합이므로 $\{1, 2, \ldots, k\}$ 또는 $\mathbb{N}$임을 유의하자. 이제 각각의 $n \in J$에 대해

$$V_n = \bigcup_{U \in \mathscr{B}_n} U$$

이라 하자. 그리고 임의의 $n \in J$과 $U \in \mathscr{B}_n$에 대하여

$$S_n(U) = U - (V_1 \cup V_2 \cup \cdots \cup V_{n-1})$$

이라 하자. 그러면 $S_n(U)$는 일반적으로 열린집합도 닫힌집합도 아니다. 이제

$$\mathscr{C}_n = \{ S_n(U) \mid U \in \mathscr{B}_n \}$$

이라 놓으면 $S_n(U) \subset U$이므로 $\mathscr{C}_n$은 $\mathscr{B}_n$의 세분이 된다. 따라서 우리는

6) 열린일 필요는 없다.

$$\mathscr{C} = \bigcup_{n \in J} \mathscr{C}_n$$

이 국소유한 덮개인 것만 보이면 충분하다.

임의의 점 $x \in X$에 대하여

$$n_0 = \min\{n \in J \mid x \in V_n\}$$

이라 하자. 그러면 $n < n_0$에 대하여 x는 $\mathscr{B}_n$의 어떠한 원소에도 포함되지 않는다. 즉, $n < n_0$이면 $x \notin V_n$이다. 그리고 $x \in V_{n_0}$이므로 $x \in U$인 $U \in \mathscr{B}_{n_0}$가 존재하여

$$x \in S_{n_0}(U) = U - (V_1 \cup V_2 \cup \cdots \cup V_{n_0 - 1})$$

이 된다. 그런데 $S_{n_0}(U) \in \mathscr{C}$이므로 $\mathscr{C}$는 X의 덮개이다.

한편 $\mathscr{B}_n$이 국소유한이므로 임의의 $n = 1, 2, \dots, n_0$에 대하여 $\mathscr{B}_n$의 유한개의 원소와 만나는 x의 열린근방 W_n이 존재한다. 만약 W_n이 $\mathscr{C}_n$의 원소 $S_n(V)$와 만난다면 $S_n(V) \subset V$이므로 $W_n \cap V \neq \varnothing$이다. 따라서 W_n은 $\mathscr{C}_n$의 유한개의 원소만 만난다. 또한 $U \in \mathscr{B}_{n_0}$이므로 U는 $n > n_0$인 $\mathscr{C}_n$의 어떠한 원소와도 만나지 않는다. 따라서 x의 열린근방

$$W_1 \cap W_2 \cap \cdots \cap W_{n_0} \cap U$$

는 $\mathscr{C}$의 원소 중 유한개만 만난다. 그러므로 $\mathscr{C}$는 국소유한이다.

(c)⇒(d) $\mathscr{A}$를 X의 열린덮개라 하자. 이제 $\mathscr{B}$를 X의 열린집합 U 중에서 $\overline{U}$가 $\mathscr{A}$의 적당한 원소에 포함되는 것들의 모임이라 하자. 그러면 $\mathscr{A}$가 X의 열린덮개이므로 임의의 점 $x \in X$에 대하여 x의 열린근방 $V \in \mathscr{A}$가 존재한다. 그리고 X가 정칙이므로 $x \in U \subset \overline{U} \subset V$를 만족하는 X의 열린집합 U가 존재하고 $U \in \mathscr{B}$이다. 따라서 $\mathscr{B}$는 X의 열린덮개이다.

한편 (c)에 의하여 국소유한이고 $\mathscr{B}$의 세분인 덮개 $\mathscr{C}$가 존재한다. 그러면 $\mathscr{D} = \{\overline{C} \mid C \in \mathscr{C}\}$는 X의 덮개이고, 기초정리 15.2.8에 의하여 $\mathscr{D}$도 국소유한이다. 그리고 $\mathscr{D}$는 $\mathscr{A}$의 닫힌세분이다.

(d)⇒(a) $\mathscr{A}$를 X의 열린덮개라 하자. 그러면 (d)에 의하여 $\mathscr{A}$의 국소유한 닫힌세분 덮개 $\mathscr{B}$가 존재한다. 임의의 점 $x \in X$에 대하여 $\mathscr{B}$의 유한개의 원소와 만나는 x의 열린근방 U가 존재한다. 따라서 X의 열린집합 중에서 $\mathscr{B}$의 유한개의 원소만 만나는 집합들의 모임 $\mathscr{B}'$은 X의 열린덮개가 된다. 그리고 (d)에 의하여 $\mathscr{B}'$의 국소유한 닫힌세분 덮개 $\mathscr{C}$가 존재한다. 그러면 $\mathscr{C}$의 원소들은 $\mathscr{B}$의 유한개의 원소만 만난다. 이제 $\mathscr{B}$의 임의의 원소 B에 대하여

$$\mathscr{C}(B) = \{ C \in \mathscr{C} \mid C \subset X - B \}$$

이라 하고

$$E(B) = X - \bigcup_{C \in \mathscr{C}(B)} C$$

이라 하자. 그러면 $B \subset E(B)$이다. 한편 $\mathscr{C}$가 국소유한인 닫힌집합들의 모임이고 $\mathscr{C}(B) \subset \mathscr{C}$이므로 $\mathscr{C}(B)$도 국소유한인 닫힌집합들의 모임이다. 따라서 기초정리 15.2.8에 의하여

$$\bigcup_{C \in \mathscr{C}(B)} C = \bigcup_{C \in \mathscr{C}(B)} \overline{C} = \overline{\bigcup_{C \in \mathscr{C}(B)} C}$$

이므로 $\cup_{C \in \mathscr{C}(B)} C$는 닫힌집합이다. 그러므로 $E(B)$는 열린집합이다. 그러나

$$\mathscr{E} = \{ E(B) \mid B \in \mathscr{B} \}$$

는 X의 열린덮개는 되지만 $\mathscr{A}$의 세분이 안 될 수도 있고, 국소유한하지 않을 수도 있다.

이제 임의의 $B \in \mathscr{B}$에 대하여 $B \subset F(B)$인 $\mathscr{A}$의 원소 $F(B)$를 하나 택하자. 그리고

$$\mathscr{D} = \{ E(B) \cap F(B) \mid B \in \mathscr{B} \}$$

이라 하자. 그러면 $\mathscr{D}$는 $\mathscr{A}$의 세분이 된다. 또한 $B \subset E(B) \cap F(B)$이므로 $\mathscr{D}$는 X의 열린덮개가 된다.

이제 $\mathscr{D}$가 국소유한임을 보이자. $\mathscr{C}$가 국소유한이므로 임의의 점 $x \in X$에 대하여 $\mathscr{C}$의 유한개의 원소 $C_1, C_2, \dots, C_n$과 만나는 x의 열린근방 W가 존재한다. 그리고 $\mathscr{C}$가 X의 덮개이므로

$$W \subset C_1 \cup \cdots \cup C_n$$

이 된다. 만약 $C \in \mathscr{C}$가 $C \cap (E(B) \cap F(B)) \neq \varnothing$이면 $E(B)$의 정의에 의하여 $C \not\subset X - B$이다. 따라서 $C \cap B \neq \varnothing$이다. 그런데 $\mathscr{C}$의 원소들은 $\mathscr{B}$의 유한개의 원소만 만나므로 C는 $\mathscr{D}$의 유한개의 원소와 만난다. 따라서 $C_1 \cup \cdots \cup C_n$은 $\mathscr{D}$의 유한개의 원소와 만나므로 W도 $\mathscr{D}$의 유한개의 원소와 만난다. □

따름정리 15.2.12 정칙 Lindelöf 공간은 paracompact이다.

증명 X를 정칙 Lindelöf 공간이라 하자. 그리고 $\mathscr{A}$를 X의 임의의 열린덮개라 하자. 그

러면 X가 Lindelöf이므로 $\mathscr{A}$의 가산 부분덮개 $\mathscr{B}=\{B_n \mid n\in J\}$가 존재한다. 이제 각각의 $n\in J$에 대해 $\mathscr{B}_n=\{B_n\}$이라 하면 $\mathscr{B}_n$은 원소가 하나인 집합이므로 $\mathscr{B}_n$은 당연히 국소유한이고 $\mathscr{B}=\cup_{n\in J}\mathscr{B}_n$이므로 $\mathscr{B}$는 $\mathscr{A}$의 σ-국소유한 열린세분 덮개이다. 따라서 정리 15.2.11에 의해 X는 paracompact이다. □

따름정리 15.2.13 모든 거리공간은 paracompact이다.

증명 (X,d)를 거리공간이라 하자. 그리고 $\mathscr{A}$를 X의 임의의 열린덮개라 하자. 정리 15.2.11에 의해 우리는 $\mathscr{A}$의 σ-국소유한 열린세분 덮개가 존재함을 보이면 충분하다. 정렬원리(정리 1.5.25)에 의하여 집합 $\mathscr{A}$ 상에 정렬순서 $\leq$를 줄 수 있다.

이제 자연수 $n\in\mathbb{N}$을 고정하자. 각각의 $U\in\mathscr{A}$에 대하여

$$S_n(U)=\{x\in X \mid B_d(x,\frac{1}{n})\subset U\}$$

이라 하자. 그리고

$$T_n(U)=S_n(U)-\bigcup_{V<U}V$$

이라 하자.

[주장 1] 만약 $V\neq W$이면 모든 $x\in T_n(V)$와 $y\in T_n(W)$에 대하여 $d(x,y)\geq\frac{1}{n}$이다.

[주장 1의 증명] $V<W$이라 하자. 그러면 $x\in T_n(V)$이므로 $x\in S_n(V)$이 되어 $B_d(x,\frac{1}{n})\subset V$이다. 한편 $y\in T_n(W)$이고 $V<W$이므로 $y\notin V$이다. 따라서 $y\notin B_d(x,\frac{1}{n})$이 되어 $d(x,y)\geq\frac{1}{n}$이다. □

그런데 우리는 $T_n(U)$가 열린집합인지 모른다. (사실 $S_n(U)$가 닫힌집합이므로 $T_n(U)$는 닫힌집합이다.) 그래서

$$E_n(U)=\bigcup_{x\in T_n(U)}B_d(x,\frac{1}{3n})$$

이라 하자. 그러면 $E_n(U)$는 $T_n(U)\subset E_n(U)\subset U$인 열린집합이다.

[주장 2] 만약 $V\neq W$이면 모든 $x\in E_n(V)$와 $y\in E_n(W)$에 대하여 $d(x,y)>\frac{1}{3n}$이다.

[주장 2의 증명] $V < W$이라 하자. 그러면 $x \in E_n(V)$이므로 $x \in B_d(z, \frac{1}{3n})$인 $z \in T_n(V)$가 존재한다. 그리고 $y \in E_n(W)$이므로 $y \in B_d(w, \frac{1}{3n})$인 $w \in T_n(W)$가 존재한다. 그러면 주장 1과 삼각부등식에 의하여

$$\frac{1}{n} \leq d(z, w) \leq d(z, x) + d(x, y) + d(y, w) < \frac{2}{3n} + d(x, y)$$

이 성립하므로 $d(x, y) > \frac{1}{n} - \frac{2}{3n} = \frac{1}{3n}$이다. □

이제

$$\mathscr{E}_n = \{ E_n(U) \mid U \in \mathscr{A} \}$$

이라 하자. 모든 $U \in \mathscr{A}$에 대하여 $E_n(U) \subset U$이므로 $\mathscr{E}_n$은 $\mathscr{A}$의 세분이다. 그리고 임의의 $x \in X$에 대하여 열린구 $B_d(x, \frac{1}{6n})$는 $\mathscr{E}_n$의 오직 하나의 원소와 만난다. ($\because$ 귀류법. 만약 $B_d(x, \frac{1}{6n}) \cap E_n(V) \neq \varnothing$이고 $B_d(x, \frac{1}{6n}) \cap E_n(W) \neq \varnothing$인 서로 다른 $V, W \in \mathscr{A}$가 존재한다고 가정하자. 그러면

$$y \in B_d(x, \frac{1}{6n}) \cap E_n(V), \quad z \in B_d(x, \frac{1}{6n}) \cap E_n(W)$$

를 만족하는 $y, z \in X$가 존재한다. 그리고 삼각부등식에 의하여

$$d(y, z) \leq d(y, x) + d(x, z) < \frac{1}{6n} + \frac{1}{6n} = \frac{1}{3n}$$

이다. 그런데 주장 2에 의하면 $d(x, y) > \frac{1}{3n}$이므로 이는 모순이다.) 따라서 $\mathscr{E}_n$은 $\mathscr{A}$의 국소유한 열린세분이다. 그러나 $\mathscr{E}_n$이 X의 덮개가 되는 것은 아니다.

이제

$$\mathscr{E} = \bigcup_{n \in \mathbb{N}} \mathscr{E}_n$$

이라 하자. 임의의 점 $x \in X$에 대하여 $\mathscr{A}$가 X의 덮개이므로 $x \in U$인 $U \in \mathscr{A}$가 존재한다. 그러므로

$$\mathscr{F} = \{ U \in \mathscr{A} \mid x \in U \}$$

는 정렬집합 $(\mathscr{A}, \leq)$의 공집합이 아닌 부분집합이므로 $\mathscr{F}$의 최소원 $U_0 \in \mathscr{F}$이 존재한다. 그런데 U_0이 x의 열린근방이므로 $x \in B_d(x, \frac{1}{n}) \subset U_0$을 만족하는 자연수 $n \in \mathbb{N}$이 존재한다. 그러면 $x \in S_n(U_0)$이고 $V < U_0$에 대하여 $x \notin V$이므로

$x \in T_n(U_0)$이다. 그리고 $T_n(U_0) \subset E_n(U_0)$이므로 $x \in E_n(U_0) \in \mathscr{E}$이다. 따라서 $\mathscr{E}$는 X의 열린덮개이다.

그러므로 $\mathscr{E}$는 $\mathscr{A}$의 σ-국소유한 열린세분 덮개이다. □

따라서 정리 15.2.9와 따름정리 15.2.12, 15.2.13에 의하여 다음이 성립한다:

$$\begin{array}{ccccccc} & & & & \text{거리공간} & & \\ & & & & \Downarrow & & \\ \text{컴팩트 Hausdorff} & \Longrightarrow & \text{정칙 Lindelöf} & \Longrightarrow & \text{paracompact} & \Longrightarrow & \text{정규공간} \end{array}$$

보기 15.2.14 (1) 유클리드공간 $\mathbb{R}^n$은 보통거리를 갖는 거리공간이므로 paracompact이다.

(2) 정리 6.1.35에 의하여 곱공간 $\mathbb{R}^\omega$는 거리화가능이므로 paracompact이다.

(3) 고른공간 $(\mathbb{R}^\omega, \bar{\rho})$는 거리공간이므로 paracompact이다.

(4) 만약 J가 비가산집합이면 곱공간 $\mathbb{R}^J$는 정규가 아니므로 paracompact가 아니다.

보기 15.2.15 (1) Paracompact 공간의 부분공간이 항상 paracompact가 되지는 않는다. 위상공간 $\overline{S}_\Omega \times \overline{S}_\Omega$는 컴팩트 Hausdorff이므로 paracompact이다. 그러나 부분공간 $S_\Omega \times \overline{S}_\Omega$는 정규가 아니므로 paracompact가 아니다.

(2) Paracompact 공간의 곱공간이 항상 paracompact가 되지는 않는다. 보기 7.2.14에서 보았듯이 하극한공간 $\mathbb{R}_l$은 정규이므로 정칙이다. 그리고 보기 15.1.5에서 보았듯이 $\mathbb{R}_l$은 Lindelöf이다. 그러므로 따름정리 15.2.12에 의하여 $\mathbb{R}_l$은 paracompact이다. 그러나 보기 7.2.14에서 보았듯이 곱공간 $\mathbb{R}_l^2 = \mathbb{R}_l \times \mathbb{R}_l$은 정규가 아니므로 정리 15.2.9에 의하여 paracompact가 아니다(따름정리 15.2.21 참조).

성질 15.2.16 Paracompact 공간의 닫힌부분공간은 paracompact이다.

증명 이 증명은 정리 9.1.14의 증명과 유사하다. X를 paracompact라 하고 C를 X의 닫힌부분공간이라 하자. 그리고 $\mathscr{A}$를 C의 열린덮개라 하자. 임의의 $V \in \mathscr{A}$에 대하여 V가 C의 열린집합이므로 $V = C \cap U_V$를 만족하는 X의 열린집합 U_V가 존재한다. 그러면

$$\mathscr{A}' = \{U_V \mid V \in \mathscr{A}\} \cup \{X - C\}$$

은 X의 열린덮개이다. 그리고 X가 paracompact이므로 $\mathscr{A}'$의 국소유한 열린세분덮개 $\mathscr{B}'$이 존재한다. 그러면

$$\mathscr{B} = \{B' \cap C \mid B' \in \mathscr{B}'\}$$

는 C의 덮개이고 $\mathscr{A}$의 국소유한 열린세분이다. 따라서 C는 paracompact이다.

□

기초정리 15.2.17 (줄임 보조정리[7]) Paracompact 공간 X의 임의의 열린덮개 $\{U_\alpha\}_{\alpha \in \Lambda}$에 대하여

$$\overline{V}_\alpha \subset U_\alpha \ (\alpha \in \Lambda)$$

를 만족하는 $\{U_\alpha\}_{\alpha \in \Lambda}$의 국소유한 열린세분 덮개 $\{V_\alpha\}_{\alpha \in \Lambda}$가 존재한다.[8]

증명 $\mathscr{A}$를 $\overline{A}$가 적당한 U_α에 포함되는 열린집합 A들의 모임이라 하자. 즉,

$$\mathscr{A} = \{A \subset X \text{ 열린집합} \mid \exists\, \alpha \in \Lambda \ \text{ s.t. } \ \overline{A} \subset U_\alpha\}$$

이다.

[주장] $\mathscr{A}$는 X의 열린덮개이다.
[주장의 증명] $\{U_\alpha \mid \alpha \in \Lambda\}$가 X의 열린덮개이므로 임의의 점 $x \in X$에 대하여 $x \in U_\alpha$인 $\alpha \in \Lambda$가 존재한다. 그리고 정리 15.2.9에 의하여 X가 정칙이므로

$$x \in A \subset \overline{A} \subset U_\alpha$$

를 만족하는 열린집합 $A \in \mathscr{A}$가 존재한다(정리 7.2.5 참조). 따라서 $\mathscr{A}$는 X의 열린덮개이다. □

한편 X가 paracompact이므로 $\mathscr{A}$의 국소유한 열린세분 덮개 $\mathscr{B} = \{B_\beta \mid \beta \in J\}$가 존재한다. $\mathscr{B}$가 $\mathscr{A}$의 세분이므로 임의의 B_β에 대하여 $B_\beta \subset A$를 만족하는 $A \in \mathscr{A}$가 존재하고, $\mathscr{A}$의 정의에 의하여 $A \subset \overline{A} \subset U_\alpha$를 만족하는 $\alpha \in \Lambda$가 존재한다. 그래서 $\overline{B}_\beta \subset U_\alpha$이다. 그리고 $\alpha = f(\beta)$로 놓자. 따라서 우리는 함수

7) shrinking lemma
8) 여기서 주의할 점은 첨자집합(Λ)이 같다는 것이다.

$$f : J \to \Lambda \ \text{ s.t. } \ \overline{B}_\beta \subset U_{f(\beta)}$$

를 얻었다. 이제 각각의 $\alpha \in \Lambda$에 대하여

$$\mathscr{B}_\alpha = \{ B_\beta \mid f(\beta) = \alpha \},$$
$$V_\alpha = \bigcup_{B_\beta \in \mathscr{B}_\alpha} B_\beta = \bigcup \{ B_\beta \mid f(\beta) = \alpha \}$$

이라 하자. 물론 $f(\beta) = \alpha$가 되는 β가 존재하지 않으면 $V_\alpha = \varnothing$ 이다. 그러면 모든 $B_\beta \in \mathscr{B}_\alpha$에 대하여 $\overline{B}_\beta \subset U_\alpha$이다. 그리고 $\mathscr{B}_\alpha$가 국소유한이므로 기초정리 15.2.8에 의하여

$$\overline{V}_\alpha = \bigcup_{B_\beta \in \mathscr{B}_\alpha} \overline{B}_\beta \subset U_\alpha$$

이다.

끝으로 $\{ V_\alpha \}_{\alpha \in \Lambda}$가 국소유한임을 보이자. 주어진 $x \in X$에 대하여 $\mathscr{B}$가 국소유한이므로 $\mathscr{B}$의 유한개의 원소 $B_{\beta_1}, B_{\beta_2}, \dots, B_{\beta_k}$와 만나는 x의 열린근방 W가 존재한다. 그러면 W는 $\{ V_\alpha \}_{\alpha \in \Lambda}$의 유한개의 원소 $V_{f(\beta_1)}, V_{f(\beta_2)}, \dots, V_{f(\beta_k)}$와만 만난다. □

성질 15.2.18 X는 paracompact이고 Y는 Hausdorff이라 하자. 만약 $f : X \to Y$가 전사이고 연속인 닫힌사상이면 Y도 paracompact이다.

증명 $\mathscr{A} = \{ U_\alpha \subset Y \mid \alpha \in \Lambda \}$를 Y의 임의로 주어진 열린덮개라 하자. 그러면 정리 15.2.9에 의해 X는 정규공간이고, 성질 7.2.21에 의해 Y는 정규이다. 그리고 정리 15.2.11에 의해 우리는 $\mathscr{A}$가 σ-국소유한 열린세분 덮개를 가짐을 보이면 된다. 정렬원리(정리 1.5.25)에 의하여 첨자집합 Λ에 정렬순서 $\le$를 줄 수 있다.

(i) 이제 X의 열린덮개 $\{ V_{\alpha,n} \subset X \mid (\alpha, n) \in \Lambda \times \mathbb{N} \}$을 다음 두 조건을 만족하도록 만들자.

(a) 각각의 $n \in \mathbb{N}$에 대하여 $\{ \overline{V}_{\alpha,n} \mid \alpha \in \Lambda \}$는 $\{ f^{-1}(U_\alpha) \mid \alpha \in \Lambda \}$의 국소유한 세분 덮개이다.

(b) 만약 $\beta > \alpha$이면 $f(\overline{V}_{\beta,n+1}) \cap f(\overline{V}_{\alpha,n}) = \varnothing$ 이다.

이러한 열린덮개 $\{ V_{\alpha,n} \}$이 존재함을 수학적 귀납법을 사용하여 보이자. 먼저 f가 연속이므로 $\{ f^{-1}(U_\alpha) \mid \alpha \in \Lambda \}$는 paracompact 공간 X의 열린덮개이다.

그리고 기초정리 15.2.17에 의해 얻어지는 $\{f^{-1}(U_\alpha) | \alpha \in \Lambda\}$의 국소유한 열린 세분 덮개를 $\mathscr{D}_1$이라 하자. 그리고 다시 기초정리 15.2.17에 의해 얻어지는 $\mathscr{D}_1$의 국소유한 열린세분 덮개를 $\{V_{\alpha,1} | \alpha \in \Lambda\}$이라 하자. 그러면 $\{V_{\alpha,1} | \alpha \in \Lambda\}$은 조건 (a)를 만족한다. 이제 귀납법 가정으로서 $k=1,2,\dots,n$에 대하여 조건 (a), (b)를 만족하는 $\{V_{\alpha,k} | \alpha \in \Lambda\}$가 정의되었다고 하자. 그리고

$$W_{\alpha,n+1} = f^{-1}(U_\alpha) - f^{-1}(f(\bigcup_{\lambda < \alpha} \overline{V}_{\lambda,n}))$$

이라 하자. 그러면 기초정리 15.2.8(3)에 의해 $\cup_{\lambda<\alpha}\overline{V}_{\lambda,n}$는 국소유한인 닫힌 집합들의 합집합이므로 X의 닫힌집합이고, f가 닫힌사상이고 연속이므로 $W_{\alpha,n+1}$은 X의 열린집합이다.

더구나 $\{W_{\alpha,n+1} | \alpha \in \Lambda\}$은 X의 덮개이다: 임의의 점 $x \in X$에 대하여 $\Lambda_1 = \{\alpha \in \Lambda \mid x \in f^{-1}(U_\alpha)\}$이 정렬집합 Λ의 공집합이 아닌 부분집합이므로 Λ_1의 최소원이 존재한다. 우리는 이를 $\alpha_0 \in \Lambda_1$이라 하자. 그러면 모든 $\lambda \in \Lambda$에 대하여 $f^{-1}(f(\overline{V}_{\lambda,n})) \subset f^{-1}(U_\lambda)$이므로 $x \in W_{\alpha_0,n+1}$이다. 따라서 $\{W_{\alpha,n+1} | \alpha \in \Lambda\}$는 X의 열린덮개이다.

기초정리 15.2.17에 의해 얻어지는 $\{W_{\alpha,n+1} | \alpha \in \Lambda\}$의 국소유한인 열린세분 덮개를 $\mathscr{D}_{n+1}$이라 하자. 다시 기초정리 15.2.17에 의해 얻어지는 $\mathscr{D}_{n+1}$의 국소유한 열린세분 덮개를 $\{V_{\alpha,n+1} | \alpha \in \Lambda\}$이라 하자. 그러면 $\{V_{\alpha,n+1} | \alpha \in \Lambda\}$은 조건 (a), (b)를 만족한다.

(ii) 이제 각각의 $(\alpha, n) \in \Lambda \times \mathbb{N}$에 대하여

$$H_{\alpha,n} = Y - f(\bigcup_{\beta \neq \alpha} \overline{V}_{\beta,n})$$

이라 하자. 그러면 $\{\overline{V}_{\beta,n}\}$이 국소유한인 닫힌집합들의 모임이므로 이들의 합집합 $\cup_{\beta\neq\alpha}\overline{V}_{\beta,n}$도 닫힌집합이다(기초정리 15.2.8(3)). 그리고 f가 닫힌사상이므로 $H_{\alpha,n}$은 Y의 열린집합이다. 한편

$$\begin{aligned} f^{-1}(H_{\alpha,n}) &= X - f^{-1}(f(\bigcup_{\beta \neq \alpha} \overline{V}_{\beta,n})) \\ &\subset X - f^{-1}(f(X - \overline{V}_{\alpha,n}) \subset \overline{V}_{\alpha,n} \subset f^{-1}(U_\alpha) \end{aligned}$$

이고 f가 전사이므로

$$H_{\alpha,n} \subset f(\overline{V}_{\alpha,n}) \subset U_\alpha \ (\forall \alpha \in \Lambda, \forall n \in \mathbb{N})$$

이다. 그리고 만약 $\alpha \neq \beta$이고 $y \in H_{\alpha,n}$이면 $y \notin f(\overline{V}_{\beta,n})$이므로 $y \notin H_{\beta,n}$이다. 따라서

$$\alpha \neq \beta \quad \Rightarrow \quad H_{\alpha,n} \cap H_{\beta,n} = \varnothing \ (\forall\, n \in \mathbb{N})$$

이다.

이제 $\{H_{\alpha,n} \mid (\alpha, n) \in \Lambda \times \mathbb{N}\}$이 Y의 덮개임을 보이자. 이를 위해 $y \in Y$를 임의로 주어진 점이라 하자. 각각의 $n \in \mathbb{N}$에 대하여 (a)에 의해 $\Lambda_n = \{\alpha \in \Lambda \mid y \in f(\overline{V}_{\alpha,n})\}$은 정렬집합 Λ의 공집합이 아닌 부분집합이므로 최소원 $\alpha_n \in \Lambda_n$이 존재한다. 그리고 $\{\alpha_n \mid n \in \mathbb{N}\}$도 정렬집합 Λ의 공집합이 아닌 부분집합이므로 최소원

$$\alpha_k = \min\{\alpha_n \mid n \in \mathbb{N}\} \in \{\alpha_n \mid n \in \mathbb{N}\}$$

가 존재한다. 그러면 $y \in f(\overline{V}_{\alpha_k,k})$이다. 만약 $\beta < \alpha_k$이면 α_k의 정의로부터 $y \notin f(\overline{V}_{\beta,k+1})$이고, 만약 $\beta > \alpha_k$이면 (b)에 의해 $y \notin f(\overline{V}_{\beta,k+1})$이다. 따라서 $y \in H_{\alpha_k,k+1}$이다.

(iii) 한편 $\{f^{-1}(H_{\alpha,n}) \mid (\alpha, n) \in \Lambda \times \mathbb{N}\}$은 X의 열린덮개이다. 그리고 기초정리 15.2.17에 의해 얻어지는 $\{f^{-1}(H_{\alpha,n}) \mid (\alpha, n) \in \Lambda \times \mathbb{N}\}$의 국소유한 열린세분 덮개를 $\mathscr{E}$라 하자. 그리고 다시 기초정리 15.2.17에 의해 얻어지는 $\mathscr{E}$의 국소유한 열린세분 덮개를 $\{K_{\alpha,n} \mid (\alpha, n) \in \Lambda \times \mathbb{N}\}$이라 하자. 그러면 $\overline{K}_{\alpha,n} \subset f^{-1}(H_{\alpha,n})$이고 $f(\overline{K}_{\alpha,n}) \subset H_{\alpha,n}$이다. 이제 각각의 $n \in \mathbb{N}$에 대하여

$$S_n = \{\, y \in Y \mid \text{많아야 한 개의 } H_{\alpha,n}\text{과 만나는 } y\text{의 열린근방이 존재} \,\}$$

이라 하면 S_n은 Y의 열린집합으로서 닫힌집합

$$\bigcup_{\alpha \in \Lambda} f(\overline{K}_{\alpha,n}) = f\Big(\bigcup_{\alpha \in \Lambda} \overline{K}_{\alpha,n}\Big)$$

를 포함한다. 그런데 Y가 정규이므로 정리 7.2.11에 의하여

$$\bigcup_{\alpha \in \Lambda} f(\overline{K}_{\alpha,n}) \subset G_n \subset \overline{G}_n \subset S_n$$

을 만족하는 Y의 열린집합 G_n이 존재한다. 그러면

$$\mathscr{B} = \{\, G_n \cap H_{\alpha,n} \mid (\alpha, n) \in \Lambda \times \mathbb{N}\}$$

는 $\mathscr{A}$의 열린세분 덮개이다. 한편 모든 $n\in\mathbb{N}$에 대해

$$\mathscr{B}_n = \{ G_n \cap H_{\alpha,n} \mid \alpha\in\Lambda \}$$

은 국소유한이고 $\mathscr{B} = \cup_{n\in\mathbb{N}}\mathscr{B}_n$이므로 $\mathscr{B}$는 $\mathscr{A}$의 σ-국소유한 열린세분 덮개이다. 따라서 정리 15.2.11에 의하여 Y는 paracompact이다. □

역으로 우리는 다음과 같은 정리를 얻을 수 있다.

정리 15.2.19 X는 Hausdorff이고 Y는 paracompact이라 하자. 만약 $p: X \to Y$가 완전사상이면 X도 paracompact이다.

증명 $\mathscr{U}$를 X의 열린덮개라 하자. 그러면 각각의 $y\in Y$에 대하여 $p^{-1}(y)$가 컴팩트이므로 유한개의 $U_{y,1},\dots, U_{y,n_y}\in\mathscr{U}$가 존재하여

$$p^{-1}(y) \subset \cup_{i=1}^{n_y} U_{y,i}$$

이다. 그리고 p가 닫힌사상이므로 성질 5.2.9에 의하여

$$y\in V_y,\ \ p^{-1}(y) \subset p^{-1}(V_y) \subset \cup_{i=1}^{n_y} U_{y,i}$$

를 만족하는 Y의 열린집합 V_y가 존재한다. 그러면 $\mathscr{V}=\{ V_y \mid y\in Y\}$는 Y의 열린덮개이고 Y가 paracompact이므로 $\mathscr{V}$의 국소유한 열린세분 덮개 $\{ W_j \mid j\in J\}$가 존재하여 $Y=\cup\{W_j \mid j\in J\}$ 이다. 이제 각각의 $j\in J$에 대하여 $W_j \subset V_{y_j}$를 만족하는 하나의 $y_j\in Y$를 택하여 고정하자. 그러면

$$p^{-1}(W_j) \subset p^{-1}(V_{y_j}) \subset \cup_{i=1}^{n_{y_j}} U_{y_j,i}$$

이다. 그리고

$$\mathscr{O}_j = \{p^{-1}(W_j)\cap U_{y_j,i} \mid i=1,2,\dots,n_{y_j}\}$$

이라 하고 $\mathscr{O}=\cup_{j\in J}\mathscr{O}_j$이라 하자. 그러면 $\mathscr{O}$는 $\mathscr{U}$의 열린세분 덮개이다.

이제 $\mathscr{O}$가 국소유한임을 보이자. 주어진 점 $x\in X$에 대하여 $p(x)\in Y$이고 $\{W_j\}$가 국소유한이므로 $\{W_j\}$의 유한개의 원소와만 만나는 $p(x)$의 열린근방 $B\subset Y$가 존재한다. 그러면 x의 열린근방 $p^{-1}(B)$는 $\mathscr{O}$의 유한개의 원소와만 만난다. 따라서 X는 paracompact이다. □

Paracompact는 위상적 성질이다.

따름정리 15.2.20 두 위상공간 X와 Y가 위상동형이면 다음이 성립한다:

$$X\text{는 paracompact} \Leftrightarrow Y\text{는 paracompact}$$

(증명) 성질 15.2.18에 의해 성립한다. □

따름정리 15.2.21 만약 X는 컴팩트 Hausdorff이고 Y가 paracompact이면 곱공간 $X \times Y$는 paracompact이다.

(증명) 성질 10.3.21에 의하여 사영사상

$$\pi_Y : X \times Y \to Y, \quad (x, y) \mapsto y$$

는 완전사상이다. 그리고 Y가 paracompact이므로 정리 15.2.19에 의하여 곱공간 $X \times Y$도 paracompact이다. □

정리 15.2.22 만약 $\{U_\alpha\}_{\alpha\in\Lambda}$가 paracompact 공간 X의 열린덮개이면 이에 종속된 단위분할 $\{\phi_\alpha\}_{\alpha\in\Lambda}$가 존재한다.[9)]

(증명) 기초정리 15.2.17에 의하여

$$\overline{V}_\alpha \subset U_\alpha \ (\alpha\in\Lambda)$$

를 만족하는 $\{U_\alpha\}_{\alpha\in\Lambda}$의 국소유한 열린세분 덮개 $\{V_\alpha\}_{\alpha\in\Lambda}$가 존재한다. 그리고 다시 기초정리 15.2.17을 적용하면

$$\overline{W}_\alpha \subset V_\alpha \ (\alpha\in\Lambda)$$

를 만족하는 $\{V_\alpha\}_{\alpha\in\Lambda}$의 국소유한 열린세분 덮개 $\{W_\alpha\}_{\alpha\in\Lambda}$가 존재한다. 따라서 각각의 $\alpha\in\Lambda$에 대하여

$$W_\alpha \subset \overline{W}_\alpha \subset V_\alpha \subset \overline{V}_\alpha \subset U_\alpha$$

9) 정의 14.1.5 참조.

이다. 그리고 X가 정규이므로 Urysohn 보조정리(정리 12.1.1)에 의하여 연속사상

$$g_\alpha : X \to [0,1] \quad \text{s.t.} \quad g_\alpha(\overline{W}_\alpha) \subset \{1\}, \quad g_\alpha(X - V_\alpha) \subset \{0\}$$

가 존재한다. 그러면

$$\mathrm{supp}(g_\alpha) = \overline{\{x \in X \mid g_\alpha(x) \neq 0\}} \subset \overline{V}_\alpha \subset U_\alpha$$

이다.

이제 사상

$$g = \sum_{\alpha \in \Lambda} g_\alpha : X \to \mathbb{R}$$

를 생각하자. 임의의 $x \in X$에 대하여 $\{V_\alpha\}_{\alpha \in \Lambda}$가 국소유한이므로 $\{V_\alpha\}_{\alpha \in \Lambda}$의 유한개의 원소 $V_{\alpha_1}, \ldots, V_{\alpha_k}$와 만나는 x의 열린근방 O가 존재한다. 그러면 축소사상 $g|_O : O \to \mathbb{R}$에 대해

$$g(y) = g_{\alpha_1}(y) + \cdots + g_{\alpha_k}(y) \in \mathbb{R} \ \ (\forall y \in O)$$

이다. 그리고 모든 g_{α_i}가 연속이므로 g는 O에서 연속이다. 그래서 g는 잘 정의된 연속사상이다. 한편 $\{W_\alpha\}_{\alpha \in \Lambda}$가 X의 덮개이므로 $g_\alpha(x) \neq 0$이 되는 $\alpha \in \Lambda$가 존재한다. 따라서 $g(x) \geq g_\alpha(x) > 0$이다.

이제 원하는 단위분할 $\{\phi_\alpha\}_{\alpha \in \Lambda}$를

$$\phi_\alpha = \frac{g_\alpha}{g} = \frac{g_\alpha}{\sum_{\alpha \in \Lambda} g_\alpha} : X \to [0,1]$$

로 정의하면 된다. 구체적으로 각각의 $\alpha \in \Lambda$에 대해

$$\mathrm{supp}(\phi_\alpha) = \overline{\{x \in X \mid \phi_\alpha(x) \neq 0\}} = \overline{\{x \in X \mid g_\alpha(x) \neq 0\}} \subset \overline{V}_\alpha \subset U_\alpha$$

이다. 한편 기초정리 15.2.8에 의하여 $\{\overline{V}_\alpha\}_{\alpha \in \Lambda}$는 국소유한이다. 그러므로 $\{\mathrm{supp}(\phi_\alpha)\}_{\alpha \in \Lambda}$도 국소유한이다. 마지막으로 모든 점 $x \in X$에 대하여 $\sum_{\alpha \in \Lambda} \phi_\alpha(x) = \frac{g(x)}{g(x)} = 1$이다. □

만약 $\{\phi_\alpha \mid \alpha \in \Lambda\}$가 X의 단위분할이고 $\{f_\alpha \mid \alpha \in \Lambda\}$가 연속사상 $f_\alpha : X \to \mathbb{R}$들의 모임이면

$$f = \sum_{\alpha \in \Lambda} \phi_\alpha f_\alpha : X \to \mathbb{R}, \ \ f(x) = \sum_{\alpha \in \Lambda} \phi_\alpha(x) f_\alpha(x)$$

는 잘 정의된 연속사상이 됨을 쉽게 알 수 있다.

정리 15.2.23 X는 paracompact이고 $\mathscr{C}$는 X의 국소유한인 부분집합들의 모임이라 하자. 그리고 각각의 $C \in \mathscr{C}$에 대하여 양의 실수 $\varepsilon_C > 0$가 주어졌다 하자. 그러면 다음을 만족하는 연속사상 $f : X \to \mathbb{R}$가 존재한다:

$$f(x) > 0 \ \ \forall x \in X, \ \ f(x) \leq \varepsilon_C \ \ \forall x \in C$$

증명 $\{U_\alpha\}_{\alpha \in \Lambda}$를 $\mathscr{C}$의 유한개의 원소와 만나는 X의 열린집합들의 모임이라 하자. 그러면 $\{U_\alpha\}_{\alpha \in \Lambda}$는 X의 열린덮개이다. 정리 15.2.22에 의하여 $\{U_\alpha\}_{\alpha \in \Lambda}$에 종속된 단위분할 $\{\phi_\alpha\}_{\alpha \in \Lambda}$가 존재하고 $\text{supp}(\phi_\alpha) \subset U_\alpha$이다.

각각의 $\alpha \in \Lambda$에 대하여 U_α가 $\mathscr{C}$의 유한개의 원소와 만나므로 $\text{supp}(\phi_\alpha)$도 $\mathscr{C}$의 유한개의 원소 $C_1, \ldots, C_n$과 만난다. 그리고

$$\delta_\alpha = \min\{\varepsilon_{C_1}, \ldots, \varepsilon_{C_n}\} > 0$$

이라 하자. 만약 $\text{supp}(\phi_\alpha)$와 만나는 $\mathscr{C}$의 원소가 존재하지 않는 경우에는 $\delta_\alpha = 1$로 놓자. 그러면

$$f : X \to \mathbb{R}, \ \ f(x) = \sum_{\alpha \in \Lambda} \delta_\alpha \phi_\alpha(x)$$

는 잘 정의된 연속사상이다.

임의의 점 $x \in X$에 대하여 $\sum_{\alpha \in \Lambda} \phi_\alpha(x) = 1$이므로 $\phi_\beta(x) > 0$인 $\beta \in \Lambda$가 존재하여 $\delta_\beta \phi_\beta(x) > 0$이 된다. 따라서 $f(x) > 0$이다.

이제 임의의 점 $x \in C$를 고정하자. 만약 $x \notin \text{supp}(\phi_\alpha)$이면 $\phi_\alpha(x) = 0$이므로 $\delta_\alpha \phi_\alpha(x) = \varepsilon_C \phi_\alpha(x)$이다. 한편 $x \in \text{supp}(\phi_\alpha)$이면 $\text{supp}(\phi_\alpha) \cap C \neq \varnothing$이므로 $\delta_\alpha \leq \varepsilon_C$이다. 따라서 $\delta_\alpha \phi_\alpha(x) \leq \varepsilon_C \phi_\alpha(x)$이다. 그리고 모든 $\alpha \in \Lambda$에 대하여 $\delta_\alpha \phi_\alpha(x) \leq \varepsilon_C \phi_\alpha(x)$이므로

$$f(x) = \sum_{\alpha \in \Lambda} \delta_\alpha \phi_\alpha(x) \leq \sum_{\alpha \in \Lambda} \varepsilon_C \phi_\alpha(x) = \varepsilon_C \sum_{\alpha \in \Lambda} \phi_\alpha(x) = \varepsilon_C$$

이다. □

준연속(semi-continuous)†

정의 15.2.24 사상 $f: X \to \mathbb{R}$가 위쪽 준연속(upper semi-continuous)이란 임의의 $b \in \mathbb{R}$에 대하여 $f^{-1}((-\infty, b))$가 X의 열린집합이 되는 경우를 뜻한다. 그리고 f가 아래쪽 준연속(lower semi-continuous)이란 임의의 $b \in \mathbb{R}$에 대하여 $f^{-1}((b, \infty))$가 X의 열린집합이 되는 경우를 뜻한다.

정리 15.2.25 X를 paracompact라 하자. 그리고 $f: X \to \mathbb{R}$는 위쪽 준연속사상이고, $g: X \to \mathbb{R}$는 아래쪽 준연속사상이라 하자. 만약 모든 점 $x \in X$에 대하여 $f(x) < g(x)$이면

$$f(x) < \varphi(x) < g(x) \ \ \forall x \in X$$

를 만족하는 연속사상 $\varphi: X \to \mathbb{R}$가 존재한다.

증명 임의의 유리수 $r \in \mathbb{Q}$에 대하여

$$U_r = f^{-1}((-\infty, r)) \cap g^{-1}((r, \infty))$$

이라 하자. 그러면 U_r은 X의 열린집합이다. 한편 임의의 점 $x \in X$에 대하여 $f(x) < r_x < g(x)$를 만족하는 유리수 $r_x \in \mathbb{Q}$가 존재하고

$$x \in f^{-1}((-\infty, r_x)) \cap g^{-1}((r_x, \infty)) = U_{r_x}$$

이다. 그러므로 $\{U_r \mid r \in \mathbb{Q}\}$은 X의 열린덮개이다.

한편 X가 paracompact이므로 정리 15.2.22에 의하여 $\{U_r \mid r \in \mathbb{Q}\}$에 종속된 단위분할

$$\{\phi_r : X \to [0, 1] \mid r \in \mathbb{Q}\}$$

이 존재하고 $\mathrm{supp}(\phi_r) \subset U_r$이다. 그러면

$$\varphi: X \to \mathbb{R}, \quad \varphi(x) = \sum_{r \in \mathbb{Q}} r\phi_r(x)$$

는 연속사상이다.

이제 부등식이 성립함을 보이자. 임의의 점 $x \in X$에 대하여 $\{\mathrm{supp}(\phi_r) \mid r \in \mathbb{Q}\}$이 국소유한이므로 유한개의 유리수 $r_1, \ldots, r_n \in \mathbb{Q}$을 제외하고는 $\phi_r(x) = 0$이다.

그리고 이러한 r_i에 대하여 $\phi_{r_i}(x) \neq 0$이므로 $x \in \mathrm{supp}(\phi_{r_i}) \subset U_{r_i}$가 되어 $f(x) < r_i < g(x)$이다. 따라서

$$f(x) = f(x)(\sum_{r \in \mathbb{Q}} \phi_r(x)) = f(x)(\sum_{i=1}^{n} \phi_{r_i}(x)) < \sum_{i=1}^{n} r_i \phi_{r_i}(x) = \varphi(x)$$

이고

$$\varphi(x) = \sum_{i=1}^{n} r_i \phi_{r_i}(x) < g(x)(\sum_{i=1}^{n} \phi_{r_i}(x)) = g(x)(\sum_{r \in \mathbb{Q}} \phi_r(x)) = g(x)$$

이다. □

연습문제

문제 15.2.1 이산공간은 paracompact임을 보이시오.

문제 15.2.2 만약 곱공간 $X \times Y$가 paracompact이면 X와 Y는 paracompact임을 보이시오.

문제 15.2.3 국소컴팩트 하우스도르프공간이지만 paracompact가 아닌 보기를 드시오.

문제 15.2.4 두 하우스도르프공간 X와 Y 사이에 완전사상 $f: X \to Y$가 존재하면 다음이 성립함을 보이시오.

$$X\text{는 paracompact} \Leftrightarrow Y\text{는 paracompact}$$

문제 15.2.5 정칙공간 X에 대하여 다음을 보이시오.

(1) 만약 X가 가산개의 컴팩트 부분공간들의 합집합이면 X는 paracompact이다.

(2) 만약 X가 유한개의 paracompact인 닫힌부분공간들의 합집합이면 X는 paracompact이다.

문제 15.2.6 상자공간 $\mathbb{R}^\omega$의 부분공간

$$\mathbb{R}^\infty = \{(x_n) \in \mathbb{R}^\omega \mid \text{유한개의 } x_i\text{를 제외한 나머지 } x_j = 0\}$$

는 paracompact임을 보이시오.

문제 15.2.7 하우스도르프공간 X와 전사함수 $f: X \to Y$에 대하여 다음이 동치임을 보이시오.

(a) f는 전단사인 열린사상이다.

(b) 임의로 주어진 X의 열린덮개 $\mathscr{U}$에 대하여 $\{f^{-1}(V) \mid V \in \mathscr{V}\}$가 $\mathscr{U}$의 세분이 되는 Y의 열린덮개 $\mathscr{V}$가 존재한다.

문제 15.2.8 만약 A가 paracompact 공간 X의 닫힌집합이면 상공간 X/A도 paracompact임을 보이시오.

문제 15.2.9 A를 위상공간 X의 닫힌부분공간, $f: A \to Y$를 연속사상이라 하자. 만약 X와 Y가 모두 paracompact이고 f가 닫힌사상이면 접착공간 $X \cup_f Y$도 paracompact임을 보이시오.

문제 15.2.10 X를 paracompact라 하자. 곱공간 $X \times [0, \infty)$의 열린집합 W가 $X \times \{0\}$을 포함하면

$$y \le f(x) \Rightarrow (x, y) \in W$$

를 만족하는 연속사상 $f: X \to (0, \infty)$가 존재함을 보이시오. 단, 여기서 $[0, \infty)$와 $(0, \infty)$는 유클리드공간 $\mathbb{R}$의 부분공간이다.

문제 15.2.11 최소 비가산 정렬집합 S_Ω에 대하여 다음을 보이시오

(1) 순서공간 S_Ω는 paracompact가 아니다.

(2) 순서공간 $\overline{S}_\Omega$는 paracompact이다.

문제 15.2.12 Paracompact 공간의 F_σ-집합은 paracompact임을 보이시오.

15.3 거리화 정리

따름정리 15.2.13에 의하여 다음 정리는 성립한다.

정리 15.3.1 (Stone 정리) 모든 거리화가능 공간은 paracompact이다.[10)]

이제부터 주어진 위상공간이 거리화가능일 필요충분조건을 알아보자. 우리는 이미 Urysohn 거리화정리(정리 12.2.15)에서 제2가산인 정칙공간은 거리화가능임을 알았다.

그런데 거리공간은 정칙이므로 정칙성은 거리화가능이기 위한 필요조건이다. 그러나 비가산 첨자집합 J에 대하여 고른공간 $(\mathbb{R}^J, \overline{\rho})$는 거리공간이지만 제2가산은 아니므로 제2가산성은 거리화가능이기 위한 필요조건은 아니다.[11)] 따라서 거리화가능이기 위한 필요충분조건은 정칙이고 제2가산 보다는 좀더 약화된 조건이어야 함을 알 수 있다. 이를 다루려면 우선 몇 가지 성질들이 필요하다.

정의 15.3.2 위상공간 X의 부분집합 A가 **G_δ-집합**이란 A가 가산개의 열린집합들의 교집합으로 표현되는 경우를 뜻한다.

보기 15.3.3 (1) 주어진 위상공간의 모든 열린집합은 G_δ-집합이다.

(2) 제1가산인 Hausdorff 공간의 모든 한 점 집합은 G_δ-집합이 된다: 주어진 점 $x \in X$에서 가산 국소기저 $\mathscr{B}_x$를 갖는다. 그리고 X가 Hausdorff이므로 점 $y \in X - \{x\}$에 대하여

$$x \in U_y, \quad y \in V_y, \quad U_y \cap V_y = \varnothing$$

을 만족하는 열린집합 U_y, V_y가 존재한다. 그리고 $\mathscr{B}_x$가 x에서의 국소기저이므로 $x \in B_y \subset U_y$를 만족하는 $B_y \in \mathscr{B}_x$가 존재한다. 그러면 $\{B_y \mid y \in X - \{x\}\} \subset \mathscr{B}_x$이고 $\mathscr{B}_x$가 가산집합이므로 $\{B_y \mid y \in X - \{x\}\}$도 가산집합이다. 그리고 $\{x\} = \cap\{B_y \mid y \in X - \{x\}\}$이므로 $\{x\}$는 G_δ-집합이다.

---

10) 정의 12.2.11 참조.
11) 정의 6.1.30과 성질 6.1.32 참조.

(3) 거리공간의 모든 닫힌집합은 G_δ-집합이다: (X, d)를 거리공간이라 하자. 그리고 임의의 X의 부분집합 A와 양의 실수 ε에 대하여

$$U(A, \varepsilon) = \bigcup_{x \in A} B_d(x, \varepsilon)$$

이라 하자. 그러면 $U(A, \varepsilon)$은 열린집합이다. 특별히 A가 닫힌집합이면 $A = \cap_{n \in \mathbb{N}} U(A, \frac{1}{n})$이므로 A는 G_δ-집합이다.

기초정리 15.3.4 정칙공간 X가 σ-국소유한인 기저 $\mathscr{B}$를 가지면 X는 정규이고 모든 닫힌집합은 G_δ-집합이다.

증명 $\mathscr{B}$를 정칙공간 X의 σ-국소유한인 기저라 하자.

[주장 1] 만약 W가 열린집합이면

$$W = \bigcup_{n \in \mathbb{N}} U_n = \bigcup_{n \in \mathbb{N}} \overline{U}_n$$

를 만족하는 가산개의 열린집합들의 모임 $\{U_n \mid n \in \mathbb{N}\}$이 존재한다.

[주장 1의 증명] $\mathscr{B}$가 X의 σ-국소유한인 기저이므로 $\mathscr{B} = \cup_{n \in \mathbb{N}} \mathscr{B}_n$이고 각각의 $\mathscr{B}_n$이 국소유한이라 하자. 그리고 각각의 n에 대하여

$$\mathscr{C}_n = \{B \in \mathscr{B}_n \mid \overline{B} \subset W\}$$

이라 하자. 그러면 $\mathscr{C}_n \subset \mathscr{B}_n$이므로 $\mathscr{C}_n$도 국소유한이다. 그리고 열린집합 $U_n = \cup_{B \in \mathscr{C}_n} B$은 기초정리 15.2.8에 의하여 $\overline{U}_n = \cup_{B \in \mathscr{C}_n} \overline{B}$이다. 따라서 $\overline{U}_n \subset W$이므로

$$\bigcup_{n \in \mathbb{N}} U_n \subset \bigcup_{n \in \mathbb{N}} \overline{U}_n \subset W$$

이다.

한편 임의의 점 $x \in W$에 대하여, X가 정칙이므로 정리 7.2.5에 의하여, $x \in V \subset \overline{V} \subset W$를 만족하는 열린집합 V가 존재한다. 그런데 $\mathscr{B}$가 X의 기저이므로 $x \in B \subset V$인 $B \in \mathscr{B}$가 존재하여

$$x \in B \subset \overline{B} \subset \overline{V} \subset W$$

를 만족한다. 만약 $B \in \mathscr{B}_n$이면 $B \in \mathscr{C}_n$이므로 $x \in U_n$이다. 따라서 $W \subset \cup_{n \in \mathbb{N}} U_n$

이다. 그러므로

$$W = \bigcup_{n \in \mathbb{N}} U_n = \bigcup_{n \in \mathbb{N}} \overline{U}_n$$

이다. □

[주장 2] 임의의 X의 닫힌집합은 G_δ-집합이다.

[주장 2의 증명] C를 X의 닫힌집합이라 하자. 그러면 $W = X - C$는 X의 열린집합이다. 주장 1에 의하여 $W = \cup_{n \in \mathbb{N}} \overline{U}_n$를 만족하는 가산개의 열린집합들의 모임 $\{U_n\}_{n \in \mathbb{N}}$이 존재한다. 그래서 $C = \cap_{n \in \mathbb{N}} (X - \overline{U}_n)$이므로 C는 G_δ-집합이다. □

이제 X가 정규임을 보이자. C와 D를 서로소인 X의 닫힌집합이라 하자. $X - C$가 열린집합이므로 주장 1에 의하여

$$X - C = \cup_{n \in \mathbb{N}} U_n = \cup_{n \in \mathbb{N}} \overline{U}_n$$

을 만족하는 가산개의 열린집합들의 모임 $\{U_n\}_{n \in \mathbb{N}}$이 존재한다. 그리고 $X - D$도 열린집합이므로 주장 1에 의하여

$$X - D = \cup_{n \in \mathbb{N}} V_n = \cup_{n \in \mathbb{N}} \overline{V}_n$$

을 만족하는 가산개의 열린집합들의 모임 $\{V_n\}_{n \in \mathbb{N}}$이 존재한다. 이제

$$U_n' = U_n - \cup_{i=1}^n \overline{V}_i, \quad V_n' = V_n - \cup_{i=1}^n \overline{U}_i$$

이라 하면 $U' = \cup_{n \in \mathbb{N}} U_n'$과 $V' = \cup_{n \in \mathbb{N}} V_n'$은 열린집합으로서

$$C \subset V', \quad D \subset U', \quad U' \cap V' = \varnothing$$

을 만족한다. 따라서 X는 정규이다. □

정리 15.3.5 (Nagata-Smirnov 거리화 정리[12]) 위상공간 X에 대하여 다음은 동치이다.

(a) X는 거리화가능이다.

(b) X는 정칙이고 σ-국소유한인 기저를 갖는다.

12) Nagata-Smirnov metrization theorem

증명 (a)⇒(b) 먼저 X를 거리화가능이라 하자. 그러면 X는 정규이므로 정칙이다.

이제 X가 σ-국소유한인 기저를 가짐을 보이자. d를 X의 거리라 하고, 자연수 $n\in\mathbb{N}$에 대하여

$$\mathscr{A}_n = \{ B_d\,(x, \frac{1}{n}) \mid x\in X \}$$

이라 하자. 그러면 $\mathscr{A}_n$은 X의 열린덮개이다. 그리고 따름정리 15.2.13에 의해 X가 paracompact이므로 $\mathscr{A}_n$의 국소유한 열린세분 덮개 $\mathscr{B}_n$이 존재한다. 이제 $\mathscr{B}=\bigcup_{n\in\mathbb{N}}\mathscr{B}_n$이라 하자. 그러면 $\mathscr{B}$는 σ-국소유한 열린덮개이다.

이제 $\mathscr{B}$가 X의 기저인 것만 보이면 된다. 이를 위하여 우리는 다음 주장을 보이면 충분하다.

[주장] 임의의 점 $x\in X$와 양의 실수 $\varepsilon>0$에 대하여 $x\in B\subset B_d(x,\varepsilon)$을 만족하는 $B\in\mathscr{B}$가 존재한다.

[주장의 증명] 주어진 ε에 대하여 $\frac{2}{m}<\varepsilon$을 만족하는 자연수 $m\in\mathbb{N}$을 택하자. 그리고 $\mathscr{B}_m$이 X의 열린덮개이므로 $x\in B$를 만족하는 $B\in\mathscr{B}_m$가 존재한다. 한편 $\mathscr{B}_m$이 $\mathscr{A}_m$의 세분이므로 $B\subset B_d(y, \frac{1}{m})$을 만족하는 $B_d(y, \frac{1}{m})\in\mathscr{A}_m$이 존재한다. 그러면 $x\in B$이고 $\frac{1}{m}<\frac{\varepsilon}{2}$이므로 임의의 점 $b\in B$에 대하여

$$d(x,b)\le d(x,y)+d(y,b)<\frac{1}{m}+\frac{1}{m}<\varepsilon$$

이다. 따라서 $x\in B\subset B_d(x,\varepsilon)$을 만족한다. □

(b)⇒(a) 역으로 X가 정칙공간이고 $\mathscr{B}=\bigcup_{n\in\mathbb{N}}\mathscr{B}_n$을 X의 σ-국소유한인 기저라 하자. 단, 여기서 각각의 $\mathscr{B}_n$은 국소유한이다.

[주장 1] 만약 $W\subset X$가 열린집합이면 $f(W)\subset(0,1]$, $f(X-W)\subset\{0\}$을 만족하는 연속사상 $f: X\to[0,1]$가 존재한다.

[주장 1의 증명] 기초정리 15.3.4에 의하여 닫힌집합 W^c이 G_δ-집합이므로

$$W^c=\bigcap_{n\in\mathbb{N}} U_n$$

을 만족하는 가산개의 열린집합들의 모임 $\{U_n\}_{n\in\mathbb{N}}$이 존재한다. 그러면 $W=\bigcup_{n\in\mathbb{N}}U_n^c$이다. 즉, W는 가산개의 닫힌집합들의 합집합이 된다. 한편 기초정리 15.3.4에 의해 X가 정규이므로 Urysohn 보조정리(정리 12.1.1)에 의하여 연속사상

$$f_n : X \to [0,1] \quad \text{s.t.} \quad f_n(U_n^c) \subset \{1\}, \quad f_n(W^c) \subset \{0\}$$

이 존재한다. 이제

$$f : X \to [0,1], \quad f(x) = \sum_{n \in \mathbb{N}} \frac{f_n(x)}{2^n}$$

이라 하자. 그러면 이 급수는 고르게(uniformly) 수렴하므로 f는 연속이다.[13] 그리고 $f(W) \subset (0,1]$이고 $f(W^c) \subset \{0\}$이다. □

주장 1에 의해 임의의 $B \in \mathscr{B}_n$에 대하여 $f(B) \subset (0,1]$, $f(X-B) \subset \{0\}$을 만족하는 연속사상 $f : X \to [0,1]$가 존재한다. 이제

$$f_{n,B} : X \to [0,1], \quad f_{n,B}(x) = \frac{f(x)}{n}$$

이라 하자. 그러면 $f_{n,B}$는

$$f_{n,B}(X) \subset [0, \frac{1}{n}], \quad f_{n,B}(B) \subset (0, \frac{1}{n}], \quad f_{n,B}(X-B) \subset \{0\}$$

을 만족하는 연속사상이다.

한편 $\mathscr{B}$가 X의 기저이므로 임의의 점 $x_0 \in X$과 x_0의 열린근방 U에 대하여 $x_0 \in B \subset U$를 만족하는 기저의 원소 $B \in \mathscr{B}$가 존재한다. 그러면 적당한 $n \in \mathbb{N}$에 대하여 $B \in \mathscr{B}_n$이므로

$$f_{n,B}(x_0) > 0, \quad f_{n,B}(X-U) \subset \{0\}$$

을 만족하는 $f_{n,B}$가 존재한다. 이제 첨자집합

$$J = \{(n, B) \in \mathbb{N} \times \mathscr{B} \mid B \in \mathscr{B}_n\}$$

를 생각하자. 그러면 정리 12.2.10에 의하여

$$F : X \to [0,1]^J, \quad F(x) = (f_{n,B}(x))_{(n,B) \in J}$$

는 넣기사상이 된다. 단, 여기서 $[0,1]^J$는 곱공간이다.

이제 우리는 곱집합 $[0,1]^J$에 고른거리 $\bar{\rho}$로 생성되는 고른위상을 주어도

$$F : X \to ([0,1]^J, \mathscr{T}_{\bar{\rho}})$$

13) 정리 5.1.27 또는 Weierstrass M-test 참조.

가 넣기사상임을 보이면 충분하다.[14] 그런데 성질 6.1.32에 의하여 고른위상은 곱위상보다 세밀하므로 F는 여전히 단사이고 열린사상이 된다. 따라서 F가 연속사상임을 보이면 충분하다. 먼저 $\mathbb{R}^J$에서의 고른거리 $\bar{\rho}$는 임의의 $\mathbf{x}=(x_\alpha)$, $\mathbf{y}=(y_\alpha)\in\mathbb{R}^J$에 대하여

$$\bar{\rho}(\mathbf{x},\mathbf{y})=\sup\{\bar{d}(x_\alpha,y_\alpha)\mid\alpha\in J\}$$

임을 상기하자. 단, 여기서 $\bar{d}(x_\alpha,y_\alpha)=\min\{|x_\alpha-y_\alpha|,1\}$이다. 특별히 $\mathbf{x}=(x_\alpha)$, $\mathbf{y}=(y_\alpha)\in[0,1]^J$인 경우에는 $|x_\alpha-y_\alpha|\le 1\ (\forall\alpha\in J)$이므로

$$\bar{\rho}(\mathbf{x},\mathbf{y})=\sup\{|x_\alpha-y_\alpha|\mid\alpha\in J\}$$

가 된다. 그리고 F가 연속임을 보이기 위해서 우리는 다음 주장을 보이면 된다.

[주장 2] 임의의 점 $x_0\in X$과 양의 실수 $\varepsilon>0$에 대하여

$$x_0\in W,\quad F(W)\subset B_{\bar{\rho}}(F(x_0),\varepsilon)$$

을 만족하는 열린집합 W가 존재한다.

[주장 2의 증명] 주어진 자연수 $n\in\mathbb{N}$에 대하여 $\mathscr{B}_n$이 국소유한이므로 유한개의 원소 $B_1,\dots,B_k\in\mathscr{B}_n$와 만나는 x_0의 열린근방 U_n이 존재한다. 따라서 유한개 $B_1,\dots,B_k$를 제외한 모든 $B\in\mathscr{B}_n$에 대해 $f_{n,B}(U_n)\subset\{0\}$이 된다. 그리고 각각의 $i=1,2,\dots,k$에 대하여 $f_{n,B_i}:X\to[0,1]$가 연속이므로

$$O_i=f_{n,B_i}^{-1}\left(\left(f_{n,B_i}(x_0)-\frac{\varepsilon}{2},\ f_{n,B_i}(x_0)+\frac{\varepsilon}{2}\right)\right)$$

는 x_0의 열린근방이고

$$f_{n,B}(O_i)\subset\left(f_{n,B_i}(x_0)-\frac{\varepsilon}{2},\ f_{n,B_i}(x_0)+\frac{\varepsilon}{2}\right)$$

이다. 그리고 열린집합

$$V_n=U_n\cap O_1\cap O_2\cap\cdots\cap O_k$$

는 $x_0\in V_n\subset U_n$을 만족한다.

이제 $\frac{1}{n_0}<\frac{\varepsilon}{2}$을 만족하는 자연수 $n_0\in\mathbb{N}$을 택하자. 그러면

---

14) 정의 6.1.30과 성질 6.1.32 참조. 당연히 $([0,1]^J,\mathscr{T}_{\bar{\rho}})$는 거리공간이다.

$$W = V_1 \cap V_2 \cap \cdots \cap V_{n_0}$$

는 x_0의 열린근방이다. 이제 W가 우리가 원하는 열린집합임을 보이자. 임의의 점 $x \in W$에 대하여 $n \le n_0$이면

$$| f_{n,B}(x) - f_{n,B}(x_0) | < \frac{\varepsilon}{2} \ (\forall B \in \mathscr{B}_n)$$

이 되고, $n > n_0$이면 $f_{n,B}$의 정의로부터 $f_{n,B}(X) \subset [0, \frac{1}{n}]$이므로

$$| f_{n,B}(x) - f_{n,B}(x_0) | \le \frac{1}{n} < \frac{\varepsilon}{2} \ (\forall B \in \mathscr{B}_n)$$

이 된다. 따라서

$$\overline{\rho}(F(x), F(x_0)) = \sup\{| f_{n,B}(x) - f_{n,B}(x_0) | \mid (n, B) \in J\} \le \frac{\varepsilon}{2} < \varepsilon$$

이 성립하므로 $F(W) \subset B_{\overline{\rho}}(F(x_0), \varepsilon)$이다. □ □

여기서 우리는 또 다른 형태의 거리화 정리인 Smirov 거리화 정리를 Nagata-Smirov 거리화 정리를 이용하여 보이고자 한다.

정의 15.3.6 위상공간 X가 **국소적으로 거리화가능**(locally metrizable)이란 임의의 점 $x \in X$에 대하여 부분공간으로서 거리화 가능인 x의 열린근방 U가 존재하는 경우를 뜻한다.

정리 15.3.7 (Smirov 거리화 정리[15]) 위상공간 X에 대하여 다음은 동치이다.
(a) X는 거리화가능이다.
(b) X는 paracompact이고 국소적으로 거리화가능이다.

증명 (a)⇒(b) X가 거리화가능이라 하자. 모든 점 $x \in X$에 대하여 x의 열린근방 U를 X로 택하면 X가 거리화가능이므로 X는 국소적으로 거리화가능이다. 한편 Stone 정리(정리 15.3.1)에 의하여 X는 paracompact이다.

(b)⇒(a) X가 paracompact이고 국소적으로 거리화가능이라 하자. 그러면 정리

15) Smirov metrization theorem

15.2.9에 의해 X는 정규이므로 정칙이다. 그러므로 Nagata-Smirnov 거리화 정리 (정리 15.3.5)에 의해 우리는 X가 σ-국소유한 기저를 가짐을 보이면 충분하다. 이제

$$\mathscr{U} = \{ U \subset X \mid U\text{는 거리화가능인 열린집합} \}$$

이라 하면 X가 국소적으로 거리화가능이므로 $\mathscr{U}$는 X의 열린덮개이다. 그리고 X가 paracompact이므로 $\mathscr{U}$의 국소유한 열린세분 덮개 $\mathscr{C}$가 존재한다. 그래서 각각의 $C \in \mathscr{C}$에 대하여 $C \subset U$인 $U \in \mathscr{U}$가 존재하고, 부분공간 U가 거리화가능이므로 U상의 (부분공간)위상을 유도하는 거리 $d_U : U \times U \to \mathbb{R}$가 존재한다. 더구나 C가 U의 부분공간이므로 d_U의 축소사상

$$d_C : C \times C \to \mathbb{R}, \ \ d_C(x, y) = d_U(x, y)$$

는 C상의 (부분공간)위상을 유도한다. 그리고 주어진 점 $x \in C$와 양의 실수 $\varepsilon > 0$에 대하여

$$B_C(x, \varepsilon) = \{ y \in C \mid d_C(x, y) < \varepsilon \}$$

이라 하자. 즉, $B_C(x, \varepsilon)$은 거리 d_C에 대한 ε-구이다. 그러면 $B_C(x, \varepsilon)$이 C의 열린집합이고 C가 X의 열린집합이므로 $B_C(x, \varepsilon)$은 X의 열린집합이다. 각각의 자연수 $n \in \mathbb{N}$에 대하여

$$\mathscr{A}_n = \{ B_C(x, \frac{1}{n}) \mid x \in C, \ C \in \mathscr{C} \}$$

은 X의 열린덮개이고 X가 paracompact이므로 국소유한 열린세분 덮개 $\mathscr{D}_n$이 존재한다. 이제

$$\mathscr{D} = \bigcup_{n \in \mathbb{N}} \mathscr{D}_n$$

이라 하면 $\mathscr{D}$는 σ-국소유한이므로 $\mathscr{D}$가 X의 기저가 됨을 보이면 충분하다. 이를 위하여 우리는 임의의 점 $x \in X$와 x의 열린근방 U에 대하여 $x \in D \subset U$를 만족하는 $D \in \mathscr{D}$가 존재함을 보이면 된다. 이제 U를 x의 열린근방이라 하자. 그러면 $\mathscr{C}$가 국소유한 열린덮개이므로 x는 $\mathscr{C}$의 유한개의 원소 $C_1, C_2, \dots, C_k$에만 포함된다. 그리고 각각의 $i = 1, \dots, k$에 대하여 $x \in U \cap C_i \subset C_i$이고 $U \cap C_i$가 C_i의 열린집합이므로

$$x \in B_{C_i}(x, \varepsilon_i) \subset U \cap C_i$$

를 만족하는 양의 실수 $\varepsilon_i > 0$가 존재한다.

이제 $\frac{1}{n_0} < \frac{1}{2}\min\{\varepsilon_1, \varepsilon_2, \dots, \varepsilon_k\}$를 만족하는 자연수 $n_0 \in \mathbb{N}$을 택하자. 그러면 $\mathscr{D}_{n_0}$이 X의 덮개이므로 $x \in D$인 $D \in \mathscr{D}_{n_0}$가 존재한다. 한편 $\mathscr{D}_{n_0}$이 $\mathscr{A}_{n_0}$의 세분이므로 $D \subset B_C(y, \frac{1}{n_0})$을 만족하는 $C \in \mathscr{C}$와 $y \in C$가 존재한다. 그리고 $x \in C$이므로 C는 $C_1, C_2, \dots, C_k$ 중 하나가 되어야 한다. 이제 $C = C_i$라 하면

$$D \subset B_{C_i}(y, \frac{1}{n_0}) \subset B_{C_i}(x, \varepsilon_i) \subset U$$

이다. □

연습문제

문제 15.3.1 제2가산 정칙공간 X의 열린집합 U에 대하여 다음을 보이시오.

(1) U는 가산개의 닫힌집합들의 합집합이다.

(2) 다음 조건을 만족하는 연속사상 $f: X \to [0,1]$가 존재한다.

$$f(U) \subset (0,1], \quad f(X-U) \subset \{0\}$$

16장

함수공간

CONTENTS

두 위상공간 X와 Y 사이의 모든 연속함수들의 집합 $\mathcal{C}(X, Y)$에 적합한 위상을 주는 것은 매우 중요하다. 이 장에서는 집합 $\mathcal{C}(X, Y)$에 여러 가지 위상을 주는 방법을 설명하고 이들 사이의 관계를 밝힐 것이다.

한편 두 위상공간 X와 Y에 대하여 Y^X를 X에서 Y로 보내는 모든 함수들의 집합이라 하자. 이때 Y^X는 X를 첨자집합으로 하는 Y의 카테시안 곱집합이므로 우리는 이미 6장에서 Y^X상의 곱위상이나 상자위상에 대해 배웠다. 그러나 이러한 곱위상이나 상자위상은 X의 위상과는 아무런 관계가 없기 때문에 X와 Y의 위상 모두와 연관된 새로운 위상을 생각할 필요가 있다.

16.1 함수집합에서의 거리

고른위상

정의 16.1.1 X는 집합이고 (Y, d)는 거리공간이라 하자. 이제 d가 유도하는 표준유계거리

$$\bar{d}(y_1, y_2) = \min\{d(y_1, y_2), 1\} \quad \forall\, y_1, y_2 \in Y$$

를 생각하자. 그러면 보기 3.3.18에서 보았듯이 $\mathscr{T}_d = \mathscr{T}_{\bar{d}}$이므로 $(Y, \mathscr{T}_d) = (Y, \mathscr{T}_{\bar{d}})$이다. 그리고 Y^X를 X에서 Y로의 함수들의 집합이라 하자. 즉,

$$Y^X = \{f \mid f : X \to Y\text{는 함수}\}$$

이다. 임의의 $f, g \in Y^X$에 대해

$$\bar{\rho}(f, g) = \sup\{\bar{d}(f(x), g(x)) \mid x \in X\}$$

으로 정의하면 $\bar{\rho}$는 집합 Y^X상의 거리가 된다. 우리는 이러한 거리 $\bar{\rho}$를 Y^X상의 고른거리(uniform metric)라 하고 $\bar{\rho}$가 유도하는 위상 $\mathscr{T}_{\bar{\rho}}$를 Y^X상의 고른위상(uniform topology)이라 한다.[1)]

1) 참고 6.1.31 참조.

다음 참고를 보면 왜 $\bar{\rho}$를 고른거리라 부르는지 알 수 있다.

참고 16.1.2 수열 $f_n \in Y^X$과 $f \in Y^X$에 대하여 다음은 서로 동치이다.

(a) 수열 $\{f_n\}$이 거리 $\bar{\rho}$에 의해 f로 수렴한다.

(b) 함수들의 수열 $f_n : X \to (Y, \bar{d})$은 $f : X \to (Y, \bar{d})$로 고르게 수렴한다.2)

(c) 함수들의 수열 $f_n : X \to (Y, d)$은 $f : X \to (Y, d)$로 고르게 수렴한다.

풀이 (a)⇒(b) 수열 $f_n \in Y^X$이 거리 $\bar{\rho}$에 의해 $f \in Y^X$로 수렴한다고 가정하자. 그러면 주어진 양의 실수 $\varepsilon > 0$에 대하여

$$n \geq n_0 \Rightarrow \bar{\rho}(f_n, f) < \varepsilon$$

을 만족하는 자연수 $n_0 \in \mathbb{N}$이 존재한다. 그런데 모든 $x \in X$에 대하여

$$\bar{d}(f_n(x), f(x)) \leq \bar{\rho}(f_n, f) < \varepsilon$$

이므로 이러한 자연수 n_0에 대해

$$n \geq n_0 \Rightarrow \bar{d}(f_n(x), f(x)) < \varepsilon \quad \forall x \in X$$

이 성립한다. 따라서 함수들의 수열 $f_n : X \to (Y, \bar{d})$은 함수 $f : X \to (Y, \bar{d})$로 고르게 수렴한다.

(b)⇒(c) 함수들의 수열 $f_n : X \to (Y, \bar{d})$이 함수 $f : X \to (Y, \bar{d})$로 고르게 수렴한다고 가정하자. 임의로 주어진 $\varepsilon' > 0$에 대하여 $0 < \varepsilon < \min\{\varepsilon', 1\}$을 만족하는 양의 실수 ε을 택하자. 그러면 가정에 의해

$$n \geq n_0 \Rightarrow \bar{d}(f_n(x), f(x)) < \varepsilon \quad \forall x \in X$$

을 만족하는 자연수 $n_0 \in \mathbb{N}$이 존재한다. 그런데

$$\bar{d}(f_n(x), f(x)) < \varepsilon < 1 \quad \forall x \in X$$

이므로

$$d(f_n(x), f(x)) = \bar{d}(f_n(x), f(x)) \quad \forall x \in X$$

이 된다. 따라서 주어진 n_0에 대해

---

2) uniformly converge, 정의 5.1.25 참조.

$$n \geq n_0 \Rightarrow d(f_n(x), f(x)) < \varepsilon < \varepsilon' \quad \forall x \in X$$

이 성립한다. 그러므로 함수들의 수열 $f_n : X \to (Y, d)$은 함수 $f : X \to (Y, d)$로 고르게 수렴한다.

(c)⇒(a) 이제 함수들의 수열 $f_n : X \to (Y, d)$이 $f : X \to (Y, d)$로 고르게 수렴한다고 가정하자. 임의로 주어진 $\varepsilon > 0$에 대하여 $0 < \varepsilon' < \min\{1, \varepsilon\}$을 만족하는 ε'을 택하자. 그러면 가정에 의해

$$n \geq n_0 \Rightarrow d(f_n(x), f(x)) < \varepsilon' \quad \forall x \in X$$

을 만족하는 자연수 $n_0 \in \mathbb{N}$이 존재한다. 그런데 $\varepsilon' < 1$이므로 $\overline{d}(f_n(x), f(x)) = d(f_{n(x)}, f(x))$이다. 따라서 이러한 n_0에 대해

$$n \geq n_0 \Rightarrow \overline{d}(f_n(x), f(x)) < \varepsilon' \quad \forall x \in X$$

이다. 그러므로

$$n \geq n_0 \Rightarrow \overline{\rho}(f_n, f) \leq \varepsilon' < \varepsilon$$

이다. 따라서 수열 $\{f_n\}$은 거리 $\overline{\rho}$에 의해 f로 수렴한다. □

기초정리 16.1.3 X를 집합이라 하자. 만약 거리공간 (Y, d)가 완비이면 $(Y^X, \overline{\rho})$도 완비이다.

증명 먼저 (Y, d)가 완비이므로 성질 11.2.13에 의해 $(Y, \overline{d})$도 완비이다. 이제 $\{f_n\}$을 $(Y^X, \overline{\rho})$상의 임의로 주어진 코시수열이라 하자. 각각의 점 $x \in X$에 대해

$$\overline{d}(f_n(x), f_m(x)) \leq \overline{\rho}(f_n, f_m)$$

이므로 $\{f_n(x)\}$는 $(Y, \overline{d})$상의 코시수열이다. 그리고 $(Y, \overline{d})$가 완비이므로 $\{f_n(x)\}$은 수렴한다. 우리는 $\lim_{n \to \infty} f_n(x) = y_x \in Y$이라 하자. 그리고 함수 $f : X \to Y$를 $f(x) = y_x$로 정의하자.

이제 수열 f_n이 $(Y^X, \overline{\rho})$에서 f로 수렴함을 보이자. 임의로 주어진 양의 실수 $\varepsilon > 0$에 대하여 f_n이 $(Y^X, \overline{\rho})$상의 코시수열이므로

$$n, m \geq n_0 \Rightarrow \overline{\rho}(f_n, f_m) < \frac{\varepsilon}{2}$$

을 만족하는 자연수 $n_0 \in \mathbb{N}$이 존재한다. 특히 모든 $x \in X$에 대하여

$$\overline{d}(f_n(x), f_m(x)) \le \overline{\rho}(f_n, f_m)$$

이므로

$$n, m \ge n_0 \Rightarrow \overline{d}(f_n(x), f_m(x)) < \frac{\varepsilon}{2} \quad \forall x \in X$$

이다. 이제 n과 x를 고정하고 $m \to \infty$를 취하면

$$\overline{d}(f_n(x), f(x)) = \overline{d}(f_n(x), \lim_{m \to \infty} f_m(x)) = \lim_{m \to \infty} \overline{d}(f_n(x), f_m(x)) \le \frac{\varepsilon}{2}$$

이 성립한다. 따라서 주어진 n_0에 대해

$$n \ge n_0 \Rightarrow \overline{d}(f_n(x), f(x)) \le \frac{\varepsilon}{2} \quad \forall x \in X$$

이다. 그래서

$$n \ge n_0 \Rightarrow \overline{\rho}(f_n, f) \le \frac{\varepsilon}{2} < \varepsilon$$

이 성립하므로 f_n은 $(Y^X, \overline{\rho})$상에서 f로 수렴한다. 따라서 $(Y^X, \overline{\rho})$는 완비이다. □

이제 두 위상공간 X와 Y 사이의 모든 연속사상들의 집합 $\mathcal{C}(X, Y)$를 생각하자. 즉, Y^X의 부분집합

$$\mathcal{C}(X, Y) = \{f \in Y^X \mid f : X \to Y\text{는 연속사상}\}$$

를 생각하자.

성질 16.1.4 위상공간 X와 거리공간 (Y, d)에 대하여 다음이 성립한다.
(1) $\mathcal{C}(X, Y)$는 고른공간 $(Y^X, \overline{\rho})$의 닫힌집합이다.
(2) 만약 (Y, d)가 완비이면 $(\mathcal{C}(X, Y), \overline{\rho})$도 완비이다.

증명 (1) 먼저 $\mathcal{C}(X, Y)$가 $(Y^X, \overline{\rho})$의 닫힌집합임을 보이자. 이를 위해 $f \in Y^X$가

$\mathcal{C}(X, Y)$의 극한점이라 하자. 그러면 거리 $\bar{\rho}$에 의해 f로 수렴하는 수열 $f_n \in \mathcal{C}(X, Y)$이 존재한다(따름정리 4.3.14 참조). 그리고 참고 16.1.2에 의하여 수열 $\{f_n\}$은 Y상의 거리 d에 의해 f로 고르게 수렴한다. 따라서 정리 5.1.27에 의해 $f: X \to (Y, d)$는 연속이므로 $f \in \mathcal{C}(X, Y)$이다. 그러므로 $\mathcal{C}(X, Y)$는 $(Y^X, \bar{\rho})$의 닫힌집합이다.

(2) (Y, d)가 완비이므로 기초정리 16.1.3에 의해 $(Y^X, \bar{\rho})$도 완비이다. 그리고 (1)에 의해 $\mathcal{C}(X, Y)$가 $(Y^X, \bar{\rho})$의 닫힌집합이므로 성질 11.2.10에 의해 $\mathcal{C}(X, Y)$도 완비이다. □

참고 16.1.5 X는 집합이고 (Y, d)는 거리공간이라 하자. $D \subset Y$가 **유계**란 $\operatorname{diam}(D) = \sup\{d(x, y) \mid x, y \in D\} < \infty$임을 의미한다. 즉, 모든 $x, y \in D$에 대하여 $d(x, y) \leq r$을 만족하는 실수 r이 존재함을 뜻한다. 이 경우 $\operatorname{diam}(D)$는 $\operatorname{diam}(D) \leq r$인 실수이다. 그리고 함수 $f: X \to Y$가 **유계**란 $f(X)$가 Y의 유계인 부분집합임을 뜻한다. 이제 Y^X의 부분집합

$$\mathcal{B}(X, Y) = \{f \in Y^X \mid f: X \to Y\text{는 유계함수}\}$$

를 생각하자.

(1) $\mathcal{B}(X, Y)$는 고른공간 $(Y^X, \bar{\rho})$의 닫힌집합이다.

(2) 만약 (Y, d)가 완비이면 $\mathcal{B}(X, Y)$도 완비이다.

풀이 (1) 먼저 $\mathcal{B}(X, Y)$가 $(Y^X, \bar{\rho})$의 닫힌집합임을 보이자. 이를 위해 $f \in Y^X$가 $\mathcal{B}(X, Y)$의 극한점이라 하자. 그러면 거리 $\bar{\rho}$에 의해 f로 수렴하는 수열 $f_n \in \mathcal{B}(X, Y)$이 존재한다(따름정리 4.3.14 참조). 그리고 참고 16.1.2에 의하여 수열 $\{f_n\}$은 Y상의 거리 d에 의해 f로 고르게 수렴하므로 $\varepsilon = 1$에 대하여

$$n \geq n_0 \quad \Rightarrow \quad d(f_n(x), f(x)) < 1 \quad \forall\, x \in X$$

을 만족하는 자연수 $n_0 \in \mathbb{N}$이 존재한다. 그래서 임의의 $x, y \in X$에 대하여

$$\begin{aligned} d(f(x), f(y)) &\leq d(f(x), f_{n_0}(x)) + d(f_{n_0}(x), f_{n_0}(y)) + d(f_{n_0}(y), f(y)) \\ &< 1 + d(f_{n_0}(x), f_{n_0}(y)) + 1 \leq \operatorname{diam}(f_{n_0}(X)) + 2 \end{aligned}$$

이 성립한다. 그래서

$$\operatorname{diam}(f(X)) = \sup\{d(f(x), f(y)) \mid x, y \in X\} \leq \operatorname{diam}(f_{n_0}(X)) + 2$$

이고 f_{n_0}이 유계이므로 f도 유계이다. 따라서 $f \in \mathcal{B}(X, Y)$이다. 그러므로 $\mathcal{B}(X, Y)$는 $(X^Y, \bar{\rho})$의 닫힌집합이다.

(2) (Y, d)가 완비이므로 기초정리 16.1.3에 의해 $(Y^X, \bar{\rho})$도 완비이다. 그리고 (1)에 의해 $\mathcal{B}(X, Y)$가 $(Y^X, \bar{\rho})$의 닫힌집합이므로 성질 11.2.10에 의해 $\mathcal{B}(X, Y)$도 완비이다. □

정의 16.1.6 X는 집합이고 (Y, d)는 거리공간이라 하자. 임의의 $f, g \in \mathcal{B}(X, Y)$에 대해

$$\rho(f, g) = \sup\{d(f(x), g(x)) \mid x \in X\}$$

로 정의하면 ρ는 $\mathcal{B}(X, Y)$상의 거리가 된다.[3)] 우리는 이러한 거리 ρ를 $\mathcal{B}(X, Y)$상의 **상한거리**(supremum metric)라 한다.

상한거리와 고른거리 사이에는 다음과 같은 간단한 관계가 있다. 만약 $f, g \in \mathcal{B}(X, Y)$이면

$$\bar{\rho}(f, g) = \min\{\rho(f, g), 1\}$$

이다. 실제로 만약 $\rho(f, g) > 1$이면 적어도 한 점 $x_0 \in X$에서는 $d(f(x_0), g(x_0)) > 1$이 된다. 그래서 $\bar{d}(f(x_0), g(x_0)) = 1$이 되어 $\bar{\rho}(f, g) = 1$이다. 한편 만약 $\rho(f, g) \le 1$이면 모든 $x \in X$에 대하여 $d(f(x), g(x)) \le \rho(f, g) \le 1$이 되므로

$$\bar{d}(f(x), g(x)) = \min\{d(f(x), g(x)), 1\} = d(f(x), g(x)) \quad \forall x \in X$$

이다. 그러므로

$$\bar{\rho}(f, g) = \sup\{\bar{d}(f(x), g(x)) \mid x \in X\} = \sup\{d(f(x), g(x)) \mid x \in X\} = \rho(f, g)$$

이다.

그러므로 $\bar{\rho}$는 ρ가 유도하는 표준유계거리이다. 보기 3.3.18에 의해 $\mathcal{B}(X, Y)$상에 ρ가 유도하는 위상과 $\bar{\rho}$가 유도하는 위상은 같다. 즉, $\mathcal{T}_\rho = \mathcal{T}_{\bar{\rho}}$이다.

---

3) $f, g \in \mathcal{B}(X, Y)$에 대해 $f(X)$와 $f(Y)$가 유계집합이므로 $f(X) \cup g(X)$도 유계집합이다. 따라서 이러한 ρ는 잘 정의된다. 그리고 만약 $f, g : X \to Y$가 유계함수가 아니면 일반적으로 $\rho(f, g)$는 잘 정의되지 않는다.

따름정리 16.1.7 만약 (Y, d)가 완비이면 $(\mathcal{B}(X, Y), \rho)$도 완비이다.

증명 성질 11.2.13과 참고 16.1.5에 의해 성립한다. □

따름정리 16.1.8 컴팩트공간 X와 완비 거리공간 (Y, d)에 대하여 다음이 성립한다.

(1) $(\mathcal{C}(X, Y), \rho)$는 완비이다.

(2) $(\mathcal{C}(X, Y), \rho)$는 $(\mathcal{B}(X, Y), \rho)$의 닫힌집합이다.

증명 X가 컴팩트이므로 $\mathcal{C}(X, Y) \subset \mathcal{B}(X, Y)$이다(정리 9.1.11, 9.3.13 참조). 그러므로 ρ는 $\mathcal{C}(X, Y)$상의 잘 정의된 거리이다. 그리고 성질 11.2.13과 성질 16.1.4에 의해 $(\mathcal{C}(X, Y), \rho)$는 완비이다. 따라서 성질 11.2.11에 의해 $(\mathcal{C}(X, Y), \rho)$는 $(\mathcal{B}(X, Y), \rho)$의 닫힌집합이다. □

두 거리공간 (X, d_X)와 (Y, d_Y) 사이의 함수 $f : X \to Y$가

$$\forall\, x,\, x' \in X,\ \ d_Y(f(x), f(x')) = d_X(x, x')$$

을 만족할 때 **등거리사상**(isometric map)이라 한다. 모든 등거리사상은 자동으로 넣기사상이 된다(문제 5.2.7 참조).

이제 모든 거리공간이 완비 거리공간으로 등거리 넣기가 가능함을 보이자. 이 정리는 앞으로 이 책에서는 사용하지 않지만 다른 수학 분야에서 유용하게 사용한다.

정리 16.1.9 (X, d)를 거리공간이라 하자. 그러면 X는 완비 거리공간으로 등거리 넣기가 가능하다. 즉, 완비 거리공간 (Y, d')과 등거리 넣기사상 $f : X \hookrightarrow Y$가 존재한다.

증명 $\mathbb{R}$을 유클리드공간이라 하자. 그러면 $\mathbb{R}$은 완비 거리공간이므로 따름정리 16.1.7에 의해 $(\mathcal{B}(X, \mathbb{R}), \rho)$는 완비 거리공간이다. 이제 등거리 넣기사상

$$\Phi : (X, d) \ \to\ (\mathcal{B}(X, \mathbb{R}), \rho)$$

를 다음과 같이 만들자. 먼저 한 점 $x_0 \in X$을 고정하자. 그리고 각각의 점 $a \in X$에 대하여

$$\phi_a : X \to \mathbb{R}, \quad \phi_a(x) = d(x, a) - d(x, x_0)$$

이라 하자. 그러면

$$d(x, a) \leq d(x, x_0) + d(x_0, a), \quad d(x, x_0) \leq d(x, a) + d(a, x_0)$$

이므로

$$-d(a, x_0) \leq \phi_a(x) = d(x, a) - d(x, x_0) \leq d(x_0, a)$$

이 되어

$$|\phi_a(x)| \leq d(x_0, a) \quad \forall x \in X$$

이다. 따라서 ϕ_a는 유계함수이다.

이제 함수

$$\Phi : (X, d) \to (\mathcal{B}(X, \mathbb{R}), \rho), \ \Phi(a) = \phi_a$$

가 우리가 원하는 완비 거리공간 $(\mathcal{B}(X, \mathbb{R}), \rho)$으로의 등거리 넣기사상임을 보이면 된다. 이를 위해 우리는 임의의 $a, b \in X$에 대해

$$\rho(\Phi(a), \Phi(b)) = \rho(\phi_a, \phi_b) = d(a, b)$$

임을 보이면 충분하다. 임의의 $a, b, x \in X$에 대하여

$$d(x, a) \leq d(x, b) + d(b, a), \quad d(x, b) \leq d(x, a) + d(a, b)$$

이므로

$$|\phi_a(x) - \phi_b(x)| = |d(x, a) - d(x, b)| \leq d(a, b)$$

이 된다. 그러므로

$$\rho(\phi_a, \phi_b) = \sup\{ |\phi_a(x) - \phi_b(x)| \mid x \in X \} \leq d(a, b)$$

이 성립한다. 한편 $x = a$인 경우

$$|\phi_a(a) - \phi_b(a)| = |d(a, a) - d(a, b)| = d(a, b)$$

이므로 $\rho(\phi_a, \phi_b) = d(a, b)$이다. □

연습문제

문제 16.1.1 연속사상 $f_n:(0,\infty)\to\mathbb{R}$, $f_n(x)=\dfrac{1}{nx}$들의 수열 $\{f_n\}$은 고른위상에서 수렴하는가?

문제 16.1.2 연속사상 $f_n:(-1,1)\to\mathbb{R}$, $f_n(x)=\sum_{k=1}^{n}x^k$들의 수열 $\{f_n\}$은 고른위상에서 수렴하는가?

문제 16.1.3 $[0,1]$을 유클리드공간 $\mathbb{R}$의 부분공간이라 하자. 이제

$$\mathcal{C}([0,1],\mathbb{R})=\{f\mid f:[0,1]\to\mathbb{R}\text{는 연속사상}\},$$
$$\mathcal{R}([0,1],\mathbb{R})=\{f\mid f:[0,1]\to\mathbb{R}\text{는 (Riemann) 적분가능 함수}\}$$

이라 하고, $\varrho(f,g)=\int_0^1|f(x)-g(x)|\,dx$이라 하자.

(1) ϱ는 집합 $\mathcal{C}([0,1],\mathbb{R})$상의 거리가 됨을 보이시오.

(2) ϱ는 집합 $\mathcal{R}([0,1],\mathbb{R})$상의 거리가 아님을 보이시오.

문제 16.1.4 X를 거리공간이라 하자. 만약 $h:X\to Y$가 완비 거리공간 Y로의 등거리 넣기사상이면 Y의 닫힌부분공간 $\overline{h(X)}$도 완비이다. 우리는 $\overline{h(X)}$를 X의 **완비화**(completion)라 부른다.[4] 이제 주어진 거리공간 X의 완비화는 등거리변환(isometry)을 무시하면 유일함을 보이시오.[5] 즉, 만약 $h:X\to Y$와 $h':X\to Y'$이 각각 거리공간 (X,d)의 완비 거리공간 (Y,D)와 (Y',D')로의 등거리 넣기사상이면 등거리변환

$$\varphi:(\overline{h(X)},D)\to(\overline{h'(X)},D')\quad\text{s.t.}\quad \varphi|_{h(X)}=h'\circ h^{-1}:h(X)\to h'(X)$$

가 존재함을 보이시오.

---

4) 우리는 정리 16.1.9에서 모든 거리공간이 완비거리공간으로 등거리넣기가 가능함을 보였다.

5) **등거리변환**(isometry)이란 위상동형사상인 등거리사상을 의미한다.

16.2 공간을 채우는 곡선†

이 절에서 우리는 주어진 위상공간을 채우는 곡선에 대해 알아볼 것이다.[6] 그리고 이러한 곡선과 밀접한 관계가 있는 Hahn-Mazurkiewicz 정리를 다룰 것이다.

정리 16.2.1 $I=[0,1]\subset\mathbb{R}$, $I^2=[0,1]\times[0,1]\subset\mathbb{R}^2$이라 하자. 그러면 전사인 연속사상 $f:I\to I^2$가 존재한다.

증명 따름정리 16.1.8에 의해 $(\mathcal{C}(I,I^2),\rho)$는 완비이므로 I^2을 점점 채워가는 코시 수열 $f_n\in(\mathcal{C}(I,I^2),\rho)$은 극한을 갖는다. 이러한 극한 $f\in(\mathcal{C}(I,I^2),\rho)$가 우리가 원하는 전사인 연속사상이다.

(i) 먼저 그림 16.1과 같이 주어진 연속사상 $g:[a,b]\to[c,d]\times[c,d]$에 대해 그림 16.1과 같이 연속사상 $g':[a,b]\to[c,d]\times[c,d]$을 정의하자. 이러한 변환을 작용 A라 하자.

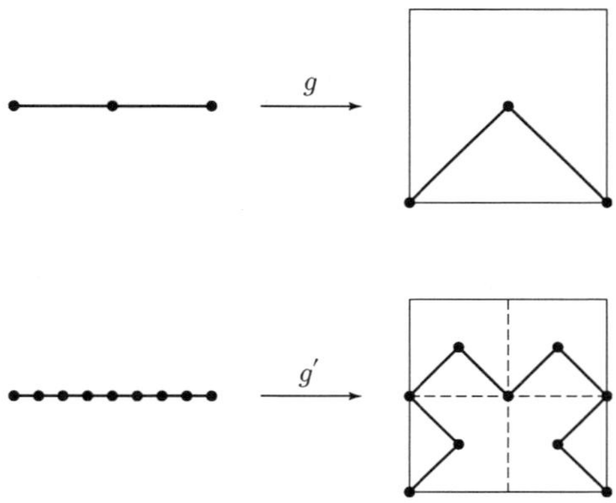

그림 16.1 • 작용 A

그리고 그림 16.2와 같이 주어진 연속사상 $h:[a,b]\to[c,d]\times[c,d]$에 대해 그림 16.2와 같이 연속사상 $h':[a,b]\to[c,d]\times[c,d]$을 정의하자. 이러한 변환을 작용 B라 하자.

6) 이러한 곡선을 Peano space-filling curve라 한다. 그리고 위상공간 X상의 **곡선**(curve)이란 연속사상 $f:[a,b]\to X$를 의미한다. 편의상 우리는 $f([a,b])$를 X상의 곡선이라 부르기도 한다. 단, 여기서 $[a,b]$는 유클리드공간 $\mathbb{R}$의 부분공간이다.

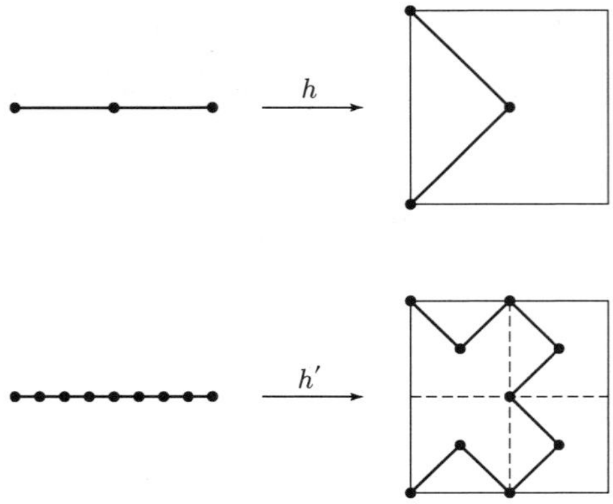

그림 16.2 • 작용 B

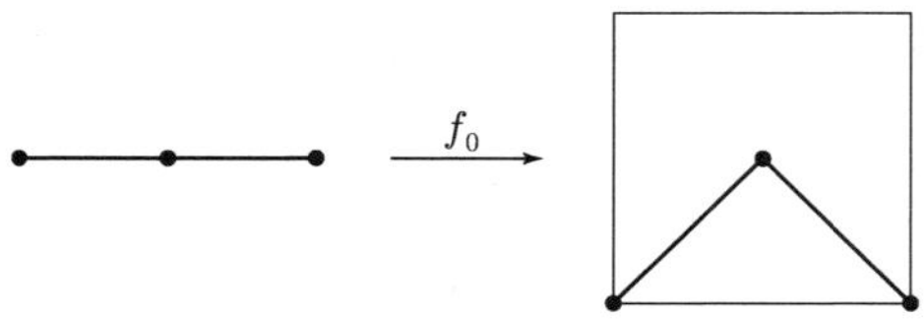

그림 16.3 • f_0

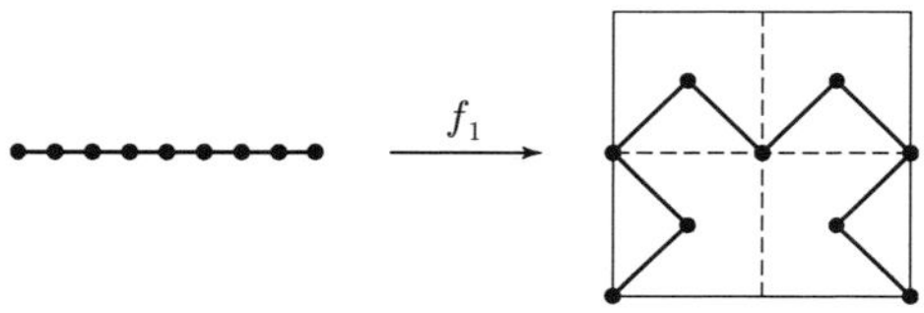

그림 16.4 • f_1

먼저 $f_0 : [0, 1] \to [0, 1] \times [0, 1]$을 그림 16.3과 같이 정의하자. 그리고 f_0에 작용 A를 적용하여 그림 16.4와 같은 연속사상 $f_1 : [0, 1] \to [0, 1] \times [0, 1]$을 얻을 수 있다.

이제 f_1에 작용 A와 작용 B를 적용하여 그림 16.5와 같은 연속사상 $f_2 : [0, 1] \to [0, 1] \times [0, 1]$를 얻을 수 있다.

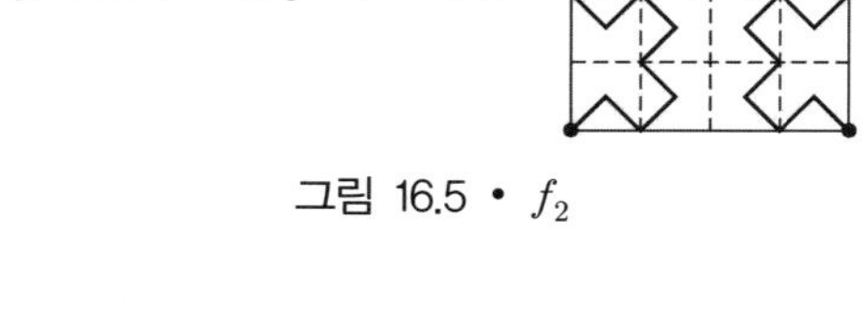

그림 16.5 • f_2

이와 같이 f_n에 작용 A와 작용 B를 적용하여 연속사상 $f_{n+1}:[0,1] \to [0,1] \times [0,1]$을 얻을 수 있다.

(ii) f_n의 상(image)에 나타나는 삼각형의 모서리는 변의 길이가 $\frac{1}{2^n}$인 정사각형에 포함된다. 따라서

$$\rho(f_n, f_{n+1}) \leq \frac{1}{2^n}$$

을 만족한다. 그리고 삼각부등식에 의해 모든 자연수 n과 m에 대해

$$\rho(f_n, f_{n+m}) \leq \frac{1}{2^n} + \frac{1}{2^{n+1}} + \cdots + \frac{1}{2^{n+m-1}} < \frac{2}{2^n}$$

이 성립한다. 따라서 $\{f_n\}$은 코시수열이다. 그리고 따름정리 16.1.8에 의하여 $(\mathcal{C}(I, I^2), \rho)$가 완비이므로 수열 $\{f_n\}$은 수렴한다. 우리는 수열 $\{f_n\}$의 극한을 f라 하자. 그러면 $f \in \mathcal{C}(I, I^2)$이므로 $f: I \to I^2$는 연속이다.

(iii) 이제 f가 전사임을 보이자. 임의로 주어진 점 $\mathbf{x} \in I^2$에 대하여 $\mathbf{x} \in f(I)$임을 보이면 된다. 주어진 점 $\mathbf{x} \in I^2$에 대해 $d(\mathbf{x}, f_n(I)) \leq \frac{1}{2^n}$이 성립한다. 이제 임의의 양의 실수 ε에 대하여

$$\rho(f_{n_0}, f) < \frac{\varepsilon}{2}, \quad \frac{1}{2^{n_0}} < \frac{\varepsilon}{2}$$

을 만족하는 충분히 큰 자연수 $n_0 \in \mathbb{N}$을 택하자. 그러면 I는 컴팩트이고 f_{n_0}이 연속이므로 $f_{n_0}(I)$는 컴팩트이다. 그리고 I^2이 하우스도르프이므로 $f_{n_0}(I)$는 I^2의 닫힌집합이다. 그러므로 따름정리 4.2.27에 의해

$$d(\mathbf{x}, f_{n_0}(t_0)) = d(\mathbf{x}, f_{n_0}(I))$$

를 만족하는 $t_0 \in I$이 존재하여 $d(\mathbf{x}, f_{n_0}(t_0)) \leq \frac{1}{2^{n_0}} < \frac{\varepsilon}{2}$이다. 그래서

$$d(\mathbf{x}, f(t_0)) \leq d(\mathbf{x}, f_{n_0}(t_0)) + d(f_{n_0}(t_0), f(t_0)) < \frac{\varepsilon}{2} + \frac{\varepsilon}{2} = \varepsilon$$

이므로 $B_d(\mathbf{x}, \varepsilon) \cap f(I) \neq \varnothing$이다. 따라서 $\mathbf{x} \in \mathrm{cl}(f(I))$이다. 한편 I는 컴팩트이고 f가 연속이므로 $f(I)$는 컴팩트이다. 그래서 $f(I)$는 I^2의 닫힌집합이 되어 $\mathrm{cl}(f(I)) = f(I)$이다. 따라서 $\mathbf{x} \in f(I)$이다. 결국 $f(I) = I^2$이므로 f는 전사이다. □

보기 16.2.2 유클리드공간 $\mathbb{R}^2$상의 정삼각형 X에 대하여 전사인 연속사상 $f : I = [0, 1] \to X$가 존재한다.

풀이 X를 한 변의 길이가 α인 $\mathbb{R}^2$상의 정삼각형 $\triangle abc$이라 하자. 먼저 연속사상 $f_1 : I \to X$을 그림 16.6과 같이 f_1의 상 $f_1(I)$이

$$f_1(0) = a, \quad f_1(\frac{1}{2}) = p, \quad f_1(1) = b$$

를 지나는 선분이 되게 정의하자. 단, 여기서 p는 삼각형 X의 무게중심이다.

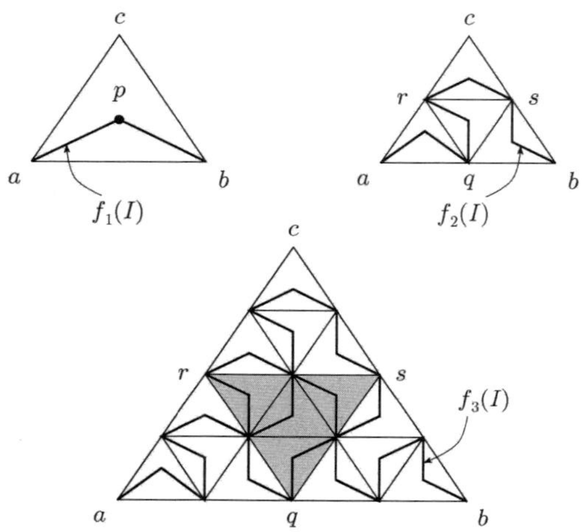

그림 16.6 • f_n

이제 그림 16.6과 같이 주어진 삼각형을 작은 정삼각형 4개로 나누어

$$f_2(0) = a, \quad f_2(\frac{1}{4}) = q, \quad f_2(\frac{2}{4}) = r, \quad f_2(\frac{3}{4}) = s, \quad f_2(1) = b$$

를 만족하는 연속사상 $f_2 : I \to X$를 정의하자. 그러면 $f_1(I),\ f_2(I) \subset X$이므로

$$\rho(f_1, f_2) = \sup\{\ \| f_1(t) - f_2(t) \| \mid t \in I\ \} \le \alpha$$

이다. 이제 각각의 작은 삼각형을 더 작은 정삼각형 4개로 나누자. 이제 그림 16.6과 같이 구간 $[0, \frac{1}{4}]$을 삼각형 $\triangle aqr$ 내에서 점 a에서 q까지의 선분으로, 구간 $[\frac{1}{4}, \frac{2}{4}]$을 삼각형 $\triangle qrs$ 내에서 점 q에서 r까지의 선분으로, 구간 $[\frac{2}{4}, \frac{3}{4}]$을 삼각형 $\triangle rsc$ 내에서 점 r에서 s까지의 선분으로, 구간 $[\frac{3}{4}, 1]$을 삼각형 $\triangle qbs$ 내

에서 점 s에서 b까지의 선분으로 보내는 연속사상 $f_3 : I \to X$을 정의할 수 있다. 그리고

$$f_2([0, \tfrac{1}{4}]),\ f_3([0, \tfrac{1}{4}]) \subset \triangle aqr$$

$$f_2([\tfrac{1}{4}, \tfrac{2}{4}]),\ f_3([\tfrac{1}{4}, \tfrac{2}{4}]) \subset \triangle qrs$$

$$f_2([\tfrac{2}{4}, \tfrac{3}{4}]),\ f_3([\tfrac{2}{4}, \tfrac{3}{4}]) \subset \triangle rsc$$

$$f_2([\tfrac{3}{4}, 1]),\ f_3([\tfrac{3}{4}, 1]) \subset \triangle qbs$$

이므로 $\rho(f_2, f_3) \le \frac{1}{2}\alpha$이다. 이와 같은 방법을 계속하면 우리는 자연수 $n \in \mathbb{N}$에 대하여

$$\rho(f_n, f_{n+1}) \le \frac{1}{2^{n-1}}\alpha$$

인 연속사상들의 수열 $f_n : I \to X$을 만들 수 있다. 그리고 정리 16.2.1의 증명과 같은 방법으로 수열 f_n의 극한 $f : I \to X$가 존재하고, 이러한 f는 연속이고 전사임을 보일 수 있다. □

Hahn-Mazurkiewicz 정리

이제 Hahn-Mazurkiewicz 정리에 대해 알아보자. 그리고 유클리드공간의 부분공간인 단위구간 I와 단위원 S^1의 위상적 특성에 대해서도 알아보자.

두 순서집합 $(A, \le)$와 $(B, \le_*)$가 **순서동형(order-isomorphic)**이란

$$x \le y \ \Rightarrow\ f(x) \le_* f(y)$$

를 만족하는 전단사함수 $f : A \to B$가 존재함을 의미한다. 그리고 이러한 함수 f를 **순서동형사상(order-isomorphism)**이라 한다.

정리 16.2.3 전순서집합 $(A, \leq)$가 다음 세 조건을 만족한다고 하자.

(i) A는 가산집합이다.

(ii) A의 최대원과 최소원은 존재하지 않는다.

(iii) $a < b$인 $a, b \in A$에 대하여 $a < c < b$인 $c \in A$가 존재한다.

그러면 $(A, \leq)$는 $(\mathbb{Q}, \leq)$와 순서동형이다. 단, 여기서 $\leq$는 유리수집합 $\mathbb{Q}$상의 보통 순서이다.

증명 먼저 $D = \{ \frac{k}{2^n} \mid n, k \in \mathbb{N},\ 0 < k < 2^n \}$이라 하자. 그러면 보통순서 $\leq$에 의해 $(D, \leq)$는 전순서집합이다.

이제 $(A, \leq)$와 $(D, \leq)$가 순서동형임을 보이자. (i)과 (ii)에 의해 A가 무한인 가산집합이므로

$$A = \{ a_n \mid n \in \mathbb{N} \} = \{ a_1, a_2, a_3, \dots \}$$

이라 하자. 그리고 $n_1 = 1$이라 하고 $f(a_{n_1}) = f(a_1) = \frac{1}{2}$이라 하자. 그리고

$$n_2 = \min\{ n \in \mathbb{N} \mid a_n < a_1 \},$$
$$n_3 = \min\{ n \in \mathbb{N} \mid a_1 < a_n \}$$

이라 하자. 조건 (ii)에 의해 이러한 자연수 n_2와 n_3은 존재한다. 그리고 $f(a_2) = \frac{1}{2^2}$, $f(a_3) = \frac{3}{2^2}$이라 하자. 또다시

$$n_4 = \min\{ n \in \mathbb{N} \mid a_n < a_{n_2} \},$$
$$n_5 = \min\{ n \in \mathbb{N} \mid a_{n_2} < a_n < a_{n_1} \},$$
$$n_6 = \min\{ n \in \mathbb{N} \mid a_{n_1} < a_n < a_{n_3} \},$$
$$n_7 = \min\{ n \in \mathbb{N} \mid a_{n_3} < a_n \}$$

이라 하자. 조건 (ii)와 (iii)에 의해 이러한 자연수 $n_4, \dots, n_7$은 존재한다. 그리고

$$f(a_{n_4}) = \frac{1}{2^3},\quad f(a_{n_5}) = \frac{3}{2^3},\quad f(a_{n_6}) = \frac{5}{2^3},\quad f(a_{n_7}) = \frac{7}{2^3}$$

이라 하자. 이와 같은 방법을 계속하여 우리는 집합 $\{ a_{n_k} \mid k \in \mathbb{N} \}$과 순서동형사상 $f : \{ a_{n_k} \mid k \in \mathbb{N} \} \to D$를 얻을 수 있다. 그리고 n_k의 최소성에 의해 $A = \{ a_{n_k} \mid k \in \mathbb{N} \}$이다. 따라서 순서동형사상 $f : A \to D$가 존재하므로 $(A, \leq)$와 $(D, \leq)$는

순서동형이다.

한편 $(\mathbb{Q}, \leq)$도 조건 (i)-(iii)을 만족하므로 순서동형사상 $g : \mathbb{Q} \to D$가 존재한다. 그러면 합성함수 $g^{-1} \circ f : A \to \mathbb{Q}$도 순서동형사상이므로 $(A, \leq)$와 $(\mathbb{Q}, \leq)$는 순서동형이다. □

위상공간 X의 부분집합들의 모임 $\{K_\alpha \mid \alpha \in J\}$이 다음 조건 (D)를 만족한다고 하자.

(D) 임의의 $\alpha, \beta \in J$에 대하여 $K_\gamma \subset K_\alpha \cap K_\beta$를 만족하는 $\gamma \in J$가 존재한다.

이 경우 J상의 부분순서 $\leq$를 다음과 같이 주자:

$$\alpha \leq \beta \iff K_\alpha \supset K_\beta$$

그러면 $(J, \leq)$는 유향집합이다.

기초정리 16.2.4 X는 컴팩트공간이고 $\{K_\alpha \mid \alpha \in J\}$는 조건 (D)를 만족하는 공집합이 아닌 닫힌집합들의 모임이라 하자. 그러면 $\cap_{\alpha \in J} K_\alpha$도 공집합이 아닌 닫힌집합이다.

증명 먼저 모든 K_α가 닫힌집합이므로 이들의 교집합 $\cap_{\alpha \in J} K_\alpha$도 닫힌집합이다. 이제 $\cap_{\alpha \in J} K_\alpha$가 공집합이 아님을 보이자. 각각의 K_α가 공집합이 아니므로 점 $x_\alpha \in K_\alpha$를 택하자. 그러면 조건 (D)에 의해 (x_α)는 X의 그물이다. 그리고 X가 컴팩트하므로 (x_α)의 직접점 $x \in X$가 존재한다(정리 9.5.15, 기초정리 9.5.14). 이제 임의의 $\alpha \in J$를 고정하자. 그리고 U를 x의 열린근방이라 하자. 그러면 $x_\beta \in U$이고 $\alpha < \beta$인 $\beta \in J$가 존재한다. 그리고 $K_\alpha \supset K_\beta$이므로 $x_\beta \in K_\alpha \cap U$이다. 그러므로 $x \in \overline{K_\alpha}$이다. 그리고 K_α가 닫힌집합이므로 $\overline{K}_\alpha = K_\alpha$이 되어 $x \in K_\alpha$이다. 따라서 $x \in \cap_{\alpha \in J} K_\alpha$이다. □

정리 16.2.5 X는 컴팩트 하우스도르프이고 $\{K_\alpha \mid \alpha \in J\}$는 조건 (D)를 만족하는 연결된 닫힌집합들의 모임이라 하자. 그러면 $\cap_{\alpha \in J} K_\alpha$도 연결된 닫힌집합이다.

증명 편의상 $K = \cap_{\alpha \in J} K_\alpha$이라 하자. 자명하게 K는 닫힌집합이다. 이제 K가 연결임을 보이자. 이를 위해 우리는 K가 비연결이라 가정하자. 그러면 K의 닫힌분리

$\{E, F\}$ 가 존재한다. 그리고 K가 닫힌집합이므로 E와 F는 X의 닫힌집합이고

$$E \cup F = K, \quad E \cap F = \varnothing, \quad E \neq \varnothing, \quad F \neq \varnothing$$

이다. 정리 9.1.19에 의해 X는 정규이므로

$$E \subset U, \quad F \subset V, \quad U \cap V = \varnothing$$

을 만족하는 X의 열린집합 U와 V가 존재한다. 그러면 모든 $\alpha \in J$에 대하여 $K_\alpha \not\subset U \cup V$이다. (만약 $K_\alpha \subset U \cup V$이면 $\{K_\alpha \cap U, K_\alpha \cap V\}$이 K_α의 열린분리가 되어 모순이다. 특별히 $K_\alpha \cap U \supset E$이므로 $K_\alpha \cap U \neq \varnothing$이다.) 각각의 $\alpha \in J$에 대하여 점 $x_\alpha \in K_\alpha - (U \cup V)$를 택하자. 그러면 조건 (D)에 의해 (x_α)는 X의 그물이다. 그리고 X가 컴팩트하므로 (x_α)의 직접점 $x \in X$가 존재한다(정리 9.5.15, 기초정리 9.5.14). 우리는 기초정리 16.2.4의 증명과 같은 방법으로 $x \in K$임을 보일 수 있다. 그리고 $K \subset U \cup V$이므로 $U \cup V$는 x의 열린근방이다. 그런데 모든 $\alpha \in J$에 대해 $x_\alpha \notin U \cup V$이므로 x는 (x_α)의 직접점이 아니다. 이는 모순이다. 따라서 K는 연결이다. □

정의 16.2.6 X를 연결된 T_1-공간이라 하자. 만약 점 $p \in X$에 대하여 $X - \{p\}$가 비연결이면 p를 X의 **절단점**(cut point)이라 한다. 그리고 절단점이 아닌 점을 **비절단점**이라 한다. 만약 $p \in X$가 절단점이면 $X - \{p\}$의 열린분리 $\{U, V\}$가 존재한다. 그리고 X가 T_1이므로 $X - \{p\}$는 X의 열린집합이다. 그러므로 U와 V는 X의 열린집합이고

$$U \cup V = X - \{p\}, \quad U \cap V = \varnothing, \quad U \neq \varnothing, \quad V \neq \varnothing$$

이다. 이 경우 우리는 $\{p, U, V\}$를 X의 **절단분리**라 한다.

참고로 연결된 T_1-공간 X는 무한집합이다. 그리고 $\{p, U, V\}$가 연결된 T_1-공간 X의 절단분리이면 U와 V는 모두 무한집합이다. 만약 U가 유한집합이면 U는 X의 열린집합인 동시에 닫힌집합이다. 따라서 정리 8.1.4에 의해 X는 비연결이 되어 모순이다.

기초정리 16.2.7 X를 컴팩트이고 연결된 하우스도르프공간이라 하자. 만약 $\{p, U, V\}$가 X의 절단분리이면 $U \cup \{p\}$와 $V \cup \{p\}$는 컴팩트이고 연결이다.

증명 먼저 $U \cup \{p\} = X - V$이고 V가 열린집합이므로 $U \cup \{p\}$는 닫힌집합이다. 그

리고 X가 컴팩트이므로 $U\cup\{p\}$는 컴팩트이다(정리 9.1.14). 이제 함수

$$f: X\to U\cup\{p\},\quad f(x)=\begin{cases} x, & x\in U\cup\{p\}\\ p, & x\in V\end{cases}$$

를 생각하자. f가 두 닫힌집합 $U\cup\{p\}$와 $V\cup\{p\}$에서 연속이므로 붙임보조정리(기초정리 5.1.14)에 의해 f는 연속이다. 그리고 X가 연결이므로 $f(X)=U\cup\{p\}$는 연결이다(정리 8.1.11). 우리는 같은 방법으로 $V\cup\{p\}$도 컴팩트이고 연결임을 보일 수 있다. □

기초정리 16.2.8 X를 컴팩트이고 연결된 하우스도르프공간이라 하자. 서로 다른 두 절단점 p와 q에 의한 절단분리 $\{p, U_p, V_p\}$와 $\{q, U_q, V_q\}$에 대하여 다음이 성립한다.

(1) $\overline{U}_p=U_p\cup\{p\}$, $\overline{V}_p=V_p\cup\{p\}$.

(2) 만약 $q\in U_p$이면 $U_q\subset U_p$ 또는 $V_q\subset U_p$이다.

증명 (1) W를 p의 열린근방이라 하자. 만약 $W\cap U_p=\varnothing$이면 $\{U_p, W\cup V_p\}$는 X의 열린분리가 된다. 이는 X가 연결이므로 모순이다. 따라서 $W\cap U_p\neq\varnothing$이 되어야 한다. 그러므로 $p\in\overline{U}_p$이다. 그리고 $U_p\cup\{p\}$가 닫힌집합이므로 $\overline{U}_p=U_p\cup\{p\}$이다. 같은 방법으로 $\overline{V}_p=V_p\cup\{p\}$임을 보일 수 있다.

(2) $U_q\not\subset U_p$이고 $V_q\not\subset U_p$이라 가정하자. 그러면 $V_p\cup\{p\}=X-U_p$이므로

$$U_q\cap(V_p\cup\{p\})\neq\varnothing,\quad V_q\cap(V_p\cup\{p\})\neq\varnothing$$

이다. 그리고 $q\in U_p$이므로 $U_q\cup V_q=X-\{q\}\supset V_p\cup\{p\}$이다. 또한 $U_q\cap V_q=\varnothing$이다. 그러므로 $\{U_q\cap(V_p\cup\{p\}), V_q\cap(V_p\cup\{p\})\}$는 $V_p\cup\{p\}$의 열린분리이다. 이는 기초정리 16.2.7에 모순이다. □

기초정리 16.2.9 X를 컴팩트이고 연결된 하우스도르프공간이라 하자. 만약 $\{p, U, V\}$가 X의 절단분리이면 U와 V는 모두 비절단점을 포함한다.

증명 (귀류법) U의 모든 점이 절단점이라고 가정하자. 그리고 각각의 점 $x\in U$에 의한 절단분리 $\{x, U_x, V_x\}$를 택하자. 기초정리 16.2.8에 의해 모든 $x\in U$에 대해 $U_x\subset U$이라 할 수 있다. 그러면 모든 $x\in U$에 대해 $U_x\cup\{x\}\subset U$이고 $V\cup\{p\}$

$\subset V_x$이다. 특별히 $p \not\in U_x$이고 $p \in V_x$이다. 그리고 따름정리 16.2.7에 의해 $U_x \cup \{x\}$는 컴팩트이고 연결이다. 또한 X가 하우스도르프이므로 $U_x \cup \{x\}$는 닫힌집합이다.

[주장] 임의의 서로 다른 두 점 $x, y \in U$에 대하여 다음이 성립한다.
(i) 만약 $x \in U_y$이면 $U_x \cup \{x\} \subset U_y$이고 $y \not\in U_x$이다.
(ii) 만약 $U_x \subset U_y$이면 $U_x \cup \{x\} \subset U_y$이고 $x \in U_y$이다.

[주장의 증명] (i) 먼저 $x \in U_y$이라 하자. 그러면 기초정리 16.2.8에 의해 $U_x \subset U_y$ 또는 $V_x \subset U_y$이다. 그런데 $p \in V_y$이고 $p \not\in U_y$이므로 $V_x \not\subset U_y$이다. 그래서 $U_x \subset U_y$이므로 $U_x \cup \{x\} \subset U_y$이다. 그리고 $y \not\in U_y$이므로 $y \not\in U_x$이다.
(ii) 이제 $U_x \subset U_y$이라 하자. 그러면 $U_x \cup \{x\} = \overline{U}_x \subset \overline{U}_y = U_y \cup \{y\}$이고 $x \neq y$이므로 $U_x \cup \{x\} \subset U_y$이다. □

이제 U상의 순서 $\le$를 다음과 같이 주자.

$$x \le y \iff U_x \supset U_y$$

그러면 $(U, \le)$는 부분순서집합이다. 하우스도르프 극대원리에 의해 $(U_*, \le)$는 전순서집합이고, $U_* \subsetneq W \subset U$이면 $(W, \le)$는 전순서집합이 아닌 극대원 $U_* \subset U$가 존재한다(정리 1.5.15). 그리고 $\cap_{z \in U_*}(U_z \cup \{z\}) = \cap_{z \in U_*} U_z$이다. 한편 임의의 $z_1, z_2 \in U_*$에 대하여 $(U_*, \le)$가 전순서집합이므로 $z_1 \le z_2$이거나 $z_2 \le z_1$이다. 만약 $z_1 \le z_2$이면 $U_{z_2} \subset U_{z_1}$이므로 주장에 의해 $U_{z_2} \cup \{z_2\} \subset U_{z_1} \cup \{z_1\}$이다. 그리고 만약 $z_2 \le z_1$이면 같은 방법으로 $U_{z_1} \cup \{z_1\} \subset U_{z_2} \cup \{z_2\}$이다. 따라서 $\{U_z \cup \{z\} \mid z \in U_*\}$는 조건 (D)를 만족한다. 또한 모든 $z \in U_*$에 대하여 $U_z \cup \{z\}$는 닫힌집합이므로 기초정리 16.2.4에 의하여 점 $q \in \cap_{z \in U_*}(U_z \cup \{z\})$가 존재한다. 그러면 $q \in \cap_{z \in U_*} U_z$이므로 $q \in U - U_*$이다. 그리고 모든 $z \in U_*$에 대하여 $q \in U_z$이므로 $U_q \subset U_z$이고 $q > z$이다. 따라서 $U_* \subsetneq U_* \cup \{q\}$이고 $(U_* \cup \{q\}, \le)$는 전순서집합이다. 이는 U_*의 극대성에 모순이다. □

정리 16.2.10 두 점 이상으로 이루어진 컴팩트이고 연결된 하우스도르프공간은 적어도 두 개의 비절단점을 갖는다.

증명 만약 X의 절단점 p가 존재하면 절단분리 $\{p, U, V\}$가 존재한다. 따라서 기초정리 16.2.9에 의하여 U와 V가 각각 비절단점을 포함하므로 X는 적어도 두 개의 비절단점을 갖는다. 그리고 만약 X의 절단점이 존재하지 않으면 X의 모든 점이 비절단점이므로 X는 두 개 이상의 비절단점을 갖는다. □

X는 연결공간이고 $a, b \in X$라 하자. X의 절단점 p가 a와 b를 **분리시킨다**란 $a \in U$, $b \in V$를 만족하는 절단분리 $\{p, U, V\}$가 존재함을 의미한다. 우리는

$$E(a,b) = \{a,b\} \cup \{p \in X \mid p\text{는 } a\text{와 } b\text{를 분리시킨다}\}$$

이라 하자. 이제 $E(a,b)$상의 부분순서 $\preceq$를 다음과 같이 주자.

$$p_1 \preceq p_2 \quad \Leftrightarrow \begin{cases} p_1 = p_2 \text{ 또는} \\ p_1\text{이 } a\text{와 } p_2\text{를 분리시킨다.} \end{cases}$$

그리고 모든 $p \in E(a,b)$에 대해 $a \preceq p \preceq b$이다.

정리 16.2.11 $\preceq$는 집합 $E(a,b)$상의 전순서이다.

증명 먼저 각각의 점 $x \in E(a,b) - \{a,b\}$에 대하여 $a \in U_x$, $b \in V_x$를 만족하는 절단분리 $\{x, U_x, V_x\}$를 택하자.

이제 서로 다른 두 점 $r, s \in E(a,b) - \{a,b\}$가 주어졌다 하자. 그러면 $s \in U_r$ 또는 $s \in V_r$이다. 만약 $s \in V_r$이면 r은 a와 s를 분리시킨다. 따라서 $r < s$이다. 만약 $s \in U_r$이면 $V_r \cup \{r\} \subset U_s \cup V_s$이고 $V_r \cup \{r\}$이 연결이므로 $V_r \cup \{r\} \subset U_s$ 또는 $V_r \cup \{r\} \subset V_s$이다. 그런데 $b \in V_r \cap V_s$이므로 $V_r \cup \{r\} \subset V_s$이다. 그래서 $r \in V_s$이므로 s는 a와 r을 분리시킨다. 따라서 $s < r$이다. □

위상공간 X의 부분집합 $E(a,b)$상의 부분공간위상을 $\mathscr{T}_s$라 하고, $E(a,b)$상의 전순서 $\preceq$가 유도하는 순서위상을 $\mathscr{T}_o$라 하자.

정리 16.2.12 X를 연결된 하우스도르프공간이라 하자. 그러면 임의의 두 점 $a, b \in X$에 대해 $E(a,b)$상의 두 위상은 $\mathscr{T}_o \subset \mathscr{T}_s$이다.

증명 만약 $E(a,b) = \{a,b\}$이면 $\mathscr{T}_o$와 $\mathscr{T}_s$가 모두 이산위상이므로 $\mathscr{T}_o = \mathscr{T}_s$이다.

이제 $E(a,b) - \{a,b\} \neq \varnothing$이라 하자. 그리고 각각의 $p \in E(a,b)$에 대하여

$$A_p = \{x \in E(a,b) \mid x < p\}, \quad B_p = \{x \in E(a,b) \mid x > p\}$$

이라 하자. 그러면 $\mathcal{S}_o = \{A_p \mid p \in E(a,b)\} \cup \{B_p \mid p \in E(a,b)\}$는 순서위상 $\mathcal{T}_o$의 부분기저이다. 먼저 $A_a = \varnothing$이므로 $A_a \in \mathcal{T}_s$이다. 그리고 $B_a = E(a,b) - \{a\} = E(a,b) \cap (X - \{a\})$이고 $X - \{a\}$가 X의 열린집합이므로 $B_a \in \mathcal{T}_s$이다. 같은 방법으로 $A_b, B_b \in \mathcal{T}_s$이다. 이제 $p \in E(a,b) - \{a,b\}$이라 하자. 그리고 $a \in U_p$, $b \in V_p$인 절단분리 $\{p, U_p, V_p\}$를 택하자. 그러면

$$A_p = E(a,b) \cap U_p, \quad B_p = E(a,b) \cap V_p$$

이고 U_p와 V_p가 모두 X의 열린집합이므로 $A_p, B_p \in \mathcal{T}_s$이다. 따라서 $\mathcal{S}_o \subset \mathcal{T}_s$이므로 $\mathcal{T}_o \subset \mathcal{T}_s$이다. □

정리 16.2.13 컴팩트이고 연결된 하우스도르프공간 $(X,\mathcal{T})$가 오직 두 개의 비절단점 a와 b를 가지면 $E(a,b) = X$이고 $\mathcal{T}_o = \mathcal{T}$이다.

증명 임의의 점 $x \in X - \{a,b\}$를 택하자. 그러면 x가 절단점이므로 절단분리 $\{x, U, V\}$가 존재한다. 그러면 기초정리 16.2.9에 의해 U와 V는 a와 b를 하나씩 포함하여야 한다. 따라서 $x \in E(a,b)$이다. 그러므로 $E(a,b) = X$이다.

이제 $\mathcal{T}_o = \mathcal{T}$임을 보이자. 먼저 정리 16.2.12에 의해 $\mathcal{T}_o \subset \mathcal{T}$이다. 만약 $\mathcal{T} \neq \mathcal{T}_o$이라 가정하면 $U \in \mathcal{T} - \mathcal{T}_o$가 존재한다. 그러면 성질 3.2.14에 의하여 $p \in B \subset U$를 만족하는 순서위상 $\mathcal{T}_o$의 기저의 원소 B가 존재하지 않는 점 $p \in U$가 존재한다. 편의상 $p \neq a, b$라 하자. 그리고

$$(r,s) = \{x \in X \mid r < x < s\}, \quad [r,s] = \{x \in X \mid r \leq x \leq s\}$$

이라 하자. 만약 $p \in (r,s)$이면 $(r,s) \not\subset U$이므로 $[r,s] \cap (X - U) \neq \varnothing$이다. 한편 $[r,s]$가 순서공간에서 닫힌집합이고 $\mathcal{T}_o \subset \mathcal{T}$이므로 $[a,b]$는 $(X,\mathcal{T})$의 닫힌집합이다. 그래서 $[r,s] \cap (X - U)$는 X의 닫힌집합이다. X가 컴팩트이고 $\{[r,s] \cap (X - U) \mid r < p < s\}$는 유한 교집합 조건을 만족하므로 정리 9.1.37에 의해 점 $q \in \cap\{[r,s] \cap (X-U) \mid r < p < s\}$가 존재한다. 그리고 $\cap\{[r,s] \mid r < p < s\} = \{p\}$이므로 $q = p$가 되어 $p \in X - U$이다. 이는 모순이다. 따라서 $\mathcal{T}_o = \mathcal{T}$이다.

우리는 $p = a$이거나 $p = b$인 경우도 비슷한 방법으로 보일 수 있다. □

정리 16.2.14 $X = E(a, b)$를 연결된 하우스도르프공간이라 하자. 그리고 X의 두 부분집합 L과 R이 다음 두 조건을 만족한다고 하자.
(i) $L \neq \varnothing$, $R \neq \varnothing$, $L \cup R = X$.
(ii) 만약 $x \in L$이고 $y \in R$이면 $x < y$이다.
그러면 L의 최대원 또는 R의 최소원이 존재한다. 그러나 둘 다 동시에 존재하지는 않는다.

증명 조건 (ii)에 의해 $L \cap R = \varnothing$이다. 먼저 L의 최대원과 R의 최소원이 모두 존재하지 않는다고 가정하자. 그러면

$$L = \cup_{x \in L}(-\infty, x) = \cup_{x \in L}[a, x)$$
$$R = \cup_{y \in R}(y, \infty) = \cup_{y \in R}(y, b]$$

이므로 L과 R은 X의 열린집합이다. 따라서 $\{L, R\}$은 X의 열린분리가 된다. 그런데 X는 연결이므로 모순이다.
한편 L의 최대원 m과 R의 최소원 l이 동시에 존재하면 $L = (-\infty, m] = [a, m]$, $R = [l, \infty) = [l, b]$이므로 $\{L, R\}$이 X의 닫힌분리가 되어 모순이다. □

이제 유클리드공간 $\mathbb{R}$의 부분공간인 단위구간 $I = [0, 1]$과 유클리드공간 $\mathbb{R}^2$의 부분공간인 단위원 S^1의 위상적 특성을 알아보자.

정리 16.2.15 위상공간 X에 대하여 다음은 동치이다.
(a) X는 I와 위상동형이다.
(b) X는 오직 두 개의 비절단점을 갖는 컴팩트이고 연결된 거리공간이다.

증명 (a)⇒(b) I는 오직 두 개의 비절단점 0과 1을 갖는 컴팩트이고 연결된 거리공간이므로 성립한다.
(b)⇒(a) X를 컴팩트이고 연결된 거리공간이라 하자. 그리고 a와 b를 X의 두 비절단점이라 하자. 먼저 X가 컴팩트인 거리공간이므로 X는 제2가산이다(성질 10.2.31). 따라서 X의 가산기저 $\mathscr{B} = \{B_n \mid n \in \mathbb{N}\}$가 존재한다. 그리고 X가 연결된 거리공간이므로 X는 무한집합이다. 또한 모든 B_n도 무한집합이다. (만약 B_n이 유한집합이면 B_n은 열린집합인 동시에 닫힌집합이므로 X는 비연결이 되어 모순이다.) 이제 각각의 자연수 n에 대하여 점 $x_n \in B_n - \{a, b\}$을 택하자. 그러면

$A=\{x_n \mid n\in\mathbb{N}\}$는 X의 가산인 조밀한 부분집합이다(정리 10.2.23의 증명 참조). 그리고 $a, b \not\in A$이다.

한편 정리 16.2.13에 의해 $X=(E(a,b),\leq)$이므로 $(A,\leq)$는 전순서집합이고 정리 16.2.3의 조건을 만족하므로 순서동형사상 $f:(A,\leq)\to(D,\leq)$가 존재한다. 단, 여기서 $D=\{\frac{k}{2^n} \mid n,k\in\mathbb{N},\ 0<k<2^n\}$이고 $\leq$는 보통순서이다. 그러면 f는 X의 부분공간 A와 I의 부분공간 D 사이의 위상동형사상이다.

주어진 점 $p\in X-\{a,b\}$에 대하여

$$U_p=\{x\in X \mid x<p\},\quad V_p=\{x\in X \mid p<x\}$$

이라 하자. 그리고 $L_p=f(U_p\cap A)$, $R_p=f(V_p\cap A)$이라 하자. 그러면 $\sup L_p$와 $\inf R_p$가 존재한다. 그리고 D가 I의 조밀한집합이고 f가 순서동형사상이므로 $\sup L_p=\inf R_p$이다. 우리는 $f^*(p)=\sup L_p=\inf R_p$이라 하자. 그리고 $f^*(a)=0$, $f^*(b)=1$이라 하자. 그러면 $f^*:X\to I$는 전단사이고 순서동형사상이므로 위상동형사상이다. 따라서 X와 I는 위상동형이다. □

정리 16.2.16 위상공간 X에 대하여 다음은 동치이다.

(a) X는 S^1과 위상동형이다.

(b) X는 컴팩트이고 연결된 거리공간이고, 임의의 서로 다른 두 점 $x, y\in X$에 대하여 $X-\{x,y\}$는 비연결이다.

증명 (a)⟹(b) 자명하다.

(b)⟹(a) X는 컴팩트이고 연결된 거리공간이고, 임의의 서로 다른 두 점 $x, y\in X$에 대하여 $X-\{x,y\}$는 비연결이라 하자.

(1) 먼저 X의 절단점이 존재하지 않음을 보이자. X의 절단점 p가 존재한다고 가정하자. 그리고 $\{p, U, V\}$를 절단분리라 하자. 기초정리 16.2.9에 의해 두 비절단점 $r\in U$과 $s\in V$가 존재한다. 그러면 $U\cup\{p\}$는 연결이고 r이 비절단점이므로 $U\cup\{p\}-\{r\}$도 연결이다. 같은 방법으로 $V\cup\{p\}-\{s\}$도 연결이다. 그리고 $p\in(U\cup\{p\}-\{r\})\cap(V\cup\{p\}-\{s\})$이므로 정리 8.1.19에 의해 $(U\cup\{p\}-\{r\})\cup(V\cup\{p\}-\{s\})$도 연결이다. 그런데 $(U\cup\{p\}-\{r\})\cup(V\cup\{p\}-\{s\})=X-\{r,s\}$이므로 모순이다.

(2) 이제 a와 b를 X의 서로 다른 두 점이라 하자. 그러면 $X-\{a,b\}$가 비연결이므로

$$U \cup V = X - \{a, b\}, \quad U \cap V = \varnothing, \quad U \neq \varnothing, \quad V \neq \varnothing$$

을 만족하는 X의 열린집합 U와 V가 존재한다. 그리고 $U^* = U \cup \{a, b\}$, $V^* = V \cup \{a, b\}$이라 하자. 그러면 $U^* = X - V$이고 $V^* = X - U$이다. 따라서 U^*와 V^*는 컴팩트공간 X의 닫힌집합이므로 컴팩트이다.

(i) U^*와 V^*는 모두 연결이다: U^*가 비연결이라고 가정하자. 그러면

$$S \cup T = U^*, \quad S \cap T = \varnothing, \quad S \neq \varnothing, \quad T \neq \varnothing$$

을 만족하는 U^*의 열린집합 S와 T가 존재한다. 만약 $a, b \in S$라 가정하면 $T \subset U$이므로 T는 U의 열린집합이 되어 T는 X의 열린집합이다. 한편 T는 U^*의 닫힌집합이고 U^*가 X의 닫힌집합이므로 T는 X의 닫힌집합이다. 그런데 정리 8.1.4에 의해 X는 비연결이 되어 모순이다. 따라서 우리는 $a \in S$, $b \in T$이라 할 수 있다. 우리는 앞에서와 비슷하게 $S - \{a\}$가 $X - \{a\}$의 열린집합인 동시에 닫힌집합임을 보일 수 있다. 따라서 $X - \{a\}$가 비연결이 되어 a는 X의 절단점이다. 이는 (1)에 모순이다.

(ii) a와 b는 U^*와 V^* 모두의 비절단점이다: 만약 a가 U^*의 절단점이면 U^*의 절단분리 $\{a, S, T\}$가 존재하여 $b \in S$ 또는 $b \in T$이다. 우리는 $b \in S$라 하자. 그러면 ((i)에서와 같은 방법으로) T가 $X - \{a\}$의 열린집합인 동시에 닫힌집합이다. 따라서 $X - \{a\}$는 비연결이다. 이는 (1)에 모순이다.

(iii) U^*와 V^*는 모두 오직 두 개의 비절단점 a와 b를 갖는다: 먼저 U^*와 V^*가 모두 a, b가 아닌 비절단점 p와 q를 각각 갖는 경우를 생각하자. 그러면 $U^* - \{p\}$와 $V^* - \{q\}$는 모두 연결이고 $a \in (U^* - \{p\}) \cap (V^* - \{q\})$이므로 이들의 합집합 $X - \{p, q\}$도 연결이다. 이는 모순이다. 이제 U^*만 a, b가 아닌 비절단점 p를 갖는 경우를 생각하자. 임의의 점 $q \in V$를 택하자. 그러면 q가 V^*의 절단점이므로 V^*의 절단분리 $\{q, A, B\}$가 존재하여 $V^* - \{q\} = A \cup B$이다. 단, 여기서 A와 B는 모두 연결이다. 그리고 a, b가 같은 집합 A 또는 B에 동시에 포함되지 않으므로 $a \in A$, $b \in B$이라 하자. 그러면 $U^* - \{p\}$와 A가 모두 연결이고 $a \in (U^* - \{p\}) \cap A$이므로 $(U^* - \{p\}) \cup A$는 연결이다. 같은 방법으로 $(U^* - \{p\}) \cup B$도 연결이다. 그리고 U가 무한집합이므로 $[(U^* - \{p\}) \cup A] \cap [(U^* - \{p\}) \cup B] = U^* - \{p\}$도 무한집합이 되어 공집합이 아니다. 따라서 이들의 합집합 $(U^* - \{p\}) \cup A \cup B$도 연결이다. 그런데 $(U^* - \{p\}) \cup A \cup B = X - \{p, q\}$이므로 $X - \{p, q\}$는 연결이다. 이는 모순이다.

(iv) (i)-(iii)에 의해 U^*와 V^*는 컴팩트이고 연결된 거리공간이고 오직 두 개

의 비절단점 a와 b를 갖는다. 따라서 정리 16.2.15에 의해 U^*와 V^*는 모두 I와 위상동형이다. 그리고 $U^* \cap V^* = \{a, b\}$이므로 $X = U^* \cup V^*$는 S^1과 위상동형이다. □

정의 16.2.17 X를 위상공간이라 하자. 임의의 $x, y \in X$에 대하여

- $x \in U_i \quad \Leftrightarrow \quad i = 1,$
- $y \in U_i \quad \Leftrightarrow \quad i = n,$
- $U_i \cap U_j \neq \varnothing \quad \Leftrightarrow \quad |i - j| \leq 1$

을 만족하는 유한개의 열린집합들의 모임 $\{U_1, U_2, \dots, U_n\}$을 x와 y를 연결하는 **단순사슬**이라 한다.

기초정리 16.2.18 만약 $\mathscr{U}$가 연결공간 X의 열린덮개이면 임의의 $x, y \in X$에 대하여 x와 y를 연결하는 $\mathscr{U}$의 원소들로 이루어진 단순사슬이 존재한다.

증명 (i) 임의의 한 점 $a \in X$를 택하자. 그리고 A를 점 a와 $\mathscr{U}$의 원소들로 이루어진 단순사슬로 연결되는 점들의 집합이라 하자. 이제 $A = X$임을 보이자.

먼저 $\mathscr{U}$가 X의 열린덮개이므로 $a \in U$인 $U \in \mathscr{U}$가 존재한다. 그러면 $\{U\}$는 a와 a를 연결하는 단순사슬이다. 따라서 $a \in A$이므로 A는 공집합이 아니다.

임의의 점 $b \in A$에 대하여 a와 b를 연결하는 $\mathscr{U}$의 원소들로 이루어진 단순사슬 $\{U_1, \dots, U_n\}$이 존재하고 $a \in U_1$, $b \in U_n$이다. 그리고 각각의 점 $y \in U_n$에 대하여 $m = \min\{k \mid y \in U_k\}$이라 하면 $\{U_1, \dots, U_m\}$이 a와 y를 연결하는 단순사슬이므로 $y \in A$이다. 그러므로 $U_n \subset A$이다. 그리고 U_n이 b의 열린근방이므로 b는 A의 내부점이다. 따라서 A는 열린집합이다.

이제 A가 닫힌집합임을 보이자. 이를 위해 $x \in \overline{A}$라 하자. 그리고 $x \in U$인 $U \in \mathscr{U}$를 택하자. 그러면 U가 x의 열린근방이므로 점 $b \in A \cap U$가 존재한다. 따라서 a와 b를 연결하는 $\mathscr{U}$의 원소들로 이루어진 단순사슬 $\{U_1, \dots, U_n\}$이 존재하고 $a \in U_1$, $b \in U_n$이다. 먼저 $x \in U_k$를 만족하는 k가 존재하는 경우, $m = \min\{k \mid x \in U_k\}$이라 하면 $\{U_1, \dots, U_m\}$이 a와 x를 연결하는 단순사슬이다. 그리고 $x \in U_k$를 만족하는 k가 존재하지 않는 경우, $l = \min\{k \mid U_k \cap U \neq \varnothing\}$이라 하면 $\{U_1, \dots, U_l, U\}$가 a와 x를 연결하는 단순사슬이다. 따라서 $x \in A$이므로 A는 닫힌집합이다.

한편 X가 연결이므로 따름정리 8.1.6에 의해 $A = X$이다.

(ii) 이제 $x, y \in X$라 하자. 그러면 (i)에 이에 의해 x와 a를 연결하는 $\mathscr{U}$의 원소들로 이루어진 단순사슬 $\{U_1, \dots, U_m\}$과 a와 y를 연결하는 $\mathscr{U}$의 원소들로 이루어진 단순사슬 $\{V_1, \dots, V_n\}$이 존재한다. 단, 여기서 $a \in U_m$이고 $a \in V_1$이다. 그리고 $k = \min\{i \mid U_i \cap (\cup_{j=1}^{n} V_j) \neq \varnothing\}$이라 하고 $l = \max\{j \mid (\cup_{i=1}^{k} U_i) \cap V_j \neq \varnothing\}$이라 하자. 그러면 $\{U_1, \dots, U_k, V_l, \dots, V_n\}$이 x와 y를 연결하는 $\mathscr{U}$의 원소들로 이루어진 단순사슬이다. □

정리 16.2.19 X를 컴팩트, 연결, 국소연결된 거리공간이라 하자.7) 그러면 임의의 두 점 $a, b \in X$에 대하여 $f(0) = a$이고 $f(1) = b$인 넣기사상 $f : I \to X$가 존재한다.

증명 d를 X상의 거리라 하자. 그리고 임의의 두 점 $a, b \in X$를 고정하자.

먼저 X가 국소연결이므로 각각의 점 $x \in X$에 대하여

$$x \in U_x^1 \subset \overline{U_x^1} \subset B_d(x, \frac{1}{3})$$

을 만족하는 연결된 열린집합 U_x^1이 존재한다. 그러면 $\mathscr{U}_1 = \{U_x^1 \mid x \in X\}$이 연결공간 X의 열린덮개이므로 기초정리 16.2.18에 의해 a와 b를 연결하는 $\mathscr{U}_1$의 원소들로 이루어진 단순사슬 $\mathscr{C}_1 = \{U_1^1, \dots, U_{n_1}^1\}$이 존재한다. 이 경우 $a \in U_1^1$, $b \in U_{n_1}^1$이고 모든 $i = 1, \dots, n_1$에 대하여 $\operatorname{diam}(U_i^1) < 1$이다. 그리고 $V_1 = \cup_{i=1}^{n_1} U_i^1$은 연결된 열린집합이다(따름정리 8.1.20). 또한 X가 컴팩트이므로 $K_1 = \cup_{i=1}^{n_1} \overline{U_i^1}$은 연결된 컴팩트집합이다(정리 8.1.13, 정리 9.1.14). 이제 임의의 점 $x \in V_1$를 고정하자. 그러면 $x \in U_i^1$이거나 $x \in U_i^1 \cap U_{i+1}^1$이다. 만약 $x \in U_i^1$이면

$$x \in U_x^2 \subset \overline{U_x^2} \subset U_i^1 \cap B_d(x, \frac{1}{3^2})$$

을 만족하는 연결된 열린집합 U_x^2를 택하자. 그리고 만약 $x \in U_i^1 \cap U_{i+1}^1$이면

$$x \in U_x^2 \subset \overline{U_x^2} \subset U_i^1 \cap U_{i+1}^1 \cap B_d(x, \frac{1}{3^2})$$

을 만족하는 연결된 열린집합 U_x^2를 택하자. 그러면 $\mathscr{U}_2 = \{U_x^2 \mid x \in V_1\}$가 연결공간 V_1의 열린덮개이므로 기초정리 16.2.18에 의해 a와 b를 연결하는 $\mathscr{U}_2$의 원소들로 이루어진 단순사슬 $\mathscr{C}_2 = \{U_1^2, \dots, U_{n_2}^2\}$가 존재한다. 이 경우 $a \in U_1^2$, $b \in U_{n_2}^2$

7) 이러한 위상공간을 Peano 공간이라 한다.

이고 모든 $i=1,\ldots,n_2$에 대하여 $\text{diam}(U_i^2)<\frac{1}{2}$이다. 그리고 $V_2=\cup_{i=1}^{n_2}U_i^2$는 연결된 열린집합이다. 또한 $K_2=\cup_{i=1}^{n_2}\overline{U_i^2}$는 연결된 컴팩트집합이다. 우리는 같은 방법을 반복하여 각각의 자연수 k에 대하여 다음 조건을 만족하는 a와 b를 연결하는 단순사슬 $\mathscr{C}_k=\{U_1^k,\ldots,U_{n_k}^k\}$가 존재함을 보일 수 있다.

- $a\in U_1^k,\ b\in U_{n_k}^k$;
- 모든 U_i^k는 연결된 열린집합이고 $\text{diam}(U_i^k)<\frac{1}{k}$이다;
- $V_k=\cup_{i=1}^{n_k}U_k^i$는 연결된 열린집합이다;
- $K_k=\cup_{i=1}^{n_k}\overline{U_i^k}$는 연결된 컴팩트집합이다;
- 각각의 $U_i^{k+1}\in\mathscr{C}_{k+1}$에 대하여 $U_i^{k+1}\subset\overline{U_i^{k+1}}\subset U_j^k$를 만족하는 $j\in\{1,\ldots,n_k\}$가 존재한다;
- $K_{k+1}\subset V_k\subset K_k$.

그러면 모든 K_k는 a와 b를 포함하는 연결된 컴팩트집합이므로 $K=\cap_{k=1}^{\infty}K_k$도 a와 b를 포함하는 연결된 컴팩트집합이다(정리 16.2.5 참조). 따라서 K는 컴팩트이고 연결된 거리공간이다. 참고로 $K\subset\cap_{k=1}^{\infty}V_k$이다.

이제 $x\in K-\{a,b\}$라 하자. 그러면 각각의 자연수 k에 대하여 x는 $\mathscr{C}_k$의 하나 또는 두 개의 원소에 포함된다.

- 만약 x가 오직 하나의 $U_{j_k}^k\in\mathscr{C}_k$에 포함되면 $A_k=\cup_{i=1}^{j_k-1}U_i^k,\ B_k=\cup_{i=j_k+1}^{n_k}U_i^k$이라 하고;
- 만약 x가 두 개의 $U_{j_k}^k,\ U_{j_k+1}^k\in\mathscr{C}_k$에 포함되면 $A_k=\cup_{i=1}^{j_k-1}U_i^k,\ B_k=\cup_{i=j_k+2}^{n_k}U_i^k$이라 하자.

그리고 $A=\cup_{k=1}^{\infty}(A_k\cap K),\ B=\cup_{k=1}^{\infty}(B_k\cap K)$이라 하자. 그러면 A와 B는 K의 서로소인 열린집합들이고 $a\in A,\ b\in B$이다. 그리고 $K-\{x\}=A\cup B$이다. (만약 $y\in K-(A\cup B)$이면 모든 자연수 k에 대하여 $x,\ y\in U_{j_k}^k\cup U_{j_k+1}^k$이므로 $d(x,y)\le\text{diam}(U_{j_k}^k\cup U_{j_k+1}^k)<\frac{2}{k}$이다. 따라서 $d(x,y)=0$이 되어 $x=y$이다.) 그러므로 x는 K의 절단점이다. 따라서 정리 16.2.10에 의해 K는 오직 두 개의 비절단점 a와 b를 갖는다.

정리 16.2.15에 의해 $h(a)=0$이고 $h(b)=1$인 위상동형사상 $h:I\to K$가 존재한다. 따라서 $f:I\to X,\ f(t)=h(t)$가 우리가 원하는 넣기사상이다. □

정리 16.2.20 X를 컴팩트, 연결, 국소연결된 거리공간이라 하자. 만약 Y가 X의 연결된 열린집합이면 임의의 두 점 $a, b \in Y$에 대하여 $f(0)=a$이고 $f(1)=b$인 넣기사상 $f: I \to Y$가 존재한다.

증명 우리는 정리 16.2.19의 증명 과정에서 나타난 K_k 중 적어도 하나가 컴팩트이면 주어진 공간이 컴팩트가 아니더라도 같은 방법으로 보일 수 있다. 즉, 우리는 컴팩트성 대신 국소컴팩트성을 사용하여 증명할 수 있다. 참고로 컴팩트 하우스도르프 공간의 열린부분공간은 국소컴팩트이므로 Y는 국소컴팩트이다(기초정리 9.4.2, 정리 9.4.23). 따라서 이 정리가 성립한다.

보다 구체적으로 다음과 같이 보일 수 있다. 임의의 두 점 $a, b \in Y$를 고정하자. 먼저 Y가 국소컴팩트 하우스도르프이므로 각각의 점 $y \in Y$에 대하여 $\overline{W_y}$가 컴팩트인 y의 열린근방 $W_y \subset Y$가 존재한다. 그리고 X가 국소연결이므로 $y \in U_y^1 \subset \overline{U_y^1} \subset W_y \cap B_d(y, \frac{1}{3})$을 만족하는 연결된 열린집합 U_y^1이 존재한다. 그러면 $\mathscr{U}_1 = \{U_y^1 \mid y \in Y\}$이 연결공간 Y의 열린덮개이므로 기초정리 16.2.18에 의해 a와 b를 연결하는 $\mathscr{U}_1$의 원소들로 이루어진 단순사슬 $\mathscr{C}_1 = \{U_1^1, \ldots, U_{n_1}^1\}$이 존재한다. 이 경우 $a \in U_1^1$, $b \in U_{n_1}^1$이고 모든 $i=1,\ldots,n_1$에 대하여 $\operatorname{diam}(U_i^1) < 1$이다. 그리고 $V_1 = \cup_{i=1}^{n_1} U_i^1$은 연결된 열린집합이다(따름정리 8.1.20). 또한 각각의 $i=1,\ldots,n_1$에 대하여 $\overline{U_i^1} \subset \overline{W_y}$을 만족하는 컴팩트집합 $\overline{W_y}$이 존재하므로 $\overline{U_i^1}$는 연결이고 컴팩트이다(정리 9.1.14). 따라서 $K_1 = \cup_{i=1}^{n_1} \overline{U_i^1}$는 연결된 컴팩트집합이다. □

기초정리 16.2.21 (X, d)를 컴팩트, 국소연결된 거리공간이라 하자. 임의로 주어진 양의 실수 ε에 대하여 다음 조건을 만족하는 양의 실수 δ가 존재한다.

- 만약 $d(x, y) < \delta$이면 x와 y를 포함하는 직경이 ε보다 작은 연결된 열린집합이 존재한다.

증명 X가 국소연결이므로 각각의 점 $x \in X$에 대하여 $x \in U_x \subset B_d(x, \frac{\varepsilon}{3})$을 만족하는 연결된 열린집합 U_x가 존재한다. 그러면 $\operatorname{diam}(U_x) < \varepsilon$이다. 그리고 $\mathscr{U} = \{U_x \mid x \in X\}$는 X의 열린덮개이다. 한편 X가 컴팩트 거리공간이므로 $\mathscr{U}$에 대한

Lebesgue 수 δ가 존재한다(기초정리 9.3.15). 따라서 δ가 우리가 원하는 양의 실수이다. □

정리 16.2.22 (X, d)를 컴팩트, 연결, 국소연결된 거리공간이라 하자. 임의로 주어진 양의 실수 ε에 대하여 다음 조건을 만족하는 양의 실수 δ가 존재한다.

- 만약 $d(x, y) < \delta$이면 $f(0) = x$, $f(1) = y$이고 $\operatorname{diam}(f(I)) < \varepsilon$을 만족하는 넣기사상 $f : I \to X$가 존재한다.

증명 X가 국소연결이므로 각각의 점 $z \in X$에 대하여 $z \in U_z \subset B_d(z, \frac{\varepsilon}{3})$을 만족하는 연결된 열린집합 U_z가 존재한다. 그러면 $\operatorname{diam}(U_z) < \varepsilon$이다. 그리고 $\mathscr{U} = \{ U_z \mid z \in X\}$는 X의 열린덮개이다. 한편 X가 컴팩트 거리공간이므로 $\mathscr{U}$에 대한 Lebesgue 수 δ가 존재한다(기초정리 9.3.15). 이제 $d(x, y) < \delta$이라 하자. 그러면 $\operatorname{diam}(\{x, y\}) < \delta$이므로 $\{x, y\} \subset U_z$를 만족하는 $U_z \in \mathscr{U}$가 존재한다. 한편 U_z는 연결된 열린집합이고 $x, y \in U_z$이므로 정리 16.2.20의 의해 $h(0) = x$이고 $h(1) = y$인 넣기사상 $h : I \to U_z$가 존재한다. 그러면 $f : I \to X$, $f(t) = h(t)$도 넣기사상이고 $f(0) = x$, $f(1) = y$이다. 그리고

$$\operatorname{diam}(f(I)) = \operatorname{diam}(h(I)) \le \operatorname{diam}(U_z) < \varepsilon$$

이다. 따라서 δ가 우리가 원하는 양의 실수이다. □

정리 16.2.23 (Hahn-Mazurkiewicz 정리) Hausdorff 공간 X에 대하여 다음은 동치이다.

(a) 전사인 연속사상 $f : I \to X$가 존재한다.

(b) X는 컴팩트, 연결, 국소연결된 거리공간이다.

증명 (a)⇒(b) 전사인 연속사상 $f : I \to X$가 존재한다고 가정하자. 그러면 I가 컴팩트이고 연결이므로 $X = f(I)$도 컴팩트이고 연결이다. 그리고 I는 컴팩트 거리공간이고 X는 Hausdorff이므로 따름정리 12.2.16에 의해 X는 거리화가능이다. 따라서 X는 거리공간이다.

이제 X가 국소연결임을 보이자. I는 컴팩트이고 X는 하우스도르프이므로 f는 닫힌사상이다. 정리 8.2.11에 의해 X의 열린집합 U의 연결성분 C가 열린집합임을 보이면 된다. 이를 위해 축소사상 $f| : f^{-1}(U) \to U$를 생각하자. 임의의

점 $x \in f^{-1}(C) \subset f^{-1}(U)$에 대해 I가 국소연결이므로 $f^{-1}(U)$의 연결성분 C_x는 열린집합이다. 그리고 f가 전사이므로 $f(x) \in f(f^{-1}(C)) = C$이고 $C_{f(x)} = C$이다. 또한 f가 연속이므로 $f(C_x)$는 연결이고 $f(C_x) \subset C_{f(x)} = C$이다. 그러므로 $C_x \subset f^{-1}(C) \subset f^{-1}(U)$이다. 따라서 $f^{-1}(C) = \cup\{C_x \mid x \in f^{-1}(C)\}$는 열린집합이다. 그리고 f가 닫힌사상이므로 $f(f^{-1}(C)^c) = f(f^{-1}(C^c)) = C^c$는 X의 닫힌집합이다. 따라서 C는 열린집합이므로 정리 8.2.11에 의해 X는 국소연결이다.

(b)⇒(a) X를 컴팩트, 연결, 국소연결된 거리공간이라 하고, d를 X상의 거리라 하자. 그리고 C를 Cantor 집합이라 하자(11.5절 참조). 그러면 $I - C$는 가산개의 서로소인 열린구간 $J_n = (a_n, b_n)$들의 합집합이다. 우리는 J_n들의 순서를 다음과 같이 주자. 구간의 길이가 긴 것부터 먼저 번호를 부여하고, 구간의 길이가 같은 경우는 왼쪽에 있는 구간부터 먼저 번호를 부여하자. 따라서

$$J_1 = \left(\frac{1}{3}, \frac{2}{3}\right),\ J_2 = \left(\frac{1}{9}, \frac{2}{9}\right),\ J_3 = \left(\frac{7}{9}, \frac{8}{9}\right),\ J_4 = \left(\frac{1}{27}, \frac{2}{27}\right),$$

$$J_5 = \left(\frac{7}{27}, \frac{8}{27}\right),\ J_6 = \left(\frac{19}{27}, \frac{20}{27}\right),\ \cdots\cdots$$

이다. 그리고 각각의 $J_n = (a_n, b_n)$에 대하여 $I_n = J_n \cup \{a_n, b_n\} = [a_n, b_n]$이라 하자. 그러면 $\mathrm{diam}(J_n) = \mathrm{diam}(I_n) = b_n - a_n$이고 $I = \cup_{n=1}^{\infty} I_n$이다.

한편 X가 컴팩트 거리공간이므로 정리 11.5.4에 의해 전사인 연속사상 $f : C \to X$가 존재한다. 이제 f를 각각의 구간 $I_n = [a_n, b_n]$에서 연속이 되게 확장하자. 참고로 $a_n,\ b_n \in C$이므로 $f(a_n)$과 $f(b_n)$은 이미 정의되어 있다.

먼저 정리 16.2.22에 의해 각각의 자연수 k에 대하여 다음을 만족하는 양의 실수 δ_k가 존재한다.

- 만약 $d(x, y) < \delta_k$이면 $g(0) = x,\ g(1) = y$이고 $\mathrm{diam}(g(I)) < \frac{1}{2^k}$인 넣기사상 $g : I \to X$가 존재한다.

그리고 C가 컴팩트인 거리공간이고 f가 연속이므로 정리 9.3.17에 의해

$$x,\ y \in C,\ |x - y| < \eta_k \ \Rightarrow\ d(f(x), f(y)) < \delta_k$$

를 만족하는 양의 실수 η_k가 존재한다. 우리는 $\eta_{k+1} < \eta_k$이라 할 수 있다.

한편 $\mathrm{diam}(J_n) \geq \eta_1$을 만족하는 구간 J_n은 유한개 $J_1, \ldots, J_{n_1}$뿐이다. 우리는 각각의 $i = 1, \ldots, n_1$에 대하여 다음과 같이 f를 구간 $I_i = [a_i, b_i]$에서 연속이 되게 확장할 수 있다.

- $f(a_i)=f(b_i)$인 경우; 모든 $t\in I_i$에 대해 $f^*(t)=f(a_i)$로 정의하면 f^*는 I_i에서 연속인 f의 확장이다.
- $f(a_i)\neq f(b_i)$인 경우; 정리 16.2.19에 의해 넣기사상

$$h:[0,1]\to X \quad \text{s.t.} \quad h(0)=f(a_i),\ h(1)=f(b_i)$$

가 존재한다. 그리고 $\varphi:[a_i,b_i] \to [0,1]$, $\varphi(t)=\frac{t-a_i}{b_i-a_i}$는 위상동형사상이다. 그래서 $f^*:[a_i,b_i] \to X$, $f^*(t)=h(\varphi(t))$가 f의 연속인 확장이다.

또한 $\eta_2 \le \text{diam}(J_n)<\eta_1$을 만족하는 구간 J_n은 유한개 $J_{n_1+1},\dots,J_{n_2}$뿐이다. 각각의 $i=n_1+1,\dots,n_2$에 대하여 다음과 같이 f를 구간 $I_i=[a_i,b_i]$에서 연속이 되게 확장할 수 있다.

- $f(a_i)=f(b_i)$인 경우; 모든 $t\in I_i$에 대해 $f^*(t)=f(a_i)$로 정의하면 f^*는 I_i에서 연속인 f의 확장이다.
- $f(a_i)\neq f(b_i)$인 경우; $|a_i-b_i|<\eta_1$이므로 $d(f(a_i),f(b_i))<\delta_1$이 되어 넣기사상

$$g:[0,1]\to X \quad \text{s.t.} \quad h(0)=f(a_i),\ h(1)=f(b_i),\ \text{diam}(g([0,1]))<\frac{1}{2}$$

가 존재한다. 그리고 $\varphi:[a_i,b_i] \to [0,1]$, $\varphi(t)=\frac{t-a_i}{b_i-a_i}$는 위상동형사상이다. 그래서 $f^*:[a_i,b_i] \to X$, $f^*(t)=g(\varphi(t))$가 f의 연속인 확장이다.

참고로 어느 경우든 $\text{diam}(f^*(I_i))<\frac{1}{2}$이다.

같은 방법으로 $\eta_{k+1} \le \text{diam}(J_i)<\eta_k$를 만족하는 구간 J_i에 대하여 f의 연속인 확장

$$f^*: I_i \to X \quad \text{s.t.} \quad \text{diam}(f^*(I_i))<\frac{1}{2^k}$$

가 존재한다.

우리는 $I=\cup_{n=1}^{\infty}I_n$임을 상기하자. 그리고 $I_i\cap I_j \subset C$이므로 $f^*: I \to X$는 잘 정의된다. 그리고 자명하게 $f^*|_C=f$이다. 그리고 f가 전사이므로 f^*도 전사이다.

이제 f^*가 연속임을 보이자. 우리는 각각의 점 $t\in I$에서 f^*가 연속임을 보이면 된다. 먼저 $t\in I-C$인 경우, $t\in J_i$인 $J_i=(a_i,b_i)$가 존재한다. 주어진 양의 실수

ε에 대하여 $f^* : (a_i, b_i) \to X$가 연속이므로

$$|s-t| < \sigma \quad \Rightarrow \quad d(f(s), f(t)) < \varepsilon$$

을 만족하는 양의 실수 σ가 존재한다. 단, 여기서 $\sigma < \min\{t-a_i, b_i-t\}$이다. 따라서 f^*는 t에서 연속이다. 이제 $t \in C$라 하자. 그러면 $t = a_i$ 또는 $t = b_i$이다. 편의상 $t = a_i$라 하자. 그리고 ε을 임의로 주어진 양의 실수라 하자. 먼저 $f^* : [a_i, b_i] \to X$가 연속이므로

$$a_i \leq s < a_i + \sigma_1 \quad \Rightarrow \quad d(f(s), f(a_i)) < \varepsilon$$

을 만족하는 양의 실수 $\sigma_1 < b_i - a_i$이 존재한다. 한편 $f : C \to X$가 연속이므로

$$x \in C,\ |x - a_i| < \sigma_2 \quad \Rightarrow \quad d(f(x), f(a_i)) < \frac{\varepsilon}{2}$$

를 만족하는 양의 실수 σ_2가 존재한다. 그리고 $\frac{1}{2^k} < \frac{\varepsilon}{2}$을 만족하는 자연수 k를 택하자. 그리고 $0 < \sigma_3 < \min\{\sigma_2, \eta_{k+1}\}$을 만족하는 σ_3을 택하자. 그러면 $a_i - \sigma_3 \in [a_j, b_j]$를 만족하는 $j(\neq i)$가 존재한다. 그리고 $0 < a_i - b_j \leq \sigma_3$이다. 만약 $s \in (b_j, a_i)$이면 $s \in [a_m, b_m]$을 만족하는 구간 $[a_m, b_m]$이 존재하고 $[a_m, b_m] \subset [b_j, a_i]$이다. $|b_m - a_i| < \sigma_2$이므로 $d(f^*(b_m), f^*(a_i)) = d(f(b_m), f(a_i)) < \frac{\varepsilon}{2}$이다. 그리고 $\mathrm{diam}([a_m, b_m]) < \eta_k$이므로 $d(f^*(s), f^*(b_m)) < \frac{\varepsilon}{2}$이다. 그러므로

$$d(f^*(s), f^*(a_i)) \leq d(f^*(s), f^*(b_m)) + d(f^*(b_m), f^*(a_i)) < \frac{\varepsilon}{2} + \frac{\varepsilon}{2} = \varepsilon$$

이다. 참고로 $(a_i - \sigma_3, a_i) \subset (b_j, a_i)$이다. 이제 $\sigma = \min\{\sigma_1, \sigma_3\}$이라 하면

$$|s - a_i| < \sigma \quad \Rightarrow \quad d(f^*(s), f^*(a_i)) < \varepsilon$$

을 만족하므로 f^*는 점 a_i에서 연속이다. 같은 방법으로 f^*는 점 b_i에서도 연속임을 보일 수 있다. 따라서 f^*는 연속이다. □

따름정리 16.2.24 Hausdorff 공간 X에 대하여 다음은 동치이다.

(a) X는 길연결이다.

(b) 임의의 두 점 $a, b \in X$에 대하여 $f(0) = a$이고 $f(1) = b$인 넣기사상 $f : I \to X$가 존재한다.

증명 (a)⇒(b) X를 길연결이라 하자. 그러면 임의의 두 점 $a, b \in X$에 대하여 $g(0)=a$이고 $g(1)=b$를 만족하는 길(연속사상) $g : I \to X$가 존재한다. 그리고 정리 16.2.23에 의해 $g(I)$는 컴팩트, 연결, 국소연결된 거리공간이다. 정리 16.2.19에 의하여 $h(0)=a$이고 $h(1)=b$인 넣기사상 $h : I \to g(I)$가 존재한다. 따라서 $f : I \to X$, $f(t)=h(t)$가 우리가 원하는 넣기사상이다.

(b)⇒(a) 자명하다. □

연습문제

문제 16.2.1 정리 16.2.1의 증명 과정에서의 f가 위상동형사상이 아님을 보이시오.

문제 16.2.2 유클리드공간 $\mathbb{R}$의 부분공간 $I=[0,1]$에 대하여 다음을 보이시오.

(1) 전사인 연속사상 $f : I \to I^n$가 존재한다.

(2) 전사인 연속사상 $f : I \to \mathbb{R}^2$는 존재하지 않는다.

(3) 전사인 연속사상 $f : \mathbb{R} \to \mathbb{R}^n$가 존재한다.

(4) 전사인 연속사상 $f : I \to S^2$가 존재한다.

문제 16.2.3 곱공간 $\mathbb{R}^\omega$에 대하여 다음을 보이시오.

(1) $\mathbb{R}^\omega$는 가산개의 컴팩트 부분집합들의 합집합으로 표현할 수 없다.

(2) 전사인 연속사상 $f : \mathbb{R} \to \mathbb{R}^\omega$는 존재하지 않는다.

(3) $\mathbb{R}^\omega$의 부분공간 $\mathbb{R}^\infty$에 대해 전사인 연속사상 $g : \mathbb{R} \to \mathbb{R}^\infty$가 존재한다.[8)]

(4) 만약 $\mathbb{R}^\omega$에 고른위상이나 상자위상을 주면 (2)와 (3)은 어떻게 되는가?

문제 16.2.4 전사인 연속사상 $f : I \to I^\omega$가 존재함을 보이시오.

---

8) 문제 6.2.7, 문제 15.2.6 참조.

16.3 Compact-Open 위상

이 절에서는 모든 컴팩트집합에서의 균등(고른) 수렴성에 대한 함수 이론의 개념으로부터 얻어지는 집합 $\mathcal{C}(X, Y)$상의 새로운 위상을 다룰 것이다.

정의 16.3.1 X와 Y를 위상공간이라 하자. X의 부분집합 K와 Y의 부분집합 U에 대하여

$$S(K, U) = \{f \in \mathcal{C}(X, Y) \mid f(K) \subset U\}$$

이라 하자. 그러면 모임

$$\mathcal{S} = \{S(K, U) \mid K\text{는 } X\text{의 컴팩트집합, } U\text{는 } Y\text{의 열린집합}\}$$

는 집합 $\mathcal{C}(X, Y)$상의 부분기저가 된다. 그리고 부분기저 $\mathcal{S}$가 생성하는 $\mathcal{C}(X, Y)$상의 위상을 compact-open 위상(compact-open topology)이라 한다. 우리는 간단히 C-O 위상이라 하고 $\mathcal{T}_{co}$로 표기하자. 즉, $\mathcal{T}_{co} = \mathcal{T}_{\mathcal{S}}$이다.

이 절에서는 $\mathcal{C}(X, Y)$를 항상 C-O 위상공간이라 하자. 그러면 $\mathcal{C}(X, Y)$의 기본적인 열린집합(즉, 기저의 원소)은 부분기저 $\mathcal{S}$의 유한개의 원소들의 교집합이므로 다음 기초정리는 C-O 위상공간 $\mathcal{C}(X, Y)$를 다루는데 유용하다.

기초정리 16.3.2 (1) $\cap_{i=1}^{n} S(K_i, U) = S(\cup_{i=1}^{n} K_i, U)$.

(2) $\cap_{i=1}^{n} S(K, U_i) = S(K, \cap_{i=1}^{n} U_i)$.

(3) $S(\cup_{i=1}^{n} K_i, \cap_{i=1}^{n} U_i) \subset \cap_{i=1}^{n} S(K_i, U_i) \subset S(\cup_{i=1}^{n} K_i, \cup_{i=1}^{n} U_i)$.

(4) $\overline{S(K, U)} \subset S(K, \overline{U})$.

증명 (1), (2), (3)의 증명은 자명하므로 연습문제로 남겨둔다.

(4) 만약 $f \notin S(K, \overline{U})$이면 $f(a) \notin \overline{U}$인 점 $a \in K$가 존재한다. 한편 한 점 집합 $\{a\}$가 컴팩트하고 $f \in S(\{a\}, Y - \overline{U})$이므로 $S(\{a\}, Y - \overline{U})$는 f의 열린근방이다. 그런데 $S(\{a\}, Y - \overline{U}) \cap S(K, U) = \varnothing$이므로 $f \notin \overline{S(K, U)}$이다. □

기초정리 16.3.3 X가 하우스도르프공간이고 $\mathcal{S}_Y$가 위상공간 Y의 부분기저이면

$$\mathcal{S}' = \{S(K, U) \mid K\text{는 } X\text{의 컴팩트집합, } U \in \mathcal{S}_Y\}$$

는 $\mathcal{C}(X, Y)$상의 C-O 위상 $\mathcal{T}_{co}$의 부분기저가 된다. 즉, $\mathcal{T}_{\mathcal{S}'} = \mathcal{T}_{co}$이다.

증명 먼저 모든 부분기저의 원소 $U \in \mathcal{S}_Y$는 Y의 열린집합이므로 $\mathcal{S}' \subset \mathcal{S}$이다. 따라서 $\mathcal{T}_{\mathcal{S}'} \subset \mathcal{T}_{\mathcal{S}} = \mathcal{T}_{co}$이다.

이제 $\mathcal{T}_{co} = \mathcal{T}_{\mathcal{S}} \subset \mathcal{T}_{\mathcal{S}'}$임을 보이기 위해 주어진 $\mathcal{C}(X, Y)$상의 부분기저의 원소 $S(K, W) \in \mathcal{S}$와 $f \in S(K, W)$에 대하여 $f \in \cap_{i=1}^{n} S(K_i, U_i) \subset S(K, W)$를 만족하는 유한개의 $S(K_i, U_i) \in \mathcal{S}'$가 존재함을 보이면 충분하다. W는 Y의 열린집합이고 $\mathcal{S}_Y$는 Y의 부분기저이므로 $W = \cup_{\beta \in \Lambda} W_\beta$로 표현된다. 단, 여기서 W_β는 Y의 기저의 원소이다.[9] 그리고 W_β는 $\mathcal{S}_Y$의 유한개의 원소들의 교집합 $\cap_{j=1}^{k(\beta)} U_{\beta, j}$이다.[10] 한편 $f(K) \subset W$이므로 $\{f^{-1}(W_\beta) \mid \beta \in \Lambda\}$는 컴팩트집합 K의 열린덮개이다. 따라서 유한부분덮개 $f^{-1}(W_{\beta_i})(i = 1, \ldots, n)$가 존재하여

$$K \subset f^{-1}(W_{\beta_1}) \cup \cdots \cup f^{-1}(W_{\beta_n})$$

이다. 한편 K가 paracompact이므로 줄임보조정리(기초정리 15.2.17)에 의해

$$K = \cup_{i=1}^{n} K_i, \quad K_i \subset f^{-1}(W_{\beta_i})$$

를 만족하는 유한개의 컴팩트집합 $K_1, \ldots, K_n \subset K$이 존재한다.[11] 그리고 각각의 $i = 1, \ldots, n$에 대하여

$$f \in S(K_i, W_{\beta_i}) = S(K_i, \cap_{j=1}^{k(\beta_i)} U_{\beta_i, j}) = \cap_{j=1}^{k(\beta_i)} S(K_i, U_{\beta_i, j})$$

이므로

$$f \in \cap_{i=1}^{n} \cap_{j=1}^{k(\beta_i)} S(K_i, U_{\beta_i, j}) = \cap_{i=1}^{n} S(K_i, W_{\beta_i}) \subset (K, \cup_{i=1}^{n} W_{\beta_i}) \subset S(K, W)$$

이다. □

---

9) 정리 3.2.3 참조.

10) 정의 3.2.16 참조.

11) K가 컴팩트 하우스도르프이므로 K는 정규이다. 따라서 정리 14.1.6을 사용하여 주어진 조건을 만족하는 컴팩트집합 $K_1, \ldots, K_n \subset K$이 존재함을 보일 수도 있다.

성질 16.3.4 만약 $X_1 \cong X_2$이고 $Y_1 \cong Y_2$이면 $\mathcal{C}(X_1, Y_1) \cong \mathcal{C}(X_2, Y_2)$이다.

증명 우리는 $h_1 : X_1 \to X_2$과 $h_2 : Y_1 \to Y_2$를 위상동형사상이라 하자. 그리고 함수 $\varphi : \mathcal{C}(X_1, Y_1) \to \mathcal{C}(X_2, Y_2)$를 $\varphi(f) = h_2 \circ f \circ h_1^{-1}$로 정의하자.

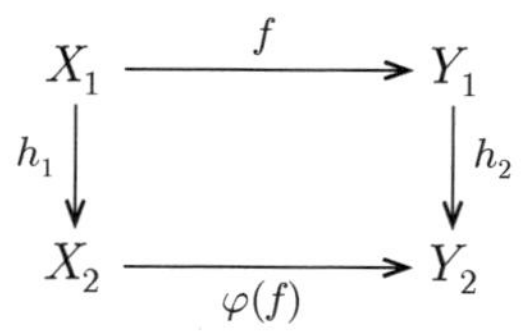

(i) φ는 단사이다: 만약 $\varphi(f) = \varphi(g)$이면

$$h_2 \circ f \circ h_1^{-1} = h_2 \circ g \circ h_1^{-1}$$

이고 h_1, h_2가 모두 위상동형사상이므로

$$f = h_2^{-1} \circ (h_2 \circ f \circ h_1^{-1}) \circ h_1 = h_2^{-1} \circ (h_2 \circ g \circ h_1^{-1}) \circ h_1 = g$$

이다.

(ii) φ는 전사이다: 임의의 연속사상 $g : X_2 \to Y_2$에 대하여 $f = h_2^{-1} \circ g \circ h_1 : X_1 \to Y_1$이라 하면 f는 연속사상이고, $\varphi(f) = h_2 \circ (h_2^{-1} \circ g \circ h_1) \circ h_1^{-1} = g$이다. 따라서 φ는 전사이다.

(iii) φ는 연속이다: 우리는 $\mathcal{C}(X_2, Y_2)$의 부분기저의 원소의 역상이 열린집합임을 보이면 된다.[12] X_2의 임의의 컴팩트집합 K와 Y_2의 임의의 열린집합 U에 대하여 $h_1^{-1}(K)$는 X_1의 컴팩트집합이고 $h_2^{-1}(U)$는 Y_1의 열린집합이다. 그리고 $\mathcal{C}(X_2, Y_2)$의 부분기저의 원소 $S(K, U)$에 대하여

$$\varphi^{-1}(S(K, U)) = S(h_1^{-1}(K), h_2^{-1}(U))$$

는 $\mathcal{C}(X_1, Y_1)$의 부분기저의 원소이므로 열린집합이다. 따라서 φ는 연속이다.

(iv) 한편 $\psi : \mathcal{C}(X_2, Y_2) \to \mathcal{C}(X_1, Y_1)$를 $\psi(g) = h_2^{-1} \circ g \circ h_1$로 정의하자.

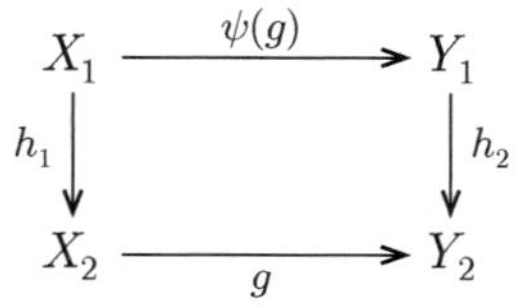

12) 문제 5.1.35 참조.

그러면

$$\varphi \circ \psi(g) = h_2 \circ (h_2^{-1} \circ g \circ h_1) \circ h_1^{-1} = g,$$
$$\psi \circ \varphi(f) = h_2^{-1} \circ (h_2 \circ f \circ h_1^{-1}) \circ h_1 = f$$

이므로 φ와 ψ는 서로 역함수 관계이다. 그리고 φ가 연속임을 보인 방법과 같은 방법으로 ψ도 연속임을 보일 수 있다. 따라서 φ는 위상동형사상이다. □

보기 16.3.5 만약 X가 이산공간이면 $\mathcal{C}(X, Y)$는 곱공간 $Y^X = \Pi_{x \in X} Y = \Pi_{x \in X} Y_x$와 위상동형이다. 단, 여기서 모든 $x \in X$에 대하여 $Y_x = Y$이다.

C-O 위상공간 $\mathcal{C}(X, Y)$는 다음과 같은 유용한 부분공간들을 갖는다.

기초정리 16.3.6 X와 Y를 위상공간이라 하자.

(1) 각각의 $y \in Y$에 대하여 $c_y : X \to Y$를 $c_y(x) = y$인 상수함수라 하면 $j : Y \to \mathcal{C}(X, Y)$, $j(y) = c_y$는 넣기사상이다.

(2) 만약 Y_0이 Y의 부분공간이면 $\mathcal{C}(X, Y_0)$은 $\mathcal{C}(X, Y)$의 부분공간

$$S_0 = \{ f \in \mathcal{C}(X, Y) \mid f(X) \subset Y_0 \}$$

과 위상동형이다.

증명 (1) 먼저 $c_y \in S(K, U) \Leftrightarrow y \in U$이다. 따라서 임의의 부분기저의 원소 $S(K, U) \in \mathcal{S}$에 대하여 $j^{-1}(S(K, U)) = U$이고 U가 Y의 열린집합이므로 j는 연속이다. 그리고 자명하게 $j : Y \to j(Y)$는 전단사이다. 이제 우리는 $j : Y \to j(Y)$가 열린사상임을 보이자. 먼저 $j(Y) = \{c_y \mid y \in Y\}$임을 상기하자. 그리고 한 점 $x_0 \in X$을 고정하자. 임의의 열린집합 $U \subset Y$에 대하여

$$j(U) = \{c_y \mid y \in U\} = j(Y) \cap S(\{x_0\}, U)$$

이므로 $j(U)$는 부분공간 $j(Y)$의 열린집합이다. 그러므로 $j : Y \to j(Y)$는 열린사상이다. 따라서 성질 5.2.12에 의해 $j : Y \to j(Y)$는 위상동형사상이므로 $j : Y \to \mathcal{C}(X, Y)$는 넣기사상이다.

(2) 함수 $\varphi : \mathcal{C}(X, Y_0) \to S_0$, $\varphi(f) = f$는 전단사이다. 이제 φ가 위상동형사상임

을 보이려면 φ가 연속이고 열린사상임을 보이면 된다. 우리는 부분기저의 원소의 역상이 열린집합이면 φ가 연속이고, 부분기저의 원소의 상이 열린집합이면 φ가 열린사상임을 이용하여 보이자. S_0의 임의의 부분기저의 원소는 $S(K, U) \cap S_0$형태이다. 단, 여기서 K는 X의 컴팩트집합이고 U는 Y의 열린집합이다. 그리고

$$\begin{aligned}\varphi^{-1}(S(K, U) \cap S_0) &= S(K, U) \cap S_0 \\ &= \{f \in \mathcal{C}(X, Y) \mid f(K) \subset U, f(X) \subset Y_0\} \\ &= \{f \in \mathcal{C}(X, Y_0) \mid f(K) \subset U \cap Y_0\} \\ &= S(K, U \cap Y_0)\end{aligned}$$

이 $\mathcal{C}(X, Y_0)$의 부분기저의 원소이므로 φ는 연속이다.

한편 $\mathcal{C}(X, Y_0)$의 임의의 부분기저의 원소는

$$S(K, V) = \{f \in \mathcal{C}(X, Y_0) \mid f(K) \subset V\}$$

이다. 단, 여기서 K는 X의 컴팩트집합이고 V는 Y_0의 열린집합이다. 그러면 $V = Y_0 \cap U$를 만족하는 Y의 열린집합 U가 존재한다. 그리고

$$\begin{aligned}\varphi(S(K, V)) &= S(K, V) \\ &= \{f \in \mathcal{C}(X, Y) \mid f(K) \subset U, f(x) \subset Y_0\} \\ &= S(K, U) \cap S_0\end{aligned}$$

이 부분공간 S_0의 부분기저의 원소이므로 φ는 열린사상이다. □

한편 기초정리 16.3.6(2)와 비슷한 명제가 $X_0 \subset X$에 대해서는 성립하지 않는데 그 이유는 일반적으로 연속사상 $f: X_0 \to Y$가 X로 확장되지 않기 때문이다. 따라서 일반적으로 $\mathcal{C}(X_0, Y)$는 $\mathcal{C}(X, Y)$의 부분공간이 되지 않는다.

때때로 다음과 같이 C-O 위상공간 $\mathcal{C}(X, Y)$의 분리성은 Y의 분리성에 의해 결정된다.

기초정리 16.3.7 (1) $\mathcal{C}(X, Y)$가 T_1일 필요충분조건은 Y가 T_1인 것이다.
(2) $\mathcal{C}(X, Y)$가 Hausdorff일 필요충분조건은 Y가 Hausdorff인 것이다.
(3) $\mathcal{C}(X, Y)$가 정칙일 필요충분조건은 Y가 정칙인 것이다.

증명 (⇒) 기초정리 16.3.6(1)에 의하여 Y를 $\mathcal{C}(X, Y)$의 부분공간으로 볼 수 있다. 그리고 Hausdorff 성질이나 정칙성은 유전적이므로 만약 $\mathcal{C}(X, Y)$가 Hausdorff (T_1, 정칙공간)이면 부분공간 Y도 Hausdorff (T_1, 정칙공간)이다.[13] 따라서 역 방향만 보이면 된다.

(⇐) (1) Y를 T_1-공간이라 하자. 만약 $f, g \in \mathcal{C}(X, Y)$가 $f \neq g$이면 $f(x_0) \neq g(x_0)$인 $x_0 \in X$이 존재한다. 그리고 Y가 T_1-공간이므로

$$f(x_0) \in U, \ \ g(x_0) \notin U, \ \ f(x_0) \notin V, \ \ g(x_0) \in V$$

를 만족하는 Y의 열린집합 U와 V가 존재한다. 그러면 $S(\{x_0\}, U)$와 $S(\{x_0\}, V)$는 $\mathcal{C}(X, Y)$의 열린집합으로서

$$f \in S(\{x_0\}, U), \ \ g \notin S(\{x_0\}, U), \ \ f \notin S(\{x_0\}, V), \ \ g \in S(\{x_0\}, V)$$

를 만족하므로 $\mathcal{C}(X, Y)$도 T_1-공간이다.

(2) Y를 Hausdorff라 하자. 만약 $f, g \in \mathcal{C}(X, Y)$가 $f \neq g$이면 $f(x_0) \neq g(x_0)$인 $x_0 \in X$가 존재한다. 그리고 Y가 Hausdorff이므로

$$f(x_0) \in U, \ \ g(x_0) \in V, \ \ U \cap V = \varnothing$$

을 만족하는 Y의 열린집합 U와 V가 존재한다. 그러면 $S(\{x_0\}, U)$와 $S(\{x_0\}, V)$는 $\mathcal{C}(X, Y)$의 열린집합으로서

$$f \in S(\{x_0\}, U), \ \ g \in S(\{x_0\}, V), \ \ S(\{x_0\}, U) \cap S(\{x_0\}, V) = \varnothing$$

을 만족하므로 $\mathcal{C}(X, Y)$도 Hausdorff이다.

(3) Y를 정칙공간이라 하자. 그러면 (1)에 의하여 $\mathcal{C}(X, Y)$는 T_1-공간이다. 우리는 정리 7.2.5를 사용하여 $\mathcal{C}(X, Y)$가 정칙임을 보일 것이다.

(i) 먼저 주어진 $f \in S(K, U)$에 대하여 $f(K) \subset U$이고 $f(K)$는 Y의 컴팩트 집합이다. 그리고 Y가 정칙이므로 보기 9.1.23에 의하여

$$f(K) \subset V \subset \overline{V} \subset U$$

를 만족하는 Y의 열린집합 V가 존재한다. 그리고 기초정리 16.3.2(4)에 의하여

$$f \in S(K, V) \subset \overline{S(K, V)} \subset S(K, \overline{V}) \subset S(K, U)$$

13) 기초정리 7.1.13과 성질 7.2.7 참조.

이다.

(ii) 이제 임의의 점 $f \in \mathcal{C}(X, Y)$와 $f \in \mathcal{U}$인 $\mathcal{C}(X, Y)$의 열린집합 $\mathcal{U}$에 대하여

$$f \in \cap_{i=1}^{n} S(K_i, U_i) \subset \mathcal{U}$$

를 만족하는 $\mathcal{C}(X, Y)$의 기저의 원소 $\cap_{i=1}^{n} S(K_i, U_i)$가 존재한다. (i)에 의하여 각각의 $i = 1, 2, \ldots, n$에 대해

$$f \in S(K_i, V_i) \subset \overline{S(K_i, V_i)} \subset S(K_i, \overline{V}_i) \subset S(K_i, U_i)$$

를 만족하는 Y의 열린집합 V_i가 존재한다. 그러면

$$\mathcal{V} = \cap_{i=1}^{n} S(K_i, V_i)$$

는 $\mathcal{C}(X, Y)$의 열린집합이고

$$f \in \mathcal{V} \subset \overline{\mathcal{V}} = \overline{\cap_{i=1}^{n} S(K_i, V_i)} \subset \cap_{i=1}^{n} \overline{S(K_i, V_i)} \subset \cap_{i=1}^{n} S(K_i, U_i) \subset \mathcal{U}$$

를 만족한다. 따라서 정리 7.2.5에 의하여 $\mathcal{C}(X, Y)$는 정칙이다. □

보기 16.3.8 그러나 Y가 정규공간이라도 일반적으로 $\mathcal{C}(X, Y)$는 정규공간이 되는 것은 아니다. 보기 7.2.14에서 보았듯이 하극한공간 $\mathbb{R}_l$은 정규이다. 이제 $X = \{1, 2\}$를 이산공간이라 하자. 그러면 보기 16.3.5에서 보았듯이 $\mathcal{C}(X, \mathbb{R}_l)$은 곱공간 $\mathbb{R}_l \times \mathbb{R}_l = \mathbb{R}_l^2$과 위상동형이다. 그런데 보기 7.2.14에서 보았듯이 $\mathbb{R}_l^2$는 정규가 아니므로 $\mathcal{C}(X, \mathbb{R}_l)$도 정규가 아니다.

합성사상의 연속성

X, Y, Z를 위상공간이라 하자. 두 연속사상 $f: X \to Y$, $g: Y \to Z$에 대한 합성사상 $g \circ f: X \to Z$도 연속이므로 함수

$$T: \mathcal{C}(X, Y) \times \mathcal{C}(Y, Z) \to \mathcal{C}(X, Z),\ T(f, g) = g \circ f$$

는 잘 정의된다.

기초정리 16.3.9 X, Y, Z를 위상공간이라 하자.

(1) 임의로 주어진 $f \in \mathcal{C}(X, Y)$에 대하여 사상

$$T_f = T(f, -) : \mathcal{C}(Y, Z) \to \mathcal{C}(X, Z), \quad g \mapsto T(f, g) = g \circ f$$

는 연속이다.

(2) 임의로 주어진 $g \in \mathcal{C}(Y, Z)$에 대하여 사상

$$T_g = T(-, g) : \mathcal{C}(X, Y) \to \mathcal{C}(X, Z), \quad f \mapsto T(f, g) = g \circ f$$

는 연속이다.

증명 (1) $S(K, W)$를 $\mathcal{C}(X, Z)$의 부분기저의 원소라 하자. 여기서 K는 X의 컴팩트집합이고, W는 Z의 열린집합이다. 그러면 $g \in \mathcal{C}(Y, Z)$에 대해

$$T_f(g) = g \circ f \in S(K, W) \iff g \in S(f(K), W)$$

이므로

$$(T_f)^{-1}(S(K, W)) = S(f(K), W)$$

이다. 따라서 $(T_f)^{-1}(S(K, W))$는 $\mathcal{C}(Y, Z)$의 열린집합이다. 그러므로 T_f는 연속이다.

(2) (1)과 비슷한 방법으로

$$T_g(f) = g \circ f \in S(K, W) \iff f \in S(K, g^{-1}(W))$$

를 사용하면 $(T_g)^{-1}(S(K, W)) = S(K, g^{-1}(W))$이므로 T_g도 연속이다. □

정리 16.3.10 X, Z를 위상공간이라 하고 Y를 국소컴팩트 Hausdorff 공간이라 하자. 그러면 사상

$$T : \mathcal{C}(X, Y) \times \mathcal{C}(Y, Z) \to \mathcal{C}(X, Z), \ T(f, g) = g \circ f$$

는 연속이다.

증명 $(f, g) \in \mathcal{C}(X, Y) \times \mathcal{C}(Y, Z)$이라 하고 $S(K, W)$를 $T(f, g) = g \circ f \in S(K, W)$인 $\mathcal{C}(X, Z)$의 부분기저의 원소라 하자. 그러면 $g^{-1}(W)$는 Y의 열린집합이고 $f(K)$

는 $f(K) \subset g^{-1}(W)$인 Y의 컴팩트집합이다. 한편 Y가 국소컴팩트 Hausdorff이므로, 기초정리 9.4.22에 의하여,

$$f(K) \subset V \subset \overline{V} \subset g^{-1}(W)$$

이고 $\overline{V}$가 컴팩트인 Y의 열린집합 V가 존재한다. 그러면 $f \in S(K, V)$이고 $g \in S(\overline{V}, W)$이다. 그리고

$$T(S(K, V) \times S(\overline{V}, W)) \subset S(K, W)$$

이므로

$$(f, g) \in S(K, V) \times S(\overline{V}, W) \subset T^{-1}(S(K, W))$$

를 만족하는 $\mathcal{C}(X, Y) \times \mathcal{C}(Y, Z)$의 기저의 원소 $S(K, V) \times S(\overline{V}, W)$가 존재한다. 따라서 T는 연속이다(정리 5.1.17 참조). □

정의 16.3.11 위상공간 X와 Y에 대하여

$$e : X \times \mathcal{C}(X, Y) \to Y, \ e(x, f) = f(x)$$

를 함수공간 $\mathcal{C}(X, Y)$의 **부치사상**(evaluation map)이라 한다.

정리 16.3.12 X와 Y를 위상공간이라 하자.

(1) 임의의 고정된 점 $x_0 \in X$에 대하여

$$e_{x_0} : \mathcal{C}(X, Y) \to Y, \ e_{x_0}(f) = e(x_0, f) = f(x_0)$$

은 연속사상이다.

(2) 만약 X가 국소컴팩트 하우스도르프공간이면 $e : X \times \mathcal{C}(X, Y) \to Y$는 연속이다.

증명 (1) 먼저 포함사상 $f_0 : \{x_0\} \to X, \ f_0(x_0) = x_0$은 연속이므로 $f_0 \in \mathcal{C}(\{x_0\}, X)$이다. 그리고 기초정리 16.3.9에 의해

$$T_{f_0} : \mathcal{C}(X, Y) \to \mathcal{C}(\{x_0\}, Y), \ T_{f_0}(f) = f \circ f_0$$

은 연속사상이다. 한편 한 점 집합 $\{x_0\}$에 대하여 $\mathcal{C}(\{x_0\}, Y)$의 원소들이 모두 상수사상이므로

$$\varphi_Y : \mathcal{C}(\{x_0\}, Y) \to Y, \quad k \mapsto k(x_0)$$

는 위상동형사상이다. 따라서 합성사상

$$\varphi_Y \circ T_{f_0} : \mathcal{C}(X, Y) \to \mathcal{C}(\{x_0\}, Y) \to Y$$

도 연속이다. 그런데 모든 $f \in \mathcal{C}(X, Y)$에 대해

$$\varphi_Y \circ T_{f_0}(f) = f \circ f_0(x_0) = f(x_0)$$

이므로 $\varphi_Y \circ T_{f_0} = e_{x_0}$이다. 따라서 e_{x_0}은 연속이다.

(2) 먼저 한 점으로 이루어진 위상공간 $\{a\}$에 대하여 $\mathcal{C}(\{a\}, X)$와 $\mathcal{C}(\{a\}, Y)$의 원소들이 모두 상수사상이므로

$$\varphi_X : \mathcal{C}(\{a\}, X) \to X, \quad h \mapsto h(a),$$
$$\varphi_Y : \mathcal{C}(\{a\}, Y) \to Y, \quad k \mapsto k(a)$$

는 모두 위상동형사상이다. 그리고 X가 국소컴팩트 하우스도르프이므로 정리 16.3.10에 의해

$$T : \mathcal{C}(\{a\}, X) \times \mathcal{C}(X, Y) \to \mathcal{C}(\{a\}, Y), \quad T(f, g) = g \circ f$$

는 연속이다. 더구나 다음 도표는 가환이다.

$$\begin{array}{ccc} \mathcal{C}(\{a\}, X) \times \mathcal{C}(X, Y) & \xrightarrow{\quad T \quad} & \mathcal{C}(\{a\}, Y) \\ {\scriptstyle \varphi_X \times \mathrm{id}} \Big\downarrow \cong & & \cong \Big\downarrow {\scriptstyle \varphi_Y} \\ X \times \mathcal{C}(X, Y) & \xrightarrow[\quad e \quad]{} & Y \end{array}$$

따라서 $e = \varphi_Y \circ T \circ (\varphi_X \times \mathrm{id})^{-1}$이므로 e는 연속이다. □

보기 16.3.13 정리 16.3.12(2)가 성립하기 위해서는 X가 국소컴팩트라는 조건이 필요하다. 예를 들어 $\mathbb{Q}$와 $I = [0, 1]$를 각각 유클리드공간 $\mathbb{R}$의 부분공간이라 하면 $\mathbb{Q}$는 국소컴팩트는 아니지만 완전정칙이다(보기 9.4.5 참조). 이제 부치사상

$$e : \mathbb{Q} \times \mathcal{C}(\mathbb{Q}, I) \to I, \quad (x, h) \mapsto h(x)$$

가 연속이 아님을 보이자. 이를 위하여 상수사상 $f : \mathbb{Q} \to I$, $f(x) = 0$을 생각하자. 이제 우리는 e가 점 $(0, f)$에서 연속이 아님을 보이기 위하여 $e(0, f) = f(0) = 0$의 열린근방

$W=[0,1)\subset I$에 대하여 $e(O)\subset W$를 만족하는 $(0,f)$의 열린근방 $O\subset\mathbb{Q}\times\mathcal{C}(\mathbb{Q},I)$가 존재하지 않음을 보이면 충분하다.

점 $(0,f)$의 임의의 열린근방 $O\subset\mathbb{Q}\times\mathcal{C}(\mathbb{Q},I)$에 대하여 $(0,f)\in U\times\mathcal{V}\subset O$를 만족하는 곱공간 $\mathbb{Q}\times\mathcal{C}(\mathbb{Q},I)$의 기저의 원소 $U\times\mathcal{V}$가 존재한다. 단, 여기서 $U\subset\mathbb{Q}$는 0의 열린근방이고 f의 열린근방 $\mathcal{V}$는 $\mathcal{V}=\cap_{i=1}^{n}S(K_i,V_i)$으로 표현된다. 이제 우리는 $e(U\times\mathcal{V})\not\subset W$임을 보이면 된다.

$\mathbb{Q}$가 국소컴팩트가 아니므로 $\overline{U}$는 컴팩트가 아니다. 따라서 $U\not\subset\cup_{i=1}^{n}K_i$이다. (만약 $U\subset\cup_{i=1}^{n}K_i$이라면 $\overline{U}$는 컴팩트집합 $\cup_{i=1}^{n}K_i$의 닫힌집합이므로 $\overline{U}$는 컴팩트가 되어 모순이다.) 그러므로 $p\in U-\cup_{i=1}^{n}K_i$를 만족하는 점 $p\in\mathbb{Q}$가 존재한다. 그리고 $\mathbb{Q}$가 완전정칙이므로 연속사상

$$g:\mathbb{Q}\to I\quad \text{s.t.}\quad g(p)=1,\ \ g(\cup_{i=1}^{n}K_i)=0$$

가 존재한다. 한편 $f\in\mathcal{V}$이므로 $f(K_i)=0\in V_i\,(\forall i)$이 되어 $0\in\cap_{i=1}^{n}V_i$이다. 그러므로 $g\in\mathcal{V}$이다. 따라서 $(p,g)\in U\times\mathcal{V}$이고 $e(p,g)=g(p)=1\notin W$이므로 $e(U\times\mathcal{V})\not\subset W$이다.

더구나 이 보기는 정리 16.3.10에서의 Y가 국소컴팩트해야 함을 보여준다. 정리 16.3.10에서 X를 한 점 집합 $\{a\}$라 하고 $Y=\mathbb{Q}$, $Z=I$라 놓으면 다음 도표는 가환이다.

$$\begin{array}{ccc}
\mathcal{C}(\{a\},\mathbb{Q})\times\mathcal{C}(\mathbb{Q},I) & \xrightarrow{\ T\ } & \mathcal{C}(\{a\},I)\\
\varphi_{\mathbb{Q}}\times\mathrm{id}\downarrow\cong & & \cong\downarrow\varphi_I\\
\mathbb{Q}\times\mathcal{C}(\mathbb{Q},I) & \xrightarrow[\ e\ ]{} & I
\end{array}$$

그리고 $\varphi_{\mathbb{Q}}\times\mathrm{id}$와 φ_I가 모두 위상동형사상이므로 T가 연속일 필요충분조건은 e가 연속인 것이다. 그런데 e가 연속이 아니므로 T도 연속이 아니다.

위상공간 X, Y, Z와 함수 $\alpha:X\times Y\to Z$에 대하여

$$\hat{\alpha}:X\to\mathcal{C}(Y,Z),\quad [\hat{\alpha}(x)](y)=\alpha(x,y)$$

이라 하자.

역으로 주어진 함수 $\hat{\alpha}:X\to\mathcal{C}(Y,Z)$에 대하여

$$\alpha : X \times Y \ \to \ Z, \ \ \alpha(x, y) = [\hat{\alpha}(x)](y)$$

이라 하자.

정리 16.3.14 (1) 만약 α가 연속이면 $\hat{\alpha}$도 연속이다.
(2) 만약 $\hat{\alpha}$이 연속이고 Y가 국소컴팩트 하우스도르프이면 α도 연속이다.

증명 (1) 임의의 점 $x \in X$와 $\hat{\alpha}(x)$를 포함하는 부분기저의 원소 $S(K, W) \subset \mathcal{C}(Y, Z)$에 대하여

$$\hat{\alpha}(U) \subset S(K, W)$$

를 만족하는 x의 열린근방 U가 존재함을 보이면 충분하다. 이는 동치적으로 $\alpha(\{x\} \times K) \subset W$이면 $\alpha(U \times K) \subset W$를 만족하는 x의 열린근방 U가 존재함을 보이는 것과 같다. 그런데 α가 연속이므로 $\alpha^{-1}(W)$는 $X \times Y$의 열린집합이고 $\{x\} \times K \subset \alpha^{-1}(W)$이 된다. 그리고 K가 컴팩트이므로 관 보조정리(기초정리 9.1.26)에 의하여

$$\{x\} \times K \subset U \times K \subset \alpha^{-1}(W)$$

를 만족하는 x의 열린근방 $U \subset X$가 존재한다. 따라서

$$\alpha(U \times K) \subset \alpha(\alpha^{-1}(W)) \subset W$$

이다.

(2) 다음과 같은 합성함수

$$\beta : X \times Y \xrightarrow{\hat{\alpha} \times \mathrm{id}_Y} \mathcal{C}(Y, Z) \times Y \xrightarrow{\ \ \phi\ \ } Y \times \mathcal{C}(Y, Z) \xrightarrow{\ \ e\ \ } Z$$

를 생각하자. 단, 여기서 $\phi(f, y) = (y, f)$이다. 자명하게 ϕ는 위상동형사상이다. 그리고 $\hat{\alpha} \times \mathrm{id}_Y$는 연속이고, Y가 국소컴팩트 하우스도르프이므로 정리 16.3.12에 의해 e도 연속이다. 따라서 β는 연속이다. 그런데

$$\begin{aligned}\beta(x, y) &= e(\phi(\hat{\alpha}(x), \mathrm{id}_Y(y))) = e(\phi(\hat{\alpha}(x), y)) \\ &= e(y, \hat{\alpha}(x)) = [\hat{\alpha}(x)](y) = \alpha(x, y)\end{aligned}$$

이므로 β는 α와 같다. 따라서 α는 연속이다. □

정리 16.3.14에 의하여 함수

$$\Phi : \mathcal{C}(X\times Y, Z) \to \mathcal{C}(X, \mathcal{C}(Y, Z)),\quad \Phi(\alpha) = \hat{\alpha}$$

는 잘 정의된다.

정리 16.3.15 X는 Hausdorff이고 Y가 국소컴팩트 Hausdorff이면

$$\Phi : \mathcal{C}(X\times Y, Z) \to \mathcal{C}(X, \mathcal{C}(Y, Z)),\quad \Phi(\alpha) = \hat{\alpha}$$

는 위상동형사상이다.[14)]

증명 (i) 먼저 정리 16.3.14에 의하여 Φ는 전단사이다.

(ii) 이제 Φ가 연속임을 보이자. 기초정리 16.3.3에 의하여

$$\{S(K, S(L, W)) \mid K\subset X\text{와 } L\subset Y\text{은 컴팩트이고, } W\subset Z\text{는 열린집합}\}$$

는 $\mathcal{C}(X, \mathcal{C}(Y, Z))$의 부분기저이다. 그리고

$$\alpha\in S(K\times L, W) \Leftrightarrow \hat{\alpha}\in S(K, S(L, W))$$

이다. 따라서 $\mathcal{C}(X, \mathcal{C}(Y, Z))$의 부분기저의 원소 $S(K, S(L, W))$에 대해

$$\Phi^{-1}(S(K, S(L, W))) = S(K\times L, W)$$

이므로 Φ는 연속이다.

(iii) 마지막으로 Φ가 열린사상임을 보이자. 이를 위해 $S(C, W)$를 $\mathcal{C}(X\times Y, Z)$의 부분기저라 하자. 단, 여기서 C는 $X\times Y$의 캠팩트집합이고 W는 Z의 열린집합이다. 우리는 $\Phi(S(C, W))$가 $\mathcal{C}(X, \mathcal{C}(Y, Z))$의 열린집합임을 보이면 된다. 임의의 $\hat{\alpha}\in\Phi(S(C, W))$에 대하여 $\Phi(\alpha)=\hat{\alpha}$인 $\alpha\in S(C, W)$를 택하자. 이제 사영사상

$$\pi_X : X\times Y \to X,\quad (x, y) \mapsto x,$$
$$\pi_Y : X\times Y \to Y,\quad (x, y) \mapsto y$$

에 대하여 $C_X = \pi_X(C)$, $C_Y = \pi_Y(C)$이라 하자. 그리고 임의의 $(x, y)\in C$에 대하여 $\alpha(x, y)\in W$이고 α가 연속이므로 $\alpha^{-1}(W)$는 $X\times Y$의 열린집합

14) 책([14])에 따라서 $\mathcal{C}(X, Y)$를 Y^X로 표기하기도 한다. 이 경우 이 정리는 $Z^{X\times Y}\cong(Z^Y)^X$가 되므로 이 정리를 **첨자법칙**이라 부르기도 한다.

이고

$$(x, y) \in \alpha^{-1}(W) \subset X \times Y$$

이다. 그래서

$$(x, y) \in U'_x \times V'_y \subset \alpha^{-1}(W)$$

를 만족하는 X의 열린집합 U'_x과 Y의 열린집합 V'_y이 존재한다. 그리고

$$U''_x = U'_x \cap C_X, \quad V''_y = V'_y \cap C_Y$$

이라 하면 $\alpha(U''_x \times V''_y) \subset W$이 된다. 한편 따름정리 9.1.19에 의해 C_X와 C_Y는 컴팩트 하우스도르프이므로 정규공간이다. 정리 7.2.11에 의해

$$\{x\} \subset U_x \subset \mathrm{cl}_{C_X}(U_x) \subset U''_x \subset C_X,$$
$$\{y\} \subset V_y \subset \mathrm{cl}_{C_Y}(V_y) \subset V''_y \subset C_Y$$

를 만족하는 C_X의 열린집합 U_x와 C_Y의 열린집합 V_y가 존재한다. 그리고 $K_x = \mathrm{cl}_{C_X}(U_x)$, $L_y = \mathrm{cl}_{C_Y}(V_y)$는 컴팩트이고 $\Phi(K_x \times L_y) \subset W$이다. 한편 $\mathscr{U} = \{ U_x \times V_y \mid (x, y) \in C \}$가 컴팩트집합 C의 열린덮개이므로 유한 부분덮개 $U_1 \times V_1, \dots, U_n \times V_n \in \mathscr{U}$이 존재한다. 그러면 각각의 $i = 1, \dots, n$에 대하여

$$\alpha(K_i \times L_i) \subset W \Leftrightarrow \alpha \in S(K_i \times L_i, W) \Leftrightarrow \hat{\alpha} \in S(K_i, S(L_i, W))$$

이므로

$$\hat{\alpha} \in \cap_{i=1}^{n} S(K_i, S(L_i, W)) \subset \Phi(S(C, W))$$

이다. 따라서 $\hat{\alpha}$는 $\Phi(S(C, W))$의 내부점이 된다. 그러므로 $\Phi(S(C, W))$는 열린집합이다. □

정리 16.3.16 만약 X는 하우스도르프공간이고 Y와 Z가 위상공간이면

$$\Psi : \mathcal{C}(X, Y) \times \mathcal{C}(X, Z) \to \mathcal{C}(X, Y \times Z), \quad (f, g) \mapsto f \times g$$

는 위상동형사상이다. 단, 여기서 $(f \times g)(x) = (f(x), g(x))$이다.

증명 먼저 Ψ가 전단사임을 보이자. 만약 $\Psi(f, g) = \Psi(f', g')$이면 모든 $x \in X$에 대하여

$$(f(x), g(x)) = \Psi(f, g)(x) = \Psi(f', g')(x) = (f'(x), g'(x))$$

이므로 $f = f'$, $g = g'$이다. 따라서 $(f, g) = (f', g')$이므로 Ψ는 단사이다. 한편 임의의 $\beta \in \mathcal{C}(X, Y \times Z)$에 대하여

$$f = \pi_Y \circ \beta : X \to Y \times Z \to Y,$$
$$g = \pi_Z \circ \beta : X \to Y \times Z \to Z$$

이라 하자. 단, 여기서 π_Y와 π_Z는 사영사상이다. 그러면 $(f, g) \in \mathcal{C}(X, Y) \times \mathcal{C}(X, Z)$이고 $\Psi(f, g) = \beta$이므로 Ψ는 전사이다.

이제 Ψ가 연속임을 보이자.

$$\mathscr{B} = \{ U \times V \mid U\text{는 } Y\text{의 열린집합, } V\text{는 } Z\text{의 열린집합} \}$$

가 곱공간 $Y \times Z$의 기저(부분기저)이므로 기초정리 16.3.3에 의해

$$\{ S(K, U \times V) \mid K\text{는 } X\text{의 컴팩트집합, } U \times V \in \mathscr{B} \}$$

는 $\mathcal{C}(X, Y \times Z)$의 부분기저이다.[15] 그런데

$$\begin{aligned} & f \times g \in S(K, U \times V) \\ \Leftrightarrow\ & f \times g \in S(K, U \times Z) \cap S(K, Y \times V) \\ \Leftrightarrow\ & (f, g) \in S(K, U) \times S(K, V) \end{aligned}$$

이므로 $\Psi^{-1}(S(K, U \times V)) = S(K, U) \times S(K, V)$이다. 한편 $S(K, U) \times S(K, V)$가 $\mathcal{C}(X, Y) \times \mathcal{C}(X, Z)$의 부분기저의 원소이므로 열린집합이다. 따라서 Ψ는 연속이다.

마지막으로 Ψ가 열린사상임을 보이면 된다(성질 5.2.12 참조).

$$\{ S(K, U) \times S(K', V) \mid K, K' \subset X\text{는 컴팩트, } U \subset Y\text{와 } V \subset Z\text{는 열린집합} \}$$

은 $\mathcal{C}(X, Y) \times \mathcal{C}(X, Z)$의 부분기저이다. 우리는 모든 부분기저의 원소 $S(K, U) \times S(K', V)$에 대하여 $\Psi(S(K, U) \times S(K', V))$가 $\mathcal{C}(X, Y \times Z)$의 열린집합임을 보이면 충분하다. 주어진 $S(K, U) \times S(K', V)$에 대해

$$\begin{aligned} & (f, g) \in S(K, U) \times S(K', V) \\ \Leftrightarrow\ & (f \times g)(K) \subset U \times Z,\ (f \times g)(K') \subset Y \times V \\ \Leftrightarrow\ & f \times g \in S(K, U \times Z) \cap S(K', Y \times V) \end{aligned}$$

15) 기저는 부분기저가 된다.

이므로 $\Psi(S(K,U)\times S(K',V)) = S(K, U\times Z)\cap S(K', Y\times V)$이다. 따라서 Ψ는 열린사상이다. □

상사상에의 응용†

정리 16.3.14는 곱공간상의 주어진 함수가 상사상인지를 알아보는데 유용하게 사용된다.

정리 16.3.17 (J.H.C. Whitehead) X, Y, Z를 위상공간이라 하자. 만약 $p: X\to Y$가 상사상이고 Z가 국소컴팩트 하우스도르프이면

$$\mathrm{id}_Z\times p: Z\times X\to Z\times Y,\quad (\mathrm{id}_Z\times p)(z,x) = (z, p(x))$$

도 상사상이다.[16]

증명 p가 상사상이므로 $\mathrm{id}_Z\times p$는 전사인 연속사상이다. 이제 집합 $Z\times Y$상에 위상

$$\mathscr{T}_Q = \{U\subset Z\times Y \mid (\mathrm{id}_Z\times p)^{-1}(U)\text{는 } Z\times X\text{의 열린집합}\}$$

를 준 위상공간을 생각하자. 편의상 $(Z\times Y)' = (Z\times Y, \mathscr{T}_Q)$이라 하자. 그러면

$$\pi: Z\times X\to (Z\times Y)',\quad \pi(z,x) = (\mathrm{id}_Z\times p)(z,x) = (z,p(x))$$

는 상사상이 된다. 먼저 집합적으로 항등사상인

$$h: (Z\times Y)'\to Z\times Y,\quad h(z,y) = (z,y)$$

를 생각하자. 그러면 $\mathrm{id}_Z\times p = h\circ\pi$이고 $\mathrm{id}_Z\times p$가 연속이므로 정리 13.1.32에 의해 h는 연속이다.

이제 집합적으로 항등사상인

$$g: Z\times Y\to (Z\times Y)',\quad g(z,y) = (z,y)$$

를 생각하자. 만약 g가 연속이면 $g^{-1} = h$이므로 $Z\times Y$와 $(Z\times Y)'$은 위상동형이고 π가 상사상이므로 $\mathrm{id}_Z\times p$도 상사상이 된다. 따라서 우리는 g가 연속임을 보이면 된다. 이를 위해 g와 π가 각각 유도하는 두 함수

16) 정리 13.1.39 참조.

$$\hat{g} : Y \to \mathcal{C}(Z, (Z\times Y)'), \quad \hat{g}(y)(z) = g(z, y) = (z, y),$$
$$\hat{\pi} : X \to \mathcal{C}(Z, (Z\times Y)'), \quad \hat{\pi}(x)(z) = \pi(z, x) = (z, p(x))$$

를 생각하자. 그러면 π가 연속이므로 정리 16.3.14에 의해 $\hat{\pi}$도 연속이다. 한편 $\hat{g}\circ p = \hat{\pi}$이고 p가 상사상이므로 정리 13.1.32에 의해 $\hat{g}$도 연속이다. 그리고 Z가 국소컴팩트 하우스도르프이므로 정리 16.3.14에 의해 g는 연속이다. □

따름정리 16.3.18 만약 $f : X_1 \to Y_1$와 $g : X_2 \to Y_2$는 상사상이고 X_1과 Y_2가 국소컴팩트 하우스도르프이면

$$f\times g : X_1\times X_2 \to Y_1\times Y_2, \quad (x_1, x_2) \mapsto (f(x_1), g(x_2))$$

는 상사상이다.17)

증명 우리는 $f\times g$를 다음과 같이 합성사상으로 볼 수 있다.

$$X_1\times X_2 \xrightarrow{\mathrm{id}_{X_1}\times g} X_1\times Y_2 \xrightarrow{f\times \mathrm{id}_{Y_2}} X_2\times Y_2$$

그리고 정리 16.3.17에 의하여 $f\times \mathrm{id}_{Y_2}$와 $\mathrm{id}_{X_1}\times g$가 모두 상사상이므로 정리 13.1.29에 의해 $f\times g = (f\times \mathrm{id}_{Y_2})\circ(\mathrm{id}_{X_1}\times g)$도 상사상이다. □

연습문제

문제 16.3.1 X와 Y를 위상공간이라 하고

$$\mathcal{S} = \{S(K, U) \mid K\text{는 } X\text{의 컴팩트집합, } U\text{는 } Y\text{의 열린집합}\}$$

이라 하자.

(1) $\mathcal{S}$가 집합 $\mathcal{C}(X, Y)$상의 부분기저가 됨을 보이시오.

(2) $\mathcal{S}$가 집합 $\mathcal{C}(X, Y)$상의 기저가 되지 않는 보기를 찾으시오.

문제 16.3.2 기초정리 16.3.2의 증명을 완성하여라.

---

17) 따름정리 13.1.40 참조.

문제 16.3.3 보기 16.3.5를 보이시오.

문제 16.3.4 X, Y를 위상공간, A를 X의 부분공간이라 하자. 그리고 $\mathcal{C}(X,Y)$와 $\mathcal{C}(A,Y)$에 모두 C-O 위상을 주자. 그러면

$$\Psi : \mathcal{C}(X,Y) \to \mathcal{C}(A,Y), \quad f \mapsto f|_A$$

가 연속사상임을 보이시오. 단, 여기서 $f|_A : A \to Y$는 연속사상 $f : X \to Y$의 축소사상이다.

문제 16.3.5 $\mathcal{C}(X,Y)$에 C-O 위상을 주자. 만약 Y가 하우스도르프이면 넣기사상 $j : Y \to \mathcal{C}(X,Y)$, $j(y) = c_y$는 닫힌사상임을 보이시오. 단, 여기서 $c_y : X \to Y$는 $c_y(x) = y$인 상수사상이다.

문제 16.3.6 X와 Y를 위상공간이라 하자. 그러면 $\mathcal{C}(X,Y) \subset Y^X$이므로 집합 $\mathcal{C}(X,Y)$에 곱공간 Y^X의 부분공간위상 $\mathscr{T}_p$를 줄 수 있다. 이제 집합 $\mathcal{C}(X,Y)$상의 C-O 위상 $\mathscr{T}_\infty$에 대하여 $\mathscr{T}_p \subset \mathscr{T}_\infty$임을 보이시오.

문제 16.3.7 집합 $\mathcal{C}(X,Y)$에 임의의 위상 $\mathscr{T}$를 준 위상공간을 $\mathcal{C}'(X,Y)$이라 하자. 즉, $\mathcal{C}'(X,Y) = (\mathcal{C}(X,Y), \mathscr{T})$이다. 이제 부치사상

$$e : X \times \mathcal{C}'(X,Y) \to Y, \quad e(x,f) = f(x)$$

가 연속이면 $\mathscr{T}_\infty \subset \mathscr{T}$ 임을 보이시오. 따라서 C-O 위상 $\mathscr{T}_\infty$는 부치사상을 연속이 되게 하는 집합 $\mathcal{C}(X,Y)$상의 가장 작은 위상이다.

문제 16.3.8 컴팩트 하우스도르프공간 X에 대하여

$$\text{Homeo}(X) = \{ f \mid f : X \to X\text{는 위상동형사상} \}$$

는 사상의 합성 $\circ$에 의하여 군이 된다.

(1) Homeo(X)에 C-O 위상공간 $\mathcal{C}(X,X)$의 부분공간위상을 주면 Homeo(X)는 위상군이 됨을 보이시오.
(2) 위상군 G가 X에 작용하고 $\theta : G \times X \to X$를 작용사상이라 하자. 그러면

$$\Theta : G \to \text{Homeo}(X), \quad g \mapsto \theta_g = \theta(g, \cdot)$$

는 위상군 준동형사상이 됨을 보이시오. 역으로 위상군 준동형사상 Θ가 G-작용 $\theta : G \times X \to X$를 유도함을 보이시오.

16.4 거리공간에서의 C-O 위상

우리는 앞 절에서 위상공간 X와 Y에 대하여 $\mathcal{C}(X, Y)$상의 C-O 위상을 다루었다. 특별히 Y가 거리공간이면 $\mathcal{C}(X, Y)$상의 C-O 위상은 Y의 거리를 이용하여 다르게 표현할 수 있다.

점-수렴 위상

이제 위상공간 X에서 위상공간 Y로의 함수들의 집합 Y^X상에 또 다른 위상을 정의하자.

정의 16.4.1 X와 Y를 위상공간이라 하자. 주어진 점 $x \in X$와 열린집합 $U \subset Y$에 대하여

$$S(x, U) = \{f \in Y^X \mid f(x) \in U\}$$

이라 하자. 그러면

$$\mathcal{S} = \{S(x, U) \mid x \in X,\ U\text{는 } Y\text{의 열린집합}\}$$

는 Y^X상의 부분기저가 된다. 그리고 부분기저 $\mathcal{S}$가 생성하는 Y^X상의 위상을 **점-수렴 위상**(topology of pointwise convergence) 또는 point-open 위상(point-open topology)이라 한다. 우리는 이러한 위상을 $\mathcal{T}_{pc}$로 표기한다.

점-수렴 위상의 기저의 원소 B는 부분기저의 유한개의 원소 $S(x_i, U_i)$들의 교집합

$$B = S(x_1, U_1) \cap \cdots \cap S(x_n, U_n)$$

으로 표현된다. 그러므로 $f, g \in B$이면 $f(x_i), g(x_i) \in U_i (1 \le i \le n)$이다. 즉, 유한개의 점 x_i에서 f와 g는 가깝다.

한편, 한 점 집합 $\{x\}$는 X의 컴팩트집합이므로 $S(x, U)$는 C-O 위상의 부분기저의 원소가 된다. 따라서 점-수렴 위상은 C-O 위상보다 거칠다. 즉, $\mathcal{T}_{pc} \subset \mathcal{T}_{co}$이다.

참고 16.4.2 점-수렴 위상은 새로운 위상이 아니라 앞에서 다루었던 곱위상이다. X를

첨자 집합으로 보고 모든 점 $x \in X$에 대해 $Y_x = Y$이라 하면 집합적으로

$$\Pi_{x \in X} Y_x = \{f \mid f : X \to Y \text{는 함수}\} = Y^X$$

이다. 그리고 주어진 점 $x \in X$와 열린집합 $U \subset Y$에 대해

$$S(x, U) = \{ f \in Y^X \mid f(x) \in U \} = \pi_x^{-1}(U)$$

이다. 단, 여기서 $\pi_x : \Pi_{x \in X} Y_x \to Y_x = Y$는 사영사상이다. 따라서 점-수렴 위상 $\mathscr{T}_{pc}$는 곱위상 $\mathscr{T}_p$와 같다(참고 6.1.22(2)). 즉, $\mathscr{T}_{pc} = \mathscr{T}_p$이다.

정리 16.4.3 X와 Y를 위상공간이라 하자. 주어진 수열 $f_n \in Y^X$과 $f \in Y^X$에 대하여 다음은 동치이다.
(a) 수열 f_n이 점-수렴 위상에 의해 f로 수렴한다.
(b) 각각의 점 $x \in X$에 대해 Y상의 수열 $f_n(x)$는 $f(x)$로 수렴한다.[18)]

증명 (a)⇒(b) 임의의 점 $x \in X$를 고정하자. 이제 $f(x)$의 임의의 열린근방 $U \subset Y$에 대해 $f \in S(x, U)$이므로 (a)에 의해

$$n \geq n_0 \Rightarrow f_n \in S(x, U)$$

를 만족하는 자연수 $n_0 \in \mathbb{N}$이 존재한다. 따라서 이러한 자연수 n_0에 대해

$$n \geq n_0 \Rightarrow f_n(x) \in U$$

이므로 $f_n(x)$는 $f(x)$로 수렴한다.

(b)⇒(a) $W \subset Y^X$를 $f \in W$인 점-수렴 위상의 열린집합이라 하자. 그러면 $f \in B \subset W$인 기저의 원소 B가 존재한다. 그런데 기저의 원소는 유한개의 부분기저의 원소들의 교집합으로 표현되므로 우리는

$$B = S(x_1, U_1) \cap \cdots \cap S(x_k, U_k)$$

이라 할 수 있다. 단, 여기서 $x_i \in X$이고 U_i는 Y의 열린집합이다. 각각의 $i = 1, \ldots, k$에 대하여 $f(x_i) \in U_i$이므로 (b)에 의해

$$n \geq n_i \Rightarrow f_n(x_i) \in U_i$$

18) 해석학에서 이런 경우를 함수들의 수열 f_n이 f로 **점별 수렴**한다고 함을 상기하자.

를 만족하는 자연수 n_i가 존재한다. 그러면 자연수 $n_0 = \max\{n_1, n_2, \ldots, n_k\}$은

$$n \geq n_0 \;\Rightarrow\; f_n(x_i) \in U_i \quad \forall\, i = 1, 2, \ldots, k$$

를 만족한다. 따라서 이러한 자연수 n_0에 대해

$$n \geq n_0 \;\Rightarrow\; f_n \in B = S(x_1, U_1) \cap \cdots \cap S(x_k, U_k) \subset W$$

이므로 점-수렴 위상에서 f_n은 f로 수렴한다. □

보기 16.4.4 $I = [0, 1]$를 유클리드공간 $\mathbb{R}$의 부분공간이라 하자. 이제 수열 $f_n \in \mathbb{R}^I$을 $f_n(x) = x^n$이라 하면 f_n은 점-수렴 위상에서 다음과 같이 정의된 함수 $f \in \mathbb{R}^I$로 수렴한다.

$$f(x) = \begin{cases} 0, & 0 \leq x < 1 \\ 1, & x = 1 \end{cases}$$

여기서 주의할 점은 모든 f_n은 연속이지만 f는 연속이 아니라는 사실이다. 그러므로 연속사상들의 모임 $\mathcal{C}(I, \mathbb{R})$은 점-수렴 위상공간 $(\mathbb{R}^I, \mathscr{T}_{pc})$의 닫힌집합이 아니다.

컴팩트-수렴 위상

정의 16.4.5 X를 위상공간이라 하고 (Y, d)를 거리공간이라 하자. 이제 임의의 $f \in Y^X$와 컴팩트집합 $K \subset X$, 그리고 양의 실수 $\varepsilon > 0$에 대하여

$$B_K(f, \varepsilon) = \{ g \in Y^X \mid \sup\{ d(f(x), g(x)) \mid x \in K \} < \varepsilon \}$$

이라 할 때, 이러한 $B_K(f, \varepsilon)$들의 모임은 집합 Y^X상의 위상의 기저를 이루는데 우리는 이러한 위상을 **컴팩트-수렴 위상**(topology of compact convergence) 또는 **컴팩트집합에서 고른수렴위상**(topology of uniform convergence on compact sets)이라 한다. 그리고 이러한 위상을 $\mathscr{T}_{cc}$로 표기한다.

기초정리 16.4.6 만약 $g \in B_K(f, \varepsilon)$이면 $g \in B_K(g, \delta) \subset B_K(f, \varepsilon)$를 만족하는 양의 실수 δ가 존재한다.

증명 먼저 $g \in B_K(f, \varepsilon)$이므로 $\sup\{d(f(x), g(x)) \mid x \in K\} < \varepsilon$이다. 그러므로 $\sup\{d(f(x), g(x)) \mid x \in K\} < \sigma < \varepsilon$을 만족하는 양의 실수 σ가 존재한다. 우리는 $\delta = \frac{\varepsilon - \sigma}{2}$이라 하자. 만약 $h \in B_K(g, \delta)$이면 모든 $x \in K$에 대해

$$d(f(x), h(x)) \leq d(f(x), g(x)) + d(g(x), h(x)) < \sigma + \delta = \frac{\varepsilon + \sigma}{2}$$

이므로 $\sup\{d(f(x), h(x)) \mid x \in K\} \leq \frac{\varepsilon + \sigma}{2} < \varepsilon$이 되어 $h \in B_K(f, \varepsilon)$이다. 따라서 $g \in B_K(g, \delta) \subset B_K(f, \varepsilon)$이다. □

기초정리 16.4.7 실제로 $B_K(f, \varepsilon)$들의 모임

$$\mathscr{B}_{cc} = \{B_K(f, \varepsilon) \mid f \in Y^X,\ 0 < \varepsilon \in \mathbb{R},\ K\text{는 } X\text{의 컴팩트집합}\}$$

는 집합 Y^X상의 위상의 기저가 된다.

증명 (i) 임의의 $f \in Y^X$에 대하여 한 점 $x \in X$를 택하자. 그러면 $K = \{x\}$는 컴팩트이고 $f \in B_K(f, 1)$이 된다.

(ii) 이제 $g \in B_{K_1}(f_1, \varepsilon_1) \cap B_{K_2}(f_2, \varepsilon_2)$이라 하자. 먼저 K_1과 K_2가 컴팩트이므로 $K_1 \cup K_2$도 컴팩트이다. 그리고 기초정리 16.4.6에 의해 각각의 $i = 1, 2$에 대해

$$g \in B_{K_i}(g, \delta_i) \subset B_{K_i}(f_i, \varepsilon_i)$$

를 만족하는 양의 실수 δ_i가 존재한다. 이제 $\delta = \min\{\delta_1, \delta_2\}$이라 하자. 그러면 $\delta \leq \delta_i$이고 $K_i \subset K_1 \cup K_2$이므로

$$B_{K_1 \cup K_2}(g, \delta) \subset B_{K_1 \cup K_2}(g, \delta_i) \subset B_{K_i}(g, \delta_i)$$

이다. 따라서

$$g \in B_{K_1 \cup K_2}(g, \delta) \subset B_{K_1}(g, \delta_1) \cap B_{K_2}(g, \delta_2) \subset B_{K_1}(f_1, \varepsilon_1) \cap B_{K_2}(f_2, \varepsilon_2)$$

이다. □

이제 연속사상들의 모임 $\mathcal{C}(X, Y)$상의 컴팩트-수렴 위상과 C-O 위상이 같음을 보이자.

정리 16.4.8 만약 X는 위상공간이고 (Y, d)가 거리공간이면 $\mathcal{C}(X, Y)$상의 C-O 위상과 컴팩트-수렴 위상은 같다. 즉, $\mathscr{T}_{co} = \mathscr{T}_{cc}$이다.

증명 주어진 부분집합 $C \subset Y$와 양의 실수 ε에 대하여 C의 ε-근방 $N(C, \varepsilon)$을

$$N(C, \varepsilon) = \bigcup_{c \in C} B_d(c, \varepsilon)$$

으로 정의하자. 그러면 $N(C, \varepsilon)$은 C를 포함하는 Y의 열린집합이다.

[주장 1] 만약 $C \subset Y$는 컴팩트이고 V가 C를 포함하는 Y의 열린집합이면 $C \subset N(C, \varepsilon) \subset V$를 만족하는 양의 실수 $\varepsilon > 0$이 존재한다.

[주장 1의 증명] 각각의 점 $c \in C$에 대하여 $c \in V$이고 V가 열린집합이므로

$$c \in B_d(c, \varepsilon_c) \subset V$$

를 만족하는 양의 실수 $\varepsilon_c > 0$가 존재한다. 그리고 $\{B_d(c, \frac{\varepsilon_c}{2}) \mid c \in C\}$는 컴팩트 집합 C의 열린덮개이므로 유한개의 $B_d(c_i, \frac{\varepsilon_{c_i}}{2})$ $(i = 1, \ldots, k)$가 존재하여

$$C \subset \bigcup_{i=1}^{k} B_d(c_i, \frac{\varepsilon_{c_i}}{2}) \subset \bigcup_{i=1}^{k} B_d(c_i, \varepsilon_{c_i}) \subset V$$

를 만족한다. 이제 $\varepsilon = \min\{\frac{\varepsilon_{c_i}}{2} \mid i = 1, 2, \ldots, k\}$이라 하자. 그러면 임의의 점 $c \in C$에 대해 $C \subset \cup_{i=1}^{k} B_d(c_i, \frac{\varepsilon_{c_i}}{2})$이므로 $c \in B_d(c_i, \frac{\varepsilon_{c_i}}{2})$인 i가 존재한다. 그리고 이러한 i에 대해

$$\begin{aligned} y \in B_d(c, \varepsilon) &\Rightarrow d(y, c) < \varepsilon \leq \frac{\varepsilon_{c_i}}{2} \\ &\Rightarrow d(y, c_i) \leq d(y, c) + d(c, c_i) < \frac{\varepsilon_{c_i}}{2} + \frac{\varepsilon_{c_i}}{2} = \varepsilon_{c_i} \\ &\Rightarrow y \in B_d(c_i, \varepsilon_{c_i}) \end{aligned}$$

이므로 $B_d(c, \varepsilon) \subset B_d(c_i, \varepsilon_{c_i}) \subset V$이다. 따라서 $N(C, \varepsilon) = \cup_{c \in C} B_d(c, \varepsilon) \subset V$이다. □

(i) 이제 $\mathscr{T}_{co} \subset \mathscr{T}_{cc}$임을 보이자. $S(K, U)$를 C-O 위상의 부분기저의 원소라 하자. 그러면 임의의 $f \in S(K, U)$에 대해 $f(K) \subset U$이고 f가 연속이므로 $f(K)$는 컴팩트이다. 따라서 주장 1에 의해

$$f(K) \subset N(f(K), \varepsilon) \subset U$$

를 만족하는 양의 실수 $\varepsilon > 0$이 존재한다. 그러면

$$\begin{aligned} g \in B_K(f, \varepsilon) &\Rightarrow \sup\{d(f(x), g(x)) \mid x \in K\} < \varepsilon \\ &\Rightarrow \forall x \in K,\ d(f(x), g(x)) < \varepsilon \\ &\Rightarrow \forall x \in K,\ g(x) \in B_d(f(x), \varepsilon) \subset N(f(K), \varepsilon) \subset U \\ &\Rightarrow g(K) \subset U \\ &\Rightarrow g \in S(K, U) \end{aligned}$$

이므로 $f \in B_K(f, \varepsilon) \subset S(K, U)$이다. 따라서 $S(K, U)$는 컴팩트-수렴 위상에서 열린집합이다. 그러므로 $\mathscr{T}_{co} \subset \mathscr{T}_{cc}$이다(정의 3.2.1(2), 성질 3.2.8 참조).

(ii) 역으로 $\mathscr{T}_{cc} \subset \mathscr{T}_{co}$임을 보이자. $B_K(f, \varepsilon)$을 컴팩트-수렴 위상의 기저의 원소라 하자. 그리고 $g \in B_K(f, \varepsilon)$이라 하자. 그러면 기초정리 16.4.6에 의하여 $g \in B_K(g, \delta) \subset B_K(f, \varepsilon)$을 만족하는 양의 실수 δ가 존재한다.

[주장 2] 주어진 점 $x \in X$에 대해 $g(x) \in g(V_x) \subset g(\overline{V}_x) \subset B_d(g(x), \frac{\delta}{3})$를 만족하는 x의 열린근방 V_x가 존재한다.

[주장 2의 증명] g가 연속이므로 $V_x = g^{-1}(B_d(g(x), \frac{\delta}{4}))$는 x의 열린근방이다. 그리고

$$g(x) \in g(V_x) = g(g^{-1}(B_d(g(x), \frac{\delta}{4}))) \subset B_d(g(x), \frac{\delta}{4})$$

이다. 따라서 정리 5.1.4에 의해

$$g(\overline{V}_x) \subset \overline{g(V_x)} \subset B_d(g(x), \frac{\delta}{3})$$

이다(문제 4.2.25 참조). □

그리고 $\{V_x \mid x \in K\}$가 컴팩트집합 K의 열린덮개이므로 유한 부분덮개 $V_{x_i} (i = 1, 2, ..., k)$가 존재하여 $K \subset \cup_{i=1}^k V_{x_i}$이다. 이제 각각의 i에 대하여 $U_{x_i} = B_d(g(x_i), \frac{\delta}{3})$이라 하고 $K_{x_i} = \overline{V}_{x_i} \cap K$이라 하자. 그러면 정리 9.1.14에 의해 K_{x_i}는 X의 컴팩트집합이고 $K = \cup_{i=1}^k K_{x_i}$이다. 그리고 $g(K_{x_i}) \subset U_{x_i}$이므로 $g \in S(K_{x_i}, U_{x_i})$이다. 만약 $h \in \cap_{i=1}^k S(K_{x_i}, U_{x_i})$이면

$$h(K_{x_i}) \subset U_{x_i} = B_d(h(x_i), \frac{\delta}{3}) \ \ \forall i = 1, ..., k$$

이다. 임의로 주어진 점 $x \in K$에 대해 $x \in K_{x_i}$인 i가 존재하고, 이러한 i에 대해 $g(K_{x_i}),\ h(K_{x_i}) \subset U_{x_i} = B_d(g(x_i),\ \frac{\delta}{3})$이므로

$$d(g(x), h(x)) \le d(g(x), g(x_i)) + d(g(x_i), h(x)) < \frac{\delta}{3} + \frac{\delta}{3} = \frac{2}{3}\delta$$

이 되어 $h \in B_K(g, \delta)$이다. 따라서 $\cap_{i=1}^k S(K_{x_i}, U_{x_i}) \subset B_K(g, \delta)$이다. 그러므로

$$g \in \cap_{i=1}^k S(K_{x_i}, U_{x_i}) \subset B_K(g, \delta) \subset B_K(f, \varepsilon)$$

을 만족하는 C-O 위상의 기저의 원소 $\cap_{i=1}^k S(K_{x_i}, U_{x_i})$가 존재하므로 $S_K(f, \varepsilon)$은 C-O 위상에서 열린집합이다. 따라서 $\mathscr{T}_{cc} \subset \mathscr{T}_{co}$이다(정리 3.2.9 참조). □

C-O 위상은 Y가 거리공간이 아니더라도 정의되지만 컴팩트-수렴위상은 Y가 거리공간일 때 Y의 거리를 이용하여 정의하였다. 그러나 정리 16.4.8로부터 $\mathcal{C}(X, Y)$상의 컴팩트-수렴 위상과 C-O 위상이 같으므로 $\mathcal{C}(X, Y)$상의 컴팩트-수렴 위상은 Y의 주어진 위상 $\mathscr{T}$를 유도하는 거리함수에 무관함을 알 수 있다. 즉, Y상의 두 거리 d_1과 d_2가 $\mathscr{T}_{d_1} = \mathscr{T}_{d_2}(=\mathscr{T})$이면 d_1과 d_2에 의해 각각 정의되는 $\mathcal{C}(X, Y)$상의 두 컴팩트-수렴 위상 $\mathscr{T}_{cc_1}$과 $\mathscr{T}_{cc_2}$는 모두 C-O 위상 $\mathscr{T}_{co}$와 같으므로 $\mathscr{T}_{cc_1} = \mathscr{T}_{cc_2}$이다.

우리는 정리 5.1.27에서 연속사상들의 수열 $f_n : X \to (Y, d)$이 $f : X \to Y$로 고르게 수렴하면 f도 연속임을 보였다. 여기서 우리는 이와 같은 결과를 컴팩트-수렴 위상공간 Y^X에서 새롭게 해석하고 위의 결과를 좀더 일반화하고자 한다.

이제 X를 위상공간, (Y, d)를 거리공간이라 하고 Y^X를 컴팩트-수렴 위상공간이라 하자. 그러면 함수들의 수열 $f_n : X \to Y$은 Y^X의 점들로 이루어진 수열 $\{f_n\}$이 된다.

정리 16.4.9 X를 위상공간, (Y, d)를 거리공간이라 하고 Y^X를 컴팩트-수렴 위상공간이라 하자. 그러면 임의의 수열 $f_n \in Y^X$과 $f \in Y^X$에 대하여 다음은 동치이다.

(a) 수열 f_n은 컴팩트-수렴 위상에서 f로 수렴한다.

(b) 임의의 컴팩트집합 $K \subset X$에 대하여 함수들의 수열 $f_n|_K : K \to Y$는 $f|_K : K \to Y$로 고르게 수렴한다.

증명 (a)⇒(b) 수열 f_n이 컴팩트-수렴 위상에서 f로 수렴한다고 가정하자. 그리고 K를 X의 컴팩트집합이라 하자. 임의로 주어진 $\varepsilon > 0$에 대하여 $B_K(f, \varepsilon)$이 f를 포함하는 열린집합이므로

$$n \geq n_0 \Rightarrow f_n \in B_K(f, \varepsilon)$$

을 만족하는 자연수 $n_0 \in \mathbb{N}$이 존재한다. 이러한 n_0은

$$n \geq n_0 \Rightarrow d(f_n(x), f(x)) < \varepsilon \quad \forall x \in K$$

을 만족한다. 따라서 $f_n|_K : K \to Y$는 $f|_K : K \to Y$로 고르게 수렴한다.

(b)⇒(a) 이제 $f \in W \in \mathscr{T}_{cc}$이라 하자. 그러면 $f \in B_K(g, \varepsilon) \subset W$를 만족하는 $\mathscr{T}_{cc}$의 기저의 원소 $B_K(g, \varepsilon)$이 존재한다. 그리고 기초정리 16.4.6에 의해 $f \in B_K(f, \delta) \subset B_K(g, \varepsilon) \subset W$를 만족하는 양의 실수 δ가 존재한다.

한편 (b)에 의해 $f_n|_K$가 $f|_K$로 고르게 수렴하므로

$$n \geq n_0 \Rightarrow d(f_n(x), f(x)) < \frac{\delta}{2} \quad \forall x \in K$$

를 만족하는 자연수 $n_0 \in \mathbb{N}$이 존재한다. 따라서 $n \geq n_0$이면

$$\sup\{d(f_n(x), f(x)) \mid x \in K\} \leq \frac{\delta}{2} < \delta$$

이므로

$$n \geq n_0 \Rightarrow f_n \in B_K(f, \delta) \subset W$$

이다. 그러므로 수열 f_n은 컴팩트-수렴 위상에서 f로 수렴한다. □

이러한 이유로 컴팩트-수렴 위상을 "컴팩트집합에서 고른수렴 위상"이라 부르기도 한다. 특별히 X가 컴팩트이면 정리 16.4.9에 의해 다음이 동치임을 알 수 있다.

(a) f_n은 컴팩트-수렴 위상에서 f로 수렴한다.

(b) f_n은 f로 고르게 수렴한다.

성질 16.4.10 만약 X는 컴팩트공간이고 (Y, d)가 거리공간이면 $\mathcal{C}(X, Y)$는 컴팩트-수렴 위상공간 $(Y^X, \mathscr{T}_{cc})$의 닫힌집합이다.

증명 $f \in \overline{\mathcal{C}(X, Y)}$이라 하자. 각각의 자연수 n에 대해 X가 컴팩트이므로 $B_X(f, \frac{1}{n})$은 f를 포함하는 기저의 원소이다. 그래서 $B_X(f, \frac{1}{n})$이 f의 열린근방이므로

$$\mathcal{C}(X, Y) \cap B_X(f, \frac{1}{n}) \neq \varnothing$$

이 되어

$$f_n \in \mathcal{C}(X, Y) \cap B_X(f, \frac{1}{n})$$

이 존재한다.

그러면 함수들의 수열 $f_n : X \to Y$은 $f : X \to Y$로 고르게 수렴한다. 그리고 f_n들이 모두 연속이므로 정리 5.1.27에 의해 f도 연속이다. 즉, $f \in \mathcal{C}(X, Y)$이다. 따라서 $\mathcal{C}(X, Y)$는 닫힌집합이다. □

성질 16.4.10에서의 X가 컴팩트인 조건을 다음과 같이 약화시킬 수 있다.

정리 16.4.11 만약 X는 컴팩트생성 공간이고 (Y, d)가 거리공간이면 $\mathcal{C}(X, Y)$는 컴팩트-수렴 위상공간 $(Y^X, \mathscr{T}_{cc})$의 닫힌집합이다.[19]

증명 $f \in \overline{\mathcal{C}(X, Y)}$이라 하자. 이제 K를 X의 임의의 컴팩트집합이라 하자. 그리고 자연수 n에 대해 $B_K(f, \frac{1}{n})$은 f를 포함하는 열린집합이므로 $\mathcal{C}(X, Y) \cap B_K(f, \frac{1}{n}) \neq \varnothing$이 되어 $f_n \in \mathcal{C}(X, Y) \cap B_K(f, \frac{1}{n})$이 존재한다. 그러면 함수들의 수열 $f_n|_K : K \to Y$는 $f|_K : K \to Y$로 고르게 수렴한다. 그리고 $f_n|_K$들이 모두 연속이므로 정리 5.1.27에 의해 $f|_K$도 연속이다. 그리고 X가 컴팩트생성이므로 기초정리 10.3.11에 의해 $f : X \to Y$도 연속이다. 즉, $f \in \mathcal{C}(X, Y)$이다. 따라서 $\mathcal{C}(X, Y)$는 닫힌집합이다. □

따름정리 16.4.12 X는 컴팩트생성 공간이고 (Y, d)는 거리공간이라 하자. 만약 연속함수의 수열 $f_n : X \to Y$이 컴팩트-수렴 위상에서 $f : X \to Y$로 수렴하면 f도 연속이다.

---

19) 정의 10.3.7 참조.

Y^X상의 위상의 크기 비교

이제 앞에서 다룬 고른거리 위상, C-O 위상, 컴팩트-수렴 위상, 점-수렴 위상 사이의 관계를 알아보자.

고른거리 $\bar{\rho}$는 X가 위상공간이 아닌 단순한 집합인 경우에도 정의됨을 유의하자. 즉, X가 위상공간이라 하더라도 고른거리 $\bar{\rho}$로 유도되는 Y^X상의 위상은 Y의 위상에만 의존하고 X의 위상과는 무관하다. 그러나 Y^X상의 컴팩트-수렴 위상은 X의 위상과 밀접한 관계가 있다. 따라서 Y^X상의 고른거리 위상과 컴팩트-수렴 위상은 일반적으로 다름을 알 수 있다.

이제 X는 위상공간이고 (Y, d)는 거리공간일 때, 집합 Y^X상의 고른거리 위상을 $\mathscr{T}_{\bar{\rho}}$, 컴팩트-수렴 위상을 $\mathscr{T}_{cc}$, 점-수렴 위상을 $\mathscr{T}_{pc}$, 곱위상을 $\mathscr{T}_p$이라 하자.

정리 16.4.13 X를 위상공간, (Y, d)를 거리공간이라 하자. 그러면 집합 Y^X상의 네 위상 $\mathscr{T}_{\bar{\rho}}$, $\mathscr{T}_{cc}$, $\mathscr{T}_{pc}$, $\mathscr{T}_p$에 대하여 다음이 성립한다.

(1) $\mathscr{T}_p = \mathscr{T}_{pc} \subset \mathscr{T}_{cc} \subset \mathscr{T}_{\bar{\rho}}$.

(2) 만약 X가 컴팩트이면 $\mathscr{T}_{cc} = \mathscr{T}_{\bar{\rho}}$이다.

(3) 만약 X가 이산공간이면 $\mathscr{T}_p = \mathscr{T}_{pc} = \mathscr{T}_{cc}$이다.

증명 (1) (i) 참고 16.4.2에 의해 $\mathscr{T}_p = \mathscr{T}_{pc}$이다.

(ii) $\mathscr{T}_{pc} \subset \mathscr{T}_{cc}$: $\mathscr{T}_{pc}$의 부분기저의 원소 $S(x, U)$와 $f \in S(x, U)$에 대하여 U가 $f(x)$를 포함하는 Y의 열린집합이므로 $f(x) \in B_d(f(x), \varepsilon) \subset U$를 만족하는 양의 실수 $\varepsilon > 0$이 존재한다. 한 점 집합 $K = \{x\}$는 X의 컴팩트집합이므로 $B_K(f, \varepsilon)$은 $\mathscr{T}_{cc}$의 기저의 원소이다. 그리고

$$\begin{aligned} g \in B_K(f, \varepsilon) &\Rightarrow d(f(x), g(x)) < \varepsilon \Rightarrow g(x) \in B_d(f(x), \varepsilon) \\ &\Rightarrow g(x) \in U \Rightarrow g \in S(x, U) \end{aligned}$$

이므로 $f \in B_K(f, \varepsilon) \subset S(x, U)$이 된다. 따라서 $S(x, U) \in \mathscr{T}_{cc}$이므로 $\mathscr{T}_{pc} \subset \mathscr{T}_{cc}$이다.

(iii) $\mathscr{T}_{cc} \subset \mathscr{T}_{\bar{\rho}}$: $\mathscr{T}_{cc}$의 기저의 원소 $B_K(f, \varepsilon)$과 $g \in B_K(f, \varepsilon)$에 대해 $g \in B_K(g, \delta) \subset B_K(f, \varepsilon)$를 만족하는 양의 실수 δ를 택하자(기초정리 16.4.6). 그리고 $0 < \delta' < \min\{1, \delta\}$을 만족하는 실수 δ'을 택하자. 그러면 $\mathscr{T}_{\bar{\rho}}$의 기저의

원소 $B_{\bar{\rho}}(g, \delta')$에 대해

$$\begin{aligned} h \in B_{\bar{\rho}}(g, \delta') &\Rightarrow \bar{\rho}(g, h) = \sup\{\bar{d}(g(x), h(x)) \mid x \in X\} < \delta' \\ &\Rightarrow \bar{d}(g(x), h(x)) < \delta' < 1 \quad \forall x \in X \\ &\Rightarrow d(g(x), h(x)) < \delta' \quad \forall x \in X \\ &\Rightarrow d(g(x), h(x)) < \delta' \quad \forall x \in K \\ &\Rightarrow \sup\{d(g(x), h(x)) \mid x \in K\} \le \delta' < \delta \\ &\Rightarrow h \in B_K(g, \delta) \end{aligned}$$

이므로 $g \in B_{\bar{\rho}}(g, \delta') \subset B_K(g, \delta) \subset B_K(f, \varepsilon)$이 된다. 따라서 $\mathscr{T}_{cc} \subset \mathscr{T}_{\bar{\rho}}$이다 (정리 3.2.9 참조).

(2) 이제 X를 컴팩트공간이라 하자. $\mathscr{T}_{\bar{\rho}}$의 기저의 원소 $B_{\bar{\rho}}(f, \varepsilon)$과 $g \in B_{\bar{\rho}}(f, \varepsilon)$에 대하여 $g \in B_{\bar{\rho}}(g, \delta) \subset B_{\bar{\rho}}(f, \varepsilon)$를 만족하는 양의 실수 δ를 택하자. 한편 X가 컴팩트이므로 $B_X(g, \delta)$는 g를 포함하는 $\mathscr{T}_{cc}$의 기저의 원소이다. 그리고 모든 $x \in X$에 대하여 $\bar{d}(g(x), h(x)) \le d(g(x), h(x))$이므로

$$\sup\{\bar{d}(g(x), h(x)) \mid x \in X\} \le \sup\{d(g(x), h(x)) \mid x \in X\}$$

이다. 그래서

$$\begin{aligned} h \in B_X(g, \delta) &\Rightarrow \sup\{d(g(x), h(x)) \mid x \in X\} < \delta \\ &\Rightarrow \bar{\rho}(g, h) = \sup\{\bar{d}(g(x), h(x)) \mid x \in X\} < \delta \\ &\Rightarrow h \in B_{\bar{\rho}}(g, \delta) \end{aligned}$$

이므로 $g \in B_X(g, \delta) \subset B_{\bar{\rho}}(g, \delta) \subset B_{\bar{\rho}}(f, \varepsilon)$이 된다. 따라서 $\mathscr{T}_{\bar{\rho}} \subset \mathscr{T}_{cc}$이다. 그러므로 (1)에 의해 $\mathscr{T}_{cc} = \mathscr{T}_{\bar{\rho}}$이다.

(3) 이제 X를 이산공간이라 하자. 그러면 $\mathscr{T}_{cc}$의 기저의 원소 $B_K(f, \varepsilon)$에 대해 K가 이산공간 X의 컴팩트집합이므로 K는 유한집합이다. 우리는 $K = \{x_1, x_2, \dots, x_n\}$이라 하자. 그러면 Y의 열린집합 $U_i = B_d(f(x_i), \varepsilon)$에 대하여 $B_K(f, \varepsilon) = S(x_1, U_1) \cap \cdots \cap S(x_n, U_n)$이므로 $\mathscr{T}_{cc} \subset \mathscr{T}_{pc}$이다. 따라서 (1)에 의해 $\mathscr{T}_{pc} = \mathscr{T}_{cc}$이다. □

정리 16.4.14 만약 X는 위상공간이고 (Y, d)가 거리공간이면 집합 $\mathcal{C}(X, Y)$상의 두 위상 $\mathscr{T}_{co}$와 $\mathscr{T}_{\bar{\rho}}$에 대하여 $\mathscr{T}_{co} \subset \mathscr{T}_{\bar{\rho}}$이다. 특별히 X가 컴팩트이면 $\mathscr{T}_{\bar{\rho}} = \mathscr{T}_{cc} = \mathscr{T}_{co}$이다.

증명 먼저 $\mathscr{T}_{co} \subset \mathscr{T}_{\bar{\rho}}$임을 보이자. $\mathscr{T}_{co}$의 부분기저의 원소 $S(K, U)$와 $f \in S(K, U)$에 대해 f가 연속이므로 $f(K)$는 Y의 컴팩트집합이고 $f(K) \subset U$이다. 그리고 정리 16.4.8의 증명 과정의 주장 1에 의해

$$f(K) \subset N(f(K), \varepsilon) = \bigcup_{x \in K} B_d(f(x), \varepsilon) \subset U$$

를 만족하는 양의 실수 $0 < \varepsilon < 1$이 존재한다. 그러면

$$\begin{aligned} g \in B_{\bar{\rho}}(f, \varepsilon) &\Rightarrow \bar{\rho}(f, g) = \sup\{\bar{d}(f(x), g(x)) \mid x \in X\} < \varepsilon \\ &\Rightarrow \bar{d}(f(x), g(x)) < \varepsilon < 1 \quad \forall x \in X \\ &\Rightarrow d(f(x), g(x)) < \varepsilon \quad \forall x \in X \\ &\Rightarrow d(f(x), g(x)) < \varepsilon \quad \forall x \in K \\ &\Rightarrow \forall x \in K, \ \ g(x) \in B_d(f(x), \varepsilon) \subset N(f(K), \varepsilon) \subset U \\ &\Rightarrow g(K) \subset U \Rightarrow g \in S(K, U) \end{aligned}$$

이므로 $f \in B_{\bar{\rho}}(f, \varepsilon) \subset S(K, U)$를 만족하는 $\mathscr{T}_{\bar{\rho}}$의 기저의 원소 $B_{\bar{\rho}}(f, \varepsilon)$이 존재한다. 따라서 $S(K, U) \in \mathscr{T}_{\bar{\rho}}$이므로 $\mathscr{T}_{co} \subset \mathscr{T}_{\bar{\rho}}$이다.

만약 X가 컴팩트공간이면 정리 16.4.13(2)에 의해 $\mathscr{T}_{\bar{\rho}} = \mathscr{T}_{cc}$이다. 그리고 정리 16.4.8에 의해 $\mathcal{C}(X, Y)$상에서 $\mathscr{T}_{cc} = \mathscr{T}_{co}$이다. 그러므로 $\mathcal{C}(X, Y)$상에서 $\mathscr{T}_{\bar{\rho}} = \mathscr{T}_{cc} = \mathscr{T}_{co}$이다. □

연습문제

문제 16.4.1 정의 16.4.1에서 다룬

$$\mathcal{S} = \{S(x, U) \mid x \in X, \ U\text{는 } Y\text{의 열린집합}\}$$

는 집합 Y^X상의 부분기저가 됨을 보이시오.

문제 16.4.2 두 연속사상 $f, g : X \to (Y, d)$와 컴팩트집합 $K \subset X$에 대하여 다음을 보이시오.

(1) $d(f(x_0), g(x_0)) = \sup\{d(f(x), g(x)) \mid x \in K\}$를 만족하는 $x_0 \in K$이 존재한다.

(2) $g \in B_K(f, \varepsilon) \ \Leftrightarrow \ d(f(x), g(x)) < \varepsilon \ \ \forall x \in K$.

문제 16.4.3 연속사상 $f_n : (0, \infty) \to \mathbb{R}$, $f_n(x) = \frac{1}{nx}$들의 수열 $\{f_n\}$은 컴팩트-수렴 위상에서 수렴하는가?

문제 16.4.4 연속사상 $f_n:(-1,1)\to\mathbb{R}$, $f_n(x)=\sum_{k=1}^{n}x^k$들의 수열 $\{f_n\}$은 컴팩트-수렴 위상에서 수렴하는가?

문제 16.4.5 연속사상 $f:[0,1]\to\mathbb{R}$는 $f(0)=f(1)=0$이고 상수사상은 아니다. 그리고 각각의 자연수 n에 대해 연속사상 $f_n:[0,1]\to\mathbb{R}$, $f_n(x)=f(x^n)$을 생각하자. 이제 집합 $\mathcal{C}([0,1],\mathbb{R})$에 다음과 같은 위상이 주어졌을 때 수열 $\{f_n\}$이 수렴하는지 판별하시오.

(1) 점-수렴 위상 $\mathscr{T}_{pc}$.

(2) C-O 위상 $\mathscr{T}_{co}$.

(3) 컴팩트-수렴 위상 $\mathscr{T}_{cc}$.

(4) 고른 위상 $\mathscr{T}_{\bar{\rho}}$.

문제 16.4.6 위상공간 X가 σ-**컴팩트**(σ-compact)란 $X=\cup U_i$를 만족하는 컴팩트집합 K_i에 포함되는 가산개의 열린집합 U_i가 존재함을 의미한다.[20)]

(1) 국소컴팩트인 제2가산공간은 σ-컴팩트임을 보이시오.

(2) 만약 X는 σ-컴팩트이고 (Y,d)가 거리공간이면 다음을 만족하는 집합 Y^X상의 거리 μ가 존재함을 보이시오.

(i) $\mathscr{T}_\mu=\mathscr{T}_{cc}$이다. 즉, 컴팩트-수렴 공간 $(Y^X,\mathscr{T}_{cc})$은 거리화가능이다.

(ii) 만약 (Y,d)가 완비이면 $(Y^X,\mathscr{T}_\mu)$도 완비이다.

(3) 만약 X는 σ-컴팩트이고 (Y,d)가 완비거리공간이면 C-O 위상공간 $\mathcal{C}(X,Y)$도 완비거리공간임을 보이시오.

---

20) 일반적으로 주어진 위상공간이 가산개의 컴팩트집합들의 합집합으로 표현되면 σ-컴팩트라 한다. 따라서 이 책의 정의는 일반적인 정의보다 더 강한 조건이다.

16.5 Ascoli 정리

이제 고른거리공간 $(\mathcal{C}(X,\mathbb{R}^n),\bar{\rho})$의 컴팩트집합에 대해 알아보자. 우리는 Heine-Borel 정리(정리 9.3.6)에 의해 유클리드공간 $\mathbb{R}^n$의 부분집합 A가 컴팩트일 필요충분조건은 A가 $\mathbb{R}^n$의 유계인 닫힌집합임을 알고 있다. 우리는 $(\mathcal{C}(X,\mathbb{R}^n),\bar{\rho})$상에서 이와 비슷한 성질을 알아보고자 한다.

정의 16.5.1 X를 위상공간이라 하고 (Y,d)를 거리공간이라 하자. 그리고 $\mathscr{F}$를 $\mathcal{C}(X,Y)$의 부분집합이라 하자. $\mathscr{F}$가 점 $p\in X$에서 **동등연속**(equicontinuous at p)이란 임의로 주어진 양의 실수 $\varepsilon>0$에 대하여

$$x\in U \Rightarrow d(f(x),f(p))<\varepsilon \quad \forall f\in\mathscr{F}$$

를 만족하는 p의 열린근방 $U\subset X$가 존재함을 의미한다.

그리고 $\mathscr{F}$가 X의 모든 점에서 동등연속일 때 우리는 $\mathscr{F}$를 간단히 **동등연속**(equicontinuous)이라 부른다.

동등연속성은 Y의 위상 $\mathscr{T}_d$보다 거리 d와 더 밀접한 관계가 있음을 주의하자.

기초정리 16.5.2 X를 위상공간이라 하고 (Y,d)를 거리공간이라 하자. 만약 $\mathscr{F}\subset\mathcal{C}(X,Y)$가 고른거리 $\bar{\rho}$에 의해 완전유계이면 $\mathscr{F}$는 동등연속이다.

증명 양의 실수 $\varepsilon'>0$과 점 $p\in X$가 주어졌다 하자. 주어진 양의 실수 ε'에 대해 우리는 $0<\varepsilon<\min\{1,\varepsilon'\}$인 양의 실수 ε을 택하자. 그리고 $\delta=\frac{\varepsilon}{3}$이라 하자. 그러면 $\mathscr{F}\subset\mathcal{C}(X,Y)$가 완전유계이므로

$$\mathscr{F}\subset B_{\bar{\rho}}(f_1,\delta)\cup B_{\bar{\rho}}(f_2,\delta)\cup\cdots\cup B_{\bar{\rho}}(f_n,\delta)$$

를 만족하는 유한개의 $f_1,\dots,f_n\in\mathscr{F}$이 존재한다. 단, 여기서

$$B_{\bar{\rho}}(f_i,\delta)=\{g\in\mathcal{C}(X,Y)\mid \bar{\rho}(f_i,g)<\delta\}$$

이다. 즉, $B_{\bar{\rho}}(f_i,\delta)$는 $(\mathcal{C}(X,Y),\bar{\rho})$상의 열린구이다. 한편 각각의 $f_i:X\to Y$가 연속이므로 $U_i=f_i^{-1}(B_d(f_i(p),\delta))$는 X의 열린집합이다. 그러면 $U=U_1\cap\cdots$

$\cap U_n$은 p의 열린근방으로서

$$x \in U \Rightarrow d(f_i(x), f_i(p)) < \delta \quad \forall i = 1, 2, \ldots, n \tag{*}$$

을 만족한다.

이제 U가 우리가 원하는 p의 열린근방임을 보이자. 임의의 $f \in \mathscr{F}$에 대하여 $\{B_{\bar{\rho}}(f_i, \delta)\}$가 $\mathscr{F}$의 덮개이므로 $f \in B_{\bar{\rho}}(f_{i_0}, \delta)$를 만족하는 i_0이 존재한다. 그러면 임의의 $x \in U$에 대하여 $\delta < 1$이므로

$$d(f(x), f_{i_0}(x)) = \bar{d}(f(x), f_{i_0}(x)) \leq \bar{\rho}(f, f_{i_0}) < \delta,$$
$$d(f_{i_0}(p), f(p)) = \bar{d}(f_{i_0}(p), f(p)) \leq \bar{\rho}(f_{i_0}, f) < \delta$$

를 만족한다. 그리고 (*)와 삼각부등식에 의해

$$d(f(x), f(p)) \leq d(f(x), f_{i_0}(x)) + d(f_{i_0}(x), f_{i_0}(p)) + d(f_{i_0}(p), f(p)) < 3\delta = \varepsilon < \varepsilon'$$

이 된다. 따라서 점 p에서 $\mathscr{F}$는 동등연속이다. □

참고 16.5.3 X를 컴팩트공간, (Y, d)를 거리공간이라 하자. 그러면 X가 컴팩트이므로 모든 연속사상 $f : X \to Y$는 유계이다. 즉, $\mathcal{C}(X, Y) \subset \mathcal{B}(X, Y)$이다. 그러므로 상한거리 ρ가 $\mathcal{C}(X, Y)$상에서 잘 정의된다. 그리고 $\mathscr{F} \subset \mathcal{C}(X, Y)$가 ρ에 의해 완전유계일 필요충분조건이 $\bar{\rho}$에 의해 완전유계인 것임을 다음과 같이 보일 수 있다.

먼저 $\mathscr{F}$가 ρ에 의해 완전유계라 하자. 그러면 주어진 $\varepsilon > 0$에 대하여

$$\mathscr{F} \subset B_\rho(f_1, \varepsilon) \cup B_\rho(f_2, \varepsilon) \cup \cdots \cup B_\rho(f_n, \varepsilon)$$

을 만족하는 유한개의 $f_1, \ldots, f_n \in \mathscr{F}$이 존재한다. 그리고

$$\bar{\rho}(f, g) = \min\{\rho(f, g), 1\} \leq \rho(f, g)$$

이므로 $B_\rho(f_i, \varepsilon) \subset B_{\bar{\rho}}(f_i, \varepsilon)$이다. 따라서 주어진 유한개의 f_i에 대해

$$\mathscr{F} \subset B_{\bar{\rho}}(f_1, \varepsilon) \cup B_{\bar{\rho}}(f_2, \varepsilon) \cup \cdots \cup B_{\bar{\rho}}(f_n, \varepsilon)$$

이므로 $\mathscr{F}$는 $\bar{\rho}$에 의해 완전유계이다.

역으로 $\mathscr{F}$가 $\bar{\rho}$에 의해 완전유계라 하자. 그리고 주어진 $\varepsilon > 0$에 대하여 $0 < \delta < \min\{\varepsilon, 1\}$인 양의 실수 δ를 택하자. 그러면 $\mathscr{F}$가 $\bar{\rho}$에 의해 완전유계이므로

$$\mathscr{F} \subset B_{\bar{\rho}}(f_1, \delta) \cup B_{\bar{\rho}}(f_2, \delta) \cup \cdots \cup B_{\bar{\rho}}(f_n, \delta)$$

를 만족하는 유한개의 $f_1, \ldots, f_n \in \mathscr{F}$이 존재한다. 그런데 $\delta < 1$이므로 $B_{\bar{\rho}}(f_i, \delta) = B_\rho(f_i, \delta) \subset B_\rho(f_i, \varepsilon)$이 된다. 따라서 주어진 유한개의 f_i에 대해

$$\mathscr{F} \subset B_\rho(f_1, \varepsilon) \cup B_\rho(f_2, \varepsilon) \cup \cdots \cup B_\rho(f_n, \varepsilon)$$

이므로 $\mathscr{F}$는 ρ에 의해 완전유계이다.

X와 Y가 모두 컴팩트이면 기초정리 16.5.2의 역이 성립한다.

기초정리 16.5.4 X를 컴팩트공간, (Y, d)를 컴팩트 거리공간이라 하자. 만약 $\mathscr{F} \subset \mathcal{C}(X, Y)$가 동등연속이면 $\mathscr{F}$는 고른거리 $\bar{\rho}$와 상한거리 ρ 모두에 의해 완전유계이다.

증명 참고 16.5.3에 의해 우리는 $\mathscr{F}$가 상한거리 ρ에 의해 완전유계임을 보이면 충분하다. 주어진 양의 실수 ε에 대하여 $\delta = \frac{\varepsilon}{5}$이라 하자. 주어진 점 $a \in X$에 대하여 $\mathscr{F}$가 동등연속이므로

$$x \in U_a \Rightarrow d(f(x), f(a)) < \delta \quad \forall f \in \mathscr{F}$$

를 만족하는 a의 열린근방 U_a가 존재한다. 그런데 $\{U_a \mid a \in X\}$가 컴팩트공간 X의 열린덮개이므로 유한 부분덮개 $U_{a_1}, \ldots, U_{a_k}$가 존재한다. 우리는 이러한 U_{a_i}를 U_i로 나타내자.

한편 $\{B_d(b, \delta) \mid b \in Y\}$가 컴팩트공간 Y의 열린덮개이므로 유한 부분덮개 $B_d(b_1, \delta), \ldots, B_d(b_m, \delta)$가 존재한다. 우리는 이러한 $B_d(b_j, \delta)$를 V_j로 나타내자.

이제 J를 모든 함수 $\alpha : \{1, \ldots, k\} \to \{1, \ldots, m\}$들의 모임이라 하자. 주어진 $\alpha \in J$에 대해 만약

$$f(a_i) \in V_{\alpha(i)} \quad \forall i = 1, 2, \ldots, k \tag{$*$}$$

를 만족하는 $f \in \mathscr{F}$가 존재하면 우리는 이러한 함수 f를 f_α로 나타내자. 그리고

$$\begin{aligned} J' &= \{\alpha \in J \mid \exists f_\alpha \in \mathscr{F}\} \\ &= \{\alpha \in J \mid \exists f \in \mathscr{F} \text{ s.t. } f(a_i) \in V_{\alpha(i)} \ \forall i\} \end{aligned}$$

이라 하자. 그러면 J가 유한집합이므로 J'도 유한집합이다. 그런데 주어진 $\alpha \in J'$에 대해 (*)를 만족하는 함수가 여러 개일 수 있다. 이제부터 각각의 $\alpha \in J'$에 대해 오직 하나의 f_α를 택하여 고정하자.

우리는

$$\mathscr{F} \subset \bigcup_{\alpha \in J'} B_\rho(f_\alpha, \varepsilon) \qquad (**)$$

을 보임으로서 증명을 완성할 것이다. 임의로 주어진 $f \in \mathscr{F}$에 대해

$$f(a_1), \ldots, f(a_k) \in Y = \bigcup_{j=1}^{m} V_j$$

이므로 각각의 i에 대해 $f(a_i) \in V_{\alpha(i)}$를 만족하는 $\alpha(i) \in \{1, 2, \ldots, m\}$가 존재한다. 따라서 f가 (*)를 만족하므로 $\alpha \in J'$이다. 여기서 주의할 점은 f는 f_α가 아닐 수도 있다는 것이다. 이제 우리는 $f \in B_\rho(f_\alpha, \varepsilon)$을 보이면 된다. 임의의 $x \in X$에 대해 $\{U_i\}$가 X의 덮개이므로 $x \in U_i$인 i를 택하자. 그러면

$$\begin{aligned} &d(f(x), f(a_i)) < \delta && (\because x \in U_i = U_{a_i}) \\ &d(f(a_i), f_\alpha(a_i)) < 2\delta && (\because f(a_i), f_\alpha(a_i) \in V_{\alpha(i)}) \\ &d(f_\alpha(a_i), f_\alpha(x)) < \delta && (\because x \in U_i = U_{a_i}) \end{aligned}$$

이므로 삼각부등식에 의하여

$$d(f(x), f_\alpha(x)) \le d(f(x), f(a_i)) + d(f(a_i), f_\alpha(a_i)) + d(f_\alpha(a_i), f_\alpha(x)) < 4\delta$$

이다. 그래서

$$\rho(f, f_\alpha) = \sup\{d(f(x), f_\alpha(x)) \mid x \in X\} \le 4\delta < \varepsilon$$

이므로 $f \in B_\rho(f_\alpha, \varepsilon)$이다. 따라서 (**)가 성립한다. □

그러므로 X는 컴팩트공간이고 (Y, d)가 컴팩트 거리공간일 때, $\mathcal{C}(X, Y)$의 부분집합 $\mathscr{F}$에 대하여 다음이 성립한다.

$\mathscr{F}$는 d에 의해 동등연속
$\Leftrightarrow$ $\mathscr{F}$는 고른거리 $\bar{\rho}$에 의해 완전유계
$\Leftrightarrow$ $\mathscr{F}$는 상한거리 ρ에 의해 완전유계

정의 16.5.5 X를 위상공간, (Y, d)를 거리공간이라 하자. $\mathscr{F} \subset \mathcal{C}(X, Y)$가 d에 의해 점별유계(pointwise bounded)란 각각의 점 $x \in X$에 대해

$$\mathscr{F}_x = \{ f(x) \mid f \in \mathscr{F} \}$$

가 Y의 유계인 부분집합임을 의미한다.

정리 16.5.6 (Ascoli 정리, 고전판[21]) X는 컴팩트공간이고 $(\mathbb{R}^n, d)$은 유클리드공간이라 하자. 단, 여기서 d는 $\mathbb{R}^n$상의 보통거리이다. 그러면 부분집합 $\mathscr{F} \subset \mathcal{C}(X, \mathbb{R}^n)$에 대하여 다음은 서로 동치이다.

(a) $(\mathcal{C}(X, \mathbb{R}^n), \overline{\rho})$에서의 $\mathscr{F}$의 폐포 $\overline{\mathscr{F}}$는 컴팩트이다.

(b) $(\mathcal{C}(X, \mathbb{R}^n), \rho)$에서의 $\mathscr{F}$의 폐포 $\overline{\mathscr{F}}$는 컴팩트이다.

(c) $\mathscr{F}$는 d에 의해 동등연속이고 점별유계이다.

증명 (a)⇔(b) X가 컴팩트이므로 ρ는 $\mathcal{C}(X, \mathbb{R}^n)$상에서 잘 정의되고 $\mathscr{T}_\rho = \mathscr{T}_{\overline{\rho}}$이다. 따라서 (a)와 (b)는 동치이다.

(b)⇒(c) 이제부터 편의상 $\mathscr{G} = \overline{\mathscr{F}}$라 하자. 먼저 $\mathscr{G}$가 컴팩트이므로 정리 11.2.18에 의하여 $\mathscr{G}$는 거리 ρ에 의해 완전유계이다. 따라서 기초정리 16.5.2와 참고 16.5.3에 의하여 $\mathscr{G}$는 동등연속이다.

한편 $\mathscr{G}$가 컴팩트이므로 $\mathscr{G}$는 ρ에 의해 유계이다. 따라서 모든 $f, g \in \mathscr{G}$에 대해 $\rho(f, g) \le M$을 만족하는 양의 실수 M이 존재한다. 그래서 임의의 점 $x \in X$에 대해

$$d(f(x), g(x)) \le \rho(f, g) \le M \quad \forall f, g \in \mathscr{G}$$

이므로

$$\operatorname{diam}(\mathscr{G}_x) = \operatorname{diam}\{ g(x) \mid g \in \mathscr{G} \} \le M$$

이 되어 $\mathscr{G}_x$는 유계이다. 따라서 $\mathscr{G}$는 점별유계이다.

그런데 $\mathscr{F} \subset \mathscr{G}$이므로 $\mathscr{F}$도 동등연속이고 점별유계이다.

(c)⇒(b) 이제 $\mathscr{F}$가 d에 의해 동등연속이고 점별유계라 하자.

(i) 먼저 $\mathscr{G} = \overline{\mathscr{F}}$도 d에 의해 동등연속이고 점별유계임을 보이자. 주어진 점 $x_0 \in X$과 양의 실수 $\varepsilon > 0$에 대해 $\mathscr{F}$가 동등연속이므로

21) Ascoli's theorem, classical version

$$x \in U \Rightarrow d(f(x), f(x_0)) < \frac{\varepsilon}{3} \quad \forall f \in \mathscr{F}$$

을 만족하는 x_0의 열린근방 $U \subset X$가 존재한다. 이제 임의의 $g \in \mathscr{G}$에 대해 $\mathscr{G}$가 $\mathscr{F}$의 폐포이므로 $\rho(f, g) < \frac{\varepsilon}{3}$을 만족하는 $f \in \mathscr{F}$가 존재한다. 그리고 삼각부등식에 의해 모든 점 $x \in U$에 대해

$$d(g(x), g(x_0)) \leq d(g(x), f(x)) + d(f(x), f(x_0)) + d(f(x_0), g(x_0)) < \varepsilon$$

이다. 그리고 g를 임의로 택하였으므로

$$x \in U \Rightarrow d(g(x), g(x_0)) < \varepsilon \quad \forall g \in \mathscr{G}$$

이 되어 $\mathscr{G}$는 동등연속이다.

한편 임의로 주어진 $x \in X$에 대해 $\mathscr{F}$가 점별유계이므로 $\operatorname{diam}(\mathscr{F}_x) \leq M$을 만족하는 양의 실수 M이 존재한다. 이제 임의로 주어진 $g, g' \in \mathscr{G}$에 대하여 $\mathscr{G}$가 $\mathscr{F}$의 폐포이므로

$$\rho(f, g) < 1, \quad \rho(f', g') < 1$$

을 만족하는 $f, f' \in \mathscr{F}$이 존재한다. 그래서

$$\begin{aligned} d(g(x), g'(x)) &\leq d(g(x), f(x)) + d(f(x), f'(x)) + d(f'(x), g'(x)) \\ &< 1 + M + 1 = M + 2 \end{aligned}$$

이므로 $\operatorname{diam}(\mathscr{G}_x) \leq M + 2$이다. 따라서 $\mathscr{G}$도 점별유계이다.

(ii) 이제 $\cup_{g \in \mathscr{G}} g(X) \subset Y \subset \mathbb{R}^n$을 만족하는 $\mathbb{R}^n$의 컴팩트집합 Y가 존재함을 보이자. 주어진 점 $p \in X$에 대해 $\mathscr{G}$가 동등연속이므로

$$x \in U_p \Rightarrow d(g(x), g(p)) < 1 \quad \forall g \in \mathscr{G}$$

를 만족하는 p의 열린근방 $U_p \subset X$가 존재한다. 그러면 $\{U_p \mid p \in X\}$가 컴팩트공간 X의 열린덮개이므로 유한 부분덮개 $U_{p_1}, \cdots, U_{p_k}$가 존재한다. 한편 $\mathscr{G}_{p_i}$들이 유계이므로 $\cup_{i=1}^k \mathscr{G}_{p_i}$도 $\mathbb{R}^n$의 유계인 부분집합이다. 따라서

$$\cup_{i=1}^k \mathscr{G}_{p_i} \subset B(\mathbf{0}, r) \subset \mathbb{R}^n$$

을 만족하는 중심이 원점 $\mathbf{0}$이고 반경이 r인 열린구 $B(\mathbf{0}, r)$이 존재한다. 임의의 $g \in \mathscr{G}$와 $x \in X$에 대해 $x \in U_{p_i}$인 p_i가 존재하여

$$d(\mathbf{0}, g(x)) \leq d(\mathbf{0}, g(p_i)) + d(g(p_i), g(x)) < r+1$$

이므로

$$g(X) \subset B(\mathbf{0}, r+1)$$

이다. 그러므로 $Y = \overline{B(\mathbf{0}, r+1)}$가 우리가 원하는 컴팩트집합이다.

(iii) 이제 $\mathscr{G}$가 컴팩트임을 보이자. 정리 11.2.18에 의해 우리는 $\mathscr{G}$가 ρ에 의해 완비이고 완전유계임을 보이면 된다. 정리 11.2.10과 따름정리 16.1.8에 의해 $\mathscr{G}$는 완비거리공간 $(\mathcal{C}(X, \mathbb{R}^n), \rho)$의 닫힌집합이므로 $\mathscr{G}$도 완비이다. 한편 (ii)에 의해

$$\bigcup_{g \in \mathscr{G}} g(X) \subset Y \subset \mathbb{R}^n$$

을 만족하는 $\mathbb{R}^n$의 컴팩트집합 Y가 존재한다. 그러면 $\mathscr{G} \subset \mathcal{C}(X, Y)$가 동등연속이므로 기초정리 16.5.4에 의하여 $\mathscr{G}$는 거리 ρ에 의해 완전유계이다. □

따름정리 16.5.7 X는 컴팩트공간이고 $(\mathbb{R}^n, d)$은 유클리드공간이라 하자. 단, 여기서 d는 $\mathbb{R}^n$상의 보통거리이다. 그러면 부분집합 $\mathscr{F} \subset \mathcal{C}(X, \mathbb{R}^n)$에 대하여 다음은 서로 동치이다.

(a) $\mathscr{F}$는 $(\mathcal{C}(X, \mathbb{R}^n), \bar{\rho})$의 컴팩트집합이다.

(b) $\mathscr{F}$는 $(\mathcal{C}(X, \mathbb{R}^n), \rho)$의 컴팩트집합이다.

(c) $\mathscr{F}$는 $(\mathcal{C}(X, \mathbb{R}^n), \rho)$의 유계인 닫힌집합이고 d에 의해 동등연속이다.

증명 (a)⇔(b) X가 컴팩트이므로 ρ는 $\mathcal{C}(X, \mathbb{R}^n)$상에서 잘 정의되고 $\mathscr{T}_\rho = \mathscr{T}_{\bar{\rho}}$이다. 따라서 (a)와 (b)는 동치이다.

(b)⇒(c) 정리 9.3.13에 의해 $\mathscr{F}$가 거리공간 $(\mathcal{C}(X, \mathbb{R}^n), \rho)$의 컴팩트집합이므로 $\mathscr{F}$는 $(\mathcal{C}(X, \mathbb{R}^n), \rho)$의 유계인 닫힌집합이다. 그래서 $\overline{\mathscr{F}} = \mathscr{F}$이므로 $\overline{\mathscr{F}}$는 컴팩트이다. 따라서 정리 16.5.6에 의하여 $\mathscr{F}$는 d에 의해 동등연속이다.

(c)⇒(b) $\mathscr{F}$가 ρ에 의해 유계이므로 $\mathscr{F}$는 d에 의해 점별유계이다. 그리고 가정에 의하여 $\mathscr{F}$가 d에 의해 동등연속이므로 정리 16.5.6에 의하여 $\overline{\mathscr{F}}$는 $(\mathcal{C}(X, \mathbb{R}^n), \rho)$의 컴팩트집합이다. 한편 $\mathscr{F}$가 $(\mathcal{C}(X, \mathbb{R}^n), \rho)$의 닫힌집합이므로 $\mathscr{F} = \overline{\mathscr{F}}$이다. 따라서 $\mathscr{F}$는 $(\mathcal{C}(X, \mathbb{R}^n), \rho)$의 컴팩트집합이다. □

참고 16.5.8 왜 따름정리 16.5.7이 Heine-Borel 정리의 일반화인지 살펴보자. X를 유클리드공간 $\mathbb{R}^n$의 부분집합이라 하자. 그리고 $\{*\}$를 한 점으로 이루어진 위상공간이라 하자. 그러면 연속사상 $f:\{*\}\to\mathbb{R}^n$는 상수함수뿐이다. 우리는 $f(*)=x\in\mathbb{R}^n$인 f를 c_x로 나타내자. 따라서

$$\mathcal{C}(\{*\},\mathbb{R}^n)=\{c_x \mid x\in\mathbb{R}^n\}$$

이다. 그리고 함수

$$\Phi:(\mathbb{R}^n,d)\to(\mathcal{C}(\{*\},\mathbb{R}^n),\rho),\ \Phi(x)=c_x$$

는 모든 $x,y\in\mathbb{R}^n$에 대하여 $\rho(\Phi(x),\Phi(y))=\rho(c_x,c_y)=d(x,y)$이므로 Φ는 위상동형사상이다. 그리고

$$\Phi(X)=\{c_x \mid x\in X\}=\mathcal{C}(\{*\},X)$$

이다. 이제 $\mathscr{F}=\mathcal{C}(\{*\},X)$이라 하면 $\Phi(X)=\mathscr{F}$이다.

(i) 따라서 X가 $\mathbb{R}^n$의 닫힌집합일 필요충분조건은 $\mathscr{F}$가 $\mathcal{C}(\{*\},\mathbb{R}^n)$의 닫힌집합인 것이다.

(ii) 그리고 $\mathscr{F}_*=\{c_x(*) \mid x\in X\}=X$이므로 $\mathscr{F}$가 점별유계일 필요충분조건은 X가 유계인 것이다.

(iii) 한편 $\mathscr{F}$는 ($\mathbb{R}^n$의 모든 부분집합 X에 대하여) 항상 동등연속이다.

따라서 다음이 성립한다.

$$\begin{aligned} X\text{는 컴팩트} &\Leftrightarrow \mathscr{F}\text{는 컴팩트}\\ &\Leftrightarrow \mathscr{F}\text{는 점별유계인 닫힌집합이고, 동등연속}\\ &\Leftrightarrow X\text{는 유계인 닫힌집합}\end{aligned}$$

그러므로 따름정리 16.5.7은 Heine-Borel 정리를 유도한다.

이제 따름정리 16.5.7을 보다 일반화시켜보자.

정리 16.5.9 (Ascoli 정리[22]) X는 위상공간이고 (Y, d)는 거리공간이라 하자. 이제 $\mathcal{C}(X, Y)$에 컴팩트-수렴 위상 $\mathscr{T}_{cc}$를 주자. 그러면 $\mathscr{F} \subset \mathcal{C}(X, Y)$에 대하여 다음이 성립한다.

(1) 만약 $\mathscr{F}$가 d에 의해 동등연속이고, 각각의 점 $x \in X$에 대해 $\mathscr{F}_x$의 Y에서의 폐포 $\mathrm{cl}_Y(\mathscr{F}_x)$가 컴팩트이면 $\mathscr{F}$는 $\mathcal{C}(X, Y)$의 적당한 컴팩트 부분공간에 포함된다.

(2) 만약 X가 국소컴팩트 하우스도르프이면 (1)의 역이 성립한다.

증명 (1) 이제부터 Y^X에 곱위상 $\mathscr{T}_p$를 주자. 성질 7.1.14에 의하여 (Y, d)가 하우스도르프이므로 곱공간 $(Y^X, \mathscr{T}_p)$도 하우스도르프이다. 한편 $(\mathcal{C}(X, Y), \mathscr{T}_{cc})$는 $(Y^X, \mathscr{T}_p)$의 부분공간은 아니지만, 집합으로서 $\mathcal{C}(X, Y)$를 $(Y^X, \mathscr{T}_p)$의 부분집합으로 볼 수 있다. 이제 $\mathscr{G}$를 곱공간 $(Y^X, \mathscr{T}_p)$에서의 $\mathscr{F}$의 폐포라 하자.

(i) 먼저 $\mathscr{G}$가 곱공간 $(Y^X, \mathscr{T}_p)$의 컴팩트집합임을 보이자. 주어진 점 $x \in X$에 대하여 $C_x = \mathrm{cl}_Y(\mathscr{F}_x)$이라 하자. 그러면 가정에 의해서 C_x는 Y의 컴팩트 부분공간이다. 그리고 곱공간의 정의에 의해

$$\Pi_{x \in X} C_x = \{ f \in Y^X \mid f(x) \in C_x \quad \forall x \in X \}$$

이므로 $\mathscr{F} \subset \Pi_{x \in X} C_x$이다. Tychonoff 정리(정리 9.2.3)에 의해 $\Pi_{x \in X} C_x$도 컴팩트이다. 한편 (Y, d)가 하우스도르프이므로 C_x는 Y의 닫힌집합이다. 그리고 성질 6.1.26에 의해 $\Pi_{x \in X} C_x$는 곱공간 $(Y^X, \mathscr{T}_p)$의 닫힌집합이다. 따라서 곱공간 Y^X에서 $\mathscr{G} = \overline{\mathscr{F}} \subset \Pi_{x \in X} C_x$이다. 그러므로 정리 9.1.14에 의해 $\mathscr{G}$는 곱공간 Y^X의 컴팩트집합이다.

(ii) 이제 $\mathscr{G} \subset \mathcal{C}(X, Y)$임을 보이자. 사실 $\mathscr{G}$는 d에 의해 동등연속이 된다. $\mathscr{F}$가 d에 의해 동등연속이므로 주어진 $x_0 \in X$과 $\varepsilon > 0$에 대하여

$$x \in U \Rightarrow d(f(x), f(x_0)) < \frac{\varepsilon}{3} \quad \forall f \in \mathscr{F} \tag{*}$$

를 만족하는 x_0의 열린근방 U가 존재한다. 임의로 주어진 $g \in \mathscr{G}$와 $x \in U$에 대하여

$$V_x = \{ h \in Y^X \mid d(h(x), g(x)) < \frac{\varepsilon}{3},\ d(h(x_0), g(x_0)) < \frac{\varepsilon}{3} \} \tag{**}$$

22) Ascoli's theorem

이라 하자. 그러면 V_x는 g를 포함하는 곱공간 Y^X의 열린집합이다. 그리고 $g \in \mathscr{G} = \overline{\mathscr{F}}$이므로 $V_x \cap \mathscr{F} \neq \varnothing$이 되어 $f \in V_x \cap \mathscr{F}$가 존재한다. (*), (**)와 삼각부등식에 의해

$$d(g(x), g(x_0)) \leq d(g(x), f(x)) + d(f(x), f(x_0)) + d(f(x_0), g(x_0)) < \varepsilon$$

이 성립한다. 따라서

$$x \in U \;\Rightarrow\; d(g(x), g(x_0)) < \varepsilon \;\; \forall\, g \in \mathscr{G}$$

이 성립하여 $\mathscr{G}$는 동등연속이다. 그러므로 모든 $g \in \mathscr{G}$는 연속이다.

(iii) $\mathscr{G}$상에서는 곱위상과 컴팩트-수렴 위상이 같음을 보이자. 참고 16.4.2에 의해 이러한 Y^X상의 곱위상 $\mathscr{T}_p$는 점-수렴 위상 $\mathscr{T}_{pc}$와 같음을 상기하자. 따라서 참고 16.4.2와 정리 16.4.13에 의하여 $\mathscr{T}_{cc} \supset \mathscr{T}_p = \mathscr{T}_{pc}$이다. 이제 $\mathscr{G}$상에서 $\mathscr{T}_{cc} \subset \mathscr{T}_p$임을 보이자. 우리는 $\mathscr{T}_{cc} \subset \mathscr{T}_{pc}$임을 보이면 된다. 이를 위해 $B_K(f, \delta)$를 집합 Y^X상의 컴팩트-수렴 위상의 기저의 원소라 하고, $g_0 \in B_K(f, \delta) \cap \mathscr{G}$이라 하자. 먼저 $g_0 \in B_K(g_0, \varepsilon) \subset B_K(f, \delta)$를 만족하는 양의 실수 ε을 택하자 (기초정리 16.4.6). 우리는

$$g_0 \in B \cap \mathscr{G} \subset B_K(g_0, \varepsilon) \cap \mathscr{G}$$

를 만족하는 집합 Y^X상의 점-수렴 위상 $\mathscr{T}_{pc}$의 기저의 원소 B가 존재함을 보이면 된다. $\mathscr{G}$가 동등연속이고 K가 컴팩트이므로 다음을 만족하는 X의 열린 집합 $U_1, U_2, \ldots, U_n$과 점 $x_i \in U_i$가 존재한다:

$$K \subset U_1 \cup U_2 \cup \cdots \cup U_n,$$
$$x \in U_i \;\Rightarrow\; d(g(x), g(x_i)) < \frac{\varepsilon}{3} \;\; \forall\, g \in \mathscr{G}$$

집합 Y^X상의 점-수렴 위상의 기저의 원소 B를 다음과 같이 정의하자.

$$B = \{\, h \in Y^X \mid d(h(x_i), g_0(x_i)) < \frac{\varepsilon}{3} \;\; \forall\, i = 1, 2, \ldots, n \,\}$$
$$= \cap_{i=1}^{n} S(x_i, B_d(g_0(x_i), \frac{\varepsilon}{3}))$$

그러면 $g_0 \in B$이다. 이제 $B \cap \mathscr{G} \subset B_K(g_0, \varepsilon) \cap \mathscr{G}$임을 보이자. 이를 위해 $h \in B \cap \mathscr{G}$이라 하자. 임의로 주어진 $x \in K$에 대해 $x \in U_i$를 만족하는 i가 존재한다. 그러면 $g_0, h \in \mathscr{G}$이므로

$$d(g_0(x), g_0(x_i)) < \frac{\varepsilon}{3}, \quad d(h(x), h(x_i)) < \frac{\varepsilon}{3}$$

이다. 그리고 $h \in B$이므로

$$d(h(x_i), g_0(x_i)) < \frac{\varepsilon}{3}$$

이 성립한다. 그러므로 삼각부등식에 의하여

$$d(h(x), g_0(x)) \le d(h(x), h(x_i)) + d(h(x_i), g_0(x_i)) + d(g_0(x_i), g_0(x)) < \varepsilon$$

이 성립한다. 따라서 $h \in B_K(g_0, \varepsilon)$이다.

(iv) 이제 (1)을 증명하자. (ii)에 의해 $\mathscr{F} \subset \mathscr{G} \subset \mathcal{C}(X, Y)$이다. 그리고 (i)에 의하여 $\mathscr{G}$는 곱공간 $(Y^X, \mathscr{T}_p)$의 컴팩트집합이다. 그리고 (iii)에 의해 $\mathscr{G}$는 컴팩트-수렴 위상공간 $(\mathcal{C}(X, Y), \mathscr{T}_{cc})$의 컴팩트집합이다.

(2) 이제 X를 국소컴팩트 하우스도르프공간이라 하고, 컴팩트-수렴 위상공간 $(\mathcal{C}(X, Y), \mathscr{T}_{cc})$의 컴팩트 부분공간 $\mathscr{H}$가 $\mathscr{F} \subset \mathscr{H} \subset \mathcal{C}(X, Y)$를 만족한다고 하자.

(i) 모든 $x \in X$에 대하여 $\mathscr{H}_x$는 Y의 컴팩트집합임을 보이자. 임의의 점 $p \in X$를 고정하고 다음과 같이 정의된 두 함수

$$j: \mathcal{C}(X, Y) \to X \times \mathcal{C}(X, Y), \quad j(f) = (p, f)$$
$$e: X \times \mathcal{C}(X, Y) \to Y, \quad e(x, f) = f(x)$$

를 생각하자. 자명하게 j는 연속이다. 그리고 정리 16.4.8과 정리 16.3.12에 의해 e도 연속이다. 따라서 합성함수

$$e \circ j: \mathcal{C}(X, Y) \to Y, \quad f \mapsto f(p)$$

도 연속이다. 그리고 $\mathscr{H}$가 컴팩트이므로 $\mathscr{H}_p = (e \circ j)(\mathscr{H})$도 컴팩트이다.

(ii) $\mathscr{H}$는 동등연속임을 보이자. 임의로 주어진 점 $x \in X$에 대하여 X가 국소컴팩트이므로

$$x \in U \subset C \subset X$$

인 X의 열린집합 U와 컴팩트집합 C가 존재한다. 그리고

$$\mathscr{R} = \{ f|_C \mid f \in \mathscr{H} \} \subset \mathcal{C}(C, Y)$$

이라 하자. 우리는 $\mathscr{R}$이 점 x에서 동등연속임을 보이면 된다. 단, 여기서 $\mathcal{C}(C, Y)$는 컴팩트-수렴 위상공간이다. 먼저 사상

$$r : \mathcal{C}(X, Y) \rightarrow \mathcal{C}(C, Y), \quad r(f) = f|_C$$

이 연속임을 보이자. $f \in \mathcal{C}(X, Y)$이라 하고 $B_K(f|_C, \varepsilon)$을 $\mathcal{C}(C, Y)$의 기저의 원소라 하자. 여기서 K는 C의 컴팩트집합이므로 K는 X의 컴팩트집합이다. 그리고 $r(f) = f|_C \in B_K(f|_C, \varepsilon)$이다. 그러면 $\mathcal{C}(X, Y)$에서 $B_K(f, \varepsilon)$은 f의 열린근방이고 $r(B_K(f, \varepsilon)) \subset B_K(f|_C, \varepsilon)$을 만족한다. 즉,

$$f \in B_K(f, \varepsilon) \subset r^{-1}(B_K(f|_C, \varepsilon))$$

을 만족하는 $\mathcal{C}(X, Y)$의 열린집합 $B_K(f, \varepsilon)$이 존재한다. 따라서 r은 연속사상이다.

한편 $\mathscr{H}$가 컴팩트이므로 $\mathscr{R} = r(\mathscr{H})$도 컴팩트이다. 그리고 C가 컴팩트이므로 정리 16.4.13에 의해 $\mathcal{C}(C, Y)$상의 컴팩트-수렴 위상과 고른거리 위상은 같다. 그리고 정리 11.2.18에 의해 $\mathscr{R}$은 고른거리공간 $(\mathcal{C}(C, Y), \bar{\rho})$의 완전유계인 부분집합이다. 따라서 기초정리 16.5.2에 의해 $\mathscr{R}$은 d에 의해 동등연속이다.
(iii) 이제 (2)를 보이자. $\mathscr{H}$가 동등연속이고 $\mathscr{F} \subset \mathscr{H}$이므로 $\mathscr{F}$도 동등연속이다. 한편 모든 $x \in X$에 대해 $\mathscr{H}_x$가 하우스도르프공간 Y의 컴팩트집합이므로 $\mathscr{H}_x$는 Y의 닫힌집합이다. 그리고 $\mathscr{F}_x \subset \mathscr{H}_x \subset Y$이므로 $\mathrm{cl}_Y(\mathscr{F}_x) \subset \mathscr{H}_x$이다. 따라서 $\mathrm{cl}_Y(\mathscr{F}_x)$는 컴팩트공간 $\mathscr{H}_x$의 닫힌집합이므로 $\mathrm{cl}_Y(\mathscr{F}_x)$도 컴팩트이다.

□

정의 16.5.10 X, Y를 위상공간이라 하자. $\mathscr{F} \subset \mathcal{C}(X, Y)$가 **점별컴팩트**(pointwise compact)란 각각의 점 $x \in X$에 대해

$$\mathscr{F}_x = \{ f(x) \mid f \in \mathscr{F} \}$$

가 Y의 컴팩트집합인 것을 의미한다.

X는 컴팩트공간이고 (Y, d)가 거리공간이면 $\mathcal{C}(X, Y) \subset \mathcal{B}(X, Y)$이다. 그리고 참고 16.4.2와 정리 16.4.8, 정리 16.4.13(2)에 의해 $\mathcal{C}(X, Y)$상의 위상들은 다음과 같은 관계에 있다:

$$\mathscr{T}_\rho = \mathscr{T}_{\bar{\rho}} = \mathscr{T}_{cc} = \mathscr{T}_{co} \supset \mathscr{T}_{pc} = \mathscr{T}_p$$

정리 16.5.11 (Arzela-Ascoli 정리[23]) X를 컴팩트 하우스도르프공간, (Y, d)를 거리공간이라 하자. 그러면 $\mathscr{F} \subset \mathcal{C}(X, Y)$에 대하여 다음은 동치이다.
(a) $\mathscr{F}$는 거리공간 $(\mathcal{C}(X, Y), \rho)$의 컴팩트집합이다.
(b) $\mathscr{F}$는 동등연속, 점별컴팩트이고 $(\mathcal{C}(X, Y), \rho)$의 닫힌집합이다.

증명 (a)⇒(b) X는 컴팩트이므로 국소컴팩트이다. 그리고 가정에 의해 $\mathscr{F}$가 거리공간 $(\mathcal{C}(X, Y), \rho)$의 컴팩트집합이므로 Ascoli 정리(정리 16.5.9)에 의해 $\mathscr{F}$는 동등연속이다. 그리고 $(\mathcal{C}(X, Y), \rho)$가 하우스도르프이므로 $\mathscr{F}$는 $(\mathcal{C}(X, Y), \rho)$의 닫힌집합이다. 이제 $\mathscr{F}$가 점별컴팩트임을 보이자. 임의로 주어진 점 $p \in X$에 대하여 다음과 같이 정의된 두 함수

$$j: \mathcal{C}(X, Y) \to X \times \mathcal{C}(X, Y), \quad j(f) = (p, f),$$
$$e: X \times \mathcal{C}(X, Y) \to Y, \quad e(x, f) = f(x)$$

를 생각하자. 자명하게 j는 연속이다. 그리고 정리 16.4.8과 정리 16.3.12에 의해 e는 연속이다. 따라서 합성함수

$$e \circ j: \mathcal{C}(X, Y) \to Y, \quad f \mapsto f(p)$$

도 연속이다. 그리고 $\mathscr{F}$가 컴팩트이므로 $\mathscr{F}_p = (e \circ j)(\mathscr{F})$도 컴팩트이다.
(b)⇒(a) $\mathscr{F}$가 동등연속, 점별컴팩트이고 $(\mathcal{C}(X, Y), \rho)$의 닫힌집합이라 하자. 임의로 주어진 점 $x \in X$에 대하여 $\mathscr{F}_x$가 하우스도르프공간 (Y, d)의 컴팩트집합이므로 $\mathscr{F}_x$는 (Y, d)의 닫힌집합이다. 따라서 $\mathrm{cl}_Y(\mathscr{F}_x) = \mathscr{F}_x$는 Y의 컴팩트집합이다. 따라서 Ascoli 정리(정리 16.5.9)에 의하여

$$\mathscr{F} \subset \mathscr{H} \subset \mathcal{C}(X, Y)$$

를 만족하는 $(\mathcal{C}(X, Y), \rho)$의 컴팩트집합 $\mathscr{H}$가 존재한다. 그리고 $\mathscr{F}$가 컴팩트공간 $\mathscr{H}$의 닫힌집합이므로 $\mathscr{F}$는 컴팩트이다. □

따름정리 16.5.12 X를 컴팩트 하우스도르프공간, $\mathbb{R}^n$을 유클리드공간이라 하자. 그러면 $\mathscr{F} \subset \mathcal{C}(X, \mathbb{R}^n)$에 대하여 다음은 동치이다.
(a) $\mathscr{F}$는 거리공간 $(\mathcal{C}(X, \mathbb{R}^n), \rho)$의 컴팩트집합이다.
(b) $\mathscr{F}$는 동등연속, 점별유계이고 $(\mathcal{C}(X, \mathbb{R}^n), \rho)$의 닫힌집합이다.

23) Arzela-Ascoli's theorem

증명 (a)⇒(b) 정리 16.5.11에 의하여 $\mathscr{F}$는 동등연속, 점별컴팩트이고 $(\mathcal{C}(X, \mathbb{R}^n), \rho)$의 닫힌집합이다. 우리는 $\mathscr{F}$가 점별유계인 것만 보이면 된다. 임의의 점 $x \in X$에 대하여 $\mathscr{F}_x$가 유클리드공간 $\mathbb{R}^n$의 컴팩트집합이므로 Heine-Borel 정리에 의하여 $\mathscr{F}_x$는 $\mathbb{R}^n$의 유계인 부분집합이다. 따라서 $\mathscr{F}$는 점별유계이다.

(b)⇒(a) $\mathscr{F}$가 동등연속, 점별유계이고 $(\mathcal{C}(X, \mathbb{R}^n), \rho)$의 닫힌집합이라 하자. 임의의 점 $x \in X$에 대하여 $\mathscr{F}_x$가 $\mathbb{R}^n$의 유계인 부분집합이므로 $\mathrm{cl}_{\mathbb{R}^n}(\mathscr{F}_x)$는 $\mathbb{R}^n$의 유계인 닫힌집합이다. 따라서 Heine-Borel 정리에 의하여 $\mathrm{cl}_{\mathbb{R}^n}(\mathscr{F}_x)$는 $\mathbb{R}^n$의 컴팩트집합이다. Ascoli 정리(정리 16.5.9)에 의하여

$$\mathscr{F} \subset \mathscr{H} \subset \mathcal{C}(X, \mathbb{R}^n)$$

을 만족하는 $(\mathcal{C}(X, \mathbb{R}^n), \rho)$의 컴팩트집합 $\mathscr{H}$가 존재한다. 그리고 $\mathscr{F}$가 컴팩트공간 $\mathscr{H}$의 닫힌집합이므로 $\mathscr{F}$는 컴팩트이다. □

연습문제

문제 16.5.1 Ascoli 정리(정리 16.5.9)가 정리 16.5.6을 유도함을 보이시오.

문제 16.5.2 위상공간 X와 거리공간 (Y, d)에 대하여 다음을 보이시오.

(1) 유한집합 $\mathscr{F} \subset \mathcal{C}(X, Y)$는 동등연속이다.

(2) 만약 $\mathcal{C}(X, Y)$상의 수열 $\{f_n\}$이 고르게 수렴하면 $\{f_n \mid n \in \mathbb{N}\}$은 동등연속이다.

문제 16.5.3 X를 컴팩트공간, $\{f_n\}$을 $\mathcal{C}(X, \mathbb{R}^k)$상의 수열이라 하자. 만약 모임 $\{f_n \mid n \in \mathbb{N}\}$이 점별유계이고 동등연속이면 수열 $\{f_n\}$은 고르게 수렴하는 부분수열을 가짐을 보이시오. 단, 여기서 $\mathbb{R}^k$는 유클리드공간이다.

문제 16.5.4 $[0, 1]$은 유클리드공간 $\mathbb{R}$의 부분공간이고 $f_n : [0, 1] \to \mathbb{R}$, $f_n(x) = x^n$이다.

(1) $\mathscr{F} = \{f_n \mid n \in \mathbb{N}\} \subset \mathcal{C}([0, 1], \mathbb{R})$는 점별유계임을 보이시오.

(2) 수열 $\{f_n\}$은 고르게 수렴하는 부분수열을 갖지 않음을 보이시오.

(3) 어떤 점에서 $\mathscr{F}$가 동등연속이 아닌가?

16.6 Stone-Weierstrass 정리 †

이제부터 Stone-Weierstrass 정리와 근사정리에 대해 알아보자. 이 절에서 $[0,1]$과 $[a,b]$는 항상 유클리드공간 $\mathbb{R}$의 부분공간이다.

기초정리 16.6.1 임의의 연속사상 $f:[0,1]\to\mathbb{R}$와 양의 실수 ε에 대하여

$$\rho(f,p)=\sup\{\,|f(x)-p(x)|\mid x\in[0,1]\,\}<\varepsilon$$

을 만족하는 다항함수 $p:[0,1]\to\mathbb{R}$가 존재한다.

증명 (i) 먼저 이항 방정식

$$(x+y)^n=\sum_{k=0}^{n}\binom{n}{k}x^k y^{n-k} \tag{16.1}$$

의 양변을 x에 관하여 미분하면

$$n(x+y)^{n-1}=\sum_{k=1}^{n}k\binom{n}{k}x^{k-1}y^{n-k}=\sum_{k=0}^{n}k\binom{n}{k}x^{k-1}y^{n-k}$$

이 성립한다. 그리고 이 식의 양변에 x를 곱하여

$$nx(x+y)^{n-1}=\sum_{k=0}^{n}k\binom{n}{k}x^k y^{n-k} \tag{16.2}$$

를 얻을 수 있다.

이제 (16.1)의 양변을 x에 관하여 두 번 미분하면

$$\begin{aligned} n(n-1)(x+y)^{n-2}&=\sum_{k=2}^{n}k(k-1)\binom{n}{k}x^{k-2}y^{n-k}\\ &=\sum_{k=0}^{n}k(k-1)\binom{n}{k}x^{k-2}y^{n-k}\end{aligned}$$

이 성립한다. 그리고 이 식의 양변에 x^2을 곱하여

$$n(n-1)x^2(x+y)^{n-2}=\sum_{k=0}^{n}k(k-1)\binom{n}{k}x^k y^{n-k} \tag{16.3}$$

를 얻을 수 있다.

이제 (16.1), (16.2), (16.3) 식에 $y=1-x$를 대입하면 $x+y=1$이므로 우리는

$$\sum_{k=0}^{n}\binom{n}{k}x^k(1-x)^{n-k}=1 \tag{16.1a}$$

$$\sum_{k=0}^{n}k\binom{n}{k}x^k(1-x)^{n-k}=nx \tag{16.2a}$$

$$\sum_{k=0}^{n}k(k-1)\binom{n}{k}x^k(1-x)^{n-k}=n(n-1)x^2 \tag{16.3a}$$

를 얻는다.

이제 $r_k(x)=\binom{n}{k}x^k(1-x)^{n-k}$이라 하면 (16.1a), (16.2a), (16.3a)에 의해

$$\sum_{k=0}^{n}r_k(x)=1 \tag{16.1b}$$

$$\sum_{k=0}^{n}kr_k(x)=nx \tag{16.2b}$$

$$\sum_{k=0}^{n}k(k-1)r_k(x)=n(n-1)x^2 \tag{16.3b}$$

이 성립한다. 그리고 (16.2b)와 (16.3b)에 의해

$$\begin{aligned}n(n-1)x^2&=\sum_{k=0}^{n}k(k-1)r_k(x)\\&=\sum_{k=0}^{n}k^2r_k(x)-\sum_{k=0}^{n}kr_k(x)\\&=\sum_{k=0}^{n}k^2r_k(x)-nx\end{aligned}$$

이므로

$$\sum_{k=0}^{n}k^2r_k(x)=n(n-1)x^2+nx \tag{16.3c}$$

이 성립한다. 따라서 우리는

$$\begin{aligned}\sum_{k=0}^{n}(k-nx)^2 r_k(x) &= \sum_{k=0}^{n}(k^2-2knx+n^2x^2)r_k(x)\\ &= \sum_{k=0}^{n}k^2 r_k(x) - 2nx\sum_{k=0}^{n}k r_k(x) + n^2x^2\sum_{k=0}^{n}r_k(x)\\ &= n(n-1)x^2 + nx - 2nx\cdot nx + n^2x^2\cdot 1\\ &= nx(1-x) \qquad (16.4)\end{aligned}$$

를 얻는다.

(ii) 한편 $f:[0,1]\to\mathbb{R}$가 연속이고 $[0,1]$이 컴팩트이므로 $f([0,1])$도 $\mathbb{R}$의 컴팩트집합이다. 그래서 Heine-Borel 정리에 의하여 $f([0,1])$은 $\mathbb{R}$의 유계인 닫힌 집합이다. 그러므로

$$|f(x)| \le M \quad \forall x\in[0,1]$$

을 만족하는 실수 M이 존재한다.

(iii) 그리고 $[0,1]$이 컴팩트이므로 $f:[0,1]\to\mathbb{R}$는 고른연속이다. 따라서 임의로 주어진 $\varepsilon>0$에 대하여

$$|x-y|<\delta \ \Rightarrow\ |f(x)-f(y)|<\frac{\varepsilon}{3}$$

을 만족하는 양의 실수 $\delta>0$가 존재한다.

(iv) 이제 각각의 $n\in\mathbb{N}$에 대하여 다음과 같이 정의된 다항함수

$$p_n:[0,1]\to\mathbb{R},\ p_n(x)=\sum_{k=0}^{n}\binom{n}{k}f\left(\frac{k}{n}\right)x^k(1-x)^{n-k}=\sum_{k=0}^{n}f\left(\frac{k}{n}\right)r_k(x)$$

들의 수열 $\{p_n\}$이 $(\mathcal{C}([0,1],\mathbb{R}),\rho)$에서 f로 수렴함을 보이면 충분하다.

이를 위해 임의로 주어진 x, n, δ에 대해

$$A=\{k\in\{0,1,\dots,n\}\mid |x-\frac{k}{n}|<\delta\},\ B=\{k\in\{0,1,\dots,n\}\mid |x-\frac{k}{n}|\ge\delta\}$$

이라 하자. 그러면 $A\cup B=\{0,1,\dots,n\}$, $A\cap B=\varnothing$이다. 먼저 $k\in A$이면 (iii)에 의해 $|f(x)-f(\frac{k}{n})|<\frac{\varepsilon}{3}$이 된다. 한편 $k\in B$이면 $(\frac{k-nx}{n\delta})^2\ge 1$이므로 (ii)에 의해

$$|f(x)-f(\frac{k}{n})|\le|f(x)|+|f(\frac{k}{n})|\le 2M\le 2M(\frac{k-nx}{n\delta})^2=\frac{2M}{n^2\delta^2}(k-nx)^2$$

이 된다. 그러므로

$$
\begin{aligned}
|f(x)-p_n(x)| &= |f(x)-\sum_{k=0}^{n} f(\frac{k}{n})r_k(x)| \\
&= |f(x)\sum_{k=0}^{n} r_k(x)-\sum_{k=0}^{n} f(\frac{k}{n})r_k(x)| && (\because \ (16.1.b)) \\
&= |\sum_{k=0}^{n}(f(x)-f(\frac{k}{n}))r_k(x)| \\
&\le \sum_{k=0}^{n}|f(x)-f(\frac{k}{n})|r_k(x) \\
&= \sum_{k\in A}|f(x)-f(\frac{k}{n})|r_k(x)+\sum_{k\in B}|f(x)-f(\frac{k}{n})|r_k(x) \\
&< \sum_{k\in A}\frac{\varepsilon}{3}r_k(x)+\sum_{k\in B}\frac{2M}{n^2\delta^2}(k-nx)^2 r_k(x) \\
&= \frac{\varepsilon}{3}\sum_{k\in A}r_k(x)+\frac{2M}{n^2\delta^2}\sum_{k\in B}(k-nx)^2 r_k(x) \\
&\le \frac{\varepsilon}{3}\sum_{k=0}^{n}r_k(x)+\frac{2M}{n^2\delta^2}\sum_{k=0}^{n}(k-nx)^2 r_k(x) \\
&= \frac{\varepsilon}{3}+\frac{2M}{n^2\delta^2}nx(1-x) && (\because \ (16.1.b),\ (16.4))
\end{aligned}
$$

이 성립한다. 한편 $x(1-x)\le\frac{1}{4}(\forall x\in[0,1])$이므로 모든 $x\in[0,1]$에 대하여

$$
|f(x)-p_n(x)| < \frac{\varepsilon}{3}+\frac{2M}{n\delta^2}\cdot\frac{1}{4}=\frac{\varepsilon}{3}+\frac{M}{2n\delta^2}
$$

이 성립한다. 이제 $\frac{M}{2n_0\delta^2}<\frac{\varepsilon}{3}$을 만족하는 자연수 $n_0\in\mathbb{N}$에 대하여

$$
n>n_0 \ \Rightarrow \ |f(x)-p_n(x)| < \frac{\varepsilon}{3}+\frac{M}{2n\delta^2} < \frac{\varepsilon}{3}+\frac{\varepsilon}{3}=\frac{2}{3}\varepsilon \quad \forall x\in[0,1]
$$

이므로

$$
n>n_0 \ \Rightarrow \rho(f(x),p_n(x)) \le \frac{2}{3}\varepsilon < \varepsilon
$$

이 된다. □

정리 16.6.2 (Weierstrass 근사정리[24]) 임의의 연속사상 $f:[a,b]\to\mathbb{R}$와 양의 실수 ε에 대하여

$$\rho(f,p)=\sup\{|f(x)-p(x)| \mid x\in[a,b]\}<\varepsilon$$

을 만족하는 다항함수 $p:[a,b]\to\mathbb{R}$가 존재한다.

(증명) $\mathbb{R}$의 두 부분공간 $[0,1]$, $[a,b]$에 대하여 다항함수

$$h:[a,b]\to[0,1],\quad h(x)=\frac{x-a}{b-a}=\frac{1}{b-a}(x-a)$$

는 위상동형사상이다. 그리고 h의 역사상

$$h^{-1}:[0,1]\to[a,b],\quad h^{-1}(y)=(b-a)y+a$$

도 다항함수이다. 주어진 f에 대하여 합성함수 $f\circ h^{-1}:[0,1]\to\mathbb{R}$가 연속이므로 기초정리 16.6.1에 의하여

$$\rho(f\circ h^{-1},q)=\sup\{|f\circ h^{-1}(y)-q(y)| \mid y\in[0,1]\}<\varepsilon$$

을 만족하는 다항함수 $q:[0,1]\to\mathbb{R}$가 존재한다. 그러면 h와 q가 모두 다항함수이므로 $p=q\circ h:[a,b]\to\mathbb{R}$도 다항함수이다. 그리고 주어진 $y\in[0,1]$에 대하여 $x=h^{-1}(y)\in[a,b]$이라 하고, 주어진 $x\in[a,b]$에 대하여 $y=h(x)\in[0,1]$이라 하면 $f(h^{-1}(y))-q(y)=f(x)-q(h(x))$이 된다. 그러므로

$$\{|f\circ h^{-1}(y)-q(y)| \mid y\in[0,1]\}=\{|f(x)-q(h(x))| \mid x\in[a,b]\}$$

이다. 따라서 $\rho(f,p)=\rho(f,q\circ h)=\rho(f\circ h^{-1},q)<\varepsilon$을 만족한다. □

따름정리 16.6.3 임의의 연속사상 $f:[a,b]\to\mathbb{R}^n$와 양의 실수 ε에 대하여

$$\rho(f,p)=\sup\{\|f(x)-p(x)\| \mid x\in[a,b]\}<\varepsilon$$

을 만족하는 다항함수 $p:[a,b]\to\mathbb{R}^n$가 존재한다.

(증명) $f=(f_1,f_2,\ldots,f_n):[a,b]\to\mathbb{R}^n$이라 하자. 그러면 연속사상 f의 모든 성분함수

24) Weierstrass approximation theorem

$f_i : [a, b] \to \mathbb{R}$는 연속이다. 그러므로 정리 16.6.2에 의하여

$$\rho(f_i, p_i) = \sup\{\, |f_i(x) - p_i(x)| \mid x \in [a, b]\} < \frac{\varepsilon}{2n}$$

을 만족하는 다항함수 $p_i : [a, b] \to \mathbb{R}$가 존재한다. 그러면 다항함수

$$p = (p_1, p_2, \dots, p_n) : [a, b] \to \mathbb{R}^n$$

는

$$\|f(x) - p(x)\| \leq \sum_{i=1}^{n} |f_i(x) - p_i(x)| < \frac{\varepsilon}{2} \quad \forall x \in [a, b]$$

을 만족하므로

$$\rho(f, p) = \sup\{\, \|f(x) - p(x)\| \mid x \in [a, b]\} \leq \frac{\varepsilon}{2} < \varepsilon$$

이 된다. □

이제 Weierstrass 근사정리를 보다 일반화하여 보자.

정리 16.6.4 (Stone-Weierstrass 정리[25]) X를 컴팩트 하우스도르프공간, $\mathbb{R}$을 유클리드공간이라 하자. 만약 $\mathscr{F} \subset \mathcal{C}(X, \mathbb{R})$가 다음 세 조건

(i) 임의의 $f, g \in \mathscr{F}$와 $\alpha \in \mathbb{R}$에 대하여 $f + g,\ f \cdot g,\ \alpha f \in \mathscr{F}$이다;

(ii) 상수함수 $c : X \to \mathbb{R}$, $c(x) = 1$에 대해 $c \in \mathscr{F}$이다;

(iii) 임의의 서로 다른 두 점 $x, y \in X$에 대하여 $f(x) \neq f(y)$를 만족하는 $f \in \mathscr{F}$가 존재한다;

을 만족하면 $\mathscr{F}$는 $(\mathcal{C}(X, \mathbb{R}), \rho)$의 조밀한 부분집합이다.

증명 (1) 먼저 $\mathscr{F}$의 폐포 $\overline{\mathscr{F}}$도 조건 (i), (ii), (iii)을 만족함을 보이자. $\mathscr{F} \subset \overline{\mathscr{F}}$이므로 $\overline{\mathscr{F}}$는 조건 (ii)와 (iii)을 만족한다.

이제 $\overline{\mathscr{F}}$가 조건 (i)을 만족함을 보이자. 만약 $f, g \in \overline{\mathscr{F}}$이면 $f_n \to f$, $g_n \to g$를 만족하는 수열 $f_n, g_n \in \mathscr{F}$이 존재한다(따름정리 4.3.14(2)). 그리고

25) Stone-Weierstrass theorem

조건 (i)에 의해 $f_n + g_n \in \mathscr{F}$이고 $f_n + g_n \to f + g$이므로 $f + g \in \overline{\mathscr{F}}$이다. 나머지 경우도 같은 방법으로 보일 수 있다.

(2) 만약 $f \in \overline{\mathscr{F}}$이면 $|f| \in \overline{\mathscr{F}}$임을 보이자. 주어진 $f \in \overline{\mathscr{F}} \subset (\mathcal{C}(X, \mathbb{R}), \rho)$가 연속이고 X가 컴팩트이므로 $f(X)$는 $\mathbb{R}$의 컴팩트집합이다. 따라서 $f(X)$가 유계이므로 $f(X) \subset [-n, n]$을 만족하는 자연수 $n \in \mathbb{N}$이 존재한다. 그리고

$$k : [-n, n] \to \mathbb{R}, \quad k(t) = |t|$$

가 연속이므로 정리 16.6.2에 의해

$$|k(t) - p(t)| = ||t| - p(t)| < \frac{1}{n} \quad \forall t \in [-n, n]$$

을 만족하는 다항함수 $p : [-n, n] \to \mathbb{R}$가 존재한다. 그리고 (1)에 의해 $\overline{\mathscr{F}}$가 조건 (i), (ii)를 만족하므로 $p \circ f \in \overline{\mathscr{F}}$이다. 따라서

$$||f(x)| - p(f(x))| < \frac{1}{n} \quad \forall x \in X$$

이므로 $|f| \in \overline{(\overline{\mathscr{F}})}$이다. 그리고 $\overline{(\overline{\mathscr{F}})} = \overline{\mathscr{F}}$이므로 $|f| \in \overline{\mathscr{F}}$이다.

(3) 임의로 주어진 $f, g \in \overline{\mathscr{F}}$에 대하여

$$f \vee g : X \to \mathbb{R}, \quad (f \vee g)(x) = \max\{f(x), g(x)\}$$
$$f \wedge g : X \to \mathbb{R}, \quad (f \wedge g)(x) = \min\{f(x), g(x)\}$$

이라 하자. 그러면

$$f \vee g = \frac{f + g}{2} + \frac{|f - g|}{2}, \quad f \wedge g = \frac{f + g}{2} + \frac{|f - g|}{2}$$

이므로 (1)과 (2)에 의해 $f \vee g,\ f \wedge g \in \overline{\mathscr{F}}$이다.

(4) 이제 $\overline{\mathscr{F}} = \mathcal{C}(X, \mathbb{R})$임을 보이자. 이를 위해 $h \in \mathcal{C}(X, \mathbb{R})$이라 하자. 우리는 $h \in \overline{\mathscr{F}}$임을 보이면 된다.

(4.1) 먼저 $x_1, x_2 \in X$를 서로 다른 두 점이라 하자. 그러면 $\mathscr{F}$가 조건 (iii)을 만족하므로 $g(x_1) \neq g(x_2)$인 $g \in \mathscr{F}$가 존재한다. 이제

$$f_{x_1 x_2}(x) = \alpha g(x) + \beta = \alpha g(x) + \beta \cdot 1 \in \mathscr{F}$$

이라 하자. 단, 여기서 $\alpha = \frac{h(x_1) - h(x_2)}{g(x_1) - g(x_2)}$, $\beta = \frac{g(x_1)h(x_2) - h(x_1)g(x_2)}{g(x_1) - g(x_2)}$이다. 그러면

$$f_{x_1 x_2}(x_1) = h(x_1), \quad f_{x_1 x_2}(x_2) = h(x_2)$$

이다.

(4.2) 이제 임의의 양의 실수 $\varepsilon > 0$이 주어졌다고 하자. 그리고 임의의 점 $x \in X$를 고정하자. 그러면 각각의 점 $y \in X - \{x\}$에 대해 $f_{yx} - h : X \to \mathbb{R}$가 연속이고

$$f_{yx}(x) - h(x) = 0, \quad f_{yx}(y) - h(y) = 0 \tag{16.5}$$

이므로

$$U_y = (f_{yx} - h)^{-1}((-\varepsilon, \varepsilon))$$

는 x와 y를 포함하는 X의 열린집합이다. 특별히

$$f_{yx}(z) - h(z) > -\varepsilon \quad \forall z \in U_y \tag{16.6}$$

이다. 한편 $\{U_y \mid y \in X - \{x\}\}$가 컴팩트공간 X의 열린덮개이므로 유한개의 $U_{y_1}, \ldots, U_{y_k}$가 존재하여 $X = U_{y_1} \cup \cdots \cup U_{y_k}$를 만족한다. 그리고 (3)에 의해 $f_x = f_{y_1 x} \vee \cdots \vee f_{y_k x} \in \overline{\mathscr{F}}$이고, (16.5)와 (16.6)에 의해

$$\begin{aligned} &f_x(x) - h(x) = 0, \\ &f_x(z) - h(z) > -\varepsilon \quad \forall z \in X \end{aligned} \tag{16.7}$$

이다.

(4.3) 각각의 점 $x \in X$에 대하여 $f_x : X \to \mathbb{R}$가 연속이므로 $f_x - h : X \to \mathbb{R}$도 연속이다. 그리고 $f_x(x) - h(x) = 0$이므로

$$V_x = (f_x - h)^{-1}((-\varepsilon, \varepsilon))$$

는 x를 포함하는 X의 열린집합이다. 특별히

$$f_x(z) - h(z) < \varepsilon \quad \forall z \in V_x \tag{16.8}$$

를 만족한다. 그리고 $\{V_x \mid x \in X\}$가 컴팩트공간 X의 열린덮개이므로 유한개의 $V_{x_1}, \ldots, V_{x_m}$이 존재하여

$$X = V_{x_1} \cup \cdots \cup V_{x_m}$$

을 만족한다. 그러면 (3)에 의해 $f = f_{x_1} \wedge \cdots \wedge f_{x_m} \in \overline{\mathscr{F}}$이다. 더구나 (16.7)과 (16.8)에 의해

$$|f(z)-h(z)|<\varepsilon \quad \forall z \in X$$

이 성립하므로 $h \in \overline{(\overline{\mathscr{F}})}$ 이다. 그리고 $\overline{(\overline{\mathscr{F}})} = \overline{\mathscr{F}}$ 이므로 $h \in \overline{\mathscr{F}}$ 이다.
따라서 $\overline{\mathscr{F}} = \mathcal{C}(X, \mathbb{R})$ 이다. □

따름정리 16.6.5 $\mathbb{R}$, $\mathbb{R}^m$을 유클리드공간, X를 $\mathbb{R}^m$의 컴팩트 부분공간이라 하자. 그러면 X에서 $\mathbb{R}$로의 다항함수들의 모임

$$\mathscr{P} = \{p \mid p : X \to \mathbb{R}\text{는 다항함수}\}$$

는 $(\mathcal{C}(X, \mathbb{R}), \rho)$의 조밀한 부분집합이다.

증명 $\mathscr{P}$가 정리 16.6.4의 조건 (i), (ii), (iii)을 만족하므로 성립한다. □

정리 16.6.6 (Stone-Weierstrass 근사정리[26]) $\mathbb{R}^m$과 $\mathbb{R}^n$을 유클리드공간이라 하고, X를 $\mathbb{R}^m$의 컴팩트 부분공간이라 하자. 그러면 임의의 연속사상 $f : X \to \mathbb{R}^n$와 양의 실수 ε에 대하여

$$\rho(f, p) = \sup\{\|f(x) - p(x)\| \mid x \in X\} < \varepsilon$$

을 만족하는 다항함수 $p : X \to \mathbb{R}^n$가 존재한다.

증명 따름정리 16.6.5를 사용하여 따름정리 16.6.3의 증명과 같은 방법으로 보일 수 있다. □

연습문제

문제 16.6.1 $I = [0, 1]$을 유클리드공간 $\mathbb{R}$의 부분공간이라 하자. 이제 $\mathcal{C}(I, \mathbb{R})$상의 상한거리

$$\rho(f, g) = \sup\{|f(x) - g(x)| \mid x \in I\}$$

를 갖는 거리공간 $(\mathcal{C}(I, \mathbb{R}), \rho)$에 대하여 다음을 보이시오.
(1) $(\mathcal{C}(I, \mathbb{R}), \rho)$는 가분이다.

26) Stone-Weierstrass approximation theorem

(2) $(\mathcal{C}(I,\mathbb{R}),\rho)$는 제1가산이다.

(3) $(\mathcal{C}(I,\mathbb{R}),\rho)$는 제2가산이다.

문제 16.6.2 K가 유클리드공간 $\mathbb{R}^n$의 컴팩트 부분공간이면 상한거리공간 $(\mathcal{C}(K,\mathbb{R}^n),\rho)$는 가분이고 제2가산임을 보이시오.

17장

기본군과 덮개공간

CONTENTS

위상수학의 기본적인 문제 중 하나는 주어진 두 위상공간이 위상동형인지 아닌지를 판별하는 것이다. 이러한 문제를 해결할 수 있는 일반적인 방법은 없지만, 특별한 경우에 적용할 수 있는 기법들은 있다.

먼저 주어진 두 위상공간이 위상동형임을 보이려면 우리는 위상동형사상을 하나만 만들어 내면 된다.

그러나 주어진 두 위상공간이 위상동형이 아님을 보일 때는 전혀 다른 상황이 된다. 이를 위해 우리는 모든 연속사상이 연속인 역사상을 갖지 않음을 보여야 한다. 이는 생각보다 까다로운 일이다. 다른 방법으로는 특별한 경우에 지금까지 배운 위상적 성질들을 이용하여 두 위상공간이 위상동형이 아님을 판별할 수 있다. 즉, 어떤 특정한 위상적 성질에 대하여 한 위상공간은 이를 만족하고 다른 위상공간은 이를 만족하지 않으면 두 위상공간은 위상동형이 아니다. 예를 들어 유클리드공간 $\mathbb{R}$의 두 부분공간 $[0,1]$과 $(0,1)$에 대해 $[0,1]$은 컴팩트이지만 $(0,1)$은 컴팩트가 아니므로 이 두 공간은 위상동형이 아니다. 다른 예로 유클리드공간 $\mathbb{R}$은 연결공간이지만 $\mathbb{R}$의 부분공간 $\mathbb{R}-\{0\}$은 연결공간이 아니므로 이 두 공간은 위상동형이 아니다.

하지만 지금까지 배운 내용으로는 $\mathbb{R}^2$와 $\mathbb{R}^2-\{\mathbf{0}\}$이 서로 위상동형인지 아닌지를 판별하는 것은 매우 어려운 일이다. 따라서 우리는 이 장에서 새로운 위상적 불변량인 기본군에 대해 배울 것이다. 이는 주어진 위상공간 X에 대하여 대수적 구조인 군(group) $\pi_1(X)$를 대응시키는 것이다. 특별히 두 위상공간 X와 Y가 위상동형이면 이에 대응하는 두 군 $\pi_1(X)$와 $\pi_1(Y)$가 서로 군 동형이 되어 이는 위상적 불변량이 된다. 예를 들어 나중에 배우겠지만 $\pi_1(\mathbb{R}^2)=\{0\}$과 $\pi_1(\mathbb{R}^2-\{\mathbf{0}\})=\mathbb{Z}$는 군 동형이 아니므로 $\mathbb{R}^2$와 $\mathbb{R}^2-\{\mathbf{0}\}$은 서로 위상동형이 아니다.

위상수학을 흔히 고무판 위의 기하학이라 한다. 고무판 위에 어떤 도형을 그려 놓으면 그 고무판을 자르거나 구멍을 내지 않고 얼마든지 도형을 늘이거나 줄일 수 있고 원이 타원이나 임의의 단순폐곡선으로 변형될 수 있다. 그러나 선분은 아무리 변형시켜도 원이 될 수는 없다. 이는 도형을 아무리 변형시켜도 변하지 않는 구조적 불변량이 있기 때문이다. 이러한 불변량 중 하나가 기본군이다.

17.1 변이(homotopy)

먼저 다음과 같이 정의된 두 연속사상

$$f, g : [-1, 1] \to \mathbb{R}^2,\ f(x) = (x, 0),\ g(x) = (x, \sqrt{1-x^2})$$

를 생각해 보자. 그러면 f의 상 $f([-1,1])$은 선분 $[-1,1]\times\{0\}$이고, g의 상 $g([-1, 1])$은 반원이다. 두 함수 f와 g는 서로 다른 사상이지만 이들 사이는 연속사상들을 채워 넣음으로써 f로부터 g까지 연속적으로 변형시켜 갈 수 있다(그림 17.1 참조). 보다 구체적으로 각각의 $t\in[0,1]$에 대하여 $f_t : [-1,1] \to \mathbb{R}^2$를 $f_t(x) = (x, t\sqrt{1-x^2})$으로 정의하면 f_t는 연속사상이고 $f_0 = f$, $f_1 = g$가 된다. 그리고

$$F : [-1,1]\times[0,1] \to \mathbb{R}^2,\ F(x,t) = f_t(x) = (x, t\sqrt{1-x^2})$$

도 연속사상이고 $F(x,0) = f(x)$, $F(x,1) = g(x)$이다. 따라서 $F(\cdot, t) = f_t$는 $t=0$일 때 f로부터 출발하여 $t=1$일 때 g에 도착하는 연속과정이다. 이와 같은 과정을 변이라 한다. 한편 이와 같이 사상 f_t가 연속적으로 변화되어 가는 과정에서 두 점 -1과 1의 상은 변하지 않는다. 즉, 모든 $t\in[0,1]$에 대하여 $F(-1,t) = f(-1) = g(-1) = (-1,0)$과 $F(1,t) = f(1) = g(1) = (1,0)$으로 고정된다. 이러한 경우 F를 집합 $\{-1,1\}$에 대한 상대변이라 한다.

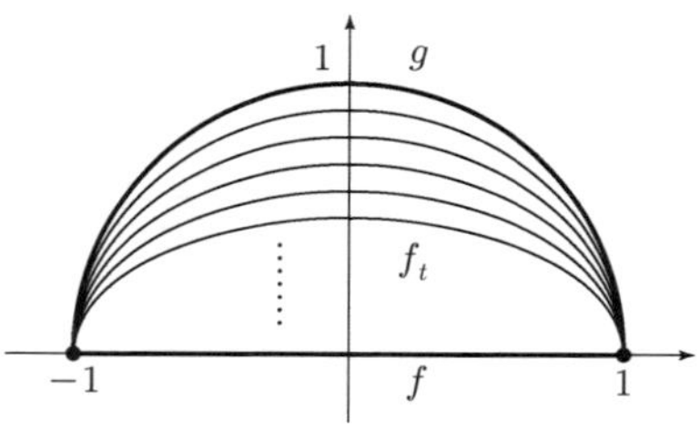

그림 17.1 • 변이

정의 17.1.1 (1) 두 위상공간 X와 Y 사이의 두 연속사상 $f, g : X \to Y$가 변이적(homotopic)이란 연속사상

$$F : X\times I \to Y \quad \text{s.t.} \quad F(x,0) = f(x)\ \forall x\in X,$$
$$F(x,1) = g(x)\ \forall x\in X$$

가 존재하는 경우를 뜻한다. 단, 여기서 $I=[0,1]$은 유클리드공간 $\mathbb{R}$의 부분공간이다 (그림 17.2 참조). 이 경우 F를 f에서 g로의 **변이**(homotopy)라 한다. 그리고 $f \simeq g$, $f \overset{F}{\simeq} g$ 또는 $F: f \simeq g$로 표기한다.

특별히 f가 상수사상과 변이적이면 우리는 f를 **퇴화변이적**(null homotopic)이라 한다.

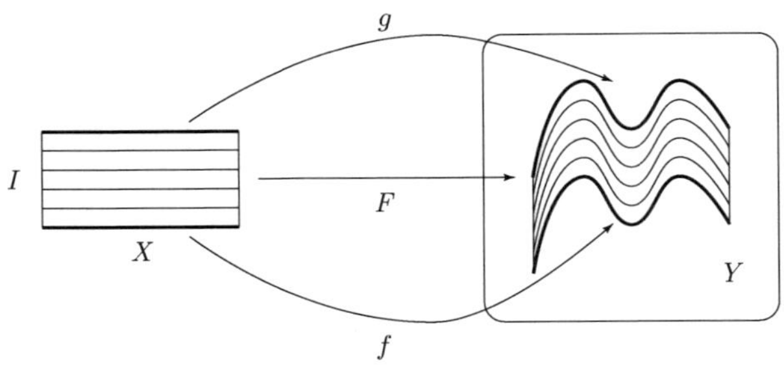

그림 17.2 • 변이

(2) X와 Y를 위상공간이라 하고 $A \subset X$이라 하자. 그리고 두 연속사상 $f,\ g: X \to Y$가 $f|_A = g|_A$이라 하자. f와 g가 A에 **상대적으로 변이적** 또는 간단히 **상대 변이적**(relatively homotopic)이란 다음을 만족하는 연속사상(변이)

$$
\begin{aligned}
F: X \times I \to Y \quad \text{s.t.} \quad & F(x,0) = f(x) \ \ \forall x \in X, \\
& F(x,1) = g(x) \ \ \forall x \in X, \\
& F(a,t) = f(a) = g(a) \ \ \forall a \in A,\ \forall t \in I
\end{aligned}
$$

가 존재하는 경우를 뜻한다. 이러한 F를 f에서 g로의 **상대 변이**(relative homotopy)라 한다. 이 경우 $f \simeq g\ (\mathrm{rel}\, A)$, $f \overset{F}{\simeq} g\ (\mathrm{rel}\, A)$ 또는 $F: f \simeq g\ (\mathrm{rel}\, A)$로 표기한다.

보기 17.1.2 (1) X를 위상공간이라 하고 $\mathbb{R}^n$을 유클리드공간이라 하자. 그러면 임의의 두 연속사상 $f, g: X \to \mathbb{R}^n$는 변이적이다. 실제로 변이 $F: X \times I \to \mathbb{R}^n$를 $F(x,t) = (1-t)f(x) + tg(x)$로 정의하면 된다. 따라서 모든 연속사상 $f: X \to \mathbb{R}^n$는 퇴화변이적이다.

(2) 유클리드공간 $\mathbb{R}^n$의 부분공간 Y가 **볼록**(convex)이란 임의의 두 점 $\mathbf{a}, \mathbf{b} \in Y$를 잇는 선분 $\{(1-t)\mathbf{a} + t\mathbf{b} \in \mathbb{R}^n \mid 0 \le t \le 1\}$이 Y에 포함되는 것을 의미한다.

이제 X를 위상공간이라 하고 Y를 $\mathbb{R}^n$의 볼록인 부분공간이라 하자. 그러면 임의의 두 연속사상 $f, g : X \to Y$는 변이적이다. 실제로 변이 $F : X \times I \to Y$를 $F(x,t) = (1-t)f(x) + tg(x)$로 정의하면 된다.

(3) 유클리드공간 $\mathbb{R}^2$의 부분공간인 단위 원 S^1에 대하여 $\mathrm{id} : S^1 \to S^1$를 항등사상이라 하고 $g : S^1 \to S^1$를 $g(\mathbf{x}) = -\mathbf{x}$이라 하면 변이

$$F : S^1 \times I \to S^1,\ F((\cos\theta, \sin\theta), t) = (\cos(\theta + t\pi), \sin(\theta + t\pi))$$

에 의해 $\mathrm{id} \simeq g$이다.

(4) 유클리드공간 $\mathbb{R}^{n+1}$의 부분공간인 단위 구면 S^n을 생각하자. 만약 두 연속사상 $f, g : X \to S^n$가 모든 $x \in X$에 대하여 $f(x) \neq -g(x)$를 만족하면 변이

$$F : X \times I \to S^n,\ F(x,t) = \frac{(1-t)f(x) + tg(x)}{\|(1-t)f(x) + tg(x)\|}$$

에 의해 $f \simeq g$이다.[1)]

(5) 주어진 두 연속사상

$$f : [0,1] \to S^1,\quad f(x) = (\cos 2\pi x, \sin 2\pi x),$$
$$g : [0,1] \to S^1,\quad g(x) = (1, 0)$$

는 변이 $F(x,t) = (\cos 2\pi(1-t)x, \sin 2\pi(1-t)x)$에 의하여 $f \simeq g\ (\mathrm{rel}\{0\})$이다. 그러나

$$F(1, \frac{1}{2}) = (\cos\pi, \sin\pi) = (-1, 0) \neq (1, 0) = f(1) = g(1)$$

이므로 $f \overset{F}{\simeq} g\ (\mathrm{rel}\,\{0, 1\})$은 되지 않는다.

성질 17.1.3 X, Y를 위상공간이라 하고 $\mathcal{C}(X, Y)$를 X에서 Y로의 연속사상들의 모임이라 하자. 그러면 변이 $\simeq$는 집합 $\mathcal{C}(X, Y)$상의 동치관계이다.

증명 (반사율) 임의의 연속사상 $f : X \to Y$에 대하여 $F : X \times I \to Y$를 $F(x,t) = f(x)$로 정의하면 $f \overset{F}{\simeq} f$이다.

---

1) 모든 $x \in X$와 $t \in I$에 대해 $(1-t)f(x) + tg(x) \neq \mathbf{0}$이므로 F는 잘 정의된다. 구체적으로 만약 $(1-t)f(x) + tg(x) = \mathbf{0}$이라 가정하면 $(1-t)f(x) = -tg(x)$이고 $\|f(x)\| = \|g(x)\| = 1$이므로 $1 - t = \|(1-t)f(x)\| = \|-tg(x)\| = t$가 되어 $t = \frac{1}{2}$이다. 따라서 $\frac{1}{2}f(x) = -\frac{1}{2}g(x)$이므로 $f(x) = -g(x)$이다. 이는 가정에 모순이다.

(대칭률) 만약 두 연속사상 $f, g: X \to Y$가 변이적이면 $f \overset{F}{\simeq} g$인 변이 $F: X \times I \to Y$가 존재한다. 이제 $G: X \times I \to Y$를 $G(x,t) = F(x, 1-t)$로 정의하면 $g \overset{G}{\simeq} f$이다.

(추이율) 만약 $f \overset{F}{\simeq} g$이고 $g \overset{G}{\simeq} h$이면 변이 $H: X \times I \to Y$를

$$H(x,t) = \begin{cases} F(x, 2t), & 0 \le t \le \frac{1}{2} \\ G(x, 2t-1), & \frac{1}{2} \le t \le 1 \end{cases}$$

으로 정의하면 H는 잘 정의되고 붙임보조정리(기초정리 5.1.14)에 의하여 연속이다(그림 17.3과 17.4 참조). 그리고 자명하게 $f \overset{H}{\simeq} h$이다. □

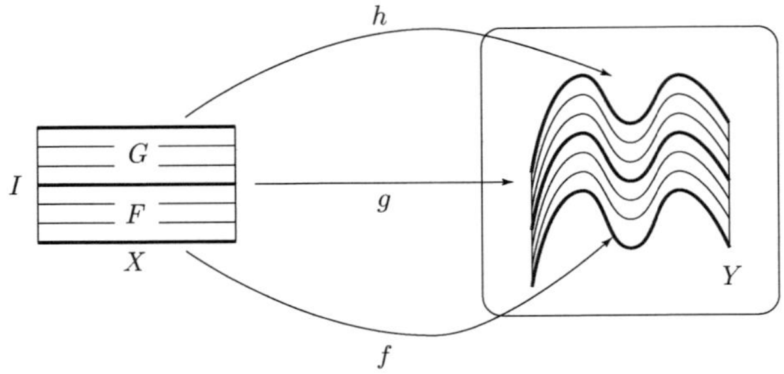

그림 17.3 • 변이곱 H 만들기

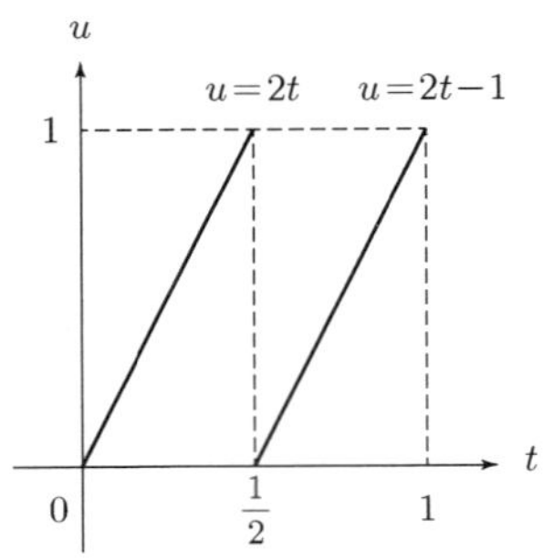

그림 17.4 • 변수 t 조절하기

성질 17.1.4 X, Y, Z는 위상공간이고 $f_0, f_1: X \to Y$과 $g_0, g_1: Y \to Z$은 모두 연속사상이라 하자. 만약 $f_0 \simeq f_1$이고 $g_0 \simeq g_1$이면 $g_0 \circ f_0 \simeq g_1 \circ f_1$이다.

증명 먼저 $f_0 \overset{F}{\simeq} f_1$, $g_0 \overset{G}{\simeq} g_1$이라 하자. 그러면 합성사상

$$g_0 \circ F : X \times I \xrightarrow{F} Y \xrightarrow{g_0} Z$$

에 의하여 $g_0 \circ f_0 \simeq g_0 \circ f_1$이다. 한편 합성사상

$$G \circ (f_1 \times \mathrm{id}_I) : X \times I \to Y \times I \to Z$$

에 의하여 $g_0 \circ f_1 \simeq g_1 \circ f_1$이다. 따라서 성질 17.1.3에 의하여 $g_0 \circ f_0 \overset{H}{\simeq} g_1 \circ f_1$이 성립한다. 여기서

$$H : X \times I \to Z, \quad H(x,t) = \begin{cases} g_0 \circ F(x, 2t), & 0 \le t \le \frac{1}{2} \\ G(F(x,1), 2t-1), & \frac{1}{2} \le t \le 1 \end{cases}$$

이다. □

정의 17.1.5 연속사상 $f : X \to Y$가 **변이동치**(homotopy equivalence)란

$$g \circ f \simeq \mathrm{id}_X, \quad f \circ g \simeq \mathrm{id}_Y$$

를 만족하는 연속사상 $g : Y \to X$가 존재함을 의미한다. 이러한 g를 f의 **변이역**(homotopy inverse)이라 한다. 그리고 두 위상공간 X와 Y 사이에 변이동치 $f : X \to Y$가 존재하는 경우 X와 Y는 **변이적**(homotopic) 또는 **같은 변이형태**(same homotopy type)를 갖는다고 한다. 그리고 $X \simeq Y$로 표기한다.

보기 17.1.6 유클리드공간 $\mathbb{R}^2$의 부분공간 $D^2 = \{(x,y) \mid x^2 + y^2 \le 1\}$은 한 점으로 이루어진 공간 $\{\mathbf{0}\}$과 변이적이다. 즉, $D^2 \simeq \{\mathbf{0}\}$이다. 왜냐하면 포함사상 $i : \{\mathbf{0}\} \hookrightarrow \mathrm{D}^2$와 상수사상 $c : D^2 \to \{\mathbf{0}\}$에 대해 $c \circ i : \{\mathbf{0}\} \to \{\mathbf{0}\}$는 $c \circ i = \mathrm{id}_{\{\mathbf{0}\}}$이다. 그리고 $i \circ c : D^2 \to D^2$이고 D^2가 볼록이므로 보기 17.1.2(2)에 의해 $i \circ c \simeq \mathrm{id}_{D^2}$이다(구체적으로 $F(x,t) = tx$이다). 따라서 i는 c를 변이역으로 갖는 변이동치이다.

성질 17.1.7 위상동형인 두 위상공간은 서로 변이적이다. 즉, $X \cong Y$이면 $X \simeq Y$이다.

증명 만약 두 위상공간 X와 Y가 위상동형이면 위상동형사상 $f : X \to Y$와 연속인 역사상 $f^{-1} : Y \to X$이 존재하여 $f^{-1} \circ f = \mathrm{id}_X$, $f \circ f^{-1} = \mathrm{id}_Y$이다. 따라서 당연히 $f^{-1} \circ f \simeq \mathrm{id}_X$, $f \circ f^{-1} \simeq \mathrm{id}_Y$이다. □

보기 17.1.8 성질 17.1.7의 역은 성립하지 않는다. 예를 들어 유클리드공간 $\mathbb{R}^2$의 두 부분공간 단위 원 S^1과 $\mathbb{R}^2-\{\mathbf{0}\}$은 변이적이지만 위상동형은 아니다.

먼저 Heine-Borel 정리에 의하여 S^1은 컴팩트이지만 $\mathbb{R}^2-\{\mathbf{0}\}$은 컴팩트가 아니므로 S^1과 $\mathbb{R}^2-\{\mathbf{0}\}$은 위상동형이 아니다.

이제 S^1과 $\mathbb{R}^2-\{\mathbf{0}\}$이 변이적임을 보이자. 포함사상 $f: S^1 \hookrightarrow \mathbb{R}^2-\{\mathbf{0}\}$, $f(\mathbf{x})=\mathbf{x}$와 연속사상 $g:\mathbb{R}^2-\{\mathbf{0}\} \to S^1$, $g(\mathbf{x})=\dfrac{\mathbf{x}}{\|\mathbf{x}\|}$를 생각하자. 그러면 $g\circ f=\mathrm{id}_{S^1}$이다. 한편 모든 점 $\mathbf{x}\in\mathbb{R}^2-\{\mathbf{0}\}$에 대해 $f\circ g(\mathbf{x})=\dfrac{\mathbf{x}}{\|\mathbf{x}\|}$이다. 그리고 변이

$$F:(\mathbb{R}^2-\{\mathbf{0}\})\times \mathrm{I} \to \mathbb{R}^2-\{\mathbf{0}\},\quad F(\mathbf{x},t)=(1-t)\frac{\mathbf{x}}{\|\mathbf{x}\|}+t\mathbf{x}$$

에 의해 $f\circ g\simeq \mathrm{id}_{\mathbb{R}^2-\{\mathbf{0}\}}$이다. 따라서 $S^1\simeq\mathbb{R}^2-\{\mathbf{0}\}$이다.

이상에서 알 수 있듯이 변이적이란 위상공간들의 모임에 정의된 관계로서 위상동형보다는 약한 관계이다.

성질 17.1.9 $\simeq$는 위상공간들의 집합상의 동치관계이다.

증명 (반사율) 임의의 위상공간 X에 대하여 항등사상 $\mathrm{id}_X: X\to X$이 변이동치이므로 $X\simeq X$이다.

(대칭률) 만약 두 위상공간 X와 Y가 $X\simeq Y$이면 변이동치 $f:X\to Y$와 이의 변이역 $g:Y\to X$가 존재한다. 자명하게 g도 변이동치이므로 $Y\simeq X$이다.

(추이율) 이제 위상공간 X, Y, Z가 $X\simeq Y$, $Y\simeq Z$이라 하자. 먼저 $X\simeq Y$이므로 변이동치 $f:X\to Y$와 이의 변이역 $g:Y\to X$가 존재하여 $g\circ f\simeq \mathrm{id}_X$, $f\circ g\simeq \mathrm{id}_Y$를 만족한다. 한편 $Y\simeq Z$이므로 변이동치 $h:Y\to Z$와 이의 변이역 $k:Z\to Y$가 존재하여 $k\circ h\simeq\mathrm{id}_Y$, $h\circ k\simeq \mathrm{id}_Z$를 만족한다. 그러면 성질 17.1.4에 의하여

$$(g\circ k)\circ(h\circ f)=g\circ(k\circ h)\circ f\simeq g\circ \mathrm{id}_Y\circ f=g\circ f\simeq\mathrm{id}_X,$$
$$(h\circ f)\circ(g\circ k)=h\circ(f\circ g)\circ k\simeq h\circ\mathrm{id}_Y\circ k=h\circ k\simeq\mathrm{id}_Z$$

이므로 합성사상 $h\circ f:X\to Z$는 변이동치이다. 따라서 $X\simeq Z$이다. □

위상공간들을 분류하는 것이 위상수학의 목표라 할 수 있다. 그런데 위상공간들을 분류하는 것은 이들의 동치관계에 의하여 분류하는 것을 뜻하므로 우리는 위상공간들을 분류할 수 있는 두 가지 동치관계를 갖게 되었다. 하나는 위상동형 관계 $\cong$이고, 다른 하나는 변이적 관계 $\simeq$이다.

일반적으로 위상동형 관계 $\cong$에 의한 분류 방법은 특수한 경우를 제외하고는 발견되지 않고 있다. 이러한 분류 방법 중 하나가 14장에서 배운 곡면의 분류 정리이다. 이에 비해 변이적 관계 $\simeq$에 의한 분류 방법은 여러 가지가 있다. 우리가 17.2절에서 배울 기본군도 이와 같은 방법 중 하나이다.

여기서 우리는 변이적으로 가장 간단한 공간에 대해 알아볼 필요가 있다. 위상공간 중에서 가장 간단한 공간은 한 점으로 이루어진 공간이다. 그리고 변이적으로 가장 간단한 공간은 한 점으로 이루어진 공간과 변이적인 공간이다. 이러한 공간을 우리는 축약가능이라 한다.

정의 17.1.10 위상공간 X에 대하여 항등사상 $\mathrm{id}_X : X \to X$가 퇴화변이적일 때 X를 **축약가능(contractible)**이라 한다. 즉, id_X가 상수사상 $c : X \to X$와 변이적인 경우를 의미한다.

정리 17.1.11 위상공간 X에 대하여 다음은 서로 동치이다.

(a) X는 축약가능이다.

(b) 모든 점 $x \in X$에 대하여 $c_x \simeq \mathrm{id}_X$이다. 단, 여기서 $c_x : X \to X$는 $c_x(z) = x$로 정의된 상수사상이다.

(c) X는 한 점으로 이루어진 공간과 변이적이다.

증명 (a) $\Rightarrow$ (b) X가 축약가능이므로 항등사상 id_X는 (어떤) 상수사상 $c_y : X \to X$, $c_y(z) = y$와 변이적이다.

이제 임의로 주어진 점 $x \in X$에 대한 상수사상 $c_x : X \to X$, $c_x(z) = x$가 id_X와 변이적임을 보이자. 성질 17.1.4에 의해

$$c_x = \mathrm{id}_X \circ c_x \simeq c_y \circ c_x = c_y \simeq \mathrm{id}_X$$

이다.

(b) $\Rightarrow$ (c) $P = \{p\}$를 한 점으로 이루어진 공간이라 하고 $f : X \to P$를 $f(z) = p$로 정의된 상수사상이라 하자. 그리고 한 점 $x \in X$를 택하여 $g : P \to X$, $g(p)$

$=x$이라 하자. 그러면 $f\circ g=\mathrm{id}_P$, $g\circ f=c_x\simeq\mathrm{id}_X$이므로 f는 변이동치이다. 따라서 $X\simeq P$이다.

(c) ⇒ (a) $X\simeq P=\{p\}$이므로 $g\circ f\simeq\mathrm{id}_X$, $f\circ g\simeq\mathrm{id}_P$를 만족하는 연속사상 $f:X\to P$와 $g:P\to X$가 존재한다. 이제 $x=g(p)\in X$이라 하면 $g\circ f=c_x$이므로 $c_x\simeq\mathrm{id}_X$이다. 따라서 X는 축약가능이다. □

따름정리 17.1.12 $X\simeq Y$일 때, X가 축약가능일 필요충분조건은 Y가 축약가능인 것이다.

증명 만약 X가 축약가능이면 X는 한 점으로 이루어진 공간 P와 변이적이다. 즉, $X\simeq P$이다. 따라서 성질 17.1.9에 의해 $Y\simeq P$이므로 Y도 축약가능이다. □

따름정리 17.1.13 축약가능공간은 길연결이다.

증명 X를 축약가능공간이라 하고 $x, y\in X$이라 하자. 그러면 정리 17.1.11에 의하여 $c_x\simeq\mathrm{id}_X\simeq c_y$이므로 변이(연속사상)

$$F:X\times I\to X\quad\text{s.t.}\quad \begin{aligned}F(z,0)&=x\quad\forall z\in X,\\ F(z,1)&=y\quad\forall z\in X\end{aligned}$$

가 존재한다. 이제 $\alpha:I\to X$를 $\alpha(t)=F(x,t)$로 정의하면 이는 점 x에서 점 y까지의 길이 된다. □

직관적으로 위상공간 X가 축약가능이란 X를 X 내에서 연속적으로 변형시켜 한 점으로 줄일 수 있음을 의미한다. 구체적으로 살펴보면 $F:\mathrm{id}_X\simeq c_x$이므로 모든 $t\in I$에 대하여 $f_t=F(\cdot,t):X\to X$, $f_t(x)=F(x,t)$의 상 $f_t(X)$는 $f_0(X)=\mathrm{id}_X(X)=X$이고 $f_1(X)=c_x(X)=\{x\}$이다. 따라서 $f_t(X)$들은 X 내에서 한 점 집합 $\{x\}$로 연속적으로 변형된다.

보기 17.1.14 (1) 보기 17.1.2(2)에서 보았듯이 $\mathbb{R}^n$상의 모든 볼록 부분공간은 축약가능이다.

(2) 보기 8.1.21에서 다루었던 빗공간은 축약가능이다(그림 17.5 참조).

그림 17.5 • 빗공간은 축약가능이다.

(3) S^1, S^2 그리고 $\mathbb{R}^2 - \{\mathbf{0}\}$은 모두 축약가능이 아니다. 특별히 $\mathbb{R}^2$는 축약가능이지만 이의 부분공간 S^1은 축약가능이 아님을 주의하자.

(4) 그림 17.6과 같이 삼각형의 세 변을 화살표 방향으로 붙여서 얻어지는 상공간을 **광대고깔**(dunce hat)이라 한다. 이러한 광대고깔은 축약가능이 아니다(문제 17.7.4 참조).

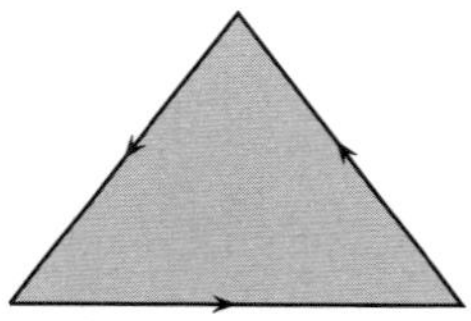

그림 17.6 • 광대고깔은 축약가능이 아니다.

(5) 그림 17.7과 같이 양 끝과 가운데가 막힌 원통에서 두 개의 위아래가 터진 작은 원통을 원래의 원통의 벽에다 붙이면서 끼워 넣은 모습의 $\mathbb{R}^3$의 부분공간을 **방이 둘 있는 집**이라 한다. 이러한 방이 둘 있는 집은 축약가능이다.

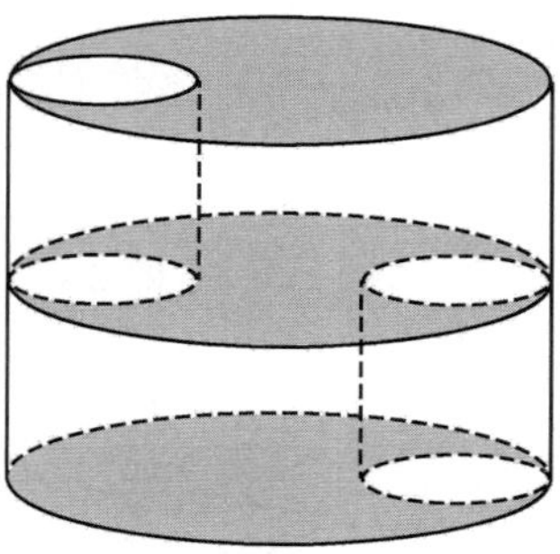

그림 17.7 • 방이 둘 있는 집은 축약가능이다.

성질 17.1.15 X와 Y를 위상공간이라 하자. 만약 X가 축약가능이면 모든 연속사상 $f : X \to Y$는 퇴화변이적이다.

증명 X가 축약가능이므로 id_X는 상수사상 $c: X \to X$와 변이적이다. 그러면

$$f = f \circ \mathrm{id}_X \simeq f \circ c$$

이고 $f \circ c$는 상수사상이므로 f는 퇴화변이적이다. □

위상수학에서 많이 접하는 문제 중 하나는

"부분공간에서 정의된 연속사상을 전체공간으로 확장할 수 있는가?"

이다. 즉, 부분공간 $A \subset X$에서 정의된 연속사상 $f: A \to Y$에 대하여 $g|_A = f$를 만족하는 연속사상 $g: X \to Y$가 언제 존재하는가 하는 문제이다. Tietze 확장정리(정리 12.1.2)에 의하여 A가 정규공간 X의 닫힌부분공간이고 $Y = \mathbb{R}^n$인 경우에는 가능함을 알 수 있다. 이는 Y가 $\mathbb{R}^n$으로 정해져 있는 경우이다. 그렇다면 Y가 일반적인 공간일 때는 어떻게 될까? 이제 우리는 Y가 축약가능이고

$$X = D^{n+1} = \{\mathbf{x} \in \mathbb{R}^{n+1} \mid \|\mathbf{x}\| \le 1\},$$
$$A = S^n = \{\mathbf{x} \in \mathbb{R}^{n+1} \mid \|\mathbf{x}\| = 1\}$$

가 유클리드공간 $\mathbb{R}^{n+1}$의 부분공간인 경우 항상 가능함을 보이자.

정리 17.1.16 Y를 위상공간이라 하자. 점 $\mathbf{p} \in S^n$와 연속사상 $f: S^n \to Y$에 대하여 다음은 서로 동치이다.

(a) f는 퇴화변이적이다.

(b) f의 확장 $g: D^{n+1} \to Y$가 존재한다.

(c) f는 $\{\mathbf{p}\}$에 대하여 상대적으로 퇴화변이적이다. 즉, 변이

$$F: S^n \times I \to Y \quad \text{s.t.} \quad \begin{aligned} F(\mathbf{x}, 0) &= f(\mathbf{x}) \quad \forall\, \mathbf{x} \in S^n, \\ F(\mathbf{x}, 1) &= f(\mathbf{p}) \quad \forall\, \mathbf{x} \in S^n, \\ F(\mathbf{p}, t) &= f(\mathbf{p}) \quad \forall\, t \in I \end{aligned}$$

가 존재한다.

증명 (a) ⇒ (b) f가 퇴화변이적이므로 상수사상 $c_q: S^n \to Y$, $c_q(\mathbf{x}) = q$와 변이 $F: S^n \times I \to Y$가 존재하여 $f \overset{F}{\simeq} c_q$를 만족한다. 그러면

$$g: D^{n+1} \to Y, \quad g(\mathbf{x}) = \begin{cases} q, & 0 \le \|\mathbf{x}\| \le \frac{1}{2} \\ F(\frac{\mathbf{x}}{\|\mathbf{x}\|}, 2 - 2\|\mathbf{x}\|), & \frac{1}{2} \le \|\mathbf{x}\| \le 1 \end{cases}$$

는 붙임보조정리(기초정리 5.1.14)에 의하여 연속이다. 그리고 g는 f의 확장이다.

(b) ⇒ (c) 연속사상 $g: D^{n+1} \to Y$를 f의 확장이라 하자. 그러면 다음과 같이 정의된 변이

$$F: S^n \times I \to Y, \ F(\mathbf{x}, t) = g((1-t)\mathbf{x} + t\mathbf{p})$$

는 우리의 조건을 만족한다.

(c) ⇒ (a) $f \overset{F}{\simeq} c_{f(\mathbf{p})}$이므로 f는 퇴화변이적이다. □

따름정리 17.1.17 만약 Y가 축약가능이면 모든 연속사상 $f: S^n \to Y$는 확장 $g: D^{n+1} \to Y$를 갖는다.

증명 정리 17.1.16에 의하여 우리는 f가 상수사상과 변이적임을 보이면 충분하다. 그런데 Y가 축약가능이므로 항등사상 $\mathrm{id}_Y: Y \to Y$는 상수사상 $c: Y \to Y$와 변이적이다. 즉, $\mathrm{id}_Y \simeq c$이다. 따라서

$$f = \mathrm{id}_Y \circ f \simeq c \circ f$$

이고 $c \circ f$는 상수사상이다. 따라서 f는 상수사상 $c \circ f$와 변이적이다. □

여기서 우리는 16장에서 다루었던 C-O 위상과 변이 사이의 관계를 간단히 살펴보자. 이를 위해 연속사상들의 집합

$$\mathcal{C}(X, Y) = \{f \mid f: X \to Y\text{는 연속사상}\}$$

에 C-O 위상 $\mathscr{T}_{co}$를 주자. 그러면 주어진 변이 $F: X \times I \to Y$는 사상

$$\Phi: I \to \mathcal{C}(X, Y), \ \Phi(t) = F(\cdot, t)$$

를 유도한다. 역으로 사상 $\Phi: I \to \mathcal{C}(X, Y)$는 변이

$$F: X \times I \to Y, \quad F(x, t) = \Phi(t)(x)$$

를 유도한다.

특별히 X가 국소컴팩트 하우스도르프이면 F가 연속일 필요충분조건은 Φ가 연속인

것이다(정리 16.3.14 참조). 이 경우 두 연속사상 $f, g : X \to Y$ 사이의 변이 $F : f \simeq g$는 $\mathcal{C}(X, Y)$상의 두 점 f와 g를 잇는 길(path) Φ에 대응된다.

연습문제

문제 17.1.1 $X \cong Y$일 때, X가 축약가능일 필요충분조건은 Y가 축약가능임을 보이시오.

문제 17.1.2 두 연속사상 $f, g : X \to Y$가 변이적($f \simeq g$)이라 하자. 만약 f가 변이동치이면 g도 변이동치임을 보이시오.

문제 17.1.3 위상공간 X에 대하여 다음을 보이시오(보기 17.1.2(4) 참조).

(1) 연속사상 $f : S^n \to S^n$가 $f(\mathbf{x}) \neq -\mathbf{x}(\forall \mathbf{x} \in S^n)$를 만족하면 $f \simeq \mathrm{id}_{S^n}$이다.

(2) 전사가 아닌 연속사상 $f : X \to S^n$는 퇴화변이적이다.

(3) 만약 연속사상

$$h : S^n \to \mathbb{R}^{n+1} - \{\mathbf{0}\} \quad \text{s.t.} \quad \mathbf{x} \cdot h(\mathbf{x}) = 0 \quad \forall \mathbf{x} \in S^n$$

가 존재하면 모든 연속사상 $f : X \to S^n$에 대하여 $f \simeq -f$이다. 단, 여기서 $\cdot$은 내적이다.

문제 17.1.4 만약 두 연속사상 $f, g : X \to Y$가 변이적이면 X의 부분공간 A에 대한 축소사상 $f|_A, g|_A : A \to Y$도 변이적임을 보이시오.

문제 17.1.5 $A \subset X$이라 하고 $r|_A \simeq \mathrm{id}_A$를 만족하는 연속사상 $r : X \to A$이 존재한다고 하자. 이제 X가 축약가능이면 부분공간 A도 축약가능임을 보이시오.

문제 17.1.6 위상공간 X와 Y에 대하여 다음을 보이시오.

(1) 변이동치 $f : X \to Y$의 변이역을 $g : Y \to X$라 하자. 그러면 X의 (길)연결성분 A와 Y의 (길)연결성분 B에 대하여 다음이 성립한다:

$$f(A) \subset B \iff g(B) \subset A$$

(2) 만약 X와 Y가 변이적이면 X와 Y의 (길)연결성분의 개수는 같다.

문제 17.1.7 두 연속사상 $f, g : X \to \Pi_{\alpha \in A} Y_\alpha$에 대해 다음이 동치임을 보이시오.

(a) $f \simeq g$이다.

(b) $\pi_\alpha \circ f \simeq \pi_\alpha \circ g(\forall \alpha \in \Lambda)$이다. 단, 여기서 $\pi_\alpha : \Pi_{\alpha \in \Lambda} Y_\alpha \to Y_\alpha$는 사영사상이다.

문제 17.1.8 만약 $X_\alpha \simeq Y_\alpha(\forall \alpha \in \Lambda)$이면 $\Pi_{\alpha \in \Lambda} X_\alpha \simeq \Pi_{\alpha \in \Lambda} Y_\alpha$임을 보이시오.

문제 17.1.9 곱공간 $\mathbb{R}^\omega$는 축약가능임을 보이시오.

문제 17.1.10 만약 Y가 축약가능이면 $X \times Y \simeq X$임을 보이시오.

문제 17.1.11 위상공간 X와 축약가능공간 Y에 대하여 다음을 보이시오.
(1) 임의의 두 연속사상 $f, g : X \to Y$는 변이적이다.
(2) 모든 연속사상 $f : X \to Y$는 퇴화변이적이다.

문제 17.1.12 위상공간 X의 뿔(cone) CX에 대하여 다음을 보이시오.
(1) CX는 축약가능이다.
(2) 연속사상 $f : X \to Y$가 퇴화변이적일 필요충분조건은 f의 확장 $\tilde{f} : CX \to Y$가 존재하는 것이다.

문제 17.1.13 $[X, Y]$를 집합 $\mathcal{C}(X, Y)$상의 변이동치류들의 집합이라 하자. 즉, $[X, Y] = \mathcal{C}(X, Y)/\simeq$이다. 이제 다음을 보이시오.
(1) 만약 Y가 축약가능이면 $[X, Y]$는 한 점 집합이다.
(2) 만약 X가 축약가능이고 Y가 길연결이면 $[X, Y]$는 한 점 집합이다.

문제 17.1.14 다음이 동치임을 보이시오.
(a) 연속사상 $\varphi : X \to Y$는 퇴화변이적이다.
(b) 임의로 주어진 위상공간 Z와 연속사상 $f : Z \to X$에 대하여 $\varphi \circ f : Z \to Y$는 퇴화변이적이다.

문제 17.1.15 위상공간 Z와 연속사상 $\varphi : X \to Y$에 대해 $\varphi_\# : [Z, X] \to [Z, Y]$를 $\varphi_\#([f]) = [\varphi \circ f]$로 정의하자. 이제 다음을 보이시오.
(1) $\varphi \circ k \simeq \mathrm{id}_Y$를 만족하는 연속사상 $k : Y \to X$가 존재하면 $\varphi_\#$은 전사이다.
(2) $k \circ \varphi \simeq \mathrm{id}_X$를 만족하는 연속사상 $k : Y \to X$가 존재하면 $\varphi_\#$은 단사이다.
(3) φ가 변이동치이면 $\varphi_\#$은 전단사이다.

문제 17.1.16 그림 17.8과 같은 세타공간(theta space) $\theta = S^1 \cup ([-1, 1] \times \{0\})$은 8자 공간(figure-eight space) A와 서로 변이적임을 보이시오.

그림 17.8 • 세타공간 θ와 8자 공간 A

문제 17.1.17 $X \simeq Y$일 때, C-O 위상공간들에 대하여 다음이 성립함을 보이시오.

(1) 만약 X, Y가 국소컴팩트 하우스도르프이면 $\mathcal{C}(X, Z) \simeq \mathcal{C}(Y, Z)$이다.

(2) 만약 Z가 국소컴팩트 하우스도르프이면 $\mathcal{C}(Z, X) \simeq \mathcal{C}(Z, Y)$이다.

17.2 기본군(fundamental group)

두 위상공간 $\mathbb{R}^2$와 $\mathbb{R}^2-\{\mathbf{0}\}$은 서로 위상동형도 아니고 변이적도 아니다. 그런데 이를 증명하고자 할 때 우리는 지금까지 배웠던 여러 가지 위상적 성질들을 이용하여도 쉽게 증명할 수 없음을 느끼게 된다. 따라서 우리는 이 두 공간을 구별해 줄 수 있는 새로운 개념이 필요하다. 즉, 위상공간에 대하여 적당한 대수적인 양(예를 들어 정수 또는 군(group) 등)을 대응시키는데, 두 위상공간이 위상동형이거나 변이적이면 이들에 대응되는 대수적인 양이 같게 만들어야 한다. 이러한 대응관계가 주어졌다면 두 위상공간에 대응하는 대수적인 양이 서로 다르면 이들은 위상동형이 아니거나 변이적이 아님을 알 수 있다. 이와 같은 성질을 갖는 대수적인 양을 각각 위상적 불변량과 변이적 불변량이라 한다. 즉, 위상적 불변량이란 위상공간 X에 대응되는 대수적인 양 $T(X)$로서 두 위상공간 X와 Y가 위상동형이면 $T(X)=T(Y)$를 만족하는 것이다. 예를 들어 14장에서 다룬 오일러 특성수 $\chi(X)$가 이러한 위상적 불변량이다. 그리고 변이적 불변량이란 위상공간 X에 대응되는 대수적인 양 $H(X)$로서 두 위상공간 X와 Y가 변이적이면 $H(X)=H(Y)$를 만족하는 것이다. 우리는 이미 두 위상공간이 위상동형이면 변이적임을 알고 있다. 따라서 변이적 불변량은 위상적 불변량이 되지만, 이의 역은 성립하지 않는다. 이 절에서는 기본군이라는 변이적 불변량을 다룰 것이다.

정의 17.2.1 (1) 위상공간 X상의 두 점 a, b에 대하여 a에서 b까지의 X상의 **길(path)**이란 연속사상

$$\alpha : I \to X \quad \text{s.t.} \quad \alpha(0)=a,\ \alpha(1)=b$$

를 의미한다. 이때 $\alpha(0)=a$를 길 α의 **시점(initial point)**이라 하고 $\alpha(1)=b$를 **종점(final point)**이라 한다. 특별히 시점과 종점이 같으면 α를 **닫힌길(loop)**이라 한다. 단, 여기서 $I=[0,1]$는 유클리드공간 $\mathbb{R}$의 부분공간이다.

(2) 두 길 $\alpha,\ \beta : I \to X$가 길 **변이적(path homotopic)**이란 α, β가 같은 시점 a와 종점 b를 갖고 $\alpha \simeq \beta\ (\text{rel}\ \{0,1\})$인 경우를 뜻한다(그림 17.9 참조). 즉, 변이

$$\begin{aligned} F : I \times I \to X \quad \text{s.t.} \quad & F(s,0)=\alpha(s) \ \ \forall s \in I, \\ & F(s,1)=\beta(s) \ \ \forall s \in I, \\ & F(0,t)=a \qquad \forall t \in I, \\ & F(1,t)=b \qquad \forall t \in I \end{aligned}$$

가 존재하는 경우를 뜻한다. 이 경우 F를 α에서 β로의 길 변이(path homotopy)라 한다. 그리고 $\alpha \overset{F}{\simeq}_p \beta$, $F: \alpha \simeq_p \beta$ 또는 간단히 $\alpha \simeq_p \beta$로 표기한다.[2)]

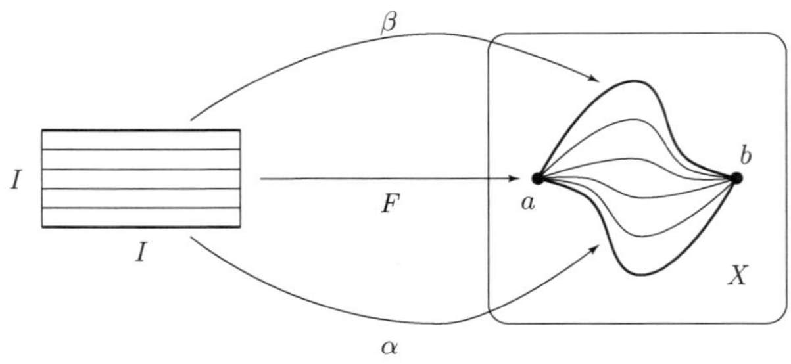

그림 17.9 • 길 변이

성질 17.2.2 $\simeq_p$는 집합 $\{\alpha \mid \alpha: I \to X\text{는 길}\}$상의 동치관계이다.

(증명) 성질 17.1.3의 증명과 같은 방법으로 보일 수 있다. □

위상공간 X상의 점 a에서 점 b까지의 길 α와 점 b에서 점 c까지의 길 β의 곱 $\alpha*\beta$는 다음과 같이 정의된다.

$$\alpha*\beta: I \to X, \ \alpha*\beta(s) = \begin{cases} \alpha(2s), & 0 \le s \le \frac{1}{2} \\ \beta(2s-1), & \frac{1}{2} \le s \le 1 \end{cases}$$

따라서 $\alpha*\beta$는 a에서 c까지의 길이다. 즉, $\alpha*\beta$는 처음 $\frac{1}{2}$초 동안에는 α 위를 2배의 속력으로 움직이고 나중 $\frac{1}{2}$초 동안에는 β 위를 2배의 속력으로 움직이는 길이다.

기초정리 17.2.3 위상공간 X상의 길 $\alpha_1, \alpha_2, \beta_1, \beta_2$가 $\alpha_1(1) = \alpha_2(1) = \beta_1(0) = \beta_2(0)$을 만족한다고 하자. 만약 $\alpha_1 \simeq_p \alpha_2$이고 $\beta_1 \simeq_p \beta_2$이면 $\alpha_1*\beta_1 \simeq_p \alpha_2*\beta_2$이다.

(증명) $\alpha_1 \overset{F}{\simeq}_p \alpha_2$, $\beta_1 \overset{G}{\simeq}_p \beta_2$이라 하자. 그러면 변이

2) 변이 F가 $s = 0, 1$일 때 각각 a, b로 고정되어 있으므로 $\alpha \simeq \beta \ (\text{rel}\{0, 1\})$이다.

$$H: I\times I \to X,\ \ H(s,t)=\begin{cases} F(2s,t), & 0\le s\le \frac{1}{2} \\ G(2s-1,t), & \frac{1}{2}\le s\le 1 \end{cases}$$

에 의해 $\alpha_1 * \beta_1 \overset{H}{\simeq}_p \alpha_2 * \beta_2$이다. □

기초정리 17.2.4 X상의 길 $\alpha, \beta, \gamma: I \to X$가 $\alpha(1)=\beta(0)$, $\beta(1)=\gamma(0)$을 만족하면 $(\alpha*\beta)*\gamma \simeq_p \alpha*(\beta*\gamma)$이다.

증명 변이 $F: I\times I \to X$를 다음과 같이 정의하자(그림 17.10 참조).

$$F(s,t)=\begin{cases} \alpha\left(\frac{4s}{t+1}\right), & 0\le s\le \frac{t+1}{4} \\ \beta(4s-t-1), & \frac{t+1}{4}\le s\le \frac{t+2}{4} \\ \gamma\left(\frac{4s-t-2}{2-t}\right), & \frac{t+2}{4}\le s\le 1 \end{cases}$$

그러면 붙임보조정리에 의하여 F는 연속이고 $(\alpha*\beta)*\gamma \overset{F}{\simeq}_p \alpha*(\beta*\gamma)$이 성립한다.

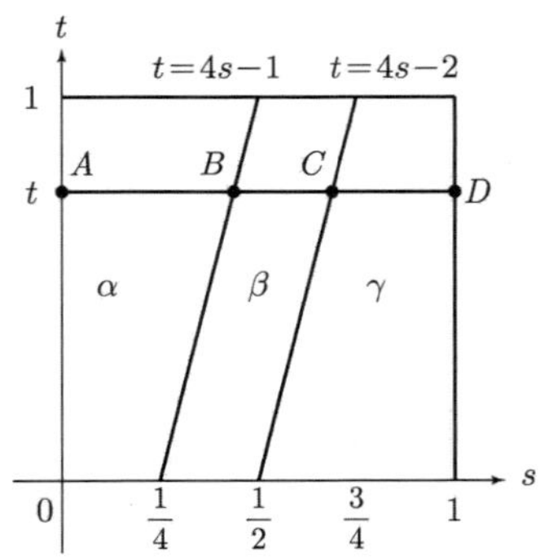

그림 17.10 • $(\alpha*\beta)*\gamma \simeq_p \alpha*(\beta*\gamma)$

여기서 우리는 위의 변이 F를 어떻게 만들었는지 살펴보자. 먼저 $t=0$인 경우에는 $(\alpha*\beta)*\gamma$가 되어야 하므로 s의 구간 $[0,1]$을 세 부분 $[0, \frac{1}{4}]$, $[\frac{1}{4}, \frac{1}{2}]$, $[\frac{1}{2}, 1]$으로 나누어야 한다. 그리고 $t=1$인 경우에는 $\alpha*(\beta*\gamma)$가 되어야 하므로 s의 구간 $[0,1]$을 세 부분 $[0, \frac{1}{2}]$, $[\frac{1}{2}, \frac{3}{4}]$, $[\frac{3}{4}, 1]$으로 나누어야 한다.

그리고 구간 $[a,b]$를 구간 $[0,1]$로 변환하는 함수는 $x \mapsto \frac{x-a}{b-a}$이다. 그림 17.10과 같이 t를 고정시켰을 때 선분 $\overline{BC}$에서 s가 변하는 범위는 $\frac{t+1}{4} \le s \le$

$\frac{t+2}{4}$이다. ($t=4s-1$은 $s=\frac{t+1}{4}$과 같음을 유의하자.) 그리고 우리는 구간 $[\frac{t+1}{4}, \frac{t+2}{4}]$를 $[0,1]$로 변환하여 β 위를 움직여야 한다. 즉, $[\frac{t+1}{4}, \frac{t+2}{4}] \to [0,1] \xrightarrow{\beta} X$를 만들어야 한다. 이 변환 식은

$$s \mapsto \frac{s-\frac{t+1}{4}}{\frac{t+2}{4}-\frac{t+1}{4}} = 4s-t-1 \mapsto \beta(4s-t-1)$$

이므로 변이 F의 중간 단계인 $\beta(4s-t-1)$을 얻을 수 있다. 우리는 같은 방법으로 F의 첫 단계와 마지막 단계인 $\alpha(\frac{4s}{t+1})$와 $\gamma(\frac{4s-t-2}{2-t})$도 얻을 수 있다. 앞으로의 변이는 대부분 이러한 방법으로 얻는다. □

참고 17.2.5 $f: X \to Y$를 연속사상이라 하자. X상의 두 길 $\alpha, \beta: I \to X$가 $\alpha(1) = \beta(0)$을 만족하면 $\alpha * \beta: I \to X$도 X상의 길이다. 그리고 Y상의 두 길 $f\circ\alpha$, $f\circ\beta: I \to Y$가 $f\circ\alpha(1) = f\circ\beta(0)$을 만족하므로 $f\circ(\alpha*\beta)$, $(f\circ\alpha)*(f\circ\beta): I \to Y$는 Y상의 두 길이고 $f\circ(\alpha*\beta) = (f\circ\alpha)*(f\circ\beta)$이다.

한편 X상의 점 a에서 점 b까지의 길 α에 대하여 점 b에서 점 a까지의 길

$$\overline{\alpha}: I \to X, \quad \overline{\alpha}(s) = \alpha(1-s)$$

를 α의 역이라 한다. 따라서 $\overline{\alpha}$는 α 위를 반대방향으로 움직인다.

이제 점 $x \in X$에 대하여 $c_x: I \to X$를 상수사상 $c_x(s) = x$이라 하자.

기초정리 17.2.6 X상의 길 $\alpha: I \to X$가 $\alpha(0) = x_0$, $\alpha(1) = x_1$이면 다음이 성립한다.

(1) $\alpha * c_{x_1} \simeq_p \alpha$, $c_{x_0} * \alpha \simeq_p \alpha$.

(2) $\alpha * \overline{\alpha} \simeq_p c_{x_0}$, $\overline{\alpha} * \alpha \simeq_p c_{x_1}$.

증명 (1) 먼저 변이 $F: I \times I \to X$를 다음과 같이 정의하자(그림 17.11 참조).

$$F(s,t) = \begin{cases} \alpha(\frac{2s}{t+1}), & 0 \le s \le \frac{t+1}{2}, \\ x_1, & \frac{t+1}{2} \le s \le 1 \end{cases}$$

그러면 $\alpha * c_{x_1} \overset{F}{\simeq}_p \alpha$이다.

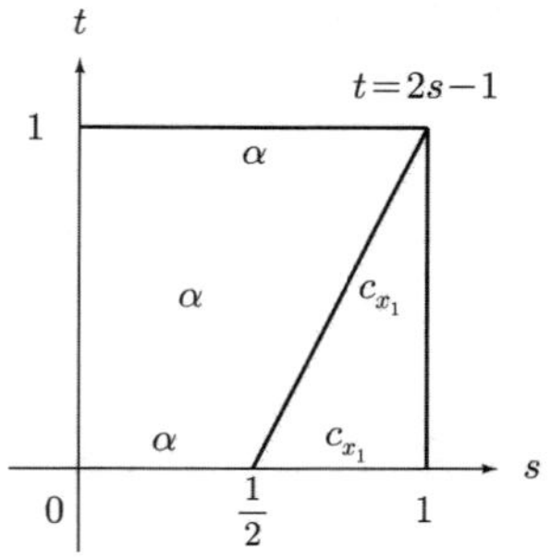

그림 17.11 • $\alpha * c_{x_1} \simeq_p \alpha$

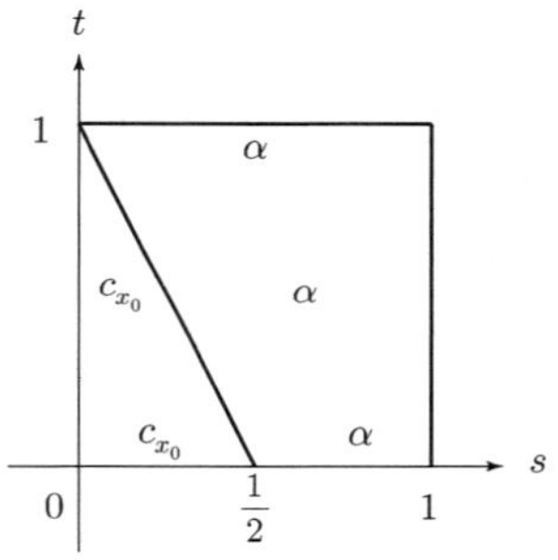

그림 17.12 • $c_{x_0} * \alpha \simeq_p \alpha$

한편 변이 $G: I \times I \to X$를 다음과 같이 정의하자(그림 17.12 참조).

$$G(s,t) = \begin{cases} x_0, & 0 \le s \le \frac{1-t}{2} \\ \alpha\left(\frac{2s+t-1}{t+1}\right), & \frac{1-t}{2} \le s \le 1 \end{cases}$$

그러면 $c_{x_0} * \alpha \overset{G}{\simeq}_p \alpha$이다.

(2) 먼저 I상의 길 $\beta: I \to I$, $\beta(s) = s$는 항등사상이고 $\overline{\beta}: I \to I$, $\overline{\beta}(s) = 1 - s$이라 하자. 그러면 길

$$\beta * \overline{\beta} : I \to I, \quad \beta * \overline{\beta}(s) = \begin{cases} \beta(2s) = 2s, & 0 \le s \le \frac{1}{2} \\ \overline{\beta}(2s-1) = 2 - 2s, & \frac{1}{2} \le s \le 1 \end{cases}$$

은 $\beta * \overline{\beta}(0) = \beta * \overline{\beta}(1) = 0$인 닫힌길이다. 이제 $\beta * \overline{\beta} \simeq_p c_0$임을 보이자. 단, 여기서 $c_0 : I \to I$은 $c_0(s) = 0$인 상수사상이다. I가 볼록이므로 변이

$$F: I \times I \to I,\ F(s,t) = (1-t)\beta * \overline{\beta}(s) + tc_0(s) = (1-t)\beta * \overline{\beta}(s)$$

에 의해 $\beta * \overline{\beta} \simeq_p c_0$이 된다. 그러면 변이 $\alpha \circ F: I \times I \to I \to X$에 의해 $\alpha \circ (\beta * \overline{\beta}) \simeq_p \alpha \circ c_0$이다. 따라서 참고 17.2.5에 의해

$$\alpha * \overline{\alpha} = (\alpha \circ \beta) * (\alpha \circ \overline{\beta}) = \alpha \circ (\beta * \overline{\beta}) \simeq_p \alpha \circ c_0 = c_{x_0}$$

이다.

한편 $\overline{\overline{\alpha}} = \alpha$이므로 위의 과정에 의해 $\overline{\alpha} * \alpha = \overline{\alpha} * \overline{\overline{\alpha}} \simeq_p c_{x_1}$이 성립한다. □

이제 한 점 $x_0 \in X$을 고정하자. 그리고 x_0을 시점과 종점으로 하는 X상의 모든 닫힌 길들의 모임

$$\Omega(X, x_0) = \{\alpha \mid \alpha: I \to X\text{는 닫힌길 s.t. } \alpha(0) = \alpha(1) = x_0\}$$

을 생각하자. 정의에 의하여 $\alpha, \beta \in \Omega(X, x_0)$에 대해 $\alpha \simeq_p \beta$일 필요충분조건은 길 변이

$$F: I \times I \to X \quad \text{s.t.} \quad \begin{aligned} &F(s,0) = \alpha(s) && \forall s \in I, \\ &F(s,1) = \beta(s) && \forall s \in I, \\ &F(0,t) = x_0 && \forall t \in I, \\ &F(1,t) = x_0 && \forall t \in I \end{aligned}$$

가 존재하는 것이다. 그리고 자명하게 $\alpha, \beta \in \Omega(X, x_0)$이면 $\alpha * \beta \in \Omega(X, x_0)$이다.

한편 성질 17.2.2에 의해 $\simeq_p$는 $\Omega(X, x_0)$상의 동치관계이다. 우리는 $\alpha \in \Omega(X, x_0)$의 동치류를 $[\alpha]$로 표기하자. 즉, $[\alpha] = \{\beta \in \Omega(X, x_0) \mid \beta \simeq_p \alpha\}$이고

$$[\alpha] = [\beta] \iff \alpha \simeq_p \beta$$

이다(그림 17.13 참조).

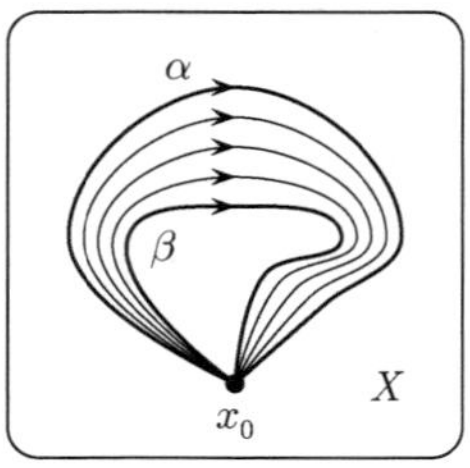

그림 17.13 • $[\alpha] = [\beta]$

그리고 이러한 동치류들의 모임을 $\pi_1(X,x_0)$으로 표기하자. 즉,

$$\pi_1(X, x_0) = \Omega(X, x_0)/\simeq_p$$

이다. 이제 집합 $\pi_1(X,x_0)$상의 연산 $*$를 다음과 같이 정의하자.

$$*: \pi_1(X,x_0)\times\pi_1(X,x_0) \rightarrow \pi_1(X,x_0),\ \ [\alpha]*[\beta]=[\alpha*\beta]$$

그러면 $*$는 잘 정의된다. 즉, 동치류를 대표하는 닫힌길의 선택에 무관하다. 이를 보이기 위해 $[\alpha_1]=[\alpha_2]$이고 $[\beta_1]=[\beta_2]$이라 하자. 그러면 $\alpha_1 \simeq_p \alpha_2$이고 $\beta_1 \simeq_p \beta_2$이다. 따라서 기초정리 17.2.3에 의해 $\alpha_1*\beta_1 \simeq_p \alpha_2*\beta_2$이므로

$$[\alpha_1]*[\beta_1]=[\alpha_1*\beta_1]=[\alpha_2*\beta_2]=[\alpha_2]*[\beta_2]$$

이다.

정리 17.2.7 $\pi_1(X,x_0)$은 연산 $*$에 의하여 군이 된다.[3)]

(증명) 우리는 $[\alpha]$, $[\beta]$, $[\gamma]\in\pi_1(X,x_0)$이라 하자.

먼저 기초정리 17.2.4에 의하여 $(\alpha*\beta)*\gamma\simeq_p \alpha*(\beta*\gamma)$이므로 $([\alpha]*[\beta])*[\gamma]=[\alpha]*([\beta]*[\gamma])$가 되어 결합법칙이 성립한다.

이제 상수사상 $c_{x_0}: I \rightarrow X$을 생각하자. 기초정리 17.2.6에 의하여 $\alpha*c_{x_0}\simeq_p \alpha$, $c_{x_0}*\alpha\simeq_p \alpha$이므로 $[\alpha]*[c_{x_0}]=[\alpha]$, $[c_{x_0}]*[\alpha]=[\alpha]$가 성립한다. 따라서 $[c_{x_0}]$은 $\pi_1(X,x_0)$의 항등원이다.

그리고 기초정리 17.2.6에 의해 $\alpha*\overline{\alpha}\simeq_p c_{x_0}$, $\overline{\alpha}*\alpha\simeq_p c_{x_0}$이므로 $[\alpha]*[\overline{\alpha}]=[c_{x_0}]$, $[\overline{\alpha}]*[\alpha]=[c_{x_0}]$이 성립한다. 따라서 $[\overline{\alpha}]$는 $[\alpha]$의 역원이다. 즉, $[\alpha]^{-1}=[\overline{\alpha}]$이다.

그러므로 $\pi_1(X,x_0)$은 연산 $*$에 의하여 군이 된다. □

정의 17.2.8 연산 $*$에 의하여 정의된 군 $\pi_1(X,x_0)$을 점 x_0을 **기준점(base point)**으로 하는 위상공간 X의 **기본군(fundamental group)**이라 한다.

위의 정의로부터 위상공간 X의 기본군은 기준점의 선택에 따라 달라질 수 있음을 알

3) 군(group)에 대해서는 참고문헌 [16], [21] 참조.

수 있다. 그러나 X가 길연결이면 기본군은 기준점의 선택에 무관함을 다음 정리로부터 알 수 있다.

정리 17.2.9 위상공간 X상의 점 x_0에서 점 x_1까지의 길 ω에 대해

$$\widehat{\omega} : \pi_1(X, x_0) \to \pi_1(X, x_1), \quad \widehat{\omega}([\alpha]) = [\overline{\omega} * \alpha * \omega]$$

은 군 동형사상이다.4)

(증명) 길 $\omega : I \to X$는 $\omega(0) = x_0$, $\omega(1) = x_1$이다. 이제 ω가 유도하는 사상

$$\widehat{\omega} : \pi_1(X, x_0) \to \pi_1(X, x_1), \quad \widehat{\omega}([\alpha]) = [\overline{\omega} * \alpha * \omega]$$

을 생각하자(그림 17.14 참조).

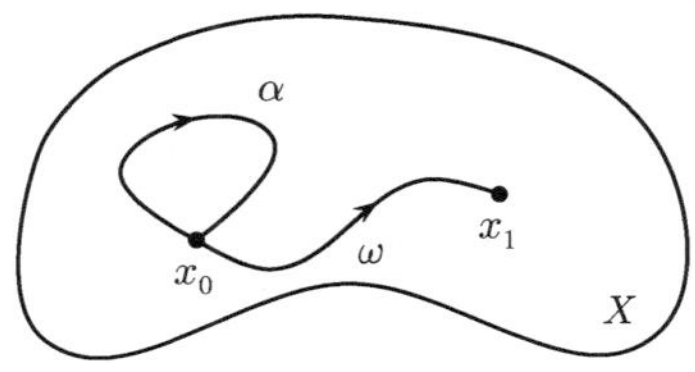

그림 17.14 • $\overline{\omega} * \alpha * \omega$

먼저 $\widehat{\omega}$이 잘 정의됨을 보이자. 만약 $[\alpha] = [\beta] \in \pi_1(X, x_0)$이면 $\alpha \simeq_p \beta$이다. 그리고 기초정리 17.2.3에 의해 $\overline{\omega} * \alpha * \omega \simeq_p \overline{\omega} * \beta * \omega$이므로 $\widehat{\omega}([\alpha]) = \widehat{\omega}([\beta])$이다. 따라서 $\widehat{\omega}$은 잘 정의되었다.

이제 $\widehat{\omega}$이 군 준동형사상임을 보이자. 임의의 $[\alpha], [\beta] \in \pi_1(X, x_0)$에 대하여

$$\begin{aligned}
\widehat{\omega}([\alpha] * [\beta]) &= \widehat{\omega}([\alpha * \beta]) \\
&= [\overline{\omega} * (\alpha * \beta) * \omega] \\
&= [\overline{\omega} * \alpha * c_{x_0} * \beta * \omega] \\
&= [\overline{\omega} * \alpha * (\omega * \overline{\omega}) * \beta * \omega] \\
&= [\overline{\omega} * \alpha * \omega] * [\overline{\omega} * \beta * \omega] \\
&= \widehat{\omega}([\alpha]) * \widehat{\omega}([\beta])
\end{aligned}$$

4) 군 준동형사상(group homomorphism)과 군 동형사상(group isomorphism)에 대해서는 참고문헌 [16], [21] 참조.

이 성립한다. 그리고 항등원 $[c_{x_0}] \in \pi_1(X, x_0)$에 대해

$$\widehat{\omega}([c_{x_0}]) = [\overline{\omega} * c_{x_0} * \omega] = [\overline{\omega} * \omega] = [c_{x_1}]$$

이 된다. 여기서 $[c_{x_1}]$이 $\pi_1(X, x_1)$의 항등원임을 주의하자. 따라서 $\widehat{\omega}$은 군 준동형사상이다.

같은 방법으로 $\overline{\omega}$가 유도하는

$$\widehat{\overline{\omega}} : \pi_1(X, x_1) \to \pi_1(X, x_0), \ \ \widehat{\overline{\omega}}([\alpha]) = [\omega * \alpha * \overline{\omega}]$$

도 군 준동형사상이 된다. 그리고 임의의 $[\alpha] \in \pi_1(X, x_0)$와 $[\beta] \in \pi_1(X, x_1)$에 대해

$$\widehat{\overline{\omega}}(\widehat{\omega}([\alpha])) = [\omega * \overline{\omega} * \alpha * \omega * \overline{\omega}] = [c_{x_0} * \alpha * c_{x_0}] = [\alpha]$$
$$\widehat{\omega}(\widehat{\overline{\omega}}([\beta])) = [\overline{\omega} * \omega * \beta * \overline{\omega} * \omega] = [c_{x_1} * \beta * c_{x_1}] = [\beta]$$

이므로 $\widehat{\omega}$과 $\widehat{\overline{\omega}}$는 서로 역사상이다. 따라서 $\widehat{\omega}$은 군 동형사상이다. □

따름정리 17.2.10 X를 길연결공간이라 하자. 임의의 두 점 $x_0, x_1 \in X$에 대하여 $\pi_1(X, x_0)$과 $\pi_1(X, x_1)$은 군 동형이다.

증명 X가 길연결이므로 x_0과 x_1을 잇는 길

$$\omega : I \to X \quad \text{s.t.} \quad \omega(0) = x_0, \ \omega(1) = x_1$$

이 존재하므로 정리 17.2.9에 의해 $\pi_1(X, x_0)$과 $\pi_1(X, x_1)$은 군 동형이다. □

위의 정리에 의하여 위상공간 X가 길연결이면 이의 기본군은 기준점의 선택에 관계없으므로 X의 기본군을 기준점 없이 간단히 $\pi_1(X)$로 표기하자. 그러나 X가 길연결이 아니고 기준점을 각각 다른 길연결성분에서 택하면 이들을 기준점으로 하는 X의 기본군은 각 점들이 속해있는 길연결성분에 의해서만 결정되므로 이들이 군으로서 동형이 될 필요는 없다.

이상의 결과에서 우리는 임의의 위상공간 X에 대하여 대수적 양인 기본군을 대응시켰다. 기본군이 변이적 또는 위상적 불변량이 됨을 보이기 위해서는 위상공간 사이의 사상

인 연속사상이 군 사이의 사상인 준동형사상을 유도함을 보여야 한다.

이제부터 기준점 $x_0 \in X$을 갖는 위상공간 X를 우리는 (X, x_0)으로 표기하고, 사상 $f : X \to Y$가 $f(x_0) = y_0$을 만족하면 우리는 이를 $f : (X, x_0) \to (Y, y_0)$로 표기하기로 하자. 그리고 $A \subset X$, $B \subset Y$에 대해 $f(A) \subset B$를 만족하는 사상 $f : X \to Y$를 간단히 $f : (X, A) \to (Y, B)$로 표기하자.

정리 17.2.11 X, Y, Z를 위상공간이라 하자.

(1) 연속사상 $f : (X, x_0) \to (Y, y_0)$는 군 준동형사상

$$f_{\#} : \pi_1(X, x_0) \to \pi_1(Y, y_0), \quad f_{\#}([\alpha]) = [f \circ \alpha]$$

을 유도한다.

(2) 두 연속사상 $f : (X, x_0) \to (Y, y_0)$와 $g : (Y, y_0) \to (Z, z_0)$에 대하여 $(g \circ f)_{\#} = g_{\#} \circ f_{\#}$이다.

증명 (1) X상의 닫힌길 $\alpha : I \to X$, $\alpha(0) = \alpha(1) = x_0$에 대해 합성사상 $f \circ \alpha : I \to Y$는 $f \circ \alpha(0) = f \circ \alpha(1) = y_0$인 Y상의 닫힌길임을 유의하자.

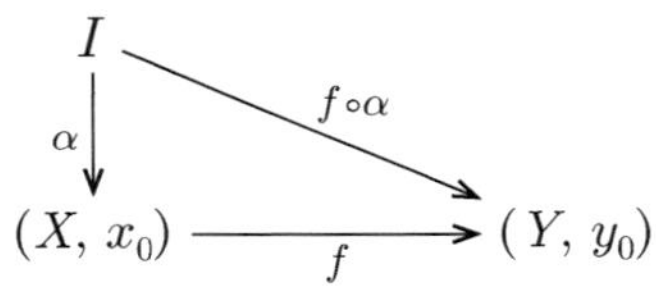

먼저 $f_{\#}$이 잘 정의됨을 보이자. 만약 $[\alpha] = [\beta] \in \pi_1(X, x_0)$이면 $\alpha \overset{F}{\simeq}_p \beta$이다. 그러면 변이

$$f \circ F : I \times I \to X \to Y, \quad f \circ F(s,t) = f(F(s,t))$$

에 의해 $f \circ \alpha \simeq_p f \circ \beta$이 성립하므로

$$f_{\#}([\alpha]) = [f \circ \alpha] = [f \circ \beta] = f_{\#}([\beta])$$

이다. 따라서 $f_{\#}$은 잘 정의되었다.

이제 $f_{\#}$이 군 준동형사상임을 보이자. 항등원 $[c_{x_0}] \in \pi_1(X, x_0)$에 대해 $f \circ c_{x_0} = c_{y_0}$이므로 $f_{\#}([c_{x_0}]) = [c_{y_0}]$이다. 그리고 임의의 $[\alpha]$, $[\beta] \in \pi_1(X, x_0)$에 대하여

$$
\begin{aligned}
f_\#([\alpha]*[\beta]) = f_\#([\alpha*\beta]) &= [f\circ(\alpha*\beta)]\\
&= [(f\circ\alpha)*(f\circ\beta)] = [f\circ\alpha]*[f\circ\beta]\\
&= f_\#([\alpha])*f_\#([\beta])
\end{aligned}
$$

이므로 $f_\#$은 군 준동형사상이다.

(2) 임의의 $[\alpha]\in\pi_1(X, x_0)$에 대하여

$$
\begin{aligned}
(g\circ f)_\#([\alpha]) &= [(g\circ f)\circ\alpha] = [g\circ(f\circ\alpha)]\\
&= g_\#([f\circ\alpha]) = g_\#(f_\#([\alpha]))\\
&= (g_\#\circ f_\#)([\alpha])
\end{aligned}
$$

이므로 $(g\circ f)_\# = g_\#\circ f_\#$이다. □

이제 기본군이 위상적 불변량임을 보이자.

따름정리 17.2.12 X와 Y를 위상공간이라 하자. 만약 $f:(X, x_0)\to(Y, y_0)$가 위상동형사상이면 $f_\#:\pi_1(X, x_0)\to\pi_1(Y, y_0)$은 군 동형사상이다.

증명 $g:(Y, y_0)\to(X, x_0)$를 f의 역사상이라 하자. 그러면 $g\circ f=\mathrm{id}_X$이고 $f\circ g=\mathrm{id}_Y$이므로 정리 17.2.11에 의하여

$$
g_\#\circ f_\# = (\mathrm{id}_X)_\# = \mathrm{id}_{\pi_1(X, x_0)},\quad f_\#\circ g_\# = (\mathrm{id}_Y)_\# = \mathrm{id}_{\pi_1(Y, y_0)}
$$

이 된다. 따라서 $f_\#$은 군 동형사상이다. □

참고 17.2.13 A, B, C를 위상공간 $X=A\cup B\cup C$의 길연결성분이라 하자. 만약 $x_0\in B$이면 $\pi_1(X, x_0)\cong\pi_1(B, x_0)$이다. 즉, 위상공간 X의 기본군은 기준점 x_0을 포함하는 길연결성분의 기본군과 같다. 왜냐하면 시점이 x_0인 X상의 닫힌길 $\alpha:I\to X$에 대해 $\alpha(I)$가 길연결이므로 $\alpha(I)$는 x_0을 포함하는 X의 길연결성분 B에 포함된다(성질 8.4.13 참조). 그러므로 α는 B상의 닫힌길이 된다. 따라서 포함사상 $i:(B, x_0)\hookrightarrow(X, x_0)$는 군 동형사상 $i_\#:\pi_1(B, x_0)\to\pi_1(X, x_0)$을 유도한다.

우리는 $f\overset{F}{\simeq}g:X\to Y$에 대하여 $f_\# = g_\#$이 되기를 기대한다. 그러나 일반적으로 이는 성립하지 않는다. 그 이유는 기준점 $x_0\in X$에 대하여 변이 $F(x_0, t)$가 t값에 따라 변

하므로 $y_0 = f(x_0)$와 $y_1 = g(x_0)$이 서로 다른 점이 될 수 있기 때문이다. 하지만 우리는 다음 기초정리를 얻을 수 있다.

기초정리 17.2.14 두 연속사상 $f, g : X \to Y$가 변이 $F : X \times I \to Y$에 의해 $f \simeq g$이고 $y_0 = f(x_0)$, $y_1 = g(x_0)$이라 하자. 그러면 두 군 준동형사상

$$g_{\#} : \pi_1(X, x_0) \to \pi_1(Y, y_1),$$
$$\widehat{\omega} \circ f_{\#} : \pi_1(X, x_0) \xrightarrow{f_{\#}} \pi_1(Y, y_0) \xrightarrow{\widehat{\omega}} \pi_1(Y, y_1)$$

은 서로 같다. 단, 여기서 $\omega : I \to Y$는 $\omega(t) = F(x_0, t)$로 정의되는 y_0에서 y_1까지의 Y상의 길이다.

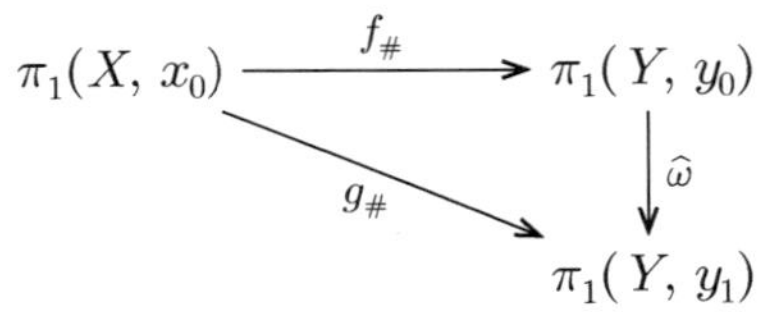

증명 임의의 $[\alpha] \in \pi_1(X, x_0)$에 대하여 $\alpha : I \to X$는 $\alpha(0) = \alpha(1) = x_0$인 닫힌길이다. 그리고 $g_{\#}([\alpha]) = [g \circ \alpha]$이고 $\widehat{\omega} \circ f_{\#}([\alpha]) = [\overline{\omega} * (f \circ \alpha) * \omega]$이므로 우리는 $g \circ \alpha \simeq_p \overline{\omega} * (f \circ \alpha) * \omega$임을 보이면 된다. 그런데 기초정리 17.2.6에 의하여 $\omega * \overline{\omega} \simeq_p c_{y_0}$, $\overline{\omega} * \omega \simeq_p c_{y_1}$이므로 우리는 $\omega * (g \circ \alpha) \simeq_p (f \circ \alpha) * \omega$를 보이면 충분하다. $X \times I$상의 세 닫힌길 $\beta_0, \beta_1, \gamma : I \to X \times I$,

$$\beta_0(s) = (\alpha(s), 0), \quad \beta_1(s) = (\alpha(s), 1), \quad \gamma(t) = (x_0, t)$$

에 대하여

$$F \circ \beta_0 = f \circ \alpha, \quad F \circ \beta_1 = g \circ \alpha, \quad F \circ \gamma = \omega$$

이 성립한다. 그리고 변이

$$G : I \times I \to X \times I, \quad G(s, t) = (\alpha(s), t)$$

와 길 $\sigma_0, \sigma_1, \tau_0, \tau_1 : I \to I \times I$,

$$\sigma_0(s) = (s, 0), \quad \sigma_1(s) = (s, 1),$$
$$\tau_0(t) = (0, t), \quad \tau_1(t) = (1, t)$$

에 대하여

$$G\circ\sigma_0=\beta_0,\quad G\circ\sigma_1=\beta_1,\quad G\circ\tau_0=G\circ\tau_1=\gamma$$

이 성립한다. 한편 $I\times I$가 $\mathbb{R}^2$상의 볼록집합이므로 $I\times I$상의 모든 길이 서로 길 변이적이다(보기 17.1.2와 보기 17.1.14 참조). 따라서 $\sigma_0*\tau_1\simeq_p\tau_0*\sigma_1$이므로 $\sigma_0*\tau_1\overset{H}{\simeq}_p\tau_0*\sigma_1$를 만족하는 길 변이 $H: I\times I\to I\times I$가 존재한다. 그러면 변이

$$G\circ H: I\times I\to I\times I\to X\times I$$

에 의해

$$\begin{aligned}\beta_0*\gamma&=(G\circ\sigma_0)*(G\circ\tau_1)=G\circ(\sigma_0*\tau_1)\simeq_p G\circ(\tau_0*\sigma_1)\\&=(G\circ\tau_0)*(G\circ\sigma_1)=\gamma*\beta_1\end{aligned}$$

이 된다. 그리고 변이 $F\circ(G\circ H): I\times I\to X\times I\to Y$에 의해

$$\begin{aligned}&F\circ(G\circ H)(\cdot,0)=F\circ(\beta_0*\gamma)=(F\circ\beta_0)*(F\circ\gamma)=(f\circ\alpha)*\omega,\\&F\circ(G\circ H)(\cdot,1)=F\circ(\gamma*\beta_1)=(F\circ\gamma)*(F\circ\beta_1)=\omega*(g\circ\alpha),\\&F\circ(G\circ H)(0,t)=F(G(0,0))=F(\alpha(0),0)=F(x_0,0)=\omega(0)=y_0,\\&F\circ(G\circ H)(1,t)=F(G(1,1))=F(\alpha(1),1)=F(x_0,1)=\omega(1)=y_1\end{aligned}$$

이므로 $\omega*(g\circ\alpha)\simeq_p(f\circ\alpha)*\omega$이다. □

성질 17.2.15 X, Y를 위상공간이라 하고 $f,\ g:(X,x_0)\to(Y,y_0)$를 연속사상이라 하자. 만약 $f\simeq g\ (\text{rel}\,\{x_0\})$이면 $f_\#=g_\#$이다.

증명 $f\simeq g\ (\text{rel}\,\{x_0\})$이므로 f와 g 사이의 변이

$$F: X\times I\to Y\quad\text{s.t.}\quad\begin{aligned}&F(x,0)=f(x)\ \ \forall x\in X,\\&F(x,1)=g(x)\ \ \forall x\in X,\\&F(x_0,t)=y_0\quad\ \forall t\in I\end{aligned}$$

가 존재한다.

그리고 기초정리 17.2.14에서의 $\omega: I\to Y$는 $\omega(t)=F(x_0,t)=y_0$이므로 $\omega=\overline{\omega}=c_{y_0}$이다. 따라서 $\widehat{\omega}:\pi_1(Y,y_0)\to\pi_1(Y,y_0)$이 항등사상이므로 $g_\#=\widehat{\omega}\circ f_\#=f_\#$이다. □

이제 기본군이 변이적 불변량임을 보이자.

정리 17.2.16 $f:(X,x_0)\to(Y,y_0)$를 연속사상이라 하자. 만약 f가 변이동치이면 $f_\#:\pi_1(X,x_0)\to\pi_1(Y,y_0)$은 군 동형사상이다.

증명 f가 변이동치이므로 다음을 만족하는 연속사상 $g:Y\to X$가 존재한다.

$$g\circ f\simeq \mathrm{id}_X,\quad f\circ g\simeq \mathrm{id}_Y$$

그리고 $x_1=g(y_0)$, $y_1=f(x_1)$이라 하자. 이제부터 우리는 다음 사상들을 다룰 것이다.

$$(X,x_0)\xrightarrow{f}(Y,y_0)\xrightarrow{g}(X,x_1)\xrightarrow{f}(Y,y_1)$$

그리고 이 증명에서는 기준점에 주의할 필요가 있으므로 $f:(X,x_0)\to(Y,y_0)$가 유도하는 군 준동형사상을

$$(f_0)_\#:\pi_1(X,x_0)\to\pi_1(Y,y_0)$$

으로 표기하고, $f:(X,x_1)\to(Y,y_1)$가 유도하는 군 준동형사상을

$$(f_1)_\#:\pi_1(X,x_1)\to\pi_1(Y,y_1)$$

으로 표기하자.

먼저 $g\circ f\simeq\mathrm{id}_X$이므로 기초정리 17.2.14에 의해 $g\circ f:(X,x_0)\to(Y,y_0)\to(X,x_1)$이 유도하는 군 준동형사상

$$(g\circ f)_\#:\pi_1(X,x_0)\to\pi_1(X,x_1)$$

은 x_0에서 x_1까지의 X상의 적당한 길 ω가 존재하여

$$(g\circ f)_\#=\widehat{\omega}\circ(\mathrm{id}_X)_\#=\widehat{\omega}$$

이다. 그리고 정리 17.2.9에 의해 $\widehat{\omega}$이 군 동형사상이므로 $g_\#\circ(f_0)_\#=(g\circ f)_\#$도 군 동형사상이다. 따라서 $g_\#$은 전사이다.

한편 $f\circ g\simeq\mathrm{id}_Y$이므로 기초정리 17.2.14에 의해 $f\circ g:(Y,y_0)\to(X,x_1)\to(Y,y_1)$이 유도하는 군 준동형사상

$$(f\circ g)_\#:\pi_1(Y,y_0)\to\pi_1(Y,y_1)$$

은 y_0에서 y_1까지의 Y상의 적당한 길 ω'이 존재하여

$$(f \circ g)_{\#} = \widehat{\omega}' \circ (\mathrm{id}_Y)_{\#} = \widehat{\omega}'$$

이다. 그리고 정리 17.2.9에 의해 $\widehat{\omega}'$이 군 동형사상이므로 $(f_1)_{\#} \circ g_{\#} = (f \circ g)_{\#}$ 도 군 동형사상이다. 따라서 $g_{\#}$은 단사이다.

그러므로 $g_{\#}$은 군 동형사상이다. 그런데 $f_{\#} = (f_0)_{\#}$이고 $g_{\#} \circ (f_0)_{\#} = (g \circ f)_{\#} = \widehat{\omega}$이므로 $f_{\#} = (f_0)_{\#} = (g_{\#})^{-1} \circ \widehat{\omega}$이다. 따라서 $g_{\#}$과 $\widehat{\omega}$이 모두 군 동형사상이므로 $f_{\#}$도 군 동형사상이다. □

따름정리 17.2.17 만약 연속사상 $f:(X,x_0) \to (Y,y_0)$가 퇴화변이적이면 군 준동형사상 $f_{\#}: \pi_1(X,x_0) \to \pi_1(Y,y_0)$은 자명하다. 즉, 모든 $[\alpha] \in \pi_1(X,x_0)$에 대해 $f_{\#}([\alpha]) = [c_{y_0}]$이다.

증명 f가 퇴화변이적이므로 상수사상 $c: X \to Y$가 존재하여 $f \simeq c$이다. 우리는 $y_1 = c(x_0)$이라 하자. 그러면 기초정리 17.2.14에 의해 y_1에서 y_0까지의 Y상의 길 ω가 존재하여 $f_{\#} = \widehat{\omega} \circ c_{\#}$을 만족한다. 따라서 임의의 $[\alpha] \in \pi_1(X,x_0)$에 대하여

$$f_{\#}([\alpha]) = \widehat{\omega}(c_{\#}([\alpha])) = \widehat{\omega}([c_{y_1}]) = [c_{y_0}]$$

이다. 따라서 $f_{\#}$은 자명한 군 준동형사상이다. 여기서 $[c_{y_0}]$은 $\pi_1(Y,y_0)$의 항등원임을 주의하자. □

따름정리 17.2.18 만약 위상공간 X가 축약가능이면 $\pi_1(X) = 0$이다.[5)]

증명 X가 축약가능이므로 정리 17.1.11에 의해 X는 한 점으로 이루어진 공간 $P = \{p\}$와 변이적이다. 따라서 변이동치 $f: X \to P$가 존재한다. 그리고 정리 17.2.16에 의해 $\pi_1(X)$는 $\pi_1(P) = 0$과 군동형이므로 $\pi_1(X) = 0$이다. □

정의 17.2.19 위상공간 X가 **단순연결(simply connected)**이란 X는 길연결이고 $\pi_1(X,x_0) = 0$임을 의미한다. 이 경우 X가 길연결이므로 기준점 x_0의 선택에 무관하다.

5) 따름정리 17.1.13에 의해 축약가능공간은 길연결이므로 기준점의 선택에 무관하다. 그리고 자명한 군(trivial group)이란 원소를 항등원 하나만을 갖는 군을 의미하고 보통 0으로 표기한다.

따름정리 17.1.13과 17.2.18에 의하여 축약가능공간은 단순연결이다.[6] 따라서 유클리드공간 $\mathbb{R}^n$ 상의 볼록집합은 축약가능이므로 단순연결이다. 특별히 $\mathbb{R}^n$도 축약가능이므로 단순연결이 되어 $\pi_1(\mathbb{R}^n)=0$이다.

성질 17.2.20 X를 단순연결공간이라 하자. 만약 두 길 $\alpha,\ \beta: I \to X$의 시점과 종점이 같으면 $\alpha \simeq_p \beta$이다.

증명 먼저 $\alpha(0)=\beta(0)=x_0$이라 하자. 그러면 $\alpha * \overline{\beta} : I \to X$는 기준점을 x_0로 갖는 X 상의 닫힌길이다. 그리고 X가 단순연결이므로 $\alpha * \overline{\beta}$는 상수사상 $c_{x_0} : I \to X$, $c_{x_0}(s)=x_0$과 길 변이적이다. 즉, $\alpha * \overline{\beta} \simeq_p c_{x_0}$이다. 따라서 기초정리 17.2.3과 17.2.6에 의하여

$$\alpha \simeq_p \alpha * \overline{\beta} * \beta \simeq_p c_{x_0} * \beta \simeq_p \beta$$

이다. □

참고 17.2.21 위상공간 X와 점 $x_0 \in X$에 대하여 닫힌길 $\alpha \in \Omega(X, x_0)$가 $[\alpha]=[c_{x_0}]$ (즉, $\alpha \simeq_p c_{x_0}$)이란 α를 한 점 x_0으로 X 내에서 연속적으로 변형시킬 수 있음을 의미한다(그림 17.15 참조).

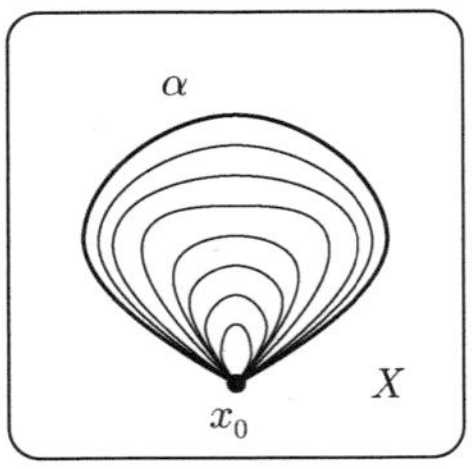

그림 17.15 • $[\alpha]=[c_{x_0}]$

보기 17.2.22 유클리드공간 $\mathbb{R}^2$의 부분공간 $\mathbb{R}^2-\{0\}$은 단순연결이 아니다. 왜냐하면 그림 17.16과 같은 닫힌길 α는 원 점을 지나지 않고는 한 점 x_0으로 연속적으로 변형시

6) 이 역은 성립하지 않는다. 예를 들어 유클리드공간 $\mathbb{R}^3$의 부분공간 S^2는 단순연결이지만 축약가능은 아니다.

킬 수 없기 때문이다. 그러므로 $[\alpha] \neq [c_{x_0}]$이다. 따라서 $\pi_1(\mathbb{R}^2 - \{0\}, x_0)$은 최소한 두 원소 $[\alpha], [c_{x_0}]$를 가지므로 $\pi_1(\mathbb{R}^2 - \{0\}, x_0) \neq 0$이다. 따라서 $\mathbb{R}^2$와 $\mathbb{R}^2 - \{0\}$은 위상동형이 아니다.

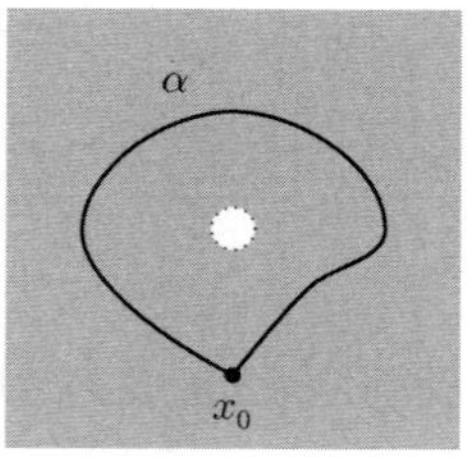

그림 17.16 • $[\alpha] \neq [c_{x_0}]$

끝으로 곱공간의 기본군에 대해 알아보자. 두 군 $(G, *_1)$와 $(H, *_2)$의 곱은 곱집합 $G \times H$에 연산

$$*: (G \times H) \times (G \times H) \to G \times H, \quad (g, h) * (g', h') = (g *_1 g', h *_2 h')$$

를 준 군 $(G \times H, *)$을 의미하고 간단히 $G \times H$로 표기한다.

정리 17.2.23 두 위상공간 (X, x_0)와 (Y, y_0)에 대하여

$$\pi_1(X \times Y, (x_0, y_0)) \cong \pi_1(X, x_0) \times \pi_1(Y, y_0)$$

이 성립한다. 단, 여기서 $X \times Y$는 X와 Y의 곱공간이다.

증명 두 사영사상

$$p: X \times Y \to X, \quad (x, y) \mapsto x,$$
$$q: X \times Y \to Y, \quad (x, y) \mapsto y$$

는 각각 군 준동형사상

$$p_\# : \pi_1(X \times Y, (x_0, y_0)) \to \pi_1(X, x_0),$$
$$q_\# : \pi_1(X \times Y, (x_0, y_0)) \to \pi_1(Y, y_0)$$

을 유도한다. 이제 함수

$$\Phi : \pi_1(X \times Y, (x_0, y_0)) \to \pi_1(X, x_0) \times \pi_1(Y, y_0),$$
$$\Phi([\alpha]) = (p_\#([\alpha]), q_\#([\alpha])) = ([p \circ \alpha], [q \circ \alpha])$$

가 군 동형사상임을 보이자.

먼저 Φ가 군 준동형사상임을 보이자. $\pi_1(X \times Y, (x_0, y_0))$의 항등원 $[c_{(x_0, y_0)}]$에 대해 $\Phi([c_{(x_0, y_0)}]) = ([p \circ c_{(x_0, y_0)}], [q \circ c_{(x_0, y_0)}]) = ([c_{x_0}], [c_{y_0}])$이다. 여기서 $([c_{x_0}], [c_{y_0}])$이 $\pi_1(X, x_0) \times \pi_1(Y, y_0)$의 항등원임을 유의하자. 그리고 임의의 $[\alpha], [\beta] \in \pi_1(X \times Y, (x_0, y_0))$에 대하여

$$\begin{aligned}
\Phi([\alpha]*[\beta]) = \Phi([\alpha*\beta]) &= ([p \circ (\alpha*\beta)], [q \circ (\alpha*\beta)]) \\
&= ([(p \circ \alpha)*(p \circ \beta)], [(q \circ \alpha)*(q \circ \beta)] \\
&= ([p \circ \alpha]*[p \circ \beta], [q \circ \alpha]*[q \circ \beta]) \\
&= ([p \circ \alpha], [q \circ \alpha])*([p \circ \beta], [q \circ \beta]) \\
&= \Phi([\alpha])*\Phi([\beta])
\end{aligned}$$

이다. 따라서 Φ는 군 준동형사상이다.

이제 Φ가 전사임을 보이자. 주어진 $([\beta], [\gamma]) \in \pi_1(X, x_0) \times \pi_1(Y, y_0)$에 대하여 $\beta : I \to X$는 기준점이 x_0인 닫힌길이고, $\gamma : I \to Y$는 기준점이 y_0인 닫힌길이다. 그러면 $\alpha : I \to X \times Y$, $\alpha(s) = (\beta(s), \gamma(s))$는 기준점이 (x_0, y_0)인 $X \times Y$ 상의 닫힌길이므로 $[\alpha] \in \pi_1(X \times Y, (x_0, y_0))$이고

$$\Phi([\alpha]) = ([p \circ \alpha], [q \circ \alpha]) = ([\beta], [\gamma])$$

이다. 따라서 Φ는 전사이다.

마지막으로 Φ가 단사임을 보이자. 즉, $\ker \Phi = [c_{(x_0, y_0)}]$임을 보이자. 만약 $[\alpha] \in \pi_1(X \times Y, (x_0, y_0))$가 $\Phi([\alpha]) = ([c_{x_0}], [c_{y_0}])$이라 가정하면 Φ의 정의에 의해

$$[p \circ \alpha] = [c_{x_0}], \quad [q \circ \alpha] = [c_{y_0}]$$

이므로 두 변이

$$G : p \circ \alpha \simeq_p c_{x_0}, \quad H : q \circ \alpha \simeq_p c_{y_0}$$

가 존재한다. 그러면 변이

$$F : I \times I \to X \times Y, \quad F(s, t) = (G(s, t), H(s, t))$$

에 의해 $\alpha \simeq_p c_{(x_0, y_0)}$이므로 $[\alpha] = [c_{(x_0, y_0)}]$이다. □

연습문제

문제 17.2.1 참고 17.2.5를 보이시오.

문제 17.2.2 길 $\alpha = (\alpha_1, \alpha_2) : I \to X \times Y$와 길 $\beta = (\beta_1, \beta_2) : I \to X \times Y$가 $\alpha(1) = \beta(0)$을 만족하면 $\alpha * \beta = (\alpha_1, \alpha_2) * (\beta_1, \beta_2) = (\alpha_1 * \beta_1, \alpha_2 * \beta_2)$가 성립함을 보이시오.

문제 17.2.3 α를 점 x_0에서 점 x_1까지의 X상의 길이라 하고 β를 점 x_1에서 점 x_2까지의 X상의 길이라 하자. 만약 $\gamma = \alpha * \beta$이면 $\widehat{\gamma} = \widehat{\beta} \circ \widehat{\alpha}$임을 보이시오.

문제 17.2.4 길연결공간 X에 대하여 다음이 동치임을 보이시오.

(a) 기본군 $\pi_1(X, x_0)$은 가환(abelian)이다.

(b) 두 길 α, $\beta : I \to X$가 $\alpha(0) = \beta(0) = x_0$, $\alpha(1) = \beta(1)$이면 $\widehat{\alpha} = \widehat{\beta}$이다.

문제 17.2.5 $A \subset \mathbb{R}^n$가 **별 볼록**(star convex)이란 점 $a_0 \in A$이 존재하여 모든 점 $a \in A$에 대하여 선분 $\overline{a_0 a}$가 A에 포함되는 경우를 뜻한다.

(1) 모든 볼록집합은 별 볼록임을 보이시오.

(2) 별 볼록이지만 볼록이 아닌 집합을 찾으시오.

(3) 별 볼록 집합은 단순연결임을 보이시오.

문제 17.2.6 A를 $\mathbb{R}^n$의 부분공간, $h : (A, a_0) \to (Y, y_0)$를 연속사상이라 하자. 만약 h가 연속사상 $\widetilde{h} : \mathbb{R}^n \to Y$로 확장되면 $h_\# : \pi_1(A, a_0) \to \pi_1(Y, y_0)$은 자명한 군 준동형사상임을 보이시오.

문제 17.2.7 X는 길연결공간이고, 연속사상 $h : X \to Y$가 $h(x_0) = y_0$, $h(x_1) = y_1$을 만족한다고 하자. 이제 x_0에서 x_1까지의 X상의 길 α와 y_0에서 y_1까지의 Y상의 길 $\beta = h \circ \alpha$에 대하여 $\widehat{\beta} \circ (h_0)_\# = (h_1)_\# \circ \widehat{\alpha}$이 성립함을 보이시오. 단, 여기서 각각의 $i = 0, 1$에 대해 $h_i : (X, x_i) \to (Y, y_i)$, $h_i(x) = h(x)$이다.

$$
\begin{array}{ccc}
\pi_1(X,\, x_0) & \xrightarrow{(h_0)_\#} & \pi_1(Y,\, y_0) \\
{\scriptstyle \hat{\alpha}}\downarrow & & \downarrow{\scriptstyle \hat{\beta}} \\
\pi_1(X,\, x_1) & \xrightarrow[(h_1)_\#]{} & \pi_1(Y,\, y_1)
\end{array}
$$

문제 17.2.8 길연결공간 X에 대하여 다음이 서로 동치임을 보이시오.

(a) X는 단순연결이다.

(b) 두 길 $\alpha,\ \beta : I \to X$가 $\alpha(0)=\beta(0),\ \alpha(1)=\beta(1)$을 만족하면 $\alpha \simeq_p \beta$이다.

(c) 모든 연속사상 $f : S^1 \to X$는 $D^2=\{(x,y)\in\mathbb{R}^2 \mid x^2+y^2 \le 1\}$로 확장된다.

(d) 모든 연속사상 $f : S^1 \to X$는 퇴화변이적이다.

문제 17.2.9 위상공간 X의 뿔(cone) CX는 단순연결임을 보이시오.

문제 17.2.10 $(G,\cdot)$를 항등원 e를 갖는 위상군이라 하자. 그리고 e를 시점과 종점으로 하는 G상의 모든 닫힌길들의 모임

$$\Omega(G,e)=\{\alpha \mid \alpha : I \to G\text{는 닫힌길 s.t. } \alpha(0)=\alpha(1)=e\}$$

를 생각하자. 이제 주어진 $\alpha,\ \beta\in\Omega(G,e)$에 대하여

$$\alpha\otimes\beta : I \to G,\ \ (\alpha\otimes\beta)(s)=\alpha(s)\cdot\beta(s)$$

로 정의하자.

(1) 연산 $\otimes$에 의하여 $\Omega(G,e)$가 군이 됨을 보이시오.

(2) $\otimes$는 $\pi_1(G,e)$상의 군작용 $\otimes$를 유도함을 보이시오. 즉, $[\alpha]\otimes[\beta]=[\alpha\otimes\beta]$로 정의하면 $\pi_1(G,e)$상의 잘 정의된 군작용임을 보이시오.

(3) $\pi_1(G,e)$상의 두 군작용 $*$와 $\otimes$는 서로 같음을 보이시오. (힌트: $(\alpha*c_e)\otimes(c_e*\beta)$를 계산하시오.)

(4) $\pi_1(G,e)$는 가환군임을 보이시오.

17.3 수축과 변형수축

정의 17.3.1 위상공간 X의 부분공간 A와 포함사상 $i : A \hookrightarrow X$, $i(a)=a$를 생각하자.

(1) 연속사상 $r : X \to A$이 **수축사상**(retraction)이란 $r \circ i = \mathrm{id}_A$임을 의미한다. 즉, 모든 $a \in A$에 대하여 $r(a)=a$를 만족함을 의미한다. 그리고 이 경우 X가 A로 **수축**(retract)된다 또는 A는 X의 수축이라 한다.

(2) X가 A로 **변형수축**(deformation retract)된다 또는 A는 X의 변형수축이란 $i \circ r \simeq \mathrm{id}_X$를 만족하는 수축사상 $r : X \to A$이 존재함을 의미한다. 즉, 연속사상

$$r : X \to A \quad \text{s.t.} \quad r \circ i = \mathrm{id}_A, \quad i \circ r \simeq \mathrm{id}_X$$

이 존재함을 의미한다. 동치적으로 변이

$$F : X \times I \to X \quad \text{s.t.} \quad \begin{aligned} &F(x,0) = x \ \ \forall x \in X, \\ &F(x,1) \in A \ \ \forall x \in X, \\ &F(a,1) = a \ \ \forall a \in A \end{aligned}$$

가 존재함을 의미한다. 이 경우 변이 F를 **변형수축사상**(deformation retraction)이라 한다. 그리고 $r : X \to A$을 $r(x) = F(x,1)$로 정의하면 r은 수축사상이 되고 $\mathrm{id}_X \overset{F}{\simeq} i \circ r$이다.

만약 A가 X의 변형수축이면 A와 X는 변이적(즉, $A \simeq X$)이다. 그리고 X가 축약가능일 필요충분조건은 X가 한 점으로 변형수축되는 것이다.

보기 17.3.2 S^n은 $\mathbb{R}^{n+1} - \{\mathbf{0}\}$의 변형수축이다.

풀이 연속사상

$$r : \mathbb{R}^{n+1} - \{\mathbf{0}\} \to S^n, \ r(\mathbf{x}) = \frac{\mathbf{x}}{\|\mathbf{x}\|}$$

은 수축사상이고 $r \circ i = \mathrm{id}_{S^n}$이다(그림 17.17 참조).

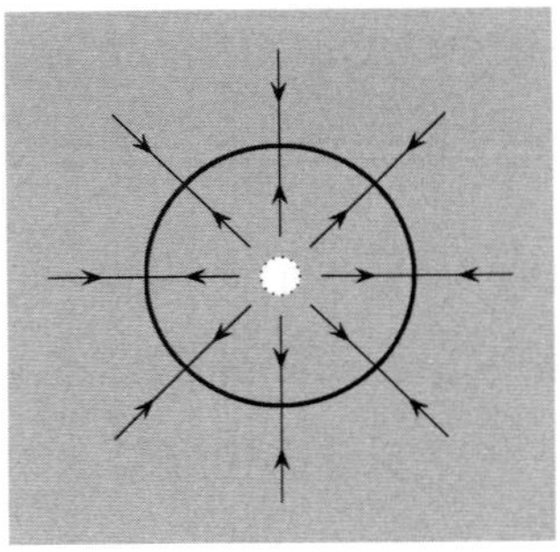

그림 17.17 • 수축사상 $r:\mathbb{R}^2-\{\mathbf{0}\}\to S^1$

이제 $i\circ r\simeq \mathrm{id}_{\mathbb{R}^{n+1}-\{\mathbf{0}\}}$ 임을 보이자. 변이

$$F:(\mathbb{R}^{n+1}-\{\mathbf{0}\})\times I\to \mathbb{R}^{n+1}-\{\mathbf{0}\},\quad F(\mathbf{x},t)=(1-t)\mathbf{x}+t\frac{\mathbf{x}}{\|\mathbf{x}\|}$$

에 대해

$$F(\mathbf{x},0)=\mathbf{x}\qquad \forall\,\mathbf{x}\in\mathbb{R}^{n+1}-\{\mathbf{0}\},$$
$$F(\mathbf{x},1)=\frac{\mathbf{x}}{\|\mathbf{x}\|}\quad \forall\,\mathbf{x}\in\mathbb{R}^{n+1}-\{\mathbf{0}\}$$

이 되므로 F에 의해 $i\circ r\simeq \mathrm{id}_{\mathbb{R}^{n+1}-\{\mathbf{0}\}}$ 이다. □

정리 17.3.3 (1) 만약 A가 X의 수축이면 포함사상 $i:A\hookrightarrow X$가 유도하는 군 준동형사상 $i_\#:\pi_1(A,a_0)\to\pi_1(X,a_0)$은 단사이다.
(2) 만약 A가 X의 변형수축이면 $i_\#:\pi_1(A,a_0)\to\pi_1(X,a_0)$은 군 동형사상이다.

증명 (1) 만약 A가 X의 수축이면 수축사상 $r:X\to A$이 존재하여 $r\circ i=\mathrm{id}_A$이므로

$$r_\#\circ i_\#=(r\circ i)_\#=(\mathrm{id}_A)_\#=\mathrm{id}_{\pi_1(A,a_0)}$$

이다. 그런데 $\mathrm{id}_{\pi_1(A,a_0)}$이 단사이므로 $i_\#$도 단사가 되어야 한다.

(2) 만약 A가 X의 변형수축이면 수축사상 $r:X\to A$이 존재하여

$$r\circ i=\mathrm{id}_A,\quad i\circ r\simeq \mathrm{id}_X$$

이므로 i와 r은 변이동치이고 $A\simeq X$이다. 따라서 정리 17.2.16에 의하여 $i_\#:\pi_1(A,a_0)\to\pi_1(X,a_0)$은 군 동형사상이다. □

따름정리 17.3.4 $\pi_1(S^n) \cong \pi_1(\mathbb{R}^{n+1} - \{\mathbf{0}\})$이다.

증명 보기 17.3.2와 정리 17.3.3에 의해 포함사상 $i : S^n \hookrightarrow \mathbb{R}^{n+1} - \{\mathbf{0}\}$가 유도하는

$$i_{\#} : \pi_1(S^n, x_0) \to \pi_1(\mathbb{R}^{n+1} - \{\mathbf{0}\}, x_0)$$

은 군 동형사상이다. 여기서 S^n과 $\mathbb{R}^{n+1} - \{\mathbf{0}\}$이 모두 길연결이므로 기준점의 선택에 무관함을 유의하자. □

보기 17.3.5 (1) 따름정리 17.3.4에 의해 유클리드공간 $\mathbb{R}^2$에서 한 점을 제거한 부분공간 $\mathbb{R}^2 - \{\mathbf{0}\}$의 기본군은 S^1의 기본군과 동형이다(그림 17.18(a) 참조).

(2) 유클리드공간 $\mathbb{R}^2$에서 두 점 p, q를 제거한 부분공간 $\mathbb{R}^2 - \{p, q\}$은 그림 17.18(b)의 8자 공간 A로 변형수축되므로 $\mathbb{R}^2 - \{p, q\}$의 기본군은 8자 공간 A의 기본군과 동형이다.

(3) 유클리드공간 $\mathbb{R}^2$에서 세 점 p, q, r을 제거한 부분공간 $\mathbb{R}^2 - \{p, q, r\}$은 그림 17.18(c)의 B로 변형수축되므로 $\mathbb{R}^2 - \{p, q, r\}$의 기본군은 B의 기본군과 동형이다.

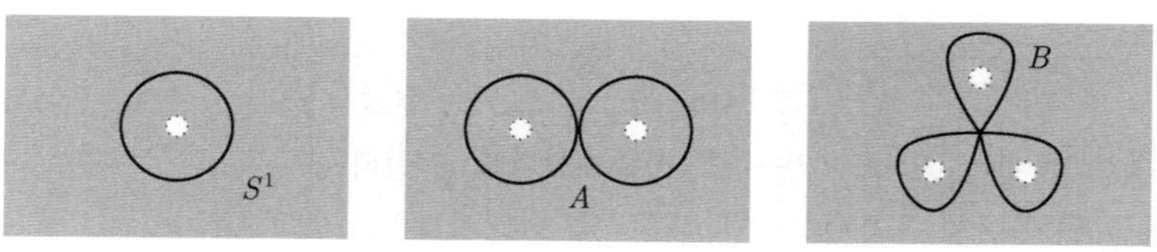

(a) (b) (c)

그림 17.18 • 구멍 뚫린 평면

연습문제

문제 17.3.1 다음과 같이 주어진 유클리드공간의 부분공간은 한 점 집합 $\{p\}$, S^1 또는 8자 공간 ∞ 중 어느 것과 변이적인가?

(1) $D^2 \times S^1$.

(2) $T - \{q\}$. 여기서 T는 토러스이다.

(3) $S^1 \times I$.

(4) $\mathbb{R}^3 - (\{(x,0,0) \mid 0 \le x\} \cup \{(0,y,0) \mid 0 \le y\} \cup \{(0,0,z) \mid 0 \le z\})$.

(5) $S^1 \cup (\mathbb{R} \times \{0\})$.

(6) $S^1 \times \mathbb{R}$.

(7) $\{\mathbf{x} \in \mathbb{R}^2 \mid \|\mathbf{x}\| > 1\}$.

(8) $\{\mathbf{x} \in \mathbb{R}^2 \mid \|\mathbf{x}\| < 1\}$.

(9) $S^1 \cup \{(x,0) \in \mathbb{R}^2 \mid x > 0\}$.

(10) $\mathbb{R}^2 - \{(x,0) \mid x \geq 0\}$.

문제 17.3.2 뫼비우스 띠 M과 원통 $S^1 \times I$는 변이적임을 보이시오.

문제 17.3.3 위상공간 X와 $A \subset B \subset X$에 대하여 다음을 보이시오.

(1) 만약 A가 B의 수축이고 B가 X의 수축이면 A는 X의 수축이다.

(2) 만약 A가 B의 변형수축이고 B가 X의 변형수축이면 A는 X의 변형수축이다.

문제 17.3.4 축약가능공간 X의 수축 A도 축약가능임을 보이시오.

문제 17.3.5 두 점 집합 $\{0,1\}$은 $I=[0,1]$의 수축이 아님을 보이시오.

문제 17.3.6 $a_0 \in A \subset X$이라 하자. 이제 수축사상 $r: X \to A$이 유도하는 군 준동형사상 $r_\#: \pi_1(X, a_0) \to \pi_1(A, a_0)$이 전사임을 보이시오.

문제 17.3.7 $A \subset X$, $i: A \hookrightarrow X$는 포함사상, $f: X \to A$는 연속사상이라 하자. 그리고 $i \circ f$와 id_X 사이의 변이 $H: X \times I \to X$가 존재한다고 가정하자.

(1) 만약 f가 수축사상이면 $i_\#$은 군 동형사상임을 보이시오.

(2) 만약 $H(A \times I) \subset A$이면 $i_\#$은 군 동형사상임을 보이시오.

(3) $i_\#$이 군 동형사상이 아닌 예를 드시오.

문제 17.3.8 먼저 $a \in A \subset X$이고, $i: A \hookrightarrow X$는 포함사상, $r: X \to A$은 수축사상이라 하자. 이제 $i_\#(\pi_1(A,a))$이 $\pi_1(X,a)$의 정규부분군일 때, 다음이 성립함을 보이시오.

(1) $\pi_1(X,a) \cong \ker r_\# \times \mathrm{im}\, i_\#$.

(2) $\pi_1(X,a) \cong (\pi_1(X,a)/i_\#(\pi_1(A,a))) \times \pi_1(A,a)$.

문제 17.3.9 위상공간 X의 뿔 CX는 한 점으로 변형수축됨을 보이시오.

문제 17.3.10 만약 A가 국소컴팩트공간 X의 수축이면 A도 국소컴팩트임을 보이시오.

문제 17.3.11 X가 A로 강변형수축(strong deformation retract)된다 또는 A가 X의 강변형수축이란

$i \circ r \simeq \mathrm{id}_X (\mathrm{rel}\, A)$를 만족하는 수축사상 $r: X \to A$이 존재함을 의미한다. 즉, 연속사상

$$r: X \to A \;\; \text{s.t.} \;\; r \circ i = \mathrm{id}_A, \;\; i \circ r \simeq \mathrm{id}_X \;\; (\mathrm{rel}\, A)$$

이 존재함을 의미한다. 동치적으로 변이

$$F: X \times I \to X \quad \text{s.t.} \quad \begin{aligned} &F(x,0) = x && \forall x \in X, \\ &F(x,1) \in A && \forall x \in X, \\ &F(a,t) = a && \forall a \in A, \ \forall t \in I \end{aligned}$$

가 존재함을 의미한다. 이제 다음을 보이시오.

(1) 보기 8.1.21과 보기 17.1.14에서 다루었던 빗공간 C는 한 점 집합 $\{(0,0)\}$으로 강변형수축된다.

(2) 빗공간 C는 한 점 집합 $\{(0,1)\}$로 변형수축되지만 강변형수축은 되지 않는다.

문제 17.3.12 만약 Y가 B로 수축되면, 임의의 위상공간 X에 대하여 $\mathcal{C}(X,Y)$는 $\mathcal{C}(X,B)$로 수축됨을 보이시오. 단, 여기서 $\mathcal{C}(X,B)$와 $\mathcal{C}(X,Y)$는 C-O 위상공간이다.

17.4 덮개공간(covering space)

우리는 지금까지 위상공간의 기본군을 다루었다. 하지만 기본적인 공간인 S^1의 기본군을 구하는 것도 어렵다. 실제로 기본군을 구하려면 많은 경우 덮개공간이라는 개념을 이용하게 된다. 그리고 이러한 덮개공간은 그 자체만으로도 수학의 여러 분야(예를 들어 리만곡면, 복소다양체 등)에서 중요하게 사용되는 개념이다.

정의 17.4.1 E와 B를 위상공간이라 하고 $p: E \to B$를 전사인 연속사상이라 하자.

(1) B의 열린집합 U가 p에 의해 **고르게 덮인다**(evenly covered)란 $p^{-1}(U)$는 E의 서로소인 열린집합 V_α들의 합집합이고 각각의 V_α는 p에 의해 U와 위상동형임을 뜻한다(그림 17.19 참조).

(2) $p: E \to B$가 **덮개사상**(covering map)이란 모든 점 $b \in B$가 p에 의해 고르게 덮이는 열린근방 U를 갖는 경우를 뜻한다. 이 경우 E를 **덮개공간**(covering space), B를 **바탕공간**(base space)이라 한다.

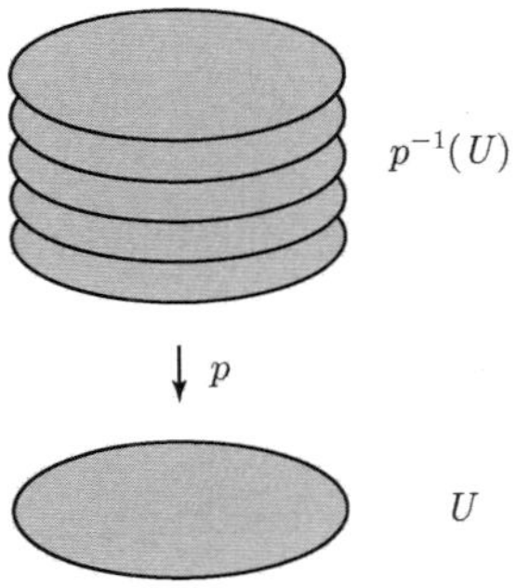

그림 17.19 • 덮개공간

만약 $p: E \to B$가 덮개사상이면 각각의 점 $b \in B$에 대하여 E의 부분공간 $p^{-1}(b)$는 이산위상을 갖는다. 그 이유는 p에 의해 고르게 덮이는 b의 열린근방 U가 존재하여 $p^{-1}(b) \subset p^{-1}(U) = \cup V_\alpha$이고 $V_\alpha \cap p^{-1}(b)$는 한 점 집합이다. 그런데 모든 V_α는 E의 열린집합이므로 $p^{-1}(b)$의 각 점으로 이루어진 한 점 집합 $V_\alpha \cap p^{-1}(b)$은 $p^{-1}(b)$의 열린집합이다. 따라서 부분공간 $p^{-1}(b)$는 이산위상을 갖는다.

참고 17.4.2 모든 덮개사상은 열린사상이다.

풀이 $p: E \to B$를 덮개사상이라 하자. 그리고 W를 E의 열린집합이라 하자. 이제 우리는 $p(W)$가 B의 열린집합임을 보이면 된다. 임의의 점 $b \in p(W)$에 대해 p에 의해 고르게 덮이는 b의 열린근방 U를 택하자. 그러면 $p^{-1}(U)$는 E의 열린집합 V_α들의 떨어진 합집합이다. 그리고 $p(y) = b$를 만족하는 점 $y \in W$가 존재하고, y를 포함하는 V_{α_0}이 존재한다. 한편 $V_{\alpha_0} \cap W$가 E의 열린집합이므로 $V_{\alpha_0} \cap W$는 V_{α_0}의 열린집합이다. 그런데 $p| : V_{\alpha_0} \to U$가 위상동형사상이므로 $p(V_{\alpha_0} \cap W)$는 U의 열린집합이다. 그리고 U가 B의 열린집합이므로 $p(V_{\alpha_0} \cap W)$는 B의 열린집합이다. 그러면 $b \in p(V_{\alpha_0} \cap W) \subset p(W)$이므로 b는 $p(W)$의 내부점이다. 따라서 $p(W)$는 B의 열린집합이다. □

보기 17.4.3 (1) 위상공간 X에 대한 항등사상 $\mathrm{id}_X : X \to X,\ x \mapsto x$는 덮개사상이다.

(2) X는 위상공간이고 $\{1, 2, \ldots, n\}$은 이산공간이라 하자. 그러면 곱공간 $E = X \times \{1, \ldots, n\}$에 대한 사영사상 $p: E \to X,\ p(x, i) = x$는 덮개사상이다.

(3) X를 위상공간이라 하고 Y를 이산공간이라 하자. 그러면 곱공간 $X \times Y$에 대한 사영사상 $p: X \times Y \to X,\ p(x, y) = x$는 덮개사상이다.

(4) 그러나 유클리드공간 $\mathbb{R}$의 부분공간 $I = [0, 1]$의 곱공간 $I \times I$에 대한 사영사상 $p: I \times I \to I,\ p(x, y) = x$는 덮개사상이 아니다. 왜냐하면 $p^{-1}(s) = \{s\} \times I \cong I$는 이산공간이 아니다. 여기서 우리는 열린집합 $U \subset I$에 대하여 $p^{-1}(U) = \bigcup_{t \in I} U \times \{t\}$로 표현되지만 $U \times \{t\}$는 $I \times I$의 열린집합이 아님을 주의하자.

보기 17.4.4 $p: \mathbb{R} \to S^1,\ p(x) = (\cos 2\pi x, \sin 2\pi x)$는 덮개사상이다.[7] 단, 여기서 S^1은 유클리드공간 $\mathbb{R}^2$의 부분공간이다.

풀이 자명하게 p는 전사인 연속사상이다(그림 17.20 참조). 이제 S^1을 덮는 4개의 열린집합을 다음과 같이 정의하자.

$$U_1 = \{(x, y) \in S^1 \mid x > 0\}, \quad U_2 = \{(x, y) \in S^1 \mid y > 0\},$$
$$U_3 = \{(x, y) \in S^1 \mid x < 0\}, \quad U_4 = \{(x, y) \in S^1 \mid y < 0\}.$$

7) S^1을 복소평면 $\mathbb{C}$상의 단위 원으로 보면 $p(x) = e^{i2\pi x}$이다.

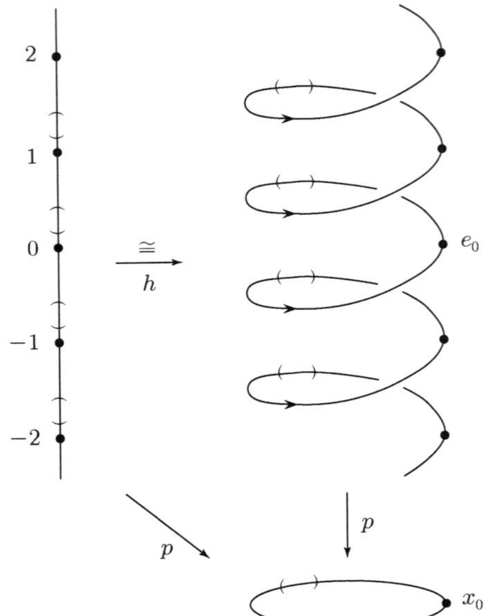

그림 17.20 • S^1의 덮개공간

그러면 $S^1 = U_1 \cup U_2 \cup U_3 \cup U_4$이다. 그리고

$$p^{-1}(U_1) = \bigcup_{n \in \mathbb{Z}} (n - \frac{1}{4}, n + \frac{1}{4}), \quad p^{-1}(U_2) = \bigcup_{n \in \mathbb{Z}} (n, n + \frac{1}{2}),$$
$$p^{-1}(U_3) = \bigcup_{n \in \mathbb{Z}} (n + \frac{1}{4}, n + \frac{3}{4}), \quad p^{-1}(U_4) = \bigcup_{n \in \mathbb{Z}} (n + \frac{1}{2}, n + 1)$$

이다. 또한 p에 의해 다음은 모두 위상동형이다.

$$(n - \frac{1}{4}, n + \frac{1}{4}) \cong U_1, \quad (n, n + \frac{1}{2}) \cong U_2,$$
$$(n + \frac{1}{4}, n + \frac{3}{4}) \cong U_3, \quad (n + \frac{1}{2}, n + 1) \cong U_4.$$

따라서 각각의 U_i는 p에 의해 고르게 덮이는 열린집합이다. 그리고 모든 점 $(x, y) \in S^1$는 적어도 하나의 U_i에 포함되므로 p는 덮개사상이다.

한편 덮개사상 p를 그림 17.20과 같이 나선으로부터 S^1 위로의 사영사상으로 볼 수 있다. 구체적으로 $\mathbb{R}$은 위상동형사상 $h(x) = (\cos 2\pi x, \sin 2\pi x, x)$에 의해 나선과 위상동형이다. 따라서 우리는 p를 나선에서 정의된 사영사상으로 볼 수 있다. □

보기 17.4.5 보기 17.4.4에서 보았던 덮개사상 p의 축소사상 $q=p|:(0,\infty)\to S^1$, $q(x)=(\cos 2\pi x, \sin 2\pi x)$는 덮개사상이 아니다.

풀이 자명하게 q는 전사인 연속사상이다. 그러나 점 $b=(1,0)$을 포함하는 아무리 작은 열린집합 U에 대해서도 $q^{-1}(U)$는 열린집합 $\{V_n \mid n=0,1,2,\dots\}$들의 떨어진 합집합이나, 그림 17.21에서 보듯이 V_0은 q에 의해 U와 위상동형이 아니다. □

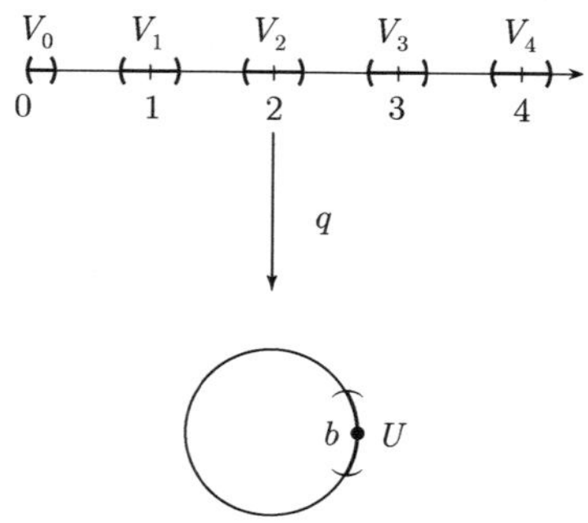

그림 17.21 • q는 덮개사상이 아니다.

보기 17.4.6 단위 원 $S^1\subset\mathbb{C}$에 대하여 $p:S^1\to S^1$, $p(z)=z^2$은 덮개사상이다.[8)]

풀이 먼저 자명하게 p는 전사이고 연속이다. 그리고 p는 점 $z=e^{i\theta}$를 점 $z^2=e^{i2\theta}$으로 보낸다. 이제 주어진 점 $b\in S^1$의 열린근방 U를 다음과 같이 택하자.

(i) $b=1$인 경우: $U=S^1-\{-1\}$이라 하자. 그리고

$$V_1=\{e^{i\theta} \mid -\frac{\pi}{2}<\theta<\frac{\pi}{2}\},\quad V_2=\{e^{i\theta} \mid \frac{\pi}{2}<\theta<\frac{3\pi}{2}\}$$

이라 하자.

(ii) $b\neq 1$인 경우: $U=S^1-\{1\}$이라 하자. 그리고

$$V_1=\{e^{i\theta} \mid 0<\theta<\pi\},\quad V_2=\{e^{i\theta} \mid \pi<\theta<2\pi\}$$

이라 하자.

그러면 어느 경우든 $V_1\cap V_2=\varnothing$, $p^{-1}(U)=V_1\cup V_2$이고 $p|:V_i\to U$는 위상동형사상이다. 따라서 b의 열린근방 U는 p에 의해 고르게 덮인다. 그러므로 p는 덮개사상이다. □

---

8) $S^1\subset\mathbb{R}^2$으로 보면 $p(\cos\theta,\sin\theta)=(\cos 2\theta,\sin 2\theta)$이다.

일반적으로 S^1을 복소평면 $\mathbb{C}$의 단위 원으로 간주하였을 때, $p: S^1 \to S^1$, $p(z) = z^n$은 덮개사상이다.[9)]

보기 17.4.7 보기 13.1.22(2)에서 다루었던 실 사영평면 $\mathbb{R}P^2$은 S^2상의 동치관계 $\mathbf{x} \sim -\mathbf{x}$ $(\mathbf{x} \in S^2)$에 의한 상공간이므로 $\mathbb{R}P^2 = S^2/_\sim$이다. 이 경우 고유사상 $\pi: S^2 \to \mathbb{R}P^2$, $\pi(\mathbf{x}) = [\mathbf{x}]$는 덮개사상이다.

풀이 자명하게 π는 전사인 연속사상이다. 따라서 임의의 점 $[\mathbf{b}] \in \mathbb{R}P^2$에 대해 π에 의해 고르게 덮이는 열린근방 U를 찾으면 충분하다. 주어진 점 $[\mathbf{b}]$에 대하여 $\pi^{-1}([\mathbf{b}]) = \{-\mathbf{b}, \mathbf{b}\}$이다. 먼저 V_1을 $\mathbf{b}$와 이루는 각이 60도 미만인 점들의 집합이라 하고, V_2를 $-\mathbf{b}$와 이루는 각이 60도 미만인 점들의 집합이라 하자(그림 17.22 참조). 수식으로는

$$V_1 = \{\mathbf{x} \in S^2 \mid \mathbf{x} \cdot \mathbf{b} > \tfrac{1}{2}\},$$

$$V_2 = \{\mathbf{x} \in S^2 \mid \mathbf{x} \cdot (-\mathbf{b}) > \tfrac{1}{2}\} = \{\mathbf{x} \mid \mathbf{x} \cdot \mathbf{b} < -\tfrac{1}{2}\} = \{-\mathbf{x} \mid \mathbf{x} \in V_1\}$$

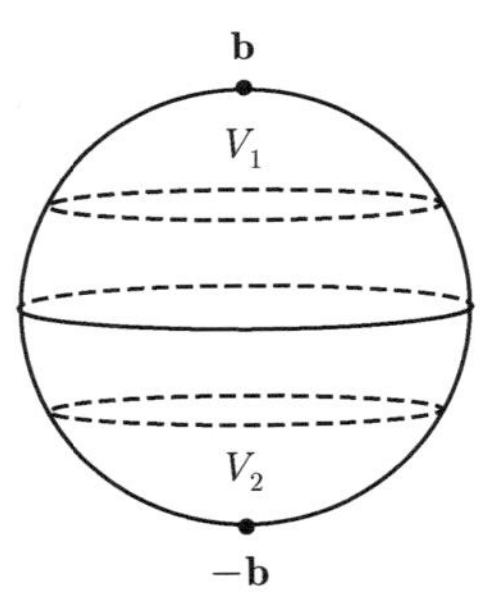

그림 17.22 • S^2

와 같이 나타낼 수 있다. 그러면 V_1과 V_2는 S^2의 열린집합이고, $V_1 \cap V_2 = \varnothing$이다.

이제 $U = \pi(V_1)$이라 하면 U는 $[\mathbf{b}]$를 포함하는 $\mathbb{R}P^2$의 열린집합이다. 그리고 $\pi^{-1}(U) = V_1 \cup V_2$이고 $\pi| : V_i \to U$는 위상동형사상이다. 따라서 U는 π에 의해 고르게 덮이는 $\mathbf{b}$의 열린근방이다. □

9) $S^1 \subset \mathbb{R}^2$으로 보면 $p(\cos\theta, \sin\theta) = (\cos n\theta, \sin n\theta)$이다.

보다 일반적으로 고유사상(상사상) $\pi : S^n \to \mathbb{R}P^n$은 덮개사상이다.

이제부터 덮개사상의 성질들을 알아보자.

성질 17.4.8 만약 $p_1 : E_1 \to B_1$과 $p_2 : E_2 \to B_2$가 덮개사상이면

$$p_1 \times p_2 : E_1 \times E_2 \to B_1 \times B_2, \ (x_1, x_2) \mapsto (p_1(x_1), p_2(x_2))$$

도 덮개사상이다.

증명 먼저 p_1과 p_2가 전사인 연속사상이므로 $p_1 \times p_2$도 전사인 연속사상이다. 이제 임의로 주어진 점 $(b_1, b_2) \in B_1 \times B_2$에 대하여 p_1과 p_2가 덮개사상이므로 p_1에 의해 고르게 덮이는 b_1의 열린근방 U_1과 p_2에 의해 고르게 덮이는 b_2의 열린근방 U_2가 존재하여 $p_1^{-1}(U_1) = \bigcup_{\alpha \in I} V_\alpha$, $p_2^{-1}(U_2) = \bigcup_{\beta \in J} W_\beta$이다. 단, 여기서 $\{V_\alpha\}$와 $\{W_\beta\}$는 각각 E_1과 E_2의 서로소인 열린집합들의 모임이다. 그러면 $U_1 \times U_2$는 (b_1, b_2)를 포함하는 $B_1 \times B_2$의 열린집합으로서

$$(p_1 \times p_2)^{-1}(U_1 \times U_2) = \bigcup \{ V_\alpha \times W_\beta \mid \alpha \in I, \ \beta \in J \}$$

이고 $\{V_\alpha \times W_\beta\}$는 $E_1 \times E_2$의 서로소인 열린집합들의 모임이다. 그리고 모든 $\alpha \in I$와 $\beta \in J$에 대해 $p_1| : V_\alpha \to U_1$과 $p_2| : W_\beta \to U_2$가 모두 위상동형사상이므로 $p_1 \times p_2| : V_\alpha \times W_\beta \to U_1 \times U_2$도 위상동형사상이다. □

보기 17.4.9 이제 토러스 $T = S^1 \times S^1$의 덮개공간에 대해 알아보자. 보기 17.4.4와 성질 17.4.8에 의하여

$$q : \mathbb{R}^2 = \mathbb{R} \times \mathbb{R} \to S^1 \times S^1 = T, \ (x, y) \mapsto (e^{i2\pi x}, e^{i2\pi y})$$

는 덮개사상이다.[10)] 그림 17.23에서 보듯이 $\mathbb{R}^2$를 정수 격자점을 갖는 직선으로 나누었을 때, x-축에 평행한 직선은 원 b를 감고, y-축에 평행한 직선은 원 a를 감는다. 그리고 모든 정수 $m, n \in \mathbb{Z}$에 대하여 단위 정사각형(그림에서 어두운 부분) $[m, m+1] \times [n, n+1]$만을 q로 보내도 T를 덮는다.

10) 여기서는 $T = S^1 \times S^1 \subset \mathbb{C}^2$으로 보았다. 만약 $T = S^1 \times S^1 \subset \mathbb{R}^4$으로 보면 $q(x, y) = (\cos 2\pi x, \sin 2\pi x, \cos 2\pi y, \sin 2\pi y)$이다.

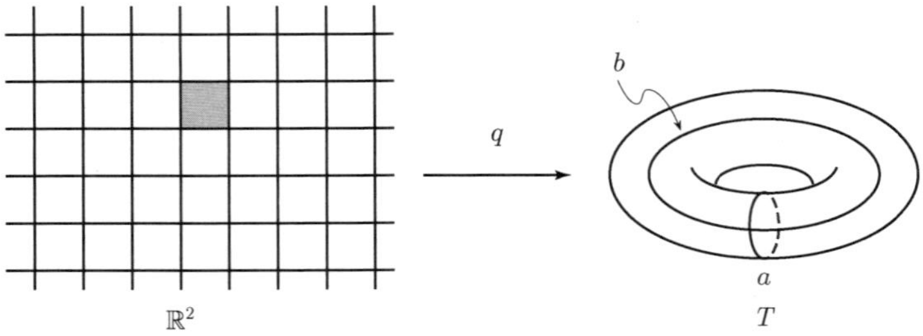

그림 17.23 • 토러스의 덮개공간

보기 17.4.10 유클리드공간 $\mathbb{R}$의 부분공간 $\mathbb{R}_+ = (0, \infty) = \{y \in \mathbb{R} \mid y > 0\}$를 생각하자. 그러면

$$p \times \mathrm{id} : \mathbb{R} \times \mathbb{R}_+ \to S^1 \times \mathbb{R}_+,\ (x, y) \mapsto (\cos 2\pi x, \sin 2\pi x, y)$$

는 덮개사상이다. 여기서 p는 보기 17.4.4에서 다루었던 덮개사상임을 유의하자. 그리고 자연스러운 위상동형사상

$$h : S^1 \times \mathbb{R}_+ \to \mathbb{R}^2 - \{\mathbf{0}\},\ (\mathbf{z}, y) \mapsto y\mathbf{z}$$

에 대한 합성사상

$$q = h \circ (p \times \mathrm{id}) : \mathbb{R} \times \mathbb{R}_+ \to \mathbb{R}^2 - \{\mathbf{0}\},$$
$$(x, y) \mapsto y(\cos 2\pi x, \sin 2\pi x) = (y\cos 2\pi x, y\sin 2\pi x)$$

도 덮개사상이 된다.

성질 17.4.11 덮개사상 $p : E \to B$와 B의 부분공간 A에 대하여 축소사상 $p|_{p^{-1}(A)} : p^{-1}(A) \to A$는 덮개사상이다.

증명 임의로 주어진 점 $a \in A$에 대하여 $a \in B$이므로 p에 의하여 고르게 덮이는 B에서의 a의 열린근방 U가 존재한다. 따라서 $p^{-1}(U) = \cup V_\alpha$인 E의 서로소인 열린집합들의 모임 $\{V_\alpha\}$가 존재하고 축소사상 $p| : V_\alpha \to U$는 위상동형사상이다. 이제 $W = A \cap U$이라 하면 W는 A의 열린집합이고 a를 포함한다. 한편

$$p|^{-1}(A \cap U) = p^{-1}(A) \cap p^{-1}(U) = p^{-1}(A) \cap (\cup V_\alpha) = \cup (p^{-1}(A) \cap V_\alpha)$$

이고, $p^{-1}(A)\cap V_\alpha$는 $p^{-1}(A)$의 열린집합이다. 더구나 $p| : V_\alpha \to U$가 위상동형사상이므로 축소사상 $p| : p^{-1}(A)\cap V_\alpha \to A\cap U = W$도 위상동형사상이다. 따라서 W가 우리가 원하는 $p|_{p^{-1}(A)}$에 의해 고르게 덮이는 A에서의 a의 열린근방이다. □

보기 17.4.12 그림 17.24와 같은 유클리드공간 $\mathbb{R}^2$의 부분공간인 8자 공간의 덮개공간에 대해 알아보자.

그림 17.24 • 8자 공간(figure-eight space)

(i) 보기 17.4.9의 토러스 T의 덮개사상

$$q : \mathbb{R}^2 \to S^1\times S^1 = T,\ (x, y) \mapsto (e^{i2\pi x}, e^{i2\pi y})$$

를 생각하자.

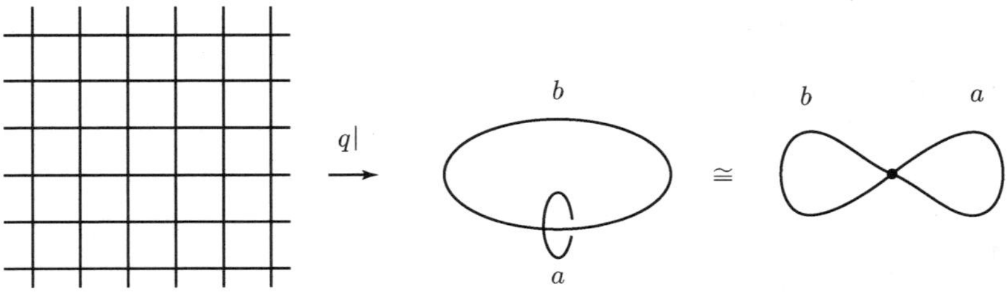

그림 17.25 • 8자 공간의 덮개공간

토러스 $T = S^1\times S^1$의 부분공간 $A = (S^1\times\{0\})\cup(\{0\}\times S^1)$에 대해 $q^{-1}(A) = (\mathbb{R}\times\mathbb{Z})\cup(\mathbb{Z}\times\mathbb{R})\subset\mathbb{R}^2$이다. 따라서 성질 17.4.11에 의하여 축소사상

$$q| : (\mathbb{R}\times\mathbb{Z})\cup(\mathbb{Z}\times\mathbb{R}) \to (S^1\times\{0\})\cup(\{0\}\times S^1) = A,\ (x, y) \mapsto (e^{i2\pi x}, e^{i2\pi y})$$

는 덮개사상이다. 그리고 그림 17.25에서 알 수 있듯이 $A = (S^1\times\{0\})\cup(\{0\}\times S^1) = b\cup a$는 8자 공간과 위상동형이므로 우리는 $(\mathbb{R}\times\mathbb{Z})\cup(\mathbb{Z}\times\mathbb{R})$을 8자 공간의 덮개공간으로 볼 수 있다.

(ii) 한편 우리는 그림 17.26과 같은 8자 공간의 다른 덮개공간을 생각할 수 있다.

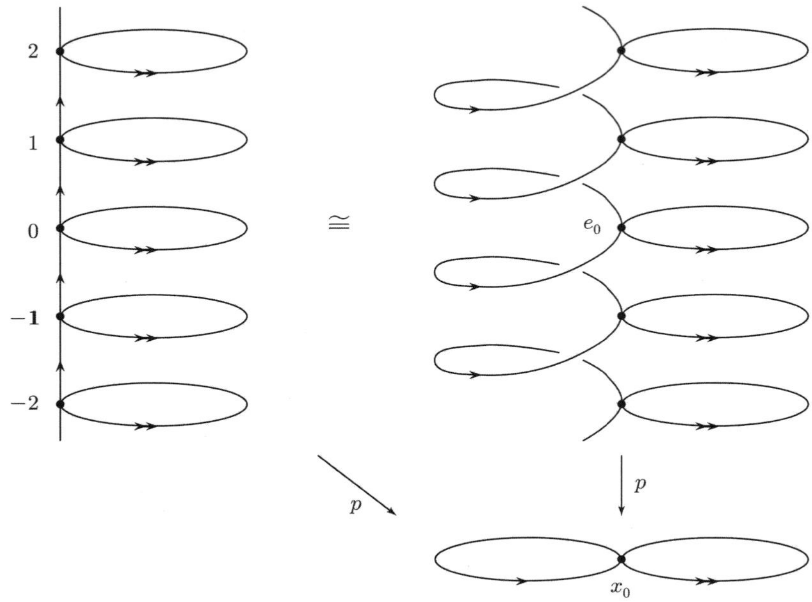

그림 17.26 • 8자 공간의 덮개공간

참고 17.4.13 일반적으로 두 덮개사상 $p : E \to B$와 $p' : E' \to E$의 합성 $p \circ p' : E' \to B$이 덮개사상이 되는 것은 아니다.

길 올림 성질

정의 17.4.14 $p : E \to B$를 연속사상이라 하자. 연속사상 $f : X \to B$의 올림(lifting)이란 연속사상

$$\widetilde{f} : X \to E \quad \text{s.t.} \quad p \circ \widetilde{f} = f$$

를 의미한다.

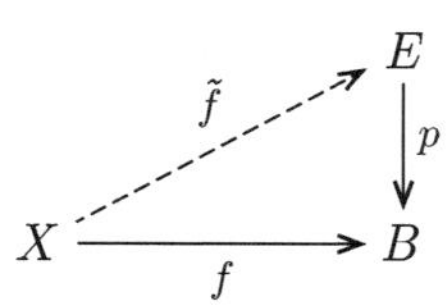

보기 17.4.15 $p:\mathbb{R}\to S^1$, $p(x)=(\cos 2\pi x, \sin 2\pi x)$를 보기 17.4.4에서 다루었던 덮개사상이라 하자.

(i) 연속사상 $f:[0,1]\to S^1$, $f(t)=(\cos\pi t, \sin\pi t)$의 올림은 $\tilde{f}:[0,1]\to\mathbb{R}$, $\tilde{f}(t)=\frac{t}{2}$이다.

(ii) 연속사상 $g:[0,1]\to S^1$, $g(t)=(\cos 4\pi t, \sin 4\pi t)$의 올림은 $\tilde{g}:[0,1]\to\mathbb{R}$, $\tilde{g}(t)=2t$이다.

(iii) 연속사상 $h:[0,1]\to S^1$, $h(t)=(\cos 2\pi t, -\sin 2\pi t)$의 올림은 $\tilde{h}:[0,1]\to\mathbb{R}$, $\tilde{h}(t)=-t$이다.

그러나 올림이 항상 존재하는 것은 아니다.

보기 17.4.16 $E=([0,2]\times\{1\})\cup([1,3]\times\{2\})\subset\mathbb{R}^2$, $B=[0,3]\subset\mathbb{R}$이라 하고 $p:E\to B$를 $p(x,y)=x$로 정의하자(그림 17.27 참조). 그러면 $I=[0,1]\subset\mathbb{R}$일 때, 연속사상 $f:I\to B$, $f(x)=3x$에 대한 올림은 존재하지 않는다. 왜냐하면 I는 연결이고 E는 연결이 아니기 때문이다. 보다 구체적으로 $f:I\to B$의 올림 $\tilde{f}:I\to E$가 존재한다고 가정하면 $\tilde{f}(0)=(0,1)$, $\tilde{f}(1)=(3,2)$이 되어야 한다. 그러므로 $\tilde{f}$는 $(0,1)$과 $(3,2)$를 잇는 E상의 길이 된다. 그런데 $(0,1)$과 $(3,2)$는 E의 서로 다른 길연결성분에 포함되므로 모순이다. 여기서 p가 덮개사상이 아님을 유의하자(따름정리 17.4.27 참조).

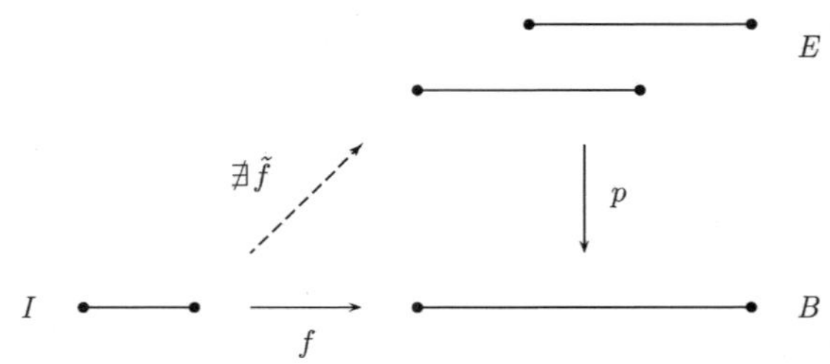

그림 17.27 • $f(x)=3x$의 올림은 존재하지 않는다.

기초정리 17.4.17 (올림의 유일성) 덮개사상 $p:E\to B$와 연속사상 $f:X\to B$에 대해 $\tilde{f}_1, \tilde{f}_2:X\to E$가 f의 올림이라 하자. 만약 X가 연결공간이고 $\tilde{f}_1(x_0)=\tilde{f}_2(x_0)$를 만족하는 점 $x_0\in X$이 존재하면 $\tilde{f}_1=\tilde{f}_2$이다.[11)]

11) 즉, 주어진 연속사상의 올림은 한 점에서의 값이 결정되면 유일하다.

증명 다음과 같은 X의 두 부분집합

$$A_1 = \{x \in X \mid \tilde{f}_1(x) = \tilde{f}_2(x)\},$$
$$A_2 = \{x \in X \mid \tilde{f}_1(x) \neq \tilde{f}_2(x)\}$$

를 생각하자. 그러면 $X = A_1 \cup A_2$, $A_1 \cap A_2 = \varnothing$ 이고, $x_0 \in A_1$이므로 $A_1 \neq \varnothing$ 이다. 만약 A_1과 A_2가 X의 열린집합이면 X가 연결이고 $A_1 \neq \varnothing$ 이므로 $A_1 = X$가 되어 $\tilde{f}_1 = \tilde{f}_2$이다. 따라서 우리는 A_1과 A_2가 X의 열린집합임을 보이면 충분하다.

먼저 A_1이 X의 열린집합임을 보이자. 임의의 점 $a \in A_1$에 대하여 p가 덮개사상이므로 p에 의해 고르게 덮이는 $f(a)$의 열린근방 $U \subset B$가 존재하여 $p^{-1}(U) = \cup V_\alpha$이다. 단, 여기서 $V_\alpha (\subset E)$는 서로소인 열린집합들이다. 그러면 $p \circ \tilde{f}_1(a) = f(a) = p \circ \tilde{f}_2(a)$이므로 $\tilde{f}_1(a) = \tilde{f}_2(a) \in p^{-1}(f(a)) \subset p^{-1}(U)$이다. 따라서 $\tilde{f}_1(a) = \tilde{f}_2(a) \in V_{\alpha_0}$인 V_{α_0}이 유일하게 존재한다. 그리고 $W = \tilde{f}_1^{-1}(V_{\alpha_0}) \cap \tilde{f}_2^{-1}(V_{\alpha_0})$는 a를 포함하는 X의 열린집합이다. 이제 $W \subset A_1$임을 보이면 된다. 만약 그렇지 않다고 가정하면 점 $w \in W - A_1$가 존재하여 $\tilde{f}_1(w) \neq \tilde{f}_2(w)$이 된다. 그런데 $\tilde{f}_1(w), \tilde{f}_2(w) \in V_{\alpha_0}$이고 $p| : V_{\alpha_0} \to U$가 위상동형사상이므로 $p(\tilde{f}_1(w)) \neq p(\tilde{f}_2(w))$이 되어야 한다. 이는 가정 $p \circ \tilde{f}_1 = f = p \circ \tilde{f}_1$에 모순이다. 따라서 $W \subset A_1$이다.

이제 A_2가 X의 열린집합임을 보이자. 임의의 점 $a \in A_2$에 대하여 p가 덮개사상이므로 p에 의해 고르게 덮이는 $f(a)$의 열린근방 $U \subset B$가 존재하여 $p^{-1}(U) = \cup V_\alpha$이다. 단, 여기서 $V_\alpha (\subset E)$는 서로소인 열린집합들이다. 그러면 $p \circ \tilde{f}_1(a) = f(a) = p \circ \tilde{f}_2(a)$이므로 $\tilde{f}_1(a), \tilde{f}_2(a) \in p^{-1}(f(a)) \subset p^{-1}(U)$이다. 따라서 $\tilde{f}_1(a) \in V_{\alpha_1}$, $\tilde{f}_2(a) \in V_{\alpha_2}$인 V_{α_1}, V_{α_2}가 각각 유일하게 존재한다. 그런데 $\tilde{f}_1(a) \neq \tilde{f}_2(a)$이므로 $V_{\alpha_1} \cap V_{\alpha_2} = \varnothing$ 이다. 그리고 $W = \tilde{f}_1^{-1}(V_{\alpha_1}) \cap \tilde{f}_2^{-1}(V_{\alpha_2})$는 a를 포함하는 X의 열린집합이다. 이제 $W \subset A_2$를 보이면 된다. 만약 그렇지 않다고 가정하면 $w \in W - A_2$가 존재하여 $\tilde{f}_1(w) = \tilde{f}_2(w)$이 된다. 그런데 $\tilde{f}_1(w) \in V_{\alpha_1}$, $\tilde{f}_2(w) \in V_{\alpha_2}$이므로 $V_{\alpha_1} \cap V_{\alpha_2} = \varnothing$ 에 모순이다. 따라서 $W \subset A_2$이다. □

이제 언제 올림이 존재하는지 알아보자.

정리 17.4.18 (길 올림 성질[12]) $p:(E,e_0) \to (B,b_0)$를 덮개사상이라 하자. 만약 길 $\alpha: I \to B$가 $\alpha(0)=b_0$이면

$$p \circ \widetilde{\alpha} = \alpha, \quad \widetilde{\alpha}(0) = e_0$$

을 만족하는 길 $\widetilde{\alpha}: I \to E$는 유일하게 존재한다.[13]

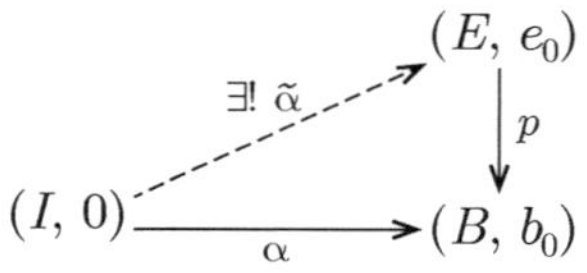

증명 (유일성) 이러한 $\widetilde{\alpha}$의 유일성은 기초정리 17.4.17에 의하여 성립한다.

(존재성) 임의의 점 $b \in B$는 p에 의해 고르게 덮이는 열린근방 U_b를 갖는다. 따라서 $\mathcal{U} = \{U_b \mid b \in B\}$는 B의 열린덮개가 된다. 그러면 $\mathcal{W} = \{\alpha^{-1}(U_b) \mid U_b \in \mathcal{U}\}$는 컴팩트공간 I의 열린덮개이므로 르베그(Lebesgue) 수 δ가 존재하여

$$|s-t| < \delta \Rightarrow \exists U_b \in \mathcal{U} \text{ s.t. } [s,t] \subset \alpha^{-1}(U_b)$$

를 만족한다(기초정리 9.3.15). 이제 $|t_i - t_{i+1}| < \delta$를 만족하는 I의 분할

$$0 = t_0 < t_1 < t_2 < \cdots < t_{n-1} < t_n = 1$$

을 택하자. 그리고 각각의 $i = 0, \ldots, n-1$에 대해 $[t_i, t_{i+1}] \subset \alpha^{-1}(U_b)$를 만족하는 $U_b \in \mathcal{U}$를 택하고 U_i로 표기하자. 그러면 $\alpha([t_i, t_{i+1}]) \subset U_i$이다.

이제 단계적으로 α의 올림 $\widetilde{\alpha}$를 만들어 가자. 먼저 $\widetilde{\alpha}(t_0) = \widetilde{\alpha}(0) = e_0$이라 하자. 그리고 $\alpha([0,t_1]) \subset U_0$이고 U_0이 p에 의해 고르게 덮여있으므로 $p^{-1}(U_0) = \cup_\alpha V_\alpha$이다. 여기서 V_α들은 서로소이므로 e_0을 포함하는 유일한 V_{α_0}이 존재한다. 그리고 $p| : V_{\alpha_0} \to U_0$이 위상동형사상이므로 역사상 $g: U_0 \to V_{\alpha_0}$가 존재한다. 그러면 자명하게 $g(b_0) = e_0$이다. 그리고

$$\widetilde{\alpha}_1 : [0, t_1] \to V_{\alpha_0} \hookrightarrow E, \ \widetilde{\alpha}_1(t) = g \circ (\alpha|)(t)$$

는 $\alpha_1 = \alpha| : [0,t_1] \to B$의 올림이고 $\widetilde{\alpha}_1(0) = e_0$이다.

---

12) path lifting property

13) 즉, 시점이 b_0인 길 α는 시점이 e_0인 유일한 길 올림 $\widetilde{\alpha}$를 갖는다.

이제 $\alpha_i = \alpha| : [0, t_i] \to B$에 대하여 $\widetilde{\alpha}_i(0) = e_0$이고 $p \circ \widetilde{\alpha}_i = \alpha_i$인 $\widetilde{\alpha}_i : [0, t_i] \to E$가 존재한다고 가정하고 이를 $\alpha_{i+1} = \alpha| : [0, t_{i+1}] \to B$의 올림으로 확장하고자 한다. 이를 위해 $\widetilde{\alpha}_i(t_i) = e_i \in E$, $\alpha(t_i) = b_i$라 하자. 그러면 $p(e_i) = b_i$이다. 한편 $\alpha([t_i, t_{i+1}]) \subset U_i$이고 U_i가 p에 의해 고르게 덮여 있으므로 $p^{-1}(U_i) = \cup_\alpha W_\alpha$이다. 여기서 W_α들은 서로소이므로 e_i를 포함하는 유일한 W_{α_i}가 존재한다. 그리고 축소사상 $p| : W_{\alpha_i} \to U_i$이 위상동형사상이므로 이의 역사상 $h : U_i \to W_{\alpha_i}$가 존재한다. 그러면 자명하게 $h(b_i) = e_i$이다. 그리고

$$\widetilde{\beta} : [t_i, t_{i+1}] \to W_{\alpha_i} \hookrightarrow E, \ \widetilde{\beta}(t) = h \circ (\alpha|)(t)$$

는 $\alpha| : [t_i, t_{i+1}] \to B$의 올림이고 $\widetilde{\beta}(t_i) = e_i$이다. 이제 $\widetilde{\alpha}_{i+1} : [0, t_{i+1}] \to E$를

$$\widetilde{\alpha}_{i+1}(t) = \begin{cases} \widetilde{\alpha}_i(t), & t \in [0, t_i] \\ \widetilde{\beta}(t), & t \in [t_i, t_{i+1}] \end{cases}$$

으로 정의하면 붙임보조정리(기초정리 5.1.14)에 의하여 연속이다. 그리고 $\widetilde{\alpha}_{i+1}$의 정의에 의하여 $\widetilde{\alpha}_{i+1}(0) = \widetilde{\alpha}_i(0) = e_0$이고 $p \circ \widetilde{\alpha}_{i+1} = \alpha_{i+1}$을 만족한다. 이와 같은 방법을 계속하면 α의 올림 $\widetilde{\alpha}$를 얻을 수 있다. □

또한 두 길 사이의 변이도 올림을 갖는다.

정리 17.4.19 (변이 올림 성질[14]) $p : (E, e_0) \to (B, b_0)$를 덮개사상이라 하자. 만약 변이 $F : I \times I \to B$가 $F(0,0) = b_0$를 만족하면

$$p \circ \widetilde{F} = F, \quad \widetilde{F}(0,0) = e_0$$

을 만족하는 변이 $\widetilde{F} : I \times I \to E$는 유일하게 존재한다.[15]

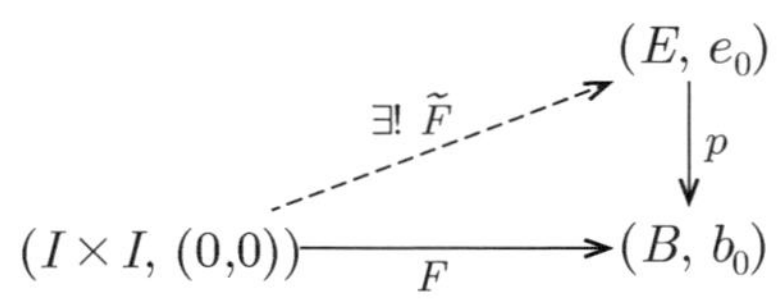

14) homotopy lifting property

15) 즉, 변이 F는 $\widetilde{F}(0,0) = e_0$인 유일한 변이 올림 $\widetilde{F}$를 갖는다.

증명 (유일성) 이러한 $\widetilde{F}$의 유일성은 기초정리 17.4.17에 의하여 성립한다.

(존재성) 임의의 점 $b \in B$는 p에 의해 고르게 덮이는 열린근방 U_b를 갖는다. 따라서 $\mathcal{U} = \{U_b \mid b \in B\}$는 B의 열린덮개가 된다. 그러면 $\mathcal{W} = \{F^{-1}(U_b) \mid U_b \in \mathcal{U}\}$는 컴팩트공간 $I \times I$의 열린덮개이므로 르베그 수 δ가 존재하여

$$A \subset I \times I \text{ s.t. } \operatorname{diam}(A) < \delta \quad \Rightarrow \quad \exists\, U_b \in \mathcal{U} \text{ s.t. } A \subset F^{-1}(U_b)$$

를 만족한다(기초정리 9.3.15). 이제 $|s_i - s_{i+1}| < \frac{\delta}{2}$, $|t_i - t_{i+1}| < \frac{\delta}{2}$를 만족하는 I의 두 분할

$$0 = s_0 < s_1 < s_2 < \cdots < s_{m-1} < s_m = 1,$$
$$0 = t_0 < t_1 < t_2 < \cdots < t_{n-1} < t_n = 1$$

을 택하자. 그리고 $I_i = [s_i, s_{i+1}]$, $J_j = [t_j, t_{j+1}]$로 표기하고, 각각의 i, j에 대해 $I_i \times J_j \subset F^{-1}(U_b)$를 만족하는 $U_b \in \mathcal{U}$를 택하고 U_{ij}로 표기하자. 그러면 $F(I_i \times J_j) \subset U_{ij}$이다.

먼저 $\widetilde{F}(0,0) = e_0$로 정의하자. 정리 17.4.18에 의해 $\widetilde{G}(0,0) = e_0$, $\widetilde{H}(0,0) = e_0$을 만족하는 $F| : I \times \{0\} \to B$와 $F| : \{0\} \times I \to B$의 올림

$$\widetilde{G} : I \times \{0\} \to E, \quad \widetilde{H} : \{0\} \times I \to E$$

가 존재한다. 그러면 사상

$$\widetilde{F}_0 : (I \times \{0\}) \cup (\{0\} \times I) \to E, \quad \widetilde{F}_0(s,t) = \begin{cases} \widetilde{G}(s,0), & t = 0 \\ \widetilde{H}(0,t), & s = 0 \end{cases}$$

는 붙임보조정리(기초정리 5.1.14)에 의해 연속이고 $\widetilde{F}_0(0,0) = e_0$이다. 그리고 자명하게 $\widetilde{F}_0$는 $F| : (I \times \{0\}) \cup (\{0\} \times I) \to B$의 올림이다. 우리는 편의상 $C = (I \times \{0\}) \cup (\{0\} \times I)$이라 하자.

이제 다음 순서를 따라 단계적으로 F의 올림 $\widetilde{F}$를 만들어 가자.

$$C, I_1 \times J_1, I_2 \times J_1, \ldots, I_{m-1} \times J_1,$$
$$I_1 \times J_2, I_2 \times J_2, \ldots, I_{m-1} \times J_2,$$
$$\cdots\cdots$$
$$I_1 \times J_{n-1}, I_2 \times J_{n-1}, \ldots, I_{m-1} \times J_{n-1}$$

이를 위해 $I_i \times I_j$의 앞 단계에 해당하는 집합들의 합집합을 A라 하자. 즉,

$$A = C \cup (\cup \{ I_{i'} \times J_{j'} \mid j' < j \text{ 또는 } j' = j,\ i' < i \})$$

이다. 그림 17.28에서 A는 어두운 부분이다. 우리는 $F_A = F| : A \to B$에 대하여 $\widetilde{F}_A(0,0) = e_0$이고 $p \circ \widetilde{F}_A = F_A$인 $\widetilde{F}_A : A \to E$가 존재한다고 가정하고 이를 $F| : A \cup (I_i \times J_j) \to B$의 올림으로 확장하고자 한다.

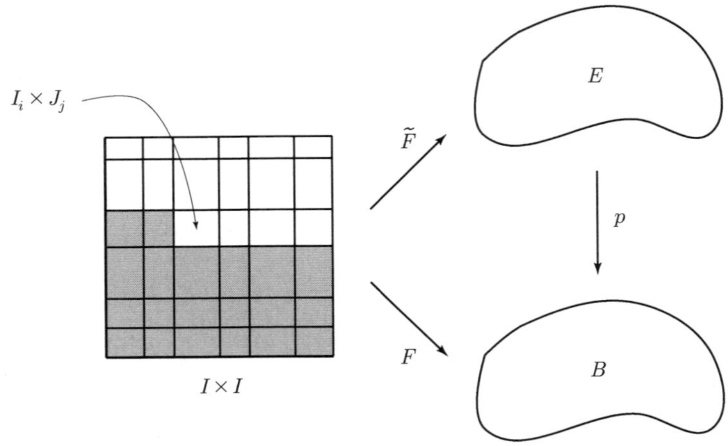

그림 17.28 • 변이 올림

먼저 $F(I_i \times I_j) \subset U_{ij}$이고 U_{ij}가 p에 의해 고르게 덮여 있으므로 $p^{-1}(U_{ij}) = \cup_\alpha V_\alpha$이다. 한편

$$D_{ij} = ([s_i, s_{i+1}] \times \{t_i\}) \cup (\{s_i\} \times [t_i, t_{i+1}])$$

가 연결집합이므로 $\widetilde{F}_A(D_{ij})$도 연결집합이다. 그런데 V_α들이 서로소이므로 $\widetilde{F}_A(D_{ij})$를 포함하는 유일한 $V_{\alpha_{ij}}$가 존재한다. 그리고 축소사상 $p| : V_{\alpha_{ij}} \to U_{ij}$가 위상동형사상이므로 이의 역사상 $h : U_{ij} \to V_{\alpha_{ij}}$가 존재한다. 그러면 합성사상 $\widetilde{F}_{ij} = h \circ (F|) : I_i \times J_j \to V_{\alpha_{ij}} \hookrightarrow E$는 $F_{ij} = F| : I_i \times J_j \to B$의 올림이고 $\widetilde{F}_{ij}|_{D_{ij}} = \widetilde{F}_A|_{D_{ij}}$이다. 이제 $\widetilde{F}_* : A \cup (I_I \times J_j) \to E$를

$$\widetilde{F}_*(s,t) = \begin{cases} \widetilde{F}_A(s,t), & (s,t) \in A \\ \widetilde{F}_{ij}(s,t), & (s,t) \in I_i \times J_j \end{cases}$$

으로 정의하면 붙임보조정리(기초정리 5.1.14)에 의하여 연속이다. 그리고 정의에 의하여 $\widetilde{F}_*(0,0) = e_0$이고 $p \circ \widetilde{F}_* = F|_{A \cup (I_i \times J_j)}$를 만족한다. 이와 같은 방법을 계속하면 F의 올림 $\widetilde{F}$를 얻을 수 있다. □

따름정리 17.4.20 $p:(E,e_0)\to(B,b_0)$를 덮개사상이라 하자. 그리고 두 길 $\alpha,\ \beta:I\to B$가 $\alpha(0)=\beta(0)=b_0$, $\alpha(1)=\beta(1)=b_1$이라 하자. 만약 변이 $F:I\times I\to B$에 의해 $\alpha\simeq_p\beta$이면 $\widetilde{\alpha}(0)=\widetilde{\beta}(0)=e_0$을 만족하는 이들의 올림 $\widetilde{\alpha},\widetilde{\beta}:I\to E$는 F의 올림 $\widetilde{F}:I\times I\to E$에 의해 $\widetilde{\alpha}\simeq_p\widetilde{\beta}$이다. 특별히 $\widetilde{\alpha}(1)=\widetilde{\beta}(1)$이다.

증명 정리 17.4.19에 의하여 $\widetilde{F}(0,0)=e_0$을 만족하는 F의 올림 $\widetilde{F}:I\times I\to E$가 유일하게 존재한다. 또한

$$p(\widetilde{F}(s,0))=F(s,0)=\alpha(s),\quad \widetilde{F}(0,0)=e_0$$

이므로 $\widetilde{F}(s,0)$은 $\alpha(s)$의 올림이다. 그리고 올림의 유일성에 의해 $\widetilde{F}(s,0)=\widetilde{\alpha}(s)$이다. 같은 방법으로 $\widetilde{F}(s,1)=\widetilde{\beta}(s)$이다.

한편

$$p(\widetilde{F}(0,t))=F(0,t)=b_0,\quad \widetilde{F}(0,0)=e_0$$

이므로 $\widetilde{F}(0,t)$는 상수사상 $c_{b_0}:I\to B$, $c_{b_0}(t)=b_0$의 올림이다. 그리고 상수사상 $c_{e_0}:I\to E$, $c_{e_0}(t)=e_0$도 c_{b_0}의 올림이므로 올림의 유일성에 의해 $\widetilde{F}(0,t)=e_0$ $(\forall t\in I)$이다. 특별히

$$\widetilde{\alpha}(0)=\widetilde{F}(0,0)=e_0=\widetilde{F}(0,1)=\widetilde{\beta}(0)$$

이다.

이제 $\widetilde{F}(1,0)=e_1$이라 하자. 그러면 $p(\widetilde{F}(1,t))=F(1,t)=b_1$이므로 $\widetilde{F}(1,t)$는 상수사상 $c_{b_1}:I\to B$, $c_{b_1}(t)=b_1$의 올림이다. 그리고 상수사상 $c_{e_1}:I\to E$, $c_{e_1}(t)=e_1$도 c_{b_1}의 올림이므로 올림의 유일성에 의해 $\widetilde{F}(1,t)=e_1$ $(\forall t\in I)$이다. 특별히

$$\widetilde{\alpha}(1)=\widetilde{F}(1,0)=e_1=\widetilde{F}(1,1)=\widetilde{\beta}(1)$$

이다. 따라서 $\widetilde{\alpha}\overset{\widetilde{F}}{\simeq}_p\widetilde{\beta}$이다. □

이제부터 덮개사상 $p:(E,e_0)\to(B,b_0)$를 이용하여 기본군 $\pi_1(B,b_0)$의 구조를 알아보자.

기초정리 17.4.21 $p : E \to B$를 덮개사상이라 하자. 만약 B가 길연결공간이면 모든 점 $b \in B$에 대해 집합 $p^{-1}(b)$의 원소의 개수는 같다. 즉, 임의의 두 점 $b_1, b_2 \in B$에 대하여 전단사함수 $f : p^{-1}(b_1) \to p^{-1}(b_2)$가 존재한다.

증명 B가 길연결이므로 주어진 두 점 $b_1, b_2 \in B$에 대하여 $\alpha(0) = b_1$, $\alpha(1) = b_2$인 길 $\alpha : I \to B$가 존재한다. 임의로 주어진 점 $e \in p^{-1}(b_1)$에 대해, 정리 17.4.18에 의하여,

$$p \circ \widetilde{\alpha}_e = \alpha, \quad \widetilde{\alpha}_e(0) = e$$

를 만족하는 α의 올림 $\widetilde{\alpha}_e : I \to E$가 유일하게 존재한다. 그러면 $\widetilde{\alpha}_e(1) \in p^{-1}(b_2)$이므로 함수

$$f : p^{-1}(b_1) \to p^{-1}(b_2), \quad f(e) = \widetilde{\alpha}_e(1)$$

는 잘 정의된다.

이제 α의 역길 $\overline{\alpha} : I \to B$, $\overline{\alpha}(s) = \alpha(1-s)$를 생각하자. 임의로 주어진 점 $e' \in p^{-1}(b_2)$에 대해, 정리 17.4.18에 의하여,

$$p \circ \widetilde{\overline{\alpha}}_{e'} = \overline{\alpha}, \quad \widetilde{\overline{\alpha}}_{e'}(0) = e'$$

를 만족하는 $\overline{\alpha}$의 올림 $\widetilde{\overline{\alpha}}_{e'} : I \to E$가 유일하게 존재한다. 그러면 $\widetilde{\overline{\alpha}}_{e'}(1) \in p^{-1}(b_1)$이므로 함수

$$g : p^{-1}(b_2) \to p^{-1}(b_1), \quad g(e') = \widetilde{\overline{\alpha}}_{e'}(1)$$

는 잘 정의된다.

우리는

$$g \circ f = \mathrm{id}_{p^{-1}(b_1)}, \quad f \circ g = \mathrm{id}_{p^{-1}(b_2)}$$

임을 보이면 충분하다. 임의로 주어진 점 $e \in p^{-1}(b_1)$에 대하여 $\widetilde{\alpha}_e(1) = e'$이라 하자. 그러면 $\widetilde{\overline{\alpha}}_{e'}$와 $\overline{\widetilde{\alpha}}_e$는 모두 시점이 e'인 $\overline{\alpha}$의 올림이므로 유일성에 의하여 $\widetilde{\overline{\alpha}}_{e'} = \overline{\widetilde{\alpha}}_e$이다. 그래서

$$g \circ f(e) = g(f(e)) = g(\widetilde{\alpha}_e(1)) = g(e') = \widetilde{\overline{\alpha}}_{e'}(1) = \overline{\widetilde{\alpha}}_e(1) = \widetilde{\alpha}_e(0) = e$$

이므로 $g \circ f = \mathrm{id}_{p^{-1}(b_1)}$이다. 그리고 같은 방법으로 $f \circ g = \mathrm{id}_{p^{-1}(b_2)}$도 보일 수 있다. 따라서 f는 전단사이다. □

정의 17.4.22 $p:(E, e_0) \to (B, b_0)$를 덮개사상이라 하자. 임의의 $[\alpha] \in \pi_1(B, b_0)$에 대하여, 정리 17.4.18에 의해, α의 유일한 올림

$$\tilde{\alpha}: I \to E \quad \text{s.t.} \quad \tilde{\alpha}(0) = e_0$$

가 존재한다. 그리고 $\alpha(0) = \alpha(1) = b_0$이므로 $\tilde{\alpha}(1) \in p^{-1}(b_0)$이다. 그리고 따름정리 17.4.20에 의해 함수

$$\phi: \pi_1(B, b_0) \to p^{-1}(b_0), \quad \phi([\alpha]) = \tilde{\alpha}(1)$$

는 잘 정의된다. 이러한 함수 ϕ를 우리는 덮개사상 p에 의한 올림 대응(lifting correspondence)이라 한다. 물론 ϕ는 e_0의 선택에 따라 결정된다.

정리 17.4.23 $p:(E, e_0) \to (B, b_0)$를 덮개사상이라 하자.

(1) 만약 E가 길연결이면 $\phi: \pi_1(B, b_0) \to p^{-1}(b_0)$는 전사이다.

(2) 만약 E가 단순연결이면 ϕ는 전단사이다.

증명 (1) E가 길연결이므로 임의로 주어진 점 $e \in p^{-1}(b_0)$에 대해 $\tilde{\alpha}(0) = e_0$과 $\tilde{\alpha}(1) = e$를 만족하는 길 $\tilde{\alpha}: I \to E$가 존재한다. 그러면 $\alpha = p \circ \tilde{\alpha}: I \to B$는 $\alpha(0) = \alpha(1) = b_0$인 B상의 닫힌길(loop)이다. 그리고 정의에 의해 $\tilde{\alpha}$는 $\tilde{\alpha}(0) = e_0$인 α의 유일한 올림이다. 따라서 $[\alpha] \in \pi_1(B, b_0)$이고 $\phi([\alpha]) = \tilde{\alpha}(1) = e$이므로 ϕ는 전사이다.

(2) (1)에 의해 우리는 E가 단순연결인 경우 ϕ가 단사임을 보이면 된다. 이를 위해 $[\alpha], [\beta] \in \pi_1(B, b_0)$에 대해 $\phi([\alpha]) = \phi([\beta])$이라 가정하자. 그리고 $\tilde{\alpha}, \tilde{\beta}: I \to E$를 $\tilde{\alpha}(0) = \tilde{\beta}(0) = e_0$인 α, β 각각의 올림이라 하자. 그러면 가정에 의하여 $\tilde{\alpha}(1) = \tilde{\beta}(1)$이다. 그리고 E가 단순연결이므로 성질 17.2.20에 의하여 $\tilde{\alpha} \simeq_p \tilde{\beta}$인 변이 $\tilde{F}: I \times I \to E$가 존재한다. 그러면 변이 $F = p \circ \tilde{F}: I \times I \to B$에 의해 $\alpha \simeq_p \beta$이고 $[\alpha] = [\beta]$이다. 따라서 ϕ는 단사이다. □

이제 덮개사상 $p:(E,e_0)\to(B,b_0)$를 사용하여 두 기본군 $\pi_1(E,e_0)$과 $\pi_1(B,b_0)$ 사이의 관계에 대해 알아보자.

기초정리 17.4.24 덮개사상 $p:(E,e_0)\to(B,b_0)$가 유도하는 군 준동형사상

$$p_\#:\pi_1(E,e_0)\to\pi_1(B,b_0),\ \ p_\#([\gamma])=[p\circ\gamma]$$

은 단사이다.

증명 만약 $[\widetilde{\alpha}]\in\pi_1(E,e_0)$가 $p_\#([\widetilde{\alpha}])=[c_{b_0}]$이면 $p\circ\widetilde{\alpha}\simeq_p c_{b_0}=p\circ c_{e_0}$이므로 따름정리 17.4.20에 의해 $\widetilde{\alpha}\simeq_p c_{e_0}$이다. 따라서 $[\widetilde{\alpha}]=[c_{e_0}]$이므로 $p_\#$은 단사이다. □

집합 A에 대한 기수(cardinal number)를 $|A|$로 표기하자.16) 군 G의 부분군 H의 오른쪽 잉여류 $Hg=\{hg\mid h\in H\}$들의 모임 $G/H=\{Hg\mid g\in G\}$의 원소의 개수를 H의 G에서의 첨자(index)라 하고 이를 $[G:H]$로 표기하자. 즉, $[G:H]=|G/H|$이다. 그리고 자명한 전사함수 $q:G\to G/H,\ q(g)=Hg$가 존재한다.

정리 17.4.25 $p:(E,e_0)\to(B,b_0)$를 덮개사상이라 하자.

(1) 함수

$$\varphi:\pi_1(B,b_0)/p_\#(\pi_1(E,e_0))\to p^{-1}(b_0),$$
$$p_\#(\pi_1(E,e_0))*[\alpha]\mapsto\phi([\alpha])$$

는 단사이다.

(2) 만약 E가 길연결이면 φ는 전단사 함수이다. 즉,

$$[\pi_1(B,b_0):p_\#(\pi_1(E,e_0))]=|p^{-1}(b_0)|$$

이다.

(3) $\alpha:I\to B$를 기준점이 b_0인 B상의 닫힌길이라 하자. 그러면 $[\alpha]\in p_\#(\pi_1(E,e_0))$일 필요충분조건은 α의 올림 $\widetilde{\alpha}:I\to E$가 기준점이 e_0인 E상의 닫힌길이 되는 것이다.

16) 만약 A가 유한집합이면 $|A|$는 집합 A의 원소의 개수이다.

증명 (1) 정의 17.4.22에서 다룬 올림 대응 함수

$$\phi:\pi_1(B,b_0)\to p^{-1}(b_0),\quad \phi([\alpha])=\widetilde{\alpha}(1)$$

가 주어진 함수 φ를 유도함을 상기하자.

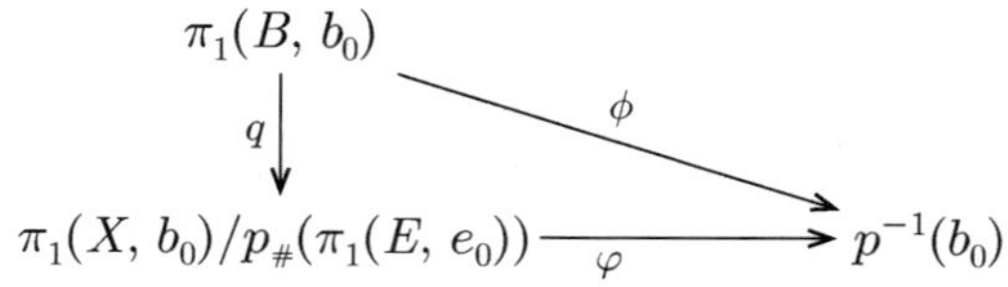

편의상 $G=\pi_1(B,b_0)$, $H=p_\#(\pi_1(E,e_0))$이라 하자.

먼저 주어진 $[\beta]\in H=p_\#(\pi_1(E,e_0))$에 대해 $p_\#([\gamma])=[\beta]$을 만족하는 $[\gamma]\in\pi_1(E,e_0)$를 택하자. 그러면 γ는 기준점이 e_0인 E상의 닫힌길이고 $\gamma(0)=e_0$인 β의 올림이다. 따라서 β의 시점이 e_0인 유일한 올림 $\widetilde{\beta}$는 γ가 되어야 한다. 따라서 $\widetilde{\beta}(=\gamma)$는 기준점이 e_0인 닫힌길이므로 $\widetilde{\beta}(1)=e_0$이다.

이제 φ가 잘 정의된 함수임을 보이자. 임의의 $[\beta]\in H$와 $[\alpha]\in G$에 대해 β의 올림 $\widetilde{\beta}$의 종점이 e_0이고 α의 올림 $\widetilde{\alpha}$의 시점이 e_0이므로 $\widetilde{\beta}*\widetilde{\alpha}$는 잘 정의된 길이고 닫힌길 $\beta*\alpha$의 올림이다. 그리고 $\widetilde{\beta}*\widetilde{\alpha}(1)=\widetilde{\alpha}(1)$이다. 즉,

$$\phi([\beta]*[\alpha])=\phi([\beta*\alpha])=\widetilde{\beta}*\widetilde{\alpha}(1)=\widetilde{\alpha}(1)=\phi([\alpha])$$

이다. 따라서 φ는 잘 정의된 함수이다.

이제 φ가 단사임을 보이자. 이를 위해 $\varphi(H*[\alpha])=\varphi(H*[\beta])$이라 가정하자. $\widetilde{\alpha}$와 $\widetilde{\beta}$를 각각 시점이 e_0인 α와 β의 올림이라 하면

$$\widetilde{\alpha}(1)=\varphi(H*[\alpha])=\varphi(H*[\beta])=\widetilde{\beta}(1)$$

이므로 $\widetilde{\alpha}*\overline{\widetilde{\beta}}$는 기준점이 e_0인 닫힌길이다. 따라서 $p_\#([\alpha*\overline{\widetilde{\beta}}])\in H$이다. 그리고

$$p_\#([\widetilde{\alpha}*\overline{\widetilde{\beta}}])=[\alpha*\overline{\beta}]=[\alpha]*[\beta]^{-1}$$

이므로 $[\alpha]*[\beta]^{-1}\in H$이 되어 $H*[\alpha]=H*[\beta]$이다. 따라서 φ는 단사이다.

(2) E가 길연결이므로 정리 17.4.23에 의해 ϕ는 전사이다. 따라서 주어진 점 $e\in p^{-1}(b_0)$에 대해 $\phi([\alpha])=e$인 $[\alpha]\in\pi_1(B,b_0)=G$가 존재하고 $\varphi(H*[\alpha])=\phi([\alpha])=e$이므로 φ는 전사이다.

(3) (1)에 의해 φ가 단사이므로 주어진 $[\alpha]$, $[\beta]\in\pi_1(B,b_0)$에 대하여 다음이 성립

한다:

$$\begin{aligned}\phi([\alpha])=\phi([\beta]) &\Leftrightarrow \varphi(H*[\alpha])=\varphi(H*[\beta])\\ &\Leftrightarrow H*[\alpha]=H*[\beta]\\ &\Leftrightarrow [\alpha]\in H*[\beta]\end{aligned}$$

따라서

$$\begin{aligned}[\alpha]\in H &\Leftrightarrow [\alpha]\in H=H*[c_{b_0}]\\ &\Leftrightarrow \widetilde{\alpha}(1)=\phi([\alpha])=\phi([c_{b_0}])=c_{e_0}(1)=e_0\\ &\Leftrightarrow \alpha\text{의 올림 }\widetilde{\alpha}\text{는 기준점이 }e_0\text{인 닫힌길}\end{aligned}$$

이 성립한다. □

우리는 정리 17.4.18과 17.4.19에서 길과 변이가 올림을 가짐을 보였다. 이제 일반적인 연속사상이 언제 올림을 갖는지 알아보자.

성질 17.4.26 $p:(E,e_0)\to(B,b_0)$를 덮개사상, $f:(X,x_0)\to(B,b_0)$를 연속사상이라 하자. 만약 X가 연결이고 국소길연결이면 다음은 동치이다.
(a) f의 올림 $\widetilde{f}:(X,x_0)\to(E,e_0)$이 존재한다.
(b) $f_\#(\pi_1(X,x_0))\subset p_\#(\pi_1(E,e_0))$이다.
만약 이러한 올림이 존재하면 이는 유일하다.

증명 (a)⇒(b) $f=p\circ\widetilde{f}$이므로 정리 17.2.11에 의해 $f_\#=p_\#\circ\widetilde{f}_\#$이다. 따라서 $f_\#(\pi_1(X,x_0))=p_\#(\widetilde{f}_\#(\pi_1(X,x_0)))\subset p_\#(\pi_1(E,e_0))$이 성립한다.

(b)⇒(a) 먼저 따름정리 8.4.21에 의해 X는 길연결이다. 그러므로 임의의 점 $x\in X$에 대하여 $\gamma_x(0)=x_0$이고 $\gamma_x(1)=x$인 길 $\gamma_x:I\to X$가 존재한다. 그러면 $\alpha_x=f\circ\gamma_x:I\to B$는 $\alpha_x(0)=f(x_0)=b_0$이고 $\alpha_x(1)=f(x)$인 B상의 길이다. 그리고 정리 17.4.18에 의하여 $\widetilde{\alpha}_x(0)=e_0$인 α_x의 유일한 올림 $\widetilde{\alpha}_x:X\to E$가 존재한다.

이제 $\widetilde{f}:X\to E$를 $\widetilde{f}(x)=\widetilde{\alpha}_x(1)$로 정의하자. 먼저 이와 같이 정의된 $\widetilde{f}$는 잘 정의됨을 보이자. 즉, $\widetilde{f}$는 γ_x의 선택에 무관함을 보이자. 이를 위해 $i=1, 2$에 대해 $\gamma_i:I\to X$를 $\gamma_i(0)=x_0$, $\gamma_i(1)=x$인 서로 다른 길이라 하자. 그리고 $\alpha_i=$

$f\circ\gamma_i$이라 하고 $\widetilde{\alpha}_i$를 $\widetilde{\alpha}_i(0)=e_0$인 α_i의 유일한 길 올림이라 하자. 그러면 $[\gamma_1 * \overline{\gamma}_2]\in\pi_1(X,x_0)$이므로

$$[\alpha_1 * \overline{\alpha}_2]=[f\circ(\gamma_1 * \overline{\gamma}_2)]=f_\#([\gamma_1 * \overline{\gamma}_2])\in f_\#(\pi_1(X,x_0))$$

이다. 그리고 가정에 의해 $f_\#(\pi_1(X,x_0))\subset p_\#(\pi_1(E,e_0))$이므로 $[\alpha_1 * \overline{\alpha}_2]\in p_\#(\pi_1(E,e_0))$이다. 그러면 정리 17.4.25(3)에 의하여 $\alpha_1 * \overline{\alpha}_2$의 유일한 올림 $\widetilde{\alpha_1 * \overline{\alpha}_2}$는 기준점이 e_0인 E상의 닫힌길이다. 이제 닫힌길 $\widetilde{\alpha_1 * \overline{\alpha}_2}$를 두 부분으로 나누면 처음 반은 α_1의 올림이고 나머지 반은 $\overline{\alpha}_2$의 올림이다. 구체적으로

$$\widetilde{\alpha}_1 : I \to E,\quad s\mapsto \widetilde{\alpha_1 * \overline{\alpha}_2}\left(\frac{s}{2}\right)$$
$$\widetilde{\overline{\alpha}}_2 : I \to E,\quad s\mapsto \widetilde{\alpha_1 * \overline{\alpha}_2}\left(\frac{s+1}{2}\right)$$
$$\widetilde{\alpha}_2 : I \to E,\quad s\mapsto \widetilde{\alpha_1 * \overline{\alpha}_2}\left(1-\frac{s}{2}\right)$$

로 정의하면 $\widetilde{\alpha}_1$, $\widetilde{\alpha}_2$는 각각 시점이 e_0인 α_1, α_2의 올림이다. 그리고 $\widetilde{\overline{\alpha}}_2$는 시점이 $\widetilde{\alpha}_1(1)$이고 종점이 e_0인 $\overline{\alpha}_2$의 올림이다. 더구나 $\overline{\widetilde{\alpha}}_2=\widetilde{\overline{\alpha}}_2$이고 $\widetilde{\alpha_1 * \overline{\alpha}_2}=\widetilde{\alpha}_1 * \widetilde{\overline{\alpha}}_2$이다. 그리고 $\widetilde{\overline{\alpha}}_2 * \widetilde{\alpha}_1$도 기준점이 $\widetilde{\alpha}_1(1)$인 E상의 닫힌길이므로

$$\widetilde{\alpha}_2(1)=\overline{\widetilde{\alpha}}_2(0)=\widetilde{\overline{\alpha}}_2(0)=\widetilde{\alpha}_1(1)$$

이 성립한다. 따라서 $\widetilde{f}$는 잘 정의된다.

특별히 X상의 길 $\gamma_{x_0}=c_{x_0}$에 대해 $\alpha_{x_0}=f\circ c_{x_0}=c_{b_0}$이다. 따라서 $\widetilde{\alpha}_{x_0}=c_{e_0}$이므로 $\widetilde{f}(x_0)=\widetilde{\alpha}_{x_0}(1)=c_{e_0}(1)=e_0$이다.

한편 $\widetilde{f}$는 자명하게 $p\circ\widetilde{f}=f$를 만족하므로 우리는 $\widetilde{f}$가 연속임을 보이면 충분하다. 즉, 주어진 E의 열린집합 V에 대하여 $\widetilde{f}^{-1}(V)$가 X의 열린집합임을 보이면 충분하다. 임의의 점 $x\in\widetilde{f}^{-1}(V)$에 대하여 p에 의해 고르게 덮이는 $f(x)$의 열린근방 $U_*\subset B$를 택하자. 그리고 $p^{-1}(U_*)=\cup V_\alpha$이므로 $\widetilde{f}(x)$를 포함하는 유일한 V_α를 V_*라 하자. 그러면 $V_0=V_*\cap V$는 $\widetilde{f}(x)$의 열린근방이다. 참고 17.4.2에 의해 p가 열린사상이므로 $U_0=p(V_0)\subset U_*$는 $f(x)$의 열린근방이고 $p| : V_0\to U_0$는 위상동형사상이다. 한편 f가 연속이므로 $f^{-1}(U_0)$은 x의 열린근방이다. 그리고 X가 국소길연결이므로 길연결된 x의 열린근방 $W\subset f^{-1}(U_0)$가

존재한다. 이제 $x \in W \subset \tilde{f}^{-1}(V)$임을 보이자. 임의의 점 $w \in W$에 대하여 x, $w \in W$이고 W가 길연결이므로 $\beta(0) = x$이고 $\beta(1) = w$인 길 $\beta : I \to W$가 존재한다. 그러면 $\gamma_w = \gamma_x * \beta$는 x_0에서 w까지의 X상의 길이므로 $\alpha_w = f \circ (\gamma_x * \beta) = (f \circ \gamma_x) * (f \circ \beta)$는 b_0에서 $f(w)$까지의 B상의 길이다. 이제 $\widetilde{f \circ \beta}$를 $\widetilde{f \circ \beta}(0) = \tilde{f}(x)$인 $f \circ \beta$의 유일한 길 올림이라 하면

$$\tilde{f}(w) = (\widetilde{f \circ \gamma_x}) * (\widetilde{f \circ \beta})(1) = \widetilde{f \circ \beta}(1)$$

이다. 그리고 $f \circ \beta(I) \subset f(W) \subset U_0$이고 $p| : V_0 \to U_0$이 위상동형사상이므로

$$\widetilde{f \circ \beta} = (p|)^{-1} \circ (f \circ \beta) : I \to W \to U_0 \to V_0$$

이다. 그러므로 $\tilde{f}(w) = \widetilde{f \circ \beta}(1) \in V_0 \subset V$이 되어 $w \in \tilde{f}^{-1}(V)$이다. 따라서 $x \in W \subset \tilde{f}^{-1}(V)$인 열린집합 W가 존재하므로 $\tilde{f}^{-1}(V)$는 열린집합이다.

(유일성) 만약 올림 $\tilde{f}$가 존재하면 $\tilde{f}(x_0) = e_0$이므로 기초정리 17.4.17에 의해 이러한 올림은 유일하다. □

따름정리 17.4.27 $p : (E, e_0) \to (B, b_0)$를 덮개사상이라 하자. 만약 X가 단순연결이고 국소길연결이면 모든 연속사상 $f : (X, x_0) \to (B, b_0)$는 유일한 올림 $\tilde{f} : (X, x_0) \to (E, e_0)$를 갖는다.

증명 X가 단순연결이므로 $\pi_1(X, x_0) = \{[c_{x_0}]\}$이다. 따라서

$$f_\#(\pi_1(X, x_0)) = \{[c_{b_0}]\} \subset p_\#(\pi_1(E, e_0))$$

이므로 성질 17.4.26에 의해 f의 유일한 올림 $\tilde{f}$가 존재한다. □

연습문제

문제 17.4.1 X를 위상공간, Y를 이산공간이라 하자. 그러면 곱공간 $X \times Y$에 대하여 사영사상 $p : X \times Y \to X$, $p(x, y) = x$는 덮개사상임을 보이시오.

문제 17.4.2 덮개사상 $p: E \to B$에 대하여 다음을 보이시오.

(1) 만약 모든 $b \in B$에 대하여 $p^{-1}(b)$가 한 점 집합이면 p는 위상동형사상이다.

(2) 만약 E가 길연결이고 B가 단순연결이면 p는 위상동형사상이다.

문제 17.4.3 보기 17.4.9에서 다룬 사영사상 $q: \mathbb{R} \times \mathbb{R} \to S^1 \times S^1$에 대하여 길 $\alpha(t) = (e^{i2\pi t}, e^{i4\pi t})$의 올림을 구하시오.

문제 17.4.4 보기 17.4.10에서 다룬 덮개사상 $q: \mathbb{R} \times \mathbb{R}_+ \to \mathbb{R}^2 - \{\mathbf{0}\}$에 대하여 다음과 같이 주어진 길들의 올림을 찾으시오.

(1) $\alpha(t) = (2-t, 0)$.

(2) $\beta(t) = ((1+t)\cos 2\pi t, (1+t)\sin 2\pi t)$.

(3) $\gamma(t) = \alpha * \beta$.

문제 17.4.5 S^1을 복소평면 $\mathbb{C}$의 단위 원으로 간주하였을 때, $p: S^1 \to S^1$, $p(z) = z^n$이 덮개사상이 됨을 보이시오.

문제 17.4.6 고유사상(상사상) $\pi: S^n \to \mathbb{R}P^n$은 덮개사상임을 보이시오.

문제 17.4.7 덮개사상 $p: E \to B$에 대하여 다음이 성립함을 보이시오.

(1) B가 하우스도르프이면 E도 하우스도르프이다.

(2) B가 정칙이면 E도 정칙이다.

(3) B가 국소컴팩트 하우스도르프이면 E도 국소컴팩트 하우스도르프이다.

문제 17.4.8 $p: E \to B$를 덮개사상이라 하자. 만약 모든 $b \in B$에 대하여 $p^{-1}(b)$가 유한집합이면 다음이 성립함을 보이시오.

(1) 만약 E가 하우스도르프이면 B도 하우스도르프이다.

(2) 만약 B가 컴팩트이면 E도 컴팩트이다.

(3) B는 컴팩트 하우스도르프 $\Leftrightarrow$ E는 컴팩트 하우스도르프.

문제 17.4.9 유클리드공간 $\mathbb{R}^2$의 부분공간 $E = \mathbb{R}^2 - \{(0,0)\}$는 정규이다. 이제 E상의 동치관계

$$(x, y) \sim (x', y') \ \Leftrightarrow \ \exists n \in \mathbb{Z} \ \text{ s.t. } \ x' = \frac{1}{2^n}x, \ y' = 2^n y$$

에 의한 상공간 $B = E/_\sim$에 대하여 다음을 보이시오.[17)]

(1) 상사상 $\pi: E \to B$는 열린사상이다.

---

17) 점 $(x, y) \in E$의 동치류는 $[(x, y)] = \{(\frac{1}{2^n}x, 2^n y) \mid n \in \mathbb{Z}\}$이다.

(2) 상사상 π는 덮개사상이다.

(3) B는 하우스도르프가 아니다.

문제 17.4.10 $q: X \to Y$와 $r: Y \to Z$이 덮개사상이라 하자. 만약 모든 $z \in Z$에 대하여 $r^{-1}(z)$가 유한집합이면 합성함수 $p = r \circ q: X \to Z$는 덮개사상이 됨을 보이시오.

문제 17.4.11 두 덮개사상의 합성이 덮개사상이 안되는 보기를 찾으시오.

문제 17.4.12 연속사상 $p: E \to B$와 국소길연결공간 B에 대하여 다음을 보이시오.

(1) p가 덮개사상일 필요충분조건은 B의 모든 연결성분 C에 대해 축소사상 $p|_{p^{-1}(C)}: p^{-1}(C) \to C$이 덮개사상인 것이다.

(2) 만약 p가 덮개사상이면 E는 국소길연결이다.

(3) 만약 p가 덮개사상이면 E의 모든 연결성분 D에 대해 축소사상 $p|_D: D \to p(D)$도 덮개사상이고 $p(D)$는 B의 연결성분이다.

문제 17.4.13 $p: E \to B$는 덮개사상이고 E는 단순연결이고 국소길연결이라 하자. 만약 $f: B \to B$가 고정점을 가지면 $p \circ \tilde{f} = f \circ p$를 만족하고 고정점을 갖는 연속사상 $\tilde{f}: E \to E$가 존재함을 보이시오.

문제 17.4.14 B를 비가향 닫힌곡면이라 하자. 그러면 가향 닫힌곡면 E와 모든 $p^{-1}(x)$가 두 점 집합이 되는 덮개사상 $p: E \to B$가 존재함을 보이시오.

17.5 S^1의 기본군 계산과 그 응용

이 절에서는 단위 원 S^1의 기본군이 $(\mathbb{Z}, +)$임을 보이고, 그 응용으로서 위상수학의 고전적인 문제인 Brouwer 고정점 정리와 대수학의 기본정리를 증명할 것이다. 이제부터 S^1과 D^2를 유클리드공간 $\mathbb{R}^2$(또는 $\mathbb{C}$)의 부분공간인 단위 원과 단위 원판이라 하자.18) 즉,

$$S^1 = \{(x, y) \in \mathbb{R}^2 \mid x^2 + y^2 = 1\},$$
$$D^2 = \{(x, y) \in \mathbb{R}^2 \mid x^2 + y^2 \le 1\}$$

이다.

성질 17.5.1 기본군 $\pi_1(S^1, b_0)$은 군 $(\mathbb{Z}, +)$와 동형이다.

증명 보기 17.4.4에서 다루었던 덮개사상

$$p : \mathbb{R} \to S^1, \ \ p(x) = (\cos 2\pi x, \sin 2\pi x)$$

를 생각하자. 그리고 $e_0 = 0 \in \mathbb{R}$, $b_0 = (1, 0) \in S^1$이라 하면 $p(e_0) = b_0$이다. p의 정의에 의하여 $p^{-1}(b_0) = \mathbb{Z}$이다. 그리고 $\mathbb{R}$이 단순연결이므로 정리 17.4.23에 의해

$$\phi : \pi_1(S^1, b_0) \to p^{-1}(b_0) = \mathbb{Z}, \ \ \phi([\alpha]) = \widetilde{\alpha}(1)$$

는 전단사이다. 단, 여기서 $\widetilde{\alpha}$는 시점이 0인 α의 유일한 올림이다.

우리는 ϕ가 군 준동형사상이 됨을 보이면 충분하다. 임의로 주어진 $[\alpha], [\beta] \in \pi_1(S^1, b_0)$에 대해 $\widetilde{\alpha}, \widetilde{\beta} : I \to \mathbb{R}$를 각각 시점이 0인 α, β의 유일한 올림이라 하자. 그리고 $\phi([\alpha]) = m$, $\phi([\beta]) = n$이라 하면 $\widetilde{\alpha}(1) = m$, $\widetilde{\beta}(1) = n$이다. 이제 $\widetilde{\gamma} : I \to \mathbb{R}$를 $\widetilde{\gamma}(s) = m + \widetilde{\beta}(s)$로 정의하자. 그러면 모든 $x \in \mathbb{R}$에 대하여 $p(m + x) = p(x)$이므로 $p \circ \widetilde{\gamma} = p \circ \widetilde{\beta} = \beta$이다. 따라서 $\widetilde{\gamma}$는 $\widetilde{\gamma}(0) = m$, $\widetilde{\gamma}(1) = m + n$인 β의 올림이다. 그러므로 길 $\widetilde{\alpha} * \widetilde{\gamma} : I \to \mathbb{R}$는 시점이 0인 길 $\alpha * \beta$의 올림이다. 따라서

18) 연속사상 $\varphi(a, b) = a + bi$에 의해 유클리드공간 $\mathbb{R}^2$와 복소평면 $\mathbb{C}$는 위상동형이다. 그리고 점 $(\cos\theta, \sin\theta) \in S^1$에 대해 $\varphi(\cos\theta, \sin\theta) = \cos\theta + i\sin\theta = e^{i\theta}$이다.

$$\phi([\alpha]*[\beta])=\phi([\alpha*\beta])=(\tilde{\alpha}*\tilde{\gamma})(1)=\tilde{\gamma}(1)=m+n=\phi([\alpha])+\phi([\beta])$$

가 성립하므로 ϕ는 군 준동형사상이다. 그리고 ϕ는 전단사이므로 군 동형사상이다. □

보기 17.5.2 (1) 이제 토러스 T의 기본군을 구해보자. $T\cong S^1\times S^1$이므로 정리 17.2.23에 의해 $\pi_1(T)\cong\pi_1(S^1)\times\pi_1(S^1)\cong\mathbb{Z}\times\mathbb{Z}$이다. 특별히 $\pi_1(T)$는 가환(abelian)이다.

(2) $\mathbb{R}^2-\{0\}$, $S^1\times I$, $S^2-\{p,q\}$는 모두 S^1과 변이적이므로 이들의 기본군은 모두 군 $(\mathbb{Z},+)$와 동형이다. 사실 $\mathbb{R}^2-\{0\}$, $S^1\times I$, $S^2-\{p,q\}$는 모두 S^1으로 변형수축된다.

참고 17.5.3 여기서 우리는 앞의 군 동형사상 $\phi:\pi_1(S^1,b_0)\to p^{-1}(b_0)=\mathbb{Z}$의 기하학적 의미를 살펴보자.

(1) 덮개사상

$$p:\mathbb{R}\to S^1,\quad p(x)=(\cos 2\pi x,\ \sin 2\pi x)$$

와 점 $e_0=0\in\mathbb{R}$, $b_0=(1,0)\in S^1$을 생각하자. 그러면 S^1상의 닫힌길

$$\alpha:I\to S^1,\quad \alpha(s)=(\cos 2\pi s,\ \sin 2\pi s)$$

는 반시계 방향으로 한 바퀴 돌리는 길이다. 그리고 길 $\tilde{\alpha}:I\to\mathbb{R}$, $\tilde{\alpha}(s)=s$는 시점이 0인 α의 유일한 올림이다. 따라서 $\phi([\alpha])=\tilde{\alpha}(1)=1$이다. 한편 α의 역길 $\overline{\alpha}$은 시계 방향으로 한 바퀴 돌리는 길이다. 그리고 길 $\tilde{\overline{\alpha}}:I\to\mathbb{R}$, $\tilde{\overline{\alpha}}(s)=-s$는 시점이 0인 $\overline{\alpha}$의 유일한 올림이다. 따라서 $\phi([\overline{\alpha}])=\tilde{\overline{\alpha}}(1)=-1$이다. 군 $\pi_1(S^1,x_0)$에서 $[\overline{\alpha}]$는 $[\alpha]$의 역원임을 상기하자.

그런데 군 $(\mathbb{Z},+)$가 1에 의해 생성되므로 $\pi_1(S^1,b_0)$은 $[\alpha]$에 의해 생성된다. 즉, $\pi_1(S^1,b_0)=<[\alpha]>$이다. 보다 구체적으로 정수 $n\in\mathbb{Z}$에 대하여

$$[\alpha]^n=\begin{cases}\underbrace{[\alpha]*\cdots*[\alpha]}_{n\text{개}}=[\alpha*\cdots*\alpha], & n>0\\ [c_{b_0}], & n=0\\ \underbrace{[\overline{\alpha}]*\cdots*[\overline{\alpha}]}_{|n|\text{개}}=[\overline{\alpha}*\cdots*\overline{\alpha}], & n<0\end{cases}$$

이라 하자. 그러면 모든 정수 $n\in\mathbb{Z}$에 대해 $\phi([\alpha]^n)=n$이고 $\pi_1(S^1,b_0)=\{[\alpha]^n|$

$n \in \mathbb{Z}\}$ 이다.

(2) S^1상의 닫힌길 $\beta:(I, \{0,1\}) \to (S^1, b_0)$에 대하여 $\phi([\beta]) = n$이라 하면 ϕ가 군 동형사상이므로 $[\beta] = [\alpha]^n$이다. 먼저 $n > 0$인 경우는 $\beta \simeq_p \underbrace{\alpha * \cdots * \alpha}_{n\text{개}}$이고 닫힌길 $\underbrace{\alpha * \cdots * \alpha}_{n\text{개}}$가 S^1을 반시계 방향으로 n바퀴 돌리는 길이므로 β도 '본질적'으로 S^1을 반시계 방향으로 n바퀴 돌리는 닫힌길이다. 여기서 '본질적'의 의미는 가다가 다시 돌아온 바퀴수는 생각하지 않음을 의미한다. 같은 방법으로 $n < 0$인 경우는 $\beta \simeq_p \underbrace{\overline{\alpha} * \cdots * \overline{\alpha}}_{|n|\text{개}}$이므로 β는 본질적으로 S^1을 시계 방향으로 $|n|$바퀴 돌리는 닫힌길이다. 그리고 $n = 0$인 경우는 $\beta \simeq_p c_{b_0}$이므로 β는 본질적으로 S^1을 한 바퀴도 돌리지 않은 닫힌길이다. 이런 이유로 정수 $n = \phi([\beta])$를 닫힌길 β의 **회전수(winding number)**라 한다.

(3) 한편 $\mathbb{R}^2 - \{\mathbf{0}\}$은 S^1으로 변형수축되므로 수축사상 $r:\mathbb{R}^2 - \{\mathbf{0}\} \to \mathrm{S}^1$, $r(\mathbf{x}) = \dfrac{\mathbf{x}}{\|\mathbf{x}\|}$이 유도하는 $r_\# : \pi_1(\mathbb{R}^2 - \{\mathbf{0}\}, b_0) \to \pi_1(S^1, b_0)$은 군 동형사상이다. 여기서 $b_0 = (1,0)$이다. 따라서 $\phi \circ r_\# : \pi_1(\mathbb{R}^2 - \{\mathbf{0}\}, b_0) \to \mathbb{Z}$는 군 동형사상이다. 그리고 $\mathbb{R}^2 - \{\mathbf{0}\}$상의 주어진 닫힌길 γ에 대하여 정수 $n = \phi \circ r_\#([\gamma])$은 γ가 본질적으로 원점 $\mathbf{0}$ 주위를 회전한 수이다. 여기서 $n > 0$인 경우는 반시계 방향으로, $n < 0$인 경우는 시계 방향으로 회전한 수임을 상기하자. 이런 이유로 정수 $n = \phi \circ r_\#([\gamma])$을 닫힌길 γ의 **회전수**라 한다.

정리 17.5.4 수축사상 $r: D^2 \to S^1$은 존재하지 않는다.[19)]

증명 (귀류법) 만약 수축사상 $r: D^2 \to S^1$이 존재하면 정리 17.3.3에 의하여

$$i_\# : \pi_1(S^1) \cong \mathbb{Z} \to \pi_1(D^2) = \{0\}$$

이 단사가 되어야 한다. 이는 모순이다. □

우리는 성질 8.3.3에서 모든 연속사상 $f:[-1,1] \to [-1,1]$는 고정점을 가짐을 보였다. 이제 이를 원판 D^2로 확장하여 보자.

19) 문제 5.1.33 참조.

따름정리 17.5.5 (**Brouwer 고정점 정리**[20]) 만약 $f: D^2 \to D^2$가 연속사상이면 $f(x)=x$를 만족하는 점 $x \in D^2$가 존재한다.

증명 (귀류법) f의 고정점이 존재하지 않는다고 가정하자. 그러면 모든 점 $x \in D^2$에 대하여 $f(x) \neq x$이다. 이제 그림 17.29와 같이 각각의 점 $x \in D^2$에 대해 $f(x)$를 시점으로 하고 x를 지나는 반직선 $\overrightarrow{f(x)x}$가 S^1과 만나는 점을 $g(x)$로 정의하면 $g: D^2 \to S^1$는 연속이다. 특별히 모든 $x \in S^1$에 대하여 $g(x)=x$이므로 g는 수축사상이 된다. 이는 정리 17.5.4에 모순이다. □

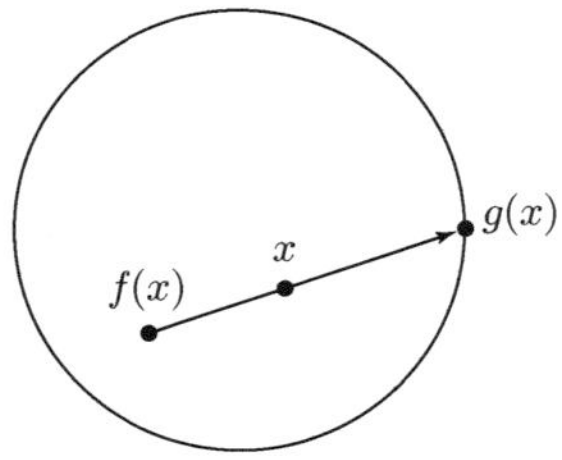

그림 17.29 • 사상 g

정리 17.5.6 연속사상 $f:(S^1, b_0) \to (Y, y_0)$에 대하여 다음은 서로 동치이다.

(a) f는 퇴화변이적이다.

(b) f의 확장 $g: D^2 \to Y$가 존재한다.

(c) $f_\#$은 자명한 군 준동형사상이다. 즉, $f_\#(\pi_1(S^1, b_0)) = \{[c_{y_0}]\}$ 이다.

증명 우리는 S^1이 길연결이므로 $b_0 = (1, 0) \in S^1$이라 할 수 있다.

(a)$\Leftrightarrow$(b) 정리 17.1.16에 의해 성립한다.

(b)$\Rightarrow$(c) 포함사상 $i: S^1 \hookrightarrow D^2$, $i(x)=x$에 대해 $f = g \circ i$이므로 $f_\# = g_\# \circ i_\#$이다. 그런데 군 준동형사상 $i_\#: \pi_1(S^1, b_0) \to \pi_1(D^2, b_0) = \{[c_{b_0}]\}$이 자명하므로

$f_\#(\pi_1(S^1, b_0)) = g_\#(i_\#(\pi_1(S^1, b_0))) = \{[c_{y_0}]\}$ 이다.

(c)$\Rightarrow$(a) 보기 17.4.4에서 다루었던 덮개사상

20) Brouwer fixed point theorem. 일반적으로 모든 자연수 n에 대하여 Brouwer 고정점 정리가 성립한다. 즉, 모든 연속사상 $f: D^n \to D^n$는 고정점을 갖는다. 이는 호몰로지군(homology group)을 사용하여 증명할 수 있다. 참고문헌 [14, 25] 참조.

$$p:\mathbb{R} \to S^1, \quad p(x) = (\cos 2\pi x, \sin 2\pi x)$$

를 생각하자. 닫힌길 $\alpha : I \to S^1$, $\alpha(s) = (\cos 2\pi s, \sin 2\pi s)$의 시점이 0인 유일한 올림 $\widetilde{\alpha}$가 $\widetilde{\alpha}(1) = 1$을 만족하므로 성질 17.5.1에 의해 $[\alpha]$는 군 $\pi_1(S^1, b_0)$의 생성자이다. 즉, $\langle [\alpha] \rangle = \pi_1(S^1, b_0)$이다.

그러면 $\beta = f \circ \alpha : I \to Y$는 기준점이 y_0인 Y상의 닫힌길이다. 그런데 $f_\#$이 자명하므로

$$[\beta] = [f \circ \alpha] = f_\#([\alpha]) = [c_{y_0}]$$

이 되어 $\beta \simeq_p c_{y_0}$이다. 따라서 길변이

$$F : I \times I \to Y \quad \text{s.t.} \quad \begin{aligned} &F(s, 0) = \beta(s) && \forall\, s \in I, \\ &F(s, 1) = c_{y_0}(s) = y_0 && \forall\, s \in I, \\ &F(0, t) = y_0 && \forall\, t \in I, \\ &F(1, t) = y_0 && \forall\, t \in I \end{aligned}$$

가 존재한다.

한편 $\alpha \times \mathrm{id}_I : I \times I \to S^1 \times I$, $(s, t) \mapsto (\alpha(s), t)$는 전사이고 연속인 닫힌사상이므로 상사상이다. 따라서 F가 유도하는 유일한 연속사상 $H: S^1 \times I \to Y$가 존재하여 $F = H \circ (\alpha \times \mathrm{id}_I)$를 만족한다(따름정리 13.1.34 참조).

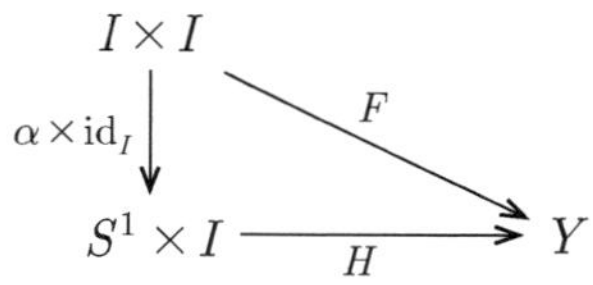

그러면 이러한 변이 H는

$$\begin{aligned} &H(\alpha(s), 0) = F(s, 0) = \beta(s) = f(\alpha(s)) && \forall\, s \in I, \\ &H(\alpha(s), 1) = F(s, 1) = c_{y_0}(s) = y_0 && \forall\, s \in I, \\ &H(\alpha(0), t) = F(0, t) = y_0 && \forall\, t \in I, \\ &H(\alpha(1), t) = F(1, t) = y_0 && \forall\, t \in I \end{aligned}$$

를 만족한다. 그리고 α가 전사이므로 ($\alpha(s) = x$로 놓으면)

$$\begin{aligned} &H(x, 0) = f(x) && \forall\, x \in S^1, \\ &H(x, 1) = y_0 && \forall\, x \in S^1, \end{aligned}$$

$$H(b_0, t) = y_0 \qquad \forall\, t \in I$$

이므로 $f \overset{H}{\simeq} c_{y_0}$이다. 따라서 f는 퇴화변이적이다. □

따름정리 17.5.7 (1) 포함사상 $i : S^1 \hookrightarrow \mathbb{R}^2 - \{0\}$, $i(x) = x$는 퇴화변이적이 아니다.
(2) 항등사상 $\mathrm{id} : S^1 \to S^1$, $\mathrm{id}(x) = x$는 퇴화변이적이 아니다.

증명 (1) 수축사상 $r : \mathbb{R}^2 - \{0\} \to S^1$, $r(x) = \frac{x}{\|x\|}$이 존재하므로 정리 17.3.3에 의해 $i_\# : \pi_1(S^1, b_0) \to \pi_1(\mathbb{R}^2 - \{0\}, b_0)$은 단사이다. 그리고 $\pi_1(S^1, b_0) \cong \mathbb{Z}$이므로 준동형사상 $i_\#$은 자명하지 않다. 따라서 정리 17.5.6에 의해 i는 퇴화변이적이 아니다.
(2) $\mathrm{id}_\# : \pi_1(S^1, b_0) \to \pi_1(S^1, b_0)$이 항등사상이므로 $\mathrm{id}_\#$은 자명하지 않다. 따라서 id는 퇴화변이적이 아니다. □

따름정리 17.5.8 $S^1, D^2 \subset \mathbb{C}$이고 $b_0 = 1$이라 하자. 그리고 $f : D^2 \to S^1$를 $f(b_0) = b_0$인 연속사상이라 하자. 그러면 닫힌길 $\alpha : I \to S^1$, $\alpha(s) = f(e^{i2\pi s})$는 $\phi([\alpha]) = \widetilde{\alpha}(1) = 0$을 만족한다.

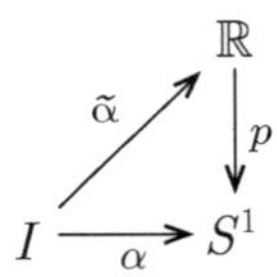

증명 $\alpha(0) = f(b_0) = b_0$이고 $\alpha(1) = f(b_0) = b_0$이므로 α는 기준점이 b_0인 S^1상의 닫힌길이다. 그리고 기준점이 b_0인 닫힌길 $\beta : I \to D^2$, $\beta(s) = e^{i2\pi s}$에 대하여 $\alpha = f \circ \beta$이다. 한편 D^2가 볼록(축약가능)이므로 $\beta \simeq_p c_{b_0}$이다. 따라서

$$\alpha = f \circ \beta \simeq_p f \circ c_{b_0} = c_{b_0}$$

이므로

$$\widetilde{\alpha}(1) = \widetilde{c}_{b_0}(1) = c_0(1) = 0$$

이다. 단, 여기서 $c_0 : I \to \mathbb{R}$은 상수사상 $c_0(s) = 0$이다. □

Borsuk-Ulam 정리

정리 17.5.9 만약 연속사상 $h: S^1 \to S^1$가 모든 점 $x \in S^1$에 대해 $h(-x) = -h(x)$를 만족하면 h는 퇴화변이적이 아니다.

증명 S^1은 $\mathbb{C}$의 부분공간이고 $b_0 = 1 \in S^1$이라 하자. 그리고 $\rho: S^1 \to S^1$를 $h(b_0)$을 b_0으로 보내는 회전사상이라 하자. (구체적으로 $z_0 = h(b_0)$이라 하면 $\rho(z) = \overline{z}_0 z$이다. 단, 여기서 $\overline{z}_0$는 z_0의 켤레 복소수이다.) 그러면 모든 점 $z \in S^1$에 대해 $\rho(-z) = -\rho(z)$이므로 $\rho \circ h(-z) = -\rho \circ h(z)$이다. 그리고 $\rho \circ h(b_0) = b_0$이다. 더구나 만약 h가 퇴화변이적이면 h와 상수사상 c 사이의 변이 H가 존재하고, $\rho \circ H$는 $\rho \circ h$와 상수사상 $\rho \circ c$ 사이의 변이이므로 $\rho \circ h$도 퇴화변이적이다. 그러므로 (대우에 의해) 우리는 $\rho \circ h$가 퇴화변이적이 아님을 보이면 충분하다. 따라서 우리는 주어진 h가 $h(b_0) = b_0$을 만족한다고 가정하여도 무방하다.

(i) 연속사상 $p: S^1 \to S^1$, $p(z) = z^2$이 전사인 닫힌사상이므로 p는 상사상이다.[21] 그리고 점 $w \in S^1$에 대해 $p^{-1}(w) = \{z, -z\}$이다. 한편 $h(-z) = -h(z)$이므로 $p(h(-z)) = p(h(z))$이다. 따라서 p가 상사상이므로 $p \circ h$가 유도하는 연속사상 $k: S^1 \to S^1$가 존재하여 $k \circ p = p \circ h$를 만족한다(따름정리 13.1.34).

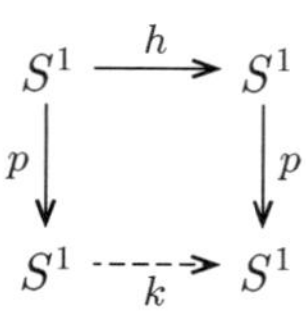

그리고 $p(b_0) = h(b_0) = b_0$이므로 $k(b_0) = b_0$이다.

(ii) 이제 k가 유도하는 군 준동형사상 $k_\# : \pi_1(S^1, b_0) \to \pi_1(S^1, b_0)$이 자명하지 않음을 보이자. 먼저 보기 17.4.6에 의해 $p: (S^1, b_0) \to (S^1, b_0)$는 덮개사상이다. 한편 $\widetilde{\alpha}: I \to S^1$, $\widetilde{\alpha}(s) = e^{i\pi s}$는 b_0에서 $-b_0$까지의 S^1상의 길이다. 그리고 $\alpha = p \circ \widetilde{\alpha}$는 b_0에서 b_0까지의 S^1상의 닫힌길이고, $[\alpha] \neq [c_{b_0}] \in \pi_1(S^1, b_0)$이다. 그런데

---

21) $S^1 \subset \mathbb{R}^2$으로 보면 $p(\cos\theta, \sin\theta) = (\cos 2\theta, \sin 2\theta)$이다. 그리고 보기 13.1.22(2)에서 보았듯이 p는 고유사상(상사상) $\pi: S^1 \to \mathbb{R}P^1 \cong S^1$이다.

$$h \circ \widetilde{\alpha}(1) = h(-b_0) = -h(b_0) = -b_0 \neq b_0 = \widetilde{c}_{b_0}(1) \in p^{-1}(b_0)$$

이므로 정리 17.4.25(1)에 의해 $H*[p \circ (h \circ \widetilde{\alpha})] \neq H*[p \circ \widetilde{c}_{b_0}]$이다. 단, 여기서 $H = p_{\#}(\pi_1(S^1, b_0)) \subset \pi_1(S^1, b_0)$이다. 따라서

$$k_{\#}([\alpha]) = [k \circ \alpha] = [k \circ (p \circ \widetilde{\alpha})] = [p \circ (h \circ \widetilde{\alpha})] \neq [p \circ \widetilde{c}_{b_0}] = [c_{b_0}]$$

이다. 그러므로 $k_{\#}$은 자명하지 않다.

(iii) 이제 h가 퇴화변이적이 아님을 보이자. 우리는, 정리 17.5.6에 의하여, $h_{\#}: \pi_1(S^1, b_0) \to \pi_1(S^1, b_0)$이 자명하지 않음을 보이면 된다.

먼저 $\pi_1(S^1, b_0) \cong (\mathbb{Z}, +)$이 순환군이고 $k_{\#}$이 자명하지 않으므로 $k_{\#}$은 단사이다. 그리고 기초정리 17.4.24에 의해 $p_{\#}$도 단사이다.[22] 한편

$$p_{\#} \circ h_{\#} = (p \circ h)_{\#} = (k \circ p)_{\#} = k_{\#} \circ p_{\#}$$

이고 $k_{\#} \circ p_{\#}$이 단사이므로 $h_{\#}$도 단사이다. 그리고 $\pi_1(S^1, b_0)$이 자명한 군이 아니므로 군 준동형사상 $h_{\#}: \pi_1(S^1, b_0) \to \pi_1(S^1, b_0)$은 자명하지 않다. 따라서 정리 17.5.6에 의해 h는 퇴화변이적이 아니다. □

아무런 언급이 없으면 S^n과 D^n은 모두 유클리드공간의 부분공간임을 상기하자.

정리 17.5.10 (1) 모든 점 $x \in S^2$에 대해 $g(-x) = -g(x)$를 만족하는 연속사상 $g: S^2 \to S^1$는 존재하지 않는다.

(2) 모든 점 $x \in D^2$에 대해 $g(-x) = -g(x)$를 만족하는 연속사상 $g: D^2 \to S^1$는 존재하지 않는다.

증명 (1) (귀류법) 모든 점 $x \in S^2$에 대해 $g(-x) = -g(x)$를 만족하는 연속사상 $g: S^2 \to S^1$가 존재한다고 가정하자. 그리고 S^1을 S^2의 적도로 보자. 그러면 축소사상 $h = g| : S^1 \to S^1$, $h(x) = g(x)$는 연속이고, 모든 점 $x \in S^1$에 대해 $h(-x) = -h(x)$이다. 따라서 정리 17.5.9에 의해 h는 퇴화변이적이 아니다. 그런데 D를 S^2의 위쪽 반구로 택하면 h의 확장 $g|_D : D \to S^1$이 존재한

22) 사실 $p_{\#}$을 $p_{\#}: (\mathbb{Z}, +) \to (\mathbb{Z}, +)$로 보면 $p(n) = 2n$이다.

다. 이는 정리 17.5.6에 모순이다.[23)]

(2) (귀류법) 모든 점 $x \in D^2$에 대해 $g(-x) = -g(x)$를 만족하는 연속사상 $g: D^2 \to S^1$가 존재한다고 가정하자. 그리고 S^1을 D^2의 경계로 보자. 그러면 축소사상 $h = g| : S^1 \to S^1$, $h(x) = g(x)$는 연속이고, 모든 점 $x \in S^1$에 대해 $h(-x) = -h(x)$이다. 따라서 정리 17.5.9에 의해 h는 퇴화변이적이 아니다. 그런데 g는 h의 확장이다. 이는 정리 17.5.6에 모순이다. □

정리 17.5.11 (Borsuk-Ulam 정리[24)]) 만약 $f: S^2 \to \mathbb{R}^2$가 연속사상이면 $f(x) = f(-x)$를 만족하는 점 $x \in S^2$가 존재한다.

증명 (귀류법) 모든 점 $x \in S^2$에 대해 $f(x) \neq f(-x)$이라 가정하자. 그러면

$$g: S^2 \to S^1, \quad g(x) = \frac{f(x) - f(-x)}{\|f(x) - f(-x)\|}$$

는 잘 정의된 연속사상이다. 그리고 모든 점 $x \in S^2$에 대해 $g(-x) = -g(x)$이다. 이는 정리 17.5.10에 모순이다. □

대수학의 기본정리

이제 우리는 위상적 도구인 변이를 사용하여 대수학의 기본정리를 증명해 보자.

정리 17.5.12 (대수학의 기본정리[25)]) 계수가 복소수인 상수가 아닌 다항식은 복소수 해를 갖는다.

증명 $p(z)$를 계수가 복소수인 임의의 다항함수라 하자. 다항식 $p(z) = 0$의 양변을 $p(z)$의 최고차항의 계수로 나누어도 해는 변함이 없으므로 우리는 $p(z)$의 최고차항의 계수를 1이라 가정할 수 있다. 따라서

$$p(z) = z^n + a_{n-1}z^{n-1} + a_{n-2}z^{n-2} + \cdots + a_1 z + a_0$$

---

23) D는 단위 원판 D^2와 위상동형이다.

24) Borsuk-Ulam theorem. 일반적으로 모든 자연수 n에 대하여 Borsuk-Ulam 정리가 성립한다. 즉, 만약 $f: S^n \to \mathbb{R}^n$가 연속사상이면 $f(x) = f(-x)$를 만족하는 점 $x \in S^n$가 존재한다. 참고문헌 [14 25] 참조.

25) Fundamental theorem of algebra

이라 하자.

(i) 먼저 $|a_{n-1}|+|a_{n-2}|+\cdots+|a_1|+|a_0|<1$인 경우에 대해 $p(z)=0$이 해를 가짐을 보이자. 결론을 부정하여 $p(z)=0$이 해를 갖지 않는다고 가정하자. 그러면 $p:\mathbb{C}\to\mathbb{C}-\{0\}$이고, 모든 $z\in\mathbb{C}$에 대하여 $p(z)\neq 0$이므로

$$h:\mathbb{C}\to S^1,\ \ h(z)=\frac{p(z)}{|p(z)|}$$

는 잘 정의된 연속사상이다. 그런데 $\mathbb{C}$가 한 점으로 축약가능하므로 h는 퇴화변이적이다. 즉, 상수사상 c와 변이적이다. 그러므로 포함사상 $i:S^1\hookrightarrow\mathbb{C}$에 대해 $h\circ i\simeq c\circ i=c$이므로 $h\circ i$도 퇴화변이적이다.

이제 우리는 연속사상 $f:S^1\to S^1$, $f(z)=z^n$에 대해 $h\circ i\simeq f$임을 보이고자 한다. 이를 위해 다음과 같이 정의된 변이

$$F:S^1\times I\to S^1,\ \ F(z,t)=\frac{z^n+t(a_{n-1}z^{n-1}+\cdots+a_1z+a_0)}{|z^n+t(a_{n-1}z^{n-1}+\cdots+a_1z+a_0)|}$$

를 생각하자. 그러면 임의의 $z\in S^1$와 $t\in I$에 대하여

$$\begin{aligned}|z^n+t(a_{n-1}z^{n-1}+\cdots+a_1z+a_0)|&\geq|z^n|-|t(a_{n-1}z^{n-1}+\cdots+a_1z+a_0)|\\&\geq 1-t(|a_{n-1}z^{n-1}|+\cdots+|a_1z|+|a_0|)\\&\geq 1-t(|a_{n-1}|+\cdots+|a_1|+|a_0|)>0\end{aligned}$$

이므로 F는 잘 정의된 연속사상이고,

$$F(z,0)=z^n,\ \ F(z,1)=\frac{p(z)}{|p(z)|}$$

이다. 따라서 $f\simeq h\circ i$이다.

그런데 $h\circ i$는 퇴화변이적이고 f는 퇴화변이적이 아니므로 모순이다(따름정리 17.2.17 참조). 따라서 $p(z)=0$은 해를 갖는다.

(ii) 이제 일반적인 경우에 $p(z)=0$이 해를 가짐을 보이자. 주어진 다항식을

$$p(z)=z^n+a_{n-1}z^{n-1}+a_{n-2}z^{n-2}+\cdots+a_1z+a_0=0$$

이라 하자. 양의 실수 $b>0$에 대해 $z=bx$를 대입하여

$$(bx)^n+a_{n-1}(bx)^{n-1}+a_{n-2}(bx)^{n-2}+\cdots+a_1(bx)+a_0=0$$

을 얻고, 다시 양변을 b^n으로 나누면 다항식

$$h(x) = x^n + \frac{a_{n-1}}{b}x^{n-1} + \frac{a_{n-2}}{b^2}x^{n-2} + \cdots + \frac{a_1}{b^{n-1}}x + \frac{a_0}{b^n} = 0$$

을 얻는다. 이제 b를 충분히 큰 실수로 택하여

$$|\frac{a_{n-1}}{b}| + |\frac{a_{n-2}}{b^2}| + \cdots + |\frac{a_1}{b^{n-1}}| + |\frac{a_0}{b^n}| < 1$$

이 되게 하자. 그러면 경우 (i)에 의해 $h(x) = 0$은 해 x_0을 가지므로 $p(z) = 0$도 해 $z_0 = bx_0$을 갖는다. □

연습문제

문제 17.5.1 만약 A가 D^2의 수축이면 모든 연속사상 $f: A \to A$는 고정점을 가짐을 보이시오.

문제 17.5.2 만약 위상공간 X가 D^2와 위상동형이면 모든 연속사상 $f: X \to X$는 고정점을 가짐을 보이시오.

문제 17.5.3 $n \geq 2$인 자연수 n에 대하여 다음을 보이시오.

(1) 모든 점 $x \in S^n$에 대해 $g(-x) = -g(x)$를 만족하는 연속사상 $g: S^n \to S^1$는 존재하지 않는다.

(2) 모든 점 $x \in D^n$에 대해 $g(-x) = -g(x)$를 만족하는 연속사상 $g: D^n \to S^1$는 존재하지 않는다.

문제 17.5.4 길연결공간 Y에 대하여 다음이 동치임을 보이시오.

(a) $\pi_1(Y, y_0) = 0$.

(b) 모든 연속사상 $f: S^1 \to Y$는 퇴화변이적이다.

문제 17.5.5 단위 원 S^1을 복소평면 $\mathbb{C}$의 부분공간으로 보자. 두 연속사상

$$g, h: S^1 \to S^1, \quad g(z) = z^n, \quad h(z) = 1/z^n$$

가 유도하는 군 준동형사상 $g_\#, h_\#: (\mathbb{Z}, +) = \pi_1(S^1, b_0) \to \pi_1(S^1, b_0) = (\mathbb{Z}, +)$은 무엇이 되는가?

문제 17.5.6 $S^1 \subset \mathbb{C}$이라 하자. 연속사상 $f: S^1 \to S^1$, $f(z) = z^n$은 퇴화변이적이 아님을 보이시오.

문제 17.5.7 퇴화변이적인 연속사상 $f: S^1 \to S^1$에 대하여 다음을 보이시오.

(1) $f(p)=p$를 만족하는 점 $p \in S^1$가 존재한다.

(2) $f(q)=-q$를 만족하는 점 $q \in S^1$가 존재한다.

문제 17.5.8 만약 연속사상 $g: S^2 \to S^2$가 모든 $x \in S^2$에 대하여 $g(x) \neq g(-x)$를 만족하면 g는 전사임을 보이시오. (힌트: 만약 $p \in S^2$이면 $S^2 - \{p\} \cong \mathbb{R}^2$이다.)

문제 17.5.9 U_1, U_2를 $\mathbb{R}^2$의 유계이고 연결된 열린집합들이라 하자. 그러면 U_1과 U_2의 넓이를 동시에 똑같이 나누는 직선 $L \subset \mathbb{R}^2$이 존재함을 보이시오.26)

문제 17.5.10 U_1, U_2, U_3을 $\mathbb{R}^3$의 유계이고 연결된 열린집합들이라 하자. 그러면 U_1, U_2, U_3의 부피를 동시에 똑같이 나누는 평면 $P \subset \mathbb{R}^3$가 존재함을 보이시오.27)

문제 17.5.11 실수로 이루어진 3×3 행렬 $A=(a_{ij})$에 대하여 다음을 보이시오.

(1) 만약 모든 i, j에 대해 $a_{ij} > 0$이면 A는 양의 고유값(eigenvalue)을 갖는다.

(2) 만약 A가 정칙(nonsingular)이고 모든 i, j에 대해 $a_{ij} \geq 0$이면 A는 양의 고유값을 갖는다.

문제 17.5.12 연속사상 $f: S^1 \to S^1$의 차수(degree)를 다음과 같이 정의하자. 먼저 $b_0=(1,0) \in S^1$이라 하자. 그러면 $\pi_1(S^1, b_0) \cong (\mathbb{Z}, +)$이므로 $\pi_1(S^1, b_0)$는 순환(cyclic)군이다. 우리는 $[\alpha]$를 $\pi_1(S^1, b_0)$의 생성자라 하자. 즉, $\pi_1(S^1, b_0) = \langle [\alpha] \rangle$이다. 주어진 점 $x_0 \in S^1$에 대하여 ω가 b_0에서 x_0까지의 S^1상의 길이면 $\widehat{\omega}([\alpha])$은 순환군 $\pi_1(S^1, x_0)$의 생성자가 된다. 우리는 $[\alpha]_{x_0} = \widehat{\omega}([\alpha])$로 표기하자. 따라서 $\pi_1(S^1, x_0) = \langle [\alpha]_{x_0} \rangle$이다. 그리고 S^1의 기본군이 가환이므로 $[\alpha]_{x_0}$은 ω의 선택에 무관하다. 이제 주어진 연속사상 $f: S^1 \to S^1$에 대해 $x_0 \in S^1$을 택하고 $f(x_0)=x_1$이라 하자. 그러면 군 준동형사상

$$f_{\#}: \pi_1(S^1, x_0) = \langle [\alpha]_{x_0} \rangle \to \pi_1(S^1, x_1) = \langle [\alpha]_{x_1} \rangle$$

에 대해

$$f_{\#}([\alpha]_{x_0}) = ([\alpha]_{x_1})^d$$

를 만족하는 정수 d가 존재한다. 우리는 이러한 정수 d를 f의 차수라 하고 $\deg f$로 표기한다.28)

---

26) Pancake theorem. 문제 8.3.4 참조.

27) Ham sandwich theorem. Borsuk-Ulam 정리 참조.

28) 참고 17.5.3 참조.

(1) $[\alpha]_{x_0}$은 ω의 선택에 무관함을 보이시오.

(2) d는 x_0의 선택에 무관함을 보이시오.

(3) 만약 두 연속사상 $f, g: S^1 \to S^1$가 변이적이면 $\deg f = \deg g$임을 보이시오.

(4) 두 연속사상 $f, g: S^1 \to S^1$에 대해 $\deg(g \circ f) = (\deg f)\cdot(\deg g)$임을 보이시오.

(5) 상수사상 c, 항등사상 id, 반사사상 $\rho(x, y) = (x, -y)$, 그리고 복소평면상의 사상 $f(z) = z^n$에 대한 차수를 각각 구하시오.

(6) 만약 두 연속사상 $f, g: S^1 \to S^1$가 $\deg f = \deg g$를 만족하면 f와 g는 변이적임을 보이시오.

문제 17.5.13 유클리드공간 $\mathbb{R}^{n+1}$상의 두 부분공간

$$S^n = \{\mathbf{x} \in \mathbb{R}^{n+1} \mid \|\mathbf{x}\| = 1\},\ \ D^{n+1} = \{\mathbf{x} \in \mathbb{R}^{n+1} \mid \|\mathbf{x}\| \le 1\}$$

에 대하여 다음이 서로 동치임을 보이시오.

(a) S^n은 축약가능이 아니다.[29)]

(b) S^n은 D^{n+1}의 수축이 아니다.

(c) 모든 연속사상 $f: D^{n+1} \to D^{n+1}$는 고정점을 갖는다.

문제 17.5.14 S^n이 축약가능이 아니다는 사실을 사용하여 다음을 보이시오.

(1) 항등사상 $\mathrm{id}_{S^n}: S^n \to S^n$은 퇴화변이적이 아니다.

(2) 포함사상 $i: S^n \hookrightarrow \mathbb{R}^{n+1} - \{0\}$는 퇴화변이적이 아니다.

(3) 만약 $A = (a_{ij})$가 $(n+2)\times(n+2)$ 정칙행렬이고 모든 i, j에 대해 $a_{ij} \ge 0$이면 A는 양의 고유값을 갖는다.

(4) 만약 $f: S^n \to S^n$가 퇴화변이적이면 $f(p) = p$, $f(q) = -q$를 만족하는 점 $p, q \in S^n$가 존재한다.

문제 17.5.15 자연수 n에 대하여 다음이 서로 동치임을 보이시오.

(a) 만약 $f: S^n \to \mathbb{R}^n$가 연속사상이면 $f(p) = f(-p)$를 만족하는 점 $p \in S^n$가 존재한다.[30)]

(b) 만약 연속사상 $f: S^n \to \mathbb{R}^n$가 모든 점 $x \in S^n$에 대해 $f(-x) = -f(x)$를 만족하면 $f(p) = 0$인 점 $p \in S^n$가 존재한다.

(c) 모든 점 $x \in S^n$에 대해 $f(-x) = -f(x)$를 만족하는 연속사상 $f: S^n \to S^{n-1}$는 존재하지 않는다.

(d) 모든 점 $x \in S^{n-1}$에 대해 $f(-x) = -f(x)$를 만족하는 연속사상 $f: D^n \to S^{n-1}$

---

29) 실제로 모든 자연수 n에 대하여 S^n은 축약가능이 아니다. 문제 17.5.16과 참고문헌 [14, 25] 참조.

30) Borsuk-Ulam theorem. 실제로 모든 자연수 n에 대하여 (a)는 성립한다. 참고문헌 [14, 25] 참조.

는 존재하지 않는다.

(e) 만약 연속사상 $f: S^n \to S^n$가 모든 점 $x \in S^n$에 대해 $f(x) \neq f(-x)$이면 f는 전사이다.

문제 17.5.16 자연수 n에 대해 S^n에서 S^n으로의 연속사상들의 모임을 $\mathcal{C}(S^n, S^n)$이라 하자. 만약 함수 $\deg: \mathcal{C}(S^n, S^n) \to \mathbb{Z}$가 다음 세 조건을 만족하면 $\deg(f)$를 연속사상 $f: S^n \to S^n$의 차수라 한다.

(i) 만약 $f \simeq g$이면 $\deg f = \deg g$이다.

(ii) $\deg(g \circ f) = (\deg f) \cdot (\deg g)$이다.

(iii) 항등사상 id, 상수사상 c, 반사사상 $\rho(x_1, \ldots, x_n, x_{n+1}) = (x_1, \ldots, x_n, -x_{n+1})$에 대하여 $\deg \mathrm{id} = 1$, $\deg c = 0$, $\deg \rho = -1$이다.

이제 차수함수 deg가 존재한다는 사실을 가정하고 다음을 보이시오.[31] 단, 여기서 $f, g: S^n \to S^n$는 연속사상이다.

(1) S^n은 축약가능이 아니다.

(2) 만약 f가 변이동치이면 $\deg f = 1$ 또는 $\deg f = -1$이다.

(3) 만약 f가 전사가 아니면 f는 퇴화변이적이다. 따라서 $\deg f = 0$이다.

(4) 원점 대칭사상 $\mu: S^n \to S^n$, $\mu(x) = -x$에 대하여 $\deg \mu = (-1)^{n+1}$이다.

(5) 모든 점 $x \in S^n$에 대해 $f(x) \neq -g(x)$이면 $f \simeq g$이다. 따라서 $\deg f = \deg g$이다.

(6) 만약 모든 점 $x \in S^n$에 대해 $f(x) \neq g(x)$이면 $f \simeq \mu \circ g$이다.

(7) 만약 f가 고정점을 갖지 않으면 $f \simeq \mu$이다. 따라서 $\deg f = (-1)^{n+1}$이다.[32]

(8) 만약 $f(p) = -p$를 만족하는 점 $p \in S^n$가 존재하지 않으면 $\deg f = 1$이다.

(9) 만약 n이 짝수이면 $f(p) = p$ 또는 $f(p) = -p$를 만족하는 점 $p \in S^n$가 존재한다.

---

31) 우리는 이러한 차수함수 deg를 대수적 위상수학의 도구 중 하나인 고차원 호몰로지군(homology group)이나 고차원 변이군을 사용하여 구체적으로 만들 수 있다. 그러나 이는 학부과정의 수준을 넘으므로 이 책에서는 그냥 사실로 받아들이자. 참고문헌 [14, 25] 참조.

32) (7), (8)을 문제 17.5.14(4)와 비교해 보시오.

17.6 Seifert-van Kampen 정리

군의 자유곱

주어진 두 군 G_1과 G_2의 자유곱은 다음과 같이 정의된다. 우리는 일반성을 잃지 않고 G_1과 G_2가 서로소라 할 수 있다.[33] 그리고 e_1, e_2를 각각 G_1, G_2의 항등원이라 하자. 이제 e_1, e_2가 아닌 $G_1 \cup G_2$의 유한개의 원소 $a_1, a_2, \dots, a_n$들을 나란히 쓴 $a_1a_2 \cdots a_n$을 **낱말**(word)이라 한다. 그리고 어떠한 이웃하는 a_i와 a_{i+1}도 같은 군에 속하지 않으면 $a_1a_2 \cdots a_n$을 길이가 n인 **기약낱말**(reduced word)이라 한다. 특별히 아무 원소로도 이루어지지 않은 빈 낱말을 기약낱말로 인정하고 1로 나타내자.

우리는 주어진 낱말 $a_1a_2 \cdots a_n$에 대해 다음 두 종류의 작업 (i), (ii)를 반복하여 기약낱말을 얻을 수 있다.

(i) 만약 a_i와 a_{i+1}이 같은 군 $G_j(j=1,2)$에 속하면 우리는 a_ia_{i+1}을 한 원소 $c_i = a_ia_{i+1} \in G_j$로 바꾼다.

(ii) 만약 $a_ia_{i+1} = e_j$이면 a_ia_{i+1}을 제거한다.

이제 임의의 두 기약낱말 $a_1a_2 \cdots a_n$과 $b_1b_2 \cdots b_m$의 곱을

$$(a_1a_2 \cdots a_n)(b_1b_2 \cdots b_m) = a_1a_2 \cdots a_nb_1b_2 \cdots b_m$$

으로 정의하자. 단, 여기서 곱의 결과가 기약낱말이 아닐 경우 작업 (i)과 (ii)를 반복하여 얻어진 기약낱말을 주어진 두 기약낱말의 곱으로 정의한다. 이 연산(곱)에 대하여 기약낱말들의 집합이 군이 됨을 쉽게 보일 수 있다. 이렇게 얻은 군을 G_1과 G_2의 **자유곱**(free product)이라 하고 $G_1 * G_2$로 나타낸다.[34] 특별히, 빈 낱말 1은 **항등원**이다. 또한 기약낱말 $a_1a_2 \cdots a_n$의 역원은 $a_n^{-1} \cdots a_2^{-1}a_1^{-1}$이다. 예를 들어 $(ab)(b^{-1}a^{-1})$는 빈 낱말이므로 $(ab)(b^{-1}a^{-1}) = 1$이다.

보기 17.6.1 (1) 두 군 $(\mathbb{Z}, +)$와 $\langle a \rangle = \{a^m \mid m \in \mathbb{Z}\}$는 서로 군 동형임을 상기하자.

---

33) G_1과 G_2를 $G_1 \times \{e_1\}$과 $G_2 \times \{e_2\}$로 바꾸어 생각하면 된다.

34) 보다 자세한 내용은 참고문헌 [16], [21] 참조.

구체적으로 $h:(\mathbb{Z},+)\to\langle a\rangle$, $h(m)=a^m$이 군 동형사상이다. 이 경우 $h(0)=1$이고 0은 $(\mathbb{Z},+)$의 항등원, $1(=a^0)$은 $\langle a\rangle$의 항등원이다.

(2) 두 정수군 $\mathbb{Z}=\langle a\rangle=\{a^m \mid m\in\mathbb{Z}\}$, $\mathbb{Z}=\langle b\rangle=\{b^n \mid n\in\mathbb{Z}\}$의 자유곱 $\mathbb{Z}*\mathbb{Z}$은 a^m과 b^n꼴의 원소들이 교대로 나타나는 낱말의 집합이다. 단, 여기서 m과 n은 정수이다. 특별히 $ab\neq ba$이므로 $\mathbb{Z}*\mathbb{Z}$는 가환군이 아니다. 따라서 $\mathbb{Z}*\mathbb{Z}$와 $\mathbb{Z}\times\mathbb{Z}$는 군 동형이 아니다.[35] 우리는 $\mathbb{Z}*\mathbb{Z}$를 **계수가 2인 자유군**(free group of rank 2)이라 하고 $\mathbb{Z}*\mathbb{Z}=\langle a,b\rangle$로 나타낸다.

(3) 이제 자유곱 $\mathbb{Z}_2*\mathbb{Z}_2$에 대해 알아보자. 첫 번째 $\mathbb{Z}_2$의 생성원을 a, 두 번째 $\mathbb{Z}_2$의 생성원을 b라 하면 $a^2=1$, $b^2=1$이므로 첫 번째 군은 $\mathbb{Z}_2=\langle a \mid a^2=1\rangle$이고 두 번째 군은 $\mathbb{Z}_2=\langle b \mid b^2=1\rangle$이다. 그리고 $\mathbb{Z}_2*\mathbb{Z}_2$는 (빈 낱말 1과) a와 b가 교대로 나타나는 낱말들의 집합이다. 예를 들어

$$1,\ a,\ b,\ ab,\ ba,\ aba,\ bab,\ abab,\ldots$$

들이 $\mathbb{Z}_2*\mathbb{Z}_2$의 원소들이다. 따라서 $\mathbb{Z}_2*\mathbb{Z}_2$는 원소의 개수가 무한개인 군이다. 우리는 이러한 군을 $\mathbb{Z}_2*\mathbb{Z}_2=\langle a,b \mid a^2=1,\ b^2=1\rangle$로 나타낸다. 특별히 $ab\neq ba$이므로 $\mathbb{Z}_2*\mathbb{Z}_2$는 가환군이 아니다. 그리고 $\mathbb{Z}_2\times\mathbb{Z}_2$는 원소의 개수가 4개인 가환군이므로 $\mathbb{Z}_2*\mathbb{Z}_{2n}\ncong\mathbb{Z}_2\times\mathbb{Z}_2$이다.

정의 17.6.2 G_1, G_2, H를 군이라 하고 $\phi_i:H\to G_i(i=1,2)$를 군 준동형사상이라 하자. 그리고 G_1*G_2를 G_1과 G_2의 자유곱이라 하자. 이제 N을 $\{\phi_1(h)\phi_2(h)^{-1} \mid h\in H\}$가 생성하는 G_1*G_2의 정규(normal)부분군이라 하자. 그러면 두 군 G_1과 G_2의 H상에서의 **융합곱**(amalgamated product) $G_1*_H G_2$는 다음과 같이 정의된다.

$$G_1*_H G_2=(G_1*G_2)/N$$

이러한 융합곱 $G_1*_H G_2$도 군이 됨을 유의하자. 즉, 모든 $h\in H$에 대해 G_1의 낱말 $\phi_1(h)$와 G_2의 낱말 $\phi_2(h)$를 융합곱 $G_1*_H G_2$에서는 같은 낱말로 보는 것이다. 따라서

$$\begin{aligned}G_1*_H G_2&=(G_1*G_2)/N=(G_1*G_2)/\langle\phi_1(h)\phi_2(h)^{-1} \mid h\in H\rangle\\&=\langle g_1,g_2 \mid g_1\in G_1,\ g_2\in G_2,\ \phi_1(h)\phi_2(h)^{-1}=1\ \forall h\in H\rangle\end{aligned}$$

35) 정리 17.2.23 앞부분 참조.

이다. 한편 군 준동형사상

$$\mu_i : G_i \hookrightarrow G_1 * G_2 \to G_1 *_H G_2 = (G_1 * G_2)/N, \quad g \mapsto g \mapsto gN$$

에 대하여 $\mu_1 \circ \phi_1 = \mu_2 \circ \phi_2$임을 알 수 있다.

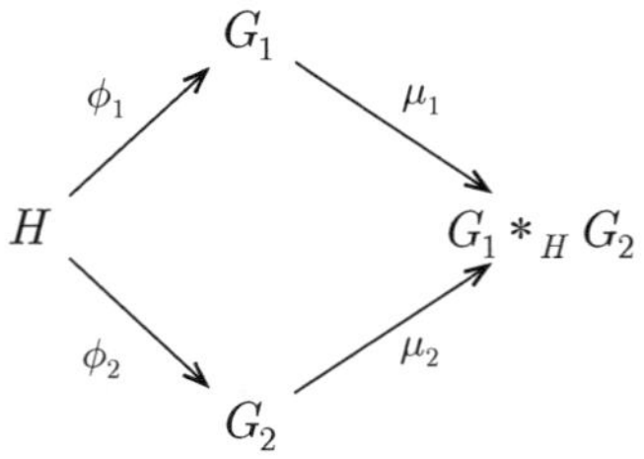

구체적으로 임의의 $h \in H$에 대하여 $h^{-1} \in H$이므로 $\phi_1(h^{-1})\phi_2(h^{-1})^{-1} \in N$이다. 그리고 ϕ_i가 군 준동형사상이므로

$$\phi_1(h^{-1})\phi_2(h^{-1})^{-1} = \phi_1(h)^{-1}\phi_2(h)$$

이다. 그러므로 $\phi_1(h)^{-1}\phi_2(h) \in N$이 되어 $N = \phi_1(h)^{-1}\phi_2(h)N$이 된다. 따라서 $\phi_1(h)N = \phi_2(h)N$이므로 $\mu_1 \circ \phi_1(h) = \mu_2 \circ \phi_2(h)$이다.

성질 17.6.3 임의의 군 K와 $f_1 \circ \phi_1 = f_2 \circ \phi_2$를 만족하는 군 준동형사상 $f_i : G_i \to K(i = 1, 2)$에 대하여 $f_i = f \circ \mu_i$를 만족하는 군 준동형사상 $f : G_1 *_H G_2 \to K$가 유일하게 존재한다.

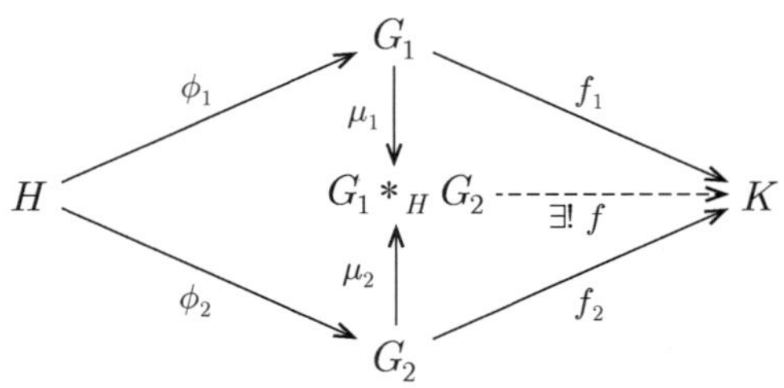

증명 (존재성) 먼저 f_1, f_2를 확장하여 다음과 같은 군 준동형사상

$$\varphi : G_1 * G_2 \to K, \ \varphi(a_1 \cdots a_n) = \varphi(a_1) \cdots \varphi(a_n)$$

를 얻을 수 있다. 단, 여기서 $\varphi(a_i)=\begin{cases} f_1(a_i), & a_i \in G_1 \\ f_2(a_i), & a_i \in G_2 \end{cases}$이다. 그리고 $f_1 \circ \phi_1 = f_2 \circ \phi_2$이므로 임의의 $h \in H$에 대하여

$$\begin{aligned}\varphi(\phi_1(h)\phi_2(h)^{-1}) &= \varphi(\phi_1(h))\varphi(\phi_2(h)^{-1}) = f_1(\phi_1(h))f_2(\phi_2(h)^{-1}) \\ &= f_1(\phi_1(h))(f_2(\phi_2(h)))^{-1} = 1\end{aligned}$$

이 되어 $\varphi(N)=1$이다. 즉, $N \subset \ker\varphi$이다. 단, 여기서 1은 K의 항등원을 나타낸다. 따라서 φ는 군 준동형사상

$$f : G_1 *_H G_2 = G_1 * G_2/N \to K, \quad f(gN) = \varphi(g)$$

를 유도한다.

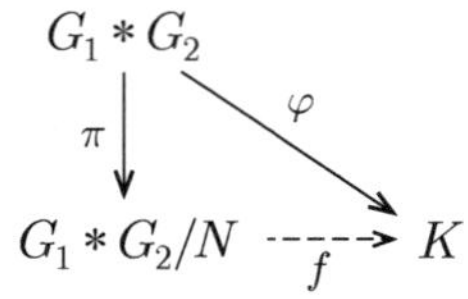

이러한 f가 우리가 원하는 군 준동형사상이다.

(유일성) 만약 군 준동형사상 $f' : G_1 *_H G_2 \to K$이 $f' \circ \mu_i = f_i (i=1,2)$를 만족하면 모든 $gN \in G_1 *_H G_2$에 대해 $f'(gN) = \varphi(g) = f(gN)$이므로 $f' = f$이다. □

참고 17.6.4 (1) 먼저 $G_1 * G_2$의 원소 $a_1 a_2 \cdots a_k$에 다음 두 종류의 작업 (E1), (E2) 또는 이들의 역 작업을 유한 번 사용하여 다른 원소 $b_1 b_2 \cdots b_l$을 얻을 수 있으면 우리는 이러한 두 원소를 **동치낱말**이라 한다.

(E1) 만약 a_i와 a_{i+1}이 G_1과 G_2 중 어느 한 군에 동시에 들어가면 $a_i a_{i+1}$을 한 원소 $b_i = a_i a_{i+1}$로 줄일 수 있다.

(E2) 만약 $a_i = \phi_1(h)$인 $h \in H$가 존재하면 $a_i \in G_1$를 $b_i = \phi_2(h) \in G_2$로 바꿀 수 있다. 또한 $a_i = \phi_2(h)$인 $h \in H$가 존재하면 $a_i \in G_2$를 $b_i = \phi_1(h) \in G_1$로 바꿀 수 있다.

(2) 만약 $G_1 * G_2$의 두 원소 $a_1 a_2 \cdots a_k$와 $b_1 b_2 \cdots b_l$이 동치낱말이면 융합곱 $G_1 *_H G_2$ $(= G_1 * G_2/N)$에서 $a_1 a_2 \cdots a_k N = b_1 b_2 \cdots b_l N$이다. 특별히 모든 $h \in H$에 대하여 $\phi_1(h)N = \phi_2(h)N$이다.

보기 17.6.5 세 군 $H=(\mathbb{Z},+)=\langle 1\rangle$, $G_1=\langle a\rangle=\{a^m \mid m\in\mathbb{Z}\}$, $G_2=\langle b\rangle=\{b^n \mid n\in\mathbb{Z}\}$와 $\phi_1(1)=a^2$, $\phi_2(1)=b^3$이 유도하는 두 군 준동형사상

$$\phi_1 : H\to G_1,\quad \phi_1(k)=a^{2k}$$
$$\phi_2 : H\to G_2,\quad \phi_2(k)=b^{3k}$$

에 대한 이들의 융합곱은

$$G_1 *_H G_2=\langle a,b \mid a^2b^{-3}=1\rangle=\langle a,b \mid a^2=b^3\rangle$$

이 된다.

Seifert-van Kampen 정리

기본군을 계산하는데 아주 유용한 수단 중 하나가 Seifert-van Kampen 정리이다. 일반적인 형태의 Seifert-van Kampen 정리는 기본군을 구하고자 하는 위상공간을 기본군을 쉽게 알 수 있는 열린집합으로 나누어 이 각각의 열린집합의 기본군의 적당한 융합곱으로 전체공간의 기본군을 나타내는 것이다. 길연결공간 X가 두 개의 길연결된 부분집합 U와 V에 대하여

$$X=U\cup V,\quad x_0\in U\cap V$$

이라 하자. 그리고

$$i_U : \pi_1(U\cap V,x_0)\to \pi_1(U,x_0),$$
$$i_V : \pi_1(U\cap V,x_0)\to \pi_1(V,x_0)$$

를 각각 포함사상 $(U\cap V,x_0)\hookrightarrow(U,x_0)$, $(U\cap V,x_0)\hookrightarrow(V,x_0)$이 유도하는 군 준동형사상이라 하자. 또한

$$j_U : \pi_1(U,x_0)\to \pi_1(X,x_0),$$
$$j_V : \pi_1(V,x_0)\to \pi_1(X,x_0)$$

를 각각 포함사상 $(U,x_0)\hookrightarrow(X,x_0)$, $(V,x_0)\hookrightarrow(X,x_0)$이 유도하는 군 준동형사상이라 하자. 그러면 $j_U\circ i_U=j_V\circ i_V$가 성립한다.

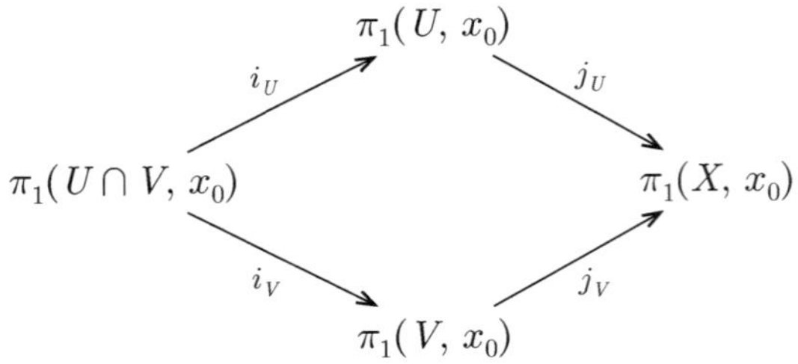

이제 N을 $\{i_U([\alpha])(i_V([\alpha]))^{-1} \mid [\alpha]\in\pi_1(U\cap V, x_0)\}$에 의해서 생성된 $\pi_1(U, x_0)*\pi_1(V, x_0)$의 정규부분군이라 하면 두 군 준동형사상

$$\begin{aligned}\mu_U:\ &\pi_1(U, x_0)\hookrightarrow\pi_1(U, x_0)*\pi_1(V, x_0)\to\pi_1(U, x_0)*\pi_1(V, x_0)/N,\\ &[\alpha]\mapsto[\alpha]\mapsto[\alpha]N\\ \mu_V:\ &\pi_1(V, x_0)\hookrightarrow\pi_1(U, x_0)*\pi_1(V, x_0)\to\pi_1(U, x_0)*\pi_1(V, x_0)/N,\\ &[\beta]\mapsto[\beta]\mapsto[\beta]N\end{aligned}$$

에 대해서 $\mu_U\circ i_U=\mu_V\circ i_V$이 성립한다.

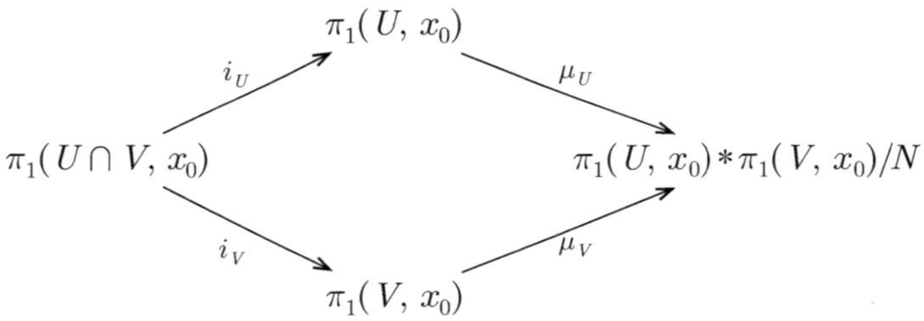

특별히

$$\pi_1(U, x_0)*_{\pi_1(U\cap V, x_0)}\pi_1(V, x_0)=\pi_1(U, x_0)*\pi_1(V, x_0)/N$$

임을 유의하자.

이제 우리는 j_U, j_V를 확장하여 다음과 같은 군 준동형사상

$$\varphi:\pi_1(U, x_0)*\pi_1(V, x_0)\to\pi_1(X, x_0),\quad \varphi([\alpha_1]\cdots[\alpha_n])=\varphi([\alpha_1])*\cdots*\varphi([\alpha_n])$$

를 얻을 수 있다. 단, 여기서 $\varphi([\alpha_i])=\begin{cases}j_U([\alpha_i]), & [\alpha_i]\in\pi_1(U, x_0)\\ j_V([\alpha_i]), & [\alpha_i]\in\pi_1(V, x_0)\end{cases}$ 이다(성질 17.6.3 참조). 그러면 $j_U\circ i_U=j_V\circ i_V$이므로 임의의 $[\alpha]\in\pi_1(U\cap V, x_0)$에 대하여

$$\begin{aligned}\varphi(i_U([\alpha])i_V([\alpha])^{-1}) &= \varphi(i_U([\alpha]))*\varphi(i_V([\alpha])^{-1})\\ &= j_U(i_U([\alpha]))*j_V(i_V([\alpha])^{-1})\\ &= j_U(i_U([\alpha]))*j_V(i_V([\alpha]))^{-1}\\ &= 1=[c_{x_0}]\end{aligned}$$

이 성립한다. 따라서 $N\subset \ker\varphi$이므로 φ는 군 준동형사상

$$\widetilde{\varphi}:\pi_1(U,x_0)*\pi_1(V,x_0)/N\to\pi_1(X,x_0),\quad \widetilde{\varphi}([\alpha]N)=\varphi([\alpha])$$

를 유도한다.

참고 17.6.6 (1) 먼저 $\pi_1(U,x_0)*\pi_1(V,x_0)$의 원소 $[\alpha_1][\alpha_2]\cdots[\alpha_k]$에 다음 두 종류의 작업 (E1), (E2) 또는 이들의 역작업을 유한 번 사용하여 다른 원소 $[\beta_1][\beta_2]\cdots[\beta_l]$을 얻을 수 있으면 우리는 이러한 두 원소를 **동치낱말**이라 한다(참고 17.6.4 참조).

(E1) 만약 $[\alpha_i]$와 $[\alpha_{i+1}]$이 $\pi_1(U,x_0)$와 $\pi_1(V,x_0)$ 중 어느 한 군에 동시에 들어가면 $[\alpha_i][\alpha_{i+1}]$을 $[\alpha_i*\alpha_{i+1}]$로 줄일 수 있다.

(E2) 만약 $[\alpha_i]\in\pi_1(U,x_0)$에 대하여 $[\alpha_i]=i_U([\gamma])$를 만족하는 $[\gamma]\in\pi_1(U\cap V,x_0)$가 존재하면 $[\alpha_i]$를 $[\beta_i]=i_V([\gamma])\in\pi_1(V,x_0)$로 바꿀 수 있다. 반대로 $[\alpha_i]\in\pi_1(V,x_0)$에 대하여 $[\alpha_i]=i_V([\gamma])$를 만족하는 $[\gamma]\in\pi_1(U\cap V,x_0)$가 존재하면 $[\alpha_i]$를 $[\beta_i]=i_U([\gamma])\in\pi_1(U,x_0)$로 바꿀 수 있다.

(2) 만약 $\pi_1(U,x_0)*\pi_1(V,x_0)$의 두 원소 $[\alpha_1][\alpha_2]\cdots[\alpha_k]$와 $[\beta_1][\beta_2]\cdots[\beta_l]$이 동치낱말이면 $\pi_1(U,x_0)*\pi_1(V,x_0)/N$에서 $[\alpha_1][\alpha_2]\cdots[\alpha_k]N=[\beta_1][\beta_2]\cdots[\beta_l]N$이다. 특별히 모든 $[\gamma]\in\pi_1(U\cap V,x_0)$에 대하여 $i_U([\gamma])N=i_V([\gamma])N$이다.

기호 만약 $[\alpha]\in\pi_1(U\cap V,x_0)$이면 $i_U([\alpha])\in\pi_1(U,x_0)$와 $i_V([\alpha])\in\pi_1(V,x_0)$는 모두 $[\alpha]$와 같은 길로 볼 수 있다. 같은 방법으로 만약 $[\alpha]\in\pi_1(U,x_0)$이면 $j_U([\alpha])\in\pi_1(X,x_0)$는 $[\alpha]$와 같은 길로 볼 수 있다. 그리고 만약 $[\alpha]\in\pi_1(V,x_0)$이면 $j_V([\alpha])\in\pi_1(X,x_0)$는 $[\alpha]$와 같은 길로 볼 수 있다. 따라서 별다른 혼동이 없으면 우리는 이들을 모두 같은 기호인 $[\alpha]$를 사용하여 나타내기로 하자. 특별히 $\varphi([\alpha_1]\cdots[\alpha_n])=\varphi([\alpha_1])*\cdots*\varphi([\alpha_n])=[\alpha_1]*\cdots*[\alpha_n]$으로 표기된다.

정리 17.6.7 (Seifert-van Kampen 정리[36]) U와 V를 위상공간 X의 열린집합이라 하자. 만약

(i) $X = U \cup V$, $x_0 \in U \cap V$,

(ii) U, V, $U \cap V$는 모두 길연결

이면 군 준동형사상 $\varphi : \pi_1(U, x_0) * \pi_1(V, x_0) \to \pi_1(X, x_0)$는 전사이고 $\ker\varphi = N$이다. 따라서 φ가 유도하는

$$\widetilde{\varphi}: \pi_1(U, x_0) * \pi_1(V, x_0)/N \to \pi_1(X, x_0), \quad \widetilde{\varphi}([\alpha]N) = \varphi([\alpha])$$

는 군 동형사상이다. 즉,

$$\pi_1(X, x_0) \cong \pi_1(U, x_0) * \pi_1(V, x_0)/N = \pi_1(U, x_0) *_{\pi_1(U \cap V, x_0)} \pi_1(V, x_0)$$

이 성립한다.[37]

증명 먼저 φ가 전사임을 보이자. $[\alpha]$를 $\pi_1(X, x_0)$의 임의의 원소라 하면 $\alpha : I \to X$는 $\alpha(0) = \alpha(1) = x_0$인 닫힌길이다. 그러면 $\{\alpha^{-1}(U), \alpha^{-1}(V)\}$는 컴팩트공간 I의 열린덮개이므로 르베그 수 δ가 존재하여

$$|a - b| < \delta \ \Rightarrow \ \alpha([a, b]) \subset U \text{ 또는 } \alpha([a, b]) \subset V$$

를 만족한다(기초정리 9.3.15). 따라서 각각의 $\alpha([t_{i-1}, t_i])$가 U 또는 V에 포함되도록 하는 I의 분할

$$0 = t_0 < t_1 < \cdots < t_n = 1$$

이 존재한다. 만약 이웃하는 두 구간 $[t_{i-1}, t_i]$와 $[t_i, t_{i+1}]$에 대하여 $\alpha([t_{i-1}, t_i])$, $\alpha([t_i, t_{i+1}]) \subset U$이거나 $\alpha([t_{i-1}, t_i]), \alpha([t_i, t_{i+1}]) \subset V$이면 $\alpha([t_{i-1}, t_{i+1}]) \subset U$이거나 $\alpha([t_{i-1}, t_{i+1}]) \subset V$이 되므로 우리는 분할에서 t_i를 빼도 무방하다. 이러한 작업을 반복하면 우리는 이웃하는 두 구간이 α에 의해서 서로 다른 집합(U와 V)에 들어간다고 가정할 수 있다. 그러므로 모든 i에 대하여 $\alpha(t_i) \in U \cap V$이라 할 수 있다(그림 17.30 참조).

36) Seifert-van Kampen theorem

37) 이 경우, 조건 (i), (ii)에 의해 X도 길연결이다(정리 8.4.5 참조).

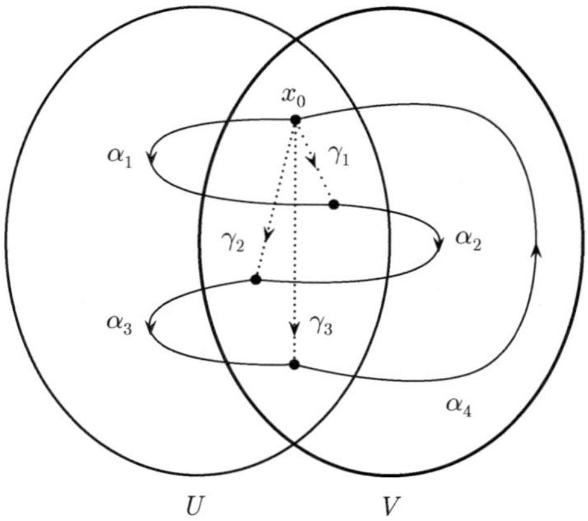

그림 17.30 • 닫힌길 α의 분할

이제 각각의 $i=1,\ldots,n$에 대하여 길

$$\alpha_i : I=[0,1] \to [t_{i-1}, t_i] \xrightarrow{\alpha} X, \quad \alpha_i(s)=\alpha((t_i - t_{i-1})s + t_{i-1})$$

를 생각하자. 그러면 $\alpha_i(I)=\alpha([t_{i-1}, t_i])$이므로

$$\alpha \simeq_p \alpha_1 * \alpha_2 * \cdots * \alpha_n$$

이 성립한다. 한편 $U \cap V$가 길연결이므로, 각각의 $i=1,\ldots,n-1$에 대하여 x_0에서 $\alpha(t_i)=\alpha_i(1)$까지의 길 $\gamma_i : I \to U \cap V$가 존재한다. 이제 다음과 같이 정의된 닫힌길 $\beta_i : (I, \{0,1\}) \to (U, x_0)$ 또는 (V, x_0)를 생각하자:

$$\beta_i = \begin{cases} \alpha_1 * \overline{\gamma}_1, & i=1 \\ \gamma_{i-1} * \alpha_i * \overline{\gamma}_i, & 2 \le i \le n-1 \\ \gamma_{n-1} * \alpha_n, & i=n \end{cases}$$

그러면 $[\beta_i] \in \pi_1(U, x_0)$ 또는 $[\beta_i] \in \pi_1(V, x_0)$이므로

$$[\beta] = [\beta_1] \cdots [\beta_n] \in \pi_1(U, x_0) * \pi_1(V, x_0)$$

이다. 그리고

$$\begin{aligned} \alpha &\simeq_p \alpha_1 * \cdots * \alpha_n \\ &\simeq_p (\alpha_1 * \overline{\gamma}_1) * (\gamma_1 * \alpha_2 * \overline{\gamma}_2) * \cdots * (\gamma_{n-2} * \alpha_{n-1} * \overline{\gamma}_{n-1}) * (\gamma_{n-1} * \alpha_n) \\ &\simeq_p \beta_1 * \cdots * \beta_n \end{aligned}$$

이므로

$$\varphi([\beta])=\varphi([\beta_1])*\cdots*\varphi([\beta_n])=[\beta_1]*\cdots*[\beta_n]=[\beta_1*\cdots*\beta_n]=[\alpha]$$

이다. 따라서 φ는 전사이다.

이제 $\ker\varphi=N$임을 보이자. 우리는 이미 $N\subset\ker\varphi$임을 알고 있다. 따라서 $\ker\varphi\subset N$임을 보이면 된다. 이를 위해 $[\alpha_1][\alpha_2]\cdots[\alpha_m]\in\pi_1(U,x_0)*\pi_1(V,x_0)$이 $\varphi([\alpha_1][\alpha_2]\cdots[\alpha_m])=[c_{x_0}]\in\pi_1(X,x_0)$을 만족한다고 가정하자. 즉,

$$\alpha_1*\alpha_2*\cdots*\alpha_m\simeq_p c_{x_0}$$

이다. 단, 여기서 모든 $[\alpha_i]$는 $\pi_1(U,x_0)$ 또는 $\pi_1(V,x_0)$의 원소이고, $c_{x_0}:I\to X$은 상수사상 $c_{x_0}(s)=x_0$이다. 그러면 $\alpha_1*\alpha_2*\cdots*\alpha_m\simeq_p c_{x_0}$이므로 길변이

$$H:I\times I\to X\quad \text{s.t.}\quad \begin{aligned} &H(s,0)=\alpha_1*\cdots*\alpha_m(s) && \forall s\in I,\\ &H(s,1)=c_{x_0}(s)=x_0 && \forall s\in I,\\ &H(0,t)=x_0 && \forall t\in I,\\ &H(1,t)=x_0 && \forall t\in I\end{aligned}$$

가 존재한다(그림 17.31(a) 참조).

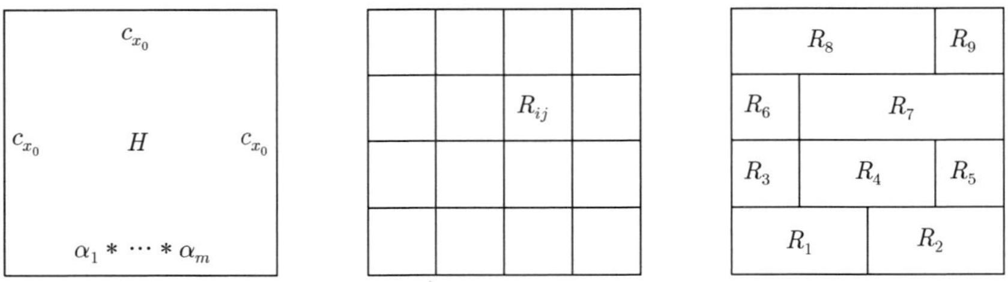

그림 17.31 • $I\times I$의 분할

한편 기초정리 9.3.15에 의하여 컴팩트공간 $I\times I$의 열린덮개 $\{H^{-1}(U), H^{-1}(V)\}$에 대응하는 르베그 수 δ가 존재한다. 그리고 $\frac{1}{n}<\frac{\delta}{2}$를 만족하는 자연수 n을 택하자. 그러면 $I\times I$는 작은 사각형 $R_{ij}=[\frac{i-1}{n},\frac{i}{n}]\times[\frac{j-1}{n},\frac{j}{n}](i,j=1,2,\ldots,n)$들로 나누어지고, $H(R_{ij})\subset U$이거나 $H(R_{ij})\subset V$이 된다(그림 17.31(b) 참조). 만약 $H(R_{ij})$와 $H(R_{(i+1)j})$가 U와 V 중 어느 한 집합에 동시에 포함되면 두 사각형 R_{ij}와 $R_{(i+1)j}$를 합하여 한 개의 사각형을 만들자. 이 작업을 반복하여

가로로 이웃하는 두 사각형은 H에 의해서 서로 다른 집합(U와 V)에 포함되도록 할 수 있다. 그리고 이러한 사각형을 순서대로 $R_1, R_2, \ldots, R_m$으로 표기하자(그림 17.31(c) 참조). 이제 처음 r개의 사각형 $R_1, R_2, \ldots, R_r$과 나머지 사각형 $R_{r+1}, \ldots, R_m$을 분리하는 곡선을 γ_r이라 하자(그림 17.32(a) 참조). 단, 여기서 $\gamma_0 = I \times \{0\}$, $\gamma_m = I \times \{1\}$이다. 그러면 각각의 γ_r은 $I \times I$의 왼쪽 변에서 오른쪽 변을 잇는 곡선이므로 $H|_{\gamma_r}$은 기준점이 x_0인 X상의 닫힌길이다.

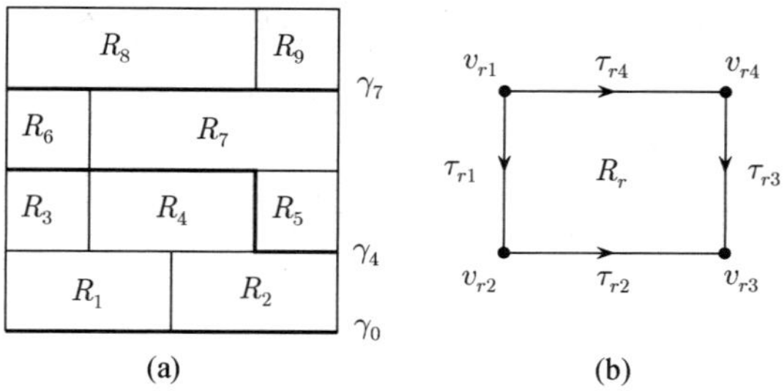

그림 17.32 • γ_r과 τ_{rj}

이제 각각의 r에 대하여 사각형 R_r의 네 꼭지점을 $v_{r1}, v_{r2}, v_{r3}, v_{r4}$이라 하고, 네 변을

$$\tau_{r1} = \overrightarrow{v_{r1}v_{r2}},\ \tau_{r2} = \overrightarrow{v_{r2}v_{r3}},\ \tau_{r3} = \overrightarrow{v_{r4}v_{r3}},\ \tau_{r4} = \overrightarrow{v_{r1}v_{r4}}$$

이라 하자(그림 17.32(b) 참조). 한편 $H(\{0\} \times I) = x_0$, $H(\{1\} \times I) = x_0$이고, 가로로 이웃하는 두 사각형이 H에 의해서 서로 다른 집합(U와 V)으로 보내지므로 모든 $H(v_{kl})$은 $U \cap V$에 속한다. 그리고 $U \cap V$가 길연결이므로 시작점이 x_0이고 끝점이 $H(v_{kl})$인 길 $\sigma_{kl} : I \to U \cap V$이 존재한다. 단, $H(v_{kl}) = x_0$인 경우에는 $\sigma_{kl} = c_{x_0}$으로 택하자. 그러면 각각의 r에 대하여 γ_r이 지나는 점 v_{kl}에 해당하는 위치에 $\overline{\sigma}_{kl} * \sigma_{kl}$을 끼워 넣으면 $H|_{\gamma_r}$을 기준점이 x_0이고 U 또는 V에 속하는 닫힌길들의 곱으로 표시할 수 있다. 따라서 $[H|_{\gamma_r}]$을 $\pi_1(U, x_0) * \pi_1(V, x_0)$의 원소로 볼 수 있다.

이제 임의의 r에 대하여 $[H|_{\gamma_{r-1}}]$과 $[H|_{\gamma_r}]$이 동치낱말임을 보이자.

(a) R_r이 가로로 나란히 있는 사각형 중 첫 번째인 경우(그림 17.33 참조):

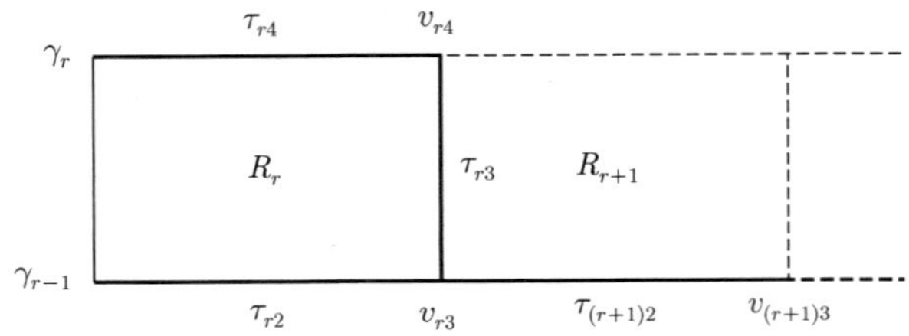

그림 17.33 • $H(\tau_{r2}) \simeq_p H(\tau_{r4})*H(\tau_{r3})$

우리는 일반성을 잃지 않고 $H(R_r) \subset U$이라 가정할 수 있다. 그러면

$$[H|_{\gamma_{r-1}}] = [H(\tau_{r2})*\overline{\sigma}_{r3}][\sigma_{r3}*H(\tau_{(r+1)2})*\overline{\sigma}_{(r+1)3}]\cdots,$$
$$[H|_{\gamma_r}] = [H(\tau_{r4})*\overline{\sigma}_{r4}][\sigma_{r4}*H(\tau_{r3})*\overline{\sigma}_{r3}][\sigma_{r3}*H(\tau_{(r+1)2})*\overline{\sigma}_{(r+1)3}]\cdots$$

이고 U상에서

$$H(\tau_{r2}) \simeq_p H(\tau_{r4})*H(\tau_{r3}) \qquad (\star)$$

이므로

$$H(\tau_{r2})*\overline{\sigma}_{r3} \simeq_p (H(\tau_{r4})*\overline{\sigma}_{r4})*(\sigma_{r4}*H(\tau_{r3})*\overline{\sigma}_{r3})$$

이다. 따라서 참고 17.6.6의 (E1)의 역 작업을 통하여 $[H|_{\gamma_{r-1}}]$과 $[H|_{\gamma_r}]$은 동치날 말이다.

(b) R_r이 가로로 나란히 있는 사각형 중 첫 번째가 아닌 경우(그림 17.34 참조):

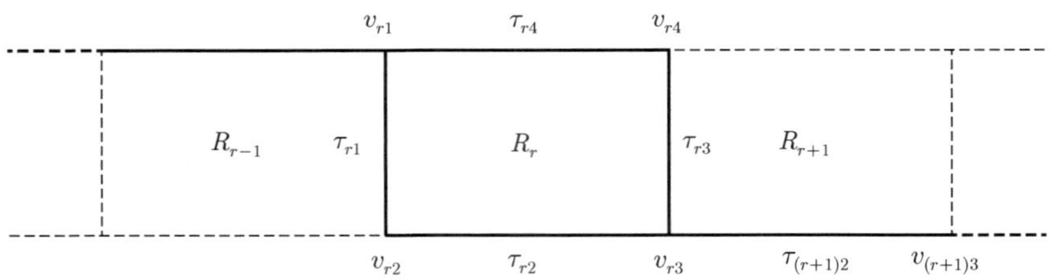

그림 17.34 • $H(\tau_{r1})*H(\tau_{r2}) \simeq_p H(\tau_{r4})*H(\tau_{r3})$

우리는 일반성을 잃지 않고 $H(R_{r-1}) \subset U$, $H(R_r) \subset V$이라고 가정할 수 있다. 그러면

$$[H|_{\gamma_{r-1}}] = \cdots*\overline{\sigma}_{r1}][\sigma_{r1}*H(\tau_{r1})*\overline{\sigma}_{r2}][\sigma_{r2}*H(\tau_{r2})*\overline{\sigma}_{r3}][\sigma_{r3}*\cdots,$$
$$[H|_{\gamma_r}] = \cdots*\overline{\sigma}_{r1}][\sigma_{r1}*H(\tau_{r4})*\overline{\sigma}_{r4}][\sigma_{r4}*H(\tau_{r3})*\overline{\sigma}_{r3}][\sigma_{r3}*\cdots$$

이다. 한편 선분으로서 $\tau_{r1} = R_{r-1} \cap R_r$이므로 $H(\tau_{r1}) \subset U \cap V$이 되어 $\sigma_{r1} * H(\tau_{r1}) * \overline{\sigma}_{r2}$는 $U \cap V$상의 닫힌길이다. 따라서 참고 17.6.6의 작업 (E2)에 의하여 $[\sigma_{r1} * H(\tau_{r1}) * \overline{\sigma}_{r2}] \in \pi_1(V, x_0)$이라 할 수 있다. 이제 V에서

$$H(\tau_{r1}) * H(\tau_{r2}) \simeq_p H(\tau_{r4}) * H(\tau_{r3}) \qquad (\star\star)$$

이므로

$$(\sigma_{r1} * H(\tau_{r1}) * \overline{\sigma}_{r2}) * (\sigma_{r2} * H(\tau_{r2}) * \overline{\sigma}_{r3}) \simeq_p (\sigma_{r1} * H(\tau_{r4}) * \overline{\sigma}_{r4}) * (\sigma_{r4} * H(\tau_{r3}) * \overline{\sigma}_{r3})$$

이다. 따라서 작업 (E1)과 그 역 작업에 의하여 $[H|_{\gamma_{r-1}}]$과 $[H|_{\gamma_r}]$은 동치낱말이다.

결국 $[H|_{\gamma_0}]$과 $[H|_{\gamma_m}]$은 동치낱말이다. 그런데 $H|_{\gamma_0} = \alpha_1 * \cdots * \alpha_m$이고 $H|_{\gamma_m} = c_{x_0}$이므로 $[\alpha_1][\alpha_2] \cdots [\alpha_m]$과 $[c_{x_0}]$은 동치낱말이다. 따라서

$$[\alpha_1][\alpha_2] \cdots [\alpha_m] N = [c_{x_0}] N = N$$

이므로 $[\alpha_1][\alpha_2] \cdots [\alpha_m] \in N$이다. 그러므로 $\ker\varphi \subset N$이다. □

따름정리 17.6.8 U와 V를 위상공간 X의 열린집합이라 하자. 만약
(i) $X = U \cup V$, $x_0 \in U \cap V$,
(ii) U, V는 모두 길연결,
(iii) $U \cap V$는 단순연결
이면 $\pi_1(X, x_0) \cong \pi_1(U, x_0) * \pi_1(V, x_0)$이다.

증명 $\pi_1(U \cap V, x_0) = 0$이므로 Seifert-van Kampen 정리에 의해 성립한다. □

따름정리 17.6.9 U와 V를 위상공간 X의 열린집합이라 하자. 만약
(i) $X = U \cup V$, $x_0 \in U \cap V$,
(ii) U, V는 모두 단순연결,
(iii) $U \cap V$는 길연결
이면 $\pi_1(X, x_0) = 0$이다.

증명 $\pi_1(U, x_0) = 0$이고 $\pi_1(V, x_0) = 0$이므로 Seifert-van Kampen 정리에 의해 성립한다. □

따름정리 17.6.10 U와 V를 위상공간 X의 열린집합이라 하자. 만약

(i) $X = U \cup V$, $x_0 \in U \cap V$,

(ii) U, V, $U \cap V$는 모두 길연결,

(iii) V는 단순연결

이면 군 동형사상 $\psi : \pi_1(U, x_0)/N \to \pi_1(X, x_0)$가 존재한다. 단, 여기서 N은 $\{i_U([\alpha]) \mid [\alpha] \in \pi_1(U \cap V, x_0)\}$에 의해 생성된 $\pi_1(U, x_0)$의 정규부분군이다.

증명 $\pi_1(V, x_0) = 0$이므로 Seifert-van Kampen 정리에 의해 성립한다. □

연습문제

문제 17.6.1 참고 17.6.4(2)를 증명하시오.

문제 17.6.2 정리 17.6.7의 증명 과정의 (★)와 (★★)를 보이시오.

17.7 기본군의 계산

이 절에서는 Seifert-van Kampen 정리를 이용하여 여러 가지 위상공간들의 기본군을 구해보자. 먼저 보기 17.4.12에서 다루었던 8자 공간의 기본군을 구해보자.

보기 17.7.1 (1) X를 8자 공간이라 하고, X의 두 열린집합 U와 V를 그림 17.35와 같이 택하자. 그러면 $U\cap V$가 한 점 x_0으로 변형수축되므로 $U\cap V$는 단순연결이고 $\pi_1(U\cap V, x_0)=0$이다.

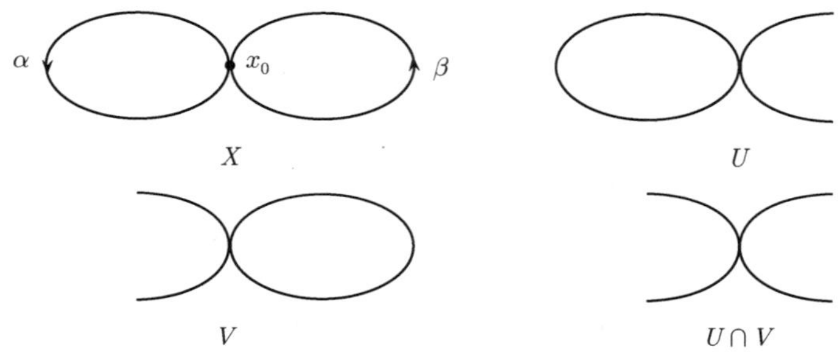

그림 17.35 • 8자 공간의 기본군

그리고 U는 그림 17.36의 $A(\cong S^1)$로 변형수축되므로 $\pi_1(U, x_0)\cong\pi_1(A, x_0)\cong\mathbb{Z}=\langle a\rangle$이다. 단, 여기서 a는 닫힌길 α가 나타내는 기본군의 원소 $[\alpha]$이다. 같은 방법으로 V는 그림 17.36의 B로 변형수축되므로 $\pi_1(V, x_0)\cong\pi_1(B, x_0)\cong\mathbb{Z}=\langle b\rangle$이다. 단, 여기서 b는 닫힌길 β가 나타내는 기본군의 원소 $[\beta]$이다.

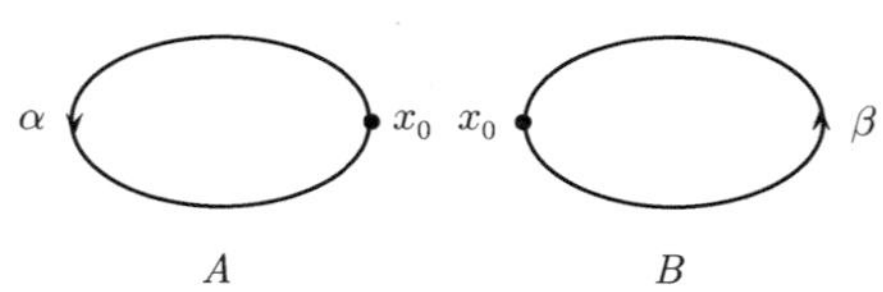

그림 17.36 • 8자 공간의 기본군

따라서 Seifert-van Kampen 정리(따름정리 17.6.8)에 의해 8자 공간 X의 기본군은

$$\pi_1(X,x_0)\cong\pi_1(U, x_0)*\pi_1(V, x_0)\cong\mathbb{Z}*\mathbb{Z}=\langle a\rangle*\langle b\rangle=\langle a, b\rangle$$

이다. $\mathbb{Z}*\mathbb{Z}$는 가환군이 아님을 주의하자.

여기서 우리는 8자 공간의 기본군이 가환이 아님을 다른 방법으로 설명해 보자. 그림 17.37과 같은 8자 공간 X의 덮개공간 $p:(E,\mathbf{0}) \to (X,x_0)$를 생각하자.

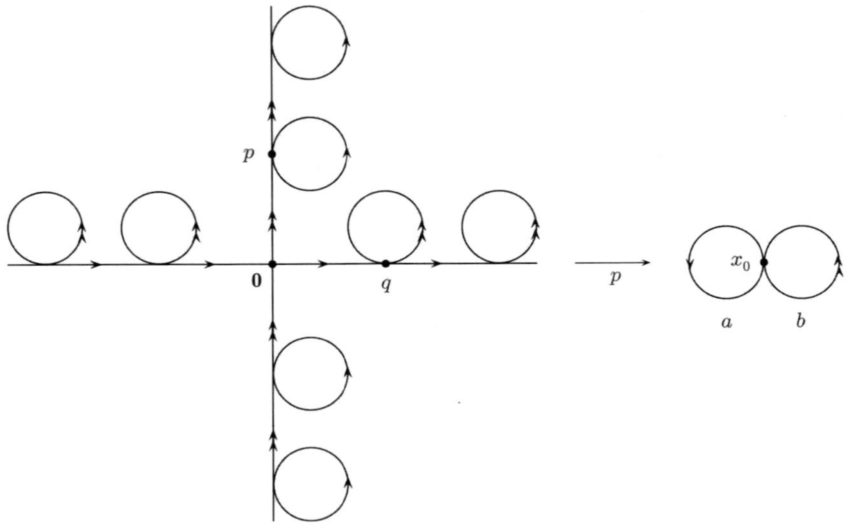

그림 17.37 • 8자 공간의 덮개공간

그리고 $\alpha:(I,\{0,1\}) \to (X,x_0)$를 a를 나타내는 X상의 길이라 하고 $\beta:(I,\{0,1\}) \to (X,x_0)$를 b를 나타내는 X상의 길이라 하자. 그러면 $\alpha*\beta$의 시점이 $\mathbf{0}$인 유일한 올림 $\widetilde{\alpha*\beta}$에 대해 $\widetilde{\alpha*\beta}(1)=q=(1,0)$이고 $\beta*\alpha$의 시점이 $\mathbf{0}$인 유일한 올림 $\widetilde{\beta*\alpha}$에 대해 $\widetilde{\beta*\alpha}(1)=p=(0,1)$이다. 그리고 $\widetilde{\alpha*\beta}(1) \neq \widetilde{\beta*\alpha}(1)$이므로 따름정리 17.4.20에 의하여 $\alpha*\beta$와 $\beta*\alpha$는 길변이적이 아니다. 따라서 $[\alpha]*[\beta] \neq [\beta]*[\alpha]$(즉, $ab \neq ba$)이므로 $\pi_1(X,x_0)$이 가환이 아님을 알 수 있다.

(2) $\mathbb{R}^2-\{p,q\}$는 8자 공간으로 변형수축되므로 $\pi_1(\mathbb{R}^2-\{p,q\},x_0) \cong \mathbb{Z}*\mathbb{Z}$이다.

보기 17.7.2 이제 $S^n(n \geq 2)$이 단순연결임을 보이자. S^n이 길연결임은 자명하므로 $\pi_1(S^n,x_0)=0$임을 보이면 충분하다. 여기서 $x_0=(1,0,\dots,0)$이다. 이제 $p=(0,\dots,0,1)$, $q=(0,\dots,0,-1)$이라 하고 S^n의 두 열린집합

$$U=S^n-\{p\}, \quad V=S^n-\{q\}$$

를 생각하자. 그러면 보기 5.2.18에 의해 U와 V는 모두 $\mathbb{R}^n$과 위상동형이므로

$$\pi_1(U, x_0) = 0, \quad \pi_1(V, x_0) = 0$$

이다. 따라서 Seifert-van Kampen 정리(따름정리 17.6.9)에 의해 $\pi_1(S^n, x_0) = 0$이다.

이제부터 기본군 $\pi_1(X, x_0)$의 항등원을 편의상 1이라 하자. 즉, $1 = [c_{x_0}]$이다.

보기 17.7.3 사영평면 $\mathbb{R}P^2$의 기본군을 구해보자.

(방법 1) 보기 17.4.7에서 보았듯이 사영평면 $\mathbb{R}P^2$의 덮개사상 $\pi : S^2 \to \mathbb{R}P^2$에 대하여 S^2가 단순연결이므로 정리 17.4.23에 의해 $\pi_1(\mathbb{R}P^2, p)$와 $\pi^{-1}(p)$는 원소의 개수가 같다. 그리고 $\pi^{-1}(p)$는 원소의 개수가 2개이므로 $\pi_1(\mathbb{R}P^2, p) \cong \mathbb{Z}_2$이다.

(방법 2) 한편 $\mathbb{R}P^2$는 그림 17.38과 같이 나타낼 수 있다. 그리고 $\mathbb{R}P^2$의 두 열린집합 $U = \mathbb{R}P^2 - \{p\}$와 V를 그림 17.38에서와 같이 택하자. 그러면 U는 그림 17.39의 경계

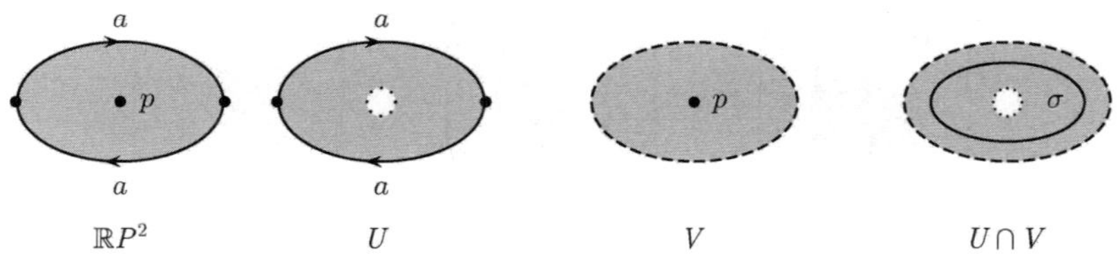

그림 17.38 • 사영평면의 기본군 계산

A로 변형수축되고 A는 S^1과 위상동형이므로

$$\pi_1(U) \cong \mathbb{Z} = \langle a \rangle$$

이다. 단, 여기서 a는 닫힌길 a가 나타내는 기본군의 원소이다. a의 시점과 끝점이 같음을 유의하자. 그리고 V는 한 점 p로 축약가능하므로 $\pi_1(V) = \{1\}$이다. 한편 $U \cap V$는 σ로 변형수축 되므로 $\pi_1(U \cap V) = \langle \sigma \rangle \cong \mathbb{Z}$이다. 그런데 σ는 U의 수축 과정에서 경계

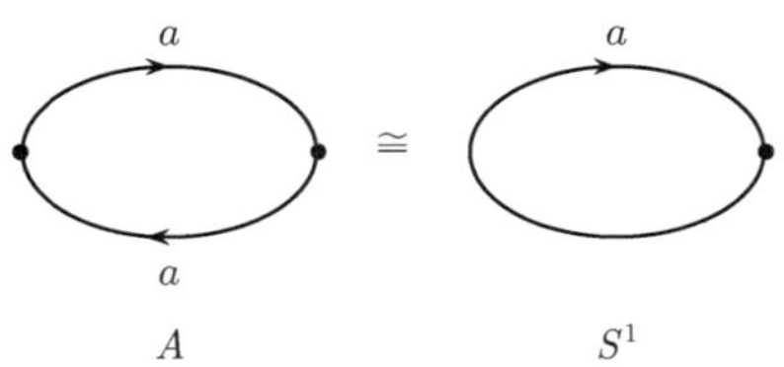

그림 17.39 • 사영평면의 기본군 계산

aa로 변하므로 $i_U(\sigma) = aa = a^2$이다. 그리고 자명하게 $i_V(\sigma) = 1$이다. 따라서

$$N = \langle\, i_U(h) i_V(h)^{-1} \mid h \in \pi_1(U \cap V)\,\rangle = \langle\, a^2 \,\rangle$$

이다. 그러므로 Seifert-van Kampen 정리에 의하여

$$\pi_1(\mathbb{R}P^2) \cong (\langle a \rangle * \{1\}) / \langle\, a^2 \,\rangle \cong \langle a \rangle / \langle\, a^2 \,\rangle = \langle\, a \mid a^2 = 1 \,\rangle \cong \mathbb{Z}_2$$

이다.

보기 17.7.4 보기 17.5.2에서 구한 토러스 T의 기본군을 Seifert-van Kampen 정리를 사용하여 구해보자. 토러스 T는 그림 17.40과 같이 나타낼 수 있다. 그리고 T의 두 열린집합 $U = T - \{p\}$와 V를 그림 17.40과 같이 택하자.

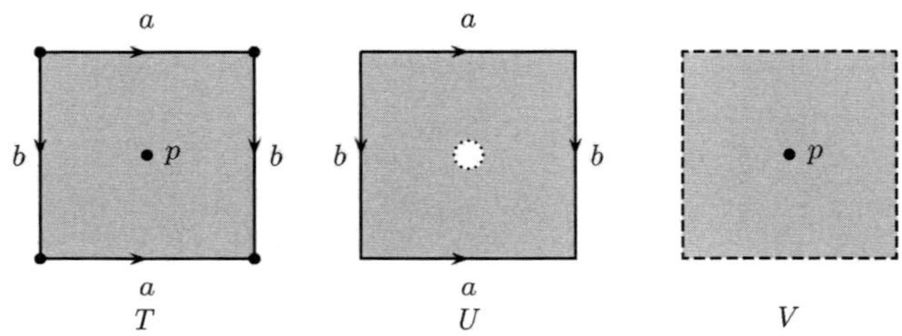

그림 17.40 • 토러스의 기본군 계산

그러면 U는 그림 17.41처럼 경계 A로 변형수축되고, A는 8자 공간 B와 위상동형이므로

$$\pi_1(U) \cong \mathbb{Z} * \mathbb{Z} = \langle a \rangle * \langle b \rangle = \langle a, b \rangle$$

이다. 즉, $\pi_1(U)$는 a와 b로 생성되는 자유군이다. 그리고 V는 한 점 p로 축약가능하므

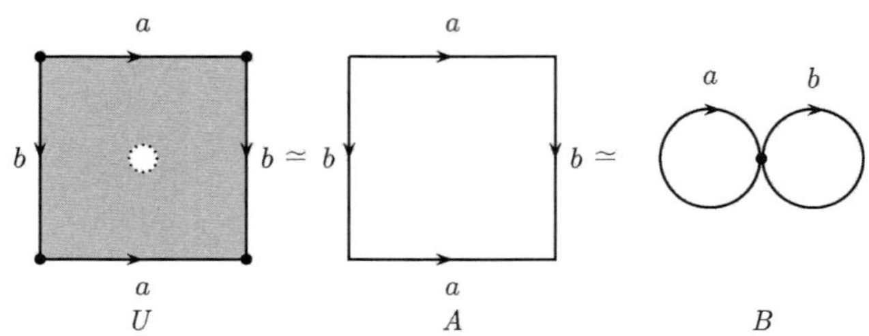

그림 17.41 • 토러스의 기본군 계산

로 $\pi_1(V)=\{1\}$이다. 한편 $U\cap V$는 그림 17.42의 σ로 변형수축되므로 $\pi_1(U\cap V)=\langle\sigma\rangle\cong\mathbb{Z}$이다. 그런데 σ는 U의 수축 과정에서 경계 $aba^{-1}b^{-1}$로 변하므로 $i_U(\sigma)=$

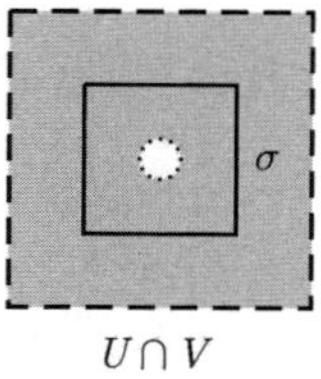

그림 17.42 • 토러스의 기본군 계산

$aba^{-1}b^{-1}$이다. 그리고 자명하게 $i_V(\sigma)=1$이다. 따라서 $N=\langle aba^{-1}b^{-1}\rangle$이다. 그러므로 Seifert-van Kampen 정리에 의하여

$$\begin{aligned}\pi_1(T)&\cong(\langle a,b\rangle*\{1\})/\langle aba^{-1}b^{-1}\rangle\\&\cong\langle a,b\rangle/\langle aba^{-1}b^{-1}\rangle=\langle a,b\mid aba^{-1}b^{-1}=1\rangle\end{aligned}$$

이다. 그리고 $aba^{-1}b^{-1}=1$은 $ab=ba$이므로 $\pi_1(T)$은 가환군이다. 따라서 $\pi_1(T)=\langle a,b\mid ab=ba\rangle\cong\mathbb{Z}\times\mathbb{Z}$이다. 구체적으로 $\varphi:\langle a,b\mid ab=ba\rangle\to\mathbb{Z}\times\mathbb{Z}$, $\varphi(a^m b^n)=(m,n)$이 군 동형사상이다.

보기 17.7.5 연결합 $K\#\mathbb{R}P^2$는 그림 17.43과 같이 나타내지므로, 앞에서와 같은 방법으로, $K\#\mathbb{R}P^2$의 기본군은

$$\pi_1(K\#\mathbb{R}P^2)=\langle a,b,c\mid aba^{-1}bcc=1\rangle$$

이 된다.

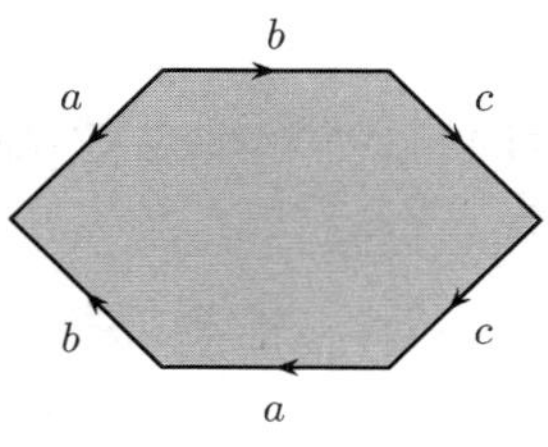

그림 17.43 • 연결합 $K\#\mathbb{R}P^2$

보기 17.7.6 같은 방법으로

$$\pi_1(gT) = \langle a_1, \ldots, a_g, b_1, \ldots, b_g \mid a_1 b_1 a_1^{-1} b_1^{-1} \cdots a_g b_g a_g^{-1} b_g^{-1} = 1 \rangle,$$
$$\pi_1(g\mathbb{R}P^2) = \langle a_1, \ldots, a_g \mid a_1^2 a_2^2 \cdots a_g^2 = 1 \rangle$$

임을 알 수 있다.

참고 17.7.7 한편 구면 S^2는 그림 17.44와 같이 나타낼 수 있다. 그리고 S^2의 두 열린 집합 $U = S^2 - \{p\}$와 V를 그림 17.44와 같이 택하자. 그러면 앞의 보기들처럼 S^2의 기

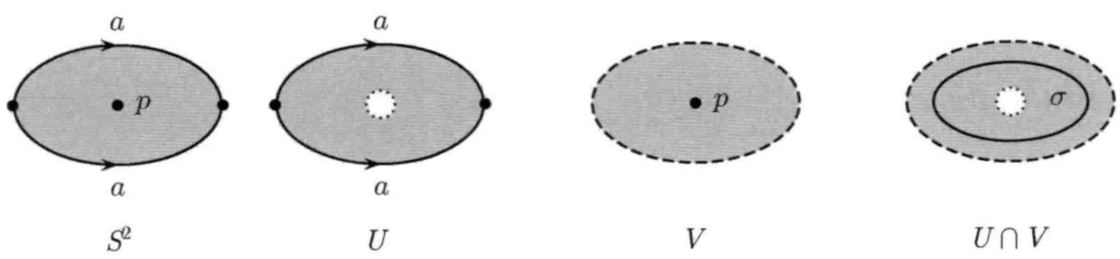

그림 17.44 • S^2의 기본군 계산

본군 $\pi_1(S^2)$은 $\langle a \mid aa^{-1} = 1 \rangle = \langle a \rangle \cong \mathbb{Z}$이 될 것 같지만 보기 17.7.2에 의하면 $\pi_1(S^2) = 0$이다. 왜 이런 일이 일어날까? U는 그림 17.45의 경계 A로 변형수축되고 A는 닫힌 구간 B와 위상동형이므로 $\pi_1(U) = 0$이다. 여기서 a는 시점과 끝점이 다르므로 닫힌길이 아님을 유의하자. 그리고 V는 한 점 p로 축약가능하므로 $\pi_1(V) = 0$이다. 따라서

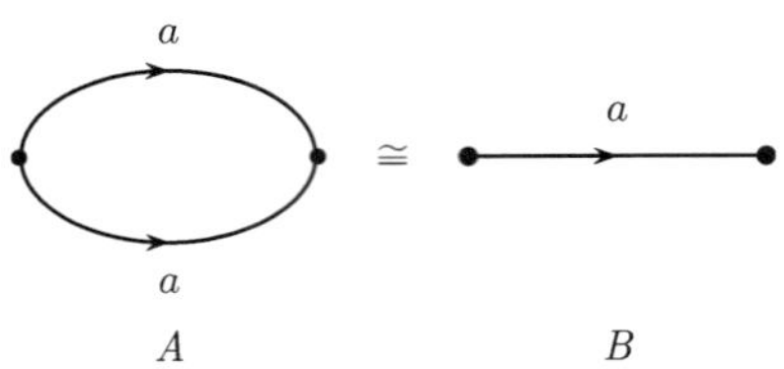

그림 17.45 • S^2의 기본군 계산

Seifert-van Kampen 정리(따름정리 17.6.9)에 의하여 $\pi_1(S^2) = 0$이다.

참고 17.7.8 2-토러스 $2T = T\# T$의 기본군은

$$\pi_1(2T) = \langle a_1, a_2, b_1, b_2 \mid a_1 b_1 a_1^{-1} b_1^{-1} a_2 b_2 a_2^{-1} b_2^{-1} = 1 \rangle$$

이므로 가환이 아님을 알 수 있다. 여기서 우리는 이 사실을 다른 방법으로 설명하고자 한다. 먼저 그림 17.46과 같이 2-토러스 위의 굵은 곡선을 8자 공간 A라 하자.

그림 17.46 • 2-토러스 $2T = T \# T$

이제 a가 나타내는 $2T$상의 원을 한 점으로 보내는 연속사상 $f : 2T \to Y$를 생각하면 $f(A)$는 Y상의 굵은 곡선으로 나타나는 8자 공간이 된다. 우리는 $B = f(A)$이라 하자. 그러면 $f|_A : A \to B$는 위상동형사상이므로 $f|_A$의 연속인 역사상 $h : B \to A$가 존재한다. 한편 Y상의 b처럼 생긴 원들은 B와 오직 한 점에서 만난다. 그러므로 원 b 위의 점들을 B와 만나는 유일한 점으로 보내는 사상을 $g : Y \to B$라 하면 g는 연속인 수축사상이 된다. 이제 $r = h \circ g \circ f : 2T \to A$이라 하면 r은 수축사상이 된다. 그러므로 정리 17.3.3에 의해 포함사상 $i : A \hookrightarrow 2T$는 단사인 준동형사상 $i_\# : \pi_1(A) \to \pi_1(2T)$을 유도한다. 그런데 보기 17.7.1에서 보았듯이 $\pi_1(A)$가 가환이 아니므로 2-토러스의 기본군 $\pi_1(2T)$도 가환이 아니다.

정리 17.7.9 S^2, gT, $g\mathbb{R}P^2$는 서로 위상동형이 아니다.

증명 주어진 위상공간들의 기본군들이 서로 군 동형이 아니므로 서로 위상동형이 아니다(따름정리 17.2.12 참조). □

덮개공간의 분류

지금까지 우리는 주어진 공간의 기본군을 구하는 도구로 덮개공간을 사용하였다. 이제 역으로 덮개공간을 연구하는 도구로 기본군을 사용하고자 한다. 그리고 이를 효율적으로 수행하기 위해 우리는 기저공간 B를 국소길연결이라고 제한할 필요가 있다.[38] 이러한 제한을 받아들이면, B는 길연결성분 B_i들로 분해되고, 정리 8.4.20에 의해 $\{B_i\}$는 서로 소인 열린집합들이다. 그리고 성질 17.4.11에 의해 축소사상 $p| : p^{-1}(B_i) \to B_i$는 덮개

38) B가 국소길연결이면 E도 국소길연결이다(문제 17.4.12 참조).

사상이다. 이러한 이유로 우리는 B가 길연결이라 할 수 있다.[39] 또한 $p^{-1}(B_i)$의 길연결성분 $E_{i,j}$에 대해 $p| : E_{i,j} \to B_i$는 덮개사상이다.[40] 이러한 이유로 우리는 E가 길연결이라 할 수 있다.[41] 따라서 우리는 국소길연결공간 B의 모든 덮개공간들을 밝히려면 B의 각 길연결성분 B_i의 모든 길연결된 덮개공간들만 알면 된다. 이러한 이유로, 덮개공간을 다룰 때 우리는 관례상 다음과 같이 합의한다.

합의 이제부터 덮개사상 $p : E \to B$에 대해 아무런 언급이 없으면 E와 B는 모두 국소길연결이고 길연결이다.

이제 B의 덮개공간들과 B의 기본군 사이의 관계를 알아보자.

정의 17.7.10 주어진 두 덮개사상 $p : E \to B$와 $p' : E' \to B$이 **동치**(equivalent) 또는 **동형**(isomorphic)이란 $p = p' \circ h$를 만족하는 위상동형사상 $h : E \to E'$가 존재함을 의미한다. 이러한 h를 덮개공간 사이의 **동치사상**(equivalence) 또는 **동형사상**(isomorphism)이라 한다.

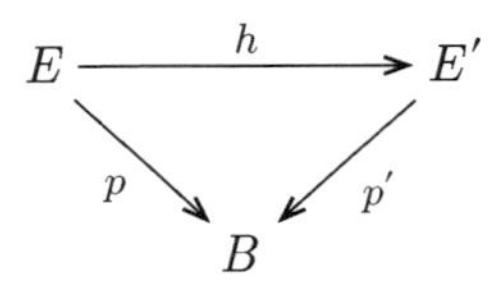

정리 17.7.11 두 덮개사상 $p : (E, e_0) \to (B, b_0)$와 $p' : (E', e_0') \to (B, b_0)$에 대하여 다음은 동치이다.

(a) 동치사상 $h : (E, e_0) \to (E', e_0')$가 존재한다.

(b) $p_\#(\pi_1(E, e_0)) = p'_\#(\pi_1(E', e_0'))$이다.

만약 이러한 h가 존재하면 이는 유일하다.

증명 편의상 $H_0 = p_\#(\pi_1(E, e_0))$, $H_0' = p'_\#(\pi_1(E', e_0'))$이라 하자.

(a) $\Rightarrow$ (b) 동치사상 $h : (E, e_0) \to (E', e_0')$가 존재한다고 가정하자. 그러면 h가 위상동형사상이므로 $h_\#$은 군 동형사상이 되어 $h_\#(\pi_1(E, e_0)) = \pi_1(E', E_0')$이다.

39) B 대신 B_i만 생각하자.

40) 문제 17.4.12 참조.

41) B 대신 B_i, E 대신 $E_{i,j}$를 생각하자.

그리고 $p' \circ h = p$이므로

$$p'_{\#}(\pi_1(E', E'_0)) = p'_{\#}(h_{\#}(\pi_1(E, e_0))) = p_{\#}(\pi_1(E, e_0))$$

이 성립한다. 따라서 $H_0 = H'_0$이다.

(b) ⇒ (a) 이제 $H_0 = H'_0$이라 가정하자. 그리고 다음과 같은 구조를 생각하자.

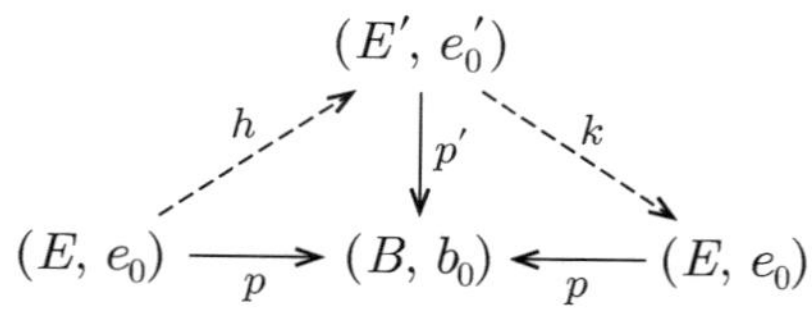

먼저 E가 국소길연결이고 길연결이므로 성질 17.4.26에 의해

$$p' \circ h = p, \quad h(e_0) = e'_0$$

을 만족하는 연속사상 $h : E \to E'$가 존재한다. 또한 E와 E'의 역할을 바꾸면

$$p \circ k = p', \quad k(e'_0) = e_0$$

을 만족하는 연속사상 $k : E' \to E$가 존재한다.

이제 다음과 같은 구조를 살펴보자.

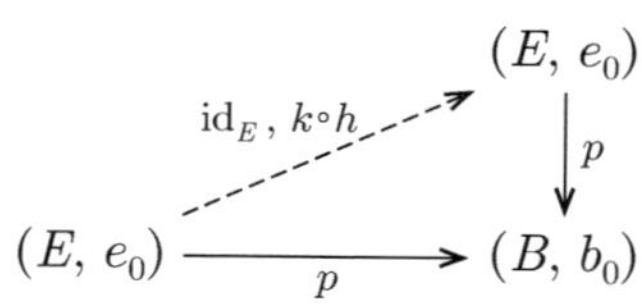

자명하게 $p \circ \mathrm{id}_E = p$, $\mathrm{id}_E(e_0) = e_0$이므로 id_E는 p의 올림이다. 그리고

$$p \circ k \circ h = p' \circ h = p, \quad k \circ h(e_0) = k(e'_0) = e_0$$

이므로 $k \circ h$도 p의 올림이다. 따라서 기초정리 17.4.17에 의해 $k \circ h = \mathrm{id}_E$이다. 같은 방법으로 우리는 $h \circ k = \mathrm{id}_{E'}$임을 보일 수 있다. 따라서 h가 우리가 원하는 동치사상이다.

(유일성) 기초정리 17.4.17에 의해 이러한 h는 유일하다. □

군 G의 두 부분군 H와 K가 서로 **켤레(conjugate)**란 $K = gHg^{-1}$을 만족하는 $g \in G$가 존재함을 의미한다. 그리고 H와 켤레인 부분군들의 집합을 H의 **켤레류(conjugacy class)**라 한다.

기초정리 17.7.12 $p: E \to B$는 덮개사상이고 $b_0 \in B$이라 하자. 그러면 점 $e_0 \in p^{-1}(b_0)$에 대하여 집합

$$\{p_\#(\pi_1(E, e)) \mid e \in p^{-1}(b_0)\}$$

은 $p_\#(\pi_1(E, e_0))$의 켤레류이다.42) 즉, 다음이 성립한다.

(1) 임의의 $e_1 \in p^{-1}(b_0)$에 대하여 $p_\#(\pi_1(E, e_1))$은 $p_\#(\pi_1(E, e_0))$과 켤레이다.

(2) 만약 $\pi_1(B, b_0)$의 부분군 H_1이 $p_\#(\pi_1(E, e_0))$과 켤레이면 $H_1 = p_\#(\pi_1(E, e_1))$을 만족하는 $e_1 \in p^{-1}(b_0)$이 존재한다.

증명 (1) $e_1 \in p^{-1}(b_0)$이라 하자. 그리고 편의상

$$H_0 = p_\#(\pi_1(E, e_0)), \quad H_1 = p_\#(\pi_1(E, e_1))$$

이라 하자. 먼저 E가 길연결이므로 e_0에서 e_1까지의 길 $\omega: I \to E$가 존재한다. 그러면 $\alpha = p \circ \omega$는 기준점이 b_0(즉 $\alpha(0) = \alpha(1) = b_0$)인 B상의 닫힌길이므로 $[\alpha] \in \pi_1(B, b_0)$이다. 우리는 $[\alpha] * H_1 * [\alpha]^{-1} = H_0$임을 보이면 된다.

임의의 $[\beta] \in H_1$에 대하여 $p_\#([\tilde{\beta}])$을 만족하는 기준점이 e_1인 E상의 닫힌길 $\tilde{\beta}$가 존재한다. 그러면 $\tilde{h} = \omega * \tilde{\beta} * \overline{\omega}$는 기준점이 e_0인 E상의 닫힌길이다. 그리고

$$p_\#([\tilde{h}]) = [\alpha * \beta * \overline{\alpha}] = [\alpha] * [\beta] * [\alpha]^{-1}$$

이고 $p_\#([\tilde{h}]) \in p_\#(\pi_1(E, e_0)) = H_0$이므로 $[\alpha] * [\beta] * [\alpha]^{-1} \in H_0$이다. 따라서 $[\alpha] * H_1 * [\alpha]^{-1} \subset H_0$이다.

역으로 $\overline{\omega}$는 e_1에서 e_0까지의 길이고 $\overline{\alpha} = p \circ \overline{\omega}$이므로 앞에서와 같은 방법으로 $[\overline{\alpha}] * H_0 * [\overline{\alpha}]^{-1} \subset H_1$임을 보일 수 있다. 그리고 $[\overline{\alpha}] = [\alpha]^{-1}$이므로 $H_0 \subset [\alpha] * H_1 * [\alpha]^{-1}$이다.

따라서 $[\alpha] * H_1 * [\alpha]^{-1} = H_0$이 성립한다.

(2) 이제 $\pi_1(B, b_0)$의 두 부분군 H_1과 $p_\#(\pi_1(E, e_0))$이 켤레라고 하자. 그리고 편의상 $H_0 = p_\#(\pi_1(E, e_0))$이라 하자. 그러면 $H_0 = [\alpha] * H_1 * [\alpha]^{-1}$을 만족하는 기준점이 b_0인 B상의 닫힌길 α가 존재한다. 그리고 ω를 시점이 e_0인 α의 길올

42) 여기서 $p_\#(\pi_1(E, e))$들은 $\pi_1(B, b_0)$의 부분군들이다.

림이라 하고 $e_1 = \omega(1)$이라 하자. 그러면 $e_1 \in p^{-1}(b_0)$이므로 (1)에 의해 $H_0 = [\alpha]*p_{\#}(\pi_1(E, e_1))*[\alpha]^{-1}$이다. 따라서

$$H_1 = [\alpha]^{-1}*H_0*[\alpha] = p_{\#}(\pi_1(E, e_1))$$

이다. □

정리 17.7.13 두 덮개사상 $p:(E, e_0) \to (B, b_0)$와 $p':(E', E_0') \to (B, b_0)$에 대하여 다음은 동치이다.

(a) p와 p'은 동치이다.

(b) $\pi_1(B, b_0)$의 두 부분군 $p_{\#}(\pi_1(E, e_0))$과 $p'_{\#}(\pi_1(E', e_0'))$은 켤레이다.

증명 편의상 $H_0 = p_{\#}(\pi_1(E, e_0))$, $H_0' = p'_{\#}(\pi_1(E', E_0'))$이라 하자.

먼저 p와 p'이 동치이면 동치사상 $h: E \to E'$가 존재한다. 그리고 $e_1' = h(e_0)$, $H_1' = p'_{\#}(\pi_1(E', e_1'))$이라 하자. 그러면 정리 17.7.11에 의해 $H_0 = H_1'$이다. 그리고 기초정리 17.7.12에 의해 H_0'과 H_1'은 켤레이다. 따라서 H_0과 H_0'은 켤레이다.

역으로 H_0과 H_0'이 켤레이면 기초정리 17.7.12에 의해 $H_0 = p'_{\#}(\pi_1(E', e_1'))$은 만족하는 $e_1' \in (p')^{-1}(b_0)$이 존재한다. 그러면 정리 17.7.11에 의해 동치사상 $h:(E, e_0) \to (E', e_1')$가 존재한다. 따라서 p와 p'은 동치이다. □

보기 17.7.14 유클리드공간 $\mathbb{R}^2$의 부분공간 S^1의 덮개공간에 대해 알아보자. 먼저 $\pi_1(S^1, b_0) \cong \mathbb{Z}$이 가환이므로 S^1의 두 덮개공간이 동치일 필요충분조건은 각각에 해당하는 두 부분군이 같은 것이다.

한편 군 $\mathbb{Z}$의 부분군은 $\{0\}$ 또는 자연수 n에 대하여

$$G_n = \{nk \mid k \in \mathbb{Z}\}$$

뿐이다. 특별히 $G_1 = \mathbb{Z}$이다.

우리는 편의상 S^1을 복소평면 $\mathbb{C}$상의 단위 원으로 보자. 그리고 $b_0 = 1$이라 하자.

먼저 덮개사상 $p_0: \mathbb{R} \to S^1, p(x) = e^{i2\pi x}$에 대해 $\mathbb{R}$이 단순연결이므로 $(p_0)_{\#}(\pi_1(\mathbb{R}, 0)) = \{0\}$이다.

이제 자연수 n에 대하여 덮개사상 $p_n: S^1 \to S^1$, $p_n(z) = z^n$을 생각하자. $(p_n)_{\#}$은

$\pi_1(S^1, b_0)$의 생성자 $[\alpha]$를 $[\alpha]^n$으로 보내므로 $(p_n)_\#(\pi_1(\mathbb{R}, 0)) \cong G_n$이다.

따라서 정리 17.7.13에 의해 S^1의 덮개사상 $p: E \to B$는 $p_k\,(k \in \{0\} \cup \mathbb{N})$ 중 하나와 동치이다. 특별히 S^1의 (길연결된) 덮개공간 E는 $\mathbb{R}$ 또는 S^1과 위상동형이다.

연습문제

문제 17.7.1 만약 $n \geq 3$이면 $\mathbb{R}^n$과 $\mathbb{R}^2$는 위상동형이 아님을 보이시오.[43)]

문제 17.7.2 (1) 그림 17.47과 같은 두 평면도형 X와 Y는 변이적임을 보이시오.
(2) X와 Y의 기본군을 구하여라.
(3) X와 Y는 위상동형이 아님을 보이시오.

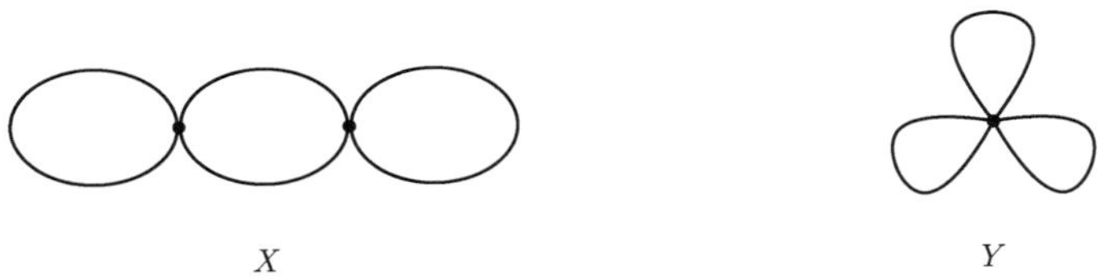

그림 17.47 • X와 Y는 변이적이지만 위상동형은 아니다.

문제 17.7.3 그림 17.48과 같이 삼각형의 세 변을 화살표 방향으로 붙여서 얻어지는 상공간 X는 단순연결임을 보이시오.

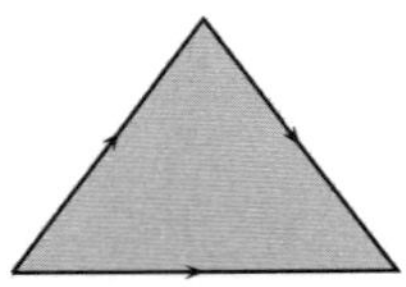

그림 17.48 • X는 단순연결이다.

문제 17.7.4 보기 17.1.14(4)에서 다룬 광대고깔의 기본군이 $\mathbb{Z}_3$임을 보이시오. 따라서 광대고깔은 단순연결이 아니므로 축약가능도 아니다.

문제 17.7.5 토러스와 사영평면의 연결합 $T \# \mathbb{R}P^2$의 기본군을 구하시오.

---

43) 보기 8.3.8 참조.

문제 17.7.6 7각형의 모서리에 문자열 $abaaab^{-1}a^{-1}$을 대응시켜 얻은 곡면 X의 기본군을 구하시오.

문제 17.7.7 (1) 만약 연결이고 국소길연결된 위상공간 X의 기본군 $\pi_1(X)$가 유한이면 모든 연속사상 $f: X \to S^1$는 퇴화변이적임을 보이시오.

(2) 퇴화변이적이 아닌 연속사상 $f: T = S^1 \times S^1 \to S^1$를 찾으시오.

문제 17.7.8 그림 17.49와 같은 두 원 a와 b는 모두 토러스 T의 수축이지만, 변형수축은 아님을 보이시오.

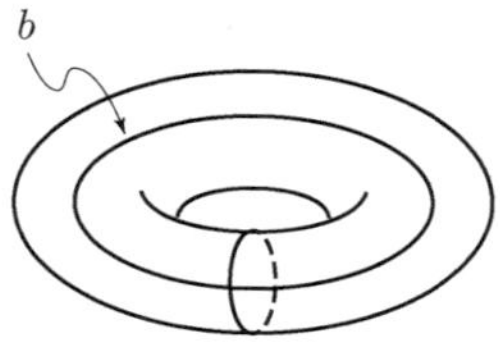

그림 17.49 • 토러스 T

문제 17.7.9 그림 17.50과 같은 $\mathbb{R}^3$의 부분공간 X는 단순연결임을 보이시오.

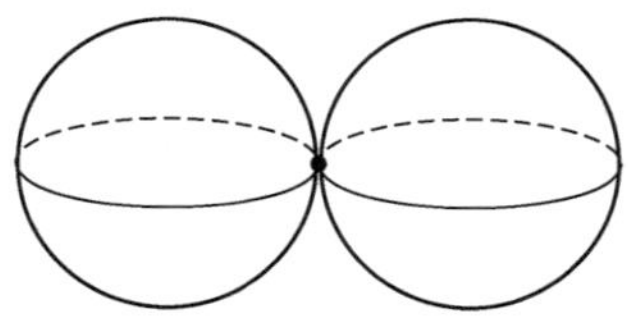

그림 17.50 • $X = S^2 \vee S^2$는 단순연결이다.

문제 17.7.10 다음 위상공간들의 기본군을 구하시오.

(1) $\mathbb{R}^2 - \{p, q, r\}$.

(2) $S^2 \cup \{(0, 0, z) \in \mathbb{R}^3 \mid -1 \leq z \leq 1\}$.

(3) $\mathbb{R}^3 - (x$-축$\cup y$-축$)$.

(4) 속이 찬 토러스 $S^1 \times D^2$.

(5) $S^1 \times S^2$.

(6) $S^2 - \{p, q, r\}$.

(7) $K - \{p\}$. 단, 여기서 K는 클라인 병이고 $p \in K$이다.

(8) $T - \{p, q\}$. 단, 여기서 T는 토러스이고 $p, q \in T$이다.

(9) $\mathbb{R}P^2 - \{p, q\}$. 단, 여기서 $\mathbb{R}P^2$는 사영평면이고 $p, q \in \mathbb{R}P^2$이다.

문제 17.7.11 다음과 같은 기본군을 갖는 위상공간을 찾으시오.

(1) $\mathbb{Z}_m \times \mathbb{Z}_n$.

(2) $\mathbb{Z}_m * \mathbb{Z}_n$.

문제 17.7.12 토러스 $T = S^1 \times S^1$의 기본군 $\pi_1(T, x_0)$은 $\mathbb{Z} \times \mathbb{Z}$와 군 동형이다.[44]

(1) $\mathbb{Z} \times \mathbb{Z}$의 자명한 부분군 $\{(0,0)\}$에 해당하는 T의 덮개공간을 찾으시오.

(2) $\mathbb{Z} \times \mathbb{Z}$의 $(m,0)$이 생성하는 부분군 $m\mathbb{Z} \times \{0\}$에 해당하는 T의 덮개공간을 찾으시오. 단, 여기서 m은 자연수이다.

(3) $\mathbb{Z} \times \mathbb{Z}$의 $(m,0)$과 $(0,n)$이 생성하는 부분군 $m\mathbb{Z} \times n\mathbb{Z}$에 해당하는 덮개공간을 찾으시오. 단, 여기서 m, n은 자연수이다.

문제 17.7.13 토러스 $T = S^1 \times S^1$에 대하여 다음을 보이시오.

(1) 임의의 군 동형사상 $h: \pi_1(T, x_0) \to \pi_1(T, x_0)$에 대해 $h = f_\#$을 만족하는 위상동형사상 $f: (T, x_0) \to (T, x_0)$가 존재한다.

(2) 토러스 T의 (길연결인) 덮개공간 E는 $\mathbb{R}^2$, $S^1 \times \mathbb{R}$, T 중 하나와 위상동형이다.

문제 17.7.14 T를 토러스, K를 클라인병이라 하자.

(1) $\pi_1(K, y_0)$을 구하시오.

(2) 토러스와 클라인병이 서로 위상동형이 아님을 보이시오.

(3) 모든 점 $y \in K$에 대해 $p^{-1}(y)$가 두 점 집합이 되는 덮개사상 $p: T \to K$를 찾으시오.[45]

(4) (3)의 p에 의한 군 준동형사상 $p_\#: \pi_1(T, x_0) \to \pi_1(K, y_0)$은 무엇인가?

문제 17.7.15 $p: E \to B$를 그림 17.37과 같은 8자 공간 B의 덮개사상이라 하자. 이제 $E' = \{x\text{-축}\} \cup \{y\text{-축}\} \subset E$에 대하여 $p|: E' \to B$는 덮개사상이 아님을 보이시오.

문제 17.7.16 p를 그림 17.51과 같은 8자 공간의 덮개사상이라 하자. 단, 여기서 p는 A_2를 따라 화살표 방향으로 A를 두 번 감고 B_2를 따라 B를 두 번 감는다. 그리고 A_1을 따라 A를 한 번 감고 B_1을 따라 B를 한 번 감는 사상이다. 이제 덮개사상 p를 이용하여 8자 공간의 기본군이 가환이 아님을 보이시오.

---

44) 여기서 $\mathbb{Z} \times \mathbb{Z}$는 가환인 자유군이므로 $\mathbb{Z} \oplus \mathbb{Z}$로도 표현한다.

45) 문제 17.4.14 참조.

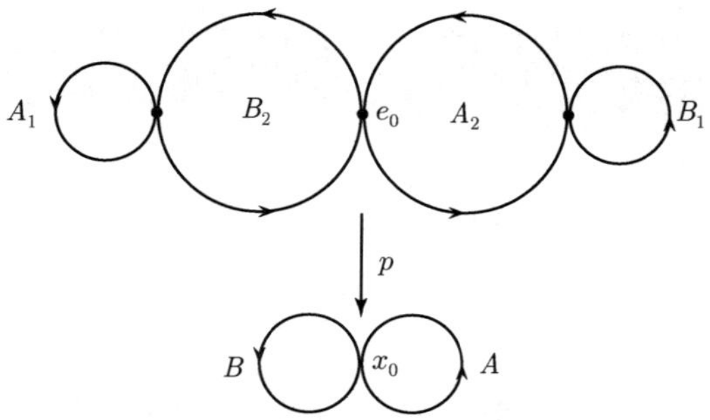

그림 17.51 • 8자 공간의 덮개사상

17.8 평면의 분리

이 절에서는 영역의 불변성과 Jordan 곡선정리를 다루고자 한다. 이를 위해 우리는 다음 정의가 필요하다.

정의 17.8.1 (1) X를 위상공간이라 하고, S^1을 유클리드공간 $\mathbb{R}^2$의 부분공간인 단위원이라 하자. X의 부분집합 C가 **단순폐곡선**(simple closed curve)이란 $C = f(S^1)$인 넣기사상 $f : S^1 \hookrightarrow X$가 존재함을 뜻한다. 즉, C는 S^1과 위상동형이다.

(2) 연결공간 X의 부분집합 A에 대하여 $X - A$가 비연결이면 우리는 A가 X를 **분리한**다고 한다.

보기 17.8.2 (1) 그림 17.52의 (a)는 $\mathbb{R}^2$상의 단순폐곡선이고 (b)는 단순폐곡선이 아니다.

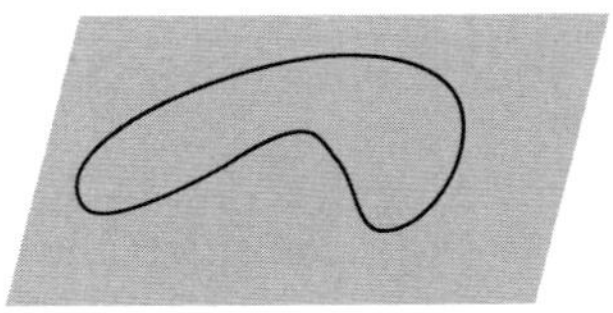

(a)

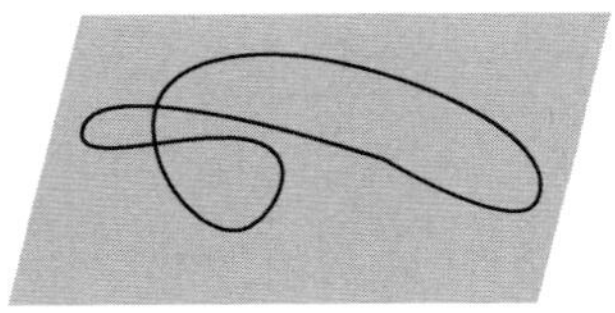

(b)

그림 17.52 • $\mathbb{R}^2$상의 단순폐곡선

(2) 그림 17.53의 세잎매듭(trefoil)은 S^1과 위상동형이므로 $\mathbb{R}^3$상의 단순폐곡선이다.

그림 17.53 • 세잎매듭

Jordan 분리정리

우리는 보기 5.2.18과 보기 9.4.17에서 점 $p=(0,0,1)\in S^2$에 대한 극사영사상 $f:S^2-\{p\}\to\mathbb{R}^2$가 위상동형사상이 됨을 보였다. 또한 임의의 점 $b\in S^2$에 대해서도 S^2를 회전시켜 b를 p로 보낼 수 있으므로 위상동형사상 $h:S^2-\{b\}\to\mathbb{R}^2$가 존재함을 알 수 있다.

기초정리 17.8.3 $K\subset S^2$는 컴팩트, $b\in S^2-K$ 그리고 $h:S^2-\{b\}\to\mathbb{R}^2$는 위상동형사상이라 하자. 그러면 S^2-K의 연결성분 U에 대하여 다음이 성립한다.

(1) 만약 $b\notin U$이면 $h(U)$는 $\mathbb{R}^2-h(K)$의 유계인 연결성분이다.

(2) 만약 $b\in U$이면 $h(U-\{b\})$는 $\mathbb{R}^2-h(K)$의 유계가 아닌 연결성분이다.

(3) 특별히 S^2-K가 n개의 연결성분을 가지면 $\mathbb{R}^2-h(K)$도 n개의 연결성분을 갖는다.

증명 먼저 U가 S^2-K의 연결성분이면 $U-\{b\}$도 연결집합임을 보이자. 만약 $b\notin U$인 경우에는 $U-\{b\}=U$이므로 당연하다. 이제 $b\in U$인 경우를 살펴보자. 만약 $U-\{b\}$가 비연결이라 가정하면 $U-\{b\}$의 열린분리 A,B가 존재한다. 그리고 S^2-K가 S^2의 열린집합이고 $b\in U\subset S^2-K$이므로 $\mathbb{R}^2$의 열린원판과 위상동형인 b의 열린근방 $W\subset S^2-K$가 존재한다. W가 연결집합이므로 $W\subset U$이다. 그리고 $W-\{b\}$도 연결집합이므로 이는 A, B 둘 중 하나에 포함된다. 우리는 일반성을 잃지 않고 $W-\{b\}\subset A$이라 할 수 있다. 그러면 $W\cap B=\varnothing$이므로 b는 B의 극한점이 아니다. 따라서 $A\cup\{b\}$와 B는 U의 열린분리가 된다. 이는 U가 연결성분이라는 가정에 모순이다.

이제 연결성분의 개수가 같음을 보이자. $\{U_\alpha\}$를 S^2-K의 연결성분들의 모임이라 하자. 그리고 $V_\alpha=h(U_\alpha-\{b\})$이라 하자.46) 한편 S^2-K가 국소연결이므로 $\{U_\alpha\}$는 S^2-K의 서로소인 연결된 열린집합들의 모임이다. 그러므로 $\{V_\alpha\}$도 $\mathbb{R}^2-h(K)$의 서로소인 연결된 열린집합들의 모임이다. 따라서 $\{V_\alpha\}$는 $\mathbb{R}^2-h(K)$의 연결성분들의 모임이다(그림 17.54 참조).

46) 만약 $b\notin U_\alpha$인 경우는 $U_\alpha-\{b\}=U_\alpha$이므로 $V_\alpha=h(U_\alpha)$임을 유의하자.

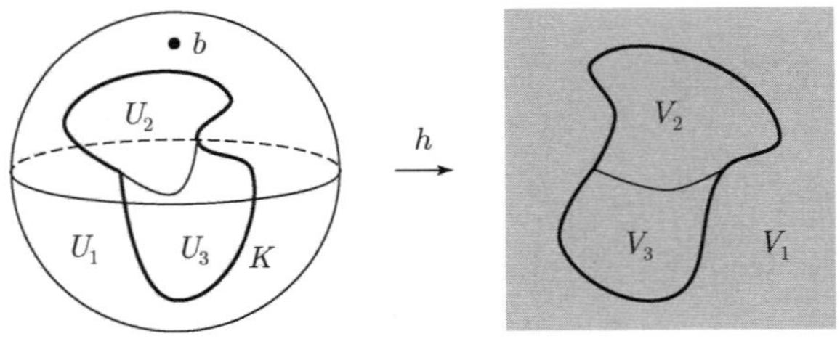

그림 17.54 • 극사영사상

한편 $\mathbb{R}^2 \cup \{\infty\}$를 $\mathbb{R}^2$의 한 점 컴팩트화라 하면 위상동형사상 $h : S^2 - \{b\} \to \mathbb{R}^2$는 위상동형사상 $\widetilde{h} : S^2 \to \mathbb{R}^2 \cup \{\infty\}$로 확장된다. 여기서 $\widetilde{h}(b) = \infty$이다. 만약 $S^2 - K$의 연결성분 U_β가 b를 포함하면 $\widetilde{h}(U_\beta)$는 점 ∞의 열린근방이다. 그러므로 V_β는 유계가 아니다. 그리고 $\mathbb{R}^2 - h(K)$의 다른 연결성분 V_α들은 $\mathbb{R}^2 - V_\beta$에 포함되고 $\mathbb{R}^2 - V_\beta$가 컴팩트이므로 V_α들은 모두 유계이다. □

기초정리 17.8.4[47] K는 컴팩트공간, $a, b \in S^2$ 그리고 $f : K \to S^2 - \{a, b\}$는 연속사상이라 하자. 만약 a와 b가 $S^2 - f(K)$의 같은 연결성분에 포함되면 f는 퇴화변이적이다.

증명 위상동형사상 $h : S^2 - \{b\} \to \mathbb{R}^2$의 확장 $\widetilde{h} : S^2 \to \mathbb{R}^2 \cup \{\infty\}$도 위상동형사상이므로 $p = \widetilde{h}(a)$, $\infty = \widetilde{h}(b)$는 $\mathbb{R}^2 \cup \{\infty\} - \widetilde{h}(f(K))$의 같은 연결성분에 포함된다. 따라서 연속사상 $g = h \circ f : K \to \mathbb{R}^2 - \{p\}$에 대해 p는 $\mathbb{R}^2 - g(K)$의 유계가 아닌 연결성분에 포함된다.[48]

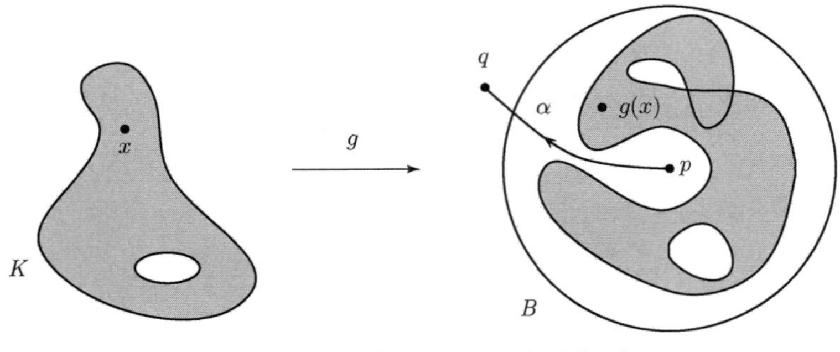

그림 17.55 • g에 의한 상

47) Null homotopy lemma.

48) 참고로 $p = \widetilde{h}(a) = h(a)$이고 $a \notin f(K)$이므로 $p \notin h(f(K)) = g(K)$이다.

이제 g가 퇴화변이적임을 보이자. $g(K)$를 포함하는 중심이 p인 원판 B와 한 점 $q\in\mathbb{R}^2-B$를 택하자(그림 17.55 참조). 그러면 p와 q는 $\mathbb{R}^2-g(K)$의 유계가 아닌 같은 연결성분에 포함된다. 한편 $\mathbb{R}^2-g(K)$가 국소길연결공간 $\mathbb{R}^2$의 열린집합이므로 $\mathbb{R}^2-g(K)$도 국소길연결이다. 따라서 정리 8.4.20에 의해 $\mathbb{R}^2-g(K)$의 연결성분과 길연결성분은 같다. 그러므로 p와 q는 $\mathbb{R}^2-g(K)$의 유계가 아닌 같은 길연결성분에 포함되므로 p와 q를 잇는 길

$$\alpha : I \to \mathbb{R}^2 - g(K) \quad \text{s.t.} \quad \alpha(0)=p,\ \alpha(1)=q$$

가 존재한다. 그리고 변이

$$F: K\times I \to \mathbb{R}^2-\{p\},\ \ F(x,t)=g(x)-\alpha(t)+p$$

에 의해 g와 $k(x)=g(x)-q+p$는 변이적이다.[49] 한편 변이

$$H: K\times I \to \mathbb{R}^2-\{p\},\ \ H(x,t)=t(g(x)-p)-(q-p)+p$$

에 의해 k와 상수사상 $c(x)=2p-q$가 변이적이다.[50] 그러므로 $g\simeq c$이 되어 g는 퇴화변이적이다.

따라서 $f=h^{-1}\circ g\simeq h^{-1}\circ c$이고 $h^{-1}\circ c$가 상수사상이므로 f도 퇴화변이적이다. □

정리 17.8.5 (Jordan 분리정리[51]) 만약 $C\subset S^2$가 단순폐곡선이면 C는 S^2를 분리한다.

증명 S^2가 국소길연결이므로 이의 열린집합 S^2-C도 국소길연결이다. 따라서 S^2-C의 연결성분은 길연결성분이다.

우리는 C가 S^2를 분리하지 못한다고 가정하여 모순을 이끌어 내자. C가 S^2를 분리하지 못하면 S^2-C는 연결이므로 S^2-C는 길연결이다. 단순폐곡선 C를 그림 17.56과 같이 두 곡선으로 나누면

$$C_1\cup C_2=C,\quad C_1\cap C_2=\{a,b\}$$

이다.

---

49) 참고로 $g(K)\cap\alpha(I)=\varnothing$이므로 모든 $(x,t)\in K\times I$에 대해 $g(x)\neq\alpha(t)$이 되어 $F(x,t)\neq p$이다.

50) 참고로 모든 $(x,t)\in K\times I$에 대해 $\|t(g(x)-p)\|$는 원판 B의 반경보다 작고 $\|q-p\|$는 원판 B의 반경보다 크므로 $t(g(x)-p)\neq q-p$이 되어 $H(x,t)\neq p$이다.

51) Jordan separation theorem.

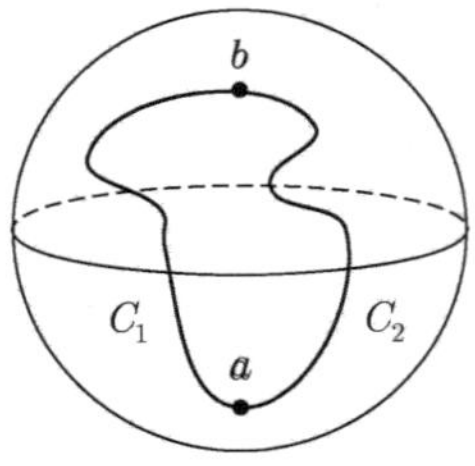

그림 17.56 • 단순폐곡선 C의 분리

이제 $X = S^2 - \{a, b\}$, $U = S^2 - C_1$, $V = S^2 - C_2$이라 하면 U와 V는 X의 열린집합이고

$$U \cup V = X = S^2 - \{a, b\}, \quad U \cap V = S^2 - C$$

이다. 한편 Seifert-van Kampen 정리(정리 17.6.7)의 증명 과정 중 φ가 전사임을 보일 때는 $U \cap V = S^2 - C$가 길연결이라는 가정만 필요하므로 우리의 경우에도 성립한다. 따라서 $\pi_1(X, x_0)$은 $j_U(\pi_1(U, x_0)) \cup j_V(\pi_1(V, x_0))$에 의해 생성된다. 단, 여기서 j_U와 j_V는 포함사상

$$j_1 : U \hookrightarrow X, \quad j_2 : V \hookrightarrow X$$

가 유도하는 준동형사상이다. 그리고 $j_U(\pi_1(U, x_0)) = 0$, $j_V(\pi_1(V, x_0)) = 0$이므로 $\pi_1(X, x_0) = 0$이다. 그런데 $X = S^2 - \{a, b\}$는 $\mathbb{R}^2 - \{0\}$과 위상동형이므로 $\pi_1(X, x_0) \cong \mathbb{Z}$가 되어 모순이다.

이제 우리는 $j_U(\pi_1(U, x_0)) = 0$, $j_V(\pi_1(V, x_0)) = 0$만 보이면 된다. 이를 위해 α를 임의로 주어진 닫힌길

$$\alpha : I \to U \quad \text{s.t.} \quad \alpha(0) = \alpha(1) = x_0$$

이라 하자. 그러면 α는 $g \circ p = \alpha$를 만족하는 연속사상 $g : S^1 \to U$를 유도한다. 단, 여기서 $p : I \to S^1$, $p(s) = (\cos 2\pi s, \sin 2\pi s)$이다.

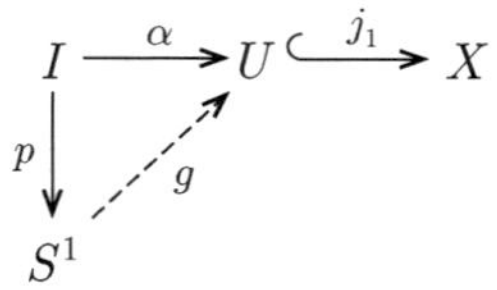

그러면 포함사상 j_1이 유도하는 연속사상 $f = j_1 \circ g : S^1 \to X = S^2 - \{a, b\}$에 대해 $f(S^1) \cap C_1 = \varnothing$이고 $a, b \in C_1$이므로 길 C_1에 의해 a, b는 길연결되어 있다.

따라서 a, b는 $S^2 - f(S^1)$의 같은 길연결성분에 포함되므로 기초정리 17.8.4에 의해 f는 퇴화변이적이다. 그리고 정리 17.5.6에 의해 f는 자명한 준동형사상 $f_{\#}: \pi_1(S^1, b_0) \to \pi_1(X, x_0)$을 유도한다. 여기서 $b_0 = (1,0) \in S^1$이다. 따라서

$$j_U([\alpha]) = (j_1)_{\#}([\alpha]) = [j_1 \circ \alpha] = [j_1 \circ g \circ p] = [f \circ p] = f_{\#}([p]) = 0$$

이므로 $j_U(\pi_1(U, x_0)) = 0$이다. 같은 방법으로 $j_V(\pi_1(V, x_0)) = 0$도 보일 수 있다.

□

따름정리 17.8.6 만약 $C \subset \mathbb{R}^2$가 단순폐곡선이면 C는 $\mathbb{R}^2$를 분리한다.

증명 위상동형사상 $f: \mathbb{R}^2 \to S^2 - \{b\}$를 택하자. 단, 여기서 $b \in S^2$이다. 그러면 기초정리 17.8.5에 의해 단순폐곡선 $D = f(C)$는 S^2를 분리한다. 즉, $S^2 - D$의 연결성분이 두 개 이상이다. 한편 D가 S^2의 컴팩트집합이고 $b \in S^2 - D$이므로 기초정리 17.8.3(3)에 의해 $\mathbb{R}^2 - C$와 $S^2 - D$의 연결성분의 개수가 같다. 따라서 $\mathbb{R}^2 - C$의 연결성분도 두 개 이상이므로 C는 $\mathbb{R}^2$를 분리한다. □

따름정리 17.8.7[52] 만약 C_1과 C_2가 S^2의 연결된 닫힌집합이고 $C_1 \cap C_2 = \{a, b\}$이면 $C = C_1 \cup C_2$는 S^2를 분리한다.

증명 $S^2 - \{a, b\}$는 연결이고 $C - \{a, b\}$는 비연결이므로 $C \neq S^2$이다. 따라서 우리는 기초정리 17.8.5의 증명과 같은 방법으로 보일 수 있다. □

영역의 불변성

기초정리 17.8.8[53] X는 곱공간 $X \times I$가 정규인 위상공간이고 Y는 유클리드공간 $\mathbb{R}^n$의 열린집합이라 하자. 그리고 A는 X의 닫힌집합이고 $f: A \to Y$는 연속사상이다. 만약 f가 퇴화변이적이면 이의 퇴화변이적인 확장 $g: X \to Y$가 존재한다.

---

52) A general separation theorem.
53) Homotopy extension lemma.

증명 $F: A\times I \to Y$를 f와 상수사상 $c(a)=y_0$ 사이의 변이라 하자. 그러면 모든 $a\in A$에 대해 $F(a,0)=f(a)$이고 $F(a,1)=y_0$이므로 F의 확장

$$\widetilde{F}:(A\times I)\cup(X\times\{1\}) \to \mathbb{R}^n,\ \ \widetilde{F}(x,t)=\begin{cases} F(x,t), & (x,t)\in A\times I \\ y_0, & (x,t)\in X\times\{1\} \end{cases}$$

는 연속이다. 한편 $(A\times I)\cup(X\times\{1\})$이 정규공간 $X\times I$의 닫힌집합이므로 Tietze 확장정리에 의해 $\widetilde{F}$의 확장 $G: X\times I \to \mathbb{R}^n$이 존재한다(따름정리 12.1.3). 그러면 $h(x)=G(x,0)$은 f의 확장이다. 그러나 $h(X)$가 Y에 속하는지는 알 수 없다. 따라서 원하는 f의 확장을 얻기 위해 다음과 같은 작업이 필요하다.

먼저 $U=G^{-1}(Y)$이라 하자. 그러면 Y가 $\mathbb{R}^n$의 열린집합이므로 U는 $X\times I$의 열린집합이고 $(A\times I)\cup(X\times\{1\})\subset U$이다. 그리고 I가 컴팩트이므로 관 보조정리(기초정리 9.1.26)에 의해 $A\subset W$이고 $W\times I\subset U$인 X의 열린집합 W가 존재한다. 한편 정규공간 $X\times I$의 닫힌부분공간 $X\times\{0\}$은 정규이고, X는 $X\times\{0\}$과 위상동형이므로 X도 정규이다. 따라서 Urysohn 보조정리(정리 12.1.1)에 의해 연속사상

$$\phi: X\to[0,1] \quad \text{s.t.} \quad \phi(A)\subset\{0\},\ \phi(X-W)\subset\{1\}$$

이 존재한다. 그리고 모든 $x\in X$에 대해 $(x,\phi(x))\in(W\times I)\cap(X\times\{1\})\subset U$이므로 $G(x,\phi(x))\in Y$이다. 이제 연속사상 $g: X\to Y,\ g(x)=G(x,\phi(x))$를 생각하자. 임의의 점 $x\in A$에 대하여 $\phi(x)=0$이므로 $g(x)=G(x,0)=f(x)$이다. 따라서 g는 f의 확장이다. 더구나 변이

$$H: X\times I\to Y,\ \ H(x,t)=G(x,(1-t)\phi(x)+t)$$

에 의해 g는 상수사상 $c: X\to Y,\ c(x)=y_0$와 변이적이다. □

기초정리 17.8.9 K는 컴팩트공간, $p\in\mathbb{R}^2$ 그리고 $f: K\to\mathbb{R}^2-\{p\}$는 단사인 연속사상이라 하자. 만약 f가 퇴화변이적이면 p는 $\mathbb{R}^2-f(K)$의 유계가 아닌 연결성분에 포함된다.

증명 먼저 K는 컴팩트이고 $\mathbb{R}^2$는 하우스도르프이므로 $f_1: K\to f(K),\ f_1(x)=f(x)$는 위상동형사상이다. 그리고 f_1의 역사상 $f_1^{-1}: f(K)\to K$도 위상동형사상이다. 특별히 $f(K)$는 컴팩트이므로 유계인 닫힌집합이다.

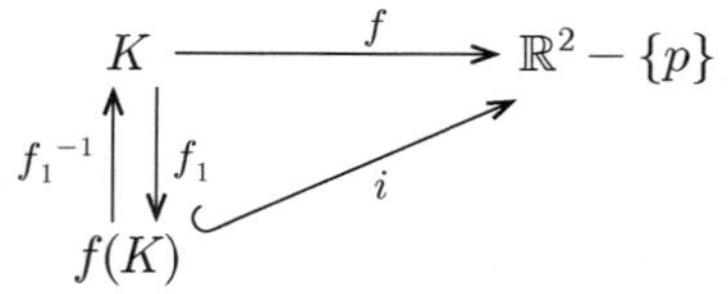

그리고 f가 퇴화변이적이므로 포함사상 $i: f(K) \hookrightarrow \mathbb{R}^2 - \{p\}$도 퇴화변이적이다. (구체적으로 f가 상수사상 c와 변이적이므로 $i = f \circ f_1^{-1} \simeq c \circ f_1^{-1}$이다. 따라서 i는 상수사상 $c \circ f_1^{-1}$와 변이적이다.)

이제 편의상 $L = f(K)$라 하자. 그리고 C를 p를 포함하는 $\mathbb{R}^2 - L$의 연결성분이라 하자. 우리는 귀류법을 사용하여 보이기 위해 C가 유계라고 가정하자. 그리고 D를 C와 다른 $\mathbb{R}^2 - L$의 연결성분들의 합집합이라 하자. 특별히 유계가 아닌 연결성분은 D에 포함된다. 그러면 $\mathbb{R}^2 - L$은 국소연결공간 $\mathbb{R}^2$의 열린집합이므로 국소연결이다. 따라서 C와 D는 $\mathbb{R}^2 - L$의 열린집합들이다. 그러므로 C와 D는 $\mathbb{R}^2$의 열린집합들이고 $C \cap D = \varnothing$, $\mathbb{R}^2 - L = C \cup D$이다.

한편 포함사상 $i: L \to \mathbb{R}^2 - \{p\}$가 퇴화변이적이므로 기초정리 17.8.8에 의해 i의 확장 $k: C \cup L \to \mathbb{R}^2 - \{p\}$가 존재하여 $k(x) = x\,(\forall x \in L)$이다. 그러면

$$h: \mathbb{R}^2 \to \mathbb{R}^2 - \{p\}, \quad h(x) = \begin{cases} k(x), & x \in C \cup L \\ x, & x \in D \cup L \end{cases}$$

는 붙임보조정리에 의해 연속이다.

또한 C와 L이 모두 유계이므로 $C \cup L \subset B(p, s)$를 만족하는 양의 실수 s가 존재한다. 그리고 $B = \{x \in \mathbb{R}^2 \mid \|x - p\| \leq s\}$이라 하고 $\partial B = \{x \in \mathbb{R}^2 \mid \|x - p\| = s\}$이라 하자. 그러면 축소사상 $g = h|_B : B \to \mathbb{R}^2 - \{p\}$는 $\partial B \subset D$이므로 모든 $x \in \partial B$에 대해 $g(x) = x$이다. 그리고 수축사상

$$r: \mathbb{R}^2 - \{p\} \to \partial B, \quad r(x) = \frac{r}{\|x - p\|}(x - p) + p$$

을 생각하자. 그러면 $r \circ g: B \to \partial B$는 수축사상이 된다. 이는 정리 17.5.4에 모순이다. 따라서 C는 유계가 아니다. □

기초정리 17.8.10 (Borsuk 보조정리[54]) K는 컴팩트공간이고 $a, b \in S^2$라 하자. 그리고 $f: K \to S^2 - \{a, b\}$를 단사인 연속사상이라 하자. 만약 f가 퇴화변이적이면 a와 b는 $S^2 - f(K)$의 같은 연결성분에 포함된다.

증명 먼저 위상동형사상 $h: S^2 - \{b\} \to \mathbb{R}^2$를 택하자. 그리고 $p = h(a)$라 하자. 그러면

$$g = h \circ f: K \to S^2 - \{a, b\} \to \mathbb{R}^2 - \{p\}$$

는 단사인 연속사상이다.

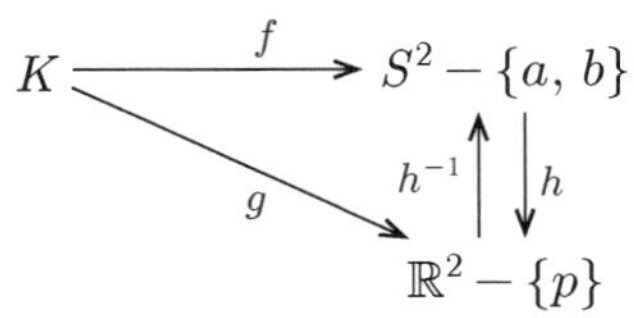

그리고 f가 퇴화변이적이므로 g도 퇴화변이적이다. (구체적으로 f가 상수사상 c와 변이적이므로 $g = h \circ f \simeq h \circ c$이다. 따라서 g는 상수사상 $h \circ c$와 변이적이다.) 기초정리 17.8.9에 의해 p는 $\mathbb{R}^2 - g(K)$의 유계가 아닌 연결성분에 포함된다. 따라서 a와 b는 $S^2 - f(K)$의 같은 연결성분에 포함된다. □

정리 17.8.11 (영역의 불변성[55]) U를 $\mathbb{R}^2$의 열린집합이라 하자.

(1) 만약 $f: U \to \mathbb{R}^2$가 단사인 연속사상이면 $f(U)$는 $\mathbb{R}^2$의 열린집합이고 역사상 $f^{-1}: f(U) \to U$는 연속이다.[56]

(2) 만약 $f: U \to S^2$가 단사인 연속사상이면 $f(U)$는 S^2의 열린집합이고 역사상 $f^{-1}: f(U) \to U$는 연속이다.

증명 (2) 먼저 $f: U \to S^2$를 단사인 연속사상이라 하자. 그리고 B를 $\mathbb{R}^2$상의 임의의 닫힌구라 하자. 그러면

$$B = \{y \in \mathbb{R}^2 \mid \|x - y\| \le r\},$$
$$B^\circ = \{y \in \mathbb{R}^2 \mid \|x - y\| < r\},$$

---

54) Borsuk lemma. 기초정리 17.8.4 참조.

55) Invariance of domain. 이 정리는 $\mathbb{R}^n$과 S^n에 대해서도 성립한다([27]).

56) 따라서 $f: U \to f(U)$는 위상동형사상이고 $f: U \to \mathbb{R}^2$는 넣기사상이다.

$$\partial B = \{y \in \mathbb{R}^2 \mid \|x-y\| = r\}$$

이다. 단, 여기서 $x \in \mathbb{R}^2$이고 r은 양의 실수이다.

(i) 만약 $B \subset U$이면 $f(B)$는 S^2를 분리하지 못한다: 구체적으로 $a, b \in S^2 - f(B)$라 하자. 그러면 B가 축약가능이므로 성질 17.1.15에 의해 축소사상 $f|_B : B \to S^2 - \{a, b\}$는 퇴화변이적이다. Borsuk 보조정리(기초정리 17.8.10)에 의해 a와 b는 $S^2 - f|_B(B) = S^2 - f(B)$의 같은 연결성분에 포함된다. 따라서 $f(B)$는 S^2를 분리하지 못한다.

(ii) 만약 $B \subset U$이면 $f(B^\circ)$는 S^2의 열린집합이다: 구체적으로 $C = f(\partial B)$는 S^2상의 단순폐곡선이므로 Jordan 분리정리(정리 17.8.5)에 의해 C는 S^2를 분리한다. 우리는 V를 연결된 집합 $f(B^\circ)$를 포함하는 $S^2 - C$의 유일한 연결성분이라 하자. 그리고 W를 $S^2 - C$의 V와 다른 연결성분들의 합집합이라 하자. 그러면

$$f(B^\circ) \subset V, \quad V \cup W = S^2 - C, \quad V \cap W = \varnothing$$

이다. 한편 $S^2 - C$가 국소연결이므로 V와 W는 $S^2 - C$의 열린집합들이다. 그리고 $S^2 - C$가 S^2의 열린집합이므로 V와 W는 S^2의 열린집합들이다. 따라서 우리는 $f(B^\circ) = V$임을 보이면 된다. 더구나 $f(B^\circ) \subset V$이므로 $V \subset f(B^\circ)$만 보이면 된다. 만약 $V - f(B^\circ) \neq \varnothing$이라고 가정하면 점 $a \in V - f(B^\circ)$가 존재한다. 그리고 $b \in W$라 하자. (i)에 의해 $D = f(B)$는 S^2를 분리하지 못하므로 $S^2 - D$는 a와 b를 포함하는 연결된 집합이다. 그런데 $S^2 - D \subset S^2 - C$이므로 a와 b는 $S^2 - C$의 같은 연결성분에 포함된다. 이는 V와 W의 정의에 모순이다. 따라서 $V - f(B^\circ) = \varnothing$이므로 $V \subset f(B^\circ)$이다.

(iii) U가 $\mathbb{R}^2$의 열린집합이므로 각각의 점 $x \in U$에 대해 $\overline{B(x, r_x)} \subset U$를 만족하는 양의 실수 r_x가 존재한다. 그리고 (ii)에 의해 $f(B(x, r_x))$는 S^2의 열린집합이다. 따라서 $f : U \to S^2$가 열린사상이므로 $f(U)$는 S^2의 열린집합이고 $f^{-1} : f(U) \to U$는 연속이다.

(1) 이제 $f : U \to \mathbb{R}^2$를 단사인 연속사상이라 하자. 우리는 위상동형사상 $h : \mathbb{R}^2 \to S^2 - \{b\}$를 택하자. 단, 여기서 $b \in S^2$이다. 그리고 $j : S^2 - \{b\} \hookrightarrow S^2$를 포함사상이라 하자. 그러면

$$g := j \circ h \circ f : U \to S^2$$

는 단사인 연속사상이다. (2)에 의해 $g(U)$는 S^2의 열린집합이고 역사상 $g^{-1}: g(U) \to U$는 연속이다. 여기서 $g(U) = h(f(U))$임을 유의하자. 따라서 $g(U) \subset S^2 - \{b\}$이므로 $g(U)$는 부분공간 $S^2 - \{b\}$의 열린집합이다. 그리고 h가 위상동형사상이므로 $f(U) = h^{-1}(g(U))$는 $\mathbb{R}^2$의 열린집합이다. 또한 $f^{-1} = g^{-1} \circ h|_{f(U)}$이므로 $f^{-1}: f(U) \to U$는 연속이다. □

Jordan 곡선정리

우리는 Jordan 분리정리에 의해 $\mathbb{R}^2$상의 단순폐곡선 C에 대해 $\mathbb{R}^2 - C$가 비연결이므로 $\mathbb{R}^2 - C$의 연결성분이 2개 이상임을 알았다. 그리고 다음의 Jordan 곡선정리에 의해 $\mathbb{R}^2 - C$의 연결성분이 정확히 2개임을 알 수 있다. 우리는 이러한 Jordan 곡선정리를 보이기 위해 다음 기초정리가 필요하다.

기초정리 17.8.12 (1) $\mathbb{R}^2$의 컴팩트이고 축약가능인 부분공간 K는 $\mathbb{R}^2$를 분리하지 못한다.
(2) S^2의 컴팩트이고 축약가능인 부분공간 K는 S^2를 분리하지 못한다.[57)]

증명 (1) 먼저 C를 $\mathbb{R}^2 - K$의 유계가 아닌 열결성분이라 하자. 임의의 점 $x \in \mathbb{R}^2 - K$에 대해 포함사상 $i: K \hookrightarrow \mathbb{R}^2 - \{x\}$는 단사인 연속사상이다. 그리고 K가 축약가능이므로 i는 퇴화변이적이다. 따라서 기초정리 17.8.9에 의해 $x \in C$이다. 그러므로 $\mathbb{R}^2 - K = C$이다. 즉, $\mathbb{R}^2 - K$는 연결성분이 오직 C 하나뿐인 열결된 집합이다.

(2) 한 점 $b \in S^2 - K$를 고정하자. 그리고 b를 포함하는 연결성분을 D라 하자. 임의의 점 $y \in S^2 - K$에 대해 포함사상 $j: K \hookrightarrow S^2 - \{y, b\}$는 단사인 연속사상이다. 그리고 K가 축약가능이므로 j는 퇴화변이적이다. 따라서 Borsuk 보조정리(기초정리 17.8.10)에 의해 $y \in D$이다. 그러므로 $S^2 - K = D$이다. 즉, $S^2 - K$는 연결성분이 오직 D 하나뿐인 연결된 집합이다. □

57) 즉, $\mathbb{R}^2 - K$와 $S^2 - K$는 연결되어 있다.

기초정리 17.8.13 A, B, U, V가 위상공간 X의 열린집합들로서

$$X = U \cup V,\ \ U \cap V = A \cup B,\ \ A \cap B = \varnothing$$

을 만족한다고 하자. 그리고 두 점 $a \in A$, $b \in B$를 잇는 두 길

$$\sigma : I \to U \ \text{ s.t. } \ \sigma(0) = a,\ \sigma(1) = b,$$
$$\tau : I \to V \ \text{ s.t. } \ \tau(0) = b,\ \tau(1) = a$$

가 주어졌다고 하자. 그러면 닫힌길 $\alpha = \sigma * \tau$에 대하여 다음이 성립한다.

(1) $[\alpha]$는 $\pi_1(X, a)$의 무한 순환(cyclic)부분군을 생성한다.

(2) 주어진 점 $a' \in A$과 길

$$\delta : I \to U \ \text{ s.t. } \ \delta(0) = a,\ \delta(1) = a',$$
$$\gamma : I \to V \ \text{ s.t. } \ \gamma(0) = a',\ \gamma(1) = a$$

에 대해 닫힌길 $\beta = \delta * \gamma$를 생각하자. 그러면 $[\alpha]$와 $[\beta]$에 의해서 생성된 $\pi_1(X, a)$의 두 부분군의 교집합은 항등원뿐이다. 즉, $\langle [\alpha] \rangle \cap \langle [\beta] \rangle = \{[c_a]\}$이다.

(3) 특별히 $\pi_1(X, a)$가 무한 순환군이면 $\pi_1(X, a) = \langle [\alpha] \rangle$이다.

증명 (1) (i) 먼저 X의 덮개공간 E를 만들자. 이를 위해

$$Y = \Big(\bigcup_{n \in \mathbb{Z}} U \times \{2n\}\Big) \cup \Big(\bigcup_{n \in \mathbb{Z}} V \times \{2n+1\}\Big) \subset X \times \mathbb{Z}$$

이라 하자. 이제 위상공간 Y상에 동치관계 $\sim$를 다음과 같이 정의하자.

$$(x, 2n) \sim (x, 2n-1) \quad (x \in A)$$
$$(x, 2n) \sim (x, 2n+1) \quad (x \in B)$$

그리고 $E = Y/_\sim$이라 하고 $\pi : Y \to E$를 상사상이라 하자. 그러면 $\rho(x, n) = x$로 정의된 사영사상 $\rho : Y \to X$에 의해 유도된 사상 $p : E \to X$, $p([x, n]) = x$는 전사이고 연속이다. 더구나 p는 덮개사상이 된다.

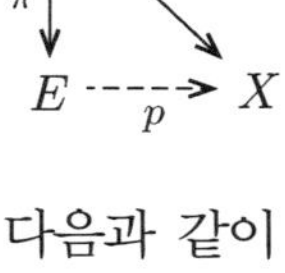

(ii) 이제 $\alpha = \sigma * \tau$의 길올림을 다음과 같이 정의하자. 각각의 정수 $n \in \mathbb{Z}$에 대

해 $e_n = \pi(a, 2n) \in E$이라 하자. 그러면 e_n은 모두 다른 점이고 $p^{-1}(a) = \{e_n \mid n \in \mathbb{Z}\}$이다. 이제 시점이 e_n이고 끝점이 e_{n+1}인 α의 길올림 $\widetilde{\alpha}_n : I \to E$을 다음과 같이 정의하자. 먼저 길 σ, τ의 길올림 $\widetilde{\sigma}_n$, $\widetilde{\tau}_n$을

$$\widetilde{\sigma}_n(s) = \pi(\sigma(s), 2n), \quad \widetilde{\tau}_n(s) = \pi(\tau(s), 2n+1)$$

으로 정의하자. 그러면

$$\widetilde{\sigma}_n(1) = \pi(b, 2n) = \pi(b, 2n+1) = \widetilde{\tau}_n(0)$$

이므로 E상의 길 $\widetilde{\alpha}_n = \widetilde{\sigma}_n * \widetilde{\tau}_n$은 시점이 e_n이고 끝점이 e_{n+1}인 α의 길올림이 된다.

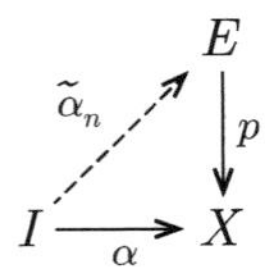

(iii) 이제 $[\alpha]$가 $\pi_1(X, a)$의 무한 순환부분군을 생성함을 보이자. 이는 임의의 양의 정수 m에 대하여 $[\alpha]^m \neq [c_a]$임을 보이면 충분하다. 그런데

$$\widetilde{\xi} = \widetilde{\alpha}_0 * \widetilde{\alpha}_1 * \cdots * \widetilde{\alpha}_{m-1}$$

이

$$\xi = \underbrace{\alpha * \alpha * \cdots * \alpha}_{m}$$

의 길올림이고 $\widetilde{\xi}(0) = e_0$, $\widetilde{\xi}(1) = e_m \neq e_0$이므로 따름정리 17.4.20에 의해 $[\alpha]^m = [\xi] \neq [c_a]$이다.

(2) 주어진 닫힌길 $\beta = \delta * \gamma$의 길올림을 다음과 같이 정의하자. 먼저 δ와 γ의 길올림을

$$\widetilde{\delta}(s) = \pi(\delta(s), 0), \quad \widetilde{\gamma}(s) = \pi(\gamma(s), -1)$$

으로 정의하자. 그러면 $\widetilde{\delta}(1) = \pi(a', 0) = \pi(a', -1) = \widetilde{\gamma}(0)$이므로 $\widetilde{\beta} = \widetilde{\delta} * \widetilde{\gamma}$는 β의 길올림이다. 그런데 $\widetilde{\beta}(0) = \pi(a, 0) = \pi(a, -1) = \widetilde{\beta}(1)$이므로 $\widetilde{\beta}$는 기준점 e_0인 E상의 닫힌길이다.

임의의 0이 아닌 정수 m과 k에 대하여 $\underbrace{\alpha * \cdots * \alpha}_{m}$의 길올림 $\widetilde{\xi}$와 $\underbrace{\beta * \cdots * \beta}_{k}$

의 길올림 $\underbrace{\tilde{\beta}*\cdots*\tilde{\beta}}_{k}$에 대해

$$\tilde{\xi}(0)=e_0=(\tilde{\beta}*\cdots*\tilde{\beta})(0),$$
$$\tilde{\xi}(1)=e_m\neq e_0=(\tilde{\beta}*\cdots*\tilde{\beta})(1)$$

이므로 따름정리 17.4.20에 의해 $[\alpha]^m\neq[\beta]^k$이다.

(3) 이제 $\pi_1(X,a)$가 무한 순환군이라고 가정하자. 정리 17.4.25에 의해 올림 대응 함수 $\phi:\pi_1(X,a)\to p^{-1}(a)$가 유도하는 함수 $\varphi:\pi_1(X,a)/H\to p^{-1}(a)$는 단사이다. 단, 여기서 $H=p_\#(\pi_1(E,e_0))$이다.

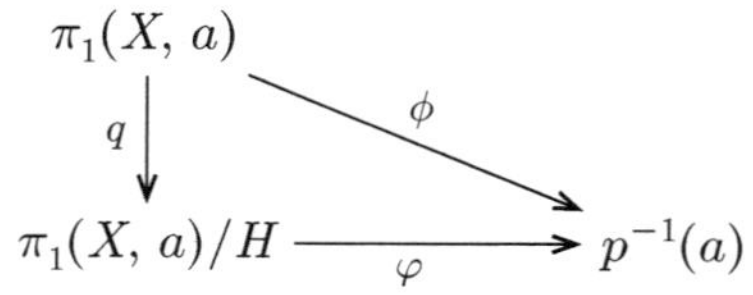

그리고 각각의 정수 m에 대해 $\phi([\alpha]^m)=e_m$이므로 ϕ는 전사이다. 따라서 φ도 전사이다. 그러므로 φ는 전단사이고 $p^{-1}(a)$가 무한집합이므로 $\pi_1(X,a)/H$는 무한집합이다. 그리고 $\pi_1(X,a)$가 무한 순환군이므로 H는 자명한 군이다. (만약 H가 자명한 군이 아니면 $\pi_1(X,a)/H$는 유한집합이 되어 모순이다.) 따라서 ϕ는 전단사이고 $\phi(\langle[\alpha]\rangle)=p^{-1}(a)$이므로 $\langle[\alpha]\rangle=\pi_1(X,a)$이다. □

정리 17.8.14[58] D_1과 D_2는 S^2의 닫힌집합들이고 $S^2-D_1\cap D_2$는 단순연결이라 하자. 만약 D_1, D_2 둘 다 S^2를 분리하지 못하면 $D_1\cup D_2$도 S^2를 분리하지 못한다.

증명 (귀류법) 우리는 $D_1\cup D_2$가 S^2를 분리한다고 가정하자. 그러면 S^2는 국소길연결이고 $S^2-(D_1\cup D_2)$는 연결이 아니므로 $S^2-(D_1\cup D_2)$는 길연결이 아니다(따름정리 8.4.22). 따라서 $S^2-(D_1\cup D_2)$는 두 개 이상의 길연결성분을 갖는다. 우리는 이러한 길연결성분 중 하나를 A라 하고 A와 다른 길연결성분들의 합집합을 B라 하자. 그러면 A와 B는 서로소인 열린집합들이고 $A\cup B=S^2-(D_1\cup D_2)$이다. 이제 두 점 $a\in A$와 $b\in B$를 택하자. 또한 각각의 $i=1,2$에 대해 S^2는 국소길연결이고 S^2-D_i는 연결이므로 S^2-D_i는 길연결이다. 그리고 $a,b\in S^2-D_i$

58) A general nonseparation theorem.

$(i=1,2)$이므로 두 길

$$\sigma: I \to S^2 - D_1 \quad \text{s.t.} \quad \sigma(0)=a,\ \sigma(1)=b,$$
$$\tau: I \to S^2 - D_2 \quad \text{s.t.} \quad \tau(0)=b,\ \tau(1)=a$$

가 존재한다. 그러면 $\alpha = \sigma * \tau$는 $S^2 - (D_1 \cap D_2)$상의 닫힌길이다. 이제

$$X = S^2 - (D_1 \cap D_2),\quad U = S^2 - D_1,\quad V = S^2 - D_2$$

이라 하면

$$X = U \cup V,\quad U \cap V = A \cup B,\quad A \cap B = \varnothing$$

을 만족한다. 따라서 기초정리 17.8.13에 의해 $[\alpha]$는 $\pi_1(X, a)$의 무한 순환부분군을 생성하므로 $\pi_1(X, a)$는 자명한 군이 아니다. 그런데 가정에 의해 X는 단순연결이므로 $\pi_1(X, a) = 0$이 되어 모순이다. □

정리 17.8.15 (Jordan 곡선정리[59]) S^2상의 단순폐곡선 C는 S^2를 정확히 2개의 연결성분으로 분리한다. 더구나 각각의 연결성분은 C를 경계로 갖는다.

증명 (i) 단순폐곡선 C를 그림 17.56과 같이 두 곡선 C_1, C_2로 나누면

$$C_1 \cup C_2 = C,\quad C_1 \cap C_2 = \{a, b\}$$

이다. 이제 $X = S^2 - \{a, b\}$, $U = S^2 - C_1$, $V = S^2 - C_2$이라 하면 U와 V는 X의 열린집합이고

$$U \cup V = X = S^2 - \{a, b\},\quad U \cap V = S^2 - C$$

이다. 그러면 Jordan 분리정리(정리 17.8.5)에 의하여 $U \cap V = S^2 - C$는 2개 이상의 연결성분을 갖는다.

이제 $U \cap V = S^2 - C$가 3개 이상의 연결성분을 갖는다고 가정하여 모순을 이끌어 내자. A_1과 A_2를 $U \cap V$의 임의의 두 연결성분이라 하고 B를 A_1, A_2와 다른 연결성분들의 합집합이라 하자. 그러면 $S^2 - C$가 국소길연결이므로 정리 8.4.20에 의해 A_1, A_2, B는 모두 열린집합이다. 이제 세 점 $p \in A_1$, $p' \in A_2$, $q \in B$를 택하자. 그리고 기초정리 17.8.12에 의해 C_1과 C_2

59) Jordan curve theorem.

가 S^2를 분리하지 못하므로 길

$$\begin{aligned} &\sigma : I \to U \quad \text{s.t.} \quad \sigma(0)=p, \ \sigma(1)=q \\ &\delta : I \to U \quad \text{s.t.} \quad \delta(0)=p, \ \delta(1)=p' \\ &\tau : I \to V \quad \text{s.t.} \quad \tau(0)=q, \ \tau(1)=p \\ &\gamma : I \to V \quad \text{s.t.} \quad \gamma(0)=p', \ \gamma(1)=p \end{aligned}$$

가 존재한다. 그러면 $\alpha = \sigma * \tau$, $\beta = \delta * \gamma$는 모두 기준점이 p인 닫힌길이다. 그리고 $U \cap V$를 $A_1 \cup A_2$와 B의 합집합으로 보면 기초정리 17.8.13(1)에 의해 $[\alpha]$는 $\pi_1(X, p)$의 항등원 $[c_p]$가 아니다. 그리고 $U \cap V$를 A_1과 $A_2 \cup B$의 합집합으로 보면 기초정리 17.8.13(1)에 의해 $[\beta]$는 $\pi_1(X, p)$의 항등원 $[c_p]$가 아니다. 그런데 $\pi_1(X, p) \cong \mathbb{Z}$가 무한 순환군이므로 $[\alpha]^m = [\beta]^k$를 만족하는 0이 아닌 두 정수 m과 k가 존재한다. 그런데 이는 기초정리 17.8.13(2)에 모순이다.

(ii) W_1과 W_2를 $S^2 - C$의 두 연결성분이라 하자. 우리는 각각의 $i = 1, 2$에 대해 W_1의 경계 ∂W_i가 C임을 보여야 한다. S^2가 국소연결이므로 W_i는 S^2의 열린집합이다. 따라서 우리는 $C = \overline{W}_i - W_i$임을 보이면 된다.

먼저 $W_1 \subset W_2^c$이고 W_2^c이 닫힌집합이므로 $\overline{W}_1 \subset W_2^c$이다. 따라서

$$\overline{W}_1 - W_1 = \overline{W}_1 \cap W_1^c \subset W_2^c \cap W_1^c = C$$

이다.

이제 $C \subset \overline{W}_1 - W_1$임을 보이자. $\overline{W}_1 - W_1$이 S^2의 닫힌집합이므로 $\overline{\overline{W}_1 - W_1} = \overline{W}_1 - W_1$이다. 따라서 우리는 $C \subset \overline{\overline{W}_1 - W_1}$임을 보이면 된다. 임의의 점 $x \in C$가 주어졌다고 하자. 그리고 U를 x의 임의의 열린근방이라

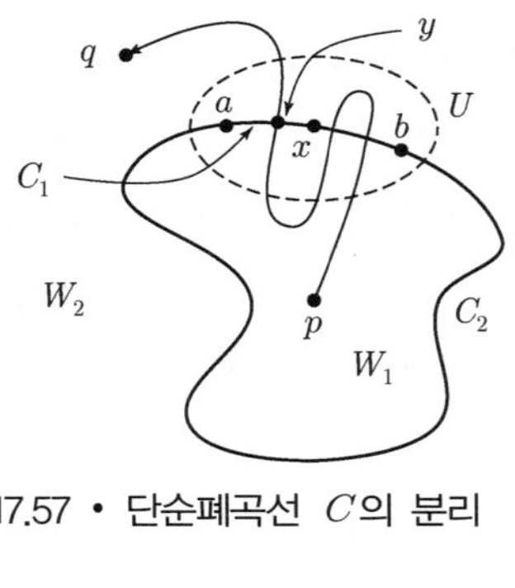

그림 17.57 • 단순폐곡선 C의 분리

하자. 그러면 C가 S^1과 위상동형이므로 C를 닫힌구간과 위상동형인 두 곡선 C_1과 C_2로 나눌 수 있다. 단, 여기서 C_1과 C_2는 오직 두 선분의 양 끝점 a와 b에서만 만난다(그림 17.57 참조). 그리고 C_1을 충분히 작게하여 $C_1 \subset U$를 만족하도록 할 수 있다. 따라서

$$C_1 \cup C_2 = C, \quad C_1 \cap C_2 = \{a, b\}, \quad C_1 \subset U$$

이다. 이제 두 점 $p \in W_1$와 $q \in W_2$를 택하자. C_2가 컴팩트이고 축약가능이므로 기초정리 17.8.12에 의해 $S^2 - C_2$는 연결된 집합이다. 그리고 S^2가 국소길연결이므로 $S^2 - C_2$는 길연결된 집합이다. 따라서 길

$$\alpha : I \to S^2 - C_2 \quad \text{s.t.} \quad \alpha(0) = p, \ \alpha(1) = q$$

가 존재한다. 그러면 $\alpha(I)$가 연결된 집합이므로 점 $y \in \alpha(I) \cap (\overline{W}_1 - W_1)$가 존재한다. (왜냐하면 만약 $\alpha(I) \cap (\overline{W}_1 - W_1) = \varnothing$ 이면 $\alpha(I) \subset W_1 \cup (S^2 - \overline{W}_1)$이고 $W_1 \cap (S^2 - \overline{W}_1) = \varnothing$ 이므로 $\{\alpha(I) \cap W_1, \alpha(I) \cap (S^2 - \overline{W}_1)\}$ 이 $\alpha(I)$의 열린분리가 되어 모순이다.) 한편 $\overline{W}_1 - W_1 \subset C$이므로 $y \in C$이다. 그리고 $\alpha(I) \cap C_2 = \varnothing$ 이므로 $y \in C_1$이다. 또한 $C_1 \subset U$이므로 $y \in U$이다. 따라서 $y \in (\overline{W}_1 - W_1) \cap U$이므로 $(\overline{W}_1 - W_1) \cap U \neq \varnothing$ 이다. 그러므로 $x \in \overline{\overline{W}_1 - W_1}$이다. 따라서 $C \subset \overline{\overline{W}_1 - W_1}$이다. □

따름정리 17.8.16 만약 $C \subset \mathbb{R}^2$가 단순폐곡선이면 $\mathbb{R}^2 - C$는 정확히 2개의 연결성분을 갖는다. 더구나 각각의 연결성분의 경계는 C이다.

증명 위상동형사상 $f : \mathbb{R}^2 \to S^2 - \{b\}$를 택하자. 단, 여기서 $b \in S^2$이다. 그러면 Jordan 곡선정리(정리 17.8.15)에 의해 단순폐곡선 $D = f(C)$는 S^2를 2개의 연결성분으로 분리한다. 즉, $S^2 - D$의 연결성분은 2개이다. 한편 D가 S^2의 컴팩트집합이고 $b \in S^2 - D$이므로 기초정리 17.8.3(3)에 의해 $\mathbb{R}^2 - C$와 $S^2 - D$의 연결성분의 개수는 같다. 따라서 C는 $\mathbb{R}^2$를 2개의 연결성분 V_1과 V_2로 분리한다. 그리고 Jordan 곡선정리(정리 17.8.15)의 증명과 같은 방법으로 $\partial V_i = C$임을 보일 수 있다. □

연습문제

문제 17.8.1 기초정리 17.8.13의 증명 과정의 $p: E \to X$가 덮개사상이 됨을 보이시오.

문제 17.8.2 토러스 T를 분리하는 단순폐곡선과 분리하지 못하는 단순폐곡선을 찾으시오.

문제 17.8.3 만약 f가 단사가 아니면 Borsuk 보조정리(기초정리 17.8.10)가 성립하지 않는 보기를 찾으시오.

문제 17.8.4 $I = [0,1] \subset \mathbb{R}$에 대하여 다음을 보이시오.

(1) 만약 $f: I \to \mathbb{R}^2$가 단사인 연속사상이면 $f(I)$는 $\mathbb{R}^2$를 분리하지 못한다.

(2) 만약 $f: I \to S^2$가 단사인 연속사상이면 $f(I)$는 S^2를 분리하지 못한다.

문제 17.8.5 $C \subset \mathbb{R}^2 - \{p\}$는 단순폐곡선이고 $i: C \hookrightarrow \mathbb{R}^2 - \{p\}$는 포함사상이라 하자.

(1) 만약 p가 $\mathbb{R}^2 - C$의 유계가 아닌 연결성분에 포함되면 $i_{\#}$은 자명한 준동형사상임을 보이시오.

(2) 만약 p가 $\mathbb{R}^2 - C$의 유계인 연결성분에 포함되면 $i_{\#}$은 자명하지 않은 준동형사상임을 보이시오.

문제 17.8.6 U를 $\mathbb{R}^2$의 단순연결된 열린집합이라 하자. 만약 $C \subset U$가 단순폐곡선이면 $\mathbb{R}^2 - C$의 유계인 연결성분이 U에 포함됨을 보이시오.

문제 17.8.7 C_1과 C_2를 서로소인 S^2상의 단순폐곡선이라 하자.

(1) $S^2 - (C_1 \cup C_2)$의 연결성분이 정확히 3개임을 보이시오. (힌트: 만약 W_1은 C_2와 서로소인 $S^2 - C_1$의 연결성분이고, W_2는 C_1과 서로소인 $S^2 - C_2$의 연결성분이면 $W_3 = S^2 - (\overline{W}_1 \cup \overline{W}_2)$는 연결되어 있다.)

(2) 세 연결성분의 경계는 각각 C_1, C_2, $C_1 \cup C_2$임을 보이시오.

문제 17.8.8 $\mathbb{R}^2$의 부분공간인 위상수학자의 싸인곡선

$$S = \{(x, \sin\tfrac{1}{x}) \mid 0 < x \le 1\} \cup (\{0\} \times [-1, 1])$$

와 점 $(0, -1), (0, -2), (1, -2), (1, \sin 1)$을 잇는 꺾인선의 합집합을 T라 하자(그림 17.58 참조). 즉,

$$T = S \cup (\{0\} \times [-2, -1]) \cup ([0, 1] \times \{-2\}) \cup (\{1\} \times [-2, \sin 1])$$

이다. 우리는 이러한 $\mathbb{R}^2$의 부분공간 T를 **닫힌 위상수학자의 싸인곡선**(closed topologist's sine curve)이라 한다.

(1) 만약 S^2의 부분공간 C가 위상수학자의 싸인곡선 S와 위상동형이면 C는 S^2를 분리하지 못함을 보이시오.

(2) 만약 S^2의 부분공간 D가 닫힌 위상수학자의 싸인곡선 T와 위상동형이면 D는 S^2를 분리함을 보이시오.

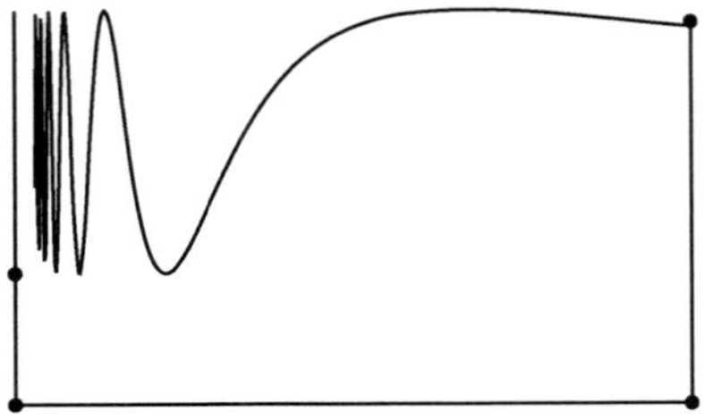

그림 17.58 • 닫힌 위상수학자의 싸인곡선 T

문제 17.8.9 수축사상 $r: D^n \to S^{n-1}$이 존재하지 않는다는 사실을 사용하여 다음을 보이시오.

(1) $\mathbb{R}^n$에 대해서 기초정리 17.8.9가 성립함을 보이시오.

(2) S^n에 대해서 Borsuk 보조정리(기초정리 17.8.10)가 성립함을 보이시오.

(3) $\mathbb{R}^n$과 S^n에 대해서 영역의 불변성(정리 17.8.11)이 성립함을 보이시오.

(4) S^n의 컴팩트 축약가능 부분공간은 S^n을 분리하지 못함을 보이시오.

부록

CONTENTS

부록 A 위상공간들의 상호관계

A.1 주요 위상공간들의 상호관계

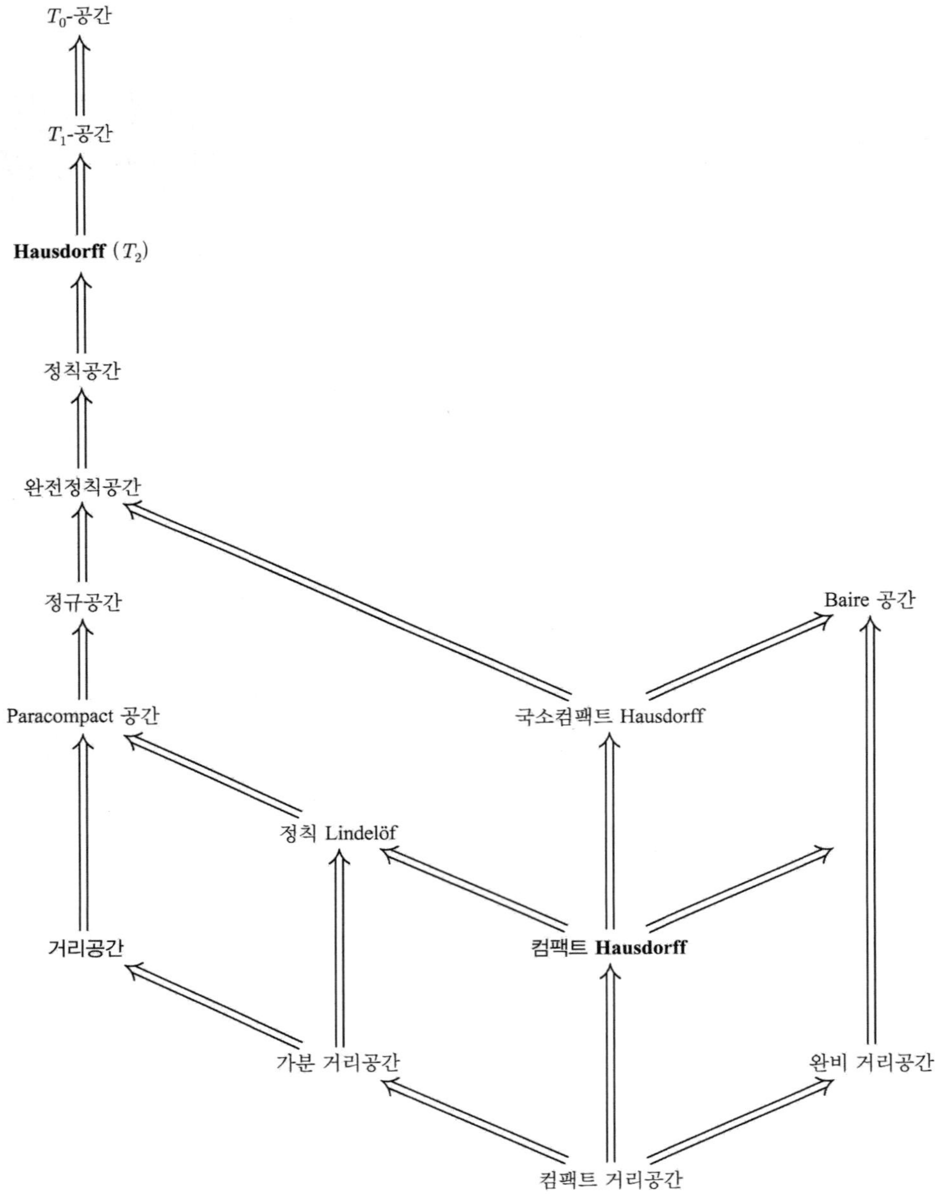

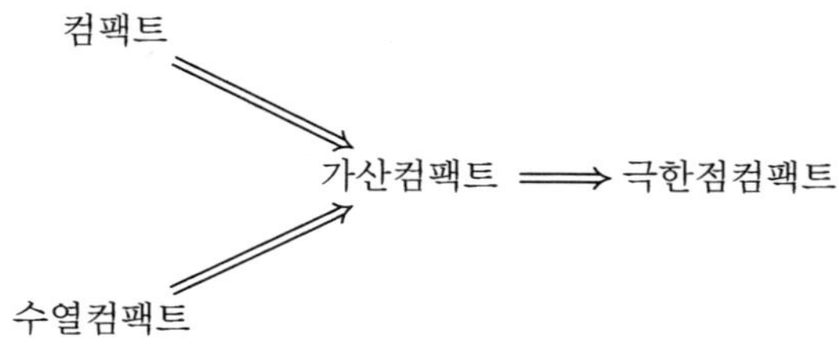

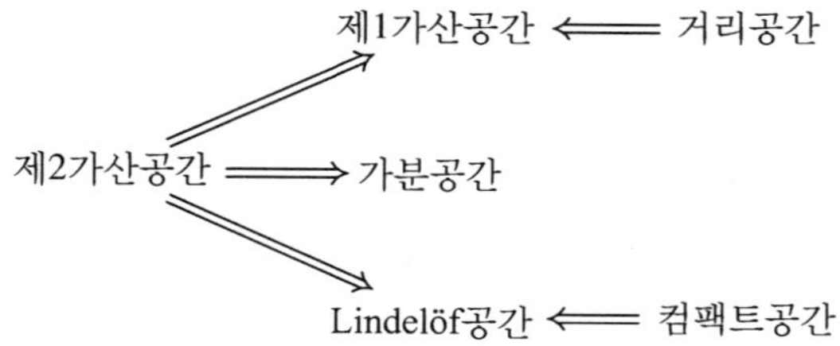

A.2 조건하에서의 관계들

여기서는 주어진 위상공간이 어떤 성질을 만족한다고 가정했을 때, 서로 다른 성질들의 상호 관계를 나타내었다.

A.2.1 유한집합

주어진 위상공간이 유한집합일 때, 다음 관계가 성립한다.

$$T_1 \Leftrightarrow \text{하우스도르프} \Leftrightarrow \text{정칙} \Leftrightarrow \text{정규} \Leftrightarrow \text{이산}$$

즉, X가 유한집합이고 T_1-공간이면 이산공간이다.

A.2.2 Hausdorff 공간

주어진 위상공간이 Hausdorff일 때, 다음 관계가 성립한다.

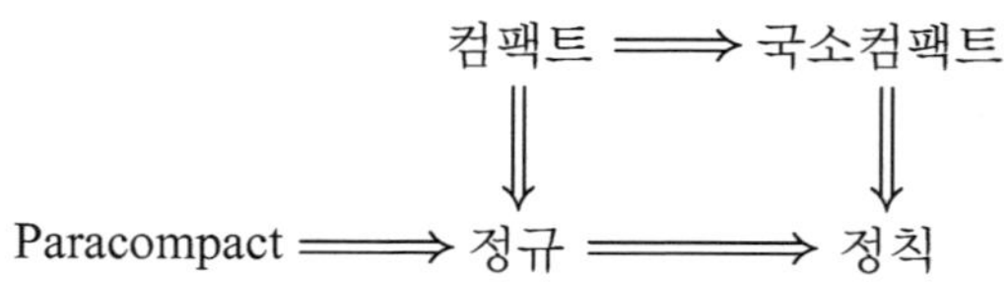

즉, 컴팩트 Hausdorff 공간은 정규공간이다.

A.2.3 정칙공간(regular space)

주어진 위상공간이 정칙일 때, 다음 관계가 성립한다.

$$\begin{array}{ccc} \text{제2가산} & \Longrightarrow & \text{정규} \\ \Downarrow & & \Uparrow \\ \text{Lindelöf} & \Longrightarrow & \text{Paracompact} \end{array}$$

즉, 제2가산인 정칙공간은 정규공간이다.

A.2.4 거리공간(metric space)

주어진 위상공간이 거리공간일 때, 다음 관계가 성립한다.

$$\begin{array}{ccccccc} \text{극한점컴팩트} & \Longleftrightarrow & \text{컴팩트} & \Longleftrightarrow & \text{수열컴팩트} & \Longleftrightarrow & \text{가산컴팩트} \\ & & \Downarrow & & & & \\ \text{Lindelöf} & \Longleftrightarrow & \text{가분} & \Longleftrightarrow & \text{제2가산} & & \end{array}$$

즉, 컴팩트 거리공간은 가분공간이다.

부록 B 위상수학의 반례들

여기서는 부록 A.1의 화살표(⇒)들의 역방향이 성립하지 않는 반례 공간들을 소개하였다.

B.1 주요 위상공간들 사이의 반례

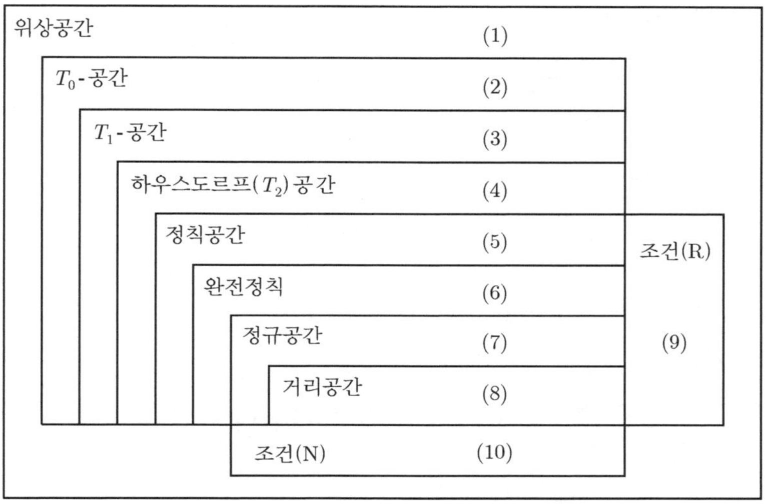

그림 B.1 • 주요 위상공간들 사이의 반례

(1) 자명한 공간 $X=\{a,b,c\}$, $\mathscr{T}=\{\varnothing, X\}$; 보기 7.1.4(1) 참조.

(2) $X=\{a,b,c\}$, $\mathscr{T}=\{\varnothing, \{a\}, \{b\}, \{a,b\}, X\}$; 보기 7.1.4(3) 참조.

(3) 여유한공간 $(\mathbb{R},\mathscr{T}_f)$; 보기 7.1.8 참조. 즉, $(\mathbb{R},\mathscr{T}_f)$는 T_1이지만 하우스도르프는 아니다.

(4) K-위공간 $\mathbb{R}_K=(\mathbb{R}, \mathscr{T}_K)$; 보기 7.2.4 참조.

(5) 보기 12.2.4의 위상공간 X.

(6) (i) 보기 12.2.4의 위상공간 Y.

(ii) $\mathbb{R}_l^2$; 보기 12.2.7 참조.

(7) 하극한공간 $\mathbb{R}_l$; 보기 7.2.14, 참고 7.2.19 참조.

(8) 유클리드공간 $\mathbb{R}^n$.

(9) $X=\{a,b,c\}$, $\mathscr{T}=\{\varnothing, \{a\}, \{b,c\}, X\}$; 보기 7.2.3 참조.

(10) $X=\{a,b,c,d\}$, $\mathscr{T}=\{\varnothing, \{a\}, \{b\}, \{a,b\}, X\}$.

B.2 여러 가지 컴팩트들 사이의 반례

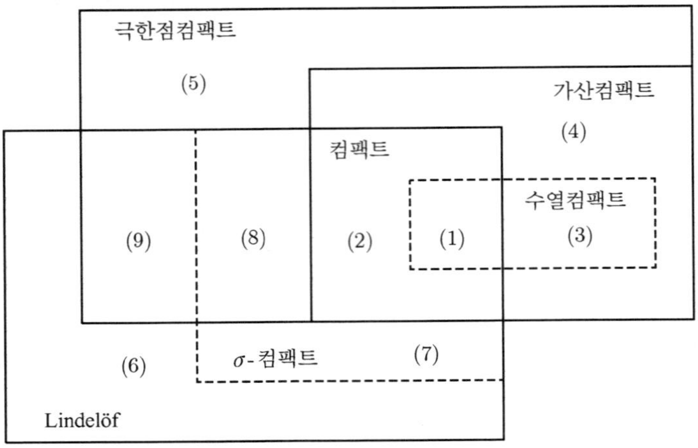

그림 B.2 • 여러 가지 컴팩트들 사이의 반례

(1) 유클리드공간 $\mathbb{R}$의 부분공간 $I=[0,1]$.

(2) 곱공간 $I^I=\Pi_{i\in I}I$; 참고 11.1.12(2) 참조.

(3) 최소 비가산 정렬집합 $S_\Omega=[a_0,\Omega)$; 참고 11.1.12(1) 참조.

(4) 곱공간 $S_\Omega\times I^I$.

(5) 문제 11.1.6의 위상공간 $X=(\mathbb{N},\mathscr{T})$와 자명한공간 $Y=\{a,b\}$의 곱공간 $X\times Y$.

(6) (i) 여가산공간 $(\mathbb{R},\mathscr{T}_c)$; 보기 4.2.24, 문제 15.1.3 참조.

(ii) 하극한공간 $\mathbb{R}_l$; 보기 15.1.5 참조.

(7) 유클리드공간 $\mathbb{R}$.

(8) 실수집합 $\mathbb{R}$에 위상 $\mathscr{T}=\{(a,\infty)\mid a\in\mathbb{R}\}\cup\{\varnothing,\mathbb{R}\}$를 준 공간 $(\mathbb{R},\mathscr{T})$.

(9) 실수집합 $\mathbb{R}$에 위상 $\mathscr{T}=\{U\subset\mathbb{R}\mid U^c$이 가산집합$\}\cup\{U\subset\mathbb{R}\mid 0\not\in U\}$를 준 공간 $X=(\mathbb{R},\mathscr{T})$와 자명한공간 $Y=\{a,b\}$의 곱공간 $X\times Y$.

B.3 가분, 제1가산, 제2가산 사이의 반례

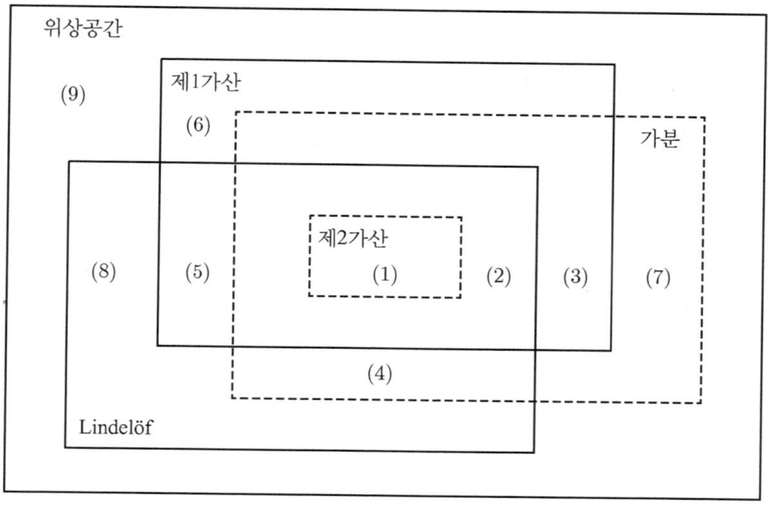

그림 B.3 • 가분, 제1가산, 제2가산 사이의 반례

(1) 유클리드공간 $\mathbb{R}^n$; 보기 10.2.17 참조.

(2) 하극한공간 $\mathbb{R}_l$; 보기 15.1.5 참조.

(3) 비가산집합 X와 점 $p \in X$에 대해 위상 $\mathscr{T} = \{U \subset X \mid p \in U\} \cup \{\varnothing\}$를 준 요새공간 $(X, \mathscr{T})$; 문제 4.2.2 참조.

(4) 여유한공간 $(\mathbb{R}, \mathscr{T}_f)$; 보기 10.1.3, 보기 10.2.7, 보기 15.1.6 참조.

(5) 닫힌구간 $X = [-1, 1]$에 위상 $\mathscr{T} = \{U \subset X \mid 0 \notin U$ 또는 $(-1, 1) \subset U\}$를 준 공간 $(X, \mathscr{T})$; 문제 15.1.5 참조.

(6) 이산공간 $(\mathbb{R}, \mathscr{D})$.

(7) (3)의 요새공간 $X = (X, \mathscr{T})$와 여유한공간 $Y = (\mathbb{R}, \mathscr{T}_f)$의 곱공간 $X \times Y$.

(8) 여가산공간 $(\mathbb{R}, \mathscr{T}_c)$; 보기 10.1.3, 문제 10.2.4, 문제 15.1.3 참조.

(9) 이산공간 $X = (\mathbb{R}, \mathscr{D})$와 여가산공간 $Y = (\mathbb{R}, \mathscr{T}_c)$의 곱공간 $X \times Y$.

부록 C 위상공간의 성질들

C.1 곱공간에서 보존되는 성질들

여기서는 모든 위상공간 $X_\alpha(\alpha \in \Lambda)$가 성질 P를 만족하면 곱공간 $\Pi_{\alpha \in \Lambda} X_\alpha$가 언제 성질 P를 만족하는지 첨자집합 Λ가 유한, 가산, 비가산인 경우로 나누어 도표로 나타내었다.

X_α의 성질	Λ는 유한집합	Λ는 가산집합	Λ는 비가산집합
T_0	○	○	○
T_1	○	○	○
Hausdorff	○	○	○
정칙	○	○	○
완전정칙	○	○	○
정규	×	×	×
컴팩트	○	○	○
국소컴팩트	○	×	×
극한점컴팩트	×	×	×
수열컴팩트	○	○	×
연결	○	○	○
국소연결	○	×	×
길연결	○	○	○
가분	○	○	×
제1가산	○	○	×
제2가산	○	○	×
Paracompact	×	×	×
Lindelöf	×	×	×

즉, 가산개의 가분공간들의 곱공간은 가분이고, 비가산개의 가분공간들의 곱공간은 가분이 아닐 수 있다.

C.2 위상공간의 유전성

여기서는 위상공간 X가 성질 P를 만족하면 부분공간 $A(\subset X)$가 언제 성질 P를 만족하는지 A가 X의 부분공간인 경우, 닫힌 부분공간인 경우 그리고 열린 부분공간인 경우로 나누어 도표로 나타내었다.

X의 성질	부분공간	닫힌부분공간	열린부분공간
T_0	○	○	○
T_1	○	○	○
Hausdorff	○	○	○
정칙	○	○	○
완전정칙	○	○	○
정규	×	○	×
컴팩트	×	○	×
연결	×	×	×
국소연결	×	×	○
가분	×	×	○
제1가산	○	○	○
제2가산	○	○	○
Paracompact	×	○	×
Lindelöf	×	○	×
Baire	×	×	○

즉, 정규공간의 부분공간은 정규가 아닐 수 있지만, 닫힌부분공간은 정규이다.

부록 D 하극한, 여유한, 여가산 공간의 성질들

여기서는 하극한공간, 여유한공간, 여가산공간의 성질들을 정리하였다.

D.1 하극한공간

하극한공간 $\mathbb{R}_l = (\mathbb{R}, \mathscr{T}_l)$의 부분공간 A에 대하여 다음이 성립한다.

(1) $\mathbb{R}_l$은 정규이다.
(2) $\mathbb{R}_l$은 완전정규이다.
(3) 모든 부분공간 A는 정규이다.
(4) A는 비연결 $\Leftrightarrow$ A는 두 점 이상으로 이루어진 집합.
(5) A는 연결 $\Leftrightarrow$ A는 한 점 집합 (또는 $\varnothing$).
(6) 모든 부분공간 A는 제1가산이다.
(7) A는 제2가산 $\Leftrightarrow$ A는 가산집합.
(8) A가 가산집합 $\Rightarrow$ A는 거리화가능.
(9) $\mathbb{R}_l$은 비연결이다.
(10) $\mathbb{R}_l$은 컴팩트가 아니다.
(11) $\mathbb{R}_l$은 가분이다.
(12) $\mathbb{R}_l$은 제1가산이다.
(13) $\mathbb{R}_l$은 제2가산이 아니다.
(14) $\mathbb{R}_l$은 거리화가능이 아니다.

D.2 여유한공간

집합 X 상에 여유한위상 $\mathscr{T}_f$를 준 여유한공간 $(X, \mathscr{T}_f)$에 대하여 다음이 성립한다.

(1) 모든 $(X, \mathscr{T}_f)$는 T_1-공간이다.
(2) $(X, \mathscr{T}_f)$는 Hausdorff $\Leftrightarrow$ X는 유한집합.
(3) $(X, \mathscr{T}_f)$는 비연결 $\Leftrightarrow$ X는 두 점 이상으로 이루어진 유한집합.

(4) $(X,\mathscr{T}_f)$는 연결 $\Leftrightarrow$ X는 무한집합 또는 한 점 집합 (또는 $\varnothing$).
(5) $(\mathbb{R}, \mathscr{T}_f)$는 길연결이다.
(6) (i) X가 한 점 집합이면 $(X,\mathscr{T}_f)$는 길연결이다.
(ii) X가 두 점 이상으로 이루어진 가산집합이면 $(X,\mathscr{T}_f)$는 길연결이 아니다.
(iii) X가 비가산집합이고 연속체가설이 성립한다고 가정하면 $(X,\mathscr{T}_f)$는 길연결이다.
(7) 모든 $(X,\mathscr{T}_f)$는 컴팩트이다.
(8) 모든 $(X,\mathscr{T}_f)$는 가분이다.
(9) $(X,\mathscr{T}_f)$는 제1가산 $\Leftrightarrow$ X는 가산집합.
(10) $(X,\mathscr{T}_f)$는 제2가산 $\Leftrightarrow$ X는 가산집합.
(11) $(X,\mathscr{T}_f)$는 거리화가능 $\Leftrightarrow$ X는 유한집합.
(12) 여유한공간의 부분공간위상은 여유한위상이다.

D.3 여가산공간

집합 X상에 여가산위상 $\mathscr{T}_c$를 준 여가산공간 $(X, \mathscr{T}_c)$에 대하여 다음이 성립한다.

(1) 모든 $(X, \mathscr{T}_c)$는 T_1-공간이다.
(2) $(X, \mathscr{T}_c)$는 Hausdorff $\Leftrightarrow$ X는 가산집합.
(3) $(X, \mathscr{T}_c)$는 비연결 $\Leftrightarrow$ X는 두 점 이상으로 이루어진 가산집합.
(4) $(X, \mathscr{T}_c)$는 연결 $\Leftrightarrow$ X는 비가산집합 또는 한 점 집합 (또는 $\varnothing$).
(5) $(X, \mathscr{T}_c)$는 길연결 $\Leftrightarrow$ X는 한 점 집합 (또는 $\varnothing$).
(6) $(X, \mathscr{T}_c)$는 컴팩트 $\Leftrightarrow$ X는 유한집합.
(7) $(X, \mathscr{T}_c)$는 가분 $\Leftrightarrow$ X는 가산집합.
(8) $(X, \mathscr{T}_c)$는 제1가산 $\Leftrightarrow$ X는 가산집합.
(9) $(X, \mathscr{T}_c)$는 제2가산 $\Leftrightarrow$ X는 가산집합.
(10) $(X, \mathscr{T}_c)$는 거리화가능 $\Leftrightarrow$ X는 가산집합.
(11) 여가산공간의 부분공간위상은 여가산위상이다.

참고문헌

[1] 강미현, 고영미, 이상욱: 《하늘책의 증명》, 교우사, 2008.

[2] 곽진호, 이재운: 《조합적 곡면 위상론 I》, 경문사, 2003.

[3] 김재룡: 《위상수학 개론》, 경문사, 2003.

[4] 문영호, 박종일: 《위상수학 입문》, 경문사, 2004.

[5] 안승호, 임평기: 《위상수학》, 교우사, 2002.

[6] 조태근: 《실해석학》, 희중당, 1989.

[7] Armstrong, M. A.: *Basic Topology*, Springer-Verlag, New York, 1983.

[8] Barra, G. de: *Measure theory and integration,* Ellis Horwood Limited, 1981.

[9] Bourbaki, N.: *Elements of Mathematics. General Topology I, II*, Addison-Wesley, 1966.

[10] Bredon, G. E.: *Introduction to Compact Transformation Groups*, Academic Press, New York, 1972.

[11] Bredon, G. E.: *Topology and Geometry*, Springer-Verlag, New York, 1993.

[12] Cain, G. L.: *Introduction to general topology*, Addison-Wesley Publ. co., Massachusetts, 1994.

[13] Doyle, P. H., Moran, D. A.: *A short proof that compact 2-manifolds*, Inventions math. **5**, 160-162 (1968)

[14] Dugundji, J.: *Topology*, Allyn & Bacon, Massachusetts, 1966.

[15] Firby, P. A., Gardiner, C. F.: *Surface topology*, Ellis Horwood Ltd., 1982.

[16] Fraleigh, J. B.: *A first course in abstract algebra*, Addison-Wesley publishing company, 1982.

[17] Gamelin, T. W., Greene, R. E.: *Introduction to topology*, CBS College Publishing, 1983.

[18] Gray, B.: *Homotopy theory: An introduction to algebraic topology*, Academic Press, New York, 1975.

[19] Hirsch, M. W.: *Differential topology*, Springer-Verlag, New York, 1976.

[20] Hocking, J. G., Young, G. S.: *Topology*, Addison-Wesley publishing company, 1961.

[21] Hungerford, T. W.: *Algebra*, Springer-Verlag, New York, 1974.

[22] Lin, Y. F., Lin, S. Y. T.: *Set Theory: An intuitive approach*, Houghton Mifflin Company, 1974.

[23] Lipschutz, S.: *Theory and Problems of Set Theory and Related Topics*; Schaum's outline series, McGraw-Hill, 1964.

[24] Lipschutz, S.: *Theory and Problems of General Topology*; Schaum's outline series, McGraw-Hill, 1965.

[25] Massey, W. S.: *Alegbraic topology: An introduction*, Springer, 1990.

[26] Munkres, J. R.: *Topology*, 2nd ed. Prentice Hall, 2000.

[27] Munkres, J. R.: *Elements of algebraic topology*, Addison-Wesley, 1984.

[28] Mysior, A.: *A regular space which is not completely regular*, Proc. Amer. Math. Soc. **81**, 652-653 (1981)

[29] Oxtoby, J. C.: *Cartesian products of Baire spaces*, Fund. Math. **49**, 157-166 (1961)

[30] Pinter, C. C.: *Set Theory*, Addison-Wesley, 1971.

[31] Radó, T.: *Über den Begriff der Riemannschen Fläche*, Acts. Litt. Sci. Szeged. **2**, 101-121 (1925)

[32] Rourke, C. P., Sanderson, B. J.: *Introduction to Piecewise-Linear Topology*, Springer-Verlag, 1982.

[33] Rudin, W.: *Principles of Mathematical Analysis*, 3rd ed. McGraw-Hill, 1984.

[34] Sims, B. T.: *Fundamentals of topology*, Macmillan Publ. co., 1976.

[35] Steen, L. A., Seebach, J. A.: *Counterexamples in topology*, Springer-Verlag, 1978.

[36] Willard, S.: *General Topology*, Addison-Wesley publishing company, 1970.

기호, 약자의 해설

기호	해설	페이지
$\mathbb{N}$	모든 자연수들의 집합	21
$\mathbb{Z}$	모든 정수들의 집합	21
$\mathbb{Q}$	모든 유리수들의 집합	21
$\mathbb{Q}^c$	모든 무리수들의 집합	21
$\mathbb{R}$	모든 실수들의 집합	21
$\mathbb{C}$	모든 복소수들의 집합	21
$\exists$	[특칭기호, 존재기호] ~가 존재하여, 적당한 ~에 대하여, ~가 존재한다(exist(s))	16
$\forall$	[전칭기호] 모든 ~에 대하여, 각각의 ~에 대하여, 임의의 ~에 대하여, 임의로 주어진 ~에 대하여 (every, for each, for all)	16
s.t.	~를 만족하는(such that, so that)	16
$\mathscr{P}(X)$	X의 멱집합	16
X^n	n개의 X의 곱집합 또는 곱공간	34
X^ω	가부번개의 X의 곱집합 또는 곱공간	34
$\mathbb{R}^\omega$	가부번개의 $\mathbb{R}$의 곱집합 또는 곱공간	256, 260
X^A	A에서 X로의 함수들의 집합	36, 210
$X/_\sim$	동치관계 ~에 의한 상공간 또는 동치류들의 모임	23, 592
$\max A$	집합 A의 최대원	40
$\min A$	집합 A의 최소원	40
lub A	집합 A의 최소상계	39, 66
$\sup A$	집합 A의 상한	39, 66
glb A	집합 A의 최대하계	39, 67
$\inf A$	집합 A의 하한	39, 67
card(X)	집합 X의 기수	60
$\aleph_0$	자연수 집합 $\mathbb{N}$의 기수	60
$\mathfrak{c}$	실수 집합 $\mathbb{R}$의 기수	60
diam(A)	집합 A의 직경	127
A°	A의 내부	150

$\mathrm{int}(A)$	A의 내부	150
$\mathrm{int}_X(B)$	위상공간 X에서의 B의 내부	154
$\overline{A}$	A의 폐포	157
$\mathrm{cl}(A)$	A의 폐포	157
$\mathrm{cl}_X(B)$	위상공간 X에서의 B의 폐포	168
A'	A의 도집합	157
$e(A)$	A의 외부	169
$\mathrm{ext}(A)$	A의 외부	169
$\partial(A)$	A의 경계	169
$\mathrm{bdy}(A)$	A의 경계	169
S^n	$\mathbb{R}^{n+1}$상의 단위 구면	231
$\mathscr{D}$	이산위상	94
$\mathscr{U}$	$\mathbb{R}^n$상의 보통위상(유클리드위상)	96
$\mathscr{T}_{\mathscr{B}}$	기저 $\mathscr{B}$가 생성하는 위상	102
$\mathscr{T}_d$	거리 d가 생성하는 거리위상	123
$\mathscr{T}_f$	여유한위상	94
$\mathscr{T}_c$	여가산위상	95
$\mathscr{T}_p$	곱위상	242
$\mathscr{T}_b$	상자위상	272
$\mathscr{T}_{co}$	compact-open 위상, C-O 위상	785
$\mathscr{T}_{pc}$	점-수렴 위상	803
$\mathscr{T}_{cc}$	컴팩트-수렴 위상	805
$\mathscr{T}_l$	하극한위상	109
$\mathbb{R}_l$	하극한공간 $(\mathbb{R}, \mathscr{T}_l)$	109
$\mathscr{T}_K$	K-위상	296
$\mathbb{R}_K$	K-위상공간 $(\mathbb{R}, \mathscr{T}_K)$	296
(R)	정칙 조건 (R)	295
(N)	정규 조건 (N)	300
S_Ω	최소 비가산 정렬집합 $[a_0, \Omega)$	175, 378
$\overline{S}_\Omega$	S_Ω의 폐포 $S_\Omega \cup \{\Omega\} = [a_0, \Omega]$	175, 378
$\mathcal{C}(X, Y)$	X에서 Y로의 연속사상들의 집합	522, 755
$\mathcal{B}(X, Y)$	X에서 Y로의 유계함수들의 집합	522, 756
$\overline{d}$	거리 d가 유도하는 표준유계거리	126
$\overline{\rho}$	곱집합상의 고른거리	261

ρ	$\mathcal{B}(X, Y)$상의 상한거리	524, 757
gT	g-토러스	670
$\mathbb{R}P^n$	실사영공간	604
$g\mathbb{R}P^2$	g-사영평면	670
X/A	A가 한 점이 되는 상공간	607
CX	X의 뿔	608
C_f	f의 사상뿔(mapping cone)	629
M_f	f의 사상기둥(mapping cylinder)	629
$\mathrm{supp}(\phi)$	ϕ의 받침(support)	661
$X \sim Y$	X와 Y는 대등(equipotent)	50
$X \cong Y$	X와 Y는 위상동형	227
$X \simeq Y$	X와 Y는 변이적	847
$X \# Y$	X와 Y의 연결합	666
$X \times Y$	X와 Y의 곱집합 또는 곱공간	33, 242
$\Pi_{\alpha \in \Lambda} X_\alpha$	X_α들의 곱집합 또는 곱공간	35, 254
$X \amalg Y$	X와 Y의 떨어진 합집합	627, 628
$\amalg_{\alpha \in \Lambda} X_\alpha$	X_α들의 떨어진 합집합 공간	627
$\pi_1(X, x_0)$	위상공간 X의 기본군	863
$G_1 * G_2$	두 군 G_1과 G_2의 자유곱	921
$G_1 *_H G_2$	두 군 G_1과 G_2의 H상에서의 융합곱	922

찾아보기

한글

영문

제5판

위상수학 (하)

지은이 박대희 · 안승호
펴낸이 조경희
펴낸곳 경문사
펴낸날 2007년 9월 1일 1판 1쇄
2022년 3월 2일 5판 1쇄
등 록 1979년 11월 9일 제1979-000023호
주 소 04057, 서울특별시 마포구 와우산로 174
전 화 (02)332-2004 팩스 (02)336-5193
이메일 kyungmoon@kyungmoon.com

값 52,000원 (세트)

ISBN 979-11-6073-513-0
ISBN 979-11-6073-511-6 (세트)